水利水电工程施工技术全书

第四卷 金属结构制作与机电安装工程

第五册

辅助系统附属设备安装

赵显忠 常金志 刘和林 等 编著

·北京·

内 容 提 要

本书为《水利水电工程施工技术全书》第四卷《金属结构制作与机电安装工程》中的第五分册。本书系统阐述了各辅助系统的分类，结构组成、工作原理，重点介绍了它们的安装工艺流程、安装施工准备、安装工艺方法、运行试验、检查验收以及工艺装备准备、安装工期分析等内容。书中还以较多的简明的图例、施工实例和实用数据等对安装工艺作进一步的说明，具有较好的实用和借鉴意义。主要内容包括：厂内桥式起重机安装，水电站水、油、气系统安装，通风、空调系统安装及通风系统管道制作，消防系统安装，电梯安装等。

本书可以作为水利水电工程施工领域的工程技术人员、工程管理人员和高级技术工人的工具书，也可供从事水利水电工程科研、设计、建设及运行管理和相关企事业单位的工程技术人员、工程管理人员应用，并可作为大专院校水利水电工程及机电专业师生教学参考书。

图书在版编目（CIP）数据

辅助系统附属设备安装 / 赵显忠等编著. -- 北京 : 中国水利水电出版社, 2020.9

（水利水电工程施工技术全书. 第四卷, 金属结构制作与机电安装工程 ; 第五册）

ISBN 978-7-5170-8782-3

Ⅰ. ①辅… Ⅱ. ①赵… Ⅲ. ①水利水电工程－辅助系统－设备安装 Ⅳ. ①TV73

中国版本图书馆CIP数据核字(2020)第153121号

书　　名	水利水电工程施工技术全书 **第四卷　金属结构制作与机电安装工程** **第五册　辅助系统附属设备安装** FUZHU XITONG FUSHU SHEBEI ANZHUANG
作　　者	赵显忠　常金志　刘和林 等　编著
出版发行	中国水利水电出版社 （北京市海淀区玉渊潭南路1号D座　100038） 网址：www. waterpub. com. cn E-mail：sales@waterpub. com. cn 电话：（010）68367658（营销中心）
经　　售	北京科水图书销售中心（零售） 电话：（010）88383994、63202643、68545874 全国各地新华书店和相关出版物销售网点
排　　版	中国水利水电出版社微机排版中心
印　　刷	北京瑞斯通印务发展有限公司
规　　格	184mm×260mm　16开本　25印张　593千字
版　　次	2020年9月第1版　2020年9月第1次印刷
印　　数	0001—2000册
定　　价	**120.00**元

《水利水电工程施工技术全书》
编审委员会

《水利水电工程施工技术全书》
各卷主（组）编单位和主编（审）人员

卷序	卷名	组编单位	主编单位	主编人	主审人
第一卷	地基与基础工程	中国电力建设集团（股份）有限公司	中国电力建设集团（股份）有限公司 中国水电基础局有限公司 中国葛洲坝集团基础工程有限公司	宗敦峰 肖恩尚 焦家训	谭靖夷 夏可风
第二卷	土石方工程	中国人民武装警察部队水电指挥部	中国人民武装警察部队水电指挥部 中国水利水电第十四工程局有限公司 中国水利水电第五工程局有限公司	梅锦煜 和孙文 吴高见	马洪琪 梅锦煜
第三卷	混凝土工程	中国电力建设集团（股份）有限公司	中国水利水电第四工程局有限公司 中国葛洲坝集团有限公司 中国水利水电第八工程局有限公司	席　浩 戴志清 涂怀健	张超然 周厚贵
第四卷	金属结构制作与机电安装工程	中国能源建设集团（股份）有限公司	中国葛洲坝集团有限公司 中国电力建设集团（股份）有限公司 中国葛洲坝集团机电建设有限公司	江小兵 付元初 张　晔	付元初 杨浩忠
第五卷	施工导（截）流与度汛工程	中国能源建设集团（股份）有限公司	中国能源建设集团（股份）有限公司 中国葛洲坝集团有限公司 中国水利水电第八工程局有限公司	周厚贵 郭光文 涂怀健	郑守仁

《水利水电工程施工技术全书》
第四卷《金属结构制作与机电安装工程》
编委会

《水利水电工程施工技术全书》
第四卷《金属结构制作与机电安装工程》
第五册《辅助系统附属设备安装》
编写人员名单

主　　编：赵显忠　常金志　刘和林　等

审　　稿：张耀忠　王生瓒　王守运　等

编　写　人　员

序号	章	名称	编写单位	编写人	审查人
1	第1章	厂内桥式起重机安装	中国水利水电第七工程局有限公司	陈居森　吕玉忠	王守运　张耀忠　范方武　王生瓒　张　晔
2	第2章	水电站水、油、气系统安装	三峡电力职业学院　中国葛洲坝集团机电建设有限公司	王兴芳　盛国林　朱建波　刘振攀	张耀忠　王生瓒　张　晔
3	第3章	通风、空调系统安装及通风系统管道制作	中国水利水电第七工程局有限公司	杨　飞　袁训国	张耀忠　范方武　王生瓒
4	第4章	消防系统安装	中国水利水电第十四工程局有限公司	唐扬文　王顺书　聂江林	王生瓒　张耀忠
5	第5章	电梯安装	中国水利水电第十四工程局有限公司	唐扬文　王顺书　聂江林	王生瓒　张耀忠

序　一

水利水电工程建设在我国作为一项基础建设事业，已经走过了近百年的历程，这是一条不平凡而又伟大的创业之路。

新中国成立66年来，党和国家领导一直高度重视水利水电工程建设，水电在我国已经成为了一种不可替代的清洁能源。我国已经成为世界上水电装机容量第一位的大国，水利水电工程建设不论是规模还是技术水平，都处于国际领先或先进水平，这是几代水利水电工程建设者长期艰苦奋斗所创造出来的。

改革开放以来，特别是进入21世纪以后，我国的水利水电工程建设又进入了一个前所未有的高速发展时期。到2014年，我国水电总装机容量突破3亿kW，占全国电力装机容量的23%。发电量也历史性地突破31万亿kW·h。水电作为我国当前重要的可再生能源，为我国能源电力结构调整、温室气体减排和气候环境改善做出了重大贡献。

我国水利水电工程建设在新技术、新工艺、新材料、新设备等方面都取得了突破性的进展，无论是技术、工艺，还是在材料、设备等方面，都取得了令人瞩目的成就，它不仅推动了技术创新市场的活跃和发展，也推动了水利水电工程建设的前进步伐。

为了对当今水利水电工程施工技术进展进行科学的总结，及时形成我国水利水电工程施工技术的自主知识产权和满足水利水电建设事业的工作需要，全国水利水电施工技术信息网组织编撰了《水利水电工程施工技术全书》。该全书编撰历时5年，在编撰过程中组织了一大批长期工作在工程建设一线的中青年技术负责人和技术骨干执笔，并得到了有关领导、知名专家的悉心指导和审定，遵循“简明、实用、求新”的编撰原则，立足于满足广大水利水电工程技术人员的实际工作需要，并注重参考和指导价值。该全书内容涵盖了水利水电工程建设地基与基础工程、土石方工程、混凝土工程、金属结构制作与机电安装工程、施工导（截）流与度汛工程等内容的目标任务、原理方法及工程实例，既有理论阐述，又有实例介绍，重点突出，图文并茂，针对性及可操作性强，对今后的水利水电工程建设施工具有重要指导作用。

《水利水电工程施工技术全书》是对水利水电施工技术实践的总结和理论提炼，是一套具有权威性、实用性的大型工具书，为水利水电工程施工“四新”技术成果的推广、应用、继承、创新提供了一个有效载体。为大力推动水利水电技术进步和创新，推进中国水利水电事业又好又快地发展，具有十分重要的现实意义和深远的科技意义。

水利水电工程是人类文明进步的共同成果，是现代社会发展对保障水资源供给和可再生能源供应的基本需求，水利水电工程施工技术在近代水利水电工程建设中起到了重要的推动作用。人类应对全球气候变化的共识之一是低碳减排，尽可能多地利用绿色能源就成为重要选择，太阳能、风能及水能等成为首选，其中水能蕴藏丰富、可再生性、技术成熟、调度灵活等特点成为最优的绿色能源。随着水利水电工程建设与管理技术的不断发展，水利水电工程，特别是一些高坝大库能有效利用自然条件、降低开发运行成本、提高水库综合效能，高坝大库的（高度、库容）纪录不断被刷新。特别是随着三峡、拉西瓦、小湾、溪洛渡、锦屏、向家坝等一批大型、特大型水利水电工程相继建成并投入运行，标志着我国水利水电工程技术已跨入世界领先行列。

近年来，我国水利水电工程施工企业积极实施走出去战略，海外市场开拓业绩突出。目前，我国水利水电工程施工企业在亚洲、非洲、南美洲多个国家承建了上百个水利水电工程项目，如尼罗河上的苏丹麦洛维水电站、号称“东南亚三峡工程”的马来西亚巴贡水电站、巨型碾压混凝土坝泰国科隆泰丹水利工程、位居非洲第一水利枢纽工程的埃塞俄比亚泰克泽水电站等，“中国水电”的品牌价值已被全球业内所认可。

《水利水电工程施工技术全书》对我国水利水电施工技术进行了全面阐述。特别是在众多国内外大型水利水电工程成功建设后，我国水利水电工程施工人员创造出一大批新技术、新工法、新经验，对这些内容及时总结并公开出版，与全体水利水电工作者分享，这不仅能促进我国水利水电行业的快速发展，提高水利水电工程施工质量，保障施工安全，规范水利水电施工行业发展，而且有助于我国水利水电行业走进更多国际市场，展示我国水利水电行业的国际形象和实力，提高我国水利水电行业在国际上的影响力。

该全书的出版不仅能提高水利水电工程施工的技术水平，而且有助于提高我国水利水电行业在国内、国际上的影响力，我在此向广大水利水电工程建设者、工程技术人员、勘测设计人员和在校的水利水电专业师生推荐此书。

孙洪水

2015 年 4 月 8 日

序　二

《水利水电工程施工技术全书》作为我国水利水电工程技术综合性大型工具书之一，与广大读者见面了！

这是一套非常好的工具书，它也是在《水利水电工程施工手册》基础上的传承、修订和创新。集中介绍了进入21世纪以来我国在水利水电施工领域从施工地基与基础工程、土石方工程、混凝土工程、金属结构制作与机电安装工程、施工导（截）流与度汛工程等方面采用的各类创新技术，如信息化技术的运用：在施工过程模拟仿真技术、混凝土温控防裂技术与工艺智能化等关键技术，应用了数字信息技术、施工仿真技术和云计算技术，实现工程施工全过程实时监控，使现代信息技术与传统筑坝施工技术相结合，提高了混凝土施工质量，简化了施工工艺，降低了施工成本，达到了混凝土坝快速施工的目的；再如碾压混凝土技术在国内大规模运用：节省了水泥，降低了能耗，简化了施工工艺，降低了工程造价和成本；还有，在科研、勘察设计和施工一体化方面，数字化设计研究面向设计施工一体化的三维施工总布置、水工结构、钢筋配置、金属结构设计技术，推广复杂结构三维技施设计技术和前期项目三维枢纽设计技术，形成建筑工程信息模型的协同设计能力，推进建筑工程三维数字化设计移交标准工程化应用，也有了长足的进步。因此，在当前形势下，编撰出一部新的水利水电施工技术大型工具书非常必要和及时。

随着水利水电工程施工技术的不断推进，必然会给水利水电施工带来新的发展机遇。同时，也会出现更多值得研究的新课题，相信这些都将对水利水电工程建设事业起到积极的促进作用。该全书是当今反映水利水电工程施工技术最全、最新的系列图书，体现了当前水利水电最先进的施工技术，其中多项工程实例都是曾经创造了水利水电工程的世界纪录。该全书总结的施工技术具有先进性、前瞻性，可读性强。该全书的编者们都是参加过我国大型水利水电工程的建设者，有着非常丰富的各专业施工经验。他们以高度的社会责任感和使命感、饱满的工作热情和扎实的工作作风，大力发展和创新水电科学技术，为推进我国水利水电事业又好又快地发展，做出了新的贡献！

近年来，我国水利水电工程建设快速发展，各类施工技术日臻成熟，相继建成了三峡、龙滩、水布垭等具有代表性的水电工程，又有拉西瓦、小湾、溪洛渡、锦屏、糯扎渡、向家坝等一批大型、特大型水电工程，在施工过程中总结和积累了大量新的施工技术，尤其是混凝土温控防裂的施工方法在三峡水利枢纽工程的成功应用，高寒地区高拱坝冬季施工综合技术在拉西瓦等多座水电站工程中的应用……，其中的多项施工技术获得过国家发明专利，达到了国际领先水平，为今后水利水电工程施工提供了参考与借鉴。

目前，我国水利水电工程施工技术已经走在了世界的前列，该全书的出版，是对我国水利水电工程建设领域的一大贡献，为后续在水利水电开发，例如金沙江上游、长江上游、通天河、黄河上游的水电开发、南水北调西线工程等建设提供借鉴。该全书可作为工具书，为广大工程建设者们提供一个完整的水利水电工程施工理论体系及工程实例，对今后水利水电工程建设具有指导、传承和促进发展的显著作用。

《水利水电工程施工技术全书》的编撰、出版是一项浩繁辛苦的工作，也是一个具有创造性的劳动过程，凝聚了几百位编、审人员近5年的辛勤劳动，克服了各种困难。值此该全书出版之际，谨向所有为该全书的编撰给予关心、支持以及为此付出了辛勤劳动的领导、专家和同志们表示衷心的感谢！

马洪琪

2015年4月18日

本卷序

《水利水电工程施工技术全书》第四卷《金属结构制作与机电安装工程》作为一部全面介绍水利水电工程在金属结构制作与机电安装领域内施工新技术、新工艺、新材料的大型工具书，经本卷各册、各章编审技术人员的多年辛勤劳动和不懈努力，至今得以出版与读者见面。

水电机电设备安装在中国作为一个特定的施工技术行业伴随着新中国水力发电建设事业的发展已经走过了65年的历程，这是一条平凡而伟大的创业之路。

65年多来，通过包括水电机电设备安装在内的几代工程建设者的开发和奋斗，水电在中国已经成为一种重要的不可替代的清洁能源。至今，中国已是世界上第一位的水电装机容量大国，不论其已投运机组设备的技术水平和数量，还是在建水电工程的规模，在世界上均遥遥领先。回顾、总结几代水电机电安装人的事业成果和经验，编撰反映中国水电机电安装施工技术的全书，既是我国水力发电建设事业可持续发展的需要，也是一个国家工匠文化建设和技术知识传承的需要。新中国水电机电安装事业的发展和技术进步是史无前例的，它是在中国优越的水力资源条件下，水力发电建设事业发展的结果，归根结底，是国家工业化发展和技术进步的产物。

一个水电站的建设，不论其投资多么巨大，规模多么宏伟，涉及的地质条件多么复杂，施工多么艰巨，其最终的目标必定是安装发电设备并让其安全稳定地运行，以电量送出的多少和电站调洪、调峰能力大小来衡量工程最终的经济与社会效益，而不是建造一座以改变自然资源面貌为代价的“建筑丰碑”。我们必须以最小的环境代价建成最有效益的清洁能源，这也是我们水电机电工程建设者们共同的基本宿愿。

作为水电站建设的一个环节，水电机电安装起着将电站建设投资转化为现实收益的重要桥梁作用。而机电安装企业也是在中国特色经济条件下形成的一个特定的专业施工技术群体，半个多世纪以来它承担了中国几乎全部的大中型水电机组的安装工程，向中国水力发电建设的方方面面培养和输送了大量有实践知识、有理论水平的工程师，它的存在和发展同样是中国水力发电事业蒸蒸日上的一个方面。我们将不断总结发展过程中的经验和教训，在建设中国水电工程的同时，实现走出国门，创建世界水电建设顶级品牌的目标。

本卷的编撰工作量巨大，大部分编撰任务都是由中国水电机电安装老一辈的技术干部们承担；他们参加了新中国所有的水电机电建设，见证了中国水电的发展历程，为中国的水电机电安装技术迈上世界领先地位奉献了他们的聪明和智慧。在以三峡为代表的一大批世界最大容量的机组安装期间，他们大多数人虽然已经退休，但是他们仍在设计、制造、管理、安装各层面对安装技术的创新和发展起着核心推动作用，为本卷内容注入了新的知识和技术。

本卷在以下的章节，将通过众多有丰富实践经验、有相当理论知识水平的工程师们的总结和归纳，向读者全面展开介绍我国水利水电建设金属结构制作与机电安装工程的博大、丰富的知识和经验，展示其规范合理的施工程序、精湛细致的施工工艺和大量丰富的工程实例，并期望以此书，告谢社会各界，尤其是国内外从事水电建设的各方，其长期以来对我国水电机电安装行业和安装技术的关心、关爱、支持和帮助，我们将终身不忘。

2016年6月

前言

由全国水利水电施工技术信息网组织编写的《水利水电工程施工技术全书》第四卷《金属结构制作与机电安装工程》共分为七册，《辅助系统附属设备安装》为第五册，本册第1章、第3章由中国水利水电第七工程局有限公司执笔编写，第2章由中国葛洲坝集团机电建设有限公司和三峡电力职业学院执笔编写，第4章、第5章由中国水利水电第十四工程局有限公司执笔编写。

本册介绍了厂内桥式起重机，水电站水、油、气系统，通风、空调系统，消防系统及电梯等水利水电工程中常用的辅助系统附属设备的基础知识，主要对这些辅助系统附属设备安装的施工组织、安装工艺、质量要求等做了较为详细的阐述，并包括了检验、调试及故障诊断等内容，是对辅助系统附属设备安装工程较为全面描述的工具书。本书可为工程技术人员、电厂运行维护及检修人员等提供对辅助系统附属设备的必要参考，对提升我国水电站机电安装工程的施工、运行、维护及检修水平，保障水利水电工程的整体功能发挥有较好的促进作用。

参与编写和审定本册的技术人员和专家为了编审好本册工具书，从搜集资料、组织编写、形成初稿、反复修改、精炼，到审定终稿，历经数载，放弃了许多休息时间，花费了不少业余精力。在此，谨向他们致以衷心地感谢和敬意！

限于编者技术、理论水平，本册收录的相关内容还存在一定的局限性，可能存在一些不当或错误之处，在工程实施借鉴中，如遇到具体问题或疑问，请进行选择性的运用。

本册由中国葛洲坝集团有限公司张耀忠、王生瓒、王守运等审核，中国电力建设集团（股份）公司付元初最终审定。

由于编者水平所限，书中可能存在缺点或错误，希望读者指正。

编者

2019 年 12 月

目录

序一

序二

本卷序

前言

1 厂内桥式起重机安装 …… 1

1.1 概述 …… 1

1.2 桥式起重机安装工序流程 …… 3

1.3 桥式起重机轨道安装 …… 4

1.4 桥式起重机设备厂内运输 …… 5

1.5 桥式起重机吊装 …… 6

1.6 桥式起重机机械设备安装 …… 32

1.7 桥式起重机电气设备安装 …… 36

1.8 桥式起重机试验 …… 40

1.9 桥式起重机检验及取证 …… 44

1.10 桥式起重机施工期运行、维护 …… 47

1.11 桥式起重机验收及移交 …… 50

1.12 桥式起重机安装工装准备 …… 51

1.13 桥式起重机安装人力资源配置及工期分析 …… 52

附录 …… 54

2 水电站水、油、气系统安装 …… 64

2.1 概述 …… 64

2.2 设备安装 …… 91

2.3 管道制作、安装 …… 150

2.4 系统运行试验 …… 202

2.5 水、油、气系统安装的工装准备 …… 246

2.6 水、油、气系统安装的工期分析 …… 246

参考文献 …… 248

3　通风、空调系统安装及通风系统管道制作 …………………………………………… 249
3.1　概述 ………………………………………………………………………………………… 249
3.2　通风、空调系统的重要性 ……………………………………………………………… 249
3.3　通风系统安装 …………………………………………………………………………… 256
3.4　空调系统安装 …………………………………………………………………………… 284
3.5　防排烟系统与消防系统联动调试 ……………………………………………………… 292
3.6　通风、空调系统安装的工装准备 ……………………………………………………… 295
3.7　通风、空调系统安装人力资源配置及工期分析 ……………………………………… 295
4　消防系统安装 ……………………………………………………………………………… 298
4.1　概述 ………………………………………………………………………………………… 298
4.2　安装准备 …………………………………………………………………………………… 301
4.3　水消防系统安装 …………………………………………………………………………… 302
4.4　气体消防系统安装 ………………………………………………………………………… 311
4.5　泡沫灭火系统安装 ………………………………………………………………………… 315
4.6　火灾自动报警及消防联动控制系统安装 ……………………………………………… 316
4.7　火灾事故照明和疏散指示标志安装 …………………………………………………… 324
4.8　防火门系统安装 …………………………………………………………………………… 325
4.9　防排烟系统安装 …………………………………………………………………………… 328
4.10　电缆防火阻燃系统安装 ………………………………………………………………… 333
4.11　验收及移交 ……………………………………………………………………………… 337
4.12　消防系统安装工装准备 ………………………………………………………………… 343
4.13　消防系统安装工期分析 ………………………………………………………………… 344
5　电梯安装 …………………………………………………………………………………… 345
5.1　概述 ………………………………………………………………………………………… 345
5.2　电梯安装条件 …………………………………………………………………………… 348
5.3　电梯安装工艺流程 ………………………………………………………………………… 351
5.4　电梯机械设备安装 ………………………………………………………………………… 351
5.5　电梯电气及控制设备安装 ……………………………………………………………… 368
5.6　电梯调试 …………………………………………………………………………………… 372
5.7　电梯安装的监督检验及验收 …………………………………………………………… 378
5.8　电梯安装的工装准备 …………………………………………………………………… 379
5.9　电梯安装的工期分析 …………………………………………………………………… 380

1 厂内桥式起重机安装

1.1 概述

桥式起重机（简称桥机或天车）是横架于厂房、仓库和料场上空进行物料吊运的起重设备。它的两端一般坐落在高大的水泥柱、金属支架或地下厂房的岩锚梁上，形状似桥。桥式起重机的桥架沿铺设在两侧高架上的轨道纵向运行，可以充分利用桥架下面的空间吊运物料，不受地面设备的阻碍。它是使用范围最广、数量最多的一种起重机械设备。

而水电站厂房内桥式起重机承担着厂房内95%以上设备的倒运、吊装，以及基建期部分厂房混凝土浇筑工作，是水电站机电设备安装、维护和检修等是必不可少的重要设备。

1.1.1 桥式起重机分类

桥式起重机按用途可分为通用桥式起重机和冶金桥式起重机两种。水电站厂内桥式起重机为通用桥式起重机，主要有工字梁桥式起重机和箱型梁桥式起重机两种。水电站厂内桥式起重机分类见图1-1。

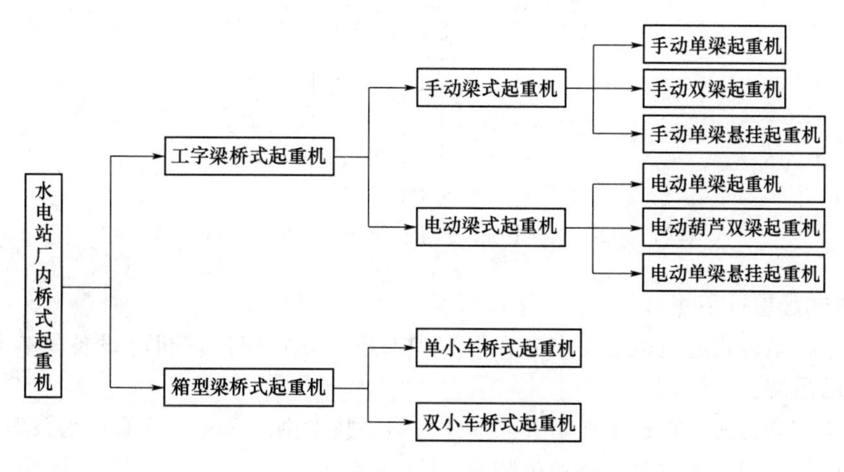

图1-1　水电站厂内桥式起重机分类图

（1）工字梁桥式起重机又称梁式起重机，其结构组成与普通桥式起重机类似，但起重量、跨度和工作速度均较小。桥架主梁是由工字钢或其他型钢和板钢组成的简单截面梁，用手拉葫芦或电动葫芦配上简易小车作为起重小车，小车一般在工字梁的下翼缘上运行。桥架可以沿高架上的轨道运行，也可沿悬吊在高架下面的轨道运行，后者称为悬挂梁式起重机。

（2）箱型梁桥式起重机一般由起重小车、桥架运行机构、桥架金属结构组成。起重小车

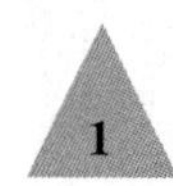

又由起升机构、小车运行机构和小车架三部分组成。起升机构包括电动机、制动器、减速器、卷筒和滑轮组及吊钩。电动机通过减速器，带动卷筒转动，使钢丝绳绕上卷筒或从卷筒放下，以升降重物。小车架是支托和安装起升机构和小车运行机构等部件的机架，通常为焊接结构。箱型梁桥式起重机又可分为单小车桥式起重机（见图1-2）和双小车桥式起重机。

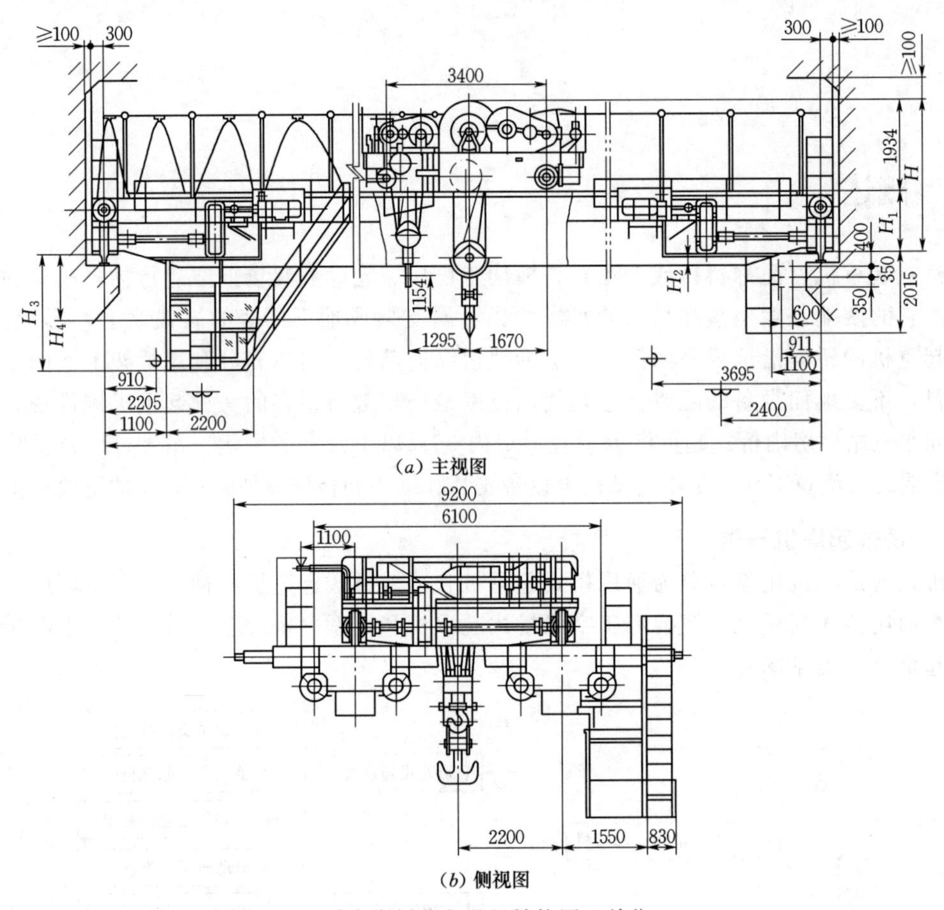

(a) 主视图

(b) 侧视图

图1-2　单小车桥式起重机结构图（单位：mm）

1.1.2　桥式起重机布置

（1）箱型梁桥式起重机主要布置在厂房和GIS室，用于厂房机电设备吊装和GIS室电气设备的吊装。

（2）工字梁桥式起重机主要布置在深井泵房、技术供水泵房、检修排水泵房、空压机室和母线层等，用于该位置设备的吊装。

（3）一般水电站结构为直线型，桥式起重机大车运行轨道根据厂房结构布置为直线型。部分水电站受地质条件及地形结构的影响，需将厂房布置成弧线型式，为保证设备吊装，也需将桥式起重机大车运行轨道布置成弧线型。

（4）根据河道宽度，部分水电站厂房按上下游双排厂房布置，上下游小车可单独运行，也可根据大件吊装需要，使一台小车行走到另一台大车上，与另一台小车联合抬吊完成大件吊装。

1.2 桥式起重机安装工序流程

根据水电站厂房结构特点及桥式起重机各部件重量，桥式起重机的安装可针对不同的吊装方式，分为以下几种：

（1）大车行走机构与主梁分别吊装、小车架与减速箱及卷筒分别吊装，其安装流程见图1－3。

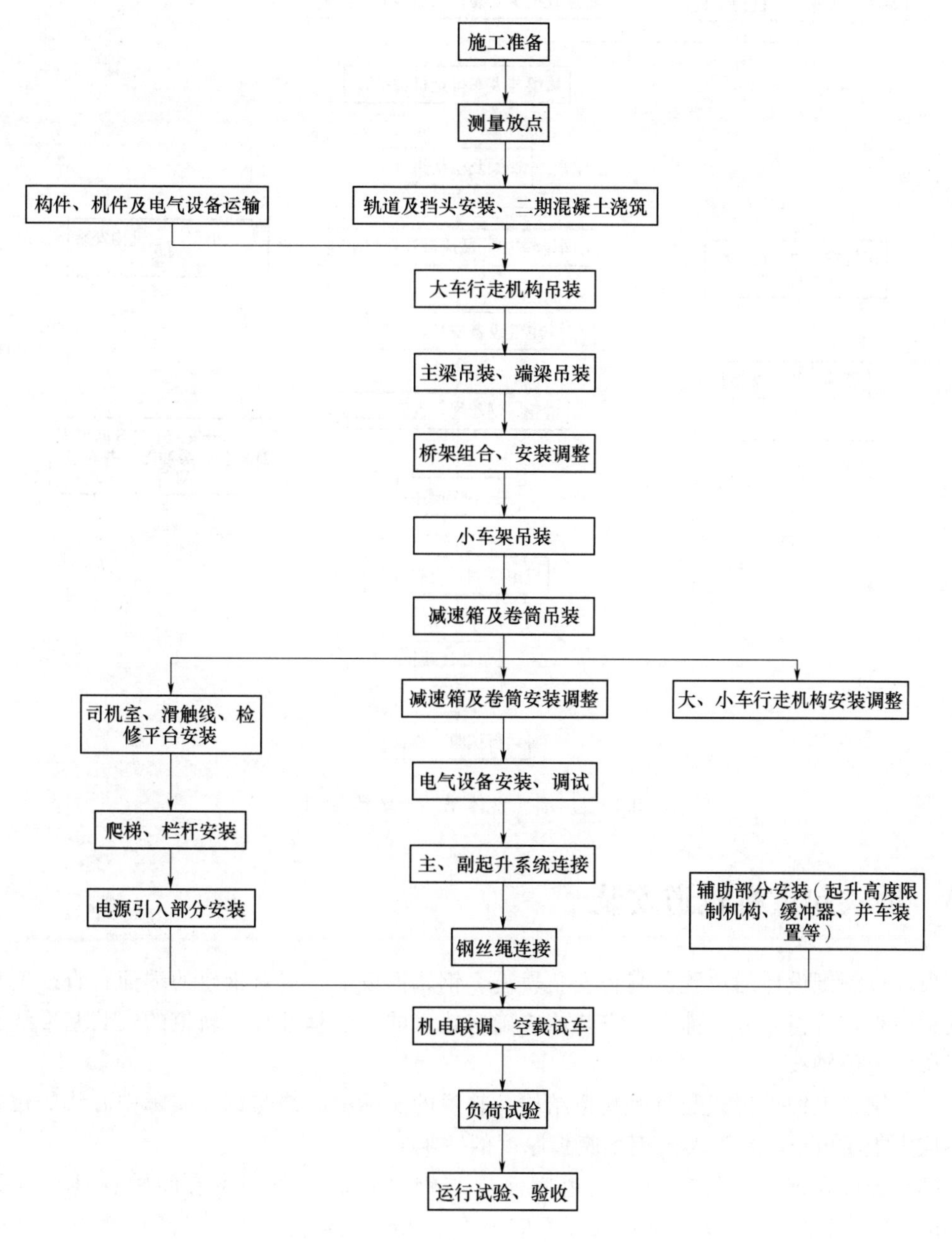

图1－3　部件分别吊装安装流程图

（2）大车行走机构与主梁整体吊装、小车架与减速箱及卷筒整体吊装，其安装流程见图 1-4。

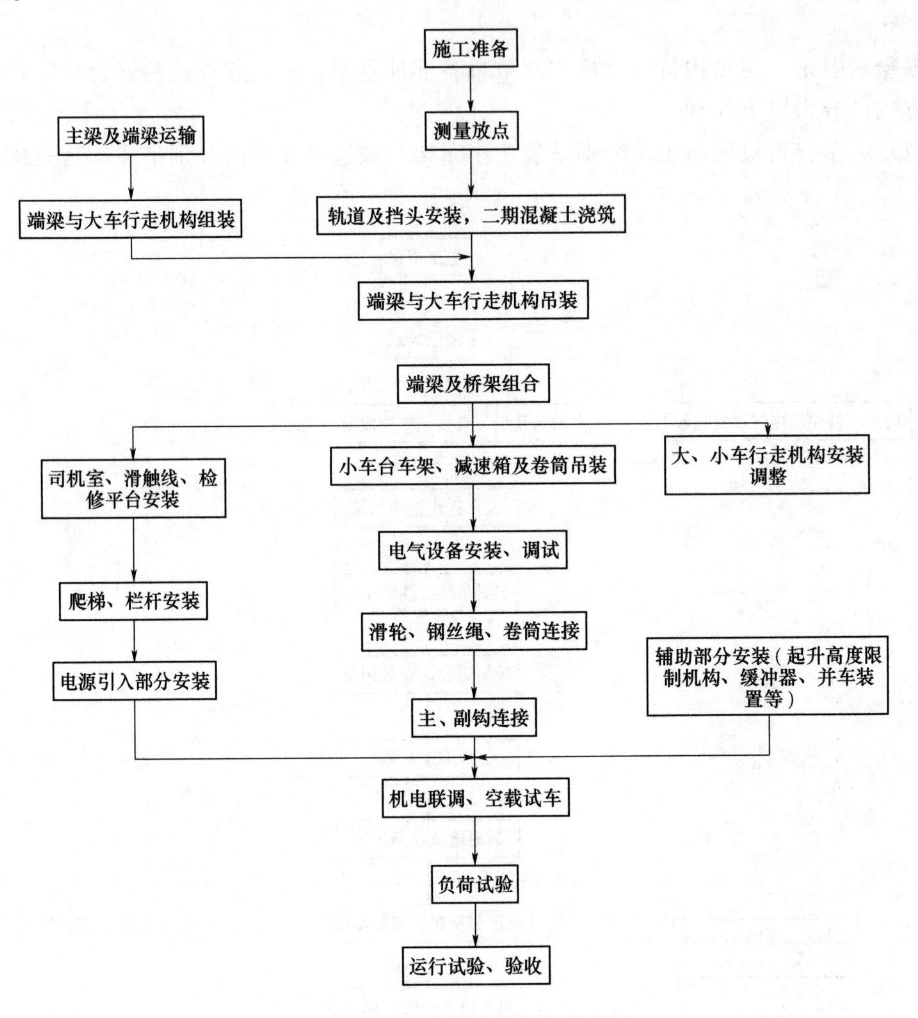

图 1-4　部件整体吊装安装流程图

1.3　桥式起重机轨道安装

（1）按图纸设计的位置、高程安装轨道。钢轨铺设前，应对钢轨的端面、直线度和扭曲进行检查，合格后方可铺设。安装前应确定轨道的安装基准线，轨道的安装基准线宜为吊车梁的定位轴线。

（2）钢梁上铺设桥式起重机轨道结构，轨道的实际中心线与钢梁实际中心线的位置偏差不应大于 10mm，且不大于钢梁腹板厚度的一半。

（3）铺设在钢梁上的轨道，轨道底面应与钢梁顶面贴紧。当有间隙、且长度超过 200mm 时，应加垫板垫实。垫板长度不应小于 100mm，宽度应大于轨道底面 10～20mm，每组垫板不应超过 3 层，垫好后与钢梁分段焊接固定。

（4）轨道的实际中心线与安装基准线的水平位置的偏差不应大于5mm。

（5）起重机轨道跨度不大于10m时，轨道跨距允许偏差为±3.0mm。

（6）当起重机跨度大于10m时，偏差按式（1-1）计算，但最大不应超过±15mm。

$$\Delta S = \pm[3 + 0.25(S - 10)] \tag{1-1}$$

式中　ΔS——起重机轨道跨度允许偏差，mm；

　　　S——起重机轨道跨度，m。

（7）轨道顶面对其设计位置的纵向倾斜度，通用桥式起重机不应大于1/1000，每2m测1点，全行程内高低差不应大于10mm。

（8）轨道顶面基准点的标高相对于设计标高的允许偏差，对于通用桥式起重机允许偏差为±10mm。同一截面两平行轨道的标高相对差，桥式起重机允许偏差为±10mm。

（9）两平行轨道的接头位置应错开，其错开距离不应等于起重机前后轮的轮距。

（10）轨道接头应符合下列要求：

1）轨道接头采用焊接时，焊条应符合钢轨母材的要求，焊缝质量应符合电熔焊的有关规定，接头顶面及侧面焊缝处，应打磨光滑、平整。

2）轨道接头采用鱼尾板连接时，接头高低差及侧向错位不应大于1.0mm，轨道间隙不应大于2.0mm。

3）伸缩缝处的间隙应符合设计规定，允许偏差±1.0mm。

4）用垫板支撑的轨道，接头处垫板的宽度（沿轨道长度方向）应比其他处增加1倍。

（11）对于地下厂房大跨度岩锚梁结构桥式起重机轨道，考虑到厂房岩体结构变形后将影响桥式起重机的正常运行。因此，在桥式起重机轨道安装时，可将桥式起重机轨距尺寸适当放大，即取正偏差值进行安装调整。

1.4　桥式起重机设备厂内运输

桥式起重机零部件多，主要有主梁、端梁、行走机构、小车架、减速箱、卷筒、电机、滑轮组、吊钩、钢丝绳、电气盘柜等设备。除桥式起重机主梁外，其他设备运输都相对简单，对车辆及道路要求也不高。本节主要介绍主梁的装车和运输。

（1）装车方位。桥式起重机主梁横架于厂房上下游轨道之上，如在主梁进入厂房后再考虑方位和吊装顺序，将会导致主梁在厂房内旋转非常困难。因此，在装车前需提前确认主梁进场顺序和进场方位。

（2）运输。

1）运输车辆选择。根据主梁重量及外形尺寸确定运输车辆型号。

2）装载加固。如果主梁尺寸较大，超宽超高，装载时应视设备具体尺寸和要求配载加固。

A.装载工器具应配置齐全。枕木、橡胶垫（若干），手拉葫芦（4个/车），角钢、三角木、钢丝绳等应满足装载实际需要。

B. 装车。

a. 设备纵向放置位置确保拖头传动桥承受的载重不应低于总重1/3。

b. 横向位置确保设备重心纵轴线位于车板中间，确保货物不偏载。

c. 设备与车板接触部位加垫橡胶或木板，防止设备产生位移和损伤。

d. 设备装车后捆绑点位于支撑点上方不应少于3处，车头受力点应打8字，防止前后位移。

e. 主梁装车见图1-5。

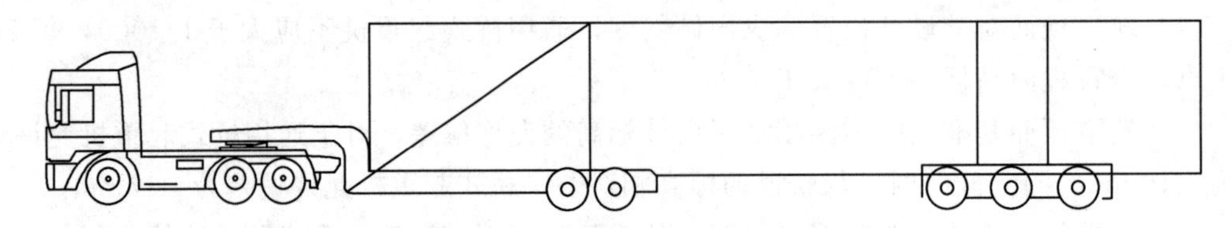

图1-5 主梁装车示意图

3）装运。在装运前，应再次复核所经过道路宽度、转弯半径、道路及桥涵的承载能力，道路的纵、横坡度应符合主梁运输要求，然后按装车方案进行装车及固定，办理大件运输相关手续，按道路运输管理规定实施运输。在车辆进入安装间前，应根据装车现状再次确认车辆驶入方式，落实卸车安全措施，经确认无误后以不超过5km/h的速度将车辆驶入安装间。

（3）卸车。主梁运到安装位置后，根据拟订的方案采用单台或多台起重机卸车。

1.5 桥式起重机吊装

（1）桥式起重机吊装可分为：自行式起重机吊装（汽车吊、履带吊、轮胎吊）、天锚吊装系统吊装和桅杆、扒杆吊装等（见图1-6）。

（2）根据厂房结构特点，以及吊装设备的具体情况，水电站主厂房桥式起重机吊装时，上述方法均可选用。

（3）各种方式吊装桥式起重机的要点及简要示意图可参见《重型设备吊装手册》（冶金工业出版社）中有关内容，吊装桥式起重机简图及吊装要点见表1-1。

1.5.1 自行式起重机吊装

自行式起重机主要用于明厂房、拱顶岩层结构不能承载或因施工进度受限的地下厂房和GIS室桥式起重机设备吊装，以及使用汽车吊（或履带吊）进行桥式起重机主梁、小车及其他部件的卸车。桥式起重机主梁及大车行走机构组装完成后使用汽车吊（或履带吊）进行整体吊装。吊装时视汽车吊（或履带吊）吊装半径及吊臂长度工况下的额定起吊量，确定小车采用整体吊装还是分解吊装（小车架、减速箱及小车起升机构）。如三峡水电站主厂房2台1250/125t单小车桥式起重机采用300t履带吊吊装，向家坝水电站左岸地下厂房2台1200/125t双小车桥式起重机采用300t汽车吊吊装。

例：某地下厂房布置2台起重量为450t+450t双小车桥式起重机，采取200t汽车吊

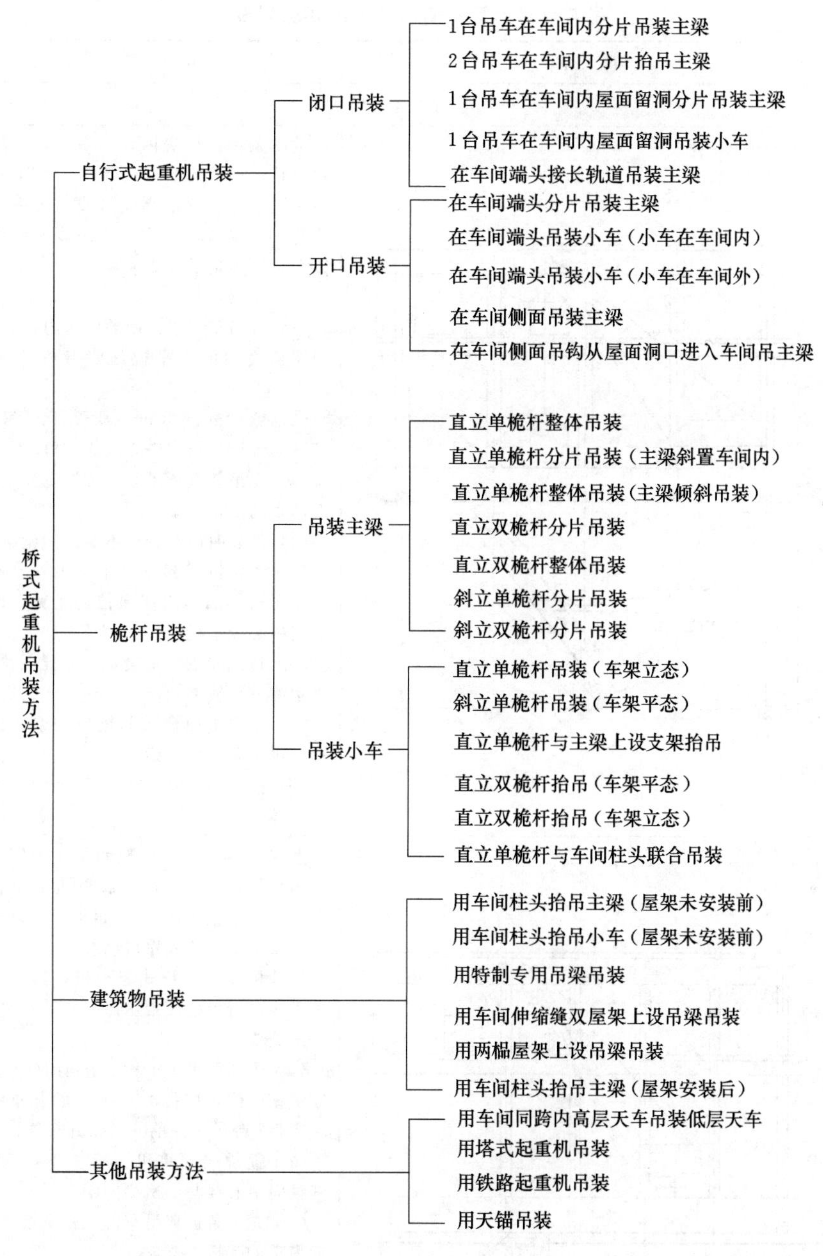

图 1-6　吊装方法汇总图

进行桥式起重机主要设备的吊装。

（1）主要技术特性。

1）型号：双小车电动双梁桥式起重机。

2）起重量：主钩　　450t＋450t

副钩（主钩变速）　150t

电动葫芦　16t

表 1-1　　　　吊装桥式起重机简图及吊装要点列表

序号	名称	简　图	方法要点及说明
(一)	自行式起重机吊装		
1	吊车在厂房内分根吊装(或者分片吊装)主梁	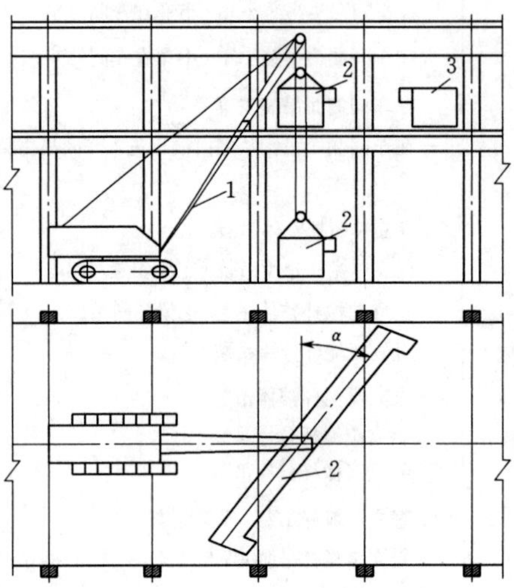	适用条件：厂房内地面平整，厂房高度和宽度满足吊车吊装，桥式起重机大车轨道梁上平面距屋架有足够的高度（或在拆去少量厂房屋架的水平拉筋，将吊车臂杆伸入厂房屋架下弦以上，以满足吊装要求）。 吊装要点： (1) 置吊车 1 于封闭的厂房内，必要时拆去 2 幅屋架之间的水平拉筋将臂杆伸入屋架下弦以上； (2) 置桥式起重机主梁 2 于厂房内地坪上，其纵向与厂房横向中心线成 α 角； (3) 先吊装远离吊车的 1 根主梁 3，后吊装挨近吊车的 1 根主梁 2； (4) 吊装时吊车臂杆不能碰撞屋架下弦； (5) 当将桥式起重机主梁吊到其底面略高出其大车轨道后，用溜绳拉动主梁，使之与厂房横向中心线平行； (6) 桥式起重机主梁走行车轮对准其轨道后，将主梁放于轨道上； (7) 将第 1 根桥式起重机主梁 3 推离吊装位置，再吊第 2 根主梁 2； (8) 推回第 1 根主梁并将 2 根主梁用端梁连接成整体
2	两台吊车在厂房内分根抬吊主梁	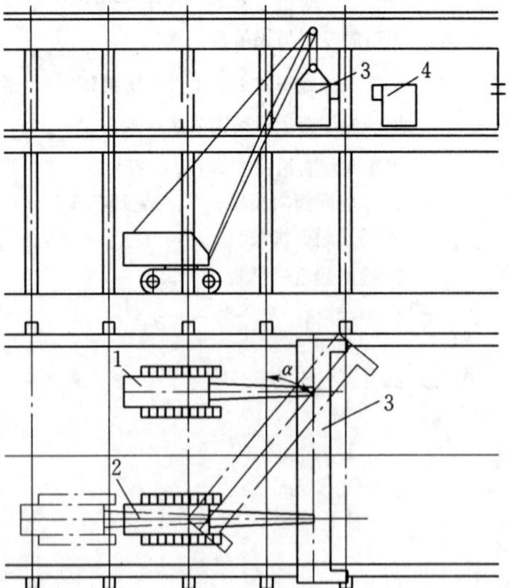	适用条件：厂房内地面平整，厂房高度和宽度满足吊装要求，桥式起重机大车轨道梁上平面距屋架下弦距离 H 有足够大，此方法一般用于大、中型桥式起重机吊装。 吊装机械：自行式起重机，其中应有 1 台是吊重物可行走的履带吊。 吊装要点： (1) 置 2 台吊车 1 和 2 于封闭的厂房内，其在厂房横向位置应按 2 台吊车的起重量分配荷载决定，2 台吊车一前一后错开布置； (2) 置桥式起重机主梁 3 于厂房内地坪上，其纵向中心线与厂房横向中心线成 α 角； (3) 先吊装远离吊车的 1 根主梁 4，后吊装挨近吊车的 1 根主梁 3； (4) 吊车臂杆顶头高度应在屋架下弦以下； (5) 当将桥式起重机主梁吊到其底面略高出其大车轨道后，后面的履带吊吊着主梁沿厂房纵向前行，使主梁与厂房横向中心线平行； (6) 桥式起重机主梁走行车轮对准桥式起重机轨道后，将主梁放于轨道上； (7) 将第 1 根主梁推离吊装位置，再吊第 2 根主梁 2； (8) 推回第 1 根主梁并用端梁将 2 根主梁连接成整体

续表

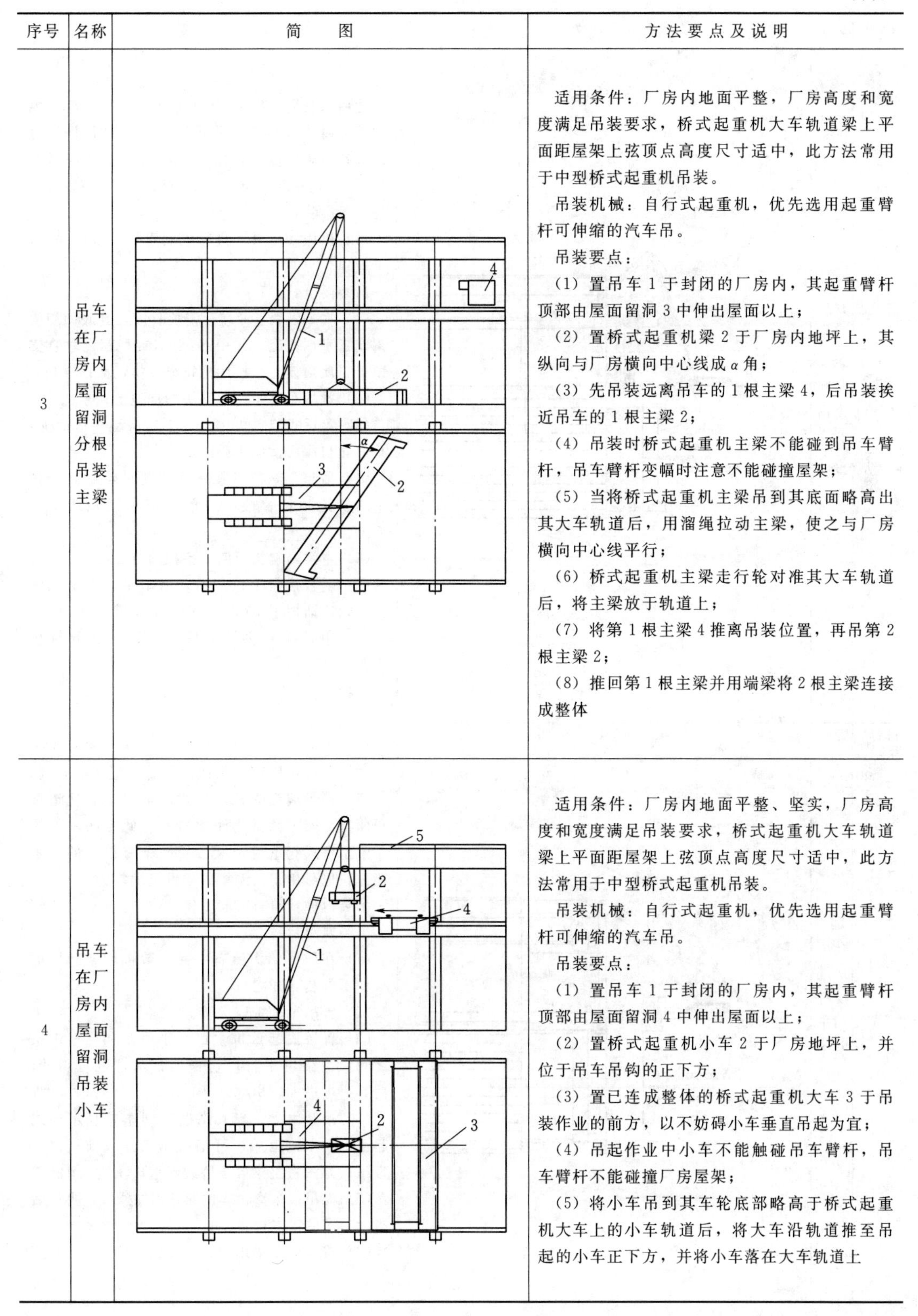

序号	名称	简　图	方法要点及说明
3	吊车在厂房内屋面留洞分根吊装主梁		适用条件：厂房内地面平整，厂房高度和宽度满足吊装要求，桥式起重机大车轨道梁上平面距屋架上弦顶点高度尺寸适中，此方法常用于中型桥式起重机吊装。 吊装机械：自行式起重机，优先选用起重臂杆可伸缩的汽车吊。 吊装要点： （1）置吊车1于封闭的厂房内，其起重臂杆顶部由屋面留洞3中伸出屋面以上； （2）置桥式起重机梁2于厂房内地坪上，其纵向与厂房横向中心线成α角； （3）先吊装远离吊车的1根主梁4，后吊装挨近吊车的1根主梁2； （4）吊装时桥式起重机主梁不能碰到吊车臂杆，吊车臂杆变幅时注意不能碰撞屋架； （5）当将桥式起重机主梁吊到其底面略高出其大车轨道后，用溜绳拉动主梁，使之与厂房横向中心线平行； （6）桥式起重机主梁走行轮对准其大车轨道后，将主梁放于轨道上； （7）将第1根主梁4推离吊装位置，再吊第2根主梁2； （8）推回第1根主梁并用端梁将2根主梁连接成整体
4	吊车在厂房内屋面留洞吊装小车		适用条件：厂房内地面平整、坚实，厂房高度和宽度满足吊装要求，桥式起重机大车轨道梁上平面距屋架上弦顶点高度尺寸适中，此方法常用于中型桥式起重机吊装。 吊装机械：自行式起重机，优先选用起重臂杆可伸缩的汽车吊。 吊装要点： （1）置吊车1于封闭的厂房内，其起重臂杆顶部由屋面留洞4中伸出屋面以上； （2）置桥式起重机小车2于厂房地坪上，并位于吊车吊钩的正下方； （3）置已连成整体的桥式起重机大车3于吊装作业的前方，以不妨碍小车垂直吊起为宜； （4）吊起作业中小车不能触碰吊车臂杆，吊车臂杆不能碰撞厂房屋架； （5）将小车吊到其车轮底部略高于桥式起重机大车上的小车轨道后，将大车沿轨道推至吊起的小车正下方，并将小车落在大车轨道上

续表

序号	名称	简　　图	方法要点及说明
5	在厂房端头接长轨道吊装主梁	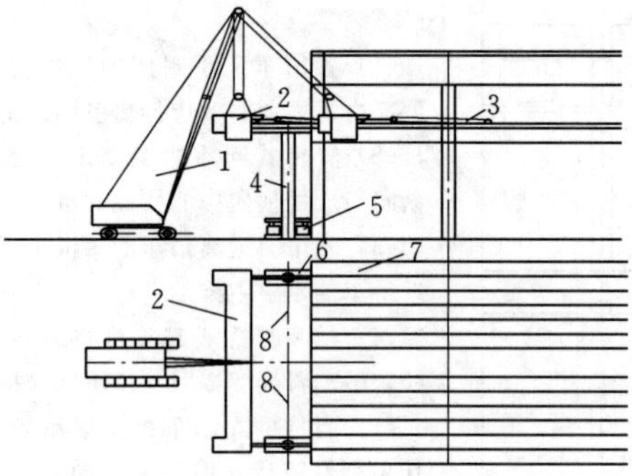 1 2 3 4 5 6 7 8 8 2	适用条件：厂房内有设备基础、料仓坑、地沟等障碍物，吊车无法进入厂房内，并且厂房不具备吊车作业所需空间，厂房已安装好屋面板7，厂房端头无立柱。此方法常用于小型桥式起重机吊装。 吊装机械和机具：自行式起重机，手拉葫芦，千斤顶等。 吊装要点： (1) 将2根轨道6接至需要长度，其底面用槽钢或工字钢托起，并用钢管4（或型钢）垂直支顶于千斤顶5上，再用拖拉绳8扶正支顶立柱； (2) 置吊车1于厂房端头的空地上； (3) 置桥式起重机主梁2于厂房端头地面上，其方向与厂房横向中心线平行； (4) 吊起主梁，当其高度达到车轮略高于接长的轨道顶面高度后，落钩使主梁轻压于轨道上； (5) 主梁两端头设两个手拉葫芦3； (6) 随着拉紧手拉葫芦，吊车主钩下落和倾杆，则逐渐把主梁引入厂房内的轨道上； (7) 用同样方法吊装另外一根桥式起重机主梁
6	在厂房端头分根吊装主梁	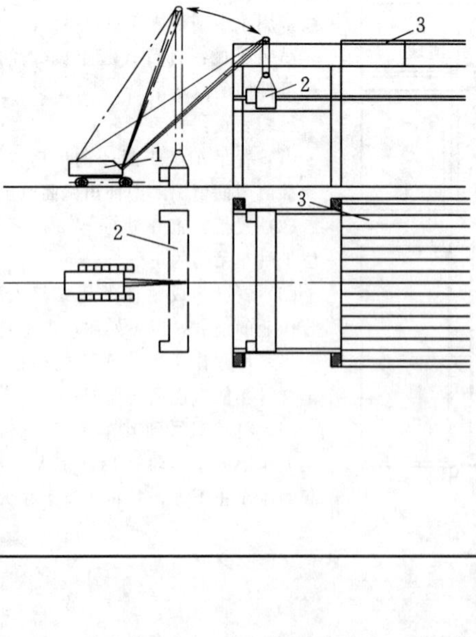 3 2 1 3 2	适用条件：厂房端头地面平整、坚实、开阔，厂房一端无端头立柱，桥式起重机大车轨道梁顶面与屋架下弦垂直距离较小。此方法一般用于中型桥式起重机吊装，如吊车有很大的起重能力，也可用于大型桥式起重机吊装。 吊装机械：自行式起重机。 吊装要点： (1) 在厂房端头留有一榀或数榀屋架和屋面板3不安装（开门）； (2) 置吊车1于厂房端头空地上； (3) 置桥式起重机主梁2于吊车和厂房端头之间，主梁可平行厂房横向摆放，也可斜放，使其一端进入厂房内； (4) 吊起主梁，当其高度达到车轮高出桥式起重机大车轨道后，可用吊车扒杆或前行（履带吊）方法将主梁放于桥式起重机轨道上； (5) 先吊装远离吊车的第1根主梁2，再吊装挨近吊车的第2根主梁； (6) 将2根主梁用端梁连接成整体

续表

序号	名称	简　　图	方法要点及说明
7	在厂房端头吊装小车方法之一	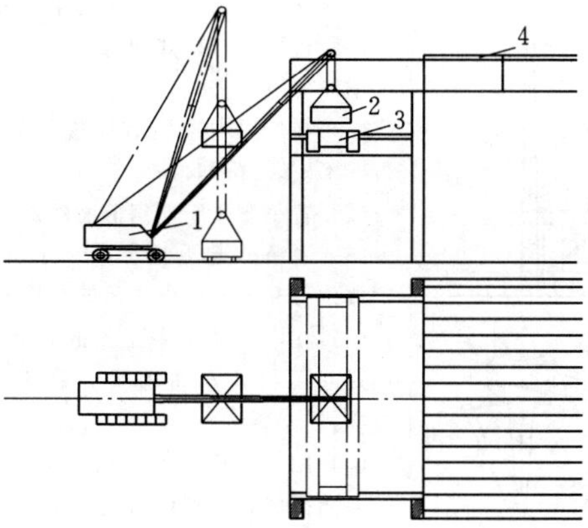	适用条件：厂房端头地面平整、坚实、开阔，桥式起重机大车轨道梁顶面与屋架下弦垂直距离较小，此方法一般用于吊装中型桥式起重机的小车。 吊装机械：自行式起重机。 吊装要点： （1）在厂房端头留有一榀或数榀屋架3，屋面板4不安装（开口）； （2）置吊车1于厂房端头的空地上； （3）置小车2于厂房外（或厂房端头内）的地坪上，位置在吊车吊钩垂直的正下方； （4）桥式起重机大车推送至厂房端头处（或将桥式起重机大车推离厂房端头）； （5）将小车吊到其车轮底部略高于大车上的小车轨道后用爬杆法将小车落于轨道上（或将大车推回到小车正下方并将小车落下）； （6）将桥式起重机推至已装好的屋面下，再安装尚未安装的屋架和屋面板
8	在厂房端头吊装小车方法之二	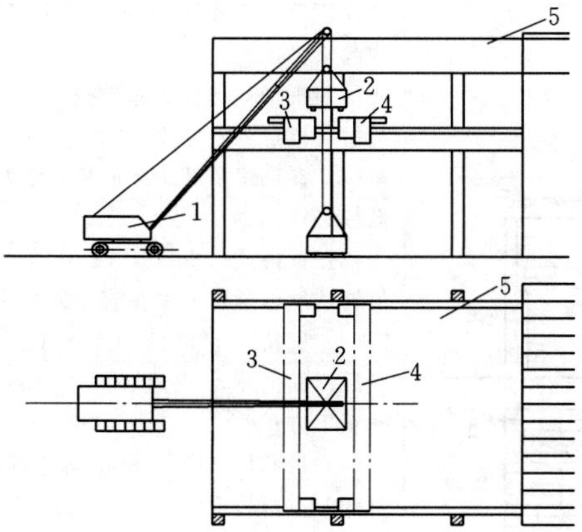	适用条件：厂房端头地面平整、坚实、开阔，桥式起重机大车轨道梁顶面与屋架下弦垂直距离不够大，此方法用于小车重量较大，主梁用分根吊装法时。 吊装机械：自行式起重机。 吊装要点： （1）在厂房端头留有一榀或数榀屋架，屋面板5不安装（开口）； （2）置吊车1于厂房端头地坪上； （3）置桥式起重机小车2于厂房端头内的地坪上； （4）2根桥式起重机主梁3和4稍许分开置于小车的上方，分开距离应比小车宽度略大； （5）吊车吊钩从2根桥式起重机主梁间垂下，并吊于小车上； （6）将小车吊到其车轮底部略高于大车上的小车轨道处； （7）将分开的2根大车主梁推至小车下，并迅速用端梁连接成整体； （8）下落吊车吊钩将小车放在桥式起重机主梁的小车轨道上； （9）将桥式起重机推至已装好的屋面下，再安装尚未安装的屋架和屋面板

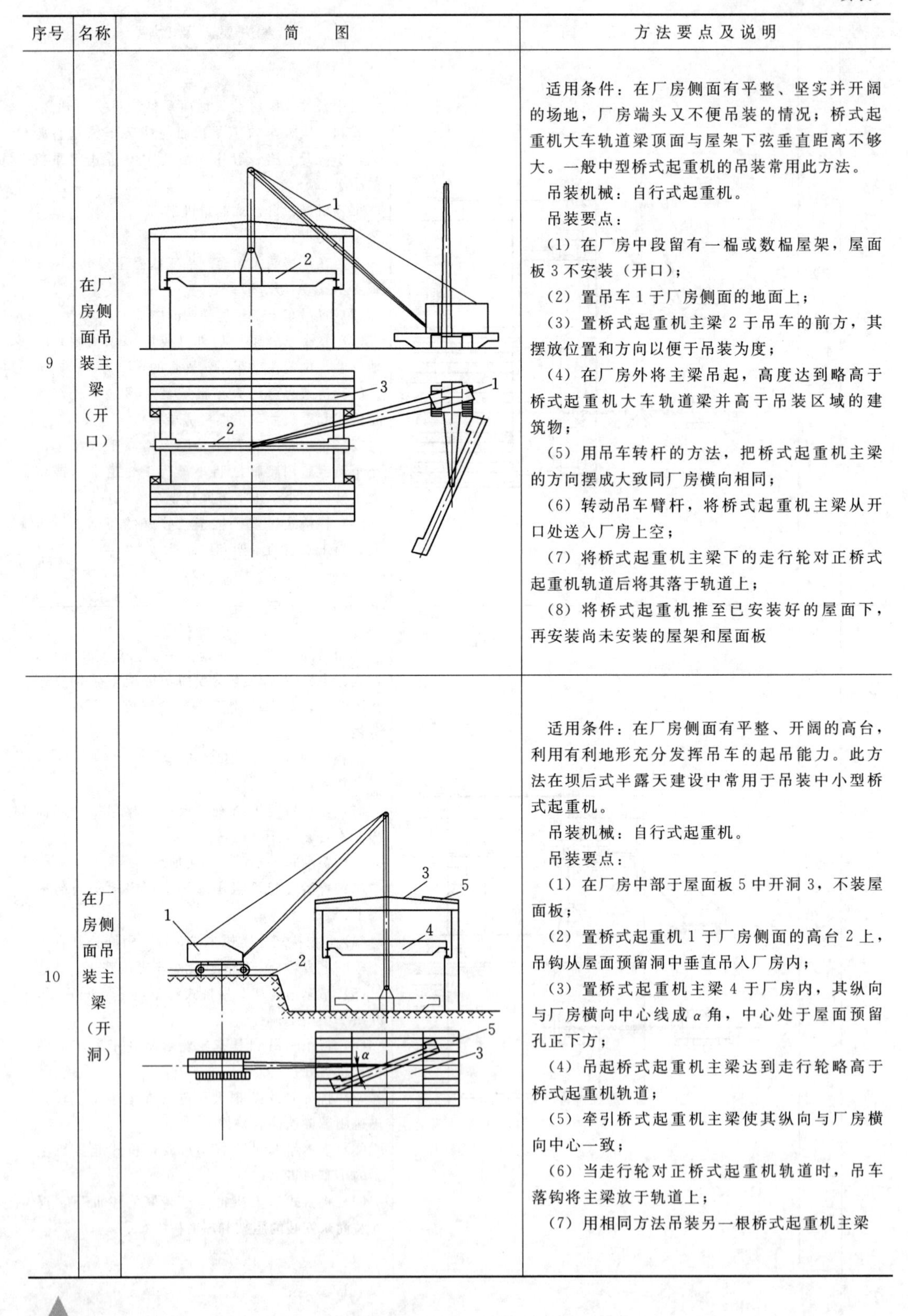

续表

序号	名称	简　图	方法要点及说明
9	在厂房侧面吊装主梁（开口）		适用条件：在厂房侧面有平整、坚实并开阔的场地，厂房端头又不便吊装的情况；桥式起重机大车轨道梁顶面与屋架下弦垂直距离不够大。一般中型桥式起重机的吊装常用此方法。 吊装机械：自行式起重机。 吊装要点： （1）在厂房中段留有一榀或数榀屋架，屋面板3不安装（开口）； （2）置吊车1于厂房侧面的地面上； （3）置桥式起重机主梁2于吊车的前方，其摆放位置和方向以便于吊装为度； （4）在厂房外将主梁吊起，高度达到略高于桥式起重机大车轨道梁并高于吊装区域的建筑物； （5）用吊车转杆的方法，把桥式起重机主梁的方向摆成大致同厂房横向相同； （6）转动吊车臂杆，将桥式起重机主梁从开口处送入厂房上空； （7）将桥式起重机主梁下的走行轮对正桥式起重机轨道后将其落于轨道上； （8）将桥式起重机推至已安装好的屋面下，再安装尚未安装的屋架和屋面板
10	在厂房侧面吊装主梁（开洞）		适用条件：在厂房侧面有平整、开阔的高台，利用有利地形充分发挥吊车的起吊能力。此方法在坝后式半露天建设中常用于吊装中小型桥式起重机。 吊装机械：自行式起重机。 吊装要点： （1）在厂房中部于屋面板5中开洞3，不装屋面板； （2）置桥式起重机1于厂房侧面的高台2上，吊钩从屋面预留洞中垂直吊入厂房内； （3）置桥式起重机主梁4于厂房内，其纵向与厂房横向中心线成α角，中心处于屋面预留孔正下方； （4）吊起桥式起重机主梁达到走行轮略高于桥式起重机轨道； （5）牵引桥式起重机主梁使其纵向与厂房横向中心一致； （6）当走行轮对正桥式起重机轨道时，吊车落钩将主梁放于轨道上； （7）用相同方法吊装另一根桥式起重机主梁

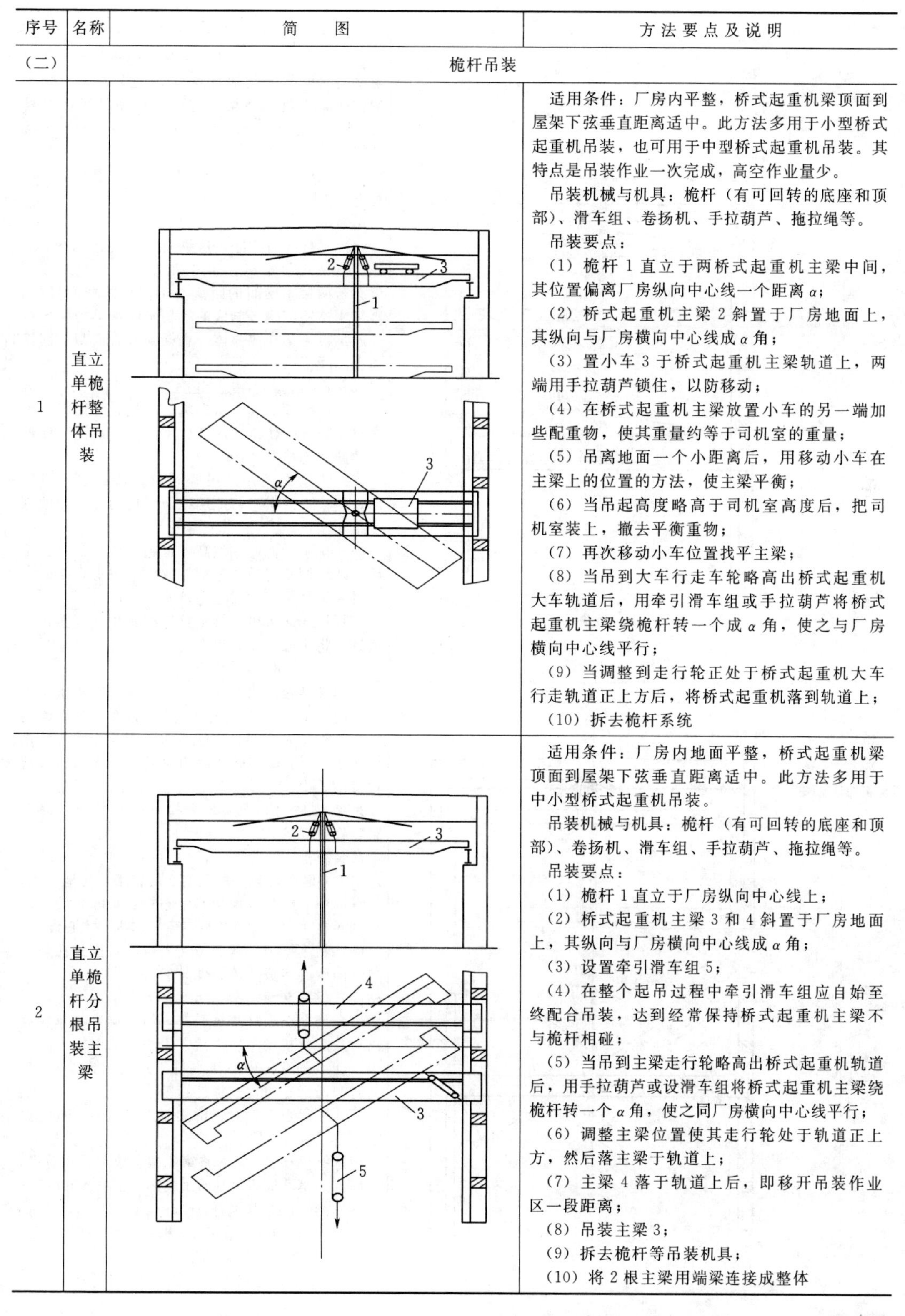

序号	名称	简　　图	方法要点及说明
（二）	桅杆吊装		
1	直立单桅杆整体吊装		适用条件：厂房内平整，桥式起重机梁顶面到屋架下弦垂直距离适中。此方法多用于小型桥式起重机吊装，也可用于中型桥式起重机吊装。其特点是吊装作业一次完成，高空作业量少。 吊装机械与机具：桅杆（有可回转的底座和顶部）、滑车组、卷扬机、手拉葫芦、拖拉绳等。 吊装要点： （1）桅杆1直立于两桥式起重机主梁中间，其位置偏离厂房纵向中心线一个距离a； （2）桥式起重机主梁2斜置于厂房地面上，其纵向与厂房横向中心线成α角； （3）置小车3于桥式起重机主梁轨道上，两端用手拉葫芦锁住，以防移动； （4）在桥式起重机主梁放置小车的另一端加些配重物，使其重量约等于司机室的重量； （5）吊离地面一个小距离后，用移动小车在主梁上的位置的方法，使主梁平衡； （6）当吊起高度略高于司机室高度后，把司机室装上，撤去平衡重物； （7）再次移动小车位置找平主梁； （8）当吊到大车行走车轮略高出桥式起重机大车轨道后，用牵引滑车组或手拉葫芦将桥式起重机主梁绕桅杆转一个成α角，使之与厂房横向中心线平行； （9）当调整到走行轮正处于桥式起重机大车行走轨道正上方后，将桥式起重机落到轨道上； （10）拆去桅杆系统
2	直立单桅杆分根吊装主梁		适用条件：厂房内地面平整，桥式起重机梁顶面到屋架下弦垂直距离适中。此方法多用于中小型桥式起重机吊装。 吊装机械与机具：桅杆（有可回转的底座和顶部）、卷扬机、滑车组、手拉葫芦、拖拉绳等。 吊装要点： （1）桅杆1直立于厂房纵向中心线上； （2）桥式起重机主梁3和4斜置于厂房地面上，其纵向与厂房横向中心线成α角； （3）设置牵引滑车组5； （4）在整个起吊过程中牵引滑车组应自始至终配合吊装，达到经常保持桥式起重机主梁不与桅杆相碰； （5）当吊到主梁走行轮略高出桥式起重机轨道后，用手拉葫芦或设滑车组将桥式起重机主梁绕桅杆转一个α角，使之同厂房横向中心线平行； （6）调整主梁位置使其走行轮处于轨道正上方，然后落主梁于轨道上； （7）主梁4落于轨道上后，即移开吊装作业区一段距离； （8）吊装主梁3； （9）拆去桅杆等吊装机具； （10）将2根主梁用端梁连接成整体

续表

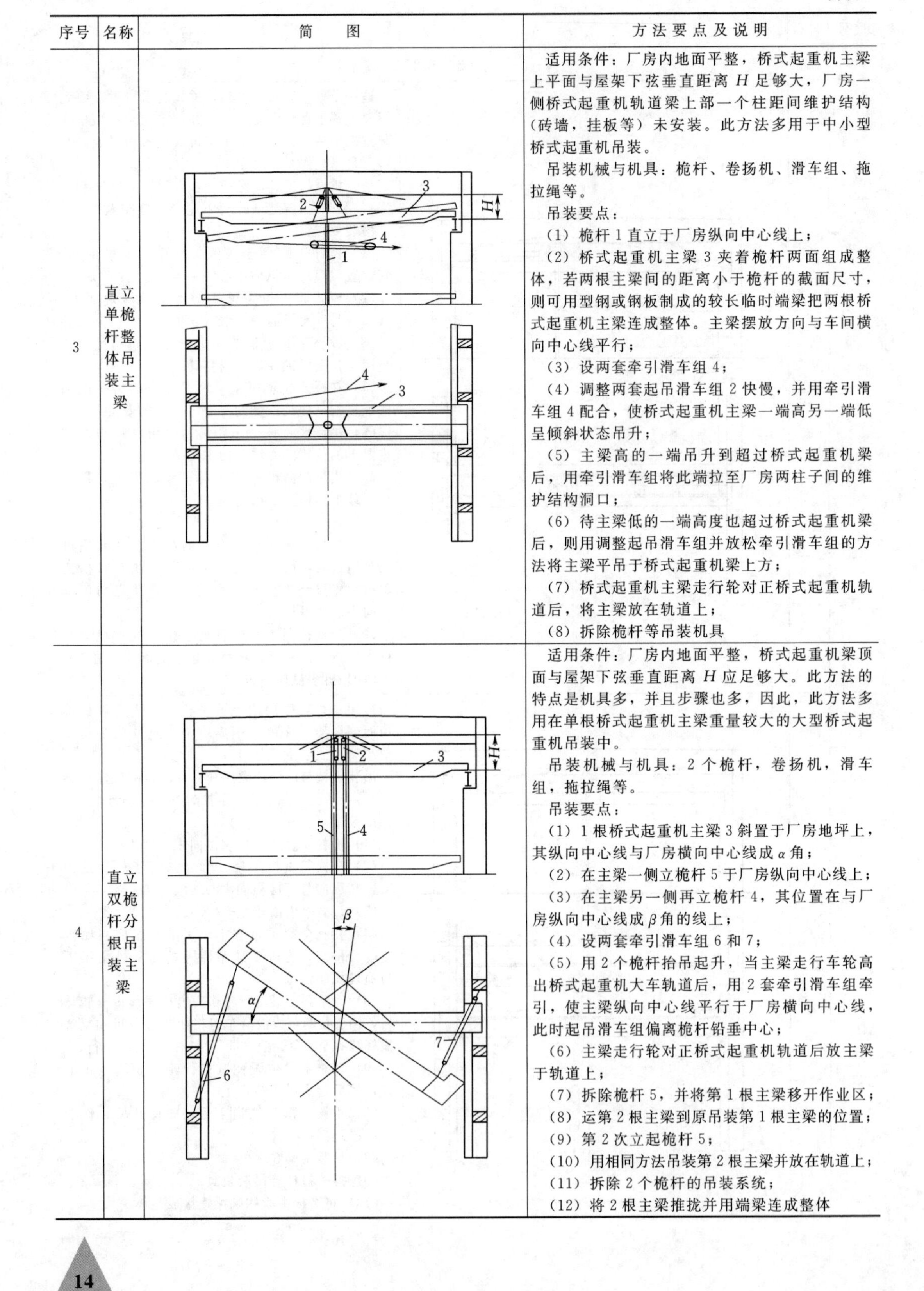

序号	名称	简　　图	方法要点及说明
3	直立单桅杆整体吊装主梁		适用条件：厂房内地面平整，桥式起重机主梁上平面与屋架下弦垂直距离 H 足够大，厂房一侧桥式起重机轨道梁上部一个柱距间维护结构（砖墙，挂板等）未安装。此方法多用于中小型桥式起重机吊装。 吊装机械与机具：桅杆、卷扬机、滑车组、拖拉绳等。 吊装要点： （1）桅杆 1 直立于厂房纵向中心线上； （2）桥式起重机主梁 3 夹着桅杆两面组成整体，若两根主梁间的距离小于桅杆的截面尺寸，则可用型钢或钢板制成的较长临时端梁把两根桥式起重机主梁连成整体。主梁摆放方向与车间横向中心线平行； （3）设两套牵引滑车组 4； （4）调整两套起吊滑车组 2 快慢，并用牵引滑车组 4 配合，使桥式起重机主梁一端高另一端低呈倾斜状态吊升； （5）主梁高的一端吊升到超过桥式起重机梁后，用牵引滑车组将此端拉至厂房两柱子间的维护结构洞口； （6）待主梁低的一端高度也超过桥式起重机梁后，则用调整起吊滑车组并放松牵引滑车组的方法将主梁平吊于桥式起重机梁上方； （7）桥式起重机主梁走行轮对正桥式起重机轨道后，将主梁放在轨道上； （8）拆除桅杆等吊装机具
4	直立双桅杆分根吊装主梁		适用条件：厂房内地面平整，桥式起重机梁顶面与屋架下弦垂直距离 H 应足够大。此方法的特点是机具多，并且步骤也多，因此，此方法多用在单根桥式起重机主梁重量较大的大型桥式起重机吊装中。 吊装机械与机具：2 个桅杆，卷扬机，滑车组，拖拉绳等。 吊装要点： （1）1 根桥式起重机主梁 3 斜置于厂房地坪上，其纵向中心线与厂房横向中心线成 α 角； （2）在主梁一侧立桅杆 5 于厂房纵向中心线上； （3）在主梁另一侧再立桅杆 4，其位置在与厂房纵向中心线成 β 角的线上； （4）设两套牵引滑车组 6 和 7； （5）用 2 个桅杆抬吊起升，当主梁走行车轮高出桥式起重机大车轨道后，用 2 套牵引滑车组牵引，使主梁纵向中心线平行于厂房横向中心线，此时起吊滑车组偏离桅杆铅垂中心； （6）主梁走行轮对正桥式起重机轨道后放主梁于轨道上； （7）拆除桅杆 5，并将第 1 根主梁移开作业区； （8）运第 2 根主梁到原吊装第 1 根主梁的位置； （9）第 2 次立起桅杆 5； （10）用相同方法吊装第 2 根主梁并放在轨道上； （11）拆除 2 个桅杆的吊装系统； （12）将 2 根主梁推拢并用端梁连成整体

续表

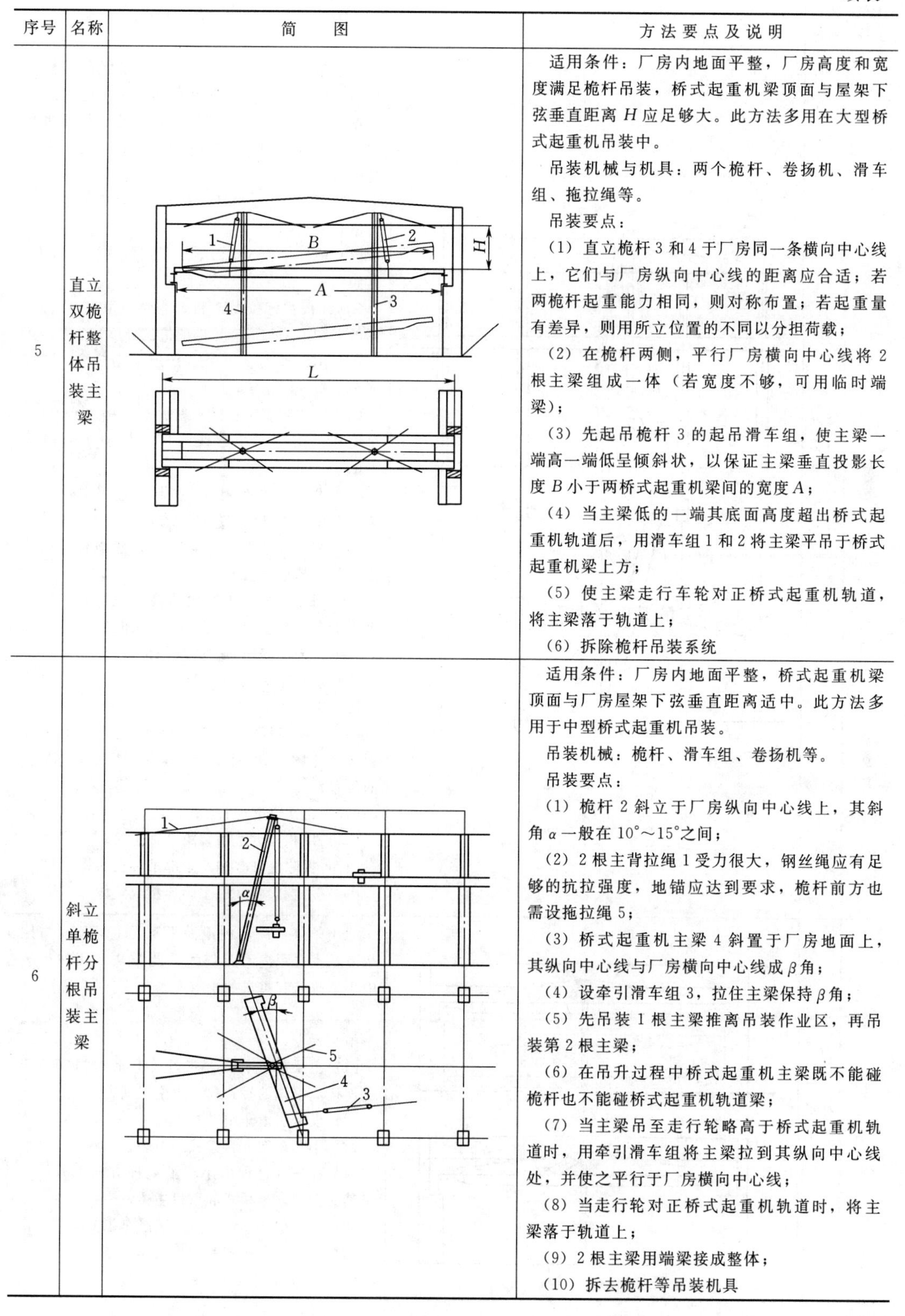

序号	名称	简　　图	方法要点及说明
5	直立双桅杆整体吊装主梁		适用条件：厂房内地面平整，厂房高度和宽度满足桅杆吊装，桥式起重机梁顶面与屋架下弦垂直距离 H 应足够大。此方法多用在大型桥式起重机吊装中。 吊装机械与机具：两个桅杆、卷扬机、滑车组、拖拉绳等。 吊装要点： (1) 直立桅杆3和4于厂房同一条横向中心线上，它们与厂房纵向中心线的距离应合适；若两桅杆起重能力相同，则对称布置；若起重量有差异，则用所立位置的不同以分担荷载； (2) 在桅杆两侧，平行厂房横向中心线将2根主梁组成一体（若宽度不够，可用临时端梁）； (3) 先起吊桅杆3的起吊滑车组，使主梁一端高一端低呈倾斜状，以保证主梁垂直投影长度 B 小于两桥式起重机梁间的宽度 A； (4) 当主梁低的一端其底面高度超出桥式起重机轨道后，用滑车组1和2将主梁平吊于桥式起重机梁上方； (5) 使主梁走行车轮对正桥式起重机轨道，将主梁落于轨道上； (6) 拆除桅杆吊装系统
6	斜立单桅杆分根吊装主梁		适用条件：厂房内地面平整，桥式起重机梁顶面与厂房屋架下弦垂直距离适中。此方法多用于中型桥式起重机吊装。 吊装机械：桅杆、滑车组、卷扬机等。 吊装要点： (1) 桅杆2斜立于厂房纵向中心线上，其斜角 α 一般在 $10°\sim15°$ 之间； (2) 2根主背拉绳1受力很大，钢丝绳应有足够的抗拉强度，地锚应达到要求，桅杆前方也需设拖拉绳5； (3) 桥式起重机主梁4斜置于厂房地面上，其纵向中心线与厂房横向中心线成 β 角； (4) 设牵引滑车组3，拉住主梁保持 β 角； (5) 先吊装1根主梁推离吊装作业区，再吊装第2根主梁； (6) 在吊升过程中桥式起重机主梁既不能碰桅杆也不能碰桥式起重机轨道梁； (7) 当主梁吊至走行轮略高于桥式起重机轨道时，用牵引滑车组将主梁拉到其纵向中心线处，并使之平行于厂房横向中心线； (8) 当走行轮对正桥式起重机轨道时，将主梁落于轨道上； (9) 2根主梁用端梁接成整体； (10) 拆去桅杆等吊装机具

续表

序号	名称	简图	方法要点及说明
7	斜立双桅杆分根吊装主梁	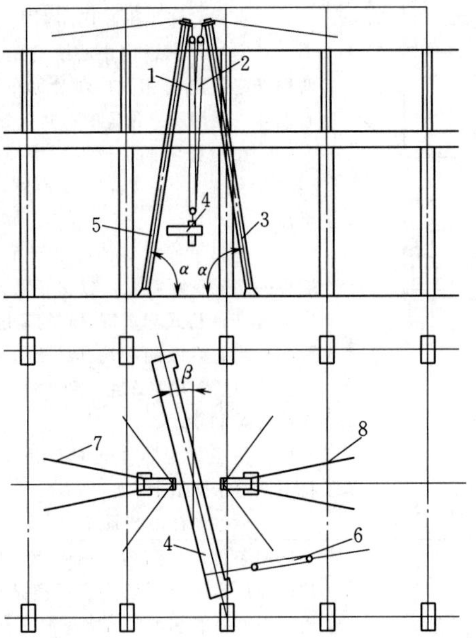	适用条件：厂房内地面平整，桥式起重机梁顶面与厂房屋架下弦垂直距离适中。此方法的特点是机具多，吊装步骤多，因此，此方法多用在单根主梁重量较重的大型桥式起重机吊装中。 吊装机械：2个桅杆、卷扬机、滑车组等。 吊装要点： (1) 桅杆3和5均斜立于厂房纵向中心线上，其倾角α一般在75°～80°间； (2) 4根主背拉绳7和8均受力很大，因此，钢丝绳和地锚均应有足够的抗拉强度； (3) 用钢丝绳将2个桅杆顶部连接起，以保证2个桅杆的稳定； (4) 桥式起重机主梁4斜放于厂房地面上，2个桅杆之间纵向中心线与厂房横向中心线成β角； (5) 设牵引滑车组6，在起吊过程中牵引主梁，并使之始终保持斜向状态； (6) 在吊升过程中主梁既不许碰桅杆，也不能碰桥式起重机轨道梁； (7) 当主梁吊至走行轮略高于轨道时，松开牵引滑车组则主梁会自行旋转至其纵向中心线处且平行于厂房横向中心线的位置； (8) 走行轮对正桥式起重机大车轨道，并将主梁落于轨道上； (9) 拆除桅杆5，将第1根主梁沿轨道推离作业区，并将第2根主梁运到原第1根主梁待吊装的位置； (10) 再次立起桅杆5； (11) 用相同方法吊装第2根主梁； (12) 拆除桅杆3和5全部吊装机具； (13) 用端梁将2根主梁连接成整体
8	直立单桅杆吊装小车	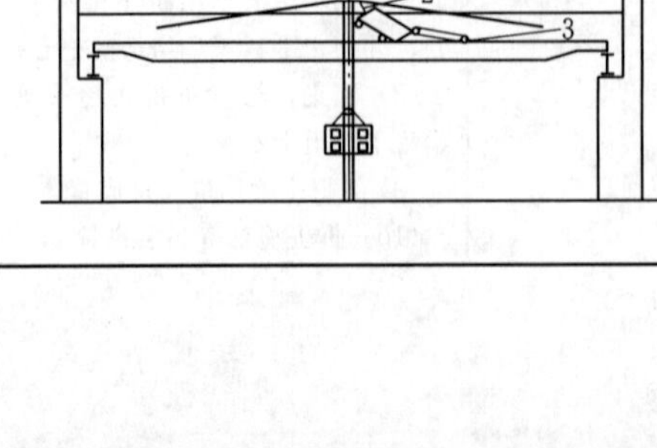	适用条件：厂房内地面平整，主梁顶面与屋架下弦垂直距离有足够大。此方法多用在吊装中小型桥式起重机的小车上。 吊装机具：桅杆、滑车组等。 吊装要点： (1) 主梁的桅杆1吊装小车，此时桅杆位于已连接成整体的桥式起重机主梁间； (2) 设牵引滑车组3； (3) 小车车架取直立状态吊装； (4) 在吊升过程中小车沿桅杆方向上升，直至其底面略高于桥式起重机主梁； (5) 设牵引滑车组3与吊装滑车组2配合，将小车翻身并放在桥式起重机大车轨道上； (6) 拆除桅杆等吊装机具

续表

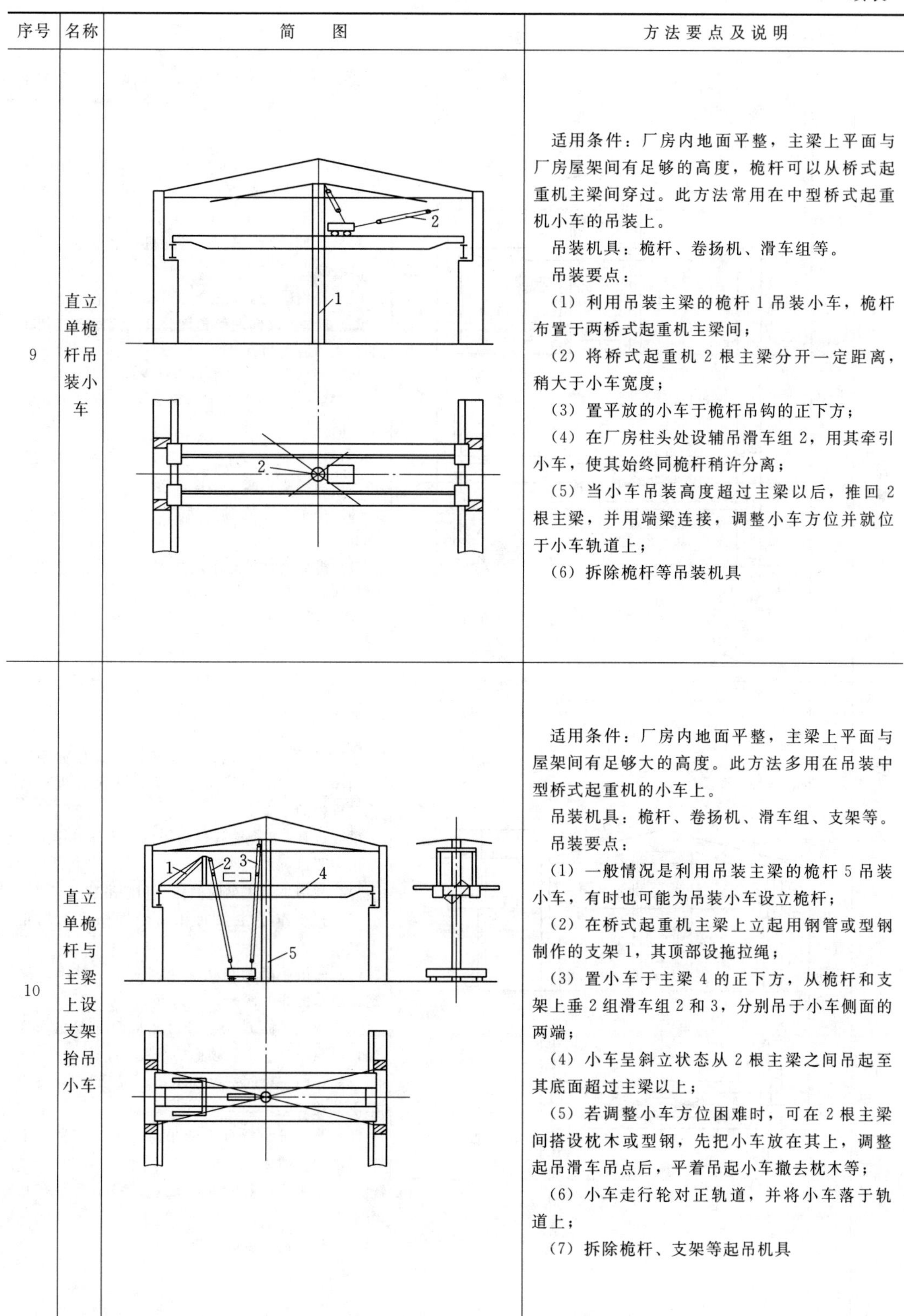

序号	名称	简　　图	方法要点及说明
9	直立单桅杆吊装小车		适用条件：厂房内地面平整，主梁上平面与厂房屋架间有足够的高度，桅杆可以从桥式起重机主梁间穿过。此方法常用在中型桥式起重机小车的吊装上。 吊装机具：桅杆、卷扬机、滑车组等。 吊装要点： （1）利用吊装主梁的桅杆1吊装小车，桅杆布置于两桥式起重机主梁间； （2）将桥式起重机2根主梁分开一定距离，稍大于小车宽度； （3）置平放的小车于桅杆吊钩的正下方； （4）在厂房柱头处设辅吊滑车组2，用其牵引小车，使其始终同桅杆稍许分离； （5）当小车吊装高度超过主梁以后，推回2根主梁，并用端梁连接，调整小车方位并就位于小车轨道上； （6）拆除桅杆等吊装机具
10	直立单桅杆与主梁上设支架抬吊小车		适用条件：厂房内地面平整，主梁上平面与屋架间有足够大的高度。此方法多用在吊装中型桥式起重机的小车上。 吊装机具：桅杆、卷扬机、滑车组、支架等。 吊装要点： （1）一般情况是利用吊装主梁的桅杆5吊装小车，有时也可能为吊装小车设立桅杆； （2）在桥式起重机主梁上立起用钢管或型钢制作的支架1，其顶部设拖拉绳； （3）置小车于主梁4的正下方，从桅杆和支架上垂2组滑车组2和3，分别吊于小车侧面的两端； （4）小车呈斜立状态从2根主梁之间吊起至其底面超过主梁以上； （5）若调整小车方位困难时，可在2根主梁间搭设枕木或型钢，先把小车放在其上，调整起吊滑车吊点后，平着吊起小车撤去枕木等； （6）小车走行轮对正轨道，并将小车落于轨道上； （7）拆除桅杆、支架等起吊机具

续表

序号	名称	简图	方法要点及说明
11	直立双桅杆抬吊小车	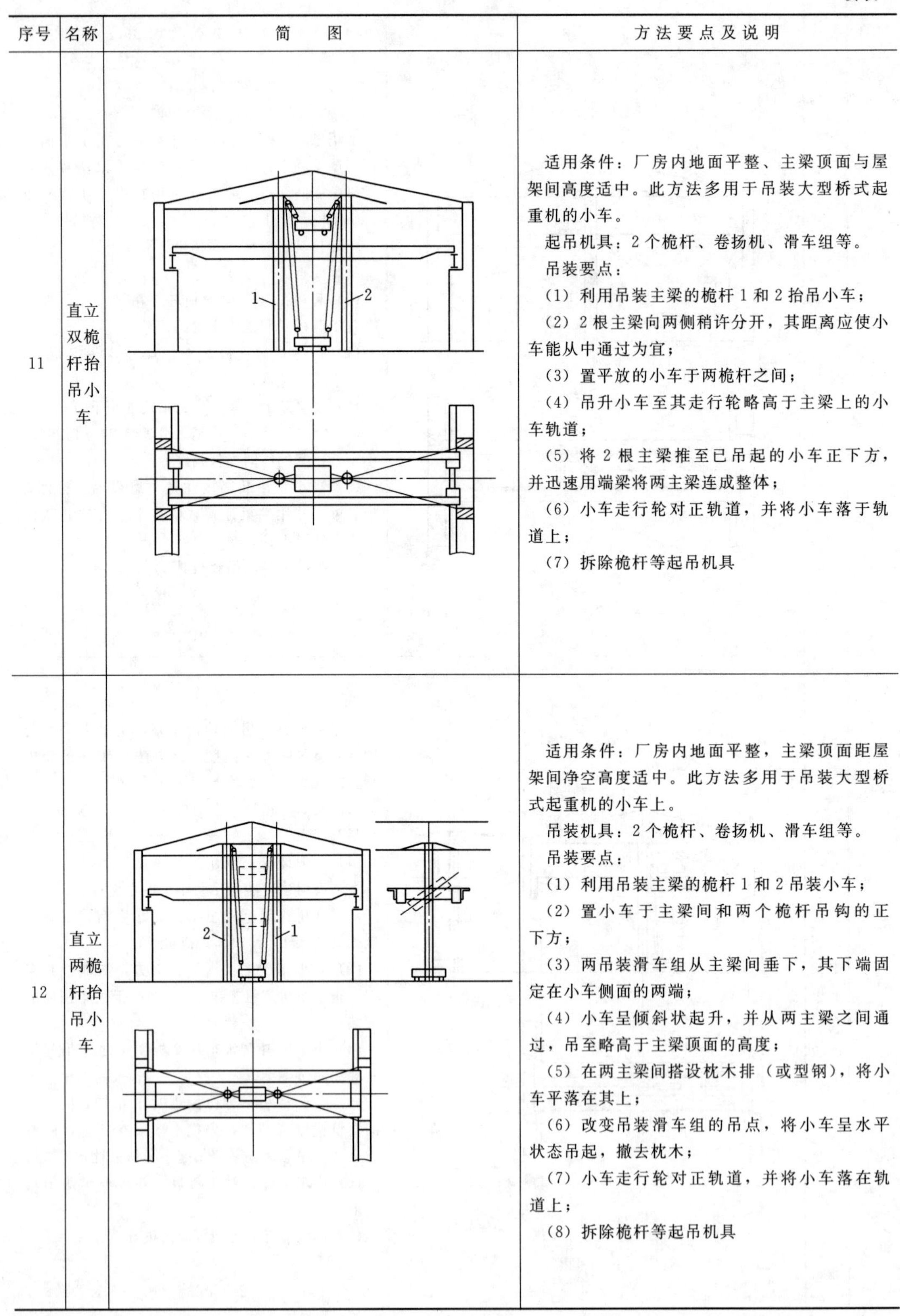	适用条件：厂房内地面平整、主梁顶面与屋架间高度适中。此方法多用于吊装大型桥式起重机的小车。 起吊机具：2个桅杆、卷扬机、滑车组等。 吊装要点： (1) 利用吊装主梁的桅杆1和2抬吊小车； (2) 2根主梁向两侧稍许分开，其距离应使小车能从中通过为宜； (3) 置平放的小车于两桅杆之间； (4) 吊升小车至其走行轮略高于主梁上的小车轨道； (5) 将2根主梁推至已吊起的小车正下方，并迅速用端梁将两主梁连成整体； (6) 小车走行轮对正轨道，并将小车落于轨道上； (7) 拆除桅杆等起吊机具
12	直立两桅杆抬吊小车		适用条件：厂房内地面平整，主梁顶面距屋架间净空高度适中。此方法多用于吊装大型桥式起重机的小车上。 吊装机具：2个桅杆、卷扬机、滑车组等。 吊装要点： (1) 利用吊装主梁的桅杆1和2吊装小车； (2) 置小车于主梁间和两个桅杆吊钩的正下方； (3) 两吊装滑车组从主梁间垂下，其下端固定在小车侧面的两端； (4) 小车呈倾斜状起升，并从两主梁之间通过，吊至略高于主梁顶面的高度； (5) 在两主梁间搭设枕木排（或型钢），将小车平落在其上； (6) 改变吊装滑车组的吊点，将小车呈水平状态吊起，撤去枕木； (7) 小车走行轮对正轨道，并将小车落在轨道上； (8) 拆除桅杆等起吊机具

序号	名称	简　　图	方法要点及说明
13	直立单桅杆与厂房柱头联合吊装小车	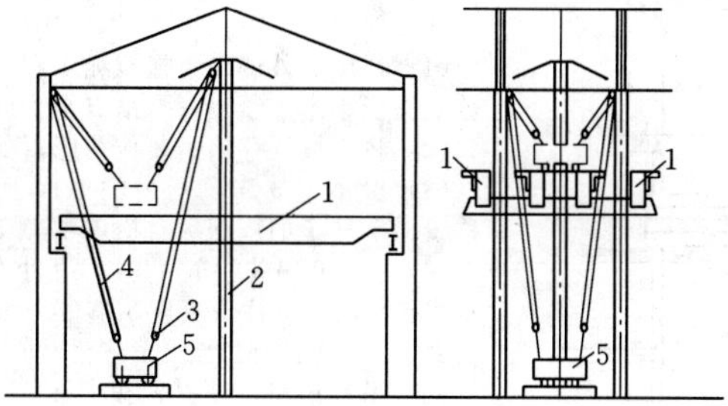 1 2 3 4 5	适用条件：厂房内地面平整，主梁顶面距屋架间净空高度适中。此方法多用于中小型桥式起重机的小车吊装。 吊装机具：桅杆、卷扬机、滑车组等。 吊装要点： （1）利用吊装主梁的桅杆2吊装小车5； （2）2根主梁向两侧稍许分开，其距离应能使小车从主梁中间通过为宜； （3）2根房柱头上挂1组或2组辅助滑车组4； （4）置平放的小车5于桅杆根部附近，桅杆的吊装滑车组3和辅助滑车组4的下端固定于小车上； （5）同时起升4组滑车组，调节其起升速度，始终使小车与桅杆在保持安全距离的状态下提升； （6）小车提升的高度略超过主梁顶面的高度； （7）将2根主梁推送至小车的正下方，并用端梁将2根主梁连成整体； （8）小车走行轮对正轨道，将小车落在轨道上； （9）拆除桅杆等起吊机具
（三）	建筑物吊装		
1	用厂房柱头抬吊主梁	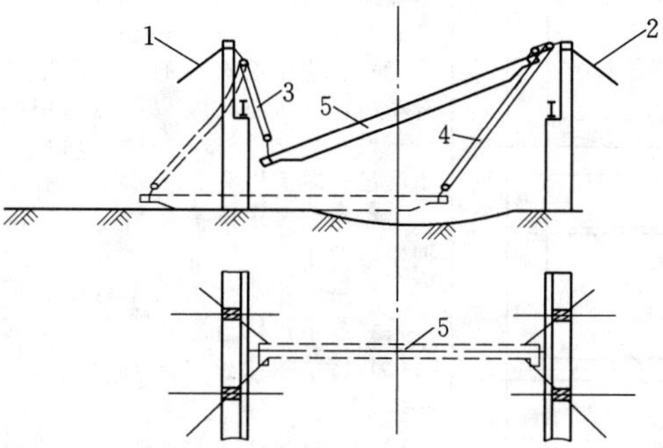 1 2 3 4 5	适用条件：厂房内地面不平整，桥式起重机轨道梁已安装完毕，屋架尚未安装。此方法可用在因某种原因需提前安装桥式起重机的工程中，一般用于小型桥式起重机的吊装；若厂房柱子允许承载的荷载较大，也可用于中型桥式起重机吊装。 吊装机具：滑车组、卷扬机（或绞磨）、拖拉绳等。 吊装要点： （1）在利用吊装的柱头外侧需设置拖拉绳1和2； （2）置桥式起重机主梁3于厂房外或厂房内； （3）在主梁两端挂起吊滑车组3和4，其跑绳通向卷扬机或绞磨； （4）主梁在一端高一端低呈倾斜状态下吊升； （5）吊升至高端超过桥式起重机轨道梁后，低端继续吊升，直至其高度也高出桥式起重机梁顶面； （6）调整4套滑车组将主梁吊平，走行车轮对正桥式起重机轨道后，落主梁于轨道上； （7）把第1根主梁移开吊装作业区； （8）用吊装第1根方法吊装第2根主梁； （9）对端梁将2根桥式起重机主梁组装成整体； （10）拆除起吊机具

续表

序号	名称	简　图	方法要点及说明
2	用厂房柱头抬吊小车	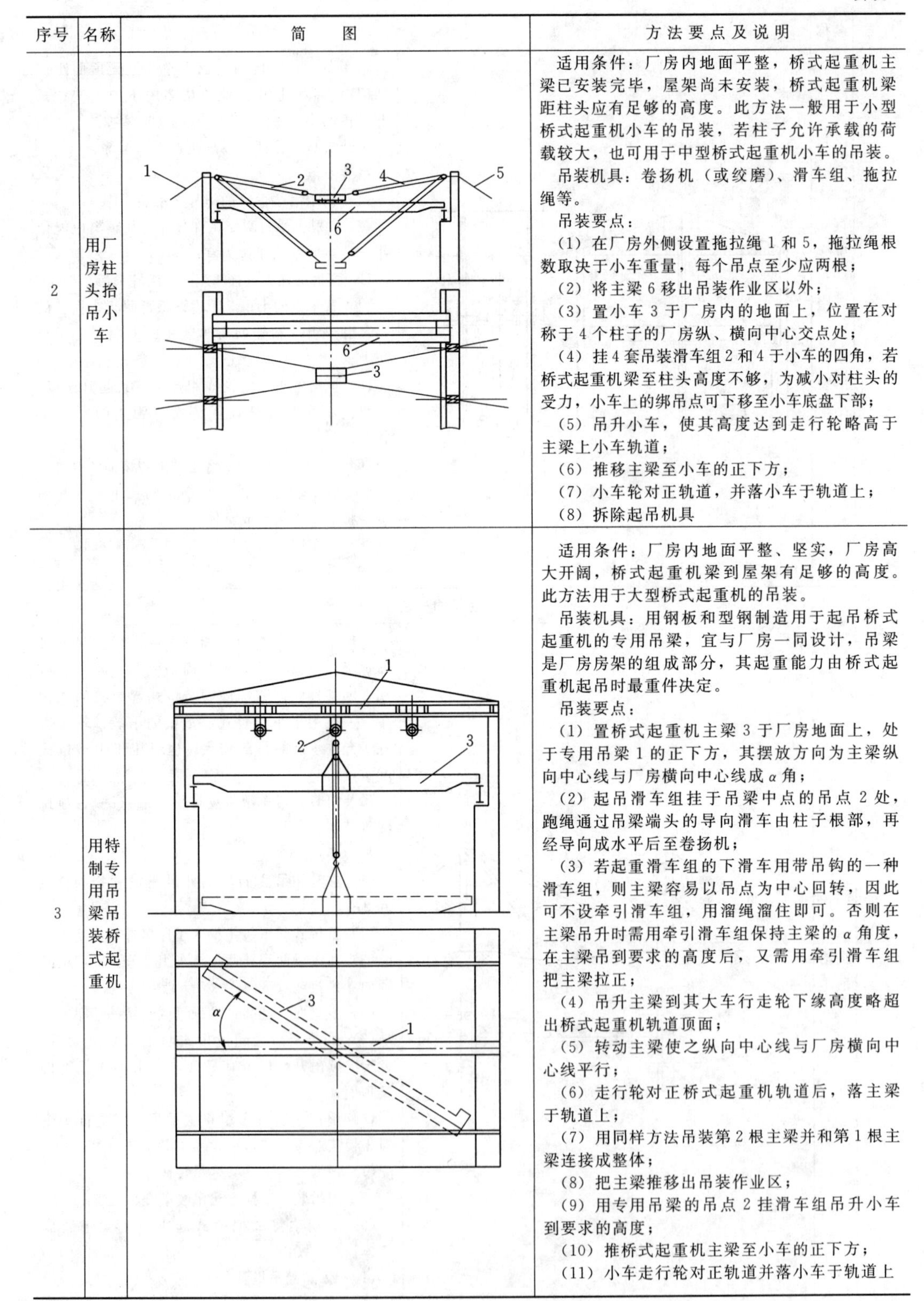	适用条件：厂房内地面平整，桥式起重机主梁已安装完毕，屋架尚未安装，桥式起重机梁距柱头应有足够的高度。此方法一般用于小型桥式起重机小车的吊装，若柱子允许承载的荷载较大，也可用于中型桥式起重机小车的吊装。 吊装机具：卷扬机（或绞磨）、滑车组、拖拉绳等。 吊装要点： （1）在厂房外侧设置拖拉绳 1 和 5，拖拉绳根数取决于小车重量，每个吊点至少应两根； （2）将主梁 6 移出吊装作业区以外； （3）置小车 3 于厂房内的地面上，位置在对称于 4 个柱子的厂房纵、横向中心交点处； （4）挂 4 套吊装滑车组 2 和 4 于小车的四角，若桥式起重机梁至柱头高度不够，为减小对柱头的受力，小车上的绑吊点可下移至小车底盘下部； （5）吊升小车，使其高度达到走行轮略高于主梁上小车轨道； （6）推移主梁至小车的正下方； （7）小车轮对正轨道，并落小车于轨道上； （8）拆除起吊机具
3	用特制专用吊梁吊装桥式起重机		适用条件：厂房内地面平整、坚实，厂房高大开阔，桥式起重机梁到屋架有足够的高度。此方法用于大型桥式起重机的吊装。 吊装机具：用钢板和型钢制造用于起吊桥式起重机的专用吊梁，宜与厂房一同设计，吊梁是厂房房架的组成部分，其起重能力由桥式起重机起吊时最重件决定。 吊装要点： （1）置桥式起重机主梁 3 于厂房地面上，处于专用吊梁 1 的正下方，其摆放方向为主梁纵向中心线与厂房横向中心线成 α 角； （2）起吊滑车组挂于吊梁中点的吊点 2 处，跑绳通过吊梁端头的导向滑车由柱子根部，再经导向成水平后至卷扬机； （3）若起重滑车组的下滑车用带吊钩的一种滑车组，则主梁容易以吊点为中心回转，因此可不设牵引滑车组，用溜绳溜住即可。否则在主梁吊升时需用牵引滑车组保持主梁的 α 角度，在主梁吊到要求的高度后，又需用牵引滑车组把主梁拉正； （4）吊升主梁到其大车行走轮下缘高度略超出桥式起重机轨道顶面； （5）转动主梁使之纵向中心线与厂房横向中心线平行； （6）走行轮对正桥式起重机轨道后，落主梁于轨道上； （7）用同样方法吊装第 2 根主梁并和第 1 根主梁连接成整体； （8）把主梁推移出吊装作业区； （9）用专用吊梁的吊点 2 挂滑车组吊升小车到要求的高度； （10）推桥式起重机主梁至小车的正下方； （11）小车走行轮对正轨道并落小车于轨道上

续表

序号	名称	简　图	方法要点及说明
4	用伸缩缝处双屋架吊装桥式起重机	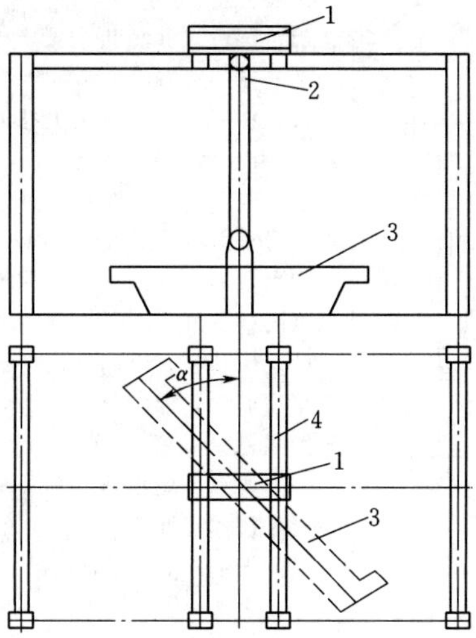	适用条件：厂房内地面平整，厂房较长并设计有伸缩缝和双屋架，桥式起重机梁顶面距屋架高度尺寸适中。此方法多用于中小型桥式起重机吊装。但在冬季用此方法时，应考虑钢材在低温下强度降低变脆的因素。 吊装机具：在双屋架的中间最高点横置一榀型钢制作的吊梁，滑车组挂于其中点上。双屋架和横梁所能承受的安全荷载应经过核算并得到设计单位确认。 吊装要点： (1) 置桥式起重机主梁3于厂房地面上，处于吊梁1的正下方，其摆放方向为主梁纵向中心线与厂房横向中心线成α角； (2) 起吊滑车2的上滑车挂于吊梁上，下滑车从两榀屋架4间垂于厂房地面并吊于与主梁纵向中心线α角桥式起重机主梁上。跑绳通过柱头的导向滑车垂直到柱子根部，再经导向滑车呈水平后至卷扬机； (3) 若起重滑车组的下滑车用带吊钩的一种，则主梁易绕吊点为中心回转，因此可不用设牵引滑车组。如下滑车用闭口吊环型，则需设牵引滑车组用以保持主梁的至α角和主梁就位时拉正； (4) 吊升主梁到其大车行走轮下缘高度略超出桥式起重机轨道梁顶面； (5) 转动主梁使其纵向中心线平行于厂房横向中心线； (6) 走行轮对正桥式起重机轨道后，落主梁于轨道上； (7) 用相同方法吊装第2根主梁，并用端梁将2根主梁连成整体； (8) 把主梁推离吊装作业区； (9) 用吊梁1和吊主梁相同方法将小车吊至其走行轮略高出主梁轨道的高度； (10) 推桥式起重机主梁至小车的正下方； (11) 小车走行轮在正主梁上的两根轨道后，把小车落于上面
5	用相邻两榀屋架上设吊装桥式起重机工装	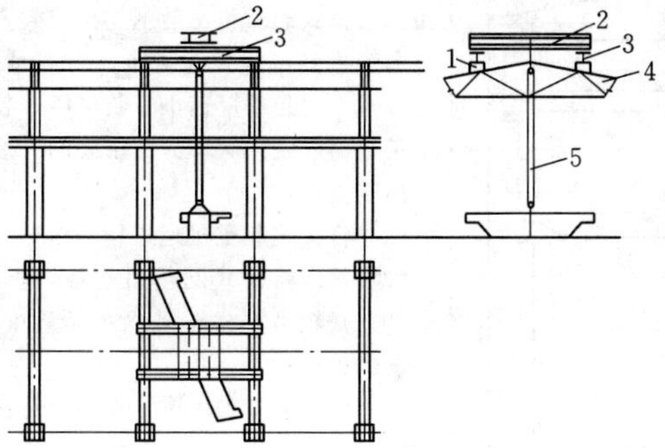	适用条件：厂房内地面平整，桥式起重机梁顶面距屋架高度尺寸适中。此方法可用于中小型桥式起重机吊装。但在严寒季节用此方法时，应考虑钢材在低温下强度降低变脆的不利因素。 吊装机具：在两相邻屋架4上面沿着厂房纵向于屋架节点处，以枕木1垫平，其上放两根用型钢或钢板制作的箱式横梁3，在此两根横梁上垂直放置钢质吊梁2，起吊滑车组的上滑车挂在吊梁的中点。屋架、横梁、吊梁系统所能承受的安全荷载应经过核算并得到设计单位确认。 吊装要点：其吊装要点与用伸缩缝处双屋架吊装桥式起重机方法基本相同，请参照故不赘述

续表

序号	名称	简　　图	方法要点及说明
6	用厂房柱头抬吊主梁和小车	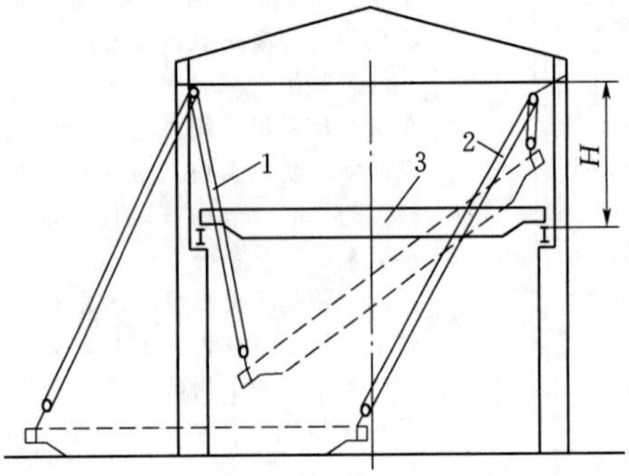 1　2　3　H	适用条件：厂房内地面平整，桥式起重机主梁和屋架均已安装完毕，桥式起重机梁顶距厂房柱头尺寸 H 有足够大。此方法无须设置起吊机具，因此方法简单，常用于小型桥式起重机吊装。若厂房柱子允许承载的荷载较大，屋面系统结构牢固，也可用于中型桥式起重机的吊装。 吊装机具：一般需在4个柱头上挂4组滑车组1和2，柱头的许用安全荷载应经过核算并得到设计单位确认。 吊装要点： (1) 置桥式起重机主梁3于厂房内、厂房外或部分在厂房内，另外部分在厂房外； (2) 在厂房4个柱头上挂4组挂滑车组1和2，下滑车吊于主梁两端； (3) 若主梁放置在厂房外，可用厂房一侧的两个滑车组将其拖入厂房内； (4) 主梁用4组滑车组吊着成一端高，另一端低的状态吊升； (5) 吊升至主梁高端高度超出桥式起重机轨道梁顶面后，低端继续吊升，直至高度也超出轨道梁； (6) 调整4组滑车组将主梁吊平，大车行走轮对正桥式起重机轨道后，落主梁于轨道上； (7) 把第1根主梁移出吊装作业区； (8) 用吊装第1根方法吊装第2根主梁； (9) 对接2根主梁成整体并将其移出吊装作业区； (10) 用4组滑车组抬吊小车至其走形轮略高出主梁上的小车轨道； (11) 推回主梁至已吊起的小车正下方； (12) 小车行走轮对正轨道后，落小车于主梁两根轨道上
(四)		其他吊装	
1	用高层桥式起重机吊装低层桥式起重机	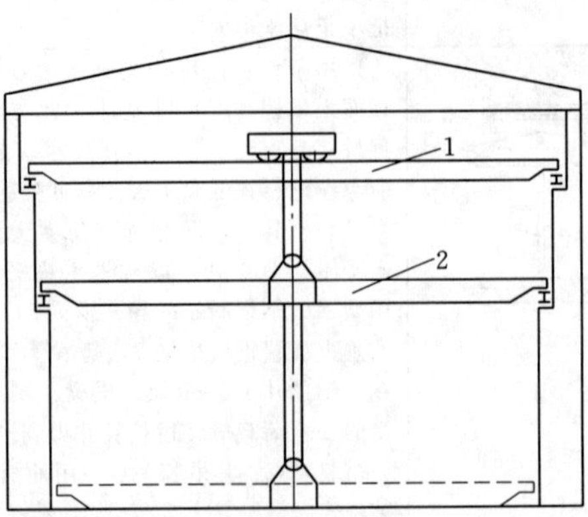 1　2	适用条件：在某些大型水电站，在厂房同一跨内，高层和低层设有两层桥式起重机，也可用高层桥式起重机吊装低层桥式起重机。 吊装机具：桥式起重机，一般情况高层桥式起重机1的起重量远小于低层桥式起重机2的起重量，因此常用解体分件吊装的方法。 吊装要点： (1) 将桥式起重机运进厂房内； (2) 常需将桥式起重机解体，拆下可拆的零部件，减轻吊重至高层桥式起重机起重能力可胜任的程度； (3) 先吊装2根主梁，在高空对接组装； (4) 再吊装小车

3）跨度：27m。

4）主梁：75t。

5）小车：95t。

（2）桥式起重机主梁吊装。

1）主梁吊装顺序：第1根主梁吊装→吊端梁→第2根主梁吊装。

2）使用两对钢丝绳（5倍以上安全系数）在主梁重心位置直接捆绑，对主梁的边缘垫管皮加以保护，同时，焊接挡板防止钢丝绳打滑。如起升高度满足吊装要求，也可在主梁重心以上位置焊接四个吊耳，使用60t卸扣及钢丝绳进行吊装。

3）利用200t汽车吊提升第1根桥式起重机主梁及行走台车，并落在轨道上，起吊前在主梁两端系上拖拉绳，控制主梁起吊摆度。当主梁吊至安装位置时，人力拖拉控制主梁回转摆正，再将主梁安全地落在桥式起重机大车轨道上，并加支垫牢固，其主梁吊装见图1-7。利用200t汽车吊将端梁吊上轨道，并与第1根主梁连接。第2根桥式起重机主梁吊装，方法与第1根桥式起重机主梁吊装方法相同。

厂房桥式起重机主梁吊装见图1-7，采用钢丝绳捆绑的方式进行吊装。整体吊装重量约80t，根据厂房安装间布置相关尺寸及主梁尺寸，以及吊装半径及吊装高度，计算出桥式起重机主梁及行走台车整体吊装时，200t汽车吊吊臂长度约24.9m，根据200t汽车吊特性曲线，查得此工况下200t汽车吊额定起重量约为100t，满足吊装要求。

4）大车架组装。第2根主梁吊到轨道上并使用10t手拉葫芦移动与第1根主梁连接。2根桥式起重机主梁组装成整体后，按《起重设备安装工程施工及验收规范》（GB 50278—2006）的规定进行如下检查：

①检查对角线长度差；②检查跨度相对差；③检查同一截面小车轨道高程差及小车轨道跨度；④检查主梁车轮同位差；⑤完成以上检查并符合《起重设备安装工程施工及验收规范》（GB 50278—2006）的规定后，即可开始小车吊装。

（3）小车吊装。

1）由于受200t汽车吊吊钩动静两滑轮组间钢丝绳安全距离、吊装半径及主厂房拱顶高度等因素制约，经计算，用200t汽车吊不能满足小车整体吊装的要求，故将小车分为台车架、减速箱及卷筒单独吊装，其小车车架吊装见图1-8。

由图1-8可以看出，200t汽车吊臂长约24.9m，吊装半径约为21m，根据200t汽车吊特性曲线，查得此工况下200t汽车吊额定起重量为22t，故将小车分解成小于22t的吊装单元进行吊装。

2）吊装前仔细校核小车跨度，以及大车架上小车轨道的跨度，确认两者相适应。

3）在安装间组装小车车架，完成后利用200t汽车吊将小车架提起，使之超过桥式起重机主梁高度，并通过拖拉绳将其稳定住，使小车缓慢落在车架的小车轨道上。用同样的吊装方式吊装小车减速箱及卷筒。

4）起升机构的安装。按照厂家设计图纸，依次安装电机、减速器、滑轮组、钢丝绳及吊钩。

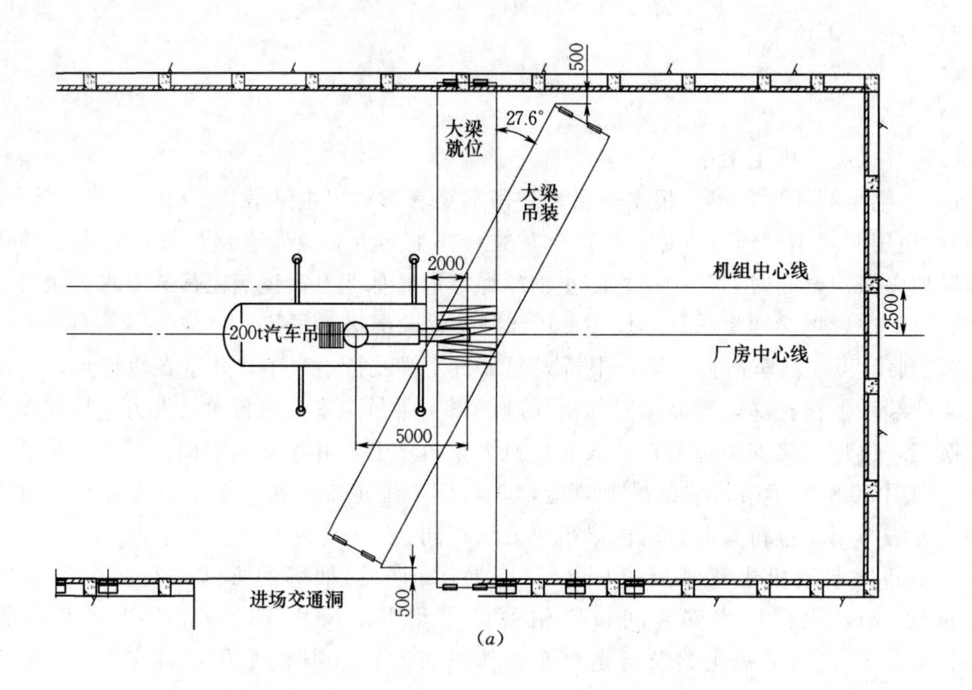

(a)

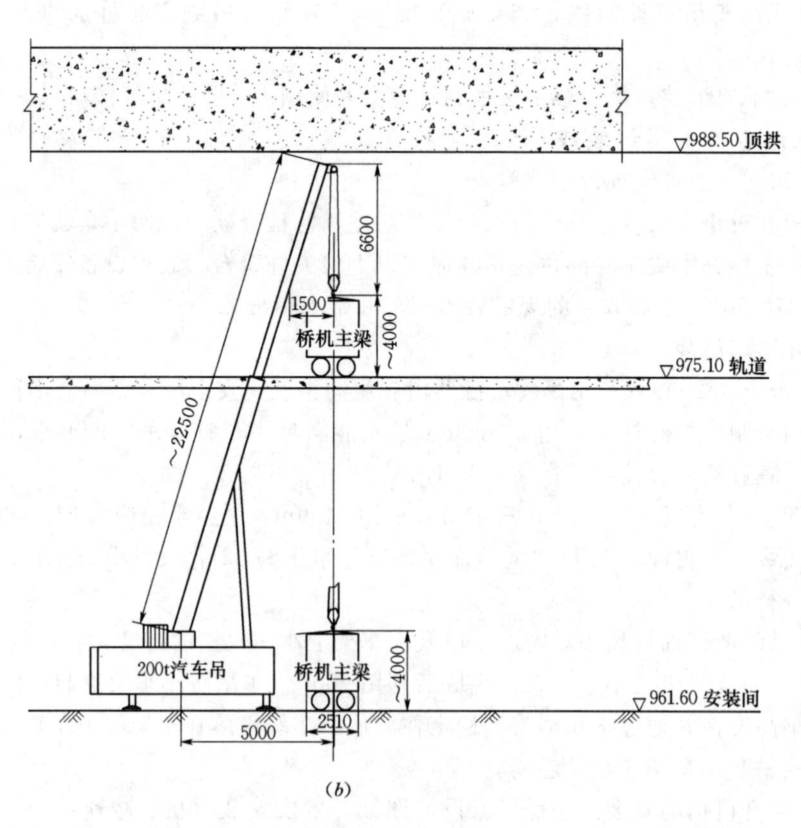

(b)

图 1－7　厂房桥式起重机主梁吊装示意图（单位：mm）

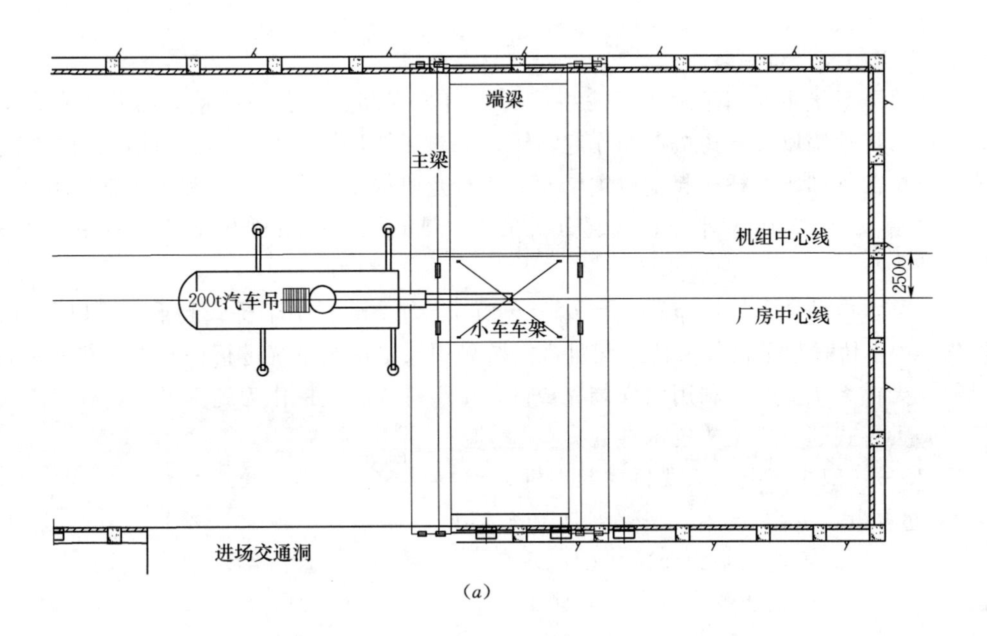

(a)

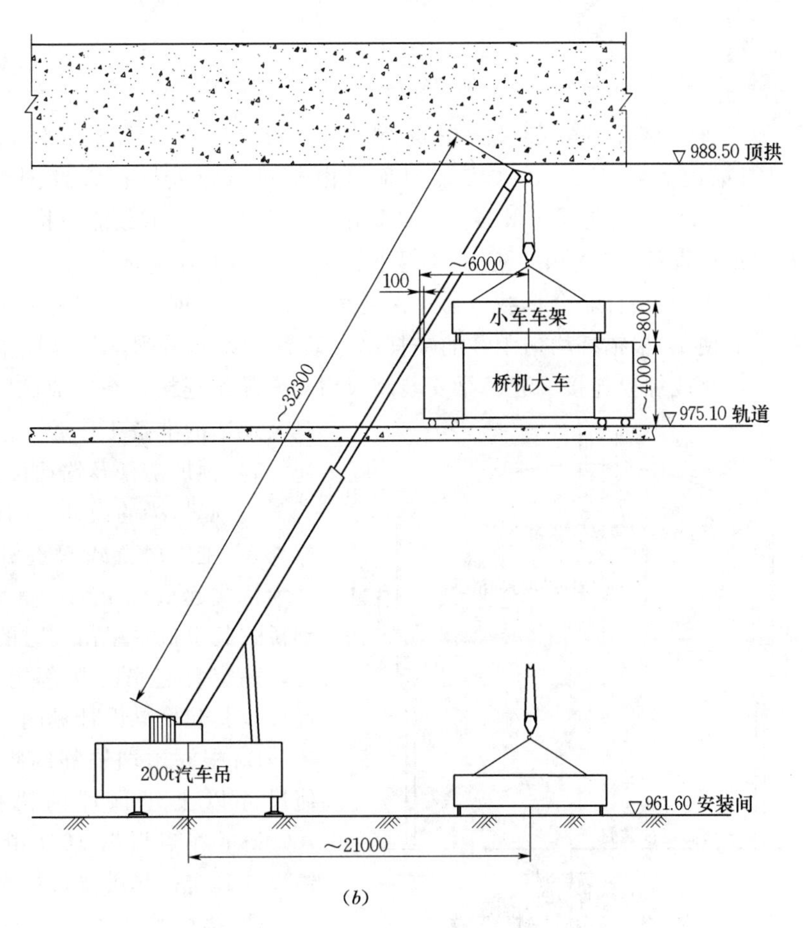

(b)

图 1-8　厂房桥式起重机小车车架吊装示意图（单位：mm）

1.5.2 天锚吊装系统吊装

天锚吊装系统主要用于地下厂房桥式起重机的安装。设备吊装前，布置天锚吊装系统，相应布置地锚以及卷扬机，制作起吊梁，并对天锚进行荷载试验。使用天锚系统进行桥式起重机部件卸车、桥式起重机主梁及大车行走机构组装整体吊装和小车整体吊装。如龙滩水电站 500t＋500t 双小车桥式起重机吊装，瀑布沟水电站 450t＋450t 双小车桥式起重机吊装。

例：某水电站地下厂房布置 2 台 450t＋450t－27.8m 双小车桥式起重机，以及布置 1 台同轨 80t 小桥式起重机。大桥式起重机安装采用天锚吊装系统进行桥式起重机主要设备的吊装，天锚系统安装则利用已安装完成的 80t 小桥式起重机作为施工平台。

（1）大桥式起重机主要技术参数。

1）型号：双小车电动双梁桥式起重机。

2）起重量：主钩　　450t＋450t

副钩（主钩变速）　150t

电动葫芦　16t

3）跨度：27.8m。

4）主梁：76t。

5）小车：95t。

（2）天锚连接装置的安装及天锚负荷试验。根据钢筋锚固力试验成果查得：单根 ϕ36mm 钢筋锚固力可达 25t，在安装间顶拱由土建承包人根据设计图纸已埋设 12 根 ϕ36mm 锚杆。考虑不均匀受力等各方面的影响，总设计额定承载能力按 100t 计算，用于起吊桥式起重机设备。对于主厂房桥式起重机主梁、小车等重量大、尺寸大的部件吊装，将利用顶拱上 12 根锚杆联合承载。为了保证吊装安全，根据 12 根锚杆实际埋设情况，设计制作一个能使 12 根锚杆均匀承载的锚杆吊梁装置作为起吊梁，与锚杆相连，起升找平后与顶锚杆焊接或螺栓连接。起吊梁安装完成后与滑轮组连接，在完成试验块、吊笼、吊具及地锚的准备工作后，进行吊点试验。

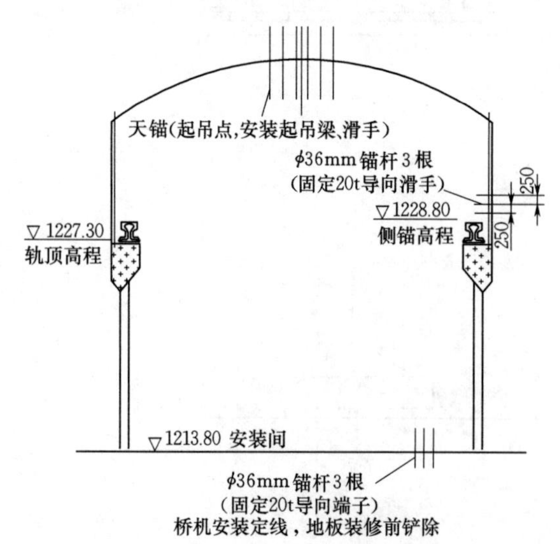

图 1－9　预埋锚杆及锚钩位置图

1）预埋锚杆及锚钩位置见图 1－9。

2）起吊梁的设计、制作。

A. 主厂房桥式起重机的最重、最大件为桥式起重机主梁，重量为 76t。考虑到桥式起重机主梁吊装时的一些其他附加力，确定总起吊力按额定设计荷载 100t 设计，其起吊梁设计见图 1－10。

B. 根据预埋锚筋间距，起吊梁的几何尺寸以土建预埋的锚杆确定，重约 4000kg；吊点根据 160t 滑轮组定滑轮轴销尺寸确定；起吊梁材料为 Q345。

C. 锚杆吊梁以 1 块底板和每 6 根锚杆的一行设置 1 条纵梁，在每一列 2 根锚

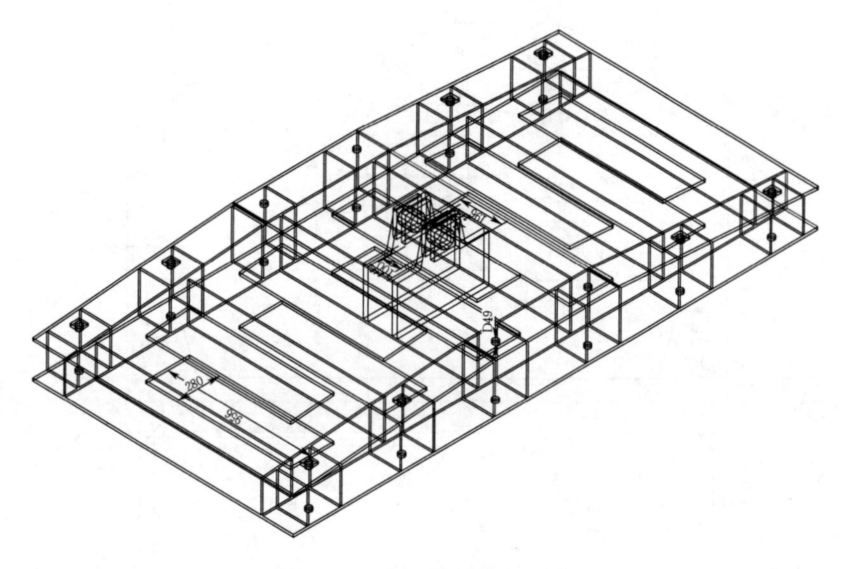

图 1-10　起吊梁设计示意图

杆之间设置 1 条次横梁，把 12 根锚杆联系在一起联合承载。在 12 根锚杆的中心位置设置一主横梁，在主横梁的中心设置一个总起吊能力 160t 的 8 门滑轮组连接的中心吊点。荷载通过主横梁传递到纵梁上，再由纵梁把荷载分配到各根锚杆上。为了使 12 根锚杆能比较均匀的分配荷载，锚杆吊梁应该具有较大的刚度。

D. 起吊梁的主横梁、纵梁和其他构件的强度、刚度必须进行核算，满足构件吊装安全要求和可靠的稳定性。

3）起吊梁安装。

A. 起吊梁安装前，先在安装间完成起吊梁与 1 个 8 门 160t 滑车、20t 导向滑子及卷扬机钢丝绳穿绕工作。

B. 在已安装好的 80t 小桥式起重机上搭设脚手架，在拱顶中部一根锚杆上焊接 1 个 10t 吊环，其上安装 1 套 2 门 5t 滑子。用 10t 卷扬机及导向滑子配合将起吊梁起升至滑子极限高度，穿入 4 根与锚杆匹配的全牙丝杆（1.5m 长），并与最外侧的 4 根锚杆对接焊并打磨光滑，卸去 5t 滑子，旋转起升螺母，使起吊梁上升进入至顶部，调整水平后完成锚杆与起吊梁的焊接工作。

C. 将 20t 导向滑子安装在各导向点锚杆上，接上卷扬机电源，对顶部锚杆及起吊梁进行静荷试验，检验锚杆、起吊梁、160t 滑车、20t 导向滑轮及 10t 卷扬机的安全可靠性。其起吊梁安装见图 1-11，起吊梁锚板架及滑车组安装见图 1-12。

4）锚杆及起吊梁静荷载试验。

A. 桥式起重机吊装采用天锚吊装方式，应按设计要求在天锚杆上沿轴间贴应变片进行监测。考虑到锚杆（或锚束）灌注混凝土时的不确定因素，一般应按全部锚杆承载力的 3/4 进行初始试验，然后再按设计荷载的 1.25 倍做天锚的静载拉力试验。

B. 试验荷载为天锚设计荷载的 1.25 倍，天锚设计荷载为 100t，故荷载试验的荷载重为 125t。荷载试验采用钢锭或钢筋，同时在现场制作一试重吊笼。荷载试验起吊临

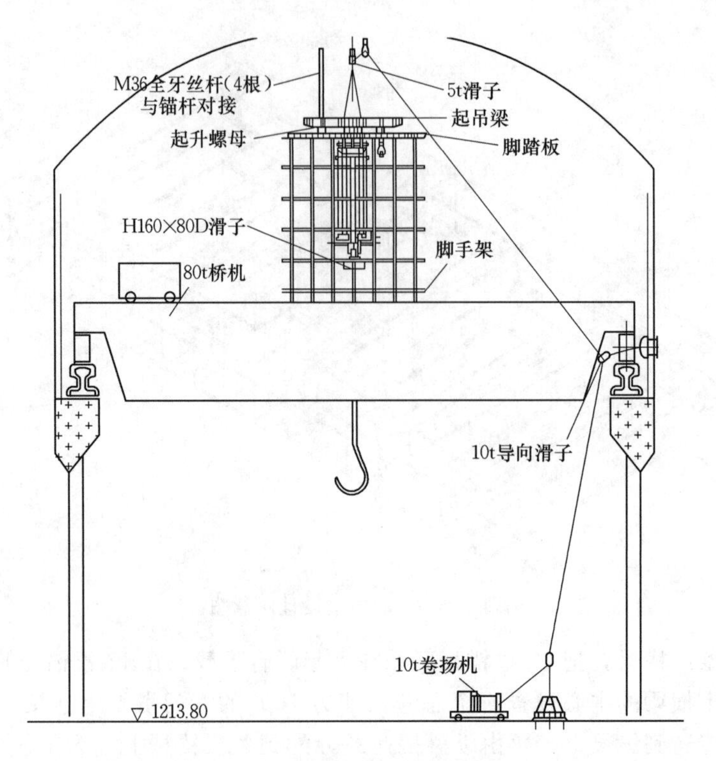

图 1-11　起吊梁安装示意图

图 1-12　起吊梁锚板架及滑车组安装

时设施布置见图 1-13。荷载试验时，启动卷扬机，原地提起和下落荷载 3 次，起、降过程中数次停止卷扬机以检验卷扬机制动系统的可靠性，试验过程中注意观察各受力点情况。

C. 荷载试验完成后，仔细检查以下项目：检查所有锚杆是否有变形或松动；检查顶锚杆与起吊梁之间的焊缝，检查起吊梁有无变形；检查 160t 滑车；检查 10t 卷扬机及地锚固定情况；检查 20t 导向滑轮及锚座轴；检查钢丝绳；确认以上部件检查无异常后，进行下一阶段的桥式起重机部件安装工作。

桥式起重机吊装采用天锚吊装方式，天锚在作起吊负荷试验时，按设计单位要求在天锚杆上沿轴间贴应变片进行监测。天锚按荷载1.25倍做试验时，考虑到锚杆灌注混凝土时的不确定因素，一般应按全部锚杆承载力的3/4进行复核，满足设计荷载后，才能采用设计荷载的1.25倍做天锚的拉力试验。

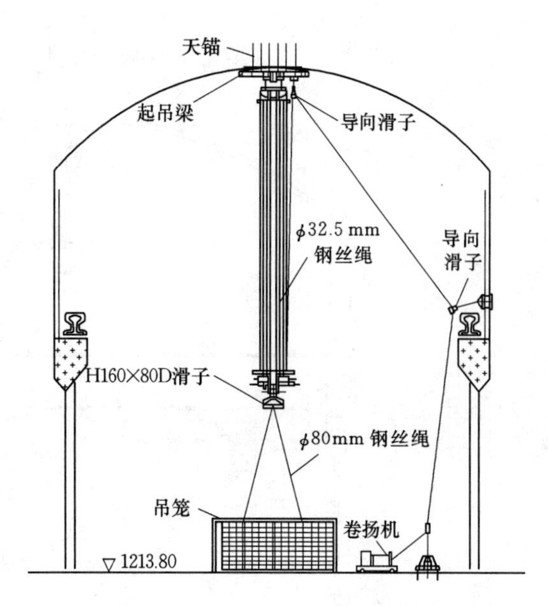

图1-13　荷载试验起吊临时设施布置示意图

（3）桥式起重机主梁吊装。主梁吊装顺序：第1根主梁及行走机构吊装→第2组行走机构吊装→端梁吊装→第2根主梁及行走机构吊装→第4组行走机构吊装。

根据厂家图纸计算，主梁与两个行走机构连接后重量约88.5t，加上起吊梁及滑车和钢丝绳后重量约96.5t，在天锚的承载范围之内。可利用已布置好的起吊设备（10t卷扬机、160t滑车、20t导向轮、起吊梁、ϕ32.5mm钢丝绳、ϕ80mm钢丝绳）吊装第1根主梁及行走机构（二套行走轮）。起吊前在主梁两端系上拖拉绳，控制主梁起吊时的摆度，当主梁行走轮高度超出大车轨道面高程时，人力拖拉主梁使之回转摆正，同时操作卷扬机，将主梁安全平稳落下，在端梁一侧加临时支撑固定。再用50t汽车吊吊装第2组行走轮并与主梁连接。为了避免主梁在回转过程中出现钢丝绳交叉扭曲现象，订购的160t滑车组动滑轮应为可旋转式（吊钩上安装推力轴承）。桥式起重机主梁吊装见图1-14。

1）利用50t汽车吊将端梁吊上轨道。

2）利用2个5t手拉葫芦及轨道卡具牵引第1根主梁（含端梁部分）移位。先将轨道专用卡具固定在桥式起重机轨道上（其受力方向与轨道轴线平行），然后在桥式起重机主梁与轨道卡具间挂上5t葫芦，分别在上、下游轨道上同时用力牵引，使桥式起重机主梁两端以相同速度移位（通过对讲机联系），其主梁移位见图1-15。

3）吊装第2根桥式起重机主梁。吊装方法与第1根桥式起重机主梁吊装方法相同。

4）车架组装。第2根主梁与行走机构联结好后，将第1根主梁移回并与第2根主梁连接。

5）第1台小车吊装。

A. 校核桥式起重机主梁距离起吊梁高度和钢丝绳长度，确定吊点位置，选择合适的钢丝绳进行小车吊装。

B. 利用2个5t葫芦及轨道卡具将已组装成整体的大车车架移位，移开距离满足小车提升至超过小车轨道高程。

C. 利用已布置好的10t卷扬机等起吊设备将小车整体提起，使小车超过桥式起重机主梁高度，并通过拖拉绳将其稳定住。

D. 将大车架回移至小车起吊位的下方，启动10t卷扬机将小车缓慢落在小车轨道上。

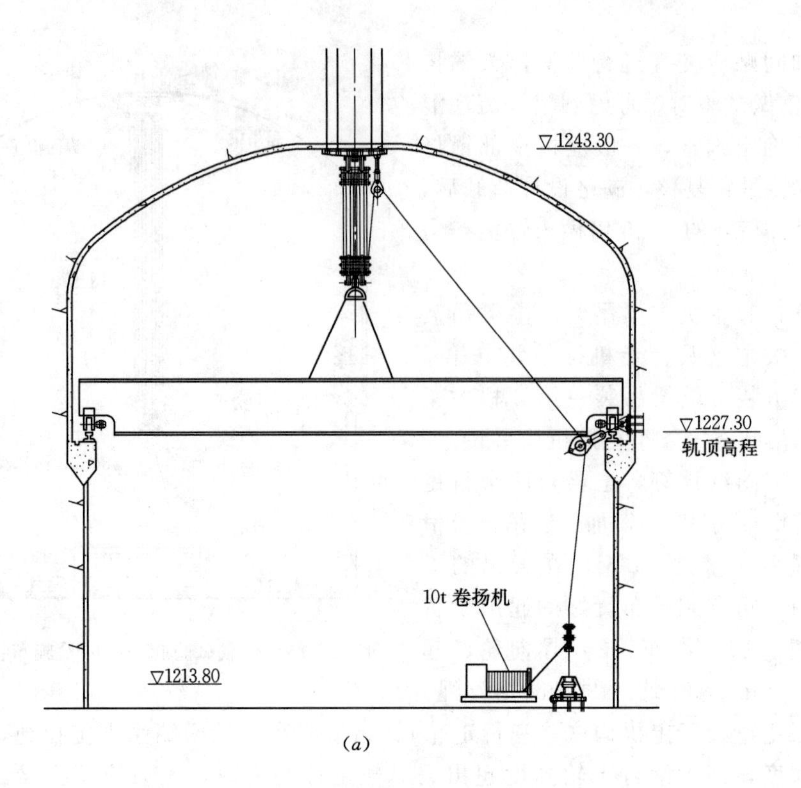

(*a*)

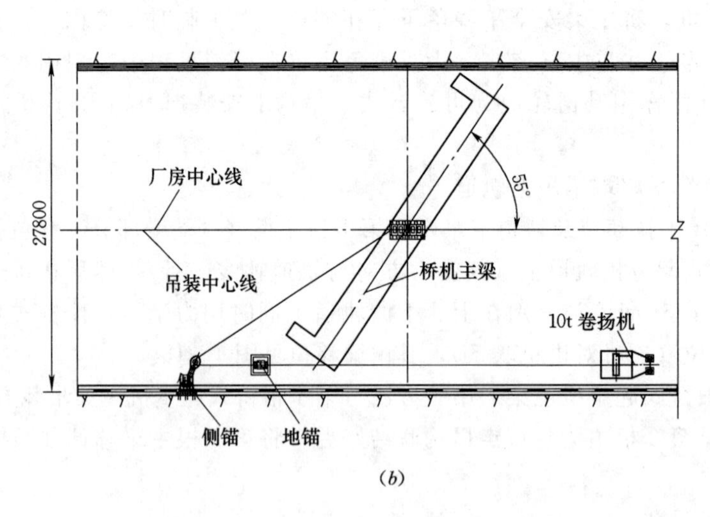

(*b*)

图 1-14　桥式起重机主梁吊装图（单位：mm）

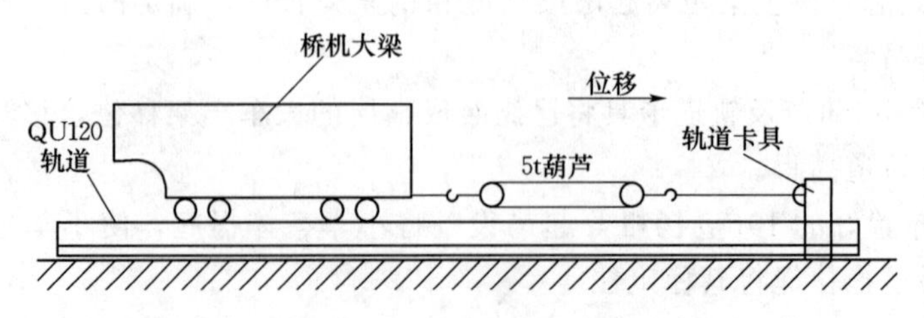

图 1-15　主梁移位图

6）第 2 台小车吊装。将桥式起重机大、小车移离起吊位置，利用卷扬机提起第 2 台小车，回移桥式起重机大车，以同样方式完成第 2 台小车吊装工作，小车吊装见图1－16。

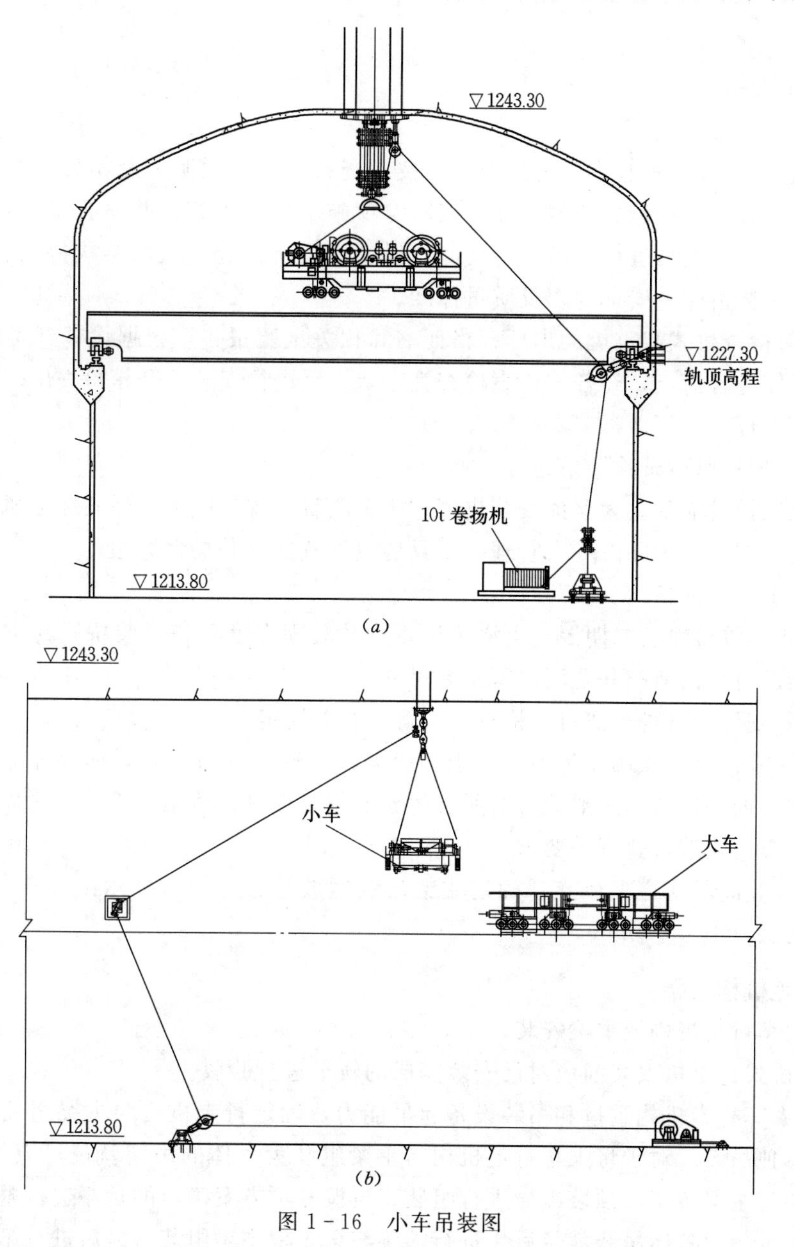

图 1－16　小车吊装图

7）其他部件安装。其他部件安装，一般使用汽车吊在安装间进行吊装。其主要有：司机室安装；检修吊笼安装；电动葫芦安装；制动器安装；缓冲器安装；平衡臂安装；钢丝绳缠绕及吊钩装置安装。

1.5.3　桅杆、扒杆吊装

桅杆、扒杆吊装方法主要用于桥式起重机主梁及小车较轻，其他吊装工具不易布置的情况。桅杆、扒杆吊装需与卷扬机系统及地锚配合，建立成一套吊装系统。

1.6 桥式起重机机械设备安装

1.6.1 施工准备

（1）技术准备。

1）熟悉并审查桥式起重机装配图纸、技术资料、安装说明书及相关工艺文件，熟悉桥式起重机安装规程规范、技术标准，编写专项施工技术措施，并向有关部门安装告知；对参加施工的全体人员进行技术安全交底，详细讲解桥式起重机的结构特点、安装方法、施工程序、工艺措施、安全规程及质量标准。

2）开箱检查桥式起重机的出厂合格证书和相关试验报告，根据设备到货清单对桥式起重机零部件进行清点，经各方代表检查签字认可后进行安装。开箱检查出现的问题在安装前应妥善处理。

3）设计校核负荷试验用吊笼。

（2）施工设备准备。为保证安装进度和施工质量，现场应配备桥式起重机安装的主要施工设备及工器工具，并由专人管理，工具房应安置在安装场地旁边。

（3）施工前的准备。

1）桥式起重机轨道二期混凝土浇筑后，待其凝固强度具备安装桥式起重机时，对轨道及轨道梁进行全面清扫并复测轨道安装尺寸。

2）对所安装设备进行清点、检查，应符合有关规定。

3）清除零件上的铁锈及污垢。对于减速器、车轮轴承箱、滚动轴承等部件，在安装前应清除防锈油并重新加润滑油。对所有桥架的组合面进行清扫、除锈、紧固件配对，联轴器解体清扫检查应符合有关要求。

4）在安装间段轨道上放点，确定主梁吊装摆放位置，同时标示出大车行走轮中心，其基准点线误差小于1.0mm。

1.6.2 行走机构安装

（1）大车行走机构及主梁安装。

1）在桥式起重机安装前应对已安装完成的轨道进行验收。

2）视大车行走机构重量和吊装设备起吊能力，确定行走机构与主梁组装呈整体吊装还是分别单独吊装。对于将大车行走机构与主梁组装为一体的吊装就位，应先组装轮架，然后将轮架与主梁按工厂预装编号进行组装，再按专项方案确定的顺序进行整体吊装。在第1根主梁及轮架整体吊装就位后，进行端梁与第1根主梁组装，最后进行第2根主梁与轮架的整体吊装及与端梁的组装。对于行走机构与主梁分别单独吊装就位的，应先在轨道或轨道梁上测量出轮架位置，然后将与第1根主梁组装的轮架分别吊装至标示位置进行调整和加固。吊装第1根主梁并与已吊装就位的轮架组装，然后进行端梁与第1根主梁组装。同样方法进行第2根主梁和轮架的安装以及与端梁的组装。

3）大车行走机构安装质量要求。

A. 所有行走轮均应与轨道面接触。

B. 车轮滚动平面中心应与轨道基准中心线重合，允许偏差 $S \leqslant 10$m，±2.0mm；$S>$ 10m，±[2+0.1(S−10)]mm（S 为桥式起重机跨距）。

C. 起重机前后轮距相对差不大于 5.0mm。

D. 同一端梁下大车轮同位差不大于 2.0mm。

4）有平衡梁或平衡架结构的上部法兰面允许偏差为：跨距±2.0mm，基距±2.0mm，高程相对差不大于 3.0mm，对角线相对差不大于 3.0mm。

（2）桥架梁安装质量要求。

1）主梁与行走机构采用螺栓连接的，紧固后用 0.2mm 塞尺检查，螺栓根部应无间隙。

2）主梁与端梁采用高强螺栓连接，应遵守《钢结构高强度螺栓连接技术规范》（JGJ 82）中高强螺栓的有关规定。

3）主梁组合后对角相对差：正轨箱形梁允许偏差不大于 5.0mm，扁轨箱形梁、单腹板和桁架梁允许偏差不大于 10mm。

4）小车轨距：正轨箱形梁，跨端±2.0mm，跨中 $S \leqslant 19.5$m（+1～+5mm）；$S>$ 19.5m（+1～+7mm），其他结构梁±3.0mm。

5）当同一截面小车轨道高低差 $K \leqslant 2$m 时，允许偏差不大于 3.0mm；$2\text{m}<K \leqslant 6.6$m 时，允许偏差不大于 $0.0015K$；当 $K>6.6$m 时允许偏差不大于 10mm。

（3）小车行走机构及小车架安装。小车行走机构与小车架一般在厂内已组装成整体到货，不需要将小车行走机构与车架解体。

1）车架采用螺栓连接的，紧固后，用 0.2mm 塞尺检查，螺栓根部应无间隙。

2）连接紧固时，应遵守 JGJ 82 中高强螺栓的有关规定。

1.6.3 起升机构安装

（1）电动机安装。

1）安装前核对电机铭牌数据与图纸是否相符，用手转动电机转子，旋转应灵活，不应有卡阻、杂音。绕线式电动机还应检查碳刷与滑环的接触情况。

2）用 500V 摇表测量电动机相间及其对地绝缘电阻，定子、转子绝缘电阻不应小于规定值。绝缘电阻低于规定值时应进行干燥，干燥可按实际情况及有关条件选用电热烘干法，低电压（36V）铜损法及空转自干法，干燥时最高温度不应超过 70℃。当电动机出厂期限超过规定值或内部有缺陷或被怀疑有缺陷时，可作分解检查处理，电动机分解前在组合缝处作组装记号，拆除电动机端盖，使转子落放在定子镗孔内，用套管接长电动机转子的一端，将转子抬起使其不与定子相碰，移出定子镗孔进行全面检查，处理后，轴承加注润滑油，线圈视情况作绝缘处理。

（2）连接轴安装调整。连接轴安装调整时，测量调整 2 根轴端间隙、同心度和倾斜度。先用塞尺测量连接轴两端径向、轴向间隙，平齐后精调，可将连接轴穿上组合螺柱（不拧紧）装设千分表，使连接轴顺次转至 0°、90°、180°、270°。在每个位置上测量连接轴的径向和轴向读数，使各连接轴符合有关规定。

（3）齿轮安装调整。

1）用塞尺测量齿轮侧向啮合间隙，其最小值应符合有关规定。若用压铅法测量时，铅丝沿齿轮外缘布丝长度不少于5个齿距，转动齿轮，待齿轮将铅丝压扁后取出，分别用千分尺测量压扁铅丝的厚度，其最小值应符合规定。

2）用红丹着色法，检查测量齿轮啮合接触情况，方法是：红丹薄而均匀地涂在小齿轮的两侧齿面上，转动高速轴，使大齿轮正反方向转动，查看接触痕迹，并计算出接触的百分比，其值应符合有关规定。

3）开式齿轮的安装调整要求同上，但接触点精度等级可降1～2级，可按8～9级检查。

（4）滑轮、钢丝绳、卷筒、主副钩连接。

1）截取钢丝绳时，应先准确计算好钢丝绳长度，然后在截断处两侧先捆扎细铁丝以防止松散，捆扎长度不应小于钢丝绳直径的5倍。

2）穿绕钢丝绳时，不应使钢丝绳形成扭结、硬弯、轧扁、刮毛等。成卷钢丝绳应采用滚动或吊起旋转方法，使钢丝绳铺平后再穿绕。

3）钢丝绳无论采用哪种固定方法，绳头一定应固定牢固，所有固定连接螺栓应加锁紧装置。

4）滑轮组安装时，应检查其转动灵活性，不应有任何卡阻，对转动不灵活的滑轮应拆开清洗检查，仍不灵活应调整和更换。

5）钢丝绳、滑轮、卷筒、主/副钩连接缠绕方式应符合图纸的规定。

钢丝绳缠绕在桥式起重机安装完成后空载试运行期间进行。钢丝绳缠绕的前提是：运行机构、起升机构电机能够正常运转，方法有下列几个方面。

A. 将需缠绕钢丝绳的小车开至安装间吊点下方，在顶部吊点悬挂导链。

B. 将钢丝绳运至安装场卷盘，中空穿入厚壁钢管，用简易支撑托起或汽车吊吊起，使其悬在空中，对准吊点。

C. 用导链配合将钢丝绳头抽出，提至卷筒与压绳器固定。

D. 缓慢开动起升机构将所有钢丝绳缠绕在卷筒上。

E. 将动滑轮放在小车定滑轮下方安装场地面上。

F. 用导链配合完成滑子的全部缠绕工作后，将其绳头固定在桥式起重机卷筒上，用钢丝绳卡卡住（注意此时绳头应留出3圈钢丝绳长度）。

G. 开动大车至机坑处，启动起升机构逐渐下放钢丝绳使动滑轮（吊钩）下落至极点。

H. 将已固定在桥式起重机的绳头缠绕在卷筒的另一端并与压绳器固定。

I. 松去钢丝绳卡，启动起升机构提起吊钩。期间检查钢丝绳排绳情况是否良好。

上述方法的优点在于钢丝绳在缠绕过程中始终不与地面接触，确保了钢丝绳表面干净无污物。

1.6.4 电动葫芦、检修平台、司机室等安装

（1）电动葫芦安装。

1）在安装电动葫芦主梁前，先将主梁用支墩垫高（其垫高高度应满足电动葫芦安装），找平后进行电动葫芦轨道安装，控制好轨道直线度，再按照厂家图纸要求进行焊接。

2）将电动葫芦挂在主梁上，安装好电动葫芦行走滑触线支架及滑触线，确认电动葫芦已加润滑油。根据图纸接好线后，通电调试电动葫芦行走及起升动作正确。将电动葫芦

固定在主梁中间位置，具备主梁吊装条件。

（2）检修平台安装。

1）检修平台主要用于检修滑触线和电动葫芦。根据检修平台的高度，可以在主梁吊装前进行安装，也可在主梁安装到位后进行。

2）主梁吊装前安装，需根据检修平台的高度将主梁垫起，再将平台送至主梁下与主梁固定。

3）如主梁已安装到位，需两台吊车将平台抬吊至主梁腹下，调整好位置，再进行固定。

（3）司机室安装。司机室安装与检修平台安装方法类似，在吊装时需注意保护好司机室内设备和三侧玻璃。

1.6.5 安全保护装置安装

（1）制动器安装调整。

1）安装前应检查各部件的灵活及可靠性，制动瓦块的摩擦片表面质量并固定牢固，使用铆钉固定的摩擦片，铆钉头应沉入衬料约25%以内。

2）长行程制动器的调整。

A. 松开调节螺母，转动螺栓，使块瓦抱住制动轮，然后锁住调节螺母。

B. 取出滚子，松开螺母，调整叉板与瓦块轴销间隙，它应与制动闸瓦间隙一致，其值应符合有关规定。

C. 松开磁铁调整螺母，转动调节螺杆，调整电磁铁行程符合有关规定。

D. 用撬棍抬起电磁铁，在吸合的状态下，测量制动器闸瓦间隙，并转动调节螺杆，使它符合规定值，两侧间隙相等后，锁紧调节螺母。

E. 松开调节弹簧螺母，夹持住拉杆尾部方头，转动螺母，调整工作弹簧的安装长度符合有关规定。

3）短行程制动器的安装调整。

A. 松开调节螺母，夹持住顶杆的尾部方头，转动调节螺母，使顶杆端头顶开衔铁，使衔铁行程调整符合有关规定。

B. 松开弹簧压缩螺母，用其顶开轴瓦两侧立柱，直至衔铁处于吸合状态。

C. 调整限位螺钉，使左右侧闸瓦间隙相等符合有关规定，锁紧螺母。

D. 调整螺母使工作弹簧达到安装长度，并将螺母拧回锁紧。

4）液压制动器的安装调整。液压制动器的调整与电磁制动器的安装方法基本相同，但应注意以下几点。

A. 在确保闸瓦最小间隙的情况下，推杆的工作行程越小越好，因此可用连杆调整推杆，使安装高度符合有关规定。

B. 为了保证随着闸瓦磨损时，闸瓦间隙仍能保持一致，液压电磁制动器带有补偿行程装置，应用连杆调整推杆接头端面与缸盖的距离，该值称为补偿装置的行程，其值应符合规定。

C. 当推杆上升到最高位置时，在保证闸瓦最小间隙的情况下，调整两侧压杆限位螺钉，使闸瓦与制动轮两边间隙保持相等。

D. 液压制动器弹簧力矩，安装长度及安装力应符合有关规定。

E. 液压制动器液压油牌号及工作油压应符合设计图纸要求。当设计图纸未规定液压油牌号时，可根据使用环境温度，按表 1-2 中推荐采用的油液牌号选用。

表 1-2　　液压制动器推荐采用的油液牌号表

使用环境温度/℃	推荐采用油液牌号	凝固点/℃
0～+40	10 号变压器油	-10
-15～0	25 号变压器油	-25
-30～-15	仪表油，10 号航空油	-60

F. 加油方法如下。

第一，对电动液压制动器，拧下加油螺塞，将油注至油标所示位置，然后拧紧加油螺塞。

第二，对电磁液压制动器，把推杆压到最低位置。拧开注油螺塞和排气螺塞，将油注入。当油从排气孔溢出，稍停几分钟，继续把油加至注油孔 30～40mm 处，用手上下拉动推杆数次，充分排放积气，然后拧紧排气、注油螺塞即可。

(2) 限位装置安装。

1) 限位装置主要有：限位开关、门禁开关、过速开关、传感器、安全装置等零部件。

2) 限位装置包括大车行走限位，小车行走限位，起升行程限位，起升超重报警后停止限位及门禁开关限位。安装大车行走限位撞头时，先根据图纸安装好其中一个撞头，再将大车行走至撞头处，安装另一个撞头，从而保证撞头受力均匀。小车行走限位撞头安装与大车行走限位撞头方法相同。各部位行程开关、限位开关安装时，需确保开关动作的准确性。

1.7　桥式起重机电气设备安装

1.7.1　施工准备

(1) 认真审核设计图纸与厂家资料，编制安装技术措施，组织技术交底。

(2) 检查设备在运输途中是否有损坏和丢失，并做好记录。

(3) 检查盘柜框架有无变形、漆面受损、电气元件固定情况，装箱单与实物是否相符，附件、备件、技术文件（含产品合格证书、技术条件、说明书、图纸资料、出厂试验报告等）是否齐全，并做好记录。

1.7.2　电气盘柜安装

(1) 桥式起重机的主要盘柜，一般在桥式起重机出厂时已由制造厂安装完成，特别是主梁内的盘柜均已安装完成，仅一些布置于梁外的盘柜、箱等，现场需根据设计图纸进行安装。

(2) 对于现场安装的盘柜、箱等，应按制造厂设计图纸技术要求进行基础安装，以及盘柜、箱与基础槽钢的连接，对焊接部位应做防锈处理。盘柜接地应可靠，装有电器元件可开启的门，以裸铜软线与接地的金属构架可靠连接。盘柜的垂直度、平面度偏差、盘面偏差和柜间间隙等指标，应符合《电气装置安装工程　盘、柜及二次回路接线施工及验收规范》（GB 50171）的要求，其盘柜安装的允许偏差见表1-3。

表1-3　　盘柜安装的允许偏差

项次	项　　目		允许偏差/mm
1	每米垂直度		<1.5
2	盘顶平面度	相邻两盘顶部	<2
		成列盘顶部	<5
3	盘边平面度	相邻两盘边	<1
		成列盘面	<5
4	盘间接缝		<2

（3）盘柜安装的电器元件质量良好，型号、规格符合设计要求，外观完好，且附件齐全，排列整齐，固定牢固，密封良好。

（4）盘柜上装有装置性设备或其他有接地要求的电器，外壳可靠接地。熔断器的熔体规格、自动开关的整定值符合设计要求，切换压板接触良好，相邻压板间有足够距离，信号回路的信号灯、光字牌、电铃、电笛、事故电钟显示正确，工作可靠。

（5）盘柜端子有序号，便于更换和接线，离地高度大于350mm，端子排无损坏，固定牢固，接地良好。

（6）强、弱电端子分开布置，正、负电源之间以及经常带正电源与合闸/跳闸回路之间，以一个空端子隔开。

1.7.3　电缆线槽安装及配管

（1）根据设计图纸及电气设备和零部件安装布置位置，进行电缆线槽安装及配管。

（2）电缆线槽、电缆管安装，应符合下列要求。

1）电缆线槽及电缆管安装应横平竖直、固定牢固，其弯曲半径应符合相关规程规范技术要求。

2）电缆线槽、电缆管应固定牢固，并按规定进行可靠接地，其焊接位置应刷防锈漆。

3）电缆线槽安装，应符合电线电缆敷设技术要求，并在电线电缆的进出口处，应加装护口套等保护措施。

1.7.4　电缆安装

（1）电缆架安装完成并经检查验收后，按设计图纸进行电缆敷设，电缆走向合理并符合设计要求，电缆弯曲半径满足规范要求，电缆分层按规定进行排列，电缆牌采用金属或PVC材料制作，线号管采用打号机打印，电缆牌绑扎美观牢固、字迹清楚耐久，标记正确完整。电缆排列整齐、平直、编号清楚。没有扭曲、急弯，不应将其搁置在尖锐的物件上。

（2）动力电缆和控制电缆应分别敷设在不同的走线槽内，电缆应平铺，不可将所有电缆捆绑成一大捆，这将不利于电缆散热。

（3）按设计图纸检查已敷设电缆的正确性、完整性后进行配线工作，要求整齐、清晰、美观、准确。芯线弯曲弧度适度，整体一致；控制回路、信号回路及不同电压等级的配线应分开走线，避免干扰；每根芯线号管标明其回路号、端子号、电缆号，要求字迹清晰、经久耐磨；电缆屏蔽层应按要求可靠接地。

（4）电缆配线时，每个端子接线不应超过两根芯线，不同截面的两根芯线不应接在同一个插接端子上，芯线与端子连接紧固。

（5）所有备用芯线应查对，套号管标示出电缆号、备用编码等，芯线预留长度应超过端子顶端直到盘顶，成束绑扎。

（6）二次回路的电气间隙和爬电距离符合电气装置安装工程有关规程规范的要求。

（7）盘柜安装及配线完成后，恢复盘柜的边盘、顶盖及底板，清理安装现场。

（8）对电缆穿过的孔洞及电缆管口按要求用防火材料封堵，个别留存有后续电缆敷设工作的孔洞采用膨胀性电缆防火包并配以柔性防火堵料临时封堵。

1.7.5 滑触线安装

（1）在滑触线固定支架安装前，应对供电滑触线及附件进行到货验收。编制技术方案，进行安全技术交底。

（2）滑触线支架安装、调整。

1）桥式起重机滑触线支架基础板，一般埋设在桥式起重机梁一期混凝土中，因此在进行基础板埋设施工时，应按设计图纸位置准确埋设基础板，以及基础板的接地连接施工。

2）支架不应在建筑物伸缩缝和轨道梁结合处安装。支架安装应平整牢固，并应在同一水平面上。各支架间的距离应小于3m。

（3）滑触线、集电器、牵引器安装调整。

1）人工将各段滑触线和集电器吊装到检修平台上，然后进行就位、安装调整，安装质量应符合设计图纸和相关规程规范技术要求。

2）裸触线安装。测量各基础顶的高程，将支架按设计高程安装在基础上，然后在支架上安装绝缘瓷瓶。滑触线事先应进行矫正，非摩擦导电面应涂防锈漆，两根滑触线接头处留有15～20mm伸缩缝，并用软线连接。根据滑触线实际位置调整导电滑块，使滑块能靠自重与滑触线良好接触。

3）封闭滑触线的安装。根据现场实际情况安装滑触器以保证滑触器与滑触线接触紧密良好。根据滑触器尺寸安装支架及附件，最后安装滑触线，并遵守《电气装置安装工程　起重机电气装置施工及验收规范》（GB 50256）中的有关规定。

（4）桥式起重机在终端位置时，集电器与滑触线末端的距离不应小于200mm，滑触线终端支架与滑触线末端的距离不应大于800mm。

（5）滑触线中心线应与桥式起重机轨道的实际中心线保持平行，其偏差应小于10mm。滑触线的平面度应符合设计要求。

（6）伸缩补偿装置应安装在与建筑物伸缩缝距离最近的支架上。

（7）在伸缩补偿装置处，滑触线应留有10～20mm间隙，间隙两侧的端头应加工圆滑，接触面应安装在同一水平面上，其两端间高差不应大于1mm。

（8）伸缩补偿装置间隙两侧均应有滑触线支持点，支持点与间隙之间的距离不宜大于150mm。

(9) 滑触线连接后应有足够的机械强度，且无明显变形。接头处的接触面应平整光滑，其高差不应大于0.5mm，连接后高出部分应修整平整。

(10) 滑触线的外壳应接地良好，保证全线外壳电连续性，外壳每隔25～30m接地一次。滑触线全线安装完成后，测量外壳与带电体间的绝缘电阻不应小于5MΩ，并测量外壳的电连续性。

(11) 通电试运行。

1) 通电前对全线进行一次复查，确认无误后，无关人员撤离现场，进行安全滑接输电装置调试。

2) 由临时电源拖动桥式起重机在滑触线的全行程来回行走3次，以检查滑触线与集电器、牵引器的配合情况，应符合设计和规范要求。

3) 集电器导电刀片与滑触线可靠接触，滑动时不应有跳弧。

4) 集电器应沿滑触线全长可靠地接触，自由无阻地滑动，在任何部位集电器的中心线（宽面）不应超出滑触线的边缘。

5) 集电器与滑触线的接触部分不应有尖锐边棱，压紧弹簧的压力应符合要求。

6) 断开临时电源，接通安全滑接输电装置永久电源，检查静态通电状况，启动主机（行走电机不动），运行10min然后启动行走电机，慢速行驶，沿全线观察，对下述现象予以调整。

A. 滑触线等摆动较大：调整直线度或修正牵引器的灵活性，或调整牵引器安装位置。

B. 集电器运行有异常声响：导轨连接点未修平，应重新修平。

(12) 桥式起重机小车滑触线的安装，应符合下列要求。

1) 小车滑触线架安装应平直，无扭曲变形，滑触线架和小车轨道的距离应保持一致。

2) 滑车在线架上活动自如，无卡阻。

3) 小车滑触线架上的电缆应排列整齐，不应交叉，长度合适，弧垂一致。

1.7.6 控制保护系统

桥式起重机电气部分一般分为主起升、副起升、大车行走、小车行走四个控制机构。主起升、副起升、大车行走、小车行走一般采用变频调速系统。桥式起重机设有控制变压器和供照明用的变压器。控制变压器输出电压为220V，用于整车的电气控制。直流稳压24V电源供全车DC 24V及PLC输入/输出点的供电。照明变压器输出220V、24V两种电压，其中220V供照明、检修220V电源及空调等设备用，24V供检修时手提行灯用。

(1) 电源及控制回路。

1) 桥式起重机动力回路为380V、控制回路为220V，负荷限制器及照明回路电源为220V，另外，还备有供手提行灯使用的24V电源。总电源由安全滑触线供电，从供电点到电机的最大电压降不应超过额定电压的15%，否则将影响桥式起重机的正常运行。

2) 司机室内照明箱上装有电压表，可监视电源电压。在总控制回路中，总空气开关是作为电源保护用，只有当紧急情况下，才用紧急按钮分断总空气开关的分励线圈，使总空气开关跳闸。

3) 为了维修人员上下车安全，端梁的小门上各装有一个上车联系按钮和门禁开关，司机室控制台上装有上车联系按钮及灯铃信号，供上车的人与司机联系时用。

（2）控制原理。

1）桥式起重机的电气系统为“PLC＋基础变频传动＋上位机”组成的控制系统。PLC 实现整车运行的时序、逻辑控制；变频传动驱动各机构协调动作，实现可控运行；上位机显示起重机的工作状态和故障报警。三者之间数据交换通过 PROFIBUS DP、MPI 总线通信及开关量输入/输出实现。

2）控制系统的控制核心主要由 CPU 单元和开关量输入/输出模块组成。开关量输入模块接受司机室的控制命令及各机构监控信号。开关量输出模块是将 PLC 程序对输入信号处理结果生成控制命令去控制各机构制动器及接触器的动作等。

3）起升机构由脉冲编码器作为速度检测构成闭环速度控制，运行机构为开环速度控制。

（3）主起升线路。

1）主起升机构采用单电动机、单变频器的传动方式，一个变频器带动一台电动机。为了达到高精度速度控制，电动机配置一只脉冲编码器，将其速度实测值反馈到变频器。

2）主令控制器采用有挡给定。各挡速度分别为 10%、25%、50%、100%。给定信号送到 PLC 的输入口，PLC 经 PROFIBUS DP 将数字给定信号下载到变频器，闭环速度控制系统将完成速度控制的全过程。

3）控制系统设有以下保护。起升机构上下限位保护、上下预限位保护、超速保护、超载保护、零位保护。另外，变频装置本身还具有电源电压断相保护、失压保护、装置过热保护、装置过流保护、接地故障保护、电动机缺相保护、电机过载保护、瞬时掉电保护等几十种的状态和故障指示，其故障信号存储在记忆单元中，即使在电源出问题时，也能保存故障信号。

（4）安全保护装置及零部件安装。

1）安全保护装置有限位装置、过速保护装置、过载保护装置。

2）行走限位，提升限位，过载限制，舱门连锁，铃控制均为某机构达到规定极限时，通过上述装置跳开接点，切断电源，达到安全保护作用，安装时均应按实际动作位置进行接线和调整。

1.7.7 接地与照明

（1）桥式起重机的大车、小车轨道应按规程可靠接地。轨道还需经常清理，车上所有电气设备也应按规程可靠接地。

（2）桥式起重机工作照明装在主梁外侧，照明变压器供电，在司机室内照明箱控制。桥架内及司机室内照明均采用荧光灯，也是在司机室内照明箱控制。

（3）司机室内 24V 检修插座及桥架内 24V 检修插座均由变压器供电。

1.8 桥式起重机试验

桥式起重机运行试验的目的是对桥式起重机的制造安装质量和工作性能作全面的检查验收。试验前依据设备制造厂家的安装说明书、《起重机　试验规范和程序》（GB/T 5905）、《通用桥式起重机》（GB/T 14405）、《钢丝绳电动葫芦　试验方法》（ZBJ 80013.4）等有关规程、规范编写桥式起重机试验大纲，报监理工程师批准。试验时监理工程师、制造厂代表参加，按批准的试验大纲实施。

当桥式起重机机械设备、电气设备安装完毕，符合有关设计、制造、安装等技术要求，并经起升机构，大、小车运行机构空载试验后才可进行桥式起重机静负荷和动负荷试验。

桥式起重机负荷试验方法有：实物荷重法、倍率法或地锚试验法。

实物荷重法可以对起升机构，大、小车行走机构及金属结构作全面检查。一般宜用此方法对桥式起重机进行全面检查验收。倍率法只能检查起升机构，对大、小车行走机构及金属结构件等不能作全面检查。地锚试验法可以对起升机构及金属结构件做全面检查，但不能全面检查大、小车行走机构。这两种方法仅在不具备实物荷重法试验条件并征得相关单位（如特种设备监督检验单位、设计单位等）同意后才进行倍率法试验。

1.8.1 准备工作

（1）试验条件。

1）试验用的荷载重量标定准确，其允许误差为±1%。

2）桥式起重机的各部件均经过详细检查，安装、调试、检测记录达到技术资料所规定的各项要求，安装记录及自检报告确认无误，经制造厂家、监理单位和业主单位确认具备荷载试验条件。

3）试验场地清理干净。

4）试验吊笼准备完成。

5）根据试重块材料不同，试验吊笼的结构型式也不同。一般小型桥式起重机负荷试验采用钢筋做试重块，为便于钢筋装卸，试验吊笼做成胎架形式，其结构见图 1-17。

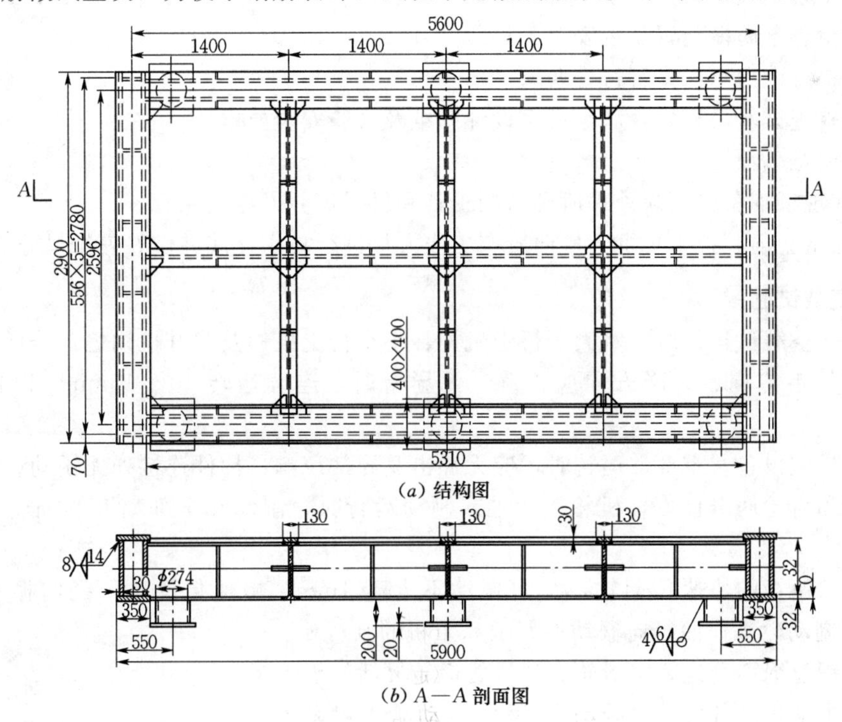

图 1-17　负荷试验胎架结构示意图（单位：mm）

6）大型桥式起重机负荷试验一般用吊笼作为试重块承载工具。

（2）试验前的检查。

1）查对所有动力回路及操作系统的接线应正确。

2）用摇表检测动力、操作及照明线路的绝缘电阻应符合有关规定。

3）各线路对地绝缘及交流耐压试验应符合有关规定。

4）引入工作电源，进行各电气设备的模拟操作试验，其动作正确无误。

5）检查各制动器工作的可靠性。

6）检查钢丝绳在卷筒和滑轮组上缠绕的正确性以及绳头固定的可靠性。

7）清除一切有碍安全运行的障碍物，并在滑触线处及危险处悬挂警告牌，必要时设遮拦或监护人。

8）检查安装、调试、检测记录是否完整，各项记录是否达到图纸的技术要求及规范规定值。

9）检查其结构有无变形，安装是否正确。

10）检查钢丝绳缠绕是否正确。

11）检查各紧固件连接是否牢固。

12）检查各运行机构是否能灵活运动。

13）检查制动器动作是否灵活，制动应平稳可靠，制动间隙应符合要求。

14）检查各润滑部件是否已按要求进行注油保养，各部轴承油位是否正确。

15）检查大车轮、小车轮的行走轨道附近有无障碍物和杂物。

16）检查电气设备是否安全可靠，用兆欧表检查绝缘电阻，其值不应小于10MΩ。

17）检查各防撞装置是否安全可靠。

18）检查电源电压是否符合要求。

19）检查试验吊笼是否满足厂家设计图纸及试验安全要求。

（3）注意事项。

1）在现场准备好消缺处理所必需的工具和材料，并设专人保管。

2）在试验前，技术负责人应向所有工作人员进行技术交底并做好安全措施。

1.8.2 空载试验

第1次空载试运行时，对大车行走机构、小车行走机构及起升机构逐一分项进行操作检查，其行走方向、升降方向应正确；无异常时，连续运转10～15min，以检查下列各项：

（1）机械设备及零部件运转时，应无冲击及异常声响，构件连接处无松动、裂纹和损坏。轴承和齿轮润滑良好，机箱无渗油。制动运行时，制动瓦全部离开制动轮，无任何摩擦。

（2）减速箱的快速传动轴，径向振动不大于1mm，慢速传动轴，径向振动不大于1.2mm，制动轮工作面径向振动不大于0.15mm。

（3）钢丝绳不刮碰，定滑轮、动滑轮运转灵活，无卡阻。

（4）电动机及各传动系统动作平稳，无冲击及嘈杂声。

（5）电源滑块与滑触线接触良好，无卡阻、跳动及严重冒火花现象。

（6）行走轮与轨道应全线接触，轮缘无啃轨现象。

（7）整定限位开关、保护开关、连锁装置、主令控制器及扬程指示器等动作正确、可靠。

（8）电气设备及元器件，无异常发热，主令控制器触头无烧损现象。

（9）空载试验合格后，再做负荷试验。

1.8.3 静载试验

（1）桥式起重机结构件检查。在桥式起重机荷载静止情况下，测定桥式起重机的强度、刚度及各部结构件的承载能力。桥式起重机主梁的强度和刚度的静载试验应按下列方法进行：

1）将小车开至大车端头，在两根主梁上挂钢琴线或在主梁中部悬挂线锤，并在钢琴线或线锤上做标记，测量记录标记点的原始高程。

2）将小车开到大车主梁中部位置，一般顺序按25％、50％、75％、100％和125％的额定起重量进行荷载试验，当荷载离地约100mm，静止10min，然后卸去荷载，检查桥架是否有永久变形。

3）最后使小车停在桥式起重机主梁中间，100％荷载提升，测量两根主梁下挠度，应符合有关规定，并不大于（1/700）S（S为桥式起重机跨距）。

4）当卸去荷载时，主梁挠度应复原，不应有永久变形。把小车开到端梁处，检测主梁上拱值，应不小于跨中（0.7/1000）S（S为桥式起重机跨距）。

5）副钩的额定静载试验与主钩相同，但不需测录主梁的挠度。

（2）桥式起重机机械设备、电气设备检查。

1）试验时，应操作起升机构上升、下降各3次，测量电动机启动电流、运行电流，并按照空载试验检查项目进行检查。

2）卸载后，检查小车各零部件应无裂纹等损坏现象，各连接处无松动。

3）125％荷载试验时，将荷载吊离地面50～100mm，检查桥式起重机中心的上拱度（如第1次发现有塑性变形，应作第2次试验，但最多不超过3次）。并检查下列各项，应符合相关规程规范和技术标准要求。

A. 将小车开至大车一端主梁中心处的上拱度。

B. 起吊额定负荷，将小车开到主梁中心位置，测量主梁下挠度。

C. 重物停留10min，大钩下滑距离。

D. 卸载后，主梁的上拱度。

E. 卸载后，全面检查桥式起重机金属结构的焊接质量及机械连接质量；检查电动机、制动器、减速器等固定螺栓应无松动。

1.8.4 动载试验

（1）一般顺序按50％、75％、100％、110％额定荷载各升降3次，小车在全行程内往返3次，然后将小车开到桥式起重机的一端，使大车车轮承受最大轮压，开动大车在全行程范围内往返3次。

（2）在上述试验过程中，设专人检查监视各传动机构工作情况，并检查下列各项，应符合相关规程规范和技术标准要求。

1）检查桥式起重机轨道变形情况及岩锚梁、立柱等应无裂纹。

2）检查起升机构启动电流、运行电流、制动距离。

3）检查大车、小车电机启动电流、运行电流、制动距离。

4）卸载后，检查小车各零部件应无变形、裂纹等损坏现象，且各连接处无松动。

1.8.5 两台桥式起重机并车试验

（1）准备工作。

1）对两台桥式起重机进行全面清理，对电气、机械设备进行认真检查、保养和维护，并确保试验期间的供电可靠。

2）两台桥式起重机之间的连挂装置安装。

3）进行两台桥式起重机操作室操作电位信号连接。

4）将平衡梁转运至安装间，并与两台桥式起重机的主起升机构相连接，使起吊平衡梁与试验吊篮相连接。

5）进行两台桥式起重机并车大车同步空载往返行走试验和主起升上下升降空载运行试验，检查各吊钩运转速度的差别，确认可靠后才能进行桥式起重机并车试验。

（2）并车试验。

1）检查起重机不应有连接松动，构件损坏等情况发生。

2）将切换开关切换至并车位置，做两台桥式起重机并车操作试验。

A. 起升机构上升、下降各 3 次，检查单台及并车桥式起重机制动器投入、切除的同步性，升降的同步性应一致。

B. 小车在行走范围内往返 3 次，观察单台小车及并车小车制动器投入、切除的同步性，行走的同步性应一致。

C. 大车在全行程范围内往返 3 次，观察单台及两台桥式起重机制动器投入、切除的同步性，行走的同步性应一致。

D. 主车、它车并车切换试验，切换操作应正常。

3）各机构联合运行不少于 3 次，检查各机构运行平稳性、协调性，应满足设计要求。

（3）并车试验后，一般不再进行负荷试验，但应根据设计或业主要求进行并车负荷试验，岩锚梁的负荷试验应按设计要求进行。

1.9 桥式起重机检验及取证

1.9.1 质量检查

（1）桥式起重机安装过程中应严格执行《起重设备安装工程施工验收规范》（GB 50278），《机械设备安装工程施工及验收通用规范》（GB 50231）、《起重机试验规范和程序》（GB 5905）及厂家技术标准，并接受国家质量技术监督局的检验与监督。

（2）桥式起重机安装质量检验内容要求及方法。

1.9.2 取证

(1) 根据《特种设备安全监察条例》第二十一条的规定：锅炉、压力容器、压力管道元件、起重机械、大型游乐设施的制造过程和锅炉、压力容器、电梯、起重机械、客运索道、大型游乐设施的安装、改造、重大维修过程，应经国务院特种设备安全监督管理部门核准的检验检测机构按照安全技术规范的要求进行监督检验；未经监督检验合格的不应出厂或者交付使用。

(2) 根据《特种设备安全监察条例》第二十八条的规定："特种设备使用单位应当按照安全技术规范的定期检验要求，在安全检验合格有限期届满前一个月向特种设备检验检测机构提出定期检验要求，未经定期检验或者检验不合格的特种设备，不应继续使用"。

(3) 水电站桥式起重机属于特种设备，其安装检验均受此条例约束，需要向地方特种设备技术监督管理部门报验，并取得相关证书后，才能投入使用。

(4) 桥式起重机安装报验取证程序。

1) 桥式起重机安装检验取证流程见图 1-18。

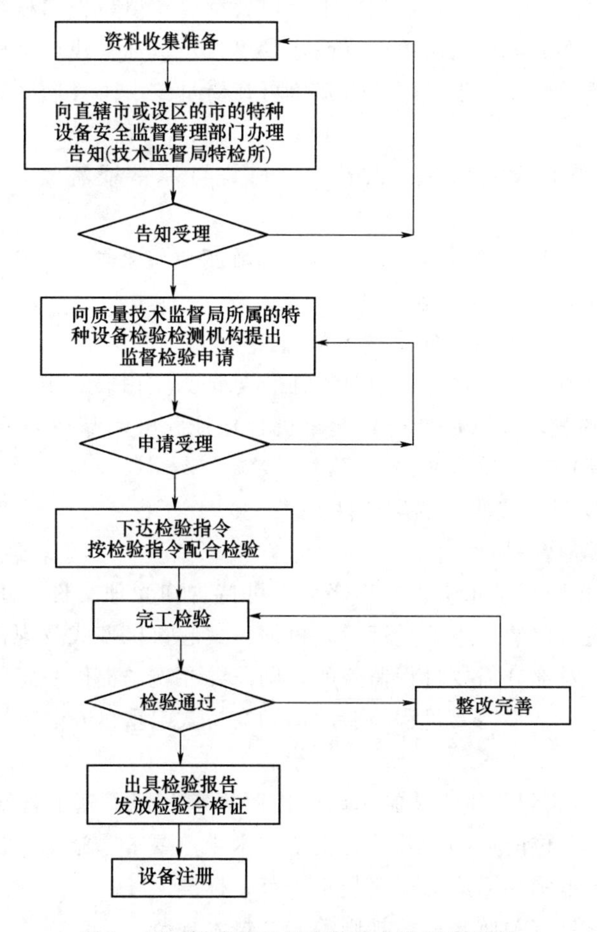

图 1-18　桥式起重机安装检验取证流程图

2) 开工前的告知。

A. 根据《特种设备安全监察条例》第十七条的规定：特种设备安装、改造、维修的施工单位应当在施工前将拟进行的特种设备安装、改造、维修情况书面告知直辖市或者设区的市的特种设备安全监督管理部门，告知后方可施工。因此，施工单位在完成桥式起重机安装准备工作后，在正式开始安装之前，应根据桥式起重机安装所辖地市，至特种设备安全监督管理部门办理施工告知手续，其《特种设备安装改造维修告知书》样表可在当地政府部门网站上查阅下载。

B. 告知办理完成后，工作人员将告知备案存档，同时将发放一张《特种设备使用注册登记表》，此表转交使用单位，以便桥式起重机监督检验合格后，办理桥式起重机使用登记。

C. 施工告知完成后，施工单位应将施工告知材料整理备查，即可开始施工，并向相应检验机构申请监督检验。

D. 办理告知需要准备的相关资料如下：

a. 填写《特种设备安装改造维修告知书》一式四份或填写《特种设备安装改造维修告知单》（按设备每台一式四份），加盖施工单位公章；在填写告知材料时使用单位（建设单位）名称，应按照规定填写使用单位（或建设单位）全称＋建筑全称的格式；施工地点应当详细填写至乡镇或街办。告知书或告知单可在质量技术监督局网站下载或到特检部门索取。

b. 施工单位的特种设备安装、改造、维修许可原件或者复印件（加盖施工单位公章）。

c. 施工人员的资质证件原件或复印件（加盖施工单位公章）。

d. 施工合同（复印件，加盖施工单位公章）。

e. 施工计划、施工措施（含安全技术措施）。

f. 施工质量计划及其相应的工作见证（工作见证为空白表、卡）。

g. 产品合格证的复印件（包括桥式起重机合格证、电动葫芦合格证和监检证、轨道检验合格证明文件等）产品质量文件。

h. 使用单位组织机构代码证的复印件。

i. 要求提交的其他资料。

3）监督申请。在履行了正常告知程序后，可持告知受理文件，正式向特种设备检验检测机构提出监督检验申请。申请受理后，根据桥式起重机型式及规格等，特检部门将下达具体的检验指令。对部分需要过程监督的，则需要在现场提供一定的办公场所，供特检部门人员现场检验办公。不需要过程检验的，则在桥式起重机安装完成后，做整体的检验检测。

A. 申请条件。桥式起重机安装施工已经按照规定办理了施工告知；安装的设备是取得制造许可证的制造单位的产品，并符合安全技术规范要求；施工单位生产质量管理体系运转正常；有与生产范围相适应的安全技术规范、标准。

具体条件和要求见有关监督检验规则等安全技术规范。

B. 监督检验申请。申请安装监督检验的施工单位在履行告知手续后，应向当地质量技术监督局所属的特种设备检验检测机构提出申请，并附以下材料各 1 份：施工告知书

(复印件)；施工合同；施工计划。

检验检测机构接到安装监督检验申请书后，对经审查认定符合要求的，应当做好监督检验的安排工作，并通知安装施工单位。

4）监督检验。安装单位应当在现场提供以下材料和条件：施工计划；质量管理手册和相关的管理制度；质量管理人员、专业技术人员和专业技术工人名单和持证人员的证件；设备的出厂文件、安装改造维修施工工艺和相应的设计文件；施工过程的各种检查、验收资料；设立专人配合工作；根据监督检验的情况，需要在现场设立固定办公场所的，应准备必要的办公条件。

5）出具检验证书。

A. 检验检测机构经过监督检验，对施工过程、设备安全性能符合安全技术规范要求的，按台出具特种设备安全性能监督检验证书（正、副本各1份）；对生产过程中发现的问题，出具特种设备安全性能监督检验联络单或者意见通知书。

B. 监督检验具体规定见特种设备监督检验规则等安全技术规范。

6）设备注册。取证完成后，设备使用单位可以持此检测结果，到当地质量技术监督局下属特种设备检验检测机构（以下简称特检所）进行设备正式注册，注册完成后的设备，方可正式投入使用。

1.10 桥式起重机施工期运行、维护

1.10.1 桥式起重机运行操作规程

厂房内桥式起重机是厂房全部主机及其附属设备安装和检修的重要吊装机械，因此桥式起重机合理、安全运行，对水电站建设及检修十分重要。在桥式起重机安装完毕，并经试验合格投产后，施工单位将根据设计制造厂家的使用维护说明书及有关规程制定桥式起重机的运行、维护、故障处理制度，使桥式起重机达到合理、安全运行的目的，提高生产效率，确保安全生产，延长设备使用寿命，从而取得更好的经济效益。为此，下面将提出桥式起重机司机的职责，运行中的操作注意事项。

（1）桥式起重机司机操作的基本要求。桥式起重机司机应经过专业学习和培训，并经有关部门考试合格后持证上岗，非持证人员不应上机操作。司机应有高度的责任感，热爱本职工作，苦练基本功，严格遵守操作规程和各项制度，由于每台桥式起重机的结构、性能、操作程序等会略有区别，但总的基本要求原则是一致的，因此桥式起重机司机在进行提升、行走、找正、稳钩、翻转等操作时，应遵照稳、准、快、安全、合理五个方面要求进行，这5个方面是考查一个合格司机的基本功的关键。

1）稳。稳是指桥式起重机在运行过程中，吊钩或负载停于所需要的位置时，大、小车运行机构不产生任何游摆（或是极小的游摆）。

2）准。准是在稳的基础上，正确地把吊钩停于所需要的位置。

3）快。快是在稳、准的基础上，使各运行机构协调地配合工作和用最少的时间，最近的距离完成一次吊运。做好设备维护保养工作，发生故障能迅速排除，保证桥式起重机在工作时间内不间断地投入，这是快的重要因素。

4）安全。安全是指对桥式起重机设备做到预检预修，保证桥式起重机在完好状态下可靠地工作；操作中严格执行安全技术操作规程，不发生任何设备或人身事故；有预见事故的能力，在意外事故情况下，能机动灵活地采取有效措施，及时制止事故的发生或使事故损失降低到最小限度。

5）合理。合理是指在了解、掌握电动机机械特性的基础上，根据被吊物体的具体情况，正确地操作控制器。

只有做到以上所说的稳、准、快、安全、合理地操作，才能充分发挥和提高桥式起重机的工作效率，确保安全生产。

（2）桥式起重机司机运用电动机的机械特性曲线合理操作的要求。

1）驱动桥式起重机行走机构与提升机构的电动机与负载之间的关系，称为电动机的机械特性。以电动机额定转矩的百分数为横坐标，以电动机同步转速的百分数为纵坐标，画成的曲线称为电动机机械特性曲线。只有严格按照机械特性曲线操作，才能应用自如，做到该快时能快，该慢时能慢，否则就可能因重量不同，不能启动，或者突然启动加速，造成冲击等不安全因素。对于大型起重量桥式起重机，主提升机构的安全合理操作特别重要，司机应对其操作电气回路十分清楚，根据电动机的不同工作状态及其相应的机械特性曲线，将操作控制器合理地操作在不同的位置上，从而达到高效与安全。

2）对于特大型桥式起重机，其电动机与电气回路与一般桥式起重机略有区别。一般桥式起重机电动机是绕线型异步电机，转速的调整靠转子中接入电阻来实现，而特大型桥式起重机的电动机是全数字笼型异步变频矢量型电动机，在其总配电回路中设有整流/回馈回路、主/副起升与小车逆变传动回路、PLC控制回路、平衡梁调平系统和综合故障监测显示系统等，较一般常用桥式起重机复杂，因此，对于特大型桥式起重机的安全合理操作，除遵守常用桥式起重机的安全操作规程外还需严格遵守设计及桥式起重机制造厂家关于正确使用桥式起重机的有关规定与说明，只有这样，才能保证桥式起重机的安全高效运行。

3）对于两台桥式起重机抬吊同一物体的操作，按照操作规程的规定操作，并按具体情况制定相应的技术措施。两台桥式起重机抬吊时，有时是同型号，同规格，有时是不同的，对于如何分配负荷，如何控制起吊总量，如何操作同步等，均应有详细的施工技术措施。一般情况抬吊重量不能超过两桥式起重机总起重量的80%，两台桥式起重机的最大起重量不能相差太大，一般小的不低于大的1/3，并应根据两台桥式起重机的起重量合理分配负荷。两机抬吊操作时，其机构的动作应“同步”保持水平，并配备专人指挥。

（3）桥式起重机安全操作的技术要求。桥式起重机在运行中由于指挥、操作、捆绑方法，技术熟练程度，精神不集中等原因，往往会造成人身与设备事故，因此，桥式起重机运行人员应加强业务技能和安全知识方面的学习，操作时应遵守安全操作技术要求。

1）安全知识教育的要求。桥式起重机司机应经常学习安全知识，参加安全活动，其主要内容有：交流班组之间的安全生产经验，吸取过失的教训；表扬安全生产中的好人好事，找出本班组安全生产中的薄弱环节与差距；讲述安全生产的有关知识；检查对照操作规程执行情况。

2）安全操作的要求。建立必要的规章制度，是保证桥式起重机安全生产，提高工作效率的可靠保证，其内容主要有：交接班制度，即每班认真填写工作记录，说明设备运行维修情况便于查考，交接班司机应按职责范围，逐项交接清楚；严格按安全操作规程操作，开车前应鸣铃并对各部位各部件详细检查，确认灵活可靠后做空负荷试验，专人指挥，不能偏拉斜吊，超负荷不吊，重量不明不吊，指挥信号不清不吊，运行中不应进行维护与调整，司机不应离开司机室；吊运物件时，其物件上面或下面不准站人，工作完毕后，把吊钩升到接近极限位置，大、小车开到指定地点，所有控制器放在零位，切断室内电源等。

1.10.2 桥式起重机维护、管理制度

桥式起重机的日常检查与维护，对桥式起重机安全高效运行，延长使用寿命，提高工作效率是十分重要的。检查维护的主要工作有：日常检查、润滑、预检预修和排除临时故障等。

（1）桥式起重机的日常检查。桥式起重机的日常检查有交接班检查和定期检查两部分。

1）交接班检查。交接班检查的主要内容有：检查桥式起重机总电源开关是否断开，不应带电进行检查；检查钢丝绳和绳头的磨损和紧固情况及常用工具与易损备件的完好情况；检查制动器的完好可靠性；检查钢丝绳在滑轮组及卷筒上的缠绕情况，检查有无串槽或重叠；检查主电路操作回路及控制器触头情况；以上检查完成后，合上主电源，进行试车，检查电动机和各传动部分有无异常振动和噪声；试验起升机构制动器的松紧情况和上限开关是否灵活可靠；检查照明系统和音响信号是否正常。对检查发现的问题应及时排除，不应带病工作。

2）定期检查。桥式起重机的定期检查包括周检、月检和半年检查等。根据项目部的具体情况，由司机、设备、质检、安全等有部门人员组成检查小组，对桥式起重机进行检查，检查中发现的问题立即进行修理。

A. 周检内容。主要有接触器、控制器触头的接触与腐蚀情况；制动器闸板的磨损情况；联轴器上键的连接及螺钉的紧固情况；使用半年以上的钢丝绳的磨损情况；双制动器的起升机构；每个制动器制动力矩的大小等，应每周检查 1 次。

B. 月检内容。主要有电动机、减速器、轴承支座、角形轴承箱等底座的螺钉紧固情况及电动机碳刷的磨损情况；钢丝绳压板螺钉的紧固情况；使用 3 个月以上的钢丝绳的磨损情况及润滑情况；管口处导线绝缘层的磨损情况；各限位开关转轴的润滑情况；减速器内润滑油的油量；平衡轮处钢丝绳的磨损情况。

C. 半年检查内容。有控制屏、保护箱、控制器、电阻器及各接线座、接线螺钉的紧固情况（检查时应逐个进行紧固）；端梁螺钉的紧固情况；制动电磁铁气缸润滑情况与液压制动电磁铁油量及油质情况；所有电气设备的绝缘情况。

（2）桥式起重机的润滑、预检预修。

1）桥式起重机的维护主要是指桥式起重机的维修与润滑。桥式起重机的维修工作包括大修、中修和小修。小修内容有：每天随车检查（或抽查）设备，做好预检工作；调整或调节好制动器；排除桥式起重机临时发生的一些故障；制定备品计划，准备好备品零件；写好桥式起重机的维修记录。在检查维护时应遵守有关操作规程和安全规程。

2）桥式起重机的大修、中修期限，按规程及制造厂家使用说明书执行。

3）桥式起重机的润滑是桥式起重机维护工作中的主要内容之一，润滑情况的好坏，不仅直接影响各机构的正常运转与机件的寿命，而且还会影响安全生产和工作效率。润滑工作中应该遵循的原则是：在有轴和孔配合的地方以及有摩擦面的机械部分，应定期进行润滑。同时应建立记录登记，记录桥式起重机实际工作小时数，按规定期限进行润滑。桥式起重机润滑周期见表1-4。

表1-4　　桥式起重机润滑周期表

润滑部位及零件名称	润滑周期	润　滑　材　料	注入方式
钢丝绳	2～3个月	钢丝绳麻芯脂 石墨钙基润滑脂	涂抹
减速器	1～2年全面清洗更换1次	机械油 30号用于冬季，40号用于夏季	油桶注入
齿轮联轴器、减速器轴承	半年左右	钙基润滑脂2号用于冬季， 钠基润滑脂2号用于夏季	油枪注入
大车轮、小车轮组轴承	半年左右	钙基润滑脂3号、4号用于冬季， 1号、2号用于夏季	油枪注入
滑轮组	3个月		油枪注入
制动器的杠杆、销轴、孔	每周1次	机械油40号、50号	油壶注入
液压电磁铁、液压推进器	半年左右	变压器油25号用于冬季，10号用于夏季	油桶注入
接触器、控制器、限位开关的转轴、主令控制器凸轮控制器的滚轮	每月1次	机械油40号、50号	油壶注入
电动机转子滚动轴	1～2年	合成复合铝基润油脂 锂基润滑脂	中修或大修时充入

注　表中润滑材料供参考，其具体规格、型号，应按设计、制造厂家的说明为准。

（3）排除临时故障。

1.11　桥式起重机验收及移交

1.11.1　桥式起重机安装验收

（1）验收前准备工作。

1）当桥式起重机机械、电气设备全部安装完毕，并符合有关设计、制造、安装等规程规范后，对桥式起重机各部位进行彻底清扫，对所有焊接部位重新补漆。

2）准备好相关验收表格。

（2）检查、修复、功能试验。

1）按照桥式起重机试验相关要求，对桥式起重机进行空载、静载和动载试运转。对试验过程中发现的各类问题处理完毕后，方可办理工程验收手续。

2）整理资料，办理移交手续。

3）按竣工资料移交相关要求，准备一套完整的安装、验收资料，办理移交手续。

1.11.2 桥式起重机验收资料

（1）桥式起重机安装开工报告及开工令。

（2）设备开箱检验及接收记录。

（3）设计变更和修改等有关资料。

（4）轨道安装施工质量检查记录。

（5）桥式起重机有关的几何尺寸复查和安装检查记录。

（6）桥式起重机重要部位的焊接、高强螺栓连接的检验记录。

（7）桥式起重机的试运转记录。

（8）桥式起重机安装报告。

（9）安全使用证及其他有关资料。

1.11.3 桥式起重机移交

（1）当桥式起重机通过安装验收后，可按照建设单位（或运行单位）移交程序要求，办理设备及相关资料的移交手续，建设单位、运行管理单位、监理单位以及施工单位现场负责人以及技术负责人进行签证。

（2）移交内容：桥式起重机出厂资料移交；桥式起重机安装资料移交；桥式起重机试验报告移交；桥式起重机备品备件移交；桥式起重机主体设备移交。

1.12 桥式起重机安装工装准备

根据桥式起重机部件尺寸及重量、布置形式等实际情况，为方便和保证桥式起重机的正常安装，需要在安装过程中设计制作适合桥式起重机安装施工的工装设施。如果采用吊车安装方式，则只需要一些普通工装即可，如支墩等。如果采用卷扬机系统进行安装工作，则需要设计制作一套专用工装设施。

1.12.1 起升天锚

（1）天锚一般适用于地下厂房布局的桥式起重机安装，由设计单位设计天锚锚杆，土建施工单位在完成拱顶开挖后立即安装天锚锚杆并完成锚杆拉拔试验，以供桥式起重机吊装使用。单个的锚杆需要采用一定的方法将其连接成一体，使其平均受力。大型起吊天锚群，需要自制锚板架，与锚杆焊接连为一体。

（2）天锚工装结构及其准备工作参考第1.5.2条天锚吊装系统。

1.12.2 悬挂吊笼

特殊部件施工需要设计悬挂吊笼，如天锚、司机室、检修室的焊接施工、滑触线的安装施工等，均需设计悬挂吊笼设施。

1.12.3 平衡吊梁

根据桥式起重机司机室及检修平台的结构特点，自制必要的平衡吊梁，以防止吊装时挤压而造成变形、损坏。

1.12.4 支墩

用于支撑设备，一般与楔子板搭配使用。支墩一般可用钢板焊接而成，也可用无缝钢管和钢板制作而成。

1.12.5 负荷试验试块

（1）一般流域开发的水电站业主都会配备一定数量的试验块，试验块一般为钢锭。也可以采用钢筋、钢板或混凝土块等作为试重块。

（2）钢锭一般分为8t、4t、2t、1t等几种规格，以满足不同负荷试验段的需求。

（3）采用钢筋、钢板或混凝土块等作为试重块时，在试验前，可将钢板或钢筋分别按25%和50%额定起吊重量堆放，以减少试验过程中搬运时间。

1.13 桥式起重机安装人力资源配置及工期分析

1.13.1 天锚系统吊装人力资源配置及工期分析

（1）某水电站地下厂房布置2台450t+450t−27.8m双小车桥式起重机，采用天锚吊装系统进行桥式起重机主要设备的吊装。桥式起重机跨度27.8m，主梁重76t，小车重95t。在安装间顶拱埋设12根ϕ36mm锚杆，为了吊装安全，根据12根锚杆实际的埋设情况，设计、制造一个基本上能使12根锚杆均匀承载的锚杆吊梁作为起吊梁。

（2）天锚系统吊装桥式起重机的主要工作内容有：锚杆埋设、起吊梁制作安装及试验、主梁安装、小车安装、起升机构安装、电气设备安装、附件安装、滑触线安装、桥式起重机试验等。

某水电站地下厂房布置，其天锚系统吊装桥式起重机人力资源配置及工期见表1-5。

表1-5 某水电站天锚系统吊装桥式起重机人力资源配置及工期表

序号	工作内容	计划劳动组合/人					工期/d
		试验工	安装工	电焊工	起重工	普工	
1	起吊梁、吊笼制作	0	4	2	2	2	12
2	起吊梁安装	0	4	2	4	2	4
3	安装间起吊临时设施布置及荷载试验	0	4	4	4	4	4
4	桥式起重机安装	4	10	4	6	8	34
5	桥式起重机滑触线安装	0	3	2	2	2	14
6	桥式起重机负荷试验	4	10	0	6	8	8

1.13.2 汽车吊吊装人力资源配置及工期分析

（1）某地下厂房布置2台起重量为450t+450t双小车桥式起重机，采取200t汽车吊进行桥式起重机主要设备的吊装。桥式起重机跨度27m，主梁尺寸27642mm×2510mm×3130mm，主梁单重75t，小车尺寸4900mm×9819mm×2875mm，小车重95t。

（2）汽车吊吊装桥式起重机的主要工作内容有：吊装准备、主梁安装、小车安装、起升机构安装、电气设备安装、附件安装、滑触线安装、桥式起重机试验等。

某水电站地下厂房布置，其汽车吊吊装桥式起重机人力资源配置及工期见表 1-6。

表 1-6　　某水电站汽车吊吊装桥式起重机人力资源配置及工期表

序号	工　作　内　容	计划劳动组合/人					工期/d
		试验工	安装工	电焊工	起重工	普工	
1	施工准备及支墩制作	0	3	2	2	2	5
2	桥式起重机安装	4	12	4	6	8	34
3	桥式起重机滑触线安装	0	3	2	2	2	14
4	桥式起重机试验	4	10	0	6	8	8

附　录

附表 1　　**钢丝绳自重影响修正值**

起重机跨度/m	10.5；10	13.5；13	16.5；16；15.5	19.5；19；18.5	22.5；22；21.5	25.5；25；24.5	28.5；28；27.5	31.5；31；30.5	34.5；34；33.5
钢丝绳下垂修正值/mm	1.5	2.5	3.5	4.5	6	8	10	12	14

附表 2　　**钢 卷 尺 修 正 值**

起重机跨度/m	拉力值/N	钢卷尺截面尺寸/(mm×mm)			
		10×0.25	13×0.2	15×0.2	15×0.25
		修正值/mm			
10.5；10	150	2.0	2.0	1.5	1.0
13.5；13		2.5	2.5	2.0	1.5
16.5；16；15.5		3.0	2.5	2.0	1.5
19.5；19；18.5		3.5	3.0	2.5	1.5
22.5；22；21.5		3.5	3.5	2.5	1
25.5；25；24.5		4	3.5	2.5	0.5
28.5；28；27.5		4	3.5	2.5	0
31.5；31；30.5		4	3.5	2	−0.5
34.5；34；33.5		4	3.5	1.5	−1.5

附表 3　　**绳卡连接的安全要求**

钢丝绳直径/mm	6～16	17～27	28～37	38～45
绳卡数量/个	3	4	5	6

注　绳卡压板应在钢丝绳长头一边，绳卡间距不应小于钢丝绳直径的 6 倍。

附表 4　　**钢 丝 绳 断 丝 数 值**

外层绳股承载钢丝数（n）	钢丝绳结构的典型例子	起重机械中钢丝绳应报废时与疲劳有关的可见断丝数							
		机构工作级别				机构工作级别			
		M_1 及 M_2				M_3～M_8			
		交捻		顺捻		交捻		顺捻	
		长度范围				长度范围			
		$6d$	$30d$	$6d$	$30d$	$6d$	$30d$	$6d$	$30d$
≤50	6×7、7×7	2	4	1	2	4	8	2	4
51～75	6×12	3	6	2	3	6	12	3	6
76～100	18×7（12 外股）	4	8	2	4	8	15	4	8

外层绳股承载钢丝数（n）	钢丝绳结构的典型例子	起重机械中钢丝绳应报废时与疲劳有关的可见断丝数							
		机构工作级别				机构工作级别			
		M_1 及 M_2				$M_3 \sim M_8$			
		交捻		顺捻		交捻		顺捻	
		长度范围				长度范围			
		$6d$	$30d$	$6d$	$30d$	$6d$	$30d$	$6d$	$30d$
101～120	6×19、7×19 6X（19）、6W（19） 34×7（17外股）	5	10	2	5	10	19	5	10
121～140		6	11	3	6	11	22	6	11
141～160	6×24、6X（24）、6W（24） 8×19、8X（19）、8W（19）	6	13	3	6	13	26	6	13
161～180	6×30	7	14	4	7	14	29	7	14
181～200	6X（31）、8T（25）	8	16	4	8	16	32	8	16
201～220	6W（35）、6W（36）、 6XW（36）	8	18	4	9	18	38	9	18
221～240	6×37	10	19	5	10	19	38	10	19
241～260		10	21	5	10	21	42	10	21
261～280		11	22	6	11	22	45	11	22
281～300		12	24	6	12	24	48	12	24
＞300	6×61	$0.04n$	$0.08n$	$0.02n$	$0.04n$	$0.08n$	$0.16n$	$0.04n$	$0.08n$

附表 5　卷筒、滑轮直径 D_{0min}（$D_{0min}=hd$）的选取值　单位：mm

机构工作级别	卷筒 h_1	滑轮 h_2
$M_1 \sim M_3$	14	16
M_4	16	18
M_5	18	20
M_6	20	22.4
M_7	22.4	25
M_8	25	28

注　1. 平衡滑轮的直径，对桥架型起重机取与 D_{0min} 相同；对臂架起重机取为不小于 D_{0min} 的 0.6 倍。

2. 对移动式起重机，建议取 $h_1=16$ 及 $h_2=18$，与工作级别无关。

附表6　　桥式起重机安装质量检验内容要求与方法表

检验项目		检验内容与要求	检验方法
1 技术资料		1.1 制造单位应提供有效的资格证明、产品出厂合格证、安装使用维护说明书等随机文件；必要时应提供型式试验报告	查阅资料
		1.2 安装单位应提供： (1) 施工情况记录事故记录与处理报告； (2) 安装过程中经制造单位同意的变更设计的证明文件	查阅资料
		1.3 改造（大修）单位除提供第1.2项要求的内容外，还应提供改造（大修）部分的清单、主要部件合格证、改造部分经改造单位批准并签章的图样和计算资料	查阅资料
		1.4 使用单位应提供注册登记和运行管理制度资料以及设备技术档案（内容包括第1.1项、第1.2项和第1.3项要求的资料，维修保养、常规检查和故障与事故的记录等）。新增设备的验收检验此项仅核查运行管理制度资料	查阅资料
2 作业环境及外观		2.1 用于尘、毒、辐射、噪声、高温等有害环境作业的起重机，应有保护司机安全与健康必要的防护措施	现场检查
		2.2 起重机明显部位应有清晰的额定起重量标志和质量技术监督部门的安全检验合格标志	外观检查，定期检验和改造（大修）后验收检验时查检验合格标志
		2.3 大车滑触线、扫轨板、电缆卷筒应涂红色安全色。吊具、台车，有人行通道的桥式起重机端梁外侧、夹轨器、大车滑触线防护板应有黄黑相间的安全色	外观检查
		2.4 起重机上和其运行能达到的部位周围的人行通道和人需要到达维护的部位，固定物体与运动物体之间的安全距离不小于0.5m，无人行通道和不需要到达维护的部位，固定物体与运动物体之间的安全距离不小于0.1m。如安全距离不够，应采取有效的防护设施	外观检查，必要时用钢卷尺测量
		2.5 起重机上应有安全方便的检修作业空间或提供辅助的检修平台	外观及作业现场检查
		2.6 通向起重机及起重机上的通道应保证人员安全、方便地到达，任何地点的净空高度应不低于1.8m，其梯子、栏杆和走台应符合《起重机械安全规程》(GB 6067) 的有关规定	外观检查，必要时用钢卷尺和测力装置测量
3 金属结构		3.1 主要受力构件不应整体失稳、严重塑性变形和产生裂纹。整体失稳时不应修复，应报废；产生严重塑性变形使工作机构不能正常运行时，如不能修复，应报废；在额定荷载下，主梁跨中下挠值达到水平线下 $S/700$ 时，如不能修复，应报废；发生锈蚀或腐蚀超过原厚度的10%时应报废；产生裂纹应修复或采取措施防止裂纹扩展，否则应报废	外观检查，必要时用钢直尺、测厚仪等工具或仪器测量；计算承载能力。主梁下挠的测量方法同第3.3项上拱度的测量方法
		3.2 金属结构的连接焊缝无明显可见的焊接缺陷。螺栓连接不应松动，不应有缺件、损坏等缺陷。高强度螺栓连接应有足够的预紧力矩	外观检查，必要时可用探伤仪检查焊缝质量或用力矩扳手检查高强度螺栓的连接状况
	主梁上拱度和上翘度	3.3 新安装的桥、门式（包括电动葫芦桥、门式）起重机的主梁上拱度为 $(0.9\sim1.4)S/1000$，门式起重机的上翘度为 $(0.9\sim1.4)L_1/350$；电动单梁、电动单梁悬挂起重机主梁上拱度为 $(1\sim1.4)S/1000$。荷载试验后桥、门式起重机拱度应不小于 $0.7S/1000$，上翘度应不小于 $0.7L_1/350$；电动单梁、电动单梁悬挂起重机主梁上拱度应不小于 $0.8S/1000$	箱型梁起重机检测主梁上翼缘板，桁架起重机检测轨道，工字钢轨道检测下翼缘中心。检测条件：空载，断电。桥式起重机应将小车开至轨道端部，门式起重机将小车开至支腿上方。具体方法如下：

续表

检验项目		检验内容与要求	检验方法
3 金属结构	主梁上拱度和上翘度		（1）钢丝法：用 0.49～0.52mm 的钢丝拉在主梁上，一端固定；另一端拉有 150N 的弹簧秤，将等高块 H 放在端梁中部钢丝与端梁之间，测量跨中 $S/10$ 范围内筋板处钢丝与主梁间的距离 h，主梁上拱度为 $F=H-h-\Delta$。Δ 为钢丝自重影响修正值（见附表 1）。 （2）水准仪法：将水准仪放在适当位置，调平，分别测量主梁跨中 $S/10$ 筋板处、端梁中心（支腿）、悬臂端的标高进行计算
	主梁腹板的局部平面度	3.4 主梁腹板不应有严重不平，其局部平面度，在离受压区翼缘板 $H/3$ 以内不大于 0.7δ，其余区域不大于 1.2δ	目测检查，必要时用 1m 的平尺放在腹板上，用钢直尺测量平尺与腹板之间的间距，取最大值
	大车跨度偏差	3.5 新安装起重机，当大车运行出现啃轨现象时，应测量跨度偏差。 采用可分离式端梁并镗孔直接装车轮结构的通用桥式起重机、电动单梁起重机、电动梁式（悬挂）起重机跨度极限偏差：$S\leqslant10$m 时，$\Delta s=\pm2$mm；$S>10$m 时，$\Delta s=\pm[2+0.1(S-10)]$mm；采用焊接连接的端梁及角型轴承箱装车轮结构的通用桥式起重机 $\Delta s=\pm5$mm，相对差不大于 5mm。通用门式起重机跨度极限偏差为：$S\leqslant26$m 时，$\Delta s=\pm8$mm，相对差不大于 8mm，$S>26$m 时，$\Delta s=\pm10$mm，相对差不大于 10mm	（1）用平尺卡住钢卷尺，一侧拉 150N 弹簧秤，测量同一高度处一侧车轮外端面与另一侧车轮的内端面的距离，则跨度 S 等于实测距离加上钢卷尺修正值（见附表 2），再加上钢卷尺计量修正值。 （2）采用精度不小于 1.5mm 的测距仪，测量同一高度处一侧车轮外端面与另一侧车轮的内端面的距离，测量 3 次取平均值
	小车轨距偏差	3.6 小于 50t 的正轨箱型梁及半偏轨箱型梁的轨距极限偏差：端处为±2mm；跨中，当 $S\leqslant19.5$m，为+1～+5mm；当 $S>19.5$m，为+1～+7mm。其他梁不超过±3mm	用钢卷尺测量
		轨道接头的高低差 $d\leqslant1$mm，侧向错位 $f\leqslant1$mm，接头间隙 $e\leqslant2$mm	外观检查，必要时用钢直尺和塞尺测量
		两端最短一段轨道长度应大于 1.5m，在轨道端部应加挡块	外观检查，必要时用钢卷尺测量
	司机室	3.7 司机室的结构应有足够的强度和刚度。司机室与起重机连接应牢固、可靠	外观检查
		3.8 司机室内应设合适的灭火器和绝缘地板，司机室外应设音响信号，门应安装锁定装置	外观检查，音响信号通电试验
		3.9 司机室应有良好的视野。司机室内部净空高度一般不低于 2m，底部面积不小于 $2m^2$。门的开门方向应符合相关标准要求	外观检查，必要时用钢卷尺测量

续表

检验项目		检验内容与要求	检验方法
4 大车轨道		4.1 新安装起重机，当大车运行出现啃轨现象时，应测量大车轨距偏差。大车轨距的极限偏差为：$S \leqslant 10\text{m}$ 时，$\Delta S = \pm 3\text{mm}$；$S > 10\text{m}$ 时，$\Delta S = \pm[3+0.25(S-10)]\text{mm}$。最大不超过±15mm	方法同第 3.5 项，但应测量同一高度处一侧导轨外侧面与另一侧导轨内侧面的距离，测量 3 次取平均值
		4.2 轨道接头间隙不大于 2mm	用塞尺测量
		4.3 轨道实际中心与梁的实际中心偏差不超过 10mm，且不大于吊车梁腹板厚度的一半	用钢卷尺测量
		4.4 固定轨道的螺栓和压板不应缺少。压板固定牢固，垫片不应窜动	外观检查
		4.5 轨道不应有裂纹、严重磨损等影响安全运行的缺陷。悬挂起重机运行不应有卡阻现象	外观检查
	吊钩	4.6 吊钩应有标记和防脱钩装置，不应使用铸造吊钩	外观检查
		4.7 吊钩不应有裂纹、剥裂等缺陷，存在缺陷不应补焊。吊钩危险断面磨损量：按《起重吊钩　第 2 部分：锻造吊钩技术条件》(GB 10051.2) 制造的吊钩应不大于原尺寸的 5%；按行业沿用标准制造的吊钩应不大于原尺寸的 10%。板钩衬套磨损达原尺寸 50%时，应报废衬套	外观检查，必要时用 20 倍放大镜检查，打磨，清洗，用磁粉、着色探伤检查裂纹缺陷。用卡尺测量断面磨损量
		4.8 开口度增加量：按 GB 10051.2 制造的吊钩应不大于原尺寸的 10%，其他吊钩应不大于原尺寸的 15%	外观检查，必要时用卡尺测量
5 主要零部件与机构	钢丝绳及其固定	5.1 钢丝绳的规格、型号应符合设计要求，与滑轮和卷筒相匹配，并正确穿绕。钢丝绳端固定应牢固、可靠。压板固定时，压板不少于 2 个（电动葫芦不少于 3 个），卷筒上的绳端固定装置应有防松或自紧的性能。金属压制接头固定时，接头不应有裂纹。楔块固定时，楔套不应有裂纹，楔块不应松动。绳卡固定时，绳卡安装应正确，绳卡数应满足附表 3 的要求	对照使用说明书查验。检查滑轮和卷筒的槽型、直径是否与选用的钢丝绳相匹配
		5.2 除固定钢丝绳的圈数外，卷筒上至少应保留 2 圈钢丝绳作为安全圈	将吊钩放到最低工作位置，检查安全圈数
		5.3 钢丝绳应润滑良好，不应与金属结构摩擦	外观检查
		5.4 钢丝绳不应有扭结、压扁、弯折、断股、笼状畸变、断芯等变形现象	外观检查
		5.5 钢丝绳直径减小量不大于公称直径的 7%	用卡尺测量
		5.6 钢丝绳断丝数不应超过附表 4 规定的数值	外观检查，必要时用探伤仪检查
	滑轮	5.7 滑轮直径 $D_{0\min}$（$D_{0\min}=h_2 d$）的选取不应小于附表 5 规定的数值	外观检查，必要时用钢直尺测量
		5.8 滑轮应转动良好，出现下列情况应报废： (1) 出现裂纹、轮缘破损等损伤钢丝绳的缺陷； (2) 轮槽壁厚磨损达原壁厚的 20%； (3) 轮槽底部直径减少量达钢丝绳直径的 50%或槽底出现沟槽	外观检查，必要时用卡尺测量
		5.9 应有防止钢丝绳脱槽的装置，且可靠有效	外观检查，必要时用卡尺测量防脱槽装置与滑轮之间的间距

续表

<table>
<tr><th colspan="2">检验项目</th><th>检 验 内 容 与 要 求</th><th>检 验 方 法</th></tr>
<tr><td rowspan="15">5
主要零部件与机构</td><td rowspan="5">制动器</td><td>5.10 动力驱动的起重机每个机构都应装设制动器，起升机构的制动器应是常闭的。吊运炽热金属或易燃易爆等危险品，以及发生事故后可能造成重大危险或损失的起升机构，其每一套驱动装置应装设两套制动器</td><td>外观检查</td></tr>
<tr><td>5.11 制动器的零部件不应有裂纹、过度磨损、塑性变形、缺件等缺陷。液压制动器不应漏油。制动片磨损达原厚度的50%或露出铆钉应报废</td><td>外观检查，必要时测量</td></tr>
<tr><td>5.12 制动轮与摩擦片之间应接触均匀，且不能有影响制动性能的缺陷或油污</td><td>外观检查，必要时用塞尺测量</td></tr>
<tr><td>5.13 制动器调整适宜，制动平稳可靠</td><td>通过荷载试验验证</td></tr>
<tr><td>5.14 制动轮应无裂纹（不包括制动轮表面淬硬层微裂纹），凹凸不平度不应大于 1.5mm。不应有摩擦垫片固定铆钉引起的划痕</td><td>外观检查，必要时用卡尺测量</td></tr>
<tr><td rowspan="2">减速器</td><td>5.15 地脚螺栓、壳体连接螺栓不应松动，螺栓不应缺损</td><td>外观检查</td></tr>
<tr><td>5.16 工作时应无异常声响、振动、发热和漏油</td><td>听觉判定噪声，手感判断温度和振动，必要时打开观察盖检查或用仪器测量</td></tr>
<tr><td>开式齿轮</td><td>5.17 齿轮啮合应平稳，无裂纹、断齿和过度磨损</td><td>外观检查，必要时测量</td></tr>
<tr><td>车轮</td><td>5.18 车轮不应有过度磨损，轮缘磨损量达原厚度的 50%或踏面磨损达原厚度的 15%时，应报废</td><td>外观检查，必要时用卡尺测量</td></tr>
<tr><td>联轴器</td><td>5.19 零件无缺损，连接无松动，运转时无剧烈撞击声</td><td>外观检查，试验观察</td></tr>
<tr><td rowspan="2">卷筒</td><td>5.20 卷筒直径 $D_{0\min}$（$D_{0\min}=h_1 d$）的选取不应小于附表 5 规定的数值。多层缠绕的卷筒，端部应有比最外层钢丝绳高出 2 倍钢丝绳直径的凸缘</td><td>外观检查，必要时用钢直尺测量</td></tr>
<tr><td>5.21 卷筒壁不应有裂纹或过度磨损</td><td>外观检查，必要时用卡尺测量</td></tr>
<tr><td>导绳器</td><td>5.22 导绳器应在整个工作范围内有效排绳，不应有卡阻、缺件等缺陷</td><td>外观检查，试验观察</td></tr>
<tr><td>环链</td><td>5.23 环链不应有裂纹、开焊等缺陷，链环直径磨损达原直径的 10%时应报废</td><td>外观检查，必要时用卡尺测量</td></tr>
<tr><td rowspan="2">6
电气</td><td rowspan="2">电气设备及电器元件</td><td>6.1 构件应齐全完整；机械固定应牢固，无松动；传动部分应灵活，无卡阻；绝缘材料应良好，无破损或变质；螺栓、触头、电刷等连接部位，电气连接应可靠，无接触不良；起重机上选用的电气设备及电器元件应与供电电源和工作环境以及工况条件相适应；对在特殊环境和工况下使用的电气设备和电器元件，设计和选用应满足相应要求</td><td>目测检查，必要时用电气仪表测量。结合环境与工况，查验电气设备和电器元件的选用</td></tr>
<tr><td>6.2 馈电装置：
（1）大车供电裸滑触线除按第 2.3 项规定涂红色安全色外（导电接触面除外），还应在适当位置装设安全标志或表示带电的指示灯；
（2）集电器沿滑触线全长应可靠接触；
（3）移动式软电缆应有合适的收放措施</td><td>目测检查</td></tr>
</table>

续表

检验项目		检验内容与要求	检验方法
6 电气	线路绝缘	6.3额定电压不大于500V时，电气线路对地的绝缘电阻，一般环境中不低于0.8MΩ，潮湿环境中不低于0.4MΩ	断电，人为使起重机上的接触器、开关全部处于闭合状态，使起重机电气线路全部导通，将500V兆欧表L端接于电气线路，E端接于起重机金属结构或接地极上，测量绝缘电阻值。上述方法有困难时，可采用分段测量的方法。测量时应将容易击穿的电子元件短接
	总电源开关	6.4起重机供电电源应设总电源开关，该开关应设置在靠近起重机且地面人员易于操作的地方，开关出线端不应连接与起重机无关的电气设备	目测检查
	电气保护	6.5电气隔离装置：起重机上低压的总电源回路宜设能够切断所有动力电源的主隔离开关或其他电气隔离装置。起重机上未设主隔离开关或其他电气隔离装置时，总电源开关应具有隔离作用	目测检查
		6.6总电源回路的短路保护：起重机总电源回路至少应有一级短路保护。短路保护应由自动断路器或熔断器来实现。自动断路器每相均应有瞬时动作的过电流脱扣器，其整定值应随自动开关的型式而定。熔断器熔体的额定电流应按起重机尖峰电流的1/2～1/1.6选取	外观检查，查验总电源回路中实际使用的短路保护装置是否符合本条要求，必要时校验
		6.7失压保护：起重机上总电源应有失压保护。当供电电源中断时，应能够自动断开总电源回路；恢复供电时，不经手动操作，总电源回路不能自行接通	人为断开供电电源，重新接通电源后，未经手动操作相应开关，起重机上总电源回路应不能自行恢复接通
		6.8零位保护：起重机应设有零位保护（机构运行采用按钮控制的除外）。开始运转和失压后恢复供电时，应先将控制器手柄置于零位后，该机构或所有机构的电动机才能启动	断开总电源，将某一机构控制器手柄扳离零位，此时接通总电源，该机构的电动机应不能启动。各机构按照上述方法分别试验
	电气保护	6.9机构的过流保护： （1）起重机上的每个机构均应单独设置过流保护。交流绕线式异步电动机可以采用过电流继电器。笼型交流电动机可采用热继电器或带热脱扣器的自动断路器做过载保护； （2）采用过电流继电器保护绕线式异步电动机时，在两相中设置的过电流继电器的整定值应不大于电动机额定电流的2.5倍。在第3相中的总过电流继电器的整定值应不大于电动机额定电流的2.25倍加上其余各机构电动机额定电流之和。保护笼型交流电动机的热继电器整定值应不大于电动机额定电流的1.1倍	检查过流保护的设置和整定
		6.10超速保护：铸造、淬火起重机的主起升机构，用可控硅定子调压、涡流制动器、能耗制动、可控硅供电、直流机组供电调速以及其他由于调速可能造成超速的起升机构，应有超速保护措施	（1）查看电气控制线路图，超速时，电动机能断电，制动器能自动制动； （2）断开电气联锁触点，起升机构电动机应不能启动

续表

检验项目		检验内容与要求	检验方法
6 电气	电气保护	6.11 电磁式起重电磁铁交流侧电源线，应从总电源接触器进线端引接，以保证起重机内部各种原因使总电源接触器切断总电源时，起重电磁铁不断电。突然失电可能造成事故的场合，电磁式起重电磁铁可设置备用电源	目测检查，通电试验
		6.12 便携式控制装置： 采用便携式控制站或手电门控制时，按钮盘上应设紧急断电开关；按钮盘的控制电缆应加设支撑钢丝绳；按钮盘按钮控制电源应采用安全特低电压，按钮功能有效；按钮盘一般应采用绝缘外壳，外壳应坚固，受正常的无意碰撞不应发生损坏	目测检查，必要时用电气仪表测量其电压不应大于50V
	照明	6.13 起重机的司机室、通道、电气室、机房应有合适的照明，当动力电源切断时照明电源不能失电。起重机上设对作业面的照明时，应考虑防震措施。固定式照明装置的电源电压不应大于220V。无专用工作零线时，照明用220V交流电源应由隔离变压器获得，不应用金属结构做照明线路的回路（单一蓄电池供电，且电压不超过24V的系统除外）。可移动式照明装置的电源电压不应超过36V，交流供电应使用安全隔离变压器，不应用自耦变压器直接供电	目测检查，必要时用电气仪表测量
	信号	6.14 起重机总电源开关状态在司机室内应有明显的信号指示。起重机（手电门控制除外）应设有示警音响信号，并且在起重机工作场地范围内应能清楚地听到	查验配置情况并操作试验
	接地	6.15 电气设备的接地： 起重机上允许用整体金属结构做接地干线，金属结构应是一个有可靠电气连接的导电整体。如金属结构的连接有非焊接处时，应另设接地干线或跨接线。起重机上所有电气设备正常不带电的金属外壳、变压器铁芯及金属隔离层、穿线金属管槽、电缆金属护层等均应与金属结构间有可靠的接地连接	目测检查，必要时用电气仪表测量
		6.16 金属结构的接地： 当起重机供电电源为中性点直接接地的低压系统时，整体金属结构的接地型式应采用TN或TT接地系统。零线重复非接地的接地电阻不大于4Ω；零线重复接地的接地电阻不大于10Ω。采用TT接地系统时，起重机金属结构的接地电阻与漏电保护器动作电流的乘积应不大于50V	（1）目测法检查起重机的接地型式； （2）用接地电阻测量仪测量接地电阻。测量重复接地电阻时，应把零线从接地装置上断开
7 安全装置及防护措施	高度限位器	7.1 起升机构应设起升高度限位器，吊运炽热金属的起升机构应装两套高度限位器，两套开关动作应有先后，并应控制不同的断路装置和尽量采用不同的结构型式，且功能可靠有效	空载，吊钩慢慢上升至碰撞限位装置时，应停止上升运行。如设有两套限位器时，应分别将一套限位开关短接后试验
	行程限位器	7.2 大、小车运行机构应设行程限位器（电动葫芦单梁、悬挂起重机的小车和手动起重机运行机构除外），且可靠有效	大、小车分别运行至轨道端部，压上行程开关，应停止向运行方向的运行
	起重量限制器	7.3 除维修专用起重机，额定起重量桥式起重机大于20t、门式起重机大于10t的起重机应安装起重量限制器。当荷载达到额定荷载90%时，应报警；当荷载超过额定荷载但不超过额定荷载110%时，应断电	起升少量荷载，保持荷载离地面100～200mm，逐渐无冲击加载，先至报警，再至断电，分别查验荷载是否满足规定

续表

检验项目		检验内容与要求	检验方法
7 安全装置及防护措施	防风装置	7.4 露天工作的起重机应装设夹轨钳、锚定装置或铁鞋等防风装置。其零件无缺损，独立工作分别有效	做动作试验，检查钳口夹紧情况或锚定的可靠性以及电气保护装置的工作状况
	缓冲器和端部止挡	7.5 大、小车运行机构或其轨道端部应分别设缓冲器或端部止挡，缓冲器与端部止挡或与另一台起重机运行机构的缓冲器应对接良好。端部止挡应固定牢固，两边应同时接触缓冲器	外观检查、空载试验
	扫轨板	7.6 大车轨道设在工作面或地面上时，起重机应设扫轨板；扫轨板距轨道应不大于 10mm	外观检查，必要时用钢直尺测量
	防倾翻安全钩	7.7 在主梁一侧落钩的单主梁起重机应装设防倾翻安全钩。小车正常运行时，应保证安全钩与主梁的间隙合理，运行无卡阻	外观检查
	检修吊笼	7.8 裸滑触线供电的起重机，靠近滑触线一侧应设固定可靠的检修吊笼或提供方便检修滑触线且安全的设施	外观检查
	紧急断电开关	7.9 起重机应设置紧急断电开关，在紧急情况下，应能切断起重机总电源。紧急断电开关应是不能自动复位的，且应设在便于司机操作的地方	检查各机构动力电源的接线，应全部从总电源接触器或自动断路器的出线端引接；切断紧急断电开关，检查各机构电源是否切断且紧急断电开关不能自动复位
	通道口联锁保护	7.10 进入起重机的门和司机室到桥架上的门应设有电气联锁保护装置，当任何一个门打开时，起重机所有的机构均不能工作	进入起重机的门或司机室到桥架上的门打开时，总电源不能接通，如处于运行状态，总电源应断开，所有机构运行均应停止
	滑触线防护板	7.11 作业人员或吊具易触及滑触线的部位，均应安装导电滑触线防护板	外观检查防护板的设置及防护是否有效
	防护罩	7.12 起重机上外露的有伤人可能的活动零部件均应装设防护罩。露天作业的起重机的电气设备应装设防雨罩	外观检查设置及防护是否有效
8 试验	空载试验	8.1 各种安全装置工作可靠有效；各机构运转正常，制动可靠；操纵系统、电气控制系统工作正常；大、小车沿轨道全长运行无啃轨现象	通电，各安全装置试验合格后，进行空载起升、运行试验。检查各机构运行和控制系统是否有异常
	额定荷载试验	8.2 各机构运转正常，无啃轨和三条腿现象。静态刚性要求如下：对 $A_1 \sim A_3$ 级不大于 $S/700$；对 $A_4 \sim A_6$ 级不大于 $S/800$；对 A_7 级不大于 $S/1000$；悬臂端不大于 $L_1/350$ 或 $L_2/350$。试验后检查起重机不应有裂纹、连接松动、构件损坏等影响起重机性能和安全的缺陷	起吊额定荷载，进行起升、运行联动试验。静态刚性测量时，小车位于跨中，从实际上拱值算起，测量小车位于跨中时的下挠值，测量方法同上拱度的测量方法或在主梁跨中（或悬臂）贴一标尺，用水准仪、经纬仪或测拱仪测量吊载前后差值
	静载试验	8.3 新安装、大修、改造后的起重机应进行此项试验。起吊额定荷载，离地面 100～200mm，逐渐加载至 1.25 倍的额定荷载，悬空不少于 10min，卸载后检查永久变形情况，重复 3 次后不应再有永久变形。此时主梁上拱度不小于 $0.7S/1000$（电动单梁、悬挂起重机不小于 $0.8S/1000$），悬臂端上翘度不小于 $0.7L_1/350$ 或 $0.7L_2/350$。起重机不应有裂纹、连接松动、构件损坏等影响起重机性能和安全的缺陷	将小车停在跨中和悬臂端，起升机构按 1.25 倍额定荷载加载，按检验内容与要求进行试验和检查。检验后应恢复起重量限制器的连接或其动作数值

续表

检验项目		检验内容与要求	检验方法
8 试验	动载 试验	8.4 新安装、大修、改造后的起重机应进行此项试验。起吊1.1倍的额定荷载，按照工作循环和电动机允许的接电持续率进行起升、制动、大、小车运行的单独和联动试验，延续不少于1h。起重机的结构和机构不应损坏，连接无松动	起吊1.1倍的额定荷载，检查起重机各机构的灵活性和制动器的可靠性。每一工况的试验不应少于3次，每次动作停稳后再进行下次启动，并应注意把加速度、减速度和速度限制在起重机正常工作的范围内。卸载后，检查机构及结构各部件有无松动和损坏等异常现象。检验后应恢复起重量限制器的连接或其动作数值

2 水电站水、油、气系统安装

2.1 概述

水电站辅助系统主要包括水系统、油系统和气系统。其作用是确保水电站厂房安全，以及水轮发电机组、主变压器等机电设备长期安全运行所必需的附属设备系统。

水电站厂房水系统是由机组技术供水系统、厂房排水系统、厂房水消防系统和水力监测系统组成；油系统是由透平油系统和绝缘油系统组成；气系统是由低压供气系统、中压供气系统和高压皮囊式蓄能器组成。

2.1.1 水系统

2.1.1.1 技术供水系统

(1) 机组技术供水的对象。水电站的用水设备随水电站规模和机组形式而不同，主要有下列内容。

1) 机组轴承油冷却器。水轮发电机组的轴承一般都浸没在油槽中，用透平油来润滑和冷却。机组运行时由摩擦产生的热量，通过轴承传入油中。如不能及时地将油中热量带走，轴瓦和油的温度会不断上升。温度过高不仅会加速油的劣化，而且还会缩短轴瓦的寿命，严重时可能发生轴承烧毁事故。对此，通常在轴承油槽中设置蛇形管式油冷却器（称内部冷却），冷却水不断地从管内流过，吸收并带走透平油内的热量。

某些大型或卧式机组，为提高冷却效果，减小油箱尺寸，采用在轴承油箱外设置浸于流动冷却水中的冷却器（称外部冷却），通过专用油泵或自身油泵来加强轴承油箱与冷却器间透平油的循环冷却。

有些机组，还采用体内冷却的结构，让水直接从轴承内流过。

总之，用各种冷却方式控制轴承的工作温度，是保证机组安全运行的重要条件之一。

2) 水轮机及深井泵导轴承的水润滑。水轮机导轴承型式很多，当采用橡胶轴瓦时，要求以水作为润滑剂。机组运行时，一定压力的水从橡胶轴瓦与不锈钢轴颈之间流过，形成润滑水膜以承受工作压力，并将摩擦热量带走。与油润滑轴瓦相比，硬质橡胶具有一定的吸振作用，提高了运行的稳定性；但对润滑水的要求极严，运行中轴瓦会产生磨损，其间隙易随温度变化，寿命较短；橡胶轴瓦刚性不如其他油润滑轴瓦，时间稍长振摆会加大，目前，在水轮机上已较少采用。

深井泵的导轴承一般为橡胶轴瓦，启动前需供给润滑水润滑。

3) 发电机空气冷却器。运行中发电机的电磁损失及轴承以外的机械摩擦最终都转化成热量，如不及时散出，可使发电机的温度升高。过高的温升会降低其出力和效率，损坏绝缘，影响寿命。发电机允许的温度上升值随绝缘等级是不同的，一般为70～80℃。为避免引起发电机事故，必须给予冷却，需由一定的冷却措施来保证。

A. 水轮发电机多用空气作为冷却介质，以流动的空气带走热量。空气流动的方式称通风方式。小型发电机常用开敞式或通流式通风，容量较大时多用密闭式通风，即将发电机周围的一定空间密封起来，构成风道，在定子外壳开孔安装空气冷却器。发电机运行时，转子具有风扇功能的通风槽片或上下端风扇强迫空气在密闭范围内循环流动，冷空气流经转子线圈和定子线圈并通过定子通风沟时吸热升温，热空气穿越冷却器时散热降温，从而降低了定子线圈和转子线圈温度，一般空气工作温度为30～60℃。

B. 空气冷却器是水管式热交换装置，立式机组布置在定子外壳的风道内，卧式机组安装在发电机下面的机坑中。冷却器的个数和安装状况随机组容量和结构是不同的。

4）水冷式变压器。水冷式变压器有内部水冷式和外部水冷式两种。内部水冷式变压器，其冷却器装在变压器的绝缘油箱内，通过冷却器的冷却水将热量带走。外部水冷式变压器即强迫油循环水冷式变压器，这种变压器的油箱通过油泵和特殊的油冷却器相接通，油冷却器浸入冷却水中达到冷却的目的。这种方式提高了散热能力，使变压器尺寸缩小，便于布置。为防止冷却水进入变压器油中，应使冷却器中的油压大于水压0.07～0.15MPa，冷却后的油进入变压器油箱前，还需接降压阀，以降低油压。

为了适应一些多泥沙水电站，防止水冷却器堵塞，我国还研制了防堵型双重管变压器水冷却器，该冷却器利用两相流原理，实现了自动排渣技术，采用双壁外翅片传热结构，达到抗漏、防堵目的。它具有导热效率高、维护量少、有利于安全运行的优点。

5）水冷式空气压缩机。空气被压缩时，将产生大量的热，并把热量传给气缸。为保证空气压缩机正常运行，避免润滑油分解和碳化，并提高效率，需要对空气压缩机进行冷却。空气压缩机的冷却方式有水冷式和风冷式，水冷式压缩机是在气缸体与气缸盖周围包以水套，其中通入冷却水以带走热量；风冷式压缩机是将冷源与箱内空气隔离，用风扇抽取冷源的冷气吹至箱体制冷。

6）调速器油压装置的水冷却。水轮机调速器运行中的油泵以及系统管路中油的高速流动，需要克服摩擦产生热量，特别是夏季环境温度的升高，会使油泵启动频繁，回油箱的油温上升，油的黏度下降，加速油的劣化，而且会使漏油增多，造成恶性循环，这对调速器的液压系统工作极为不利。

大型调速器的油压装置、环境温度较高的调速器或通流式特小型调速器，为降低油温，一般在回油箱内都设置油冷却器，用水对油进行冷却，以保持油温不超过50℃。

（2）用水设备对技术供水的基本要求。

1）水量。用水设备所需的水量由设备制造厂给出。设计院在初步设计时，可参考类似的电站机组或用经验公式、曲线图表等进行估算，待技术设计时，再按厂家资料校核。

2）水压。供给用水设备的水必须保持一定的压力，压力过低不能维持要求的流量，压力过高则可能使冷却器或设备损坏。

A. 轴承冷却器和发电机空气冷却器。冷却器额定工作水压由制造厂确定，其强度试验水压为额定工作水压的1.5倍，保压时间为30min，不应渗漏。冷却器进口水压的下限，取决于冷却器及排水管的流动阻力，必须保证通过所需要的流量。冷却器的水力损失一般为 $(40\sim75)\times10^3$ Pa。

B. 水润滑的橡胶瓦轴承。橡胶瓦，入口水压值为0.15～0.2MPa。

C. 水冷式空压机。空压机冷却水套在气缸与机架之间，强度较高，入口水压可以稍高，一般不超过0.3MPa，其下限仍由水力损失大小决定。

3）水温。冷却器热量交换的多少，不仅与通过的冷却水量有关，还受冷却水温的影响。结合我国具体情况，各种冷却器的入口水温均按25℃作为设计标准。当水温高时，需专门设计特殊的冷却器，加大冷却器的尺寸，使有色金属的消耗量增加，且给布置造成困难。因此，进水温度最高不得超过30℃。

水温常年低于25℃时供水量的折减系数曲线见图2-1。

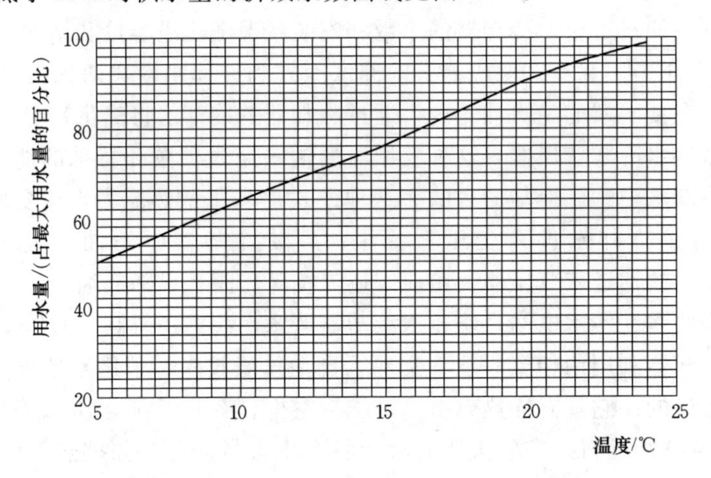

图2-1　水温常年低于25℃时供水量的折减系数曲线图

冷却水温度也不宜过低，水温过低会使冷却水管外部凝结水珠，一般要求冷却器进口水温不低于4℃，进出口水的温差也不能太大，规定维持在2～4℃之间，以避免沿管长方向因温度变化过大而产生较大伸缩，从而拉坏管道支、吊架，或使管道产生较大拉应力。

4）水质。技术供水的水质要求，主要是限制水内的机械杂质、生物杂质和化学杂质的含量。

A. 机械杂质。

a. 悬浮物：河流中常见的树枝、木屑、杂草等如果进入供水管道，会影响流量导热，因此，技术供水中不允许含有悬浮物。

b. 泥沙：水中泥沙在管道中沉积，将增大水力损失，妨碍冷却器热交换。它进入橡胶瓦轴承则影响更严重，会加速轴承磨损，缩短轴承寿命。因此，对技术供水的泥沙含量必须控制。一般要求：冷却用水含沙量不大于 $5kg/m^3$，泥沙粒径不大于0.1mm；润滑用水含沙量不大于 $0.1kg/m^3$，泥沙粒径不大于0.025mm。

B. 水生物及有机物。

a. 我国南方气温、水温均较高，河流中生长着许多蚌类水生物。它如果进入技术供水管道，就可能附着在管壁上形成“淡水壳菜”。壳菜的生长繁殖会加大水流阻力，影响冷却器传热。

b. 如果油污等有机物质进入技术供水管道，也会黏附在冷却器管壁上，阻碍传热，影响冷却器正常运行；橡胶轴瓦遇到油类还会加速老化。因此，技术供水应力求不含油污等有机物。

C. 化学杂质。

D. 硬度。水经过岩层时会溶入各种化学杂质，主要是各种盐类。它在水中的含量以“硬度”表示，硬度一度（德国度）相当于一升水中含为 CaO 10mg 或 MgO 7.19mg。硬度又分为暂时硬度、永久硬度和总硬度三种。

a. 由碳酸盐类构成的硬度称为暂时硬度，因它们在水加热、煮沸过程中沉淀出来，水中硬度即行消失。

b. 由硫酸盐或氯化物则构成永久硬度，因它们在水加热、煮沸过程中很少沉淀出杂质。

c. 总硬度为暂时硬度与永久硬度之和。

d. 暂时硬度较大的水在较高温度下易形成水垢，增大水流阻力，降低过水能力，影响传热。永久硬度大的水在高温下也会析出具有腐蚀性的水垢，富有胶性，易引起阀门黏结，坚硬难除。

e. 水的硬度随地区、河流、水源种类是不同的，地下水的硬度一般较地面水高。水硬度可分为：极软水 0°～4°；软水 4°～8°；中等硬水 8°～16°；硬水 16°～30°。

E. 水电站的技术供水要求用软水，暂时硬度不超过 8°～12°。

pH 值：氢离子浓度以 10 为底对数的负值称 pH 值，即 $pH=-lg[H^+]=lg[1/H^+]$。

根据 pH 值、可将水分为：pH=7，为中性；pH>7，为碱性；pH<7，为酸性。

大多数天然水的 pH 值为 7～8。pH 值过大或过小都会腐蚀金属，产生沉淀物堵塞管道。

（3）技术供水的净化与处理。用水设备对水质的要求，主要是指对机械杂质、水生物和化学杂质含量的限制。由于天然河水中含有多种杂质，特别是汛期杂质剧增，必须对它进行净化和处理。

1）技术供水的净化。对水中所含悬浮物、泥沙等机械杂质的清除称为水的净化。

A. 清除污物。

a. 拦污栅。为了拦阻较大的悬浮物，需在技术供水的取水口装设拦污栅，这是清除污物的第一道防线。特别在汛期淤堵杂草较多，应注意及时消除。

b. 滤水器。滤水器是清除水中悬浮物的主要设备，按滤网的型式分为固定式和回转式。滤水器依靠滤网阻拦水流中的悬浮物，其用孔尺寸视悬浮物的大小而定，一般孔径为 2～6mm 的钻孔钢板，外面包有铜丝滤网，水流通过网孔的流速为 0.1～0.25m/s。滤水器的尺寸取决于通过的流量，滤网孔的有效过流面积至少应为进、出水管面积的 2 倍，即有一半的网孔被堵塞时仍能保证必要的水量。

第一，固定式滤水器见图 2-2（*a*）。水由进水口进入，穿过滤网后由出水口流出，污物被拦在滤网外边，采用定期反冲法进行清扫。即在滤水器进出口之间加旁通管或并联另一滤水器，正常运行时，阀 3、阀 4 关闭，阀 1、阀 2 打开。反冲洗时，阀 1、阀 2 关闭，阀 3、阀 4 打开。压力水从滤网内部反冲出来，将污物冲入排污管。

第二，回转式滤水器见图 2-2（b）。水从下部流入带滤网的转筒内部，由内向外穿过滤网，经转筒与滤水器外壳间的环形流道进入出水管。滤网固定在可手动回转的转筒上，转筒用钢板分隔成几个等格，使其中一格正对排污管门。打开排污阀，处在排水管上方这一格滤网即进行反冲洗。水由外向内流过滤网，把污物带走。手动旋转转筒，可使每一格滤网都得到冲洗。与固定式相比，回转式可在运行中冲洗，运行方便灵活。

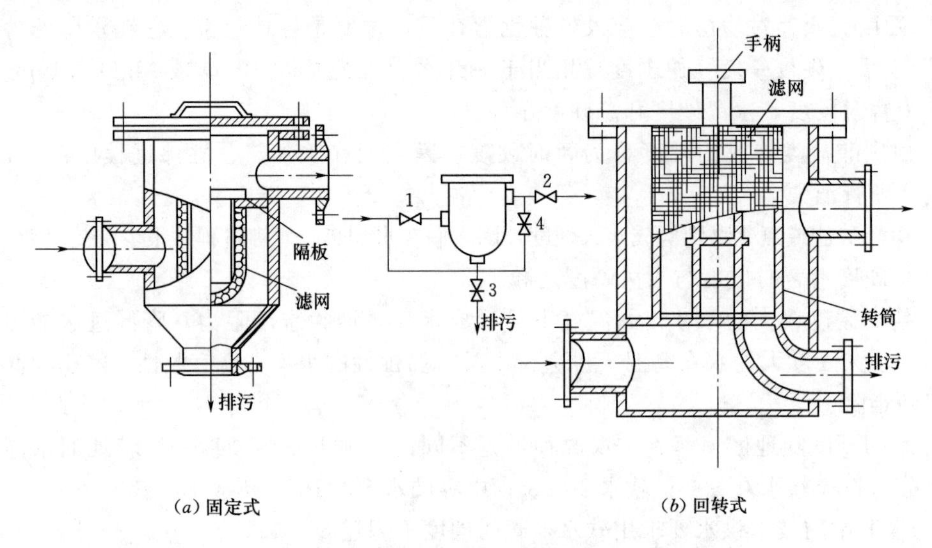

图 2-2　滤水器结构图

对于手动操作感到吃力的大型回转式滤水器，可采用电动操作。

滤水器清除水中的一般悬浮物是简单有效的，但若被夹杂泥草的污物堵塞，则很难冲洗。

B. 清除泥沙。河水中的泥沙与流域的多种因素有关，差异也相当大。有的常年混浊不清，有的雨季含沙量大，有的短时夹带泥沙。为保证技术供水的要求，必须针对实际采取相应除沙措施。

a. 沉沙池。沉沙池具有结构简单、运行费用低、除沙效果好的特点，为较多自流供水电站所采用。

第一，平流式沉沙池。平流式沉沙池见图 2-3（a）。一般做成矩形，其长宽比不小于 4：1，长深比不小于 10：1，有效深度 3～4m。采用穿孔墙进水，溢流堰集水的结构。设计时应根据流量和含沙量要求，参照已建成水电站的经验决定具体尺寸。常采用水在池内停留 1～3h，池内水平流速为 10～30mm/s。实践证明效果良好，但需注意清洗和排污。

第二，斜板式沉沙池。当泥沙沉降速度一定时，沉沙效率与沉沙池的水平面面积成正比，所以，平流式沉沙池占用面积很大，水电站常受地形限制而无法采用。为此，在平流式沉沙池中加装若干斜板，斜板使水平面上的总投影面积大大增加，既加快了泥沙沉淀，也可积泥自动滑落池底，便于排除。斜板式沉沙池见图 2-3（b）。斜板一般与水平方向成 60°角。

斜板间的间隔较小，将水池分隔成若干个小通道。根据水力学原理，流道湿周增长，水力半径减少，在水平流速 v 相同时，雷诺数 Re 大为降低，从而减弱了水的紊动，促进沉淀，同时颗粒沉淀距离也减少，缩短了沉淀时间。经验表明，它的沉淀效果比平流式高 3～5 倍。

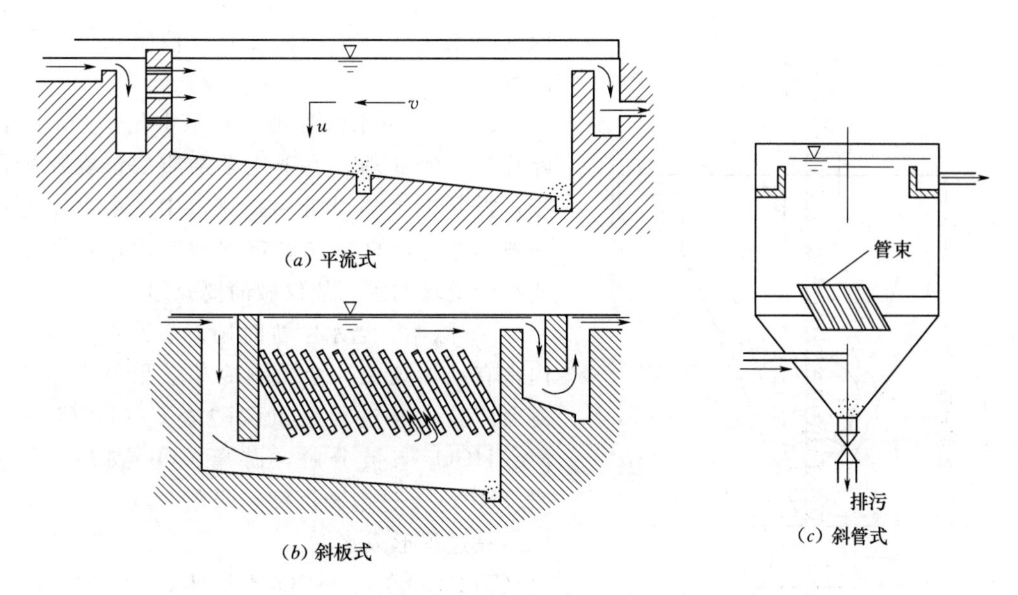

图 2-3　沉沙池结构图

第三，斜管式沉沙池。根据斜板式沉沙池原理，又设计了斜管式沉沙池［见图 2-3(c)］。水由倾斜的管束流过，湿周进一步增长，水力半径更小，雷诺数低至 50 以下，沉淀效果将更显著。斜管断面常采用蜂窝圆角形，也可用正方形或矩形，其内径或边长为 25～35mm，斜管长 800～1000mm，倾角也为 60°。

b. 水力旋流器。水力旋流器是利用离心力来清除水中泥沙的装置。在技术供水系统中具有除沙和减压的作用。常用的圆锥形水力旋流器（见图 2-4）。水沿切线方向流入旋流器，在进出口水压差作用下形成高速螺旋运动流向下端，离心力将泥沙颗粒甩向器壁，最后经出沙口 5 落入储沙器 7 内，清水则旋流到一定程度后，产生二次涡流又向上运动，最后经清水管 4 流出。储沙缸连接排污水管，可定期排沙、冲洗。

水力旋流器结构简单，占地面积小，投资低。被分离的液体在器内停留时间短，除沙效率高，能连续运行且便于自动控制。但它的水力损失大，壁面易磨损，杂草不易分离，除沙效果受含沙量和颗粒大小的影响，适用于含沙量相对稳定，粒径在 0.003～0.15mm 的场合。对颗粒较大的泥沙也可清除。

C. 水生物的防治。由于淡水壳菜繁殖速度很快，在管壁上附着紧密，质地坚硬，用机械方法很难清除，应着重于阻止它的生成，通常采取下列措施。

a. 药物毒杀。淡水壳菜生殖旺期为 9—11 月，其幼虫对药物的抵抗力远远小于成虫，是向技术供水系统投放毒药的最好时期。药物一般投放浓度控制在 $5\times10^{-6}\sim20\times10^{-6}$ 之间的五氯酚钠水溶液中，当水温高于 20℃时，采用低浓度；反之，则采用高浓度。在投药后，要求连续处理 24h 以上，能收到大于 90％的毒杀效果。但是必须注意防止对下游河道的污染，使供水水质满足国家的有关规定。

b. 提高管内流速和水温。淡水壳菜属于软体群栖性动物，依靠本身分泌的足丝牢固地生长在水中固定的硬物上，形成重叠群体。最适宜在水流平缓、水温 16～25℃条件下生活，当流速加快或水温超过 32℃时，就很难生存。因此，采取定期切换供、排水管路或提高流速的办法，也可有效地阻止淡水壳菜的生成。

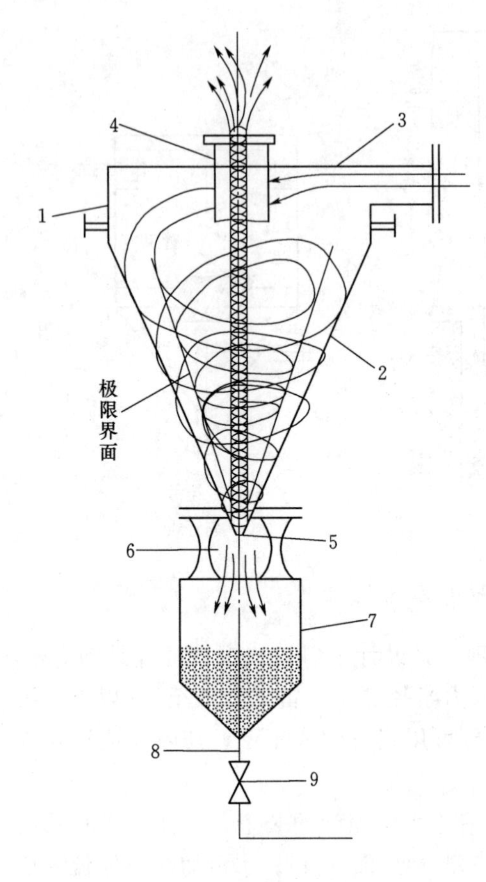

图 2-4　水力旋流器结构图

1—圆筒；2—圆锥体；3—进水管；4—清水管；5—出沙口；6—观测管；7—储沙器；8—排沙管；9—控制阀门

2）技术供水的处理。对水中化学杂质的清除称为水的处理。由于化学杂质的清除比较困难，需要很多的设备和费用，中、小型水电站一般不考虑，只是在确定水源时，选用化学杂质符合要求的水，故仅做简要介绍。

A. 除垢。当水中暂时硬度较高时，冷却器内常有结垢现象，会影响冷却效果及设备使用寿命。其化学过程是重碳酸盐 $Ca(HCO_3)_2$ 或 $Mg(HCO_3)_2$ 被分解，游离 CO_2 散失，产生 $Mg(HCO_3)_2$过饱和沉淀，吸附于流道表面，再经结晶过程形成水垢。

$$Ca(HCO_3)_2 \longrightarrow CO_2\uparrow + H_2O + CaCO_3\downarrow$$

$$Mg(HCO_3)_2 \longrightarrow CO_2\uparrow + H_2O + MgCO_3\downarrow$$

水垢的存在将使导热效率大为降低，需要定期清除，但机械方法既费时，又费力。常用的防结垢措施有：

a. 化学方法：当水垢是纯粹的碳酸盐时，可采用酸使水垢溶解。

b. 物理方法：主要是指电磁或超声波处理。这种方法使沉淀的结晶不形成水垢，而成为不再凝聚的附着物，以利定期排除。

B. 除盐。由于水的热容量是相同容积空气的 3500 倍，为了提高发电机的极限容量，采用了双水内冷的发电机供水系统。它包括一次冷却水和二次冷却水。一次冷却水是通过定、转子空心导线内部的冷却水，水质的好坏直接影响到发电机的安全经济运行和线棒的寿命。因此，对水质的要求高，水需经严格的化学处理，因而成本也高。为提高经济效益，必须循环使用。它带出的热量，再由二次冷却水通过热交换器进行热交换后带走。二次冷却水就是一般的技术供水，用来冷却一次水，不循环使用。

根据《水内冷发电机运行维护暂行规定》的要求，一次水的水质应符合如下要求：

导电率：小于 $5\mu\Omega/cm$；

硬度：小于 $10\mu e/L$；

pH 值：6～8；

机械混合物：无。

（4）技术供水的水源及供水方式。

1）水源。技术供水水源的选择非常重要，不仅要满足用水设备对水的基本要求，还要使整个系统运行维护简单，技术经济合理。

在一般情况下，均采用水电站所在的河流作为技术供水水源。只有当河水不满足要求时，才考虑其他水源。为了保证供水可靠，还需设置不同形式的备用水源。各类水源及特点如下：

A. 上游取水。从上游取水可以利用水电站的自然落差，不需要或减少提水的费用，常是设计中优先考虑的水源类型。按取水口布置位置又分为：蜗壳、压力引水钢管和坝前取水。

a. 蜗壳取水。在每台机组的蜗壳设取水口，可以各机组自成体系，从蜗壳中取出该机组所需要的水量，也可以将各取水口用干管联系起来，组成全站的技术供水系统。

此种取水方式管道短，设备简单，占地面积小，便于集中布置和操作。适用于水头适合、水质好的水电站。对于小型卧式机组，多由制造厂配好取水装置，安装、使用更为方便。

b. 压力引水钢管取水。取水口通常在进水阀前面（当装设进水阀时），它有两种不同的运用条件：

第一，各机组均设置取水口。这与蜗壳取水方式很接近，只是管道稍长。对于立式机组，它更便于布置和安装。

第二，全站设置统一的取水口。对于水头适合水质较差的水电站，取水口放在主厂房内将难于布置水处理设备，因而常从分岔前的总管上取水。在厂房外布置净化设施，再由供水干管输向各机组。

此种取水方式至少应设两个能供水满足全电站用水量的取水口。若水电站有两根以上的压力引水总管，则应在每根压力管处设一个取水口，既可相互切换使用，又不因水管检修而影响技术供水。

c. 坝前取水。直接从坝前取水。取水口的设置除考虑水温和水深关系外，还要考虑含沙量和初期发电等要求。可在不同高程、不同位置设置几个取水口，随上游水位的变化，可以选择合适的水温及水质（含沙量）；当某个取水口遭到堵塞或损坏时，不至影响技术供水（见图 2-5）；在机组及引水系统检修的情况下，供水仍不会中断，可靠性高；遇河流水质较差时，便于布置大型净化设备。其缺点是：引水管道长，投资大，特别是前池距厂房远的引水式水电站尤为突出，多用于河床式、坝内式和坝后式水电站。又因其水源可靠，通常用作备用水源。

B. 下游取水。当上游取水不能满足水压要求或能源利用不合理时，常用水泵从下游尾水抽水，再送至各用水设备。此种取水方式每台水泵需有单独的取水口，布置灵活，管道较短，其可靠性差，容易中断供水，设备投资运行费用增加。

这种取水方式应考虑水电站安装或检修后，首次投入运行时机组启动的用水，对于地下厂房长尾水管，取水口在尾水管内，因水轮机补气使水中含有气泡，它被带入冷却器中会影响设备的安全和供水质量。

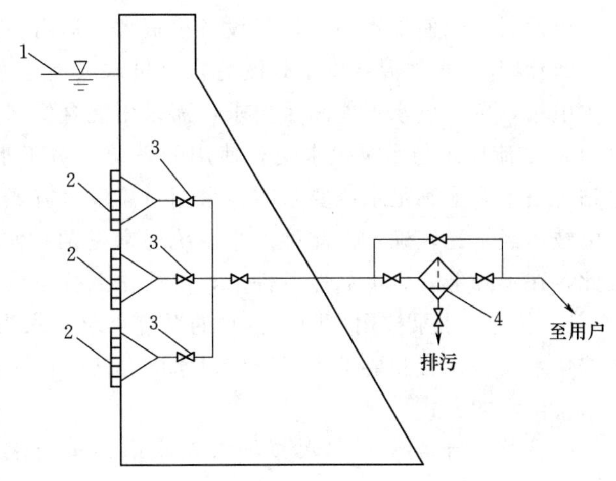

图 2-5 坝前不同高程取水示意图

1—水库；2—取水口；3—阀门；4—滤水器

对于可逆式抽水蓄能电站，由于机组埋深较深，且水库水源受外部环境影响较小，水压和水质均易满足技术供水对水源的要求，因而多数可逆式抽水蓄能电站技术供水常采取从尾水及下库取水。

C. 地下水源。当河水不能满足水质要求时，可采用地下水作为供水水源。但需在水电站勘测时确定是否有可供应用的地下水源。地下水水源中含沙量最少且一般不含水生物和有机物质。特别适用于水轮机及深井泵导轴承的润滑。这种取水方式应设有足够大的水池，用来储备、稳流和澄清。水池上部和下部分别设有溢流和排污通道，水位实现自动控制。由于采用水泵抽取，真投资和运行费用较高。如其具有一定压力，可自流供水，既经济又实用。设计工作的首要任务，应当在满足用水设备技术要求的同时，力求经济上合理。

2）供水方式。水电站的供水方式由水电站水头、水源类型、机组容量和结构型式等条件决定。

A. 自流供水。水头为 20～80m 的水电站（小型水电站为水头在 12m 以上时），当水质、水温均符合要求，或水质经简单净化能满足要求时，一般都采用从上游取水的自流供水方式。自流供水是利用水电站的自然落差将水输向用水设备，供水可靠，设备简单，运行维护方便，是设计、运行理想的供水方式。当水电站最大水头高于 50m 时，为保证用水设备安全，必须有可靠的减压措施。常在取水口后面装设减压阀和溢流阀来降低和保证稳定的供水压力。无论哪种方法降压，实质都是消耗能量，都应在减压前、后装设压力表，以监视水压，确保安全。

B. 水泵供水。一般水头高于 80m（对于小型水电站，水头大于 120m 时）或低于 12m 的水电站，多采用水泵供水方式，来保证所要求的水量和水压。从节约能源出发，高水头水电站一般从下游抽水，低水头水电站根据实际情况，全面考虑，可以从下游抽水，也可以从上游抽水。从上游抽水时，可减少水泵扬程，运行比较经济。当用地下水源时，也多是水泵供水方式。此种供水方式，在布置上比较灵活，当水质不良时，容易布置水处理设备，特别是大型机组可以设置独立供水系统，既省去了机组间的联络管道，又便于机组自动控制。水泵供水的主要问题在于供水可靠性差，尽管考虑厂房备用设备，但当失去电源时，仍使供水中断，且设备投资大，运行费用高。

C. 混合供水。混合供水是既有自流供水又有水泵供水的供水方式。水头为 12～20m 的水电站，单一供水不能满足要求，需采用混合供水。常用方式如下：

a. 自流供水与水泵供水交替使用的系统。对于水头小于 20m，且变化幅度较大的水电站，当水头能满足水压要求时，采用自流供水方式；反之，改为水泵供水方式。切换水头由技术经济比较确定。此种供水系统通常是两种水源，共用一套管道，不设备用水泵。因此，在不降低安全可靠性条件下，可简化系统，减少设备，方便运行。

b. 自流与水泵按用户同时供水的系统。对于水头为 20m 左右的立式机组水电站，采用按用水设备位置和要求水压分别供水的办法。即一部分设备由自流供水；另一部分设备由水泵供水的方式。

c. 水塔供水系统。用水泵抽水至水塔，再由水塔向设备自流供水的系统。对用水量不大的小型水电站比较适合，它兼有水泵和自流供水的特点，但增加了水塔或水池的基建投资。其容量按全站 1h 以上用水量确定，对水可起到沉淀和稳流作用，使水泵间歇运行。

D. 单元式双循环供水系统。每台机组配一套封闭式净水循环冷却系统和一套开放式原水冷却系统，两个系统通过平板式热交换器交换热量。单元双循环供水系统，虽然一次性设备投资较大，但为解决水质问题和环保问题提供了一个好的供水方案。

E. 其他供水方式。

a. 射流泵供水。当水电站水头为80～160m时，可考虑射流泵供水。利用上游水库的高压水来抽吸下游尾水，混合成一股压力居中的水流，给机组作技术供水。射流泵供水见图2-6。它使上游压力水经射流泵后，压力降低，不需再进行减压，原减压消耗的能量用来抽吸下游尾水，增大了水量，供水量是上、下游取水量之和，兼有自流和水泵供水的特点。射流泵设备简单，不需外加电源，运行可靠。

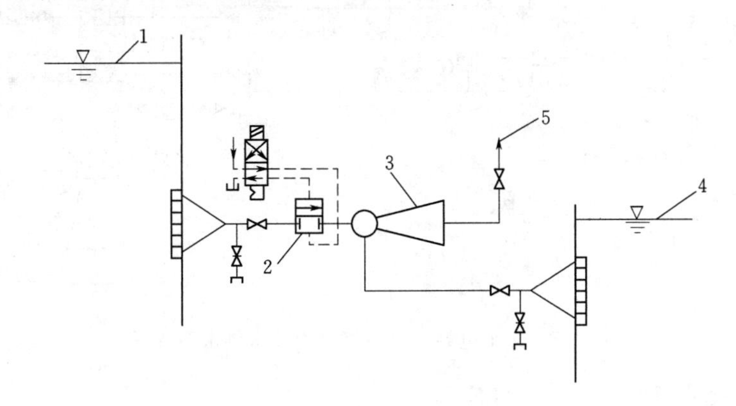

图2-6 射流泵供水示意图

1—水库；2—液压阀；3—射流泵；4—下游尾水；5—供水

b. 水轮机顶盖供水，机组技术供水，取至水轮机顶盖。

3）设备配置。在选定水源和供水方式后，如何恰当地确定设备配置，主要取决于水电站的单机容量和机组台数。通常有以下几种类型：

A. 集中供水。全站所有用水设备都由一个或几个共用的取水设备取水，再经共用的干管供给用水设备。这种方式下，设备配置便于集中布置，运行、维护比较方便，适用于中、小型水电站。

B. 单元供水。全站没有共用的供水设备和管道，每台机组自设取水口、设备和管道，自成体系，独立运行。此种配置适用于大型机组，特别是水泵供水的大、中型水电站。它的优点是机组间互不干扰，容易实现自动化，便于运行与维护。

C. 分组供水。当水电站的机组台数较多时，采用集中供水，管道过长可能造成供水不均匀；或管道直径过大给布置带来困难；采用单元供水，设备数量又过多。此时，可将机组分成若干组；每组构成一个完整的供水系统。其特点是：既减少了设备，又方便了运行。

（5）技术供水系统图。某水电站1号机组典型技术供水系统见图2-7。机组为悬式机组，推力轴承及上、下导轴承装在不同的油盆内。设备布置采用单元供水。供水方式采用压力钢管取水做为主水源，并经滤水器过滤后直接供到用水设备。管路布置有两台全自动滤水器并联运行，当其中一台滤水器检修时不影响正常供水。管路上都装有压力表、示流信号器、温度信号器、压力信号器、安全阀等来监测供水的正常运行，同时，高处的水箱作为机组的备用技术供水系统。

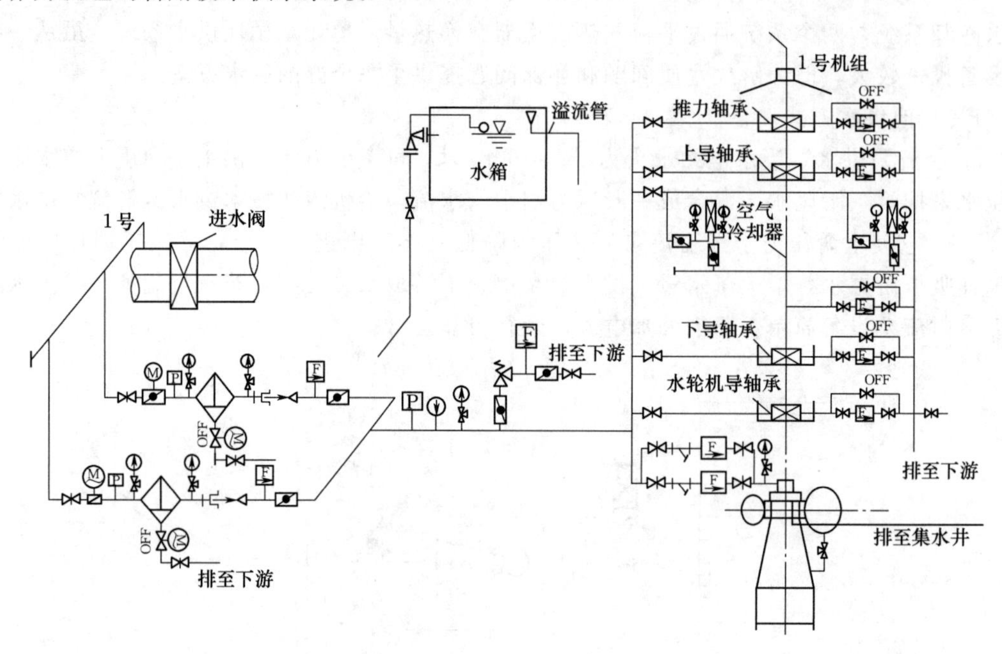

图 2-7 某水电站 1 号机组典型技术供水系统图

2.1.1.2 厂房排水系统

水电站除了需要设置供水系统外，还必须设置排水系统，目的是排除机组检修、厂房渗漏水和厂房内机电设备运行中正常排水等，保证水电站设备的正常运行和检修。厂房生活供水和污水系统等排水设施，不包含在本排水系统内。

水电站的排水系统应能安全、可靠、有效地完成排水任务。因此，其一般应由吸水口、排水设备、控制设备、监测设备、输水设备和保护设备等组成。但对不同的水电站，具体构成需根据水电站形式、水文地质地形条件、厂房形式、结构及机组类型等因素来决定。

（1）排水系统的分类和对象。水电站的排水可分为检修排水、渗漏排水和生产用水排水三大类。

1）检修排水。厂房引水系统和水轮发电机组检修时，必须将压力钢管、水轮机蜗壳、尾水管内的积水排除。检修排水的特征是排水量大、高程低，只能采用排水设备排除。为了加快机组检修进度，排水时间要短。

2）渗漏排水。

A. 机械设备的漏水有：空气冷却器壁外的冷凝水，水轮机顶盖、主轴密封、压力钢管伸缩节、管道法兰和蜗壳及尾水管进入孔盖板等处的渗漏水。

B. 厂房水工建筑物和压力钢管外包混凝土的渗水、低洼处积水和地面排水。

C. 厂房下部生活用水的排水。渗漏排水的特征是排水量小、不集中且很难用计算方法确定，在厂内分布广、位置低、不能靠自流排至下游。因此，水电站都设有集中储存漏水的集水井或集水廊道，利用管、沟将它们收集起来，然后用设备排至下游。

3）生产用水的排水。水轮机主轴密封排水、滤水器排污、水冷空压机的冷却水、气水分离器排水、储气罐的排水等，一般都排泄到渗漏集水井。

发电机空气冷却器的冷却水；发电机推力轴承和上、下导轴承油冷却器的冷却水；稀油润滑的水轮机导轴承冷却器的冷却水等。这类排水对象的特征是排水量较大，设备位置较高，一般都能靠自压直排下游。因此，习惯上都把它们放入技术供水系统，而不再列入排水系统。

总之，对排水系统的基本要求是：必须保证将渗漏和检修积水及时、可靠、安全地排除。

（2）排水方式。

1）检修排水的排水方式。

A. 直接排水。此种排水方式是将各台机组的尾水管与水泵吸水管用管道和阀门连接起来。机组检修时，由水泵直接将积水排除。其排水设备也多采用卧式离心泵。水泵可以和渗漏排水泵集中布置或分散布置。直接排水方式运行安全可靠，是防止水淹泵房的有效措施，目前，在中小型水电站中采用较多。

B. 廊道排水。这种排水方式是把各台机组的尾水管经管道与集水廊道连接。机组检修时，先将积水排入集水廊道，再由水泵排到厂外。采用此种方式时，渗漏排水也多采用廊道排水，两者可共用一条集水廊道，条件许可时，渗漏水泵也可集中布置在同一泵房内。因廊道排水方式的限制条件较多，所以它在中小型水电站中采用较少。

C. 集水井排水。这种排水方式是把各台机组的尾水管经管道或集水廊道与检修集水井相连接。机组检修时，先将积水排入检修集水井，再用卧式离心水泵或立式深井泵排到厂外。目前大中型水电站检修排水，多采用集水井和立式深井泵这两种排水方式。

D. 自流与水泵相结合的混合排水。此种方式，一般不设检修集水井，压力钢管及蜗壳通过排水管道排至尾水管，尾水管通过检修排水管直接排至下游，为排尽尾水管内水，通常在排水廊道的排水管上设置管道排水泵，此种方式下，高于排水口的水通过自流排除，自流排水无法排除的才启动排水泵排除。为减少因闸门渗水导致排水泵频繁启动，常在排水廊道内检修排水管上设置手动排水阀，将闸门渗水通过此阀直接排至渗漏集水井，利用渗漏排水设备排出。

2）渗漏排水的排水方式。

A. 集水井排水。此种排水方式是将水电站厂房内的渗漏水，经排水管或排水廊道汇集到集水井中，用卧式离心水泵或立式深井心水泵排到厂外。目前，大中型水电站渗漏排水，多采用集水井和立式深井心水泵这种排水方式。

B. 廊道排水。这种排水方式是把厂内各处的渗漏水通过管道汇集到专门的集水廊道内，再由排水设备排到厂外。此种方式多采用立式深井泵，且水泵布置在厂房一端。由于设置集水廊道受地质条件、厂房结构和工程量的限制，仅在装有立式机组的坝后式和河床式水电站中才有可能使用。

（3）水泵的分类及工作原理。水泵的种类很多，最基本的分类法是根据水泵的工作原理，将其分为下列三大类。

1）叶片式泵。它是利用泵内工作体的高速旋转运动使液体的能量增加。由于其工作体是由若干弯曲状叶片组成的一个叶轮，故称叶片泵。根据不同叶片形状对液流产生的作用力不同，以及液流流出叶轮的方向也相应不同，又将叶片泵分为离心泵（径流）、轴流泵（轴流）和混流泵（斜流）。

2）容积式泵。它是通过泵内工作体对液体的挤压运动使液体的能量增加，由于是工作体交替改变液体所占空间的容积来实现挤压的，故称容积泵。根据挤压运动的方式不同，又将其分为往复式和回转式，前者如活塞泵、柱塞泵等，后者如齿轮泵、螺杆泵等。

3）其他类型泵。这类泵一般是指除叶片泵和容积泵以外的一些特殊泵。属于这一类的主要有射流泵、气升泵、水锤泵等。这些泵的特点是其工作体为液体或气体，它利用高速流动的流体来实现能量的转换，使被抽送液体的能量得以增加。

（4）排水系统图。下面介绍水电站典型的排水系统图。该水电站采用检修排水和渗漏排水分开的排水系统，且都采用集水井排水的方式。

检修排水系统见图 2-8。检修排水系统设置 5 台立式深井泵。机组检修、盘形阀打开排水前，手动打开 4 台深井泵轴承润滑水管上的阀门，使 5 台深井泵按集水井水位自动投入。排干机组流道及集水井内积水后，关闭 3 台深井泵轴承润滑水管上的阀门，留下 2 台深井泵（图 2-8 中 1 号和 2 号深井泵）作为主用和备用水泵，以排干闸门漏水或机组正常运行时盘形阀漏水。

渗漏排水系统见图 2-9。渗漏排水系统设置 3 台立式深井泵，1 台工作，2 台备用。由水位开关和水位测量装置实现自动控制。厂内渗漏排水系统排除主厂房内渗漏水、母线洞渗漏水及厂房 2 层、3 层排水廊道渗漏水，母线洞渗漏水通过排水沟自流至水轮机层排水沟，再通过预埋管路排入厂内渗漏集水井。

2.1.1.3 厂房消防水系统

水电站发电机和主变压器等电气设备，一般采用水喷雾灭火装置的灭火系统，灭火水压为 0.4MPa。厂房消防水管道通常采用镀锌钢管。

水电站厂房中，除设有专门供给厂区、厂房、发电机及油系统等的消防用水，还备有沙土和化学灭火剂等常用的灭火材料进行消防。

（1）消防供水的水源及供水方式。水电站设计时，消防供水水源与技术供水水源应同时考虑。消防供水的方式取决于消防对象、水电站水头和供水水源，消防供水有自流供水、水泵供水和混合供水等供水方式。

1）自流供水。当水头高于 30m 时，与技术供水方式相同，可为自流供水。水源和取水口与技术供水合用，但应设单独的消防供水总管，用两根联络管与技术供水总管连接，形成环形供水系统。

2）水泵供水。水头低于 30m 的水电站，供水压力达不到消防用水要求，宜设置专用的消防水泵供水。一般从下游取水，取水口位置应使水泵在任何运行工况下都能自行引水，保证水泵随时处于完好备用状态。其电源应绝对可靠，当无备用电源时，应设内燃机动力源。

当技术供水亦采用水泵供水方式时，可考虑将两者结合的供水系统。

3）混合供水。当水头在 30m 左右，但变幅较大时，消防供水也可采用混合供水方式，即水头高时，自流供水；水头低时，水泵供水。

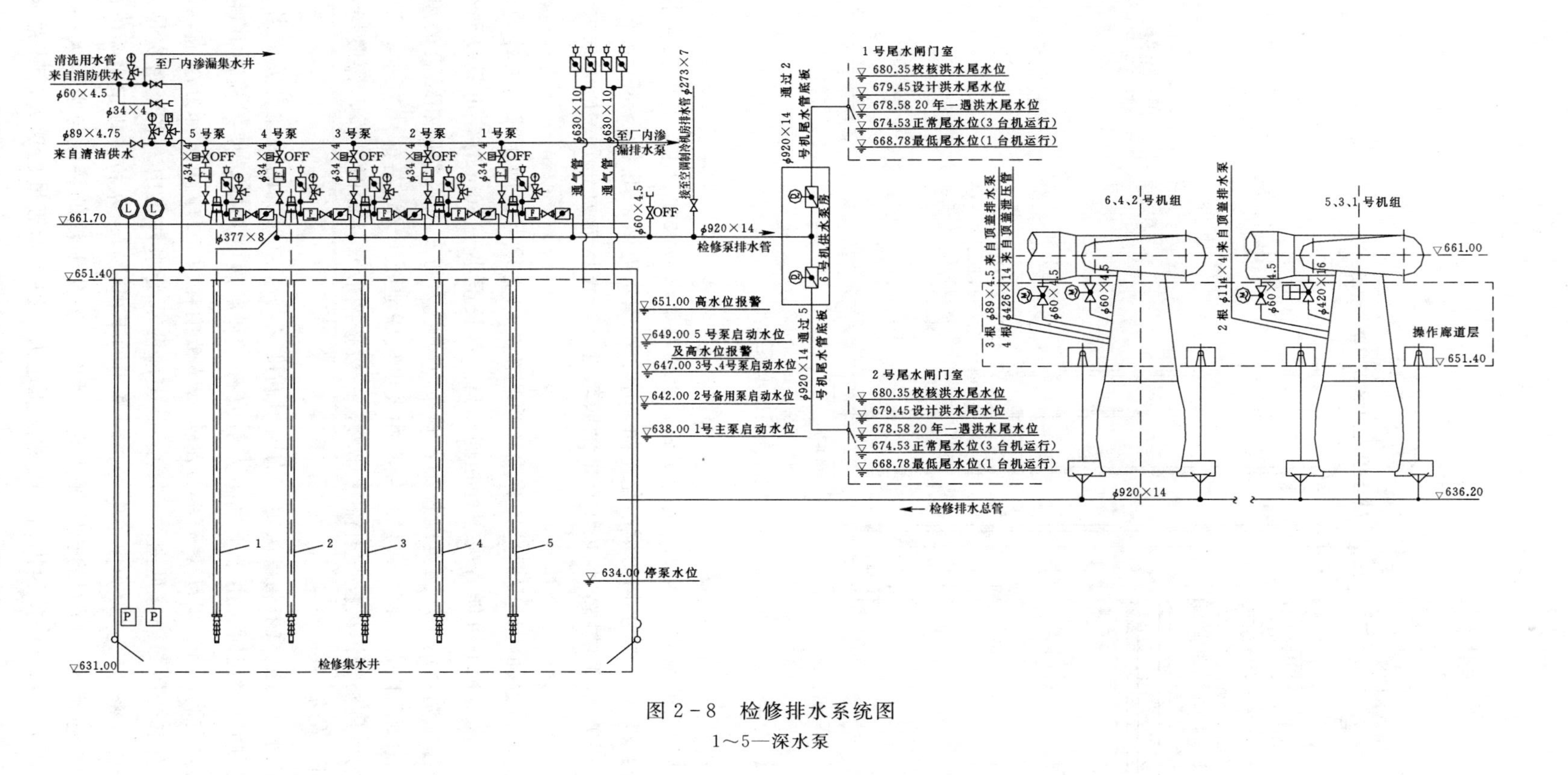

图 2-8 检修排水系统图

1～5—深水泵

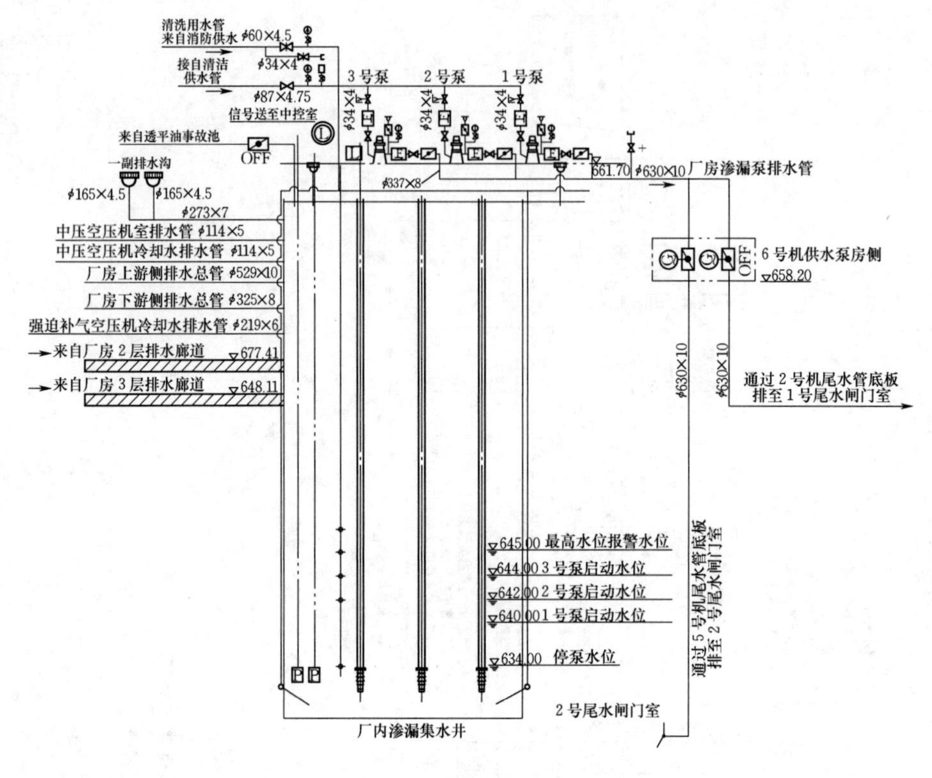

图 2-9　渗漏排水系统图

（2）厂房消防。

1）水电站厂房的消防，多以消火栓经软管、喷嘴射出的水柱为主，化学灭火器为辅。

2）消火栓及软管、喷嘴均为标准化产品，中、小型水电站常用 φ50～65mm 的消防软管，配用 φ13～19mm 的喷嘴，国内生产的消防软管，工作压力为 0.75MPa，最大试验压力达 1.5MPa。

3）消火栓的位置和数量应通过计算水柱射程决定，必须保证两相邻消火栓的充实水柱能在厂房内最高最远的可能着火点处相遇。当厂房长度小于 50m 时，可只设两个消火栓。对于中小型电站，由于厂房宽度较小，其布置一般为与发电机消防相结合的单列式，且最好嵌在厂房侧墙内，活接头高度控制在距发电机层地面 1.2m 左右。

4）消防用水量根据消火栓喷射流量计算，一般按两股水柱同时工作，每股耗水量为 2.5L/s 作为计算依据。

5）消防供水压力由喷射高度决定，而喷射高度又与水力射流的特性有关。当水头为 H_0 的水由圆形喷嘴射出时，由于空气阻力射流掺气和旋涡的影响，使射流离开喷嘴后，逐渐分散，其喷射高度 $H_B<H_0$，有部分水头 ΔH 被消耗掉。H_B 由三部分组成，即紧密部分、破裂部分和分散部分（见图 2-10）。其中前两部分水柱集中、水流密实是消防的有效部分，合称为密集部分。为便于定量，对常用的手提式直流水枪，规定由喷嘴起至射流 90%的水量穿过 φ38cm 圆圈的长度称为充实水柱。密集射流的特性与水压大小、水枪构造和喷嘴角度有关，在一定范围内，喷嘴水压越大，射程和流量也越大；喷嘴越光滑，

枪筒结构水力条件越好，射流越密集，射程也越远。且喷射角为30°～32°时射程最远，90°时射流高度最大。消防喷嘴射流见图2-10。

6）因此，只要确定了消火栓位置和最远最高的可能着火点，即可计算出充实水柱高度 H_K。它与射流总高度 H_B 有关，都取决于喷射出口处水压 H_0 和喷嘴直径。

（3）发电机和主变压器消防。在发电机机墩内和主变压器（包含冷却器风扇电机、潜油泵、控制箱及端子箱等）的周围，装设有消防管路和消防喷嘴。当发电机和主变压器出现火险时，消防水系统可以自动投入，进行水喷雾灭火，也可以进行带电消防。发电机和主变压器也可以进行气体消防。

（4）消防供水系统图。某水电站的消防供水系统见图2-11。

该水电站发电机和主变压器采用水喷雾灭火装置的消防系统。厂内消防用水来自厂外低位消防水池。

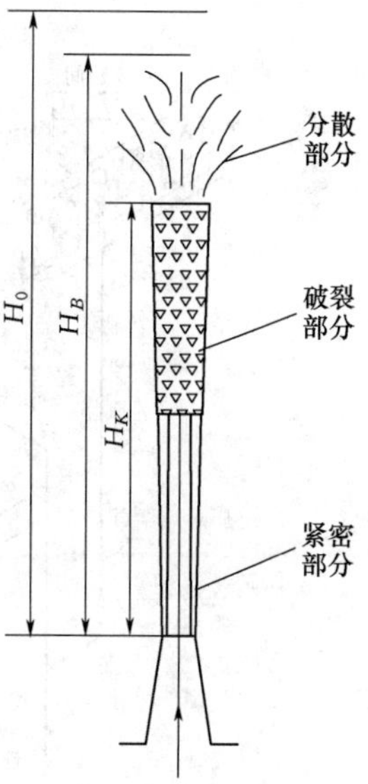

图2-10 消防喷嘴射流示意图

2.1.1.4 水力监测系统

（1）水电站水力监测的目的。水电站水力监测的目的，是为了保证水电站的安全、经济运行；为了促进水力机械基础理论的发展、积累和提供必要的资料，以及鉴定、考查已投入运行机组的性能等。

（2）水电站水力监测系统图及监测项目。水电站水力监测项目，按常规设置分为全厂性监测和机组段监测。全厂性监测：上游水库水位、拦污栅后水位、进水口事故闸门（若有）平压，尾水位等。机组段监测：进水阀（若有）前压力、进水阀（若有）前后压差、水轮机流量、蜗壳进口压力、蜗壳末端压力、水轮机顶盖压力、尾水管进口真空、尾水管出口压力等。水力监测系统见图2-12。

（3）水力监测系统构成。由测量元件、信号发送装置、转换元件、管路、显示仪表等几部分构成。为了能实现自动测量及控制，要求能在中控室或机旁盘进行监测或显示。

（4）水力监测系统意义。水力监测系统所提供的数据是水电站安全经济运行的依据，也是有关科学研究工作的基本数据。因此，要求对被测参数的状态能够及时和准确地反映，即反应时间和测量误差值均应在允许的范围内，以满足水电站的自动化要求。随着技术水平的提高，快速采样和测量瞬时参数值，并进行自动显示和打印的巡回检测技术，已被许多水电站采用，这对于提高电能生产质量和提高水电站的管理水平具有重大的现实意义。

2.1.2 油系统

2.1.2.1 油系统及油的基本性质

（1）油系统的组成。在水电站中用油量最大的是透平油和绝缘油这两类。用管网分别将这两类油的用油设备、油泵、储油罐、油处理设备、油化验设备和监测控制元件等连接起来组成系统，称为透平油系统和绝缘油系统。油系统设置是否合理，不仅直接影响到油和用油设备是否可靠、经济地运行，也对运行、管理和检修有着重要的意义。

1）油系统的任务。为保证设备安全、经济运行，油系统必须完成下列任务：

A. 接受新油。采用自流或压力输送的方式将新油送入储油罐。

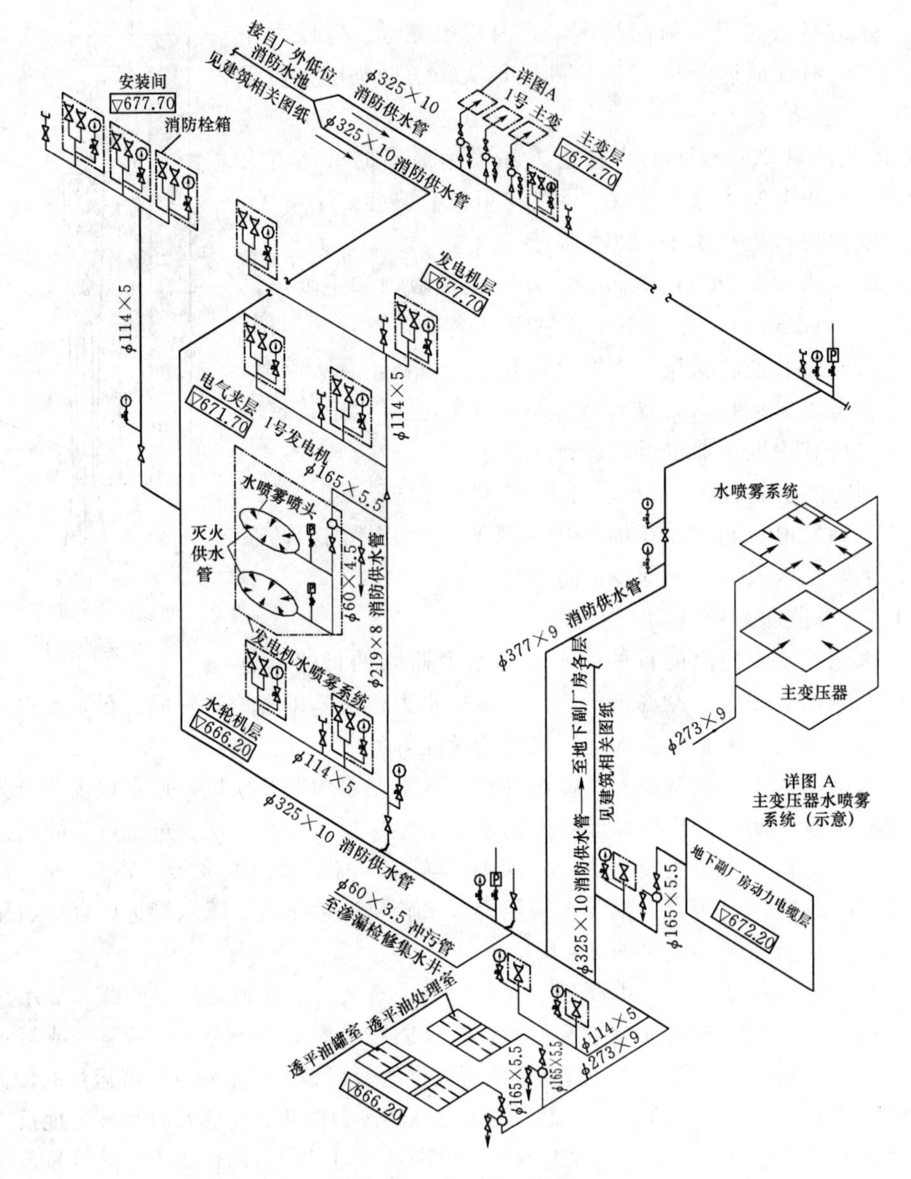

图 2-11　消防供水系统图

B. 储备净油。水电站油库一般设置两个运行油罐，每个运行油罐的容积为总容积的一半；也可按一台机组的最大用油部件充油量的 110％来确定。油库中随时都应储备一定的合格备用油，以供发生事故需要更换污油和正常运行中补充损耗之用。

C. 给设备充油或添油。在设备大修后或新安装机组运行前，给设备充净油；向运行设备添油，以补充设备在运行中油的损耗。大中型水电站多采用重力加油的方式，小型水电站多采用直接加油的方式。

D. 从设备中排出污油。机组设备检修时，通过油泵或自流的方式，从设备中排出污油并送到油库的污油罐中。

E. 油的净化处理。将污油罐中的污油通过压力过滤或真空净化处理后，再送回净油罐。

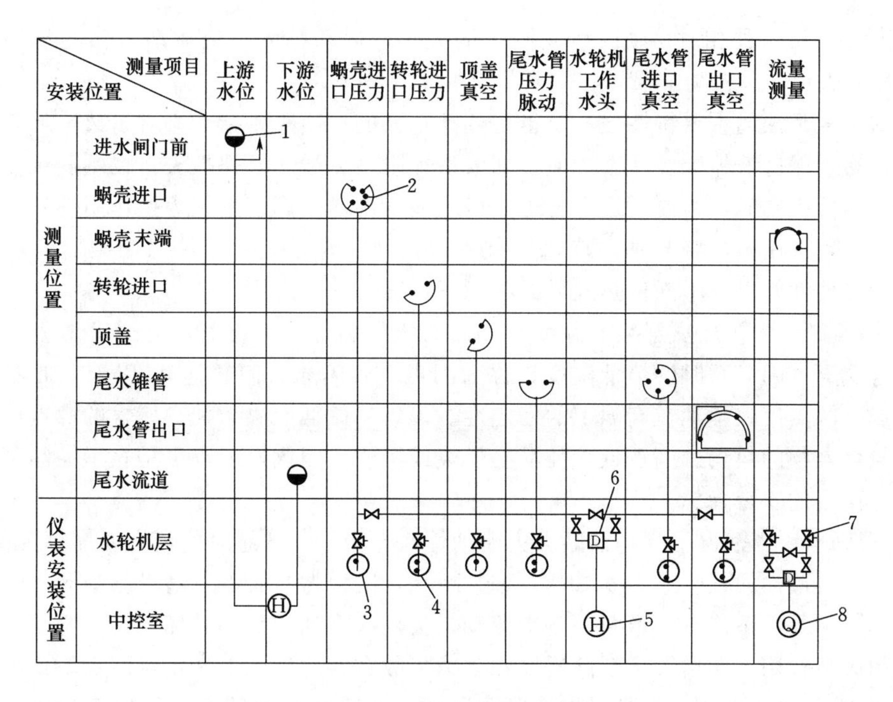

图 2-12　水力监测系统图

1—液位传感器；2—测点；3—压力表；4—真空压力表；5—水头显示；
6—压差变送器；7—三通旋塞阀；8—流量显示

F. 油的监测、维护和取样化验。如分析、鉴定新油是否标准；定期对运行油进行取样化验；对油系统进行检查、修理和清洗。

G. 废油的收集与处理。

2）油系统的组成。油系统通常由以下几部分组成：

A. 储油罐。储存临时的废油或从机组设备中排出的污油以及一定的净油。通常一个油系统设置的储油罐不应少于两个（包括净油罐和污油罐），各储油罐的容积应相等。

B. 油处理设备。设有净油设备及输送设备，如压力滤油机、油过滤器及油泵等。

C. 油化验设备。在油化验室中，设有油化验仪器、设备及药物等。

D. 油吸附设备。用于变压器的硅胶吸附器等。

E. 管网。将油系统设备与用户连接起来的管道系统。

F. 测量及监测控制元件。用以检测和控制用油设备的运行情况。监测元件有温度信号器、压力控制器、油位信号器和油混水信号器等。目前水电站都将这些信号通过各个机组的现地控制单元（LCU）上传到全厂的监控系统进行实时的在线控制。

（2）油的基本性质。

1）物理性质。

A. 黏度。液体质点受外力作用而相对移动时，在液体分子之间产生阻力的大小称为黏度。黏度是流体抵抗变形的性质，也是黏稠的程度。一般油品的黏度随着工作温度上升而降低，工作温度下降而增高，而且会随着使用时间的延长略有增高。油的黏度分动力黏度和运动黏度，常用运动黏度表示。动力黏度是液体中面积 $1cm^2$、相距 1cm 的两层液体发生速度为1cm/s的相对移动时所受阻力的大小。运动黏度是液体动力黏度与其密度之比，常用υ表示，单位为mm^2/s。

油的黏度是油的重要特性之一，也是选择油品的一项重要指标。对于透平油系统，黏度大时，易于保持液体摩擦状态，但会加大液体阻力，增加摩擦损失，也不利于散热；黏度小时则相反。同时，为便于运行管理，机组润滑用油与调速系统等操作用油宜选用同一牌号透平油，选用不同牌号油时应进行技术经济比较论证。对于绝缘油则要求较小的黏度，因为流动性好可以增强散热效果并有利于消弧。

B. 闪点。当油被加热至某一温度时，油的蒸气和空气混合后，遇火呈现蓝色火焰并瞬间自行熄灭（闪光）时的最低温度，称为闪点。若闪光时间长达5s以上，此温度即为油的燃点。闪点反映了油在高温下的稳定性。闪点的高低取决于油中所含的沸点低、易挥发的碳氢化合物的数量。闪点低，油品易燃烧或爆炸。因此，闪点又是表示油品蒸发倾向和储运、使用的安全指标。

C. 凝固点。当油温下降，油品失去流动性而变为塑性状态时的最高温度称为凝固点。在测试中，将储油的试管倾斜45°时，经过1min，试管内油面不发生明显变形，即认为油凝固了。油凝固后不能在管道及设备中流动，会使润滑油的油膜破坏。对于绝缘油，既降低散热和灭弧作用，又增大了断路器操作阻力，故在寒冷地区应选用凝固点较低的油。

D. 灰分与机械杂质。油品燃烧后所剩下的无机矿物质占原来油重的百分比，称为灰分。在油中以悬浮状态而存在的各种固体物质，如灰尘、金属屑、纤维物及结晶盐等，称为机械杂质。灰分与机械杂质均会破坏油的润滑性能和绝缘性能。

E. 抗乳化性。油与水蒸气形成乳浊液后静置，达到完全分层所需的时间，称为抗乳化性（以min计）。它是透平油的专用指标。润滑油乳化后，黏度增高，泡沫增多，使机械杂质不易沉淀，析出的水分还会破坏油膜，影响润滑效果，加速部件磨损，同时也会加速油的氧化。

F. 透明度。清洁油是淡黄色透明液体。用透明度可以简易判断新油及运行油的清洁或被污染程度。

G. 水分。油中含有水分会助长有机酸的腐蚀能力和加速油的劣化，使油的绝缘强度降低，加速绝缘纤维的老化等。当油中所含水量超过0.01%～0.02%时，油的绝缘强度则降低到最小值（1.0kV）。因此，新油中不允许含有水分。

2）化学性质。

A. 酸值。油中游离有机酸的含量，称为油的酸值，以酸价表示。酸价是中和1g油中的酸性物质所需氢氧化钾的毫克数。酸值是控制油品精制深度及运行油品劣化程度的重要指标之一。酸能腐蚀金属和纤维（油中含有水分时，腐蚀性更强）。含酸的油与设备的金属表面接触后，会形成一种皂化物，它在循环式润滑油系统中，妨碍油在管道中的正常流动并降低油的润滑性能。新透平油和新绝缘油的酸值都不能超过0.05mgKOH/g，运行中的绝缘油酸值不超过0.1mgKOH/g，运行中的透平油油酸值不超过0.2mgKOH/g。

B. 抗氧化安定性。油在运行过程中（高温下）抵抗氧化的能力，称为抗氧化安定性。油温越高，越容易被氧化。油被氧化后会生成含有有机酸和其他物质的胶状沉淀物，从而使油管堵塞，酸值提高，引起腐蚀和润滑性能变坏。油的新标准中，要求设备运行1000h

后油的酸值不得大于2.0mgKOH/g。目前，我国某些水电站采用在油中添加抗氧化剂的办法，从使用情况来看，这是一项提高油品抗氧化安定性、延长使用时间的有效措施。

C. 水溶性酸碱。油中若含有水溶性酸、碱，会使金属部件产生强烈腐蚀，并加快油的劣化。因此，水电站要求使用的油为中性油，不允许含有水溶性酸、碱。

3）电气性质。

A. 介质损耗因数。油在电场作用下，要消耗部分电能并转换成热能，单位时间内消耗的电能称为介质损失，并以介质损耗因数 $\tan\delta$ 来衡量。电压和电流间相角与90°的差值，称为介质损失角 δ。$\tan\delta$ 的大小，是绝缘油电气性能中的一个重要指标。其值越大，不仅功率损失越大，其绝缘性能也越差。$\tan\delta$ 可以很灵敏地显示出油的污染程度，故介质损失角 δ 是检验绝缘油干燥、精制程度及老化程度的重要指标。

B. 绝缘强度。绝缘强度是评定绝缘油电气性能的主要指标之一，以在标准电极下的击穿电压表示。绝缘油的绝缘强度是保证设备安全运行的重要条件。油的击穿电压受很多因素影响，但决定性的因素是含水量。当水和固体杂质存在时，油的绝缘强度将严重下降。

2.1.2.2 透平油系统

透平油是汽轮机油的俗称，源于英语 Turbine Oil。汽轮机英语称为蒸汽透平（Steam Turbine），水轮机英语称为水力透平（Hydro Turbine），汽轮机和水轮机都使用同一类高级矿物润滑油，始称透平油，规范定名为汽轮机油。在水电和火电行业内部，至今仍沿用透平油的称谓。

根据水电站所在地的环境温度，水轮机、发电机润滑和水轮机调速系统、进水阀和调压阀等用油，可选用L-TSA 32号汽轮机油（相当于HU 22号透平油），或L-TSA 46号汽轮机油（相当于HU 30号透平油）。选用原则为：环境温度较低的地域，选用L-TSA 32号汽轮机油；环境温度一般或较高的地域，选用L-TSA 46号汽轮机油。

我国水电站一般使用L-TSA 46号汽轮机油，适应温度范围为10～50℃。出于水电站管理的需要，水轮机、发电机润滑和水轮机调速系统、进水阀和调压阀等用油，应采用同一油源、同一牌号的汽轮机油可按《涡轮机油》(GB 11120) 的规定执行。

国际工程水轮机、发电机润滑和水轮机调速系统、进水阀、调压阀等控制用油，可以选用ISO与L-TSA汽轮机油相同黏度等级的埃索、美孚、壳牌等知名品牌。

长期实践证明“新油不干净”的理念是正确的。新进厂的汽轮机油，必须取样送检，检验合格后，再用压力式滤油机或真空滤油机送入用油设备或注入储油罐中。

注入新储油罐中的透平油，须经一定时间过滤后再取样送检，检验合格后方能使用。

新进厂的透平油，主要检验指标包括：黏度指数、闪点、酸值、清洁度（机械杂质）、水分、破乳化值和氧化安定性。

机组充水试运行前、正常运行或检修期间，可根据需要，对机组润滑用油和调速系统用油，进行水分、清洁度（机械杂质）两项指标定量检验和处理。

（1）透平油的作用。透平油在设备中的作用是润滑、散热和液压操作。

1）润滑作用：透平油在轴承内或其他作相对滑动的运动件之间（如接力器的活塞与油缸之间）形成油膜，以润滑油内的液体摩擦代替零件间的干摩擦，从而减轻设备的磨损和发热，延长设备的使用寿命，保证设备的功能和安全。

2）散热作用：由于运行中设备的机械运动（搅动润滑油和零件间的摩擦）和润滑油内部分子间的摩擦而消耗的功转变为热量，通过润滑油的对流作用，把热量传递给油冷却器，并由冷却器中的冷却水将热量带走（或经由油盆器壁直接散发出去），使油和设备的温度不致超过规定值，保证设备的安全经济运行。

3）液压操作：作为传递能量的工作介质进行设备的液压操作。如水轮机调速系统、进水阀的操作，大中型轴流泵叶片油压调节机构以及管道系统中的液压操作阀等的操作。

（2）透平油系统图。某水电站透平油系统见图 2－13。

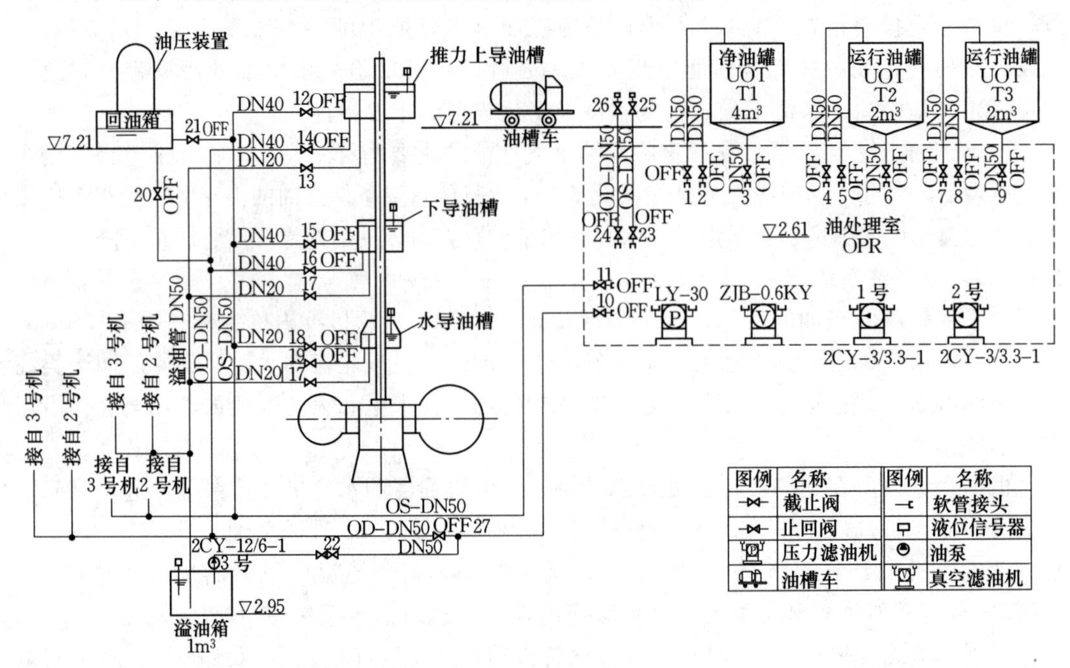

图 2－13　某水电站透平油系统图

2.1.2.3　绝缘油系统

（1）绝缘油的种类。

1）变压器油：供变压器及电流、电压互感器用，有 DB－10 和 DB－25 两种牌号，牌号后面的数值表示油的凝点（℃）（负值）。

2）开关油：供油开关用，常用 DB－45 牌号油。在南方，也可用与变压器同牌号的油。

3）电缆油：供电缆用，有 DL－38、DL－66、DL－110 3 种，牌号后面的数值表示以 kV 计的耐压值。

（2）绝缘油的作用。绝缘油在设备中的作用是绝缘、散热和消弧。

1）绝缘作用。绝缘油的绝缘强度比空气大得多，用绝缘油作绝缘介质，可以缩小电气设备的尺寸。同时，绝缘油对于浸在油中的绝缘材料起保护作用，不使其潮湿和氧化。

2）散热作用。变压器运行时，由于线圈本身具有电阻，当通过强大的电流时，会产生大量的热，绝缘油吸收了热量，在温差作用下产生对流传递作用，把热量传递给冷却器（例如水冷式变压器的水冷却器或自冷式、风冷式变压器外壳的散热片）而散发出去。

3）消弧作用。油开关动作时，接点产生电弧，由于油的组成成分是碳氢化合物，油

在电弧高温作用下发生分解的同时要吸收大量热量；油分解后产生大量氢气，氢气吸收一部分热量并逸出。这两部分热量散失使电弧冷却而熄灭。但油分解后的碳分则沉积在油中，使油质变坏。

（3）绝缘油系统图。某水电站绝缘油系统见图 2－14。该水电站绝缘油罐室分别设置有 3 台相同容量的运行油罐和净油罐，供接受新油和储备净油。油处理室设置有 2 台压力滤油机、1 台真空滤油机、1 台精细过滤机对污油进行净化处理。变压器、油开关和油处理室之间采用软管连接，完成向设备供、排油、污油处理以及向运行设备添油等操作。此外，油罐室在最低处设置有事故油池，作为紧急事故排油，防止事故扩大。

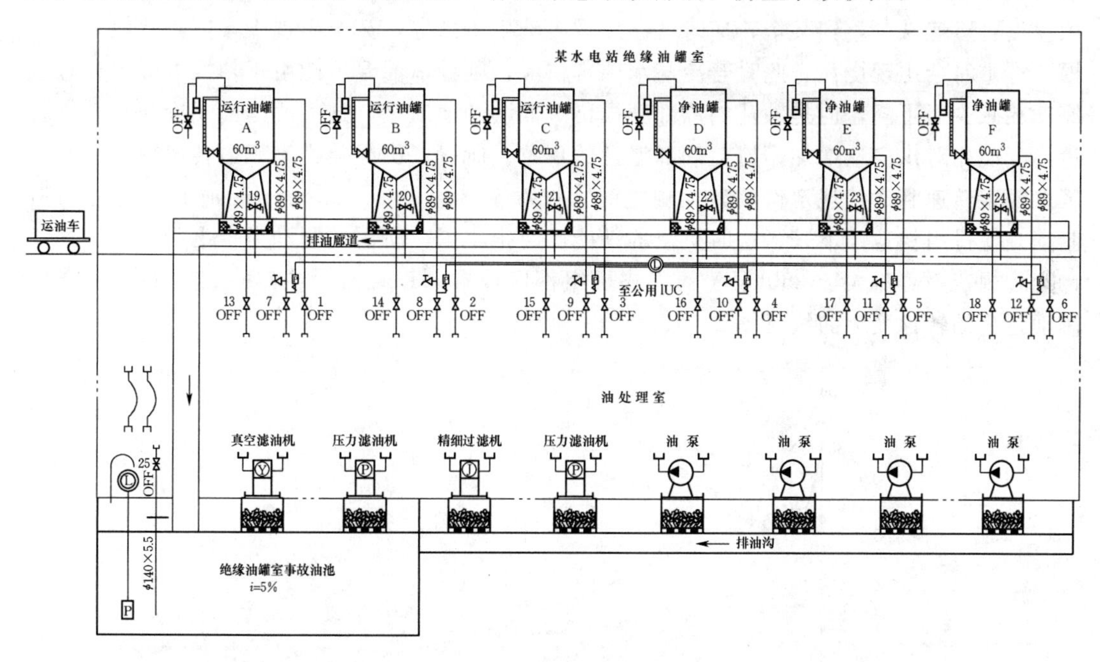

图 2－14　某水电站绝缘油系统图

2.1.3　气系统

2.1.3.1　低压供气系统

按照压力容器压力等级分类，压缩空气系统中额定工作压力在 1.0MPa 以下的为低压供气系统。

水电站低压供气对象为机组制动供气、水轮机空气围带供气、设备维护检修供气（工业用气），以及机组调相压水供气、寒冷地区厂外水工建筑物吹冰供气等。

（1）机组制动供气。

1）机组在运转时，因为转动部分具有很大的转动惯量 J，所以具有很大的动能 E，即

$$E=\frac{J\omega^2}{2}$$

式中　ω——机组转动角速度。

当机组与电网解列，水轮机导叶关闭之后，机组的动能消耗在克服转子与空气的摩擦

力矩、轴承的摩擦力距以及水轮机转轮与水或空气的摩擦力矩上。机组经过一段时间之后就逐渐停下来，这段时间称为自由制动时间。依机组的转动惯量、转速的不同，自由制动时间长短不一，一般在10～30min之间，对于大型低转速机组甚至可长达1h左右。若转轮在空气中旋转，则自由制动时间更要长一些，倘若水轮机导叶漏水严重，有可能机组长期转动而不能停机。

2）机组的推力轴承承受着轴向荷载，转轴必须具有一定转速 n，才能形成一定厚度的油楔使轴承获得液体润滑摩擦，同理也适用于径向滑动轴承。在停机过程中，水推力随水轮机导叶的关闭而消失，但是立式机组的转动部件重量很大，当转速降低很多之后，油楔厚度也迅速减少，到某个转速时就会出现半液半干摩擦，甚至出现干摩擦，致使轴瓦磨损，严重时会出现烧瓦。此时若冷却水照常供应，则轴承油温可能由于轴推力减少和总摩擦功耗减少而下降，但是轴瓦的局部磨损仍可能剧烈地出现，这主要是由于冷却水总供应量不变而相对供应量增加，掩盖局部温升的现象。所以，机组停机过程当转速降低到低速区（额定转速到设计规定值，如无规定时，按额定转速的20%～40%）时必须进行强迫制动，使机组快速停下来。这时机组的动能已经很小了，所需的制动力矩也不大。根据设计规程规定，容量大于250kVA的立式机组都应设置制动装置。机组在自由制动和强迫制动过程的转速变化曲线见图2-15。

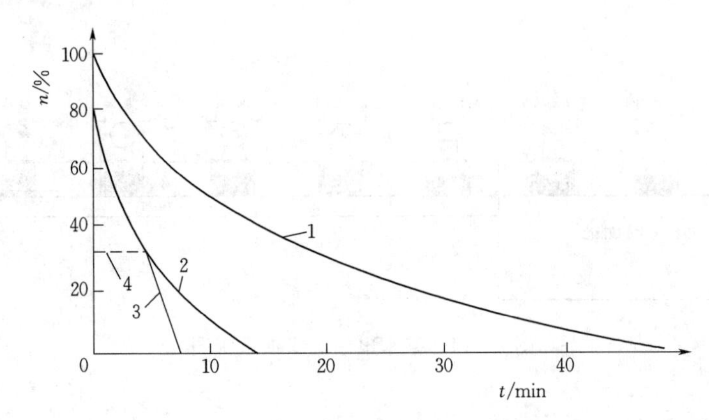

图2-15　机组在自由制动和强迫制动过程的转速变化曲线图

1—转轮不淹在水中；2—转轮淹在水中；3—强迫制动；4—开始制动时刻

3）机组制动一般都采用机械式制动装置。由于压缩空气具有弹性，制动柔和，目前广泛采用压缩空气做制动装置的工作介质，制动工作由制动器完成。

4）在立式机组中，制动器通常固定在发电机的下机架上，或水轮机顶盖的轴承支架上，均匀分布4～16个，机组容量大，所需制动器个数也较多。工作时，由制动器上的耐磨制动块与发电机转子下的摩擦环板间产生摩擦力矩来实现制动。在卧式机组中，制动器装在飞轮下缘两侧，制动时，制动器顶住飞轮的轮缘以实现制动。

5）制动装置除用于制动外，还兼作油压千斤顶用以顶起电机转子。立式机组长时间停机以后，推力轴承的油膜可能被破坏，在开机前用高压油泵（手油泵或电动油泵）加压并通入制动器下腔，使制动闸把机组的转动部分抬高，重新形成油膜，然后把压力油排出即可开机。按规程规定，停机24h以上需要顶起转子。有时为了检修，也可用制动器顶起转子。小型机组没有顶起装置的，在启动前通常用手动盘车，以使轴承形成油膜然后才开机。

6）制动装置系统。制动用气是从厂内低压气系统中通过专用的储气罐和供气干管供给的，工作压力为0.5～0.7MPa。综合来看，立式机组的制动闸有通入压缩空气制动和通入压力油顶转子两种工作状态。机组制动装置原理见图2-16。高压三通阀6起切换油路的作用，平时与压缩空气管路连通，顶转子时切换为油路。制动操作是自动进行的，由转速继电器控制电磁空气阀4，当机组转速降至额定值的30%左右时通气制动，停机完毕后排气复归。电接点压力表5监测制动闸内的压力，作用于自动开机回路，必须在制动闸无压力时才允许机组启动。压力表2供运行人员随时监视制动供气压力。与电磁空气阀4并联有手动控制阀，作为自动控制出现故障或检修时的备用通路。顶转子操作都是手动进行，其排油管通向集油箱。

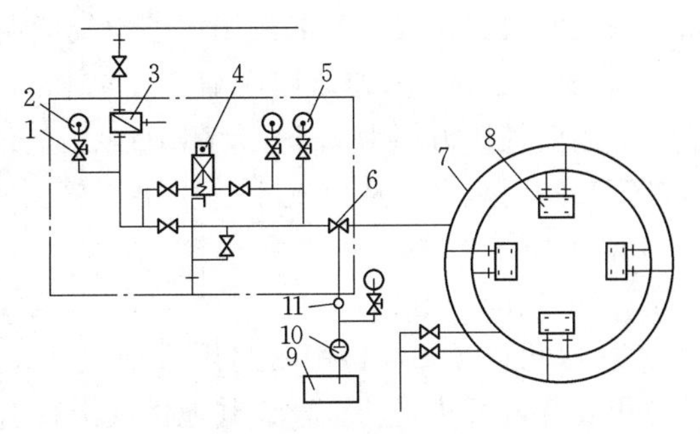

图2-16 机组制动装置原理图

1—仪表三通阀；2—压力表；3—空气过滤器；4—电磁空气阀；5—电接点压力表；6—高压三通阀；7—制动环管；8—制动闸；9—油箱；10—电动高压油泵；11—快换接头

（2）机组调相压水供气。

1）为了改善电力系统功率因素的需要，水轮发电机组有时被用作调相机运行，这时水轮机导叶关闭，发电机从电力网中吸收电能（有功功率），作同步电动机工况运行并输出感性无功功率。为了减少有功消耗，总是希望水轮机转轮能脱水运行，因为当下游水位较高、水轮机的转轮淹没在水中时，发电机连同水轮机转动所消耗的有功功率在空气中运转的功耗大。实践证明，转轮在水中旋转所消耗的有功功率比在空气中旋转时大5～8倍甚至更多。例如，某水电站装有HL240-LH-410型水轮机，机组额定出力为45MW，当水轮机转轮完全浸入水中作调相机运转时，共有功功耗为8000kW，当转轮完全脱水运行时，其有功功耗为1400～1600kW。此外，作水泵工况运行的水轮机也会产生不同程度的气蚀。正因如此，当机组作调相运行时，广泛采用的办法是利用压缩空气把水轮机转轮室的水面压至转轮以下一定位置，以减少调相运行时的电能消耗。这就是调相压水供气。

2）水电站根据电网的调度，当需要机组作调相工况运行时，只要通过操作发电—调相控制开关，即可将机组从发电工况切换为调相工况运行。这时导叶全关并且机组与电网不解列，压水供气装置随即向转轮室供气压水。

3）利用水轮发电机组作同期调相运行的优点有：比装设专门的同期调相机经济，不需额外的一次性投资；运行切换灵活，由调相机运行转为发电机工况运行只需10～20s，故承担电力系统的事故备用很灵活。其缺点是消耗电能比其他静电容器大。

（3）检修用气和空气围带供气。

1）维护检修用气。

A. 组检修时，常使用清洁、安全的风动工具，例如风铲、风钻、风砂轮等，用以铲除被气蚀破坏的海绵状金属、经补焊后用风砂轮磨光，以及打掉钢管壁上的锈块及其他附着物。

B. 设备运行中的防堵塞与维护吹扫。例如技术供水的取水口、供排水管路、量测管路等部位的吹扫；集水井清泥用压缩空气搅泥及设备除尘。

C. 设备安装、检修时用压缩空气吹尘、吹渣等。

上述供气压力均为 0.5～0.7MPa，用气地点是：主机室、安装场、转轮室、机修间、水泵室及闸门室等。从供气干管引出支管。吹扫用气一般与其他用户错开，其用气量约 1～3m^3/min。

2）空气围带用气。

A. 水轮机导轴承检修密封围带用气，充气压力通常采用 0.7MPa。耗气量很小，不设专用设备，可从制动干管或其他供气干管引出。

B. 蝴蝶阀止水围带用气，充气压力应比阀门承受的作用水压高 0.2～0.4MPa。耗气量很小，一般不设专用设备，可根据水电站的具体情况，从主厂房内的各级供气系统直接引取或经减压引取。当阀室离主厂房较远时，可以在阀室专设 1 个小储气罐或 1 台小容量的空压机。

（4）防冻吹冰用气。在北方寒冷地区的水电站，冬季因上层水面易结冰，冰压力可能对水工建筑物、拦污栅和闸门等造成危害，堵塞拦污栅，影响正常工作，为此，必须进行除冰防冻。可以用人工打冰的办法，也可采用压缩空气防冻，从一定水深喷出压缩空气，造成水流上下循环湍动，深层的温度较高的水被带起与表面温度较低的水掺和，使表层水温提高，同时水面在一定范围内波动，而不致结冰。

（5）离相封闭母线用气。作用就是提高离相封闭母线整体健康运行水平，该装置使离相封闭母线外壳内部产生一个略高于外部大气压的干燥气压差，使外界环境中的潮气、灰尘、盐雾等不能侵入离相封闭母线的外壳内，使绝缘子、外壳与导体间的工作环境始终保持洁净、干燥状态，从而保证和提高母线绝缘强度，确保安全可靠运行。离相封闭母线微增压用气常取至低压气系统，经进一步干燥和去油水气后使用。

（6）低压压缩空气系统图。典型的立式机组水电站低压气系统见图 2-17。使用低压压缩空气的设备有制动闸、检修密封用气、风动工具及吹扫。为保证供气可靠，选用了两

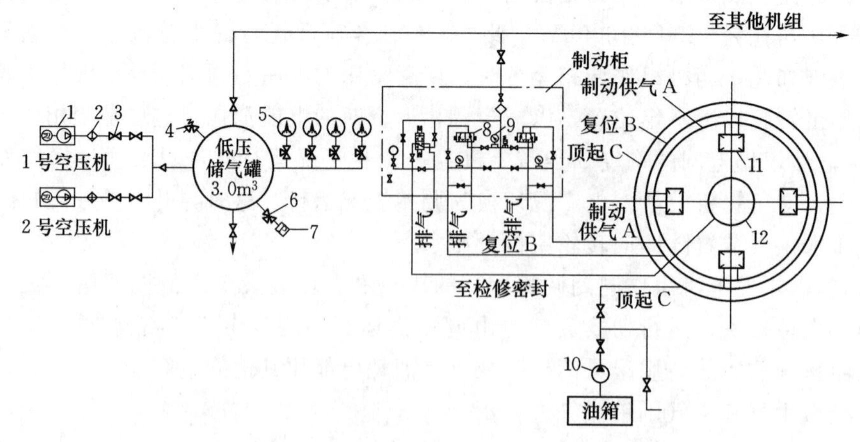

图 2-17　典型的立式机组水电站低压气系统图

1—空气压缩机；2—气水分离器；3—止回阀；4—安全阀；5—电接点压力表；6—三通旋塞阀；7—压力变送器；8—电磁阀；9—压力表；10—压力油泵；11—制动闸；12—空气围带

台 EP100S 型和 3 台 EP30S 低压空压机，向 3 个储气罐供气。其中两个储气罐主要供制动供气和检修密封用气；另 1 个储气罐供变压室和主厂房的用气。空压机供气过程由压力信号器动作实现自动控制。

2.1.3.2 中压供气系统

按照压力容器压力等级分类，压缩空气系统中额定工作压力在 1.0～10MPa 之间为中压供气系统。

水电站的中压供气对象：水轮机调速器油压装置、水轮机调压阀油压装置、水轮机进水阀油压装置，以及机组调相压水用气等。

水轮机调速器是水电站中压供气系统的主要用户，其压力等级决定了压缩空气系统的压力等级。19 世纪 70 年代到 20 世纪 60 年代，机械液压调速器的额定工作油压为 2.5MPa；20 世纪 60—80 年代，电气液压调速器的额定工作油压已上升为 4.0MPa；80 年代至今，微机液压调速器的额定工作油压上升为 6.3MPa。目前，我国水电站中压空气系统压力等级有 2.5MPa、4.0MPa 和 6.3MPa 三个等级。

水轮机调速器、进水阀和调压阀的油压装置，因其压力罐中的油、气是直接接触的，压缩空气中含有的水分、粉尘和污物，会使用户的透平油污染和劣化。这些用户多年的运行实践证明，其机械液压部分发生故障和事故的主因，都是由于透平油的污染和劣化造成的。因此，这些用户对空气质量的要求是非常高的。

其中中压空气系统，利用空气压缩机出口的过滤器，除掉空气的污物和粉尘；利用气水分离器或减压除水等方法，除掉空气中的水分。压缩空气在温度、湿度变化时，会有水分析出。因此，中压空气机室的温度、湿度要受到控制，空气的相对湿度不得超过 80%。

（1）油压装置供气的目的和供气方式。油压装置的压力罐，是一个由透平油和压缩空气组成的储能器。

1）由于油的压缩性极小，而空气具有良好的弹性，因而压力罐的容积由 30%～40% 透平油和约占容积的 60%～70%的压缩空气形成压力源，保证和维持水轮机调速器或其他操作系统的操作能源，输出压力能进行操作。

2）运行中压力罐所消耗的油，由油泵从回油箱抽油补充；所损耗的压缩空气可借助自动补气阀等来补充，以维持一定的油气比例。

3）中压供气系统向储气罐的供气方式，有一级压力供气和二级压力供气两种。

一级压力供气，其中压空气压缩机的排气压力（或储气罐压力）与油压装置压力罐的额定压力相等或稍大。过去设计的水电站多采用一级压力供气。这种供气方式，当环境温度下降时，压缩空气的相对湿度达到过饱和状态而析出水分，因此，空气的干燥度较差。

二级压力供气是根据热力干燥原理，中压空气压缩机的排气压力高于油压装置压力罐的额定工作压力 1.5～2 倍甚至更高，经减压阀降压到略高于额定工作压力后送至中压储气罐，并根据需要向用户供气。新设计的大型水电站多采用二级压力供气，中、小型水电站为了节省投资仍采用一级压力供气。

4）大型水电站的油压装置的压力罐都设设置有自动补气阀，可以实现自动补气。中、小型水电站的油压装置压力罐，普遍采用手动操作补气。有些小型水电站采用 YT 型调速器，利用补气阀加中间油罐的补气方式，可取消中压供气系统。

(2) 中压供气系统设备组成。

1) 中压空气压缩机，一般不少于两台，1 台工作 1 台备用。

2) 为了使压缩空气干燥和清洁，中压供气系统应设置空气过滤器、冷却器、气水分离器和储气罐等。

3) 对于单机容量较大、机组台数多的电站，当要求自动化程度较高时，可采用自动补气方式向用户的油压装置压力罐自动补气。

(3) 油压装置供气系统图。用户油压装置供气系统见图 2-18。该系统设有 3 台空压机，由压力表控制，2 台工作，1 台备用，自动保持储气罐压力正常。空气压缩机启动后，压缩空气经过气水分离器、空气干燥器存入储气罐，再供给调速器油压装置和圆筒阀油压装置用气，另分别布置有自动补气装置来保持气压的稳定。

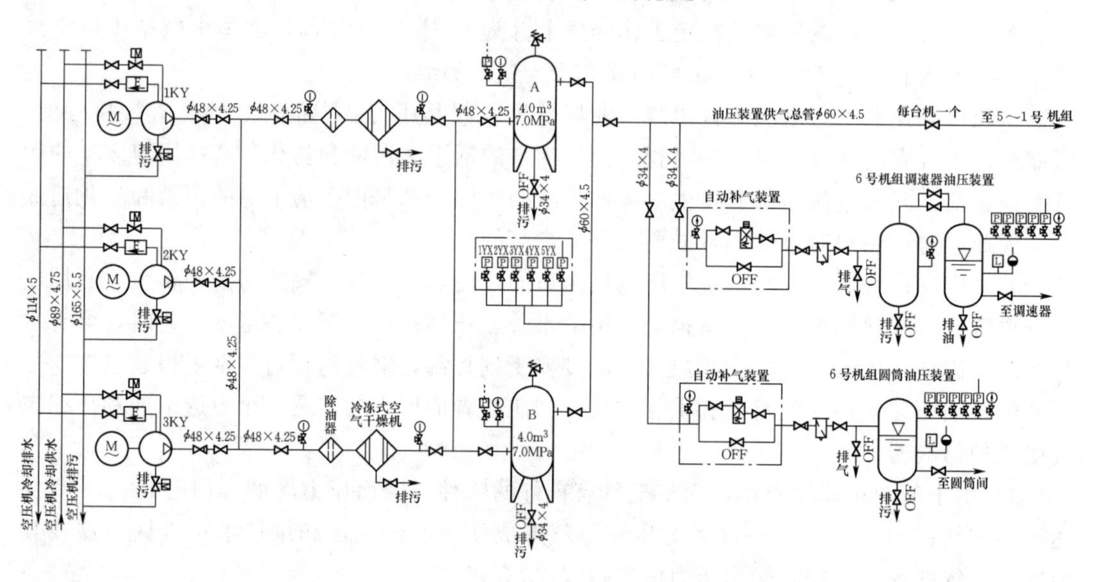

图 2-18 用户油压装置供气系统图（单位：mm）

2.1.3.3 高压皮囊式蓄能器

20 世纪 80 年代初期，我国水电行业开始从机床行业引入 16～21MPa 压力等级的皮囊式蓄能器，作为小型水轮机调速器的操作油源。这种在压力罐的皮囊中置入惰性气体氮的高压容器，由皮囊内高压气体蓄能、油泵电动机组及时补充油耗，维持稳定的额定工作压力。

皮囊式蓄能器，是油压装置上具有蓄能功能的压力罐，可以取代中压供气系统为水轮机调速器、进水阀和调压阀提供高等级（16～21MPa）的压力油源。

目前，高压的皮囊式蓄能器不但在中小型水轮机调速器、进水阀和调压阀受到青睐，在大型混流式水轮机调速器上也开始应用。其原因主要有以下几种：

(1) 油、气隔离是其得到应用的主要因素。在压力罐中油、气直接接触，是水轮机调速器的压力等级被限制在最高为 6.3MPa 的主要原因。传统的水轮机调速器的压力罐内压缩空气与透平油是直接接触，根据日本一家研究所的研究成果，在油、气接触的容器内，防止压缩空气溶解在油内，以及防止空气进入油内在高压作用下使油炭化的最高安全压力等级为6.3MPa。高压气体（氮气）与透平油隔离的皮囊式蓄能器的出现，解决了压缩空气溶解在油内和高压下油质炭化问题，调速器工作压力开始突破6.3MPa的限制，水电站水轮机调速器广泛使用的油压等级为16～21MPa。世界其他行业，皮囊式蓄能器的压力等级已经达到35～100MPa。大容量、高油压皮囊式蓄能器站的出现，扩展了其在水电站的应用范围。

（2）液压元件的泄漏得到解决。近30年来，由于液压元件的标准化和加工精度的提高，以及密封件材料的现代化，解决了液压元件的泄漏难题，使水轮机调速器的压力等级有可能上升到20MPa、35MPa或更高。

（3）水轮机调速器安全运行得到提高。油、气隔离技术使水轮机调速器运行环境得到改善，透平油中进入水分、灰尘和污物的机会大为减少；加上现代高精度过滤器的应用，使透平油油质劣化问题基本得到解决，水轮机调速器安全运行得到提高，机组事故率降低。

（4）节省中压供气设备购置费和设备运行、维护费。水轮机调速器和水轮机进水阀、调压阀使用高油压的气囊式蓄能器后，可取消水电站的中压空气压缩系统或减少相应的设备。因此，可节省中压空气压缩系统设备购置和安装费，以及其日常维护、运行和检修等管理费用。

（5）可降低水电站土建工程投资。水轮机调速器和水轮机进水阀、调压阀使用高油压的气囊式蓄能器后，无须在水电站设置中压空压机室，布置中压空气管路，使土建工程简化，节省了大量的建设投资。

鉴于上述缘由，在大型水电站使用皮囊式蓄能器取代中压供气系统，使水轮机调速器、进水阀和调压阀的压力等级上升到20MPa或更高，只是践行时间的问题。

我国为老挝TH3水电站220MW混流式机组水轮机调速器制造的皮囊式蓄能器站（见图2-19）。

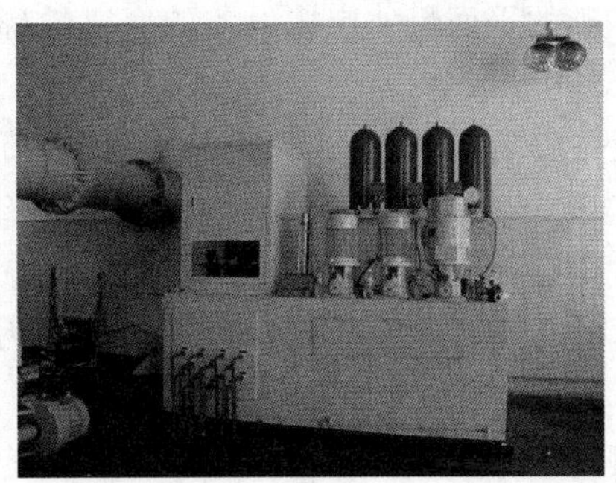

图2-19　某水电站水轮机进水阀皮囊式蓄能器

2.2　设备安装

2.2.1　基础件安装

（1）施工准备。

1）技术准备。

A. 设备图、安装基础图、产品使用说明书。

B. 土建相关的图纸、设备布置图。

C. 现行的施工规范及标准。

D. 施工平面布置图。

2）主要工器具及材料准备。

A. 机具。电焊机、砂轮机、导链、千斤顶、钢丝绳、角向磨光机、扳手等专用工具。

B. 材料。钢板、橡胶板、道木、木板、铜皮、铅丝、煤油、汽油、砂纸、金相纸、塑料布、白布、棉纱、尼龙绳、脱脂液等。

C. 仪器仪表。水准仪、经纬仪（全站仪）、水平仪、水平尺、铅锤、塞尺、钢板尺、卷尺等。

3）现场作业条件。

A. 设备室内墙面、门窗及内部粉刷等基本完毕，能遮蔽风、沙、雨、雪。

B. 接通水源、电源，运输道路畅通。

C. 设备基础混凝土已浇筑完成。

（2）施工工艺。

1）设备基础。

A. 基础设计的主要技术要求。

a. 基础设计中心与设备重心应在同一铅垂线上，其允许偏移不得超过基础中心至基础边缘水平距离的3%～5%。

b. 基础标高、位置和尺寸，必须符合施工图纸技术要求或规程规范要求。

c. 设备基础不得与任何房屋基础相连，而且要保持一定的间距。

d. 基础的平面尺寸应按设备的底座轮廓尺寸而定，底座边缘至基础侧面的水平距离应不小于100mm。

e. 设备安装在混凝土基础上，当其静荷载 $P \geqslant 100\text{N/m}^2$ 时，则混凝土基础内要放两层由直径10mm的钢筋以15cm方格编成的钢筋网加固，上层钢筋网低于基础表面不应小于5cm，其上下层钢筋网的总厚度不应小于20cm。

f. 凡精度较高，且不能承受外来的动力，或本身振动大的设备，必须敷设防振层，以减小振动的振幅，并防止其传播。

g. 有可能遭受化学液体或侵蚀性水分影响的基础，应设置防护。

B. 基础的验收。

a. 所有基础表面的模板、地脚螺栓固定架及露出基础外的钢筋等都要拆除，杂物（碎砖、脱落的混凝土块等）及脏物和水要全部清除干净，地脚螺栓孔壁的残留木模应全部拆除。

b. 对基础进行外观检查，不得有裂纹、蜂窝、空洞、露筋等缺陷。

c. 按设计图样的要求，检查所有预埋件（包括地脚螺栓）的正确性。

d. 根据设计尺寸的要求，检查基础各部尺寸是否与设计要求相符合，如有偏差，不得超过允许偏差，设备基础尺寸和位置允许偏差要求见表2-1。

表 2-1　　设备基础尺寸和位置允许偏差要求表

序号	项　目	检测位置	允许偏差/mm
1	基础	基础坐标位置（纵、横轴线）	±20
		基础标高	0～+20
2	预埋地脚螺栓	标高（顶端）	0～+20
		中心距（在根部和顶部两处测量）	±20
3	预留地脚螺栓孔	中心位置	±10
		深度	+20
		孔壁的铅垂度	0～+20
4	预埋活动地脚螺栓锚板	标高	0～+20
		中心位置	±5
		水平度（带槽的锚板）	5
		水平度（带螺纹孔的锚板）	2

C. 基础偏差的处理。设备基础经过检查验收，如存在不符合要求的部分，应进行处理，使其达到设计要求。在一般情况下，经常出现的偏差有两种：一种是基础标高不符合设计要求；另一种是地脚螺栓位置偏移。至于整个基础中心线误差和外形尺寸偏差过大的情况，比较少见。对基础偏差的处理，可采用下列方法：

a. 当基础标高达不到要求时，如基础过高，可用凿子铲低；过低时，可在原来的基础表面进行凿毛后再补灌混凝土，或者用增加金属支架的方法来解决。

b. 当基础偏差过大时，可用改变地脚螺栓的位置，来调整基础的中心。

c. 地脚螺栓的偏差，如是一次灌浆，在偏差较小的情况下，可把螺栓用气焊加热，矫正到正确位置；如偏差过大，对于较小的螺栓，可挖出重新预埋；对于较大的地脚螺栓，挖到一定深度后割断，中间用钢板过渡来调整。

d. 上述处理方法的实施，必要时，要征得设计、建设单位等的认定。

e. 基础经过处理合格后，方可进行设备安装。

2）地脚螺栓。

A. 地脚螺栓分类。地脚螺栓可分为死地脚螺栓和活地脚螺栓两大类。

a. 死地脚螺栓。死地脚螺栓又称为短地脚螺栓，它往往与基础浇灌在一起。它主要是用来固定工作时没有强烈振动和冲击的中、小型设备。死地脚螺栓的长度一般为100～1000mm。常用的死地脚螺栓，头部做成开叉式和带钩的形状。带钩地脚螺栓有时在钩孔中穿上一根横杆，以防止地脚螺栓旋转或拔出。通常民用及工业设备安装用的都是死地脚螺栓。

b. 活地脚螺栓。活地脚螺栓又称长地脚螺栓，是一种可拆卸地脚螺栓。它主要用来固定工作时有强烈振动和冲击的重型设备。这种地脚螺栓的长度一般为1～4m。它的形状可分为两种：一种是两端都带有螺纹及螺母；另一种是锤形（T字形）。活地脚螺栓要和锚板一起使用。锚板可用钢板焊接或铸造成形。它中间带有一个矩形孔或圆孔，供穿螺栓之用。

B. 地脚螺栓选用。地脚螺栓、螺母和垫圈，一般都是随设备带来，它应符合设计和设备安装说明书的规定。如无规定可参照下列原则选用：

a. 地脚螺栓的直径应小于设备底座上地脚螺栓孔直径，其关系按表2-2选用。

表2-2　地脚螺栓直径与设备底座上孔径的关系表　单位：mm

孔径	12～13	13～17	17～22	22～27	27～33	33～40	40～48	48～55	55～65
螺栓直径	10	12	16	20	24	30	36	42	48

b. 每一个地脚螺栓，应根据标准配一个垫圈和一个螺母，对振动较大的设备，应加锁紧螺母或双螺母。

c. 地脚螺栓的长度应按施工图规定，如无规定时，可按式（2-1）确定。

$$L=15D+S+(5\sim10) \tag{2-1}$$

式中　L——地脚螺栓的长度，mm；

D——地脚螺栓的直径，mm；

S——垫铁高度、机座和螺母厚度以及预留余量（2～3牙）的总和，mm。

C. 地脚螺栓的敷设。地脚螺栓在敷设前，应将地脚螺栓上的锈垢、油质清洗干净，但螺纹部分要涂上油脂。然后检查与螺母配合是否良好，敷设地脚螺栓的过程中，应防止杂物掉入螺栓孔内。

a. 固定式地脚螺栓敷设方法。在浇灌基础时，预先把地脚螺栓埋入，与基础同时浇灌称为一次浇灌法。根据螺栓埋入深度不同，可分为全部预埋和部分预埋两种形式。在部分预埋时，螺栓上端留有一个100mm×100mm（深度50～300mm）的方形调整孔，供调整之用。一次浇灌法的优点是减少模板工程，增加地脚螺栓的稳定性、坚固性和抗震性，其缺点是不便于调整。

采用一次浇灌法时，地脚螺栓要用地脚螺栓定位板来定位。制作地脚螺栓定位板，其孔径比地脚螺栓直径大0.5～1.0mm；机械钻孔，钻孔误差不得大于0.5mm。定位板厚度不得小于8mm，须剪切加工，保证定位板无变形。用地脚螺栓定位板固定好地脚螺栓后，在浇灌混凝土前，要对地脚螺栓的中心距、垂直度和标高进行测量和检查。地脚螺栓中心距允许偏差不大于3～5mm、垂直度允许偏差不大于$L/100$（L为地脚螺栓长度），标高的允许偏差不大于5～10mm。

b. 地脚螺栓和灌浆应符合下列要求。①地脚角螺栓的不垂直度应小于1/100；②地脚螺栓离孔壁的距离应大于15mm；③地脚螺栓上的油脂和污垢应清除干净，螺纹部分应涂油脂并做保护；④螺母与垫圈间和垫圈与设备底座间的接触均应良好；⑤拧紧地脚螺栓应在混凝土达到规定强度的75%后进行，待拧紧螺母后，螺纹必须露出2～3扣；⑥灌浆前，灌浆处应冲洗干净。灌浆一般宜用细碎石混凝土（或水泥砂浆），其强度应比基础混凝土强度高一级。当其要求较高时，应尽量采用膨胀水泥拌制的混凝土。

3）膨胀螺栓。膨胀螺栓固定原理：膨胀螺栓固定乃是利用楔形斜度来促使膨胀产生摩擦握裹力，以达到固定效果。螺钉一头是螺纹；另一头有锥度。外面包一层铁皮，铁皮圆筒一半有若干切口，把它们一起塞进地面或墙面上打好的洞里，然后用扳手拧紧膨胀螺栓上的螺母，螺母把螺钉往外拉，而外面的金属套却不动，于是将锥度拉入铁皮圆筒，金属套被涨开，使其涨满整个孔，于是螺栓被紧紧固定在地面或墙面上。膨胀螺丝的固定并不十分可靠，如果载荷有较大震动，可能发生松脱。

A. 膨胀螺栓的分类。膨胀螺栓现在有不锈钢膨胀螺栓和塑料膨胀螺钉之分，具体用途不一样。膨胀螺栓的等级分为 45、50、60、70、80，材料主要分奥氏体 A1、A2、A4，马氏体和铁素体 C1、C2、C4，其表示方法例如 A2－70，"-" 前后分别表示螺栓材料和强度等级。

B. 膨胀螺栓的构成。膨胀螺栓由沉头螺栓、胀管、平垫圈、弹簧垫和六角螺母组成。

C. 膨胀螺栓的使用方法。使用时，须先用冲击电钻（锤）在固定体上钻出相应尺寸的孔，再把螺栓、胀管装入孔中，旋紧螺母即可使螺栓、胀管、安装件与固定体之间胀紧成为一体。

D. 膨胀螺栓施工注意事项。

a. 打孔深度。打孔深度要长于膨胀锚栓套管的 5mm 左右，不能太浅，也不要太深。

b. 膨胀锚栓抗震性差，不适用于震动较大的设备基础。

c. 使用膨胀锚栓前要计算好所能承受的最大拉扯力。

4）化学锚栓。化学锚栓是继膨胀锚栓之后出现的一种新型锚栓，由化学药剂与金属杆体组成。通过特制的化学黏结剂，将螺杆胶结固定于混凝土基材钻孔中，以实现对固定件锚固的复合。

A. 化学锚栓优点。

a. 依靠化学物质反应黏结，锚固力强，形同预埋。

b. 无膨胀应力，边间距小，对基材要求低，可用于开裂混凝土中。

c. 化学成分性能好，耐酸碱、耐低温、耐老化。

d. 无变形，抗震性能好。

e. 抗焊性阻燃性能良好。

B. 化学锚栓施工流程。

a. 钻孔。用电钻按照规定的孔径及孔深钻孔，参见说明书。

b. 清孔。使用专用工具（毛刷、气筒）将孔内灰尘除净，两刷两吹。

c. 注胶。将混合器安装在植筋胶上，用注射枪从孔底向外注射。

d. 植入。将化学药管置入孔中，将螺杆用手电钻旋入孔底，并调整至规定位置。

e. 固化。在固化期间切忌触碰螺杆。

f. 加载。充分固化后，即可加载。

2.2.2 水泵安装

（1）水电站常用水泵的类型及特点。水泵是把机械能转变成水流势能或动能的机械。其中离心泵应用最普遍，是水电站供、排水系统的主要设备，几乎每个水电站都设置有此类型水泵。水电站常用水泵类型及应用范围见表 2－3。

各类水泵的特点：

1）单级单吸离心泵。结构简单，维护方便，体积小，重量轻，成本低。

2）单级双吸离心泵。流量大，扬程较高，泵壳为水平中开式，安装检修方便，叶轮布置对称，基本上没有轴向力，运行比较平稳。

表 2-3　　水电站常用水泵类型及应用范围表

水泵类型	类型代号		扬程范围/m	流量范围/(m^3/h)
	新	旧		
单级单吸离心泵	IS	B，BA	5～125	6～400
单级双吸离心泵	S	SH	10～140	140～11000
多级单吸离心泵	DA	D	16～370	20～288
深井泵	J，JC，DJ	SD，SJ，JD	10～130	10～490
潜水泵	—	JQ，JQB	4.5～204	10～3300

3）多级单吸离心泵。流量小，扬程高，结构复杂，拆装较困难。

4）长轴深井泵。实质上为立式多级单吸离心泵，叶轮装于动水位以下，启动前需通润滑水，电动机安装在井上，提水高度不受允许吸上真空高度的限制，也无受潮和淹没问题，结构紧凑，使用比较可靠。但传动轴长，耗用钢材多，造价贵，安装精度高，检修困难。

5）潜水泵。机泵合一，不用长传动轴，重量轻，电机与水泵均潜在水中，不需要修建地面泵房，安装检修方便，但对电机要求高。

（2）水泵的分类。

1）按泵轴的方向分类：①卧式水泵，泵轴水平放置；②立式水泵，泵轴垂直放置；③斜式水泵，泵轴倾斜放置。

2）按吸入方式分类：①单吸水泵装单吸叶轮；②双吸水泵装双吸叶轮。

3）按叶轮的数量分类：①单级水泵装有一个叶轮；②多级水泵同一根轴上装两个或两个以上的叶轮。

4）按被抽液体的性质分类：清水泵、污水泵、耐酸泵、耐热泵及泥浆泵等。

（3）水泵的工作原理。

1）单级单吸卧式离心泵工作原理及型号。单级单吸卧式离心泵结构见图 2-20。叶轮固接在轴端，由泵座及轴承悬臂支撑。叶轮及泵壳在形状上接近于混流式水轮机工作轮和蜗壳，但水从吸水管沿轴线方向流入，受轮叶作用提高压力后沿半径方向流出，再由蜗形的泵壳收集、升压，沿切线方向的排水管输出。填料函是主轴与泵体间的密封装置，通常用橡胶盘根或石棉绳绕在轴上，靠压盖挤紧而止水。IS 型水泵都用滚动轴承，以润滑脂润滑。

泵启动前，先将泵和吸水管内充满水。启动后，叶轮旋转，叶片间的水在离心力的作用下，从叶轮中被甩向叶轮四周，再由泵体内的吐出涡室收集起来，引向吐出口，流入压水管。当水从叶轮甩出后，在叶轮入口处产生了真空。被提升的水在水面大气压力的作用下，经吸水管、泵吸入口、吸入涡室、再压入叶轮内。因此，只要叶轮连续转动，水就会连续不断地被吸入和压出。

单级单吸卧式离心泵结构简单，工作可靠，已形成系列化产品，是各种水泵中应用最多的，其型号表达见图 2-21。

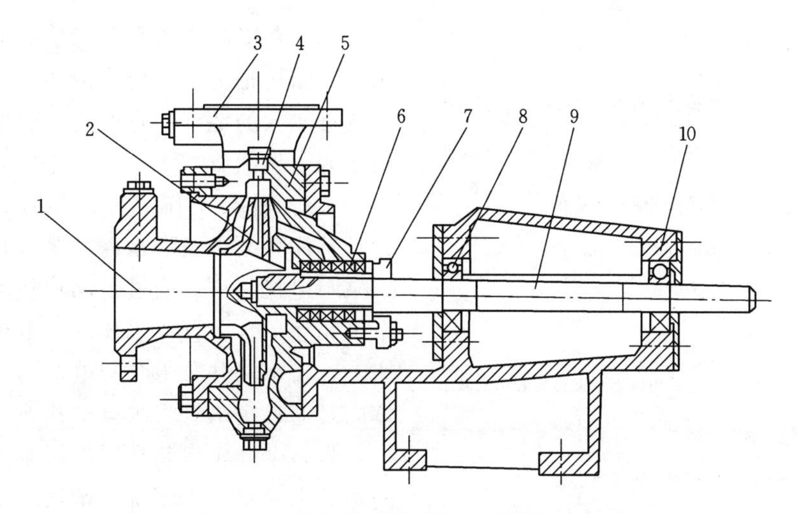

图 2-20　单级单吸卧式离心泵结构示意图

1—吸水管；2—叶轮；3—出水管；4—排气螺栓；5—泵体；6—填料函；7—压盖；8—轴承；9—主轴；10—泵体

2）单级双吸卧式离心泵工作原理及型号。单级双吸卧式离心泵结构见图 2-22。其叶轮两面对称，可看成两个单吸泵叶轮的组合体，水从两侧沿轴线方向流入，经过轮叶和蜗形泵壳的作用，最后从排水管流出。叶轮两侧水流对称，其轴向水推力相互抵消，因而轴和轴承受力条件好，整个水泵结构更加紧凑、合理。

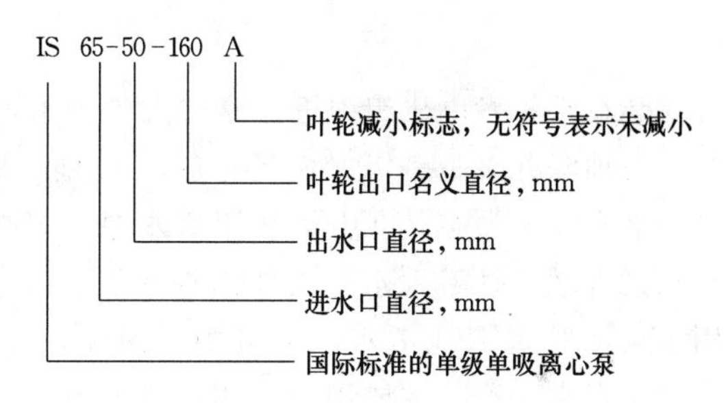

图 2-21　水泵型号表达图

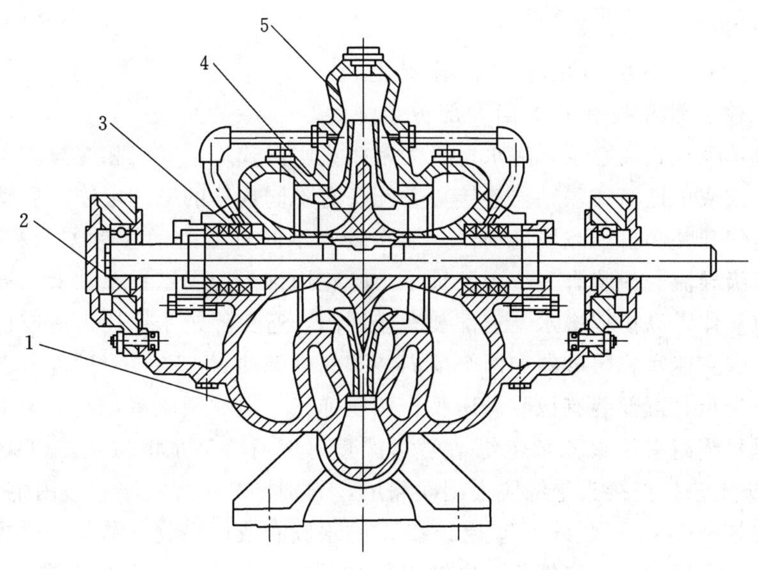

图 2-22　单级双吸卧式离心泵结构示意图

1—泵座；2—轴承；3—填料函；4—叶轮；5—泵盖

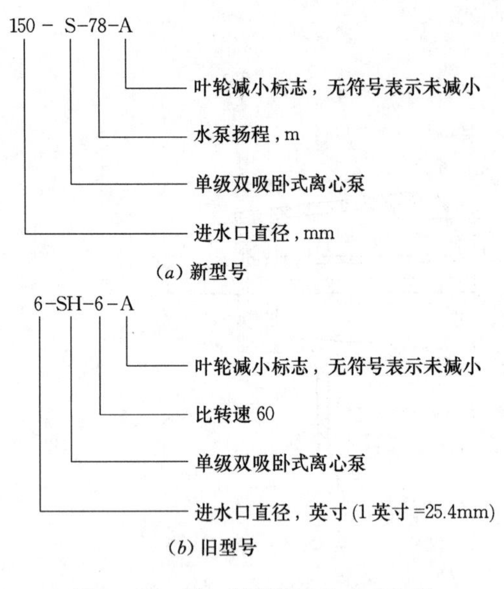

图 2-23　新、旧型号表达式对比图

单级双吸卧式离心泵与单级单吸卧式泵相比，结构稍为复杂但流量加大很多，常用于流量较大的地方。它的新、旧型号表达方式不同（见图 2-23）。

3）深井泵工作原理及型号。深井泵分为长轴深井泵以及潜水深井泵。长轴深井泵水泵与电机分离，通过传动轴将电机轴与水泵轴相连，水泵置于水体内，电机安装在泵座上；潜水深井泵水泵与电机为一体置于水体内，通过扬水管将水排出井外。

将多个叶轮串装在同一根轴上，叶轮之间用导水叶引导水流实现衔接，水从泵底的吸水管流入，被各叶轮逐次提升再由排水管输出。泵体潜没在水下，启动前已充满水，只需少量润滑水润滑轴承就能正常运行。深井泵扬程高、流量大、占地面积小，可以直接安装在水轮发电机组附近，常被大中型水电站采用。长轴深井泵型号表达方式见图 2-24。长轴深井泵是多级立式离心泵，JC 型（JD）的结构（见图 2-25）。

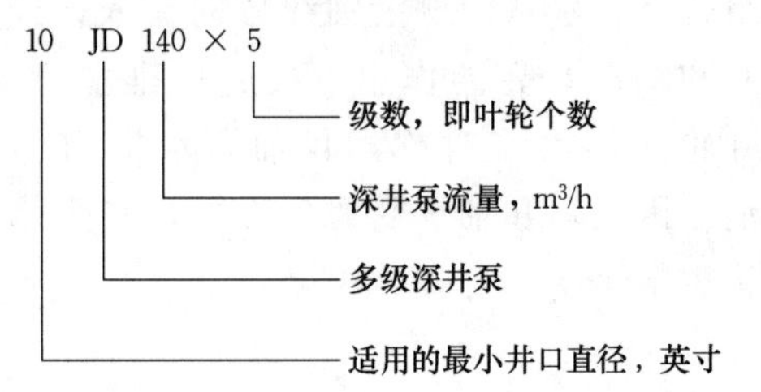

图 2-24　长轴深井泵型号表达方式图

潜水深井泵多为 QJ 型井用潜水泵，是电机与水泵直联一体潜入水中工作的提水机具，它适用于从深井提取地下水，也可用于河流、水库、水渠等提水工程。主要用于农田灌溉及高原山区的人畜用水，也可供城市、工厂、铁路、矿山、工地供排水使用。

QJ 型潜水深井泵机组由水泵、潜水电机（包括电缆）、输水管和控制开关四大部分组成。潜水泵为多级单吸立式离心泵，潜水电机为密闭充水湿式、立式三相笼异步电动机，电机与水泵通过爪式或单键筒式联轴器连接，并配备有不同规格的三芯电缆；启动设备为不同容量等级的空气开关和自耦减压启动器，输水管为不同直径的钢管制成，采用法兰连接。潜水深井泵每级导流壳中装有一个橡胶轴承，叶轮用锥形套固定在泵轴上，导流壳采用螺纹或螺栓连成一体。高扬程潜水泵上部装有止回阀，避免停机水锤压力造成机组破坏。潜水电机轴上部装有迷宫式防砂器和两个反向装配的骨架油封，防止流砂进入电机。潜水电机采用水润滑轴承，下部装有橡胶调压膜、调压弹簧，组成调压室，调节由于温度引起的压力变化；电机绕组采用聚乙烯绝缘，尼龙护套耐用消费品水电磁线，电缆连接方式按 QJ 型电缆接头工艺，把接头绝缘脱去刮净漆层，分别接好，焊接牢固，用生橡胶绕一层，再用防水黏胶带缠 2～3 层，外面包上 2～3 层防水胶布或用水胶黏结包一层橡胶带以防渗水。电机密闭，采用精密止口螺栓，电缆出口加胶垫进行密封。电机上端有一个注水孔。有一个放气孔，下部有一个放水孔。电机下部装有上下止推轴承，止推轴承上有沟槽用于冷却，推力盘采用不锈钢制造，推力轴承的作用是克服水泵的上下轴向力。潜水深井泵型号表达方式见图 2-26，潜水深井泵见图 2-27。

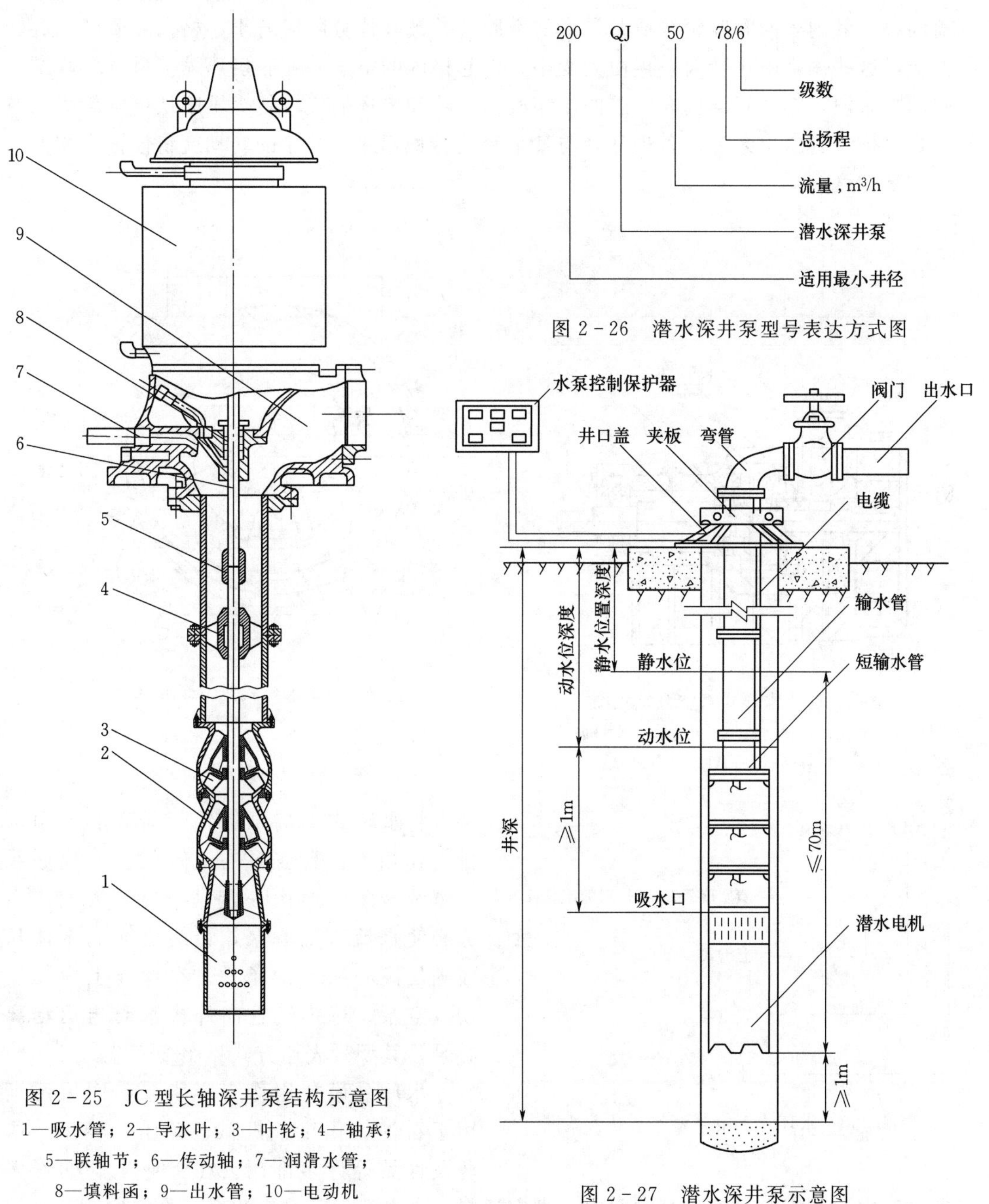

图 2-25 JC型长轴深井泵结构示意图

1—吸水管；2—导水叶；3—叶轮；4—轴承；5—联轴节；6—传动轴；7—润滑水管；8—填料函；9—出水管；10—电动机

图 2-26 潜水深井泵型号表达方式图

图 2-27 潜水深井泵示意图

4）水环式真空泵工作原理及型号。水环式真空泵由叶轮、泵盖、泵体、主轴和进、排气管等组成。叶轮悬臂地固定在轴端，其中心偏离泵盖的中心，使它与泵盖内腔之间形成偏心圆环形的叶轮室，进、排气管分别通到叶轮室的两侧。主轴和泵体间由填料函中密封条密封。水环式真空泵结构见图 2-28。

水环式真空泵原理见图 2-29，叶轮室与泵外的水箱相连，启动前就充水至规定高度。叶轮旋转时离心力将水甩向外壁，形成一个跟随叶轮转动的水环。水环受泵盖制约与泵盖同心，其内表面和叶轮构成月牙形的空腔，并被叶片分隔成若干小格。顺着叶轮旋转的方向，这些小格由小变大，再由大变小，引起格内的空气先膨胀后压缩。进气管联结在空腔的膨胀段，排气管连接在空腔的压缩段，叶轮和水环的旋转就会不断从进气管吸入空气，再由排气管压出泵外。若进气管与某个密闭容积相通，叶轮的转动就将使该容积产生一定的真空度。

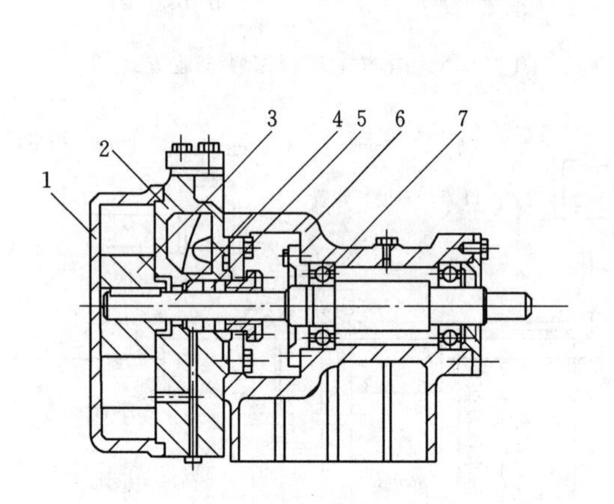

图 2-28　水环式真空泵结构图

1—泵盖；2—泵体；3—叶轮；4—主轴；
5—填料函；6—泵座；7—轴承

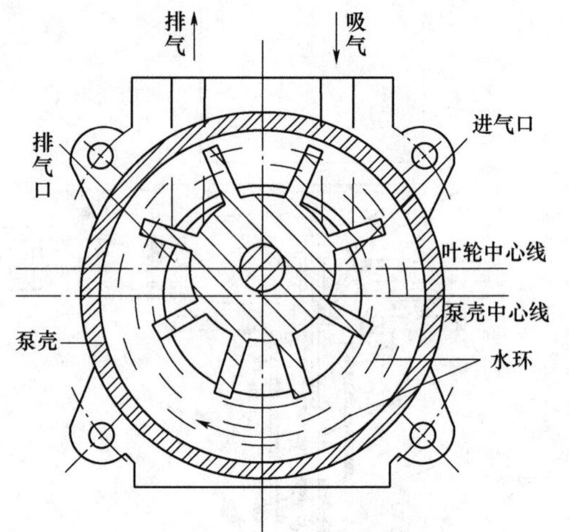

图 2-29　水环式真空泵原理图

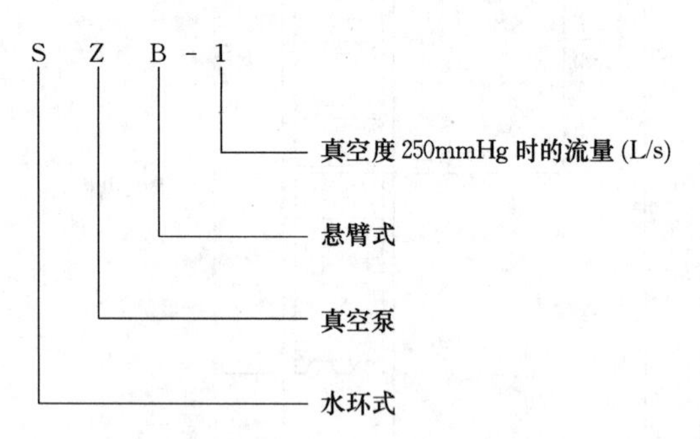

图 2-30　水环式真空泵型号表达方式图

将水环式真空泵进气管与离心泵顶部排气孔相连，真空泵的运转就会使离心泵泵体及吸水管产生一定真空度，大气压力势必使水流入离心泵，最终会充满泵体从而满足离心泵启动条件。在操作上应先启动真空泵，待排气管向外排水时再启动离心泵，其型号表达方式见图 2-30。

水环泵最初用作自吸水泵，而后逐渐用于石油、化工、机械、矿山、轻工、医药及食品等许多部门。在工业生产的许多工艺过程中，如真空过滤、真空引水、真空送料、真空蒸发、真空浓缩、真空回潮和真空脱气等，水环泵得到广泛的应用。由于真空应用技术的飞跃发展，水环泵抽真空的功能被人们所重视。由于水环泵中气体压缩是等温的，故可抽除易燃、易爆的气体，此外还可抽除含尘、含水的气体，因此，水环泵应用日益增多。

5）射流泵工作原理。高速射流具有吸引并带走周围介质的作用，利用这一特性可制

成射流泵（见图 2－31），高压水从喷嘴喷出，形成高速射流会吸引并带走吸入室内的空气，使吸入室产生一定的真空度，被射流挟带的空气将穿过混合管由扩散管经压水管排向大气。如果把吸入室与离心泵排气孔相连，射流泵的运行就会使泵体内出现真空度而充满水，因此射流泵可作为离心泵的启动充水设备。

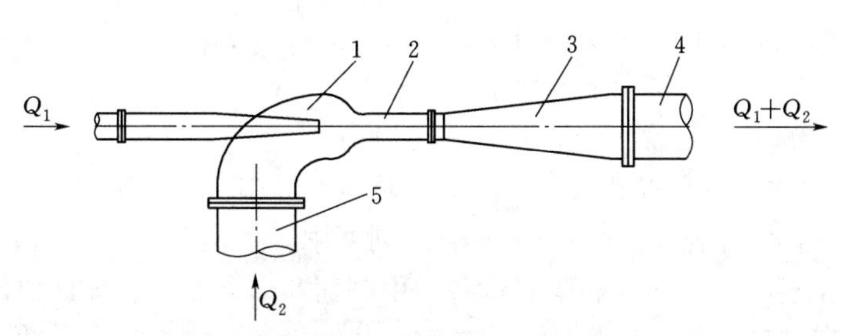

图 2－31　射流泵示意图

1—吸入室；2—混合管；3—扩散管；4—出口；5—离心泵

射流泵结构简单，没有任何转动部件，安装和使用都很方便。同时，射流泵还可以作单独的抽水泵。但是，从原理上讲，射流泵是将高速射流的一部分动能转变成了周围介质的压力能，从而产生一定真空度；或者说是传递给了另一部分水流以实现抽水。这种能量的转化只能是射流能量的极少部分，因此射流泵的效率是很低的。

（4）离心泵安装。

1）施工准备。

A. 技术准备。

a. 熟悉设计图纸，根据合同要求、现场条件及有关技术文件及规程规范，编制详细的施工技术措施，经批准后开始施工。

b. 根据工程施工环境，进度要求合理组织人力、材料、设备、施工器具，并做好施工工装准备。

c. 参加业主组织的设备开箱检查验收，核对规格、型号、数量应符合设计要求。检查技术文件、产品合格证书、设备零部件是否齐全。

d. 进行施工前技术交底，施工安全交底和文明施工交底。

e. 对有特殊要求的工种进行技术培训、考核，取得合格证人员方能上岗。

B. 施工设备布置。临时工装制作及现场具备安装条件后，在泵房内合适的地方布置施工设备及工具房。

2）安装工艺程序。离心泵安装工艺程序见图 2－32。

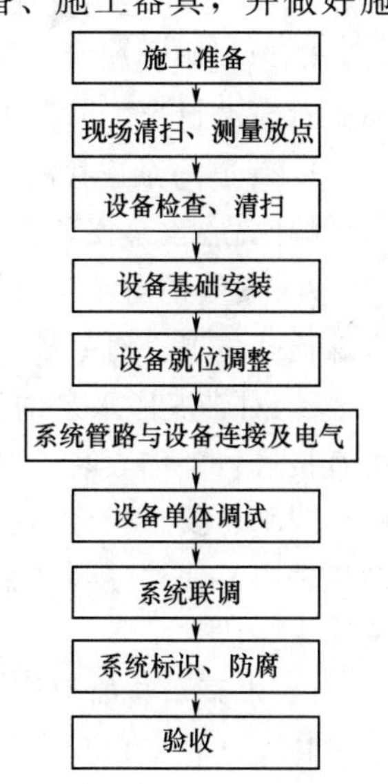

图 2－32　离心泵安装工艺程序图

3）设备检查。

A. 离心水泵的开箱检查。设备开箱后按设备技术文件到货清单清点零件和部件，应无缺件、损坏和锈蚀等。管口堵盖应完好。核对水泵的型号、规格及主要安装尺寸与工程设计是否相符合；手动盘车应灵活、无阻滞、卡住现象、无异常声响。

B. 设备出厂时已装配、调试完善的部分不应随意拆卸。确需拆卸时，应会同有关部门协商后进行，拆卸和回装应按设备技术文件的规定进行。

4）离心水泵的清洗和检查。

A. 整体出厂的离心水泵在防锈保证期内安装时，其内部零件不宜拆卸，只清洗外表。当超过防锈保证期或有明显缺陷需要拆卸时，其拆卸、清洗和检查应符合设备技术文件的规定。当无规定时，应符合下列要求：

a. 拆下的叶轮部件应清洗干净，叶轮应无损伤。

b. 管道泵和立式泵不宜拆卸（出厂一般为整体，拆卸会破坏密封）。

B. 解体出厂的水泵的清洗和检查应符合下列要求。

第一，泵的主要零件、部件和附属设备，中分面和套装零件、部件的剖面不得有擦伤和划痕。轴表面不得有裂纹、压伤及其他缺陷。清洗干净后应去除水分并应将零件、部件和设备表面涂上润滑油并按装配的顺序分类放置。

第二，泵壳垂直中分面不宜拆卸和清洗。

5）离心水泵安装技术要求。

A. 基础的尺寸、位置和标高应符合工程设计要求。

B. 泵轴的轴线应水平，其位置、标高要符合设计要求。测量轴线水平，可在水平中分面、轴的外伸部分及底座加工面上进行。

C. 壳体上通往轴封和平衡盘等处的各个孔洞和通道应畅通无堵塞，堵头应严密。

D. 泵轴与叶轮、轴套、轴承等相配合的精加工面应无缺陷和损伤，配合应准确。

E. 泵体支脚和底座应接触密实。

F. 电动机与泵连接前，应单独试验电动机的转向，确认无误后再连接。

G. 主动轴与从动轴找正，连接后盘车应灵活。

H. 对于小型的整体泵，安装时不能有明显的倾斜。

I. 填料函装配时，每层应切成45°斜口，相邻两层填料的接口应错开90°～120°，填料环应对准水封管，填料压盖与泵的轴间间隙要均匀，不要相互摩擦。

J. 管道与泵连接时，法兰中心应对准，不应强行连接，产生蹩劲现象。

6）离心水泵安装方法。

A. 安装前对土建移交的工作面进行检查，并按设计图纸核对水泵基础尺寸和预留地脚螺栓孔位置。对基础部位进行清扫、测量放点。

B. 对带底座水泵的安装（见图 2－33）。水泵出厂时底座已和水泵、电机组成整体，可直接进行整体安装。对不带底座水泵的安装（见图 2－34），应先安装水泵，待水泵的位置找平、找正，标高达到要求后，再安装电动机。电动机安装时应以水泵为基准，将电动机轴中心线调整到与泵轴中心线在同一轴线上。安装过程中通过测量两个联轴器的相对位置来完成。

C. 水泵吊装前根据所放的测量控制线按施工图纸设计要求在泵座基础部位焊接临时支撑托架，托架顶面高程应比泵座底面设计高程低 20mm。

D. 泵体吊装时，不得捆绑轴与轴承部位等易受损伤部位。泵体就位后，进行找正、找平、调整标高。

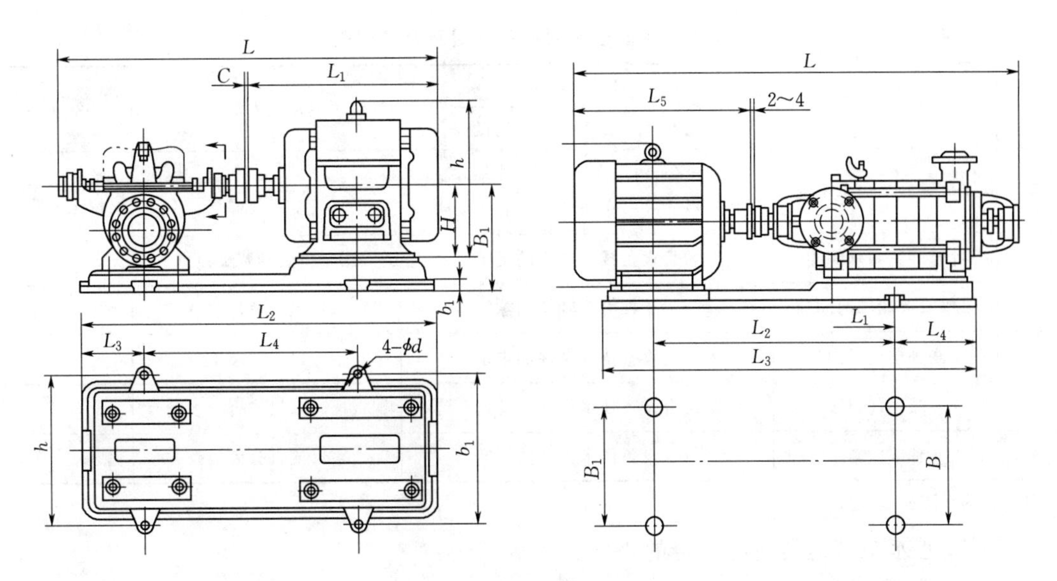

图 2-33　带底座水泵安装示意图（单位：mm）　图 2-34　不带底座水泵安装示意图（单位：mm）

E. 泵的调整可分为初调和精调两阶段进行，初调时，用水平仪放在底座加工面上，进行初步调整位置和高程后，对地脚螺栓进行灌浆。待混凝土养护合格后，再次紧固螺栓，进行精调。

将泵座吊装在支撑托架上，利用楔子板（楔子板成对布置）和测量仪按设计图纸要求调整泵座安装中心、水平、高程，用水平仪在底座加工面检查应符合要求。调整地脚螺栓并加固，复核泵座中心、水平、高程符合要求后基础浇筑二期混凝土，当混凝土强度大于70%以上时，对水泵进行精调。

F. 水泵精调。通过微调电动机，利用塞尺测量水泵与电动机联轴器之间的轴向间隙，使其误差调整在 0.08mm 以内；同时，利用角尺和塞尺检查其同轴度，使其误差调整在 0.12mm 以内，其检测方法见图 2-35。

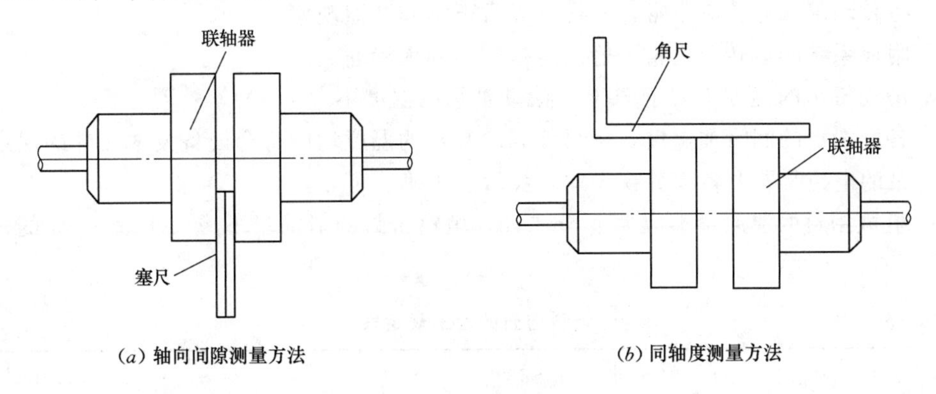

图 2-35　水泵精调检测方法图

G. 配管时，管道与泵体连接不得强行组合连接，且管道重量不能附加在泵体上。

H. 水泵的管口与管道连接应严密，无渗漏水现象。

I. 离心水泵安装应符合表 2-4 的要求。

表 2-4　　整体安装离心水泵检验项目及允许偏差

项次	检验项目	允许偏差/mm		检验方法	备注
		合格	优良		
1	泵体纵、横向水平度	0.10/1000 (0.05/1000)	0.08/1000 (0.03/1000)	方形水平仪	整体安装 (解体安装)
△2	叶轮和密封环间隙	符合设备技术文件的规定		用压铅法和塞尺检查	
3	多级泵叶轮轴向间隙	大于推力头轴向间隙		钢板尺、塞尺检查	
△4	两半联轴器的径向位移	符合设备技术文件的规定		钢板尺、塞尺检查	
5	端面间隙	符合设备技术文件的规定		钢板尺、塞尺或百分表检查	
△6	轴线倾斜	符合设备技术文件的规定		塞尺或百分表检查	

注　△为重点检验项目。

7）离心水泵试运转前应符合的要求。

A. 电动机的转向应与水泵的转向相符。

B. 各固定连接部位应无松动。

C. 各润滑部位加注润滑剂的型号、质量和数量应符合设备技术文件的规定，有润滑要求的部位应按规定进行预润滑。

D. 各指示仪表、安全保护装置及电控装置均应灵敏、准确、可靠。

E. 管道应冲洗干净，保持畅通。

F. 盘车应灵活、无异常现象。

G. 离心水泵试运转应在各独立的附属系统运转正常后进行。

H. 电机的绝缘电阻应符合相关规范的规定。

8）离心水泵在额定负荷下试运转不小于 2h，必须符合下列要求。

A. 各固定连接部位不应有松动及渗漏。

B. 各转动部件运转应正常，不得有异常声响和摩擦现象。

C. 附属系统的运转应正常，管道连接应牢固无渗漏。

D. 滑动轴承的温度不大于 70℃，滚动轴承的温度不大于 80℃。

E. 各润滑点的润滑油温度，密封液和冷却水的温度均应符合设备技术文件的规定。

F. 泵的电控装置及各部分仪表均应灵敏、正确、可靠。

G. 机械密封的泄漏量不应大于 5mL/h，填料密封的泄漏量不应大于表 2-5 的规定，且温升正常。

表 2-5　　填料密封的泄漏规定表

设计流量/(m^3/h)	≤50	50～100	100～300	300～1000	>1000
泄漏量/(mL/min)	15	20	30	40	50

H. 电动机电流不超过额定值；水泵压力、流量符合设计规定。

I. 离心水泵不应在出口阀门全关情况下长期运转。

J. 需要测量轴承体处振动的水泵，应在运转无气蚀的条件下测量，振动速度有效值的测量方法可按《泵的振动测量与评价方法》（GB/T 10889）的有关规定执行。

（5）水环式真空泵安装。

1）设备检查。

A. 水环式真空泵的开箱检查应符合下列要求：

a. 应按设备技术文件的规定清点零件和部件，并应无缺件、损坏和锈蚀等。管口保护物和堵盖应完好。

b. 核对水泵的主要安装尺寸应与工程设计相符合。

c. 手动盘车应灵活、无阻滞、卡住现象、无异常声响。

B. 设备出厂时已装配、调试完善的部分不应随意拆卸。确需拆卸时，应会同有关部门研究后进行，拆卸和回装应按设备技术文件的规定进行。

2）水环式真空泵安装技术要求。水环式真空泵在防锈保证期内安装时，可不拆卸清洗。当有异常或超过防锈保证期时应拆卸清洗，并应符合下列要求。

A. 零件和部件拆卸顺序应符合设备技术文件的规定。

B. 零件和部件应无锈蚀，经清洗合格后，其配合面应涂一层润滑油。

C. 叶轮两端的垫片应严格按设备技术文件规定的厚度和数量进行更换。

3）水环式真空泵安装。

A. 配管时，管道与泵体连接不得强行组合连接，且管道重量不能附加在泵体上。

B. 水泵的管口与管道连接应严密，无渗漏水现象。

C. 电机的绝缘电阻应符合相关规范的规定。

D. 水环式真空泵安装检验项目及允许偏差见表 2-6。

表 2-6　　水环式真空泵安装检验项目及允许偏差表

项次	检验项目	允许偏差/mm		检验方法	备注
		合格	优良		
1	泵体纵、横向水平度	0.10/1000 (0.05/1000)	0.08/1000 (0.03/1000)	方形水平仪	整体安装 （解体安装）
△2	两半联轴器的径向位移	符合设备技术文件的规定		钢板尺、塞尺检查	
3	端面间隙	符合设备技术文件的规定		钢板尺、塞尺或百分表检查	
△4	轴线倾斜	符合设备技术文件的规定		塞尺或百分表检查	

注　△为重点检验项目。

4）水环式真空泵试运转时应符合下列要求。

A. 泵在规定的转速下和工作范围内进行试运转，连续试运转时间不应少于 30min。

B. 水环式真空泵真空度调节阀应调整至合适的开度，泵填料函处的冷却水管道应畅通。

C. 泵的供水应正常，水温和供水压力应符合设备技术文件的规定。

D. 轴承的温升不应高于 30℃，其温度不应高于 75℃。

E. 运转中无异常声响、摆动、振动和摩擦现象。

F. 各固定连接部位不应有松动。

G. 附属系统的运转正常，管道连接应牢固无渗漏。

H. 泵的安全保护和电控装置及其仪表均应灵敏、正确、可靠。

(6) 长轴深井泵安装。

1) 长轴深井泵安装工艺程序。长轴深井泵安装工艺程序见图 2-36。

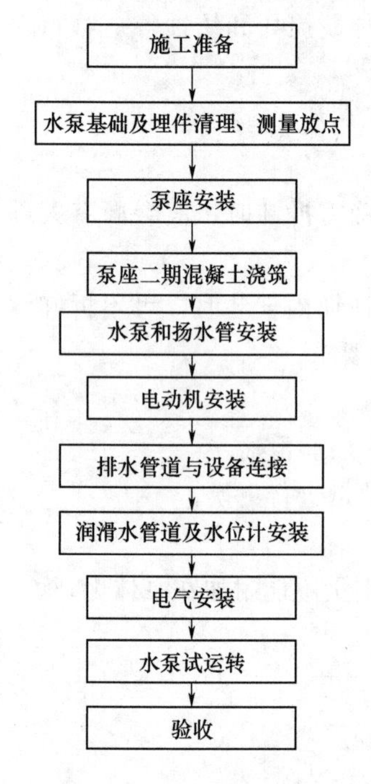

图 2-36 长轴深井泵安装工艺程序图

2) 长轴深井泵设备检查。

A. 长轴深井泵的开箱检查应符合下列要求：应按设备技术文件的规定清点零件和部件，应无缺件、损坏和锈蚀等。管口保护物和堵盖应完好；核对水泵的主要安装尺寸并应与工程设计相符合；检查水泵轴的窜动量，应符合设备技术文件要求；手动盘车水泵及电动机应灵活、无阻滞、卡住现象、无异常声响。

B. 设备出厂时已装配、调试完善的部分不应随意拆卸。确需拆卸时，应会同有关部门研究后进行，拆卸和回装应按设备技术文件的规定进行。

3) 长轴深井泵的清洗和检查应符合下列要求。

A. 零件和部件的所有配合面（螺纹、止口、端面等）均应清洗干净。

B. 出厂已装配好的部件不应拆卸，工作部件（转动部分）的转动应灵活、无阻滞现象。

4) 长轴深井泵就位前应进行下列检查。

A. 井管内径和井管直线度应符合设备技术文件的规定，泵成套机组入井部分在井内应能自由上下。

B. 井管管口伸出基础的相应平面高度不应小于 25mm，井管与基础间应垫放软质隔离层，基础中部预留空间的尺寸应符合扬水管与泵座连接的要求。

C. 井管内应无油泥和杂物。

D. 扬水管应平直，螺纹和法兰面应无碰伤，并应清洗干净。

E. 工作部件转动应灵活，叶轮轴的轴向窜动量应符合设备技术文件的规定。

F. 泵的传动轴端面应平整，端面和螺纹应无损伤，并应清洗干净，传动轴在两端支撑的情况下，中部的径向跳动不应大于 0.2mm。

G. 轴承支架和橡胶轴承应完好无损，橡胶轴承不应沾染油脂。

5) 长轴深井泵组装技术要求。

A. 组装泵、扬水管、传动轴时，应在连接件紧固后逐步放入井中。

B. 螺纹连接的扬水管相互连接时，螺纹部分应加润滑油，不应填入麻丝，铅油。管子端面应与轴承支架贴合或两管直接贴合，两管旋入联管器深度应相等。法兰连接的扬水管，螺栓的拧紧力矩应均匀。传动轴以螺纹联轴器连接时，两轴端面应紧密贴合，两轴旋入联轴器深度应相等。

C. 在轴与扬水管的同轴度调整好后，应装入轴承体。

D. 泵座与扬水管连接后应放在基础上，当泵座底面与基础上平面不平行时，应在泵座与基础间的间隙中以楔形垫铁填实，不得单独校正泵座的水平。

E. 电动机与底座应紧密贴合，其间不得加垫。应在泵座与基础间加斜垫铁调整，使两轴保持对中。

F. 用法兰连接的多级离心泵型的深井泵，应检查防沙罩与密封环，以及平衡套等的配合间隙，应符合图纸要求。

6）长轴深井泵安装。

A. 水泵安装前事先在深井泵房室顶按深井泵布置埋设吊装锚钩。

B. 安装前对土建移交的部位进行检查，并按设计图纸核对水泵基础尺寸和预留地脚螺栓孔位置。对基础部位进行清扫、测量放点。

C. 准备和检查水泵安装用工器具及起吊设备，起吊钢丝绳和吊具，随设备到货的安装专用工具。

D. 检查水泵传动轴直线度，水泵扬水管两端的螺纹（或法兰止口接合面）、泵体内叶轮与壳体无摩擦相撞现象，叶轮在泵壳内轴向窜动（位移）符合制造厂要求。

E. 水泵扬水管端面应无损坏、毛刺及锈蚀，传动轴轴承支架的橡胶轴承无损坏。

F. 水泵底座预装按设计图纸要求调整深井泵泵座中心、水平、高程，使其符合要求后浇筑二期混凝土，待混凝土达到养护期后将泵座移开进行下步工序安装。

G. 滤水网、吸水管安装，首先将滤水网、吸水管与泵体连接，然后用专用安装器具（管子夹板）夹住泵体将其吊装就位。若为多级泵泵体，则滤水网、吸水管和泵体应按顺序分别吊装。

H. 扬水管及传动轴的安装，因深井水泵扬程不同，水泵扬水管的长度各异，扬水管一般由多节标准长度的管子和传动轴组合，每根扬水管的安装方法相同，各扬水管之间的连接相同，利用专用工具和吊装器具将深井泵扬水管按厂家设计说明书要求全部安装完毕。

I. 水泵扬水管全部安装完毕后，进行泵座和电动机的安装。

J. 水泵与电机联轴后，初步调整水泵的提升量使之符合厂家说明书要求。运行一段时间后对提升量进行精确调整，使水泵的出水流量符合设计要求。

K. 长轴深井泵按厂家说明书要求启动试运行。

7）长轴深井泵安装检验项目及允许偏差见表 2-7。

表 2-7　　长轴深井泵安装检验项目及允许偏差表

项次	检验项目	允许偏差/mm		检验方法
		合格	优良	
1	各级叶轮与密封环间隙	符合设备技术文件的规定		用游标卡尺测量检查
2	叶轮轴向间隙	符合设备技术文件的规定		用钢卷尺检查
3	叶轮轴向窜动	6～8		钢板尺检查

续表

项次	检 验 项 目	允许偏差/mm		检 验 方 法
		合格	优良	
4	叶轮与导水壳轴向间隙	符合设备技术文件的规定，锁锭装置必须锁牢		钢板尺检查
△5	泵轴提升量	符合设备技术文件的规定		钢板尺、塞尺检查
6	泵轴伸出长度	不大于 2	不大于 1	拧紧出水叶壳后复查
7	泵轴与电动机轴线偏心	0.15	0.10	用游标卡尺或钢板尺、塞尺检查
8	泵轴与电动机轴线倾斜	0.5/1000	0.2/1000	塞尺或百分表检查
9	泵座水平度	0.1/1000	0.08/1000	方形水平仪检查

注 △为重点检验项目。

8）长轴深井泵试运转前应符合下列要求。

A. 电动机的转向应与水泵的转向相符。

B. 各固定连接部位应无松动。

C. 各润滑部位加注润滑剂的规格、质量和数量应符合设备技术文件的规定，有润滑要求的部位应按规定进行预润滑。

D. 各指示仪表、安全保护装置及电控装置均应灵敏、准确、可靠。

E. 各橡胶轴承应采用设备技术文件的规定，用水预润滑。

F. 管道应冲洗干净，保持畅通。

G. 泵的安全保护装置应灵敏、可靠。

H. 深井泵应检查止退机构是否灵活、可靠，对出水口设置有缓闭止回阀的，应调整好其关闭时间。

I. 盘车应灵活、无异常现象。

J. 深井泵试运转应在各独立的附属系统运转正常后进行。

9）长轴深井泵在额定负荷下试运转 2h，必须符合下列要求。

A. 各固定连接部位不应有松动及渗漏。

B. 各转动部件运转应正常，不得有异常声响和摩擦现象。

C. 附属系统的运转应正常，管道连接应牢固无渗漏。

D. 滑动轴承的温度不大于 70℃，滚动轴承的温度不大于 80℃。

E. 各润滑点的润滑油温度，密封液和冷却水的温度均应符合设备技术文件的规定。

F. 长轴深井泵的电控装置及各部分仪表均应灵敏、正确、可靠。

G. 电动机电流不超过额定值。

H. 水泵压力、流量符合设计规定。

I. 深井泵试运转 20min 后，应停泵再次调整叶轮与导流壳之间的轴向间隙。

J. 深井泵在泵座填料处温升正常时，轴封泄漏量不应大于表 2-8 的规定。

K. 需要测量轴承体处振动的水泵，应在运转无气蚀的条件下测量，振动速度有效值的测量方法可按《泵的振动测量与评价方法》（GB/T 29531）的有关规定执行。

表 2-8　　轴封泄漏量规定表

设计流量/(m^3/h)	≤50			50～150			150～350			>350	
泵座出口压力/MPa	≤0.5	0.5～1	>1	≤0.5	0.5～1	>1	≤0.5	0.5～1	>1	≤0.5	>1
泄漏量/(mL/min)	30	40	60	40	50	65	50	60	70	60	80

L. 当扬水管中的水尚未全部流回井内时，泵不得重新启动。停泵至重新启动的时间间隔应符合设备设计文件的规定。

(7) 潜水深井泵安装。

潜水深井泵安装，除应服从上述一般深井泵外，还应遵循以下要求：

1) 潜水深井泵安装前检查。

A. 法兰上保护电缆的凹槽，不得有毛刺或尖角。

B. 电缆接头应浸入常温的水中 6h。用 500V 电压表测量，绝缘电阻不应小于 100MΩ。

C. 湿式潜水电动机定子绕组在浸入室温的水中或油中 48h 后，其对机壳的绝缘电阻不应小于 40MΩ。

2) 潜水深井泵组装还应符合下列要求。

A. 泵与电动机组装后，应按设备技术文件的规定向电动机内灌满清水或绝缘油（干式电动机除外）；泵组潜入水中的深度不宜大于设计值。

B. 泵组装后，泵轴转动应无卡阻现象。轴向窜动量应符合设计要求。

C. 组装泵、扬水管、传动轴时，应在连接件紧固后逐步放入井中，潜水泵的电缆应牢固地捆绑在扬水管上。

D. 螺纹连接的扬水管相互连接时，螺纹部分应加润滑油，不应填入麻丝、铅丝，管子端面应与轴承支架贴合或两管直接贴合，两管旋入连管器的深度应相等，法兰连接的扬水管，螺栓的拧紧力矩应均匀。

3) 潜水泵试运转前应符合下列要求。

A. 潜水泵试验运行前先保证电缆的电压降，应保持潜水电动机引出电缆接头处的电压，并不应低于潜水电动机的规定值。

B. 试运转时，压力、流量应正常，电流不应大于额定值；安全保护装置及仪表均应安全、正确、可靠；扬水管应无异常的振动。

C. 停泵至再启动的间隔时间，应符合设备技术文件的规定。

4) 潜水泵试运转步骤。

A. 首次开泵运行时，潜水泵启动前应打开放气阀，然后关上；启动时出口阀不宜关死，可稍打开一些，待启动后立即打开，控制到适当的位置，潜水泵运转平稳后即打开压力表阀门。

B. 潜水泵运转时，观察电流表和电压表的指示是否有显著变化，运转是否有噪声，正常工作电流不应大于电机铭牌上所规定的额定值。

C. 水泵应在规定的流量范围内使用，水泵流量切不可过大，过大或过小时应适当调整出口阀的开度。

D. 有下列情况之一者应立即停止运行，泵的工作状态没有改变、电压为额定值而电流超过额定值，泵间歇出水，扬水管有显著振动、发出轰隆的噪声，保护开关频繁跳闸。

E. 停泵。停止泵的运转，关上出口阀及压力表阀门；水泵停车时，为减少水的倒流，应在切断电路后，关闭阀门；如果再启动时，须在停车 5min 以后或更长时间进行。

（8）潜水泵安装。

1）潜水泵设备检查。

A. 水泵的开箱检查应符合下列要求。

a. 按设备技术文件的规定清点零件和部件，应无缺件、损坏和锈蚀等。管口保护物和堵盖应完好。

b. 核对水泵的主要安装尺寸并应与工程设计相符合。

B. 出厂时已装配、调整完善的部分不得拆除。

2）潜水泵安装应符合下列要求。

A. 安装前应将潜水泵全部浸入水中，做浸水试验，24h 后测量绝缘电阻应不小于 5MΩ 方可下井通电使用。

B. 电动机电缆线应紧附在出水管上，其接头应做浸水试验，24h 后测量绝缘电阻应不小于 5MΩ 方可下井通电使用。

C. 滑动导轨安装应符合设备技术文件的规定。

3）潜水泵试运转前应符合下列要求。

A. 各固定连接部位应无松动。

B. 各指示仪表、安全保护装置及电控装置均应灵敏、准确、可靠。

C. 管道应冲洗干净，保持畅通。

D. 潜水泵的安全保护装置应灵敏、可靠。

4）潜水泵在额定负荷下试运转 2h，必须符合下列要求。

A. 各固定连接部位不应有松动及渗漏。

B. 各转动部件运转应正常，不得有异常声响和摩擦现象。

C. 管道连接应牢固无渗漏。

D. 潜水泵的安全保护和电控装置及各部分仪表均应灵敏、正确、可靠。

E. 电动机电流不超过额定值。

F. 潜水泵压力、流量符合设计规定。

2.2.3 滤水器安装

（1）LD 型全自动滤水器结构及特点。

1）LD 型全自动滤水器结构。全自动滤水器主要由转动轴、定位杆、支架壳体、网芯、进水口、出水口、排污口等组成。其操作机构则由执行机构与自动控制机构，包括减速机装置、滤水器本体、电动排污阀、压差控制器和电气控制箱组成。该滤水器清污排污过程可在不间断正常的技术供水下进行。全自动滤水器结构见图 2-37。

2）LD 型全自动滤水器特点。

A. 外形尺寸小，便于现场的布置和安装，维修、维护、调整方便。

B. 网板材质及结构最大限度提高水流的过流面积，有效减少滤网水阻，保证运行可

(a) 全自动滤水器

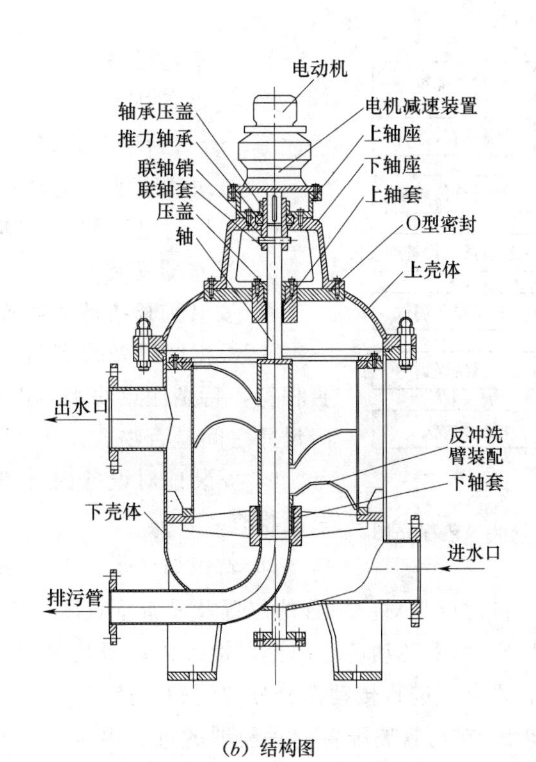

(b) 结构图

图 2-37　全自动滤水器结构图

靠，不发生卡、堵、塞现象，大大延长了滤网使用时间。

C. 滤网采用3～6mm不锈钢板整体冲压成形，网芯应能承受150kPa的差压，而不变形、不损坏。具有工作寿命长、耐腐蚀、不生锈、表面光洁、不结垢的特性。

D. LD型全自动滤水器通过差压控制器，自动启动减速机可进行正反转冲洗，具有清污效果强、排污耗水量少等特点。

E. 运行稳定，清污时对出口水压影响小，完全满足在线运行需要。

F. LD型全自动滤水器功能齐全、安装方便，只需接入AC 380V，50Hz的动力源即可投入自动运行，PLC微电脑控制，可实行定时、压差、手动控制清污。具有滤水器故障报警功能，可与计算机联网实现网络控制。

G. 可靠性高、寿命长、耗能低。

(2) LD型全自动滤水器工作原理。滤水器接入管道系统后，水由下部进水口进入滤水器，过滤杂物后的水从出水口流出，当水中杂质通过网芯时，由于体积大于网芯孔而截留在网芯上，当聚积到一定数量时，即造成进水口和出水口有一定压差值。当滤网的进口压力表和出口压力表水压差增大到规定数值时（滤网精度直径不同则压差不同，压差一般为0.15MPa），自动打开排污阀，水流对附着在网芯内侧壁面上的杂质污物反向冲洗，将附着物排出滤网，待内外压差恢复到正常时关闭排污阀，从而完成过滤排污工作过程。

(3) LD型全自动滤水器安装。

1) 滤水器安装工艺程序。滤水器安装工艺程序见图2-38。

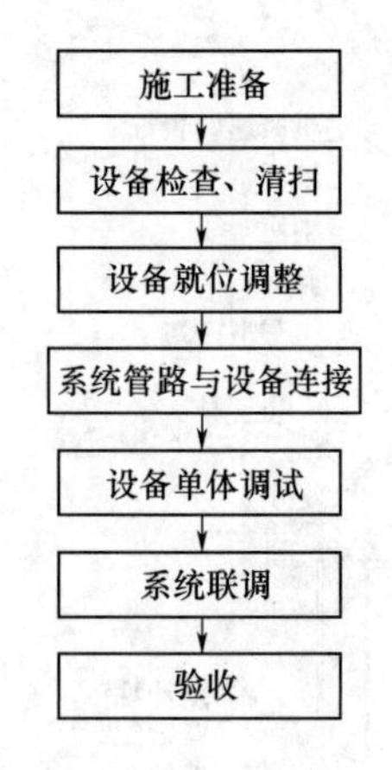

图 2-38　滤水器安装工艺程序图

2）滤水器设备检查。

A. 按设备技术文件的规定清点零件和部件，应无缺件、损坏和锈蚀等。管口封堵盖完好。

B. 核对滤水器的主要安装尺寸应与工程设计相符合。

C. 出厂时已装配、调整完善的部分不得拆除。

3）滤水器安装要求。

A. 安装前检查滤水器安装基础尺寸，应符合设计要求。

B. 根据图纸及设备技术文件检查设备型号、规格、设备尺寸是否相符，特别注意滤水器进水、出水、排污口尺寸与设计相配套的阀门尺寸之间是否吻合。

C. 安装前对设备内部进行清扫检查，对设备本体连接螺栓进行紧固检查。

D. 就位后按设计要求与基础连接牢固，检查调整进水口、出水口、排污口与对应埋管的位置及设备垂直度，应满足各部分尺寸偏差要求。

E. 用手转动传动部分，检查传动机构是否灵活，按规定添加润滑油。若设备技术文件有要求，进行传动部分分解清扫、换油。

F. 在与管路配置前对预埋的进、出水管，排污管进行充水检查，保证其畅通、无杂物、清洁干净。

G. 按设计及厂家要求进行滤水器动作试验。

H. 滤水器安装检验项目及允许偏差见表 2-9。

表 2-9　　滤水器安装检验项目及允许偏差表

项次	检验项目	允许偏差/mm		检　验　方　法
		合格	优良	
1	中心	≤5	≤3	依据已放好的中心线用钢卷尺检查
2	高程	±5	±3	依据已放好的高程点用水准仪、钢板尺检查
△3	水平度	0.1/1000	0.5/1000	用水准仪、钢板尺检查
△4	装置垂直度	0.1/1000	0.5/1000	挂线锤、钢板尺检查

注　△为重点检验项目。

2.2.4　阀门安装

阀门是流体管路的控制装置，其基本功能是接通或切断管路介质的流通，改变介质的流通，改变介质的流动方向，调节介质的压力和流量，保护管路设备的正常运行。下面将对阀门的型号表示及常用阀门的类型、用途、安装等进行描述。

（1）阀门的型号。阀件的型号由六个单元组成，分别用来表示阀件的类别、驱动方式、连接形式和结构型式、密封圈或衬里材料、公称压力以及阀体材料。阀门型号表达方式见图 2-39。

第一单元用汉语拼音字母表示阀件类别及代号见表 2-10。

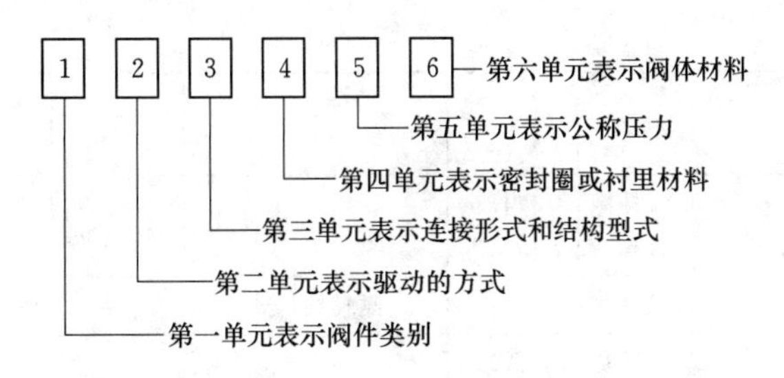

图 2-39　阀门型号表达方式图

表 2-10　　**阀件类别及代号表**

阀门类别	闸阀	截止阀	止回阀	旋塞	减压阀	球阀	电磁阀	安全阀	调节阀	隔膜阀	蝶阀	节流阀
代号	Z	J	H	X	Y	Q	ZCLF	A	T	G	D	L

第二单元用一个阿拉伯数字表示阀件的驱动方式及代号见表 2-11。

表 2-11　　**阀件驱动方式及代号表**

驱动种类	蜗轮传动的机械驱动	正齿轮传动的机械驱动	伞齿轮传动的机械驱动	气动驱动	液压驱动	电磁驱动	电动机驱动
代号	3	4	5	6	7	8	9

第三单元第一部分用一位阿拉伯数字表示阀件连接形式及代号见表 2-12。

表 2-12　　**阀件连接形式及代号表**

连接形式	内螺纹	外螺纹	法兰	法兰	法兰	焊接	对夹
代号	1	2	3	4	5	6	7

注　3 仅用于双弹簧安全阀；5 仅用于杠杆安全阀；4 代表单弹簧安全阀及其他类别阀门。

第三单元第二部分用阿拉伯数字表示阀件结构型式及代号见表 2-13。

表 2-13　　**阀件结构型式及代号表**

类别＼代号	1	2	3	4	5	6	7	8	9	0
闸阀	明杆楔式单闸板	明杆楔式双闸板	明杆平行式单闸板	明杆平行式双闸板	暗杆楔式单闸板	暗杆楔式双闸板	暗杆平行式单闸板	暗杆平行式双闸板		
截止阀	直通式（铸造）	直角式（铸造）	直通式（锻造）	直通式（锻造）	直流式		隔膜式	节流式	其他	
旋塞阀	直通式	调节式	直通填料式	三通填料式	保温式	三通保温式	润滑式	三通润滑式	液面指示器	
止回阀	直通升降式	立式升降式	直通升降式	单瓣旋启式	多瓣旋启式					
减压阀	外弹簧薄膜式	内弹簧薄膜式	膜片活塞式	波纹管式	杠杆弹簧式	气热薄膜式				
弹簧式安全阀	封闭				不封闭				带散热器微启式	带散热器全启式
	微启式	全启式	带扳手微启式	带扳手全启式	微启式	全启式	带扳手微启式	带扳手全启式		

续表

代号 类别	1	2	3	4	5	6	7	8	9	0
杠杆式安全阀	单杠杆微启式	单杠杆全启式	双杠杆微启式	双杠杆全启式		脉冲式				
调节阀	薄膜弹簧式				薄膜杠杆式		活塞弹簧式		浮子式	
	带散热片气开式	带散热片气关式	不带散热片气开式	不带散热片气关式	阀前	阀后	阀前	阀后		

第四单元用汉语拼音字母表示阀件密封圈材料或衬里材料及代号见表 2－14。

表 2－14　　阀件密封圈材料或衬里材料及代号表

密封圈材料或衬里材料	代号	密封圈材料或衬里材料	代号
铜（黄铜或青铜）	T	橡胶	X
耐酸钢或不锈钢	H	硬橡胶	J
渗氮钢	D	酚醛塑料	SD
巴氏合金	B	聚四氟乙烯	SA
硅铁	G	无密封圈	W
硬铅	Q	衬胶	CJ
蒙乃尔合金（镍铜合金）	M	衬铅	CQ
皮革	P	衬塑料	CS
硬质合金	Y	搪瓷	TC
尼龙	NS	石墨石棉（层压）	S

第五单元直接用公称压力的数值表示，并用短线与前五单元隔开。阀件的公称压力为 0.1MPa、0.2MPa、0.5MPa、0.6MPa、1.0MPa、1.6MPa、2.5MPa、4.0MPa、6.4MPa、10.0MPa、16.0MPa、20.0MPa、32.0MPa。

第六单元用汉语拼音字母表示阀体材料及代号见表 2－15。对于 $P_N<1.6$MPa 的灰铸铁阀体和 $P_N>2.5$MPa 的碳素钢阀体，则省略本单元。

表 2－15　　阀件材料及代号表

阀体材料	铸铁	可锻铸铁	球墨铸铁	铸铜	碳钢	硅铁	铬镍钛钢	铬镍钛钼钢
代号	Z	K	Q	T	C	Q	P	R

产品型号示例：H44T－10 表示法兰连接旋启式止回阀，其密封圈为铜材，公称压力为 1MPa，阀体材料为铸铁（铸铁阀门），$P_N<1.6$MPa（不注材料代号）。

（2）阀门的分类。阀门的用途广泛，种类繁多，分类方法也比较多，总的可分两大类：

1）第一类自动阀门。依靠介质（液体、气体）本身的能力而自行动作的阀门。如止回阀、安全阀、调节阀、疏水阀、减压阀等。

2）第二类驱动阀门。借助手动、电动、液动、气动来操纵动作的阀门。如闸阀、截

止阀、节流阀、蝶阀、球阀、旋塞阀等。

按通俗可以分为普通阀门、电动阀门、液压阀门三大类。

（3）阀门的类型及用途。

1）普通阀门。普通阀门所指范围广泛，即手动操作和依靠其本身的能力而自行动作的阀门均可称为普通阀门，这里只对水电站常用普通阀门作介绍。

A. 闸阀。闸阀是指关闭件（闸板）沿通路中心线的垂直方向移动的阀门。闸阀在管路中主要作切断用。

闸阀是使用很广的一种阀门，一般口径 $D_N \geqslant 50\text{mm}$ 的切断装置都选用它，有时口径很小的切断装置也选用闸阀。闸阀具有流体阻力小、开闭所需外力较小、介质的流向不受限制、全开时密封面受工作介质的冲蚀比截止阀小、结构简单、铸造工艺性较好等优点。闸阀也有不足之处，例如：外形尺寸和开启高度都较大；安装所需空间较大；开闭过程中，密封面间有相对摩擦，容易引起擦伤现象；闸阀一般都有两个密封面，给加工、研磨和维修增加一些困难。

闸阀按照闸板的构造可以分为平行式闸阀和楔式闸阀，按阀杆的构造可分为明杆式闸阀和暗杆式闸阀。以下对这四类闸阀做具体的介绍。

a. 平行式闸阀。密封面与垂直中心线平行，即两个密封面互相平行的闸阀（见图 2-40）。

在平行式闸阀中，以带推力楔块的结构最为常见，即在两闸板中间有双面推力楔块，这种闸阀适用于低压中小口径（$D_N=40\sim300\text{mm}$）闸阀。也有在两闸板间带有弹簧的，弹簧能产生预紧力，有利于闸板的密封。

b. 楔式闸阀。密封面与垂直中心线成某种角度，即两个密封面成楔形的闸阀（见图 2-41）。密封面的倾斜角度一般有 2°52′、3°30′、5°、8°、10°等，角度的大小主要取决于介质温度的高低。一般工作温度越高，所取角度应越大，以减小温度变化时发生楔住的可能性。在楔式闸阀中，又有单闸板，双闸板和弹性闸板之分。单闸板楔式闸阀，结构简单，使用可靠，但对密封面角度的精度要求较高，加工和维修较困难，温度变化时发生楔住的可能性很大。双闸板楔式闸阀在水和蒸气介质管路中使用较多。它的优点是对密封面角度的精度要求较低，温度变化不易引起楔住的现象，密封面磨损时，可以加垫片补偿。但这种结构零件较多，在黏性介质中易黏结，影响密封。更主要的是上、下挡板长期使用易

图 2-40　平行式闸阀

图 2-41　楔式闸阀

产生锈蚀，闸板容易脱落。弹性闸板楔式闸阀，它具有单闸板楔式闸阀结构简单、使用可靠的优点，又能产生微量的弹性变形弥补密封面角度加工过程中产生的偏差，改善其工艺性，现已被大量采用。

c. 明杆式闸阀。阀杆螺母在阀盖或支架上，开闭闸板时，用旋转阀杆螺母来实现阀杆的升降（见图 2-42）。这种结构对阀杆的润滑有利，开闭程度明显，因此被广泛采用。

d. 暗杆式闸阀。阀杆螺母在阀体内，与介质直接接触。开闭闸板时，用旋转阀杆来实现（见图 2-43）。这种结构的优点是：闸阀的高度总保持不变，因此安装空间小，适用于大口径或对安装空间受限制的闸阀。此种结构要装有开闭指示器，以指示开闭程度。这种结构的缺点是：阀杆螺纹不仅无法润滑，而且直接接受介质侵蚀，容易损坏。

图 2-42　明杆式闸阀

图 2-43　暗杆式闸阀

B. 截止阀。截止阀是关闭件（阀瓣）沿阀座中心线移动的阀门。截止阀在管路中主要作切断用。截止阀具有在开闭过程中密封面的摩擦力比闸阀小、耐磨、开启高度小、通常只有一个密封面、制造工艺好、便于维修等优点。截止阀使用较为普遍，但由于其开闭力矩较大，结构长度较长，一般公称通径都限制在 $D_N \leqslant 200$mm 以下。截止阀的流体阻力损失较大，因而限制了截止阀更广泛的使用。

截止阀的种类很多，根据阀杆上螺纹的位置可分为上螺纹阀杆截止阀和下螺纹阀杆截止阀。

a. 上螺纹阀杆截止阀。截止阀阀杆的螺纹在阀体的外面。其优点是阀杆不受介质侵蚀，便于润滑，此种结构采用比较普遍（见图 2-44）。

b. 下螺纹阀杆截止阀。截止阀阀杆的螺纹在阀体内。这种结构阀杆螺纹与介质直接接触，易受侵蚀，并无法润滑。此种结构用于小口径和温度不高的地方（见图 2-45）。

根据截止阀的通道方向，又可分为：直通式截止阀、角式截止阀和三通式截止阀，后两种截止阀通常做改变介质流向和分配介质用。

C. 节流阀。节流阀是指通过改变通道面积达到控制或调节介质流量与压力的阀门。节流阀在管路中主要作节流使用。最常见的节流阀是采用截止阀改变阀瓣形状后作节流用。但用改变截止阀或闸阀开启高度来做节流用是极不合适的，因为，介质在节流状态下流速很高，必然会使密封面冲蚀磨损，失去切断密封作用。同样用节流阀作切断装置也是不合适的。常见的节流阀见图 2-46。

图 2-44　上螺纹阀杆截止阀

图 2-45　下螺纹阀杆截止阀

图 2-46　节流阀

节流阀的阀瓣有多种形状，常见的有：

a. 钩形阀瓣，在柱塞侧面以一平面斜切而成，常用于深冷装置中的膨胀阀［见图 2-47（*a*）］。

b. 塞形阀瓣，阀瓣通常车削而成，适用于中小口径节流阀，使用较普遍［见图 2-47（*b*）］。

c. 窗形阀瓣，阀瓣的对称性和异向性比钩形和塞形更好，适用于口径较大的节流阀［见图 2-47（*c*）］。

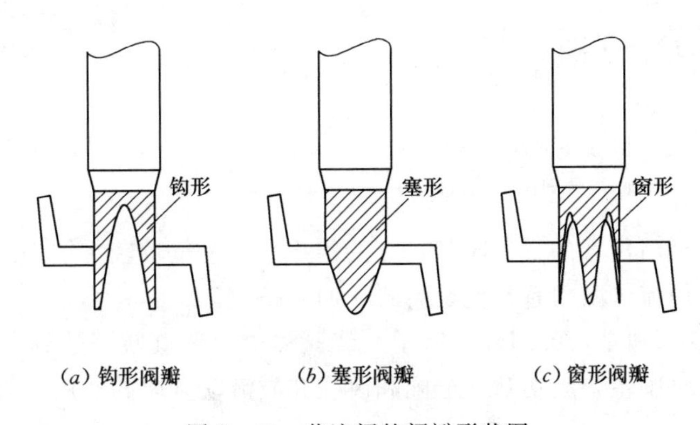

图 2-47　节流阀的阀瓣形状图

D. 止回阀。止回阀是指依靠介质本身流动而自动开、闭阀瓣，用来防止介质倒流的阀门。

止回阀根据其结构可分为以下几大类：

a. 升降式止回阀。阀瓣沿着阀体垂直中心线滑动的止回阀（见图 2-48）。

升降式止回阀只能安装在水平管道上，在高压小口径止回阀上阀瓣可采用圆球。升降式止回阀的阀体形状与截止阀相同，阀的流体阻力系数较大。

b. 旋启式止回阀。阀瓣围绕阀座外的销轴旋转的止回阀（见图 2-49）。旋启式止回阀应用较为普遍。

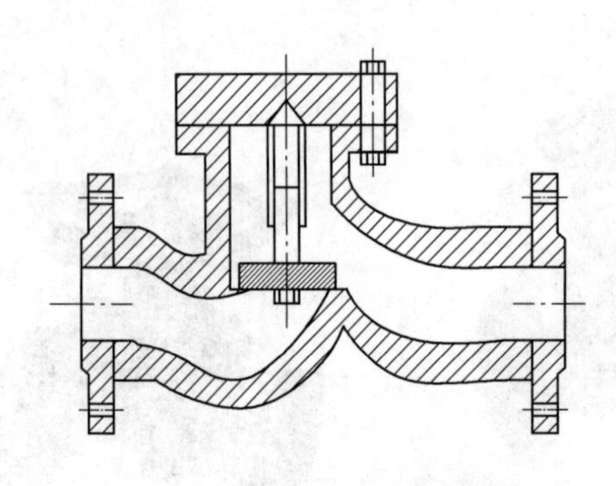

图 2-48　升降式止回阀示意图

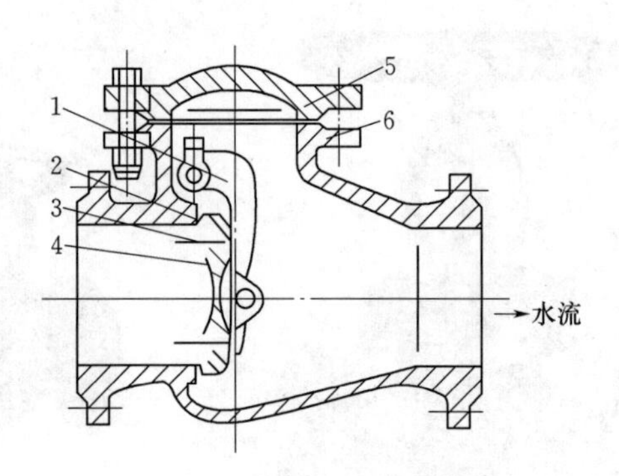

图 2-49　旋启式止回阀示意图

1—阀瓣；2—销轴；3—阀座；
4—阀瓣盖；5—阀盖；6—阀体

c. 蝶式止回阀。阀瓣围绕阀座内的销轴旋转的止回阀（见图 2-50）。蝶式止回阀结构简单，只能安装在水平管道上，密封性较差。

d. 管道式止回阀，阀瓣沿着阀体中心线滑动的阀门（见图 2-51）。

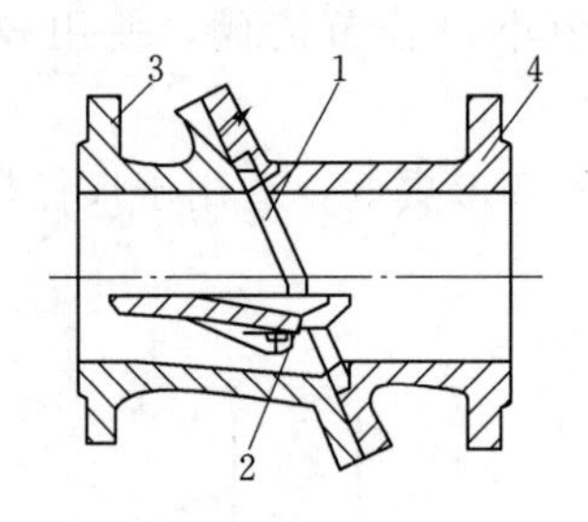

图 2-50　蝶式止回阀示意图

1—阀瓣；2—销轴；3—阀体 1；4—阀体 2

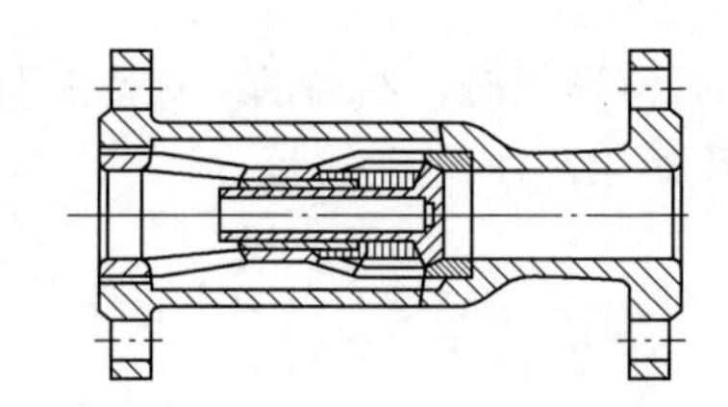

图 2-51　管道式止回阀示意图

管道式止回阀是新出现的一种阀门，它的体积小，重量较轻，加工工艺性好，是止回阀发展方向之一。但流体阻力系数比旋启式止回阀略大。

E. 旋塞阀。旋塞阀是指关闭件（塞子）绕阀体中心线旋转来达到开启和关闭的一种阀门。旋塞阀在管路中主要起切断、分配和改变介质流动方向的作用。旋塞阀是历史上最早被人们采用的阀件。由于结构简单，开闭迅速（塞子旋转$\frac{1}{4}$圈就能完成开闭动作），操作方便，流体阻力小，至今仍被广泛使用。目前主要用于低压，小口径和介质温度不高的情况下。旋塞阀的塞子和塞体是一个配合很好的圆锥体，其锥度一般为 1∶6 和 1∶7。

旋塞阀主要分为以下几种类型：

a. 紧定式旋塞阀。紧定式旋塞阀通常用于低压直通管道，密封性能完全取决于塞子和塞体之间的吻合度好坏，其密封面的压紧是依靠拧紧下部的螺母来实现的，一般用于 $P_N \leqslant 0.6$MPa（见图2-52）。

b. 填料式旋塞阀。填料式旋塞阀是通过压紧填料来实现塞子和塞体密封的。由于有填料，因此密封性能较好。通常这种旋塞阀有填料压盖，塞子不用伸出阀体，因而减少了一个工作介质的泄漏途径。这种旋塞阀大量用于 $P_N \leqslant 1\text{MPa}$ 的压力，填料式旋塞阀见图2－53。

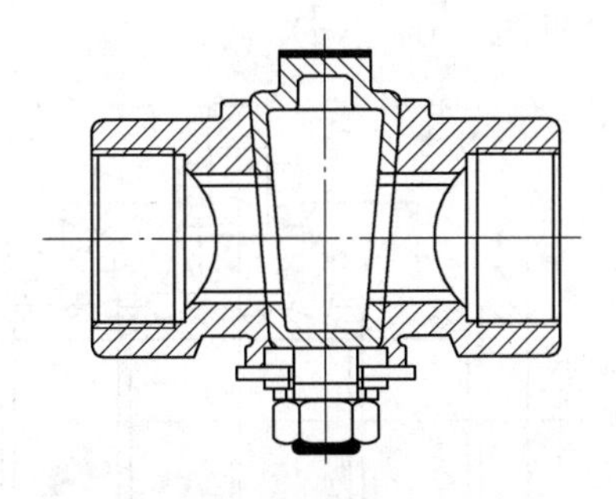

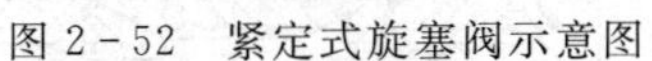

图 2－52　紧定式旋塞阀示意图

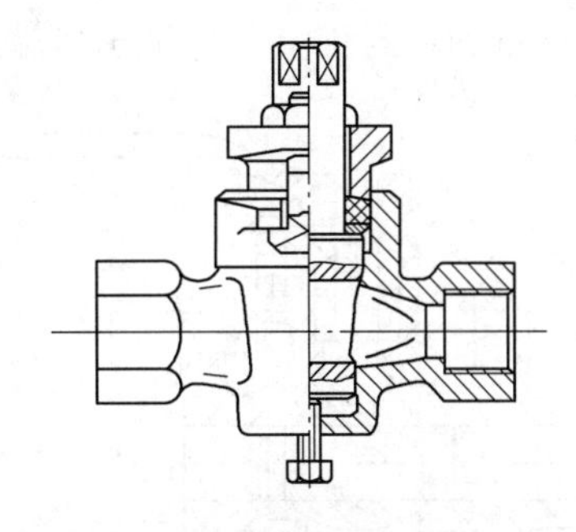

图 2－53　填料式旋塞阀示意图

c. 自封式旋塞阀。自封式旋塞阀是通过介质本身的压力来实现塞子和塞体之间的压紧密封的。塞子的小头向上伸出体外，介质通过进口处的小孔进入塞子大头，将塞子向上压紧，此种结构一般用于空气介质（见图 2－54）。

d. 油封式旋塞阀。近年来旋塞阀的应用范围不断扩大，出现了带有强制润滑的油封式旋塞阀。由于强制润滑使塞子和塞体的密封面间形成一层油膜，这样密封性能更好，开闭省力，防止密封面受到损伤（见图 2－55）。

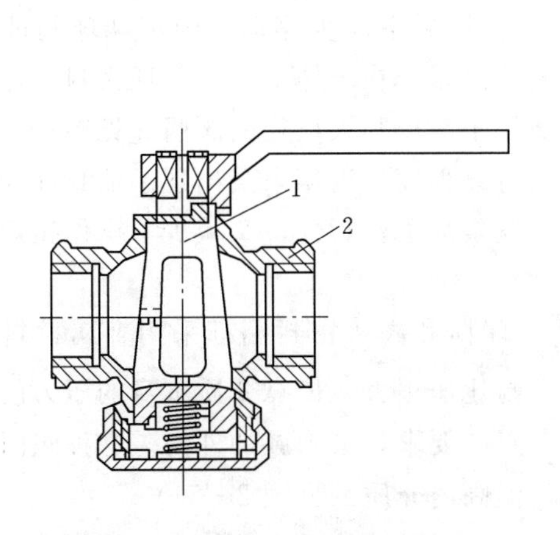

图 2－54　自封式旋塞阀示意图

1—塞子；2—塞体

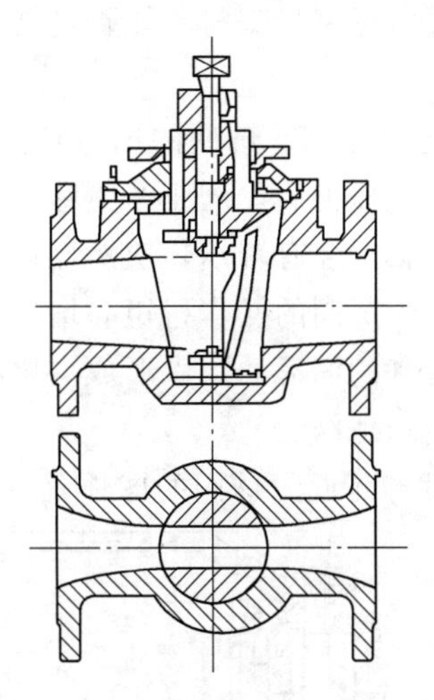

图 2－55　油封式旋塞阀示意图

F. 球阀。球阀和旋塞阀是同属一个类型的阀门，只是它的关闭件是个球体，球体绕阀体中心线作旋转来达到开启、关闭。球阀在管路中主要用来切断、分配和改变介质的流动方向。球阀是近年来被广泛采用的一种新型阀门，它具有流体阻力小，其阻力系数与同长度的管段相等；结构简单、体积小、重量轻、紧密可靠；操作方便，开闭迅速，从全开到全关只要旋转 90°，便于远距离的控制；维修方便，球阀结构简单，密封圈一般都是活动的，拆卸更换都比较方便；在全开或全闭时，球体和阀座的密封面与介质隔离，介质通过时，不会引起阀门密封面的侵蚀；适用范围广，公称从小到几毫米，大到几米，从高真空至高压力都可应用等优点。球阀按结构型式可分为以下几种类型：

a. 浮动球球阀。球阀的球体是浮动的，在介质压力作用下，球体能产生一定的位移并紧压在出口端的密封面上，保证出口端密封［见图 2-56（*a*）］。

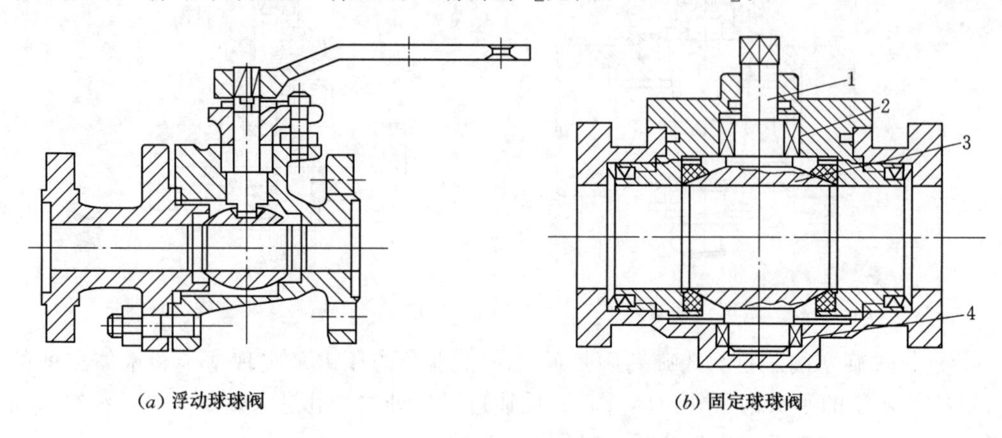

图 2-56　浮动球球阀和固定球球阀示意图
1—阀杆；2—上轴承；3—球体；4—下轴承

浮动球球阀的结构简单，密封性好，但球体承受工作介质的载荷全部传给了出口密封圈，因此要考虑密封圈材料能否经受得住球体介质的工作载荷。这种结构广泛用于中低压球阀。

b. 固定球球阀。球阀的球体是固定的，受压后不产生移动。固定球球阀都带有浮动阀座，受介质压力后，阀座产生移动，使密封圈紧压在球体上，以保证密封。通常在球体的上轴、下轴上装有轴承，扭矩操作小，适用于高压和大口径的阀门［见图2-56（*b*）］。

为了减少球阀的操作扭矩和增加密封的可靠程度，近年来又出现了油封球阀，在密封面间压注特制的润滑油，以形成一层油膜，既增强了密封性，又减少了操作扭矩，更适用高压大口径的球阀。

c. 弹性球球阀。球阀的球体是弹性的。球体和阀座密封圈都采用金属材料制造，密封比压很大，依靠介质本身的压力已达不到密封的要求，必须施加外力。这种阀门适用于高温高压介质（见图 2-57）。

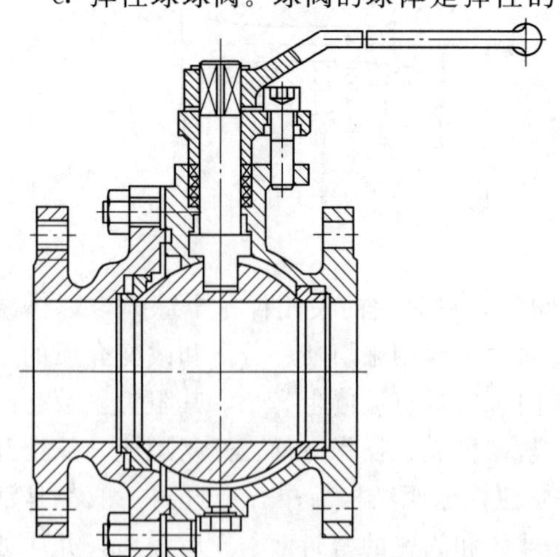

图 2-57　弹性球球阀示意图

弹性球体是在球体内壁的下端开一条弹性槽，从而获得弹性。当关闭通道时，用阀杆的楔形头使球体涨开与阀座压紧达到密封。在转动球体之前先松开楔形头，球体随之恢复原形，使球体与阀座之间出现很小的间隙，可以减少密封面的摩擦和操作扭矩。

球阀按其通道位置可分为直通式，三通式和直角式，后两种球阀用于分配介质与改变介质的流向。

G. 蝶阀。蝶板在阀体内绕固定轴旋转的阀门，称为蝶阀。作为密封型的蝶阀，是在合成橡胶出现以后，才给它带来了迅速的发展，它是一种新型的截流阀。在我国直至20世纪80年代，蝶阀主要作用于低压阀门，阀座采用合成橡胶，到90年代，由于与国外交流增多，硬密封（金属密封）蝶阀得以迅速发展。目前已有多家阀门厂能稳定地生产中压金属密封蝶阀，使蝶阀应用领域更为广泛。

蝶阀能输送和控制的介质有水、凝结水、循环水、污水、海水、空气、煤气、液态天然气、干燥粉末、泥浆、果浆及带悬浮物的混合物。蝶阀根据连接方式分为法兰式和对夹式；根据密封面材分为软密封和硬密封；根据结构型式分为板式、斜板式和偏置板式。

蝶阀具有以下几种特点：①结构简单，外形尺寸小。由于结构紧凑，结构长度短，体积小，重量轻，适用于大口径的阀门；②流体阻力小，全开时，阀座通道有效流通面积较大，因而流体阻力较小；③启闭方便迅速，调节性能好，蝶板旋转90°即可完成启闭，通过改变蝶板的旋转角度可以分级控制流量；④启闭力矩较小，由于转轴两侧蝶板受介质作用基本相等，而产生转矩的方向相反，因而启闭较省力；⑤低压蝶阀密封面的材料一般采用橡胶或塑料，故密封性能好。受密封圈材料的限制，蝶阀的使用压力和工作温度范围较小；中压蝶阀由于采用硬密封，其使用压力和工作温度范围，都有了很大的提高。

蝶阀主要由阀体、蝶板、阀杆、密封圈和传动装置组成。蝶阀结构见图2-58。阀体呈圆筒状，上下部分各有一个圆柱形凸台，用于安装阀杆。蝶阀与管道多采用法兰连接，如采用对夹连接，其结构长度最小。阀杆是蝶板的转轴，轴端采用填料函密封结构，可防止介质外漏。阀杆上端与传动装置直接相接，以传递力矩。蝶板是蝶阀的启闭件。根据蝶板在阀体中的安装方式，蝶阀可以分成以下几种形式：

a. 中心对称板式见图2-58（*a*），阀杆固定在蝶板的径向中心孔上，阀杆与蝶板均垂直安装。

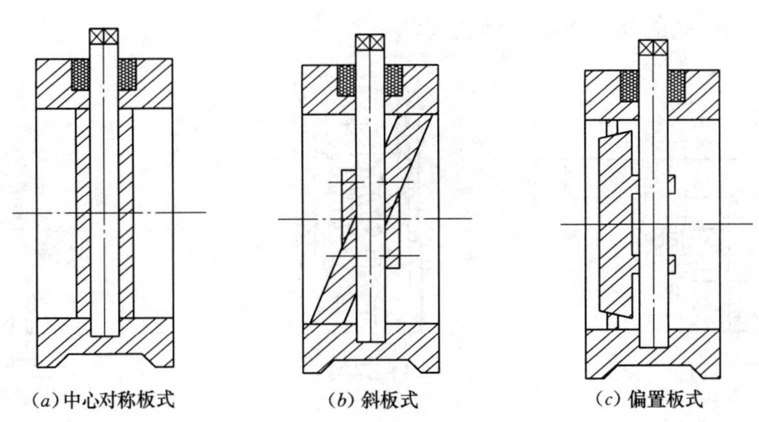

图2-58　蝶阀结构图

b. 斜板式见图2-58（*b*），阀杆与蝶板成一定角度。

c. 偏置板式见图2-58（*c*），阀杆与蝶板平行。

d. 非密封型蝶阀。关闭时不能保证密封的蝶阀。在管路中只能用于节流，密封圈通常是用金属制成的。

H. 安全阀。安全阀是防止介质压力超过规定数值，起安全作用的阀门。在系统中，当介质工作压力超过规定数值时，阀门便自动开启，排放出多余介质；而当工作压力恢复到规定值时，又自动关闭。

安全阀常用的术语有开启压力、排放压力、关闭压力、工作压力、排量。当介质压力上升到规定压力数值时，阀瓣便自动开启，介质迅速喷出，此时阀门进口处压力称为开启压力；阀瓣开启后，如设备管路中的介质压力继续上升，阀瓣应全开，排放额定的介质排量，这时阀门进口处的压力称为排放压力；安全阀开启，排出了部分介质后，系统中的压力逐渐降低，当降低到小于工作压力的预定值时，阀瓣关闭，开启高度为零，介质停止流出，这时阀门进口处的压力称为关闭压力，又称回座压力；系统正常工作中的介质压力称为工作压力，此时安全阀处于密封状态；在排放介质阀瓣处于全开状态时，从阀门出口处测得的介质在单位时间内的排出量，称为阀的排量。

根据安全阀不同的结构特点，可以进行以下三种分类。

a. 根据结构可分重锤（杠杆）式安全阀、弹簧式安全阀、脉冲式安全阀。

第一，重锤（杠杆）式安全阀结构见图 2-59。用杠杆和重锤来平衡阀瓣的压力。重锤式安全阀靠移动重锤的位置或改变重锤的重量来调整压力。它的优点在于结构简单，缺点是比较笨重，回座力低。这种结构的安全阀只能用于固定的设备上。

第二，弹簧式安全阀结构见图 2-60。利用压缩弹簧的力来平衡阀瓣的压力并使之密封。弹簧式安全阀靠调节弹簧的压缩量来调整压力。它的优点在于比重锤式安全阀体积小、轻便，灵敏度高，安装位置不受严格限制；缺点是作用在阀杆上的力随弹簧变形而发生变化。同时必须注意弹簧的隔热和散热问题。弹簧式安全阀的弹簧作用力一般不要超过 2000kg。因为过大过硬的弹簧不适于精确的工作。

第三，脉冲式安全阀结构见图 2-61。脉冲式安全阀由主阀和辅阀组成。主阀和辅阀连在一起，通过辅阀的脉冲作用带动主阀动作。

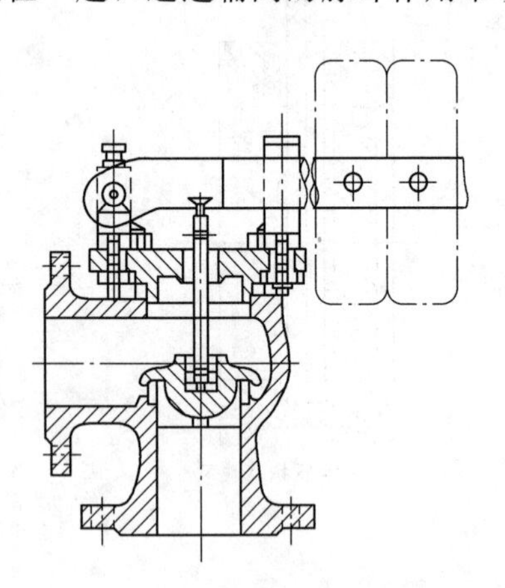

图 2-59　重锤（杠杆）式安全阀结构图

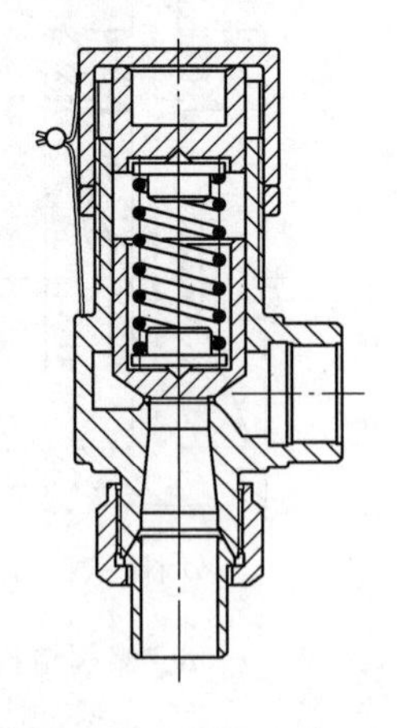

图 2-60　弹簧式安全阀结构图

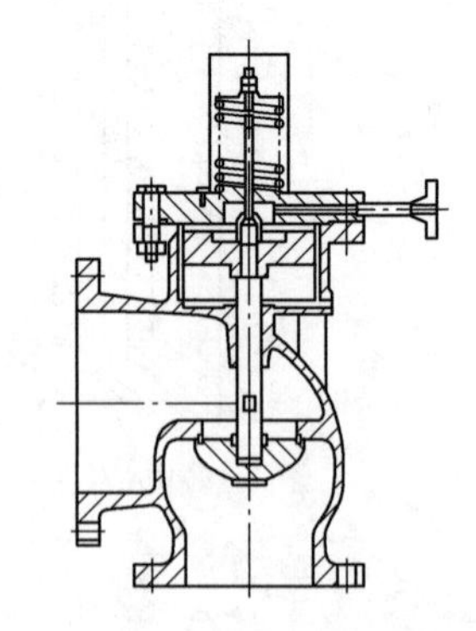

图 2-61　脉冲式安全阀结构图

脉冲式安全阀通常用于大口径管路上。因为大口径安全阀如采用重锤或弹簧式时都不适应。当管路中介质超过额定值时，脉冲式安全阀的辅阀首先动作带动主阀动作，排放出

多余介质。

b. 根据阀瓣最大开启高度与阀座通径之比，又为分可微启式和全启式。

第一，微启式安全阀结构见图 2-62。阀瓣的开启高度为阀座通径的 1/20～1/10。由于开启高度小，对这种阀的结构和几何形状要求不像全启式那样严格，设计、制造、维修和试验都比较方便，但效率较低。

第二，全启式安全阀结构见图 2-63。阀瓣的开启高度为阀座通径的 1/4～1/3。

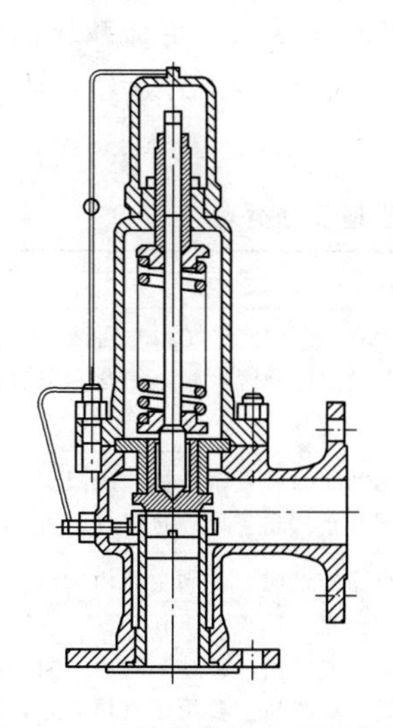

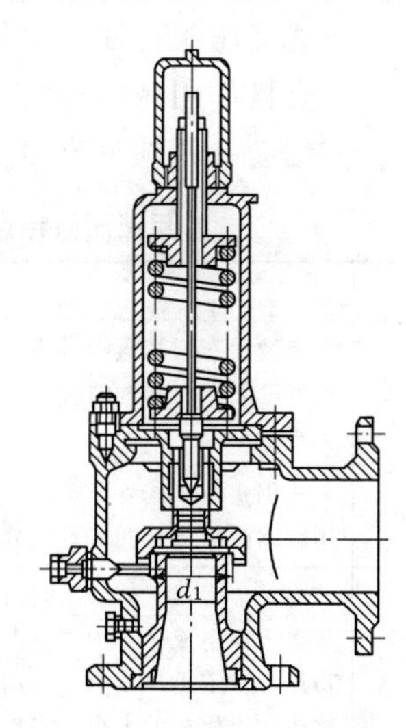

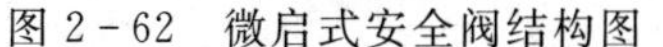

图 2-62　微启式安全阀结构图　　　　图 2-63　全启式安全阀结构图

全启式安全阀是借助气体介质的膨胀冲力，使阀瓣达到足够的升高和排量。它利用阀瓣和阀座的上、下两个调节环，使排出的介质在阀瓣和上下两个阀节环之间形成一个压力区，使阀瓣上升到要求的开启高度和规定的回座压力。此种结构灵敏度高，使用较多，但上、下调节环的位置难于调整。

c. 根据安全阀阀体构造又可分全封闭式、半封闭式、敞开式。

第一，全封闭式。排放介质时不向外泄漏，而全部通过排泄管放掉。

第二，半封闭式。排放介质时，一部分通过排泄管排放；另一部分从阀盖与阀杆配合处向外泄漏。

第三，敞开式。排放介质时，不引到外面，直接由阀瓣上方排泄。

I. 针型阀。针型阀是一种可以精确调整的阀门，用途较广，比如火焰切割用的割距，调整火焰温度的旋钮就是针型阀，大多数的仪表阀也一般采用针型阀。针型阀的阀芯就是一个很尖的圆锥体，好像针一样插入阀座，由此得名。

针型阀比其他类型的阀门能够耐受更大的压力，密封性能好，所以一般用于较小流量、较高压力的气体或者液体介质的密封。一般针型阀都做成螺纹连接，公称压力有 $P_N=2.5$MPa、$P_N=4$MPa、$P_N=6.4$MPa、$P_N=16$MPa、$P_N=32$MPa；公称通径为 $D_N=5\sim25$mm；适用介质为油、水、气等多种非腐蚀性介质，针型阀结构见图 2-64。

J. 减压阀。减压阀是通过调节机构将进口压力减至某一需要的出口压力，并依靠介质本身的能量，使出口压力自动保持稳定的阀门。从流体力学的观点看，减压阀是一个局

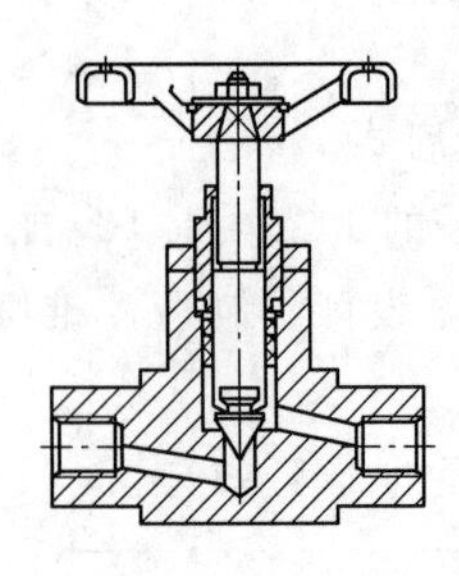

图 2-64　针型阀结构图

部阻力可以变化的节流元件，即通过改变节流面积，使流速及流体的动能改变，造成不同的压力损失，从而达到减压的目的。然后依靠控制与调节系统的调节，使阀后压力的波动与弹簧力相平衡，使阀后压力在一定的误差范围内保持恒定。

a. 减压阀的分类。按不同分类方式常用的减压阀包括活塞式减压阀、薄膜式减压阀、气包式减压阀、弹簧薄膜式减压阀、波纹管式减压阀、杠杆式减压阀、定值减压阀、定比减压阀、定差减压阀、直接作用减压阀等，不同的型式又可相互组合。常用减压阀特点、用途、原理及分类见表 2-16。

表 2-16　　常用减压阀特点、用途、原理及分类表

序号	各种减压阀	特点、用途、原理及分类
1	活塞式减压阀	弹簧活塞式减压阀适用于工作温度 0～90℃的水、空气和非腐蚀液体管路上。在高层建筑的冷热水供水和消防供水系统中，可取代常规分区水管，简化和节省系统的设备，降低工程造价
2	比例式减压阀	比例式减压阀外形美观，质量可靠，比例准确，工作平稳，既减动压也减静压。该阀利用阀体内部活塞两端不同截面积产生的压力差，改变阀后的压力，达到减压目的
3	先导活塞式气体减压阀	先导活塞式气体减压阀由主阀和导阀两部分组成。主阀主要由阀座、主阀盘、活塞、弹簧等零件组成。导阀主要由阀座、阀瓣、膜片、弹簧、调节弹簧等零件组成。通过调节弹簧压力设定出口压力，利用膜片传感出口压力变化，通过导阀启闭驱动活塞调节主阀节流部位过流面积的大小，实现减压稳压功能。本产品主要用于气体管路，如空气、氮气、氧气、氢气、液化气、天然气等气体
4	YB410、YB416、YB425 型减压稳压阀	YB410、YB416、YB425 型减压稳压阀是一种活塞型的压力调节阀。口径小于 D_N＝50mm 的建议选用 Y110 和 Y116（螺纹连接）的隔膜型减压阀；口径不小于 D_N＝50mm 的建议选用 Y410 和 Y416（法兰连接）的活塞型减压阀。该类阀门属于可调节型减压阀，阀口的压力可在投入使用前根据需要调节，投入使用后阀后压力始终减至并稳定在设定值，不因阀前压力、流量的波动而改变。阀门选材优质（隔膜为尼龙强化橡胶膜片），性能可靠，使用寿命长
5	活塞式可调减压稳压阀	活塞式可调减压稳压阀是安装于高层建筑给排水系统管道上，将进口压力减至某一需要的出口压力的特种阀门。该阀门依靠本身能量使出口压力保持稳定在设定值，即出口压力不因进口压力及流量的变化而变化，并且阀门控制系统的进口处装有一个自清洁滤网，利用流体特性，使比重较大、直径较大的悬浮颗粒不会进入控制系统，确保系统循环畅通无阻，使阀门能安全可靠地运行。系统动作平稳、强度高、使用寿命长。活塞式适用于大于 450mm 口径的阀门
6	隔膜式可调减压稳压阀	隔膜式可调减压稳压阀是安装于高层建筑给排水系统管道上，将进口压力减至某一需要的出口压力的特种阀门。该阀门依靠本身能量使出口压力保持稳定在设定值，即出口压力不因进口压力及流量的变化而变化，并且阀门控制系统的进口处装有一个自清洁滤网，利用流体特性，使比重较大、直径较大的悬浮颗粒不会进入控制系统，确保系统循环通畅无阻，使阀门能安全可靠地运行。系统动作敏捷、使用寿命长
7	200X 减压阀	200X 减压阀是一种利用介质自身能量来调节与控制管路压力的智能型阀门。200X 减压阀用于生活给水、消防给水及其他工业给水系统，通过调节阀减压导阀，即可调节主阀的出口压力。出口压力不因进口压力、进口流量的变化而变化，安全可靠地将出口压力维持在设定值上，并可根据需要调节设定值达到减压的目的。该阀减压精确，性能稳定、安全可靠、安装调节方便，使用寿命长

续表

序号	各种减压阀	特点、用途、原理及分类
8	200P 型减压阀	200P 型减压阀为一直接作用式可调减压阀，采用隔膜型水力操作方式，可水平或垂直安装于给水、消防系统或其他清水系统中。在一定流水范围内可控制该阀门出口压力为一相对固定值。200P 型减压阀为内螺纹连接减压阀，具有体型小巧，易于安装等特点，其附有内置式滤网，可方便整体安装作业，避免杂物堵塞，使其更加安全可靠
9	杠杆式减压阀	杠杆式减压阀主要配套在减温装置上，起到调节压力的作用。减压比一般用 0.6 较合适

b. 减压阀选用。

第一，减压阀的型号和规格应根据阀前压力、压差、流量、介质特性等因素经计算确定，不应直接按上游或下游管的管径确定。

第二，当单个减压阀不能达到减压要求时，应采用两个减压阀串联。

第三，减压阀两端应分别设置压力表，阀前设置过滤器，阀后设置安全阀，为便于检修应设旁通管及旁通阀（见图 2-65）。

图 2-65　带旁通管的减压阀

第四，当减压阀前后压力比大于 5～7 时，应串联装设两个减压阀。

第五，选用活塞式减压阀，阀前阀后压力差应大于 0.15MPa，且减压阀的压力不应小于 0.1MPa。如需要减压到 0.07MPa 以下时，应设波纹管式减压阀或利用截止阀进行二次减压。

第六，在热荷波动频繁且剧烈时，两级减压阀之间的距离应尽量拉长一些。

第七，选用减压时，除了确定型号规格外，还需要说明减压阀前后压差值和安全阀的开启压力，以便生产厂家合理地配备弹簧。

第八，当热水、蒸汽、压缩空气流量稳定，而出口压力要求又不严格时，可采用调压孔板减压。

K. 普通阀门的安装。

a. 方向和位置。许多阀门具有方向性，例如截止阀、节流阀、减压阀、止回阀等，如果方向不正确，就会影响使用效果与寿命（如节流阀），或者根本不起作用（如减压阀），甚至造成危险（如止回阀）。一般阀门，在阀体上有方向标志；若标识不清晰，应根据阀门的工作原理，正确识别。

截止阀的阀腔左右不对称，流体要让其由下而上通过阀口，这样流体阻力小（由形状所决定），开启省力（因介质压力向上），关闭后介质不压填料，便于检修。

阀门安装的位置，必须方便操作，即使安装暂时困难些，也要为操作人员的长期工作着想。最好阀门手轮与胸口齐高（一般离操作地坪 1.2m），这样，开闭阀门比较省劲。落地阀门手轮要朝上，不要倾斜，以免操作别扭。靠墙机靠设备的阀门，要留出操作人员站立空间。要避免仰天操作，尤其是酸碱、有毒介质等，否则很不安全。

闸阀不要倒装（即手轮向下），否则会使介质长期留存在阀盖空间，容易腐蚀阀杆，而且为某些工艺要求所禁忌，同时更换填料极不方便。

明杆闸阀，不要安装在地下，否则会由于潮湿而腐蚀外露的阀杆。

升降式止回阀，安装时要保证其阀瓣垂直，以便升降灵活；旋启式止回阀，安装时要保证其销轴水平，以便旋启灵活。

减压阀要直立安装在水平管道上，不要倾斜。

b. 施工作业。安装施工必须小心，切忌撞击脆性材料制作的阀门。安装前，应对阀门进行检查，核对规格型号，鉴定有无损坏。尤其对于阀杆，还要转动几下，看是否歪斜，因为运输过程中，最易撞歪阀杆，还要清除阀内的杂物。阀门起吊时，绳子不要系在手轮或阀杆上，以免损坏这些部件，应该系在法兰上。对于阀门所连接的管路，一定要清扫干净。可用压缩空气吹去氧化铁屑、泥沙、焊渣和其他杂物。这些杂物，不但容易擦伤阀门的密封面，其中大颗粒杂物（如焊渣），还能堵死小阀门，使其失效。

安装螺口阀门时，应将密封填料（线麻加铅油或聚四氟乙烯生料带），包在管子螺纹上，不要弄到阀门里，以免阀内存积，影响介质流通。

安装法兰阀门时，要注意对称均匀地把紧螺栓。阀门法兰与管子法兰必须平行，间隙合理，以免阀门产生过大压力，甚至开裂。对于脆性材料和强度不高的阀门，尤其要注意。

c. 保护设施。有些阀门还须有外部保护，如保温和保冷。什么样的阀门应该保温或保冷，要根据生产要求而定。原则上，凡阀内介质降低温度过多，会影响生产效率或冻坏阀门，就需要保温；凡阀门裸露，对生产不利或引起结霜等不良现象时，就需要保冷。保温材料有石棉、矿渣棉、玻璃棉、珍珠岩、硅藻土、蛭石等；保冷材料有软木、珍珠岩、泡沫、塑料等。

d. 旁路和仪表。有的阀门，除了必要的保护设施外，还要有旁路和仪表。安装了旁路，便于疏水阀检修。是否安装旁路，要看阀门状况、重要性和生产上的要求而定。

e. 填料更换。库存阀门，当发现填料变质，与使用介质不符等现象时，须更换填料。

阀门制造厂无法考虑用户对填料介质的不同需求，填料函内总是装填普通盘根。但在使用时，必须让填料与介质相适应。在更换填料时，要一圈一圈地压入。每圈接缝以45°为宜，圈与圈接缝错开180°。填料高度既要考虑压盖继续压紧的余地，又要考虑填料室压入填料要有适当的深度，此深度一般可为填料室总深度的10%～20%。对于要求高的阀门，接缝角度为30°，圈与圈之间接缝错开120°。除上述填料之外，还可根据具体情况，采用橡胶O形环（天然橡胶耐60℃以下弱碱，丁腈橡胶耐80℃以下油品，氟橡胶耐150℃以下多种腐蚀介质），三件叠式聚四氟乙烯圈（耐200℃以下强腐蚀介质），尼龙碗状圈（耐120℃以下氨、碱）等成形填料。在普通石棉盘根外面，包一层聚四氟乙烯生料带，能提高密封效果，减轻阀杆的电化学腐蚀。

在压紧填料时，要同时转动阀杆，以保持四周均匀，并防止卡死，拧紧压盖要用力均匀，不可倾斜。

2）电动阀门。电动阀门简单地说就是用电动执行器控制阀门，从而实现阀门的开和关。可分为上下两部分，上半部分为电动执行器，下半部分为阀门。电站常用的电动阀门有电动球阀、电动闸阀及电动蝶阀等（见图2-66～图2-68）。

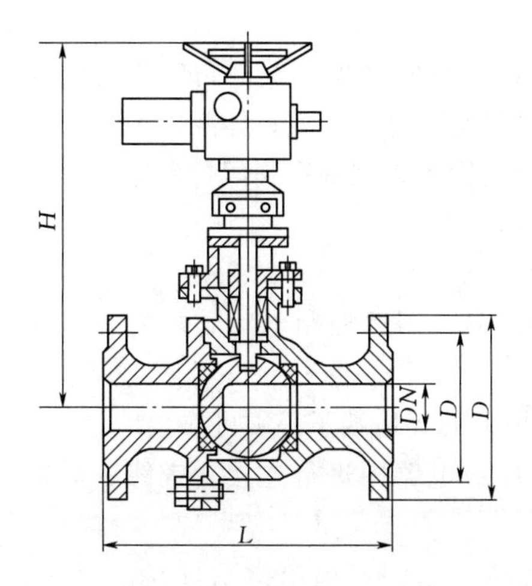

图 2-66　电动球阀结构图

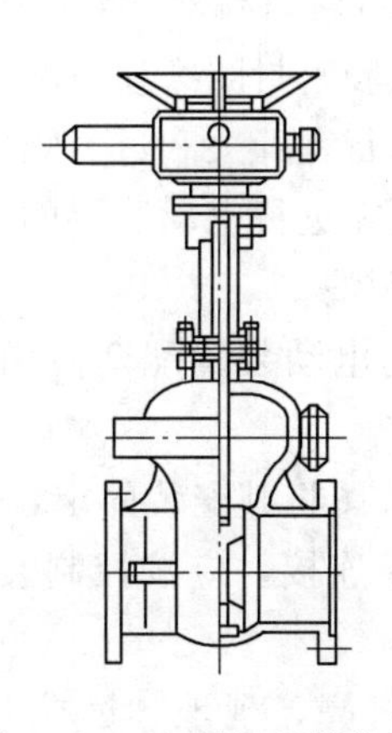

图 2-67　电动闸阀结构图

图 2-68　电动蝶阀结构图

A. 电动阀按阀板通断方式可分为分两类。一种为角行程电动阀，由角行程的电动执行器配合角行程的阀使用，实现阀门 90°以内旋转控制管道流体通断；另一种为直行程电动阀。由直行程的电动执行器配合直行程的阀使用，实现阀板上下动作控制管道流体通断。通常在自动化程度较高的设备上配套使用。

B. 电动阀操作原理。电动阀通常由电动执行机构和阀门连接成整体，经过安装调试后成为电动阀。电动阀使用电能作为动力来接通电动执行机构驱动阀门，实现阀门的开关、调节动作。

电磁阀是电动阀的一个种类，是利用电磁线圈产生的磁场来拉动阀芯，从而改变阀体的通断。线圈断电，阀芯就依靠弹簧的压力退回。

C. 电动阀应用特点。

a. 电动阀用于液体、气体和风系统管道介质流量的模拟量无级调节。在大型阀门和风系统的控制中也可以用电动阀做两位开关式控制。

b. 电动阀可以有 AI 反馈信号，常见于大管道和风阀等。

c. 电动阀的驱动一般是用电机，比较耐电压冲击。电磁阀是快开和快关的，一般用在小流量和小压力，要求开关频率大的地方。电动阀的开度可以控制，状态有开、关、半开半关，可以控制管道中介质的流量，而电磁阀达不到这个要求。

d. 电动阀一般用于无级调节，也可用于开关调节，如风机盘管末端。

D. 电动阀安装。

a. 长期存放的阀门应定期检查，清除污垢，并在加工面上涂防锈油。

b. 阀门安装前应仔细核对标志是否与使用要求相符。

c. 阀门可安装于任何工作位置，但需注意检修和操作时的方便，并使介质流动方向与阀上箭头所指方向一致。

d. 阀门安装时应进行以下工作：清洁内腔和密封面，不允许有污垢附着；检查螺纹连接部分是否均匀拧紧；检查填料是否压紧，以保持填料的密封性；电动阀门安装时检查阀门电动装置的开关按钮、多孔插座是否完好，状态触点是否与阀板实际状态一致；检查电动装置工作性能是否良好。

e. 安装使用后应定期进行检修，检修项目主要为：密封面磨损情况；阀杆与阀杆螺母的梯形螺纹磨损情况；O形橡胶密封圈磨损情况；填料是否过期失效；体腔内是否有污垢堆积；电动阀门的电动装置上行程开关和过力矩保护装置是否完好；阀门检修装配后应进行密封性能试验，电动阀门还需进行电动装置的调整。

E. 电动阀门控制器安装与调整。

a. 电动阀门控制器是与阀门电动装置配套使用的产品，用以控制电动阀门的开启和关闭。

b. 根据所选购的型号规格按图将其安装固定，面板上的接地端子必须可靠接地。

c. 控制器和电动装置的电缆连接，应按控制装置面板电路图进行连接。查线、对点完成后进行通电试验。

d. 按下电源键，电源指示灯亮，现地、远控开关指向远控，远控指示灯亮；现地、远控开关指向现地，现地指示灯亮。

e. 用手轮将阀门开启至50%开度处，按下开阀或关阀键，检查阀门的旋向与所按的按键是否一致，如不一致立即按停止键，切断三相电源，调换三相电源中的任意两相。

f. 按下开阀键，当阀门全开到位时，前面板上的开阀指示灯亮；按下关阀键，当阀门全关到位时，前面板上的关阀指示灯亮；当阀门在开或关的过程中需要停止时，按停止键，阀门停止；模拟故障，面板上的事故灯亮。

g. 当阀门处在全开位置时，调前面板上的调整电位器，使开度表显示在100%处。

3）液压阀门。液压阀门是一种用压力油操作的自动化元件，它受配压阀压力油的控制，通常与电磁配压阀组合使用，可用于远距离控制水电站油、气、水管路的通断。

A. 液压阀门的分类。液压阀门按照控制方法分为手动控制、电动控制、液压控制三类；按照功能可分为流量控制、压力控制、方向控制。

a. 流量控制。流量控制是利用调节阀芯和阀体间的节流口面积和它所产生的局部阻力对流量进行调节，从而控制执行元件的运动速度。流量控制阀按用途可分为以下五种：

节流阀。在调定节流口面积后，能使载荷压力变化不大和均匀性要求不高的执行元件的运动速度基本上保持稳定。

调速阀。在载荷压力变化时能保持节流阀的进出口压差为定值。这样，在节流口面积调定以后，不论载荷压力如何变化，调速阀都能保持通过节流阀的流量不变，从而使执行元件的运动速度稳定。

分流阀。不论载荷大小，能使同一油源的两个执行元件得到相等流量的为等量分流阀或同步阀；得到按比例分配流量的为比例分流阀。

集流阀。作用与分流阀相反，使流入集流阀的流量按比例分配。

分流集流阀。兼具分流阀和集流阀两种功能。

b. 压力控制。顾名思义是调节液压系统内部的介质压力达到要求的值。压力控制阀按用途可分为以下三种：

溢流阀。能控制液压系统在达到调定压力时保持恒定状态。用于过载保护的溢流阀称为安全阀。当系统发生故障，压力升高到可能造成破坏的限定值时，阀口会打开而溢流，以保证系统的安全。

减压阀。能控制分支回路得到比主回路油压低的稳定压力。减压阀按它所控制的压力功能不同，又可分为定值减压阀（输出压力为恒定值）、定差减压阀（输入与输出压力差为定值）和定比减压阀（输入与输出压力间保持一定的比例）。

顺序阀。能使一个执行元件动作以后，再按顺序使其他执行元件动作。

c. 方向控制。控制液压系统内介质的流向。方向控制阀按用途可分为以下两种：①单向阀。只允许流体在管道中单向接通，反向即切断。②换向阀。改变不同管路间的通、断关系。

20 世纪 60 年代后期，在上述几种液压控制阀的基础上又研制出电液比例控制阀。它的输出量（压力、流量）能随输入的电信号连续变化。电液比例控制阀按作用不同，相应地分为电液比例压力控制阀、电液比例流量控制阀和电液比例方向控制阀等。

B. 液压阀门的安装。

a. 液压阀门安装前应仔细核对型号是否符合设计文件要求，仔细清洗阀门，在阀门安装前应做好相应的封堵。

b. 液压阀门的安装应注意检修和操作的方便，保持阀门上的箭头所指方向与介质流向一致，确保密封件安装到位，完好无损。

c. 安装完成后应对系统进行渗漏及强度试验，确保阀门无渗漏及强度达到标准要求。

2.2.5 水力量测装置安装

（1）水力量测的目的和内容。

1）水电站水力量测的目的是为了保证水电站的安全、经济运行；促进水力机械基础理论的发展，积累和提供必要的资料；以及鉴定、考查已投入运行机组的性能等。小型水电站水力量测项目，一般只有上、下游水位测量；蜗壳进口压力及水轮机顶盖下和尾水管进口压力、真空度的测量。对于机组容量大于 3000kW，水电站装机总容量大于 12000kW，可参考大中型水电站的要求设置测量项目，即增加水轮机工作水头、流量、拦污栅前后压力差及堵塞信号装置等测量项目。各辅助设备系统的监测，已在相应的系统中叙述。

2）水力量测系统由测量元件、信号发送装置、转换元件、管路、显示仪表等几部分构成。为了能实现自动测量及控制，要求能在中控室或机旁盘进行监测或显示。

3）水力量测系统所提供的数据是水电站安全经济运行的依据，也是有关科学研究工作的基本数据。因此，要求对被测参数的状态能够及时和准确地反映，即反应时间和测量误差值均应在允许的范围内，以满足水电站的自动化要求。随着技术水平的提高，中小型水电站也在逐步完善测量手段，提高自动化水平。能够快速采样和测量瞬时参数值，并进行自动显示和打印的巡回检测技术，已被许多中、小型水电站采用，这对于提高电能生产质量和提高水电站的管理水平具有重大的现实意义。在这些测量中，必然涉及大量测量仪表的选用和组合搭配，因此，仪表的型号和精度等级的正确选择以及仪表的合理组合、配置是水力量测系统设计的至关重要的问题。水力量测除了要了解量测方法之外，还应对所使用仪表的工作原理及主要性能有所了解。

（2）水力量测项目。测量项目包括以下两部分内容：

1）全厂性测量。为了解水电站机组运行情况及为调度所提供水电站的水力参数资料，必须设置的项目有上游水位（水库水位或压力前池水位）、尾水位、装置水头和水库水温等。这些项目是全厂共有的，因此每个项目只装一套量测设备。

2）机组段测量。主要是用于监测机组运行情况或为改进机组过流部件的设计提供资料。主要测量项目有拦污栅前、后压力差，水轮机工作水头，水轮机过流量，过水系统（包括蜗壳、尾水管）的压力与真空压力，尾水管出口的压力等。因为每台机组的运行情况不同。因此，每台机组应该各有一套量测设备。

（3）水电站水力量测常用的监测设备。根据水电站自动化程度的要求，常用监测设备有温度传感器、压力开关、压力传感器、差压变送器等。其监测设备的选择，包括以下内容。

1）量程计算，计算被测参数的最大值和最小值，并依此选择仪表的量程。

2）信号传输方式的确定，包括信号显示和传送方式的确定。

3）选择仪表，包括仪表的型号、规格、数量和精度等级的选择。

（4）水力量测设备安装。

1）设备检查。

A. 水力量测仪表在安装前应进行检查，必要时应进行拆卸检查。

B. 水力量测系统压力表、压力变送器、测量计、水位计、热力学法效率测量装置等自动化设备安装前，应使用具有计量检测部门认可并在有效期内的仪表校验装置按有关规定进行校验，合格后方可安装。

2）监测设备安装。

A. 测压嘴按设计图纸安装前，先拆除每个测点堵头，进行通水检查，然后进行安装。

B. 在施工过程中所有测点及管口均应临时封堵严密。

C. 水力测量系统管路及阀门在安装完成后，在测量口位置进行压力试验。

D. 压力表、压力变送器、测量计、水位计、热力学法效率测量装置等自动化设备在校验过后，再按施工图纸及设计说明书要求进行安装与接线。

E. 水位计安装。

a. 水位计安装前按厂家技术要求进行校核检查。

b. 水位计安装时，固定电缆的法兰孔口应平滑，不得损坏电缆，转换器固定支架应牢固可靠。

3）水力量测设备安装检验项目及允许偏差见表 2－17。

表 2－17　　　　水力量测设备安装检验项目及允许偏差表

项次	检 验 项 目	允许偏差/mm		检 验 方 法
		合格	优良	
△1	仪表、装置接口严密性	无渗漏		观察
2	仪表设计位置	≤10	≤5	用钢卷尺检查

续表

项次	检 验 项 目	允许偏差/mm		检 验 方 法
		合格	优良	
3	仪表盘设计位置	≤20	≤10	钢板尺检查
4	仪表盘垂直度	3/1000	2/1000	吊线锤、钢板尺检查
5	仪表盘水平度	3/1000	2/1000	钢板尺检查
6	仪表盘高程	±5	±3	用水准仪、钢板尺
7	取压管位置	±10	±5	用钢卷尺检查

注 △为重点检验项目。

4）设备调试。设备安装及电器接线完成后，按设计和元件说明书要求对各自动化元件进行调整与试验。

2.2.6 油泵安装

（1）水电站常用油泵。

1）齿轮油泵一般用于水电站透平油、绝缘油系统中，可实现用户注油或用户检修需排油时将油排入油库的运行油罐中。目前，高压齿轮油泵已被用于中小型水电站的水轮机调速系统和进水阀的操作系统。

2）螺杆泵一般安装于水电站调速器、进水球阀、进水筒形阀油压装置上，为调速器、进水球阀、进水筒形阀等提供操作油源。

（2）齿轮油泵的工作原理及特点。齿轮油泵结构见图 2-69，齿轮油泵在泵体中装有一对回转齿轮，一个主动，一个被动，依靠两齿轮的相互啮合，把泵内的整个工作腔分两个独立的部分。A 为吸入腔，B 为排出腔。齿轮油泵在运转时主动齿轮带动被动齿轮旋

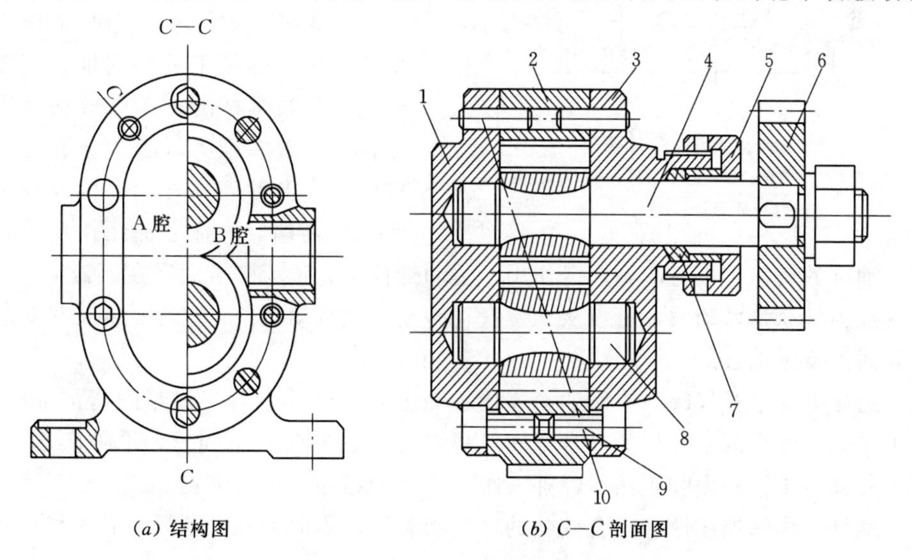

图 2-69　齿轮油泵结构图

1—左端盖；2—泵体；3—右端盖；4—传动齿轮轴；5—压盖螺母；6—传动齿轮；7—密封圈；8—齿轮轴；9—螺钉；10—销钉

转，当齿轮从啮合到脱开时在吸入侧（A腔）就形成局部真空，液体被吸入。被吸入的液体充满齿轮的各个齿谷而带到排出侧（B腔），齿轮进入啮合时液体被挤出，形成高压液体并经泵排出口排出泵外。

齿轮油泵特点：

1）结构紧凑，使用和保养方便。

2）具有良好的自吸性，故每次开泵前无须灌入液体。

3）齿轮油泵的润滑是靠输送的液体自动达到的，故日常工作时无须加润滑油。

（3）螺杆泵的结构与试验。

1）螺杆泵的结构。螺杆泵结构见图2-70。螺杆泵有铸铁外壳1和固定在外壳内的衬套2，在衬套内有3个互相平行又彼此连通的圆柱孔，在这3个孔中放置了油泵的工作机构——具有特殊断面形状的3个钢制螺杆。位于中间直径较大的螺杆3是主动的螺杆，主动螺杆的一端伸出在外壳体外部，通过联轴器和键与电动机相连接。在主动螺杆的两侧，装置了两个直径较小同样形状的从动螺杆4，这两个螺杆具有与主动螺杆螺距一样但方向相反的螺纹，与主动螺杆互相啮合，并与衬套配合，均匀地保持着极微小的间隙，保证了油泵工作时压力腔与吸入腔完全分开。

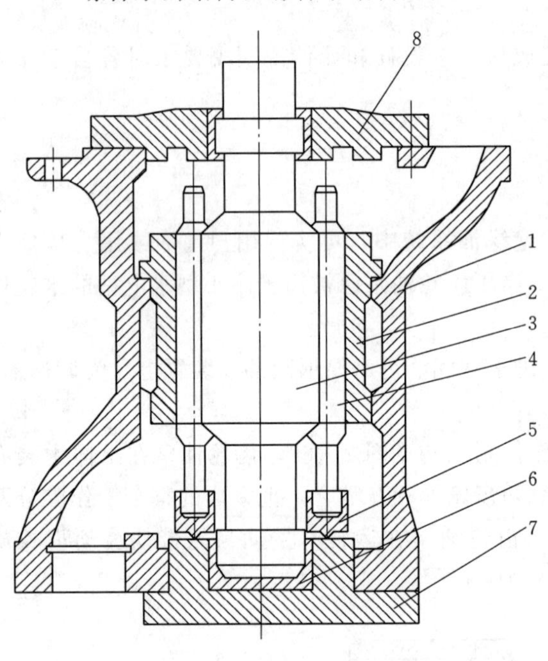

图2-70　螺杆泵结构图

1—外壳；2—衬套；3—主动螺杆；4—从动螺杆；5、6—推力轴承套；7—下盖；8—上盖

为了平衡螺杆在工作时由压力腔产生的作用在螺杆上的轴向推力，在吸入腔侧的每根螺杆的末端做成活塞形的推力轴，放置在推力轴套内，并在每根螺杆中心线上钻一通孔，引压力油至吸油侧螺杆轴端，这样在油压作用下，既可减轻推力轴承的负担，也可起到润滑作用。主动螺杆推力轴承套被固定在下盖7上，而从动螺杆的推力轴承是可动的，所以从动螺杆在转动时能自动调位，这样就保证了运转中工作件相互间的良好配合。

油泵的压力腔经补气阀与中间油箱连接，而吸入腔经油管与集油箱的清洁油区联通。当油泵工作时，油在两个螺杆的啮合空间及螺杆与衬套的配合空间里，沿轴向逐渐移动，由于吸入腔被挤压到压力腔，然后经补气阀、中间油箱送入压力油箱。

由于螺杆工作的连续性和啮合部分的良好密封性，因而使螺杆油泵运转平稳，能得到较高的压力和具有较高的效率。

2）螺杆油泵的试验。

A. 油泵运转试验。

试验目的。检查工作压力是否正常。

试验要求。启动平稳，温升合格（即油温低于50℃）；外壳振动幅值小于0.05mm。

试验方法。油泵装配后，在空载状态下运行1h，然后分别带25%、50%、75%的负荷各运行10min，最后带100%负荷运行1h。

B. 螺杆油泵输油量测定。

试验目的。检查油泵在额定压力下的实际输油量。

试验要求。实测的油泵输油量不低于设计值。

试验方法。当压力油箱内油压及油温在规定的允许范围内时，启动油泵送油。记下油位升高 h(mm) 所需的时间 t(s)，从制造厂的结构图查出压力油箱内径 D_1(mm)，实际输油量 Q 可按式（2-2）算出，同样的试验应做3次，取其平均值。

$$Q=\frac{0.785D_1^2h}{10^6t}\quad (\mathrm{L/s}) \tag{2-2}$$

（4）油泵设备安装。

1）设备检查。

A. 按设备技术文件的规定清点零件和部件，并应无缺件、损坏和锈蚀等。管口保护物和堵盖应完好。

B. 核对油泵、滤油机的主要安装尺寸并应与工程设计相符合。

C. 出厂时已装配、调整完善的部分不得拆除。

2）齿轮油泵安装。齿轮油泵安装检验项目及允许偏差见表2-18。

表2-18　齿轮油泵安装检验项目及允许偏差表

项次	检验项目	允许偏差/mm		检验方法
		合格	优良	
1	中心	≤5	≤3	用钢卷尺检查
2	高程	±5	±3	用水准仪、钢板尺检查
△3	水平度	0.1/1000	0.5/1000	用水平尺检查
△4	装置垂直度	0.1/1000	0.5/1000	用钢板尺、塞尺检查

注　△为重点检验项目。

3）油泵试运转前应符合下列要求。

A. 单独检查电动机的转向应与泵的转向相符。

B. 各固定连接部位应无松动。

C. 各润滑部位加注润滑剂的规格、质量和数量应符合设备技术文件的规定。

D. 各指示仪表、安全保护装置及电控装置均应灵敏、准确、可靠。

E. 泵的流道清洁度符合要求。

F. 盘车应灵活、无异常现象。

4）油泵试运转要求。油泵在无压情况下运行1h，再按额定负荷的25%、50%、75%、100%试运转30min，必须符合下列要求。

A. 运转中应无异常声响和振动，各结合面应无泄漏。

B. 油泵外壳振动不大于0.05mm，轴承温升不应高于35℃或不应比油温高20℃。

C. 齿轮油泵的压力波动小于设计值的±1.5%。

D. 油泵的输油量不小于铭牌标示流量。

E. 油泵电动机电流不超过额定值。

F. 填料密封或机械密封的泄漏量应符合设备技术文件的规定。

G. 安全阀工作应灵敏、可靠。

H. 螺杆油泵停止时不应反转。

2.2.7 油处理设备安装

（1）油的净化处理。油在使用或储存的过程中，由于种种原因产生有机酸及氧化物，使油的酸值增大、杂质增多，改变了油的使用性质，从而不能保证设备的安全可靠运行。这种油的性能恶化变差的现象称为油的劣化。

油劣化的原因是被氧化了，形成有机酸，使酸值增加、闪点降低、颜色加深、黏度增大并产生沉淀物。油中含水分、油温长期过高、天然光线照射以及穿有过油内部的电流等都会加速油质的氧化。此外，油系统设备和管路中，若清洗不良，残存有金属杂质、灰尘等都会大大降低油的品质，使其达不到标准油指标的要求。当油不符合质量标准时，应根据劣化程度采用不同措施加以净化处理，以恢复原来的使用性能。透平油和绝缘油的质量标准见表2－19。

表2－19　　透平油和绝缘油的质量标准表

项目	质量标准									
	透平油（SYB1201－60）				变压器油（SYB1351－62）				油开关用油	
	HU－22	HU－30	HU－46	HU－57	10号		25号		45号	
运动黏度/厘池	50℃				20℃	50℃	20℃	50℃	20℃	50℃
	20～23	28～32	44～48	55～59	≥30	≥9.6	≥30	≥9.6	≥30	≥9.6
思氏黏度/°E	3.19	4.2	6.8		≥4.2	≥1.8	≥4.2	≥1.8		
酸值/(mgKOH/g)，≥	0.02	0.02	0.02	0.02	0.05		0.05		0.05	
闪点/℃，≥	开口				闭口					
	180	180	195	195	135		135		135	
凝固点/℃，≤	−15	−10	−10	0	−10		−25		−45	
抗氧化安定性 氧化后沉淀物/%，≥	0.1	0.1	0.15		0.1		0.1		0.1	
抗氧化安定性 氧化后酸值/(mgKOH/g)，≥	0.35	0.35	0.45		0.35		0.35		0.35	
灰分/%，≤	0.005	0.005	0.02	0.04	0.05		0.05		0.05	
抗乳化度/min，≥	8	8	8	8						
苛性钠抽出级，≥	2	2	2	2	2		2		2	
透明度/5℃	透明	透明	透明	透明	透明		透明		透明	

续表

项目		质量标准						
		透平油（SYB1201-60）				变压器油（SYB1351-62）		油开关用油
		HU-22	HU-30	HU-46	HU-57	10号	25号	45号
介质损失角≥	20℃/%						0.5	
	70℃/%						2.5	
击穿电压/kV，≥						35	35	

根据油劣化变质程度的不同，可分为污油和废油两种。轻度劣化和被水或机械杂质污染的油称为污油，污油可用机械净化法处理。当油发生了深度劣化，用机械净化法已无法使其恢复工作性能时，则要采用化学或物理化学的方法才能使油达到原有的性质，这种油称为废油，处理废油的方法称为油的再生，通常是由专门化工厂进行的。

对一般水电站，劣化油只作机械净化处理，下面介绍常用的几种机械净化方法。

1）澄清。使油长时间在储油设备中静置，比重较油大的水和机械杂质便会沉淀到底部，然后将其排出。澄清时，澄清的速度取决于油的黏度、温度及油层的高度。

这种方法不需添置设备，简便而对油质又无损害，所以应用较广。其特点是净化时间长，不能完全除去油中的脏污和水分，故水电站一般不能单独使用这种方法。

2）压力过滤。把加压的油通过具有能够吸收水分和阻拦机械杂质的过滤层称为压力过滤。用特制的过滤纸作为过滤层的过滤介质，将油加压并过滤的设备称压力滤油机。压力滤油机由油泵、滤油器、油槽、预滤过器等部件组成，其工作原理见图2-71。

滤油器是压力滤油机的主要工作部件，它由许多可移动的铸铁滤板和滤框组成。在滤板和滤框之间放有特制的滤纸，且用螺旋夹将三者压紧，其结构见图2-72。

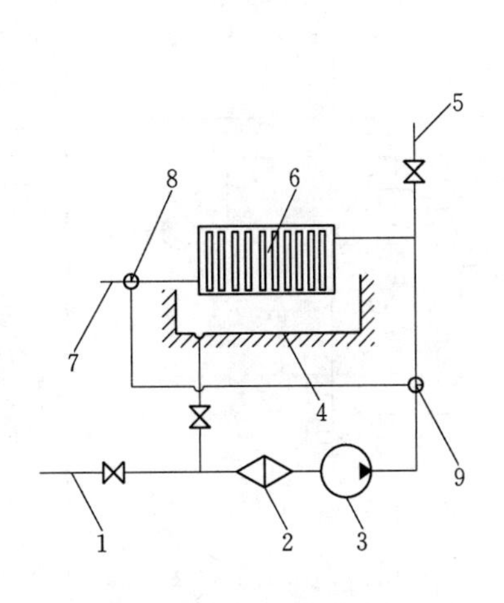

图2-71　压力滤油机工作原理图

1—进油口；2—预滤过器；3—油泵；4—油槽；5—油样口；6—滤油器；7—出油口；8、9—二通阀

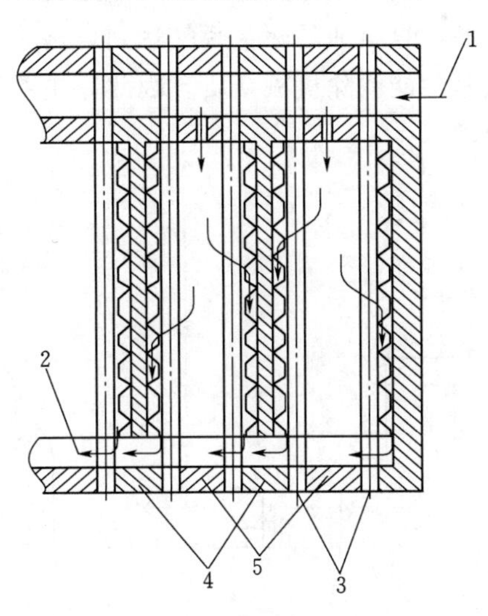

图2-72　滤油机结构图

1—污油进；2—净油出；3—滤纸；4—滤板；5—滤框

滤油时，油泵将污油加压从右上角进入滤油器，通过滤框孔口流入两层滤纸间的空腔中，再透过滤纸，从滤板上的沟道网汇集到滤油器下方的管孔流出。油在透过滤纸时，因滤纸纤维有极细小的孔洞而形成毛细管作用，不同的液体渗入这些管孔的能力各不相同，水能加倍地渗入纸孔，并从中把油挤出，故滤纸可吸收油中水分。同时，滤纸还阻止了机械杂质通过。当滤纸的纤维吸饱水分或表面布满杂质后就应更换。含水分而干净的过滤纸经过烘干后可继续使用，因此，压力滤油机还需配置烘箱使用。

压力滤油机在使用时应注意：滤油工作最好是在天气晴朗、气候干燥的情况下进行，滤纸应在烘箱内以80℃温度烘干24h后方可使用。滤油纸如被机械杂质堵塞，滤油工作压力将会上升，当超过规定油压时应停机检查，更换滤纸。在每次更换滤纸后开机时，油中会发生很多泡沫且含有纤维，故重新开机的最初3～4min应当把滤出的油送回污油中重新过滤。滤油过程中，每隔一段时间应取油样化验检查，合格后方能使用。压力过滤的质量较高，但生产率较低，且过滤纸耗损较大。压力滤油机普遍用于透平油的净化。

3）真空过滤。真空过滤是利用油和水的汽化温度不同，在真空罐内水分和气体形成减压蒸发，从而将油中的水分及气体分离出来，达到除水脱气的目的。真空滤油机工作原理见图2-73。污油经压力滤油机加压过滤后通过加热器送至真空罐内的喷嘴喷成雾状。当真空罐上油位计达到1/3油位时，用另一台压滤机或油泵将罐内的油抽回储油罐。如此不断循环，并控制进入真空罐的油压为0.2～0.3MPa（2～3kgf/cm^2），同时，调节出油，使进出油量平衡。经过一段时间，待加热器出油温度达到50～70℃时，开启真空泵（最好采用油浸式真空泵），逐渐提高罐内真空度。由于油与水的汽化温度不同，而汽化温度又与压力有关，当罐内真空度达到一定值时油中的水开始汽化并经真空泵抽出。污油不停地循环过滤，直至油的除水脱气达到合格为止。真空分离的优点是速度快，除水脱气能力强。缺点是不能清除机械杂质。因此，主要用于机械杂质较少而绝缘强度要求高的绝缘油的净化处理。

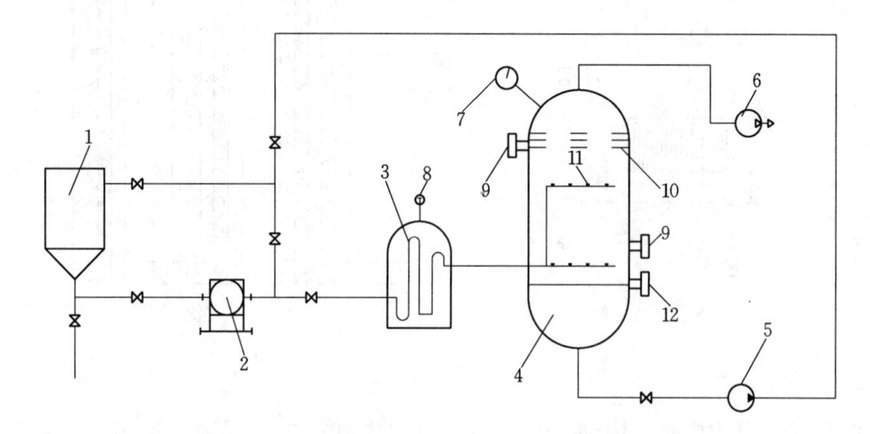

图2-73　真空滤油机工作原理图

1—储油桶；2—压力滤油机；3—加热器；4—真空罐；5—油泵；6—真空泵；7—真空表；8—温度计；9—观察孔；10—油气隔板；11—喷嘴；12—油位计

（2）油处理设备安装。

1）滤油机安装前应进行下列检查。

A. 检查滤板、滤框、过滤介质、真空脱气罐、电加热器、冷凝器、油收集器、控制表盘、支撑钢架等装配应完好无损。

B. 各连接件应无松动。

C. 焊接部位应无焊瘤、毛刺、锈斑等。

2）滤油机安装。滤油机安装检验项目及允许偏差见表2-20。

表2-20　　滤油机安装检验项目及允许偏差表

项次	检验项目	允许偏差/mm		检　验　方　法
		合格	优良	
1	中心	5	3	用钢卷尺检查
2	高程	±5	±3	用水准仪、钢板尺
△3	水平度	1/1000	0.5/1000	水平尺检查

注　△为重点检验项目。

3）滤油机试运行要求。滤油机在无压情况下运行1h，再按额定负荷的25%、50%、75%、100%试运转30min，必须符合下列要求。

A. 运转中应无异常声响和振动，各连接部分不应松动及渗漏。

B. 滤油机外壳振动不大于0.05mm，油泵轴承处外壳温度不超过60℃。

C. 滤油机的输油量不小于铭牌标示流量。

D. 油泵电动机电流不超过额定值。

E. 真空滤油机工作噪声不大于85dB。

4）真空净油机试运转结束后，应做好下列工作。

A. 正在运转的真空净油机需要中断运转时，应在断开加热电源5min后才能停止进出油泵的运转，以防止油路中局部油品受热分解产生烃类气体。

B. 在室外低温环境工作结束后，必须放净真空泵至冷凝器中的存水，以防止低温结冰损坏设备。

2.2.8　储油罐及附件安装

一般水电站透平油库均设置在厂房内副厂房中，也有布置在安装间下水轮机层，油库内设置有专门的油处理室。绝缘油库多布置在厂外，厂外油库一般为露天式。

（1）一般油库储油设备的型式。净油罐是储备净油的容器，其容积略大于一台机组（包括调速器等）的用油量。运行油罐是容纳被更换下来污油的容器，因此，也称污油罐，在正常情况下它是空的。为了与净油罐相互备用，其容积与净油罐相同。油罐上一般设有四个进出油口，在罐上还设有有机玻璃管制成的透明油位计及空气干燥器。空气干燥器用管路与油罐顶部相连，内部装有能吸附空气中水分的硅胶吸附剂。当由于罐内油位降低油罐吸取空气时，外界空气先经过空气干燥器干燥后才进入油罐，这样可以避免增加透平油的水分。

（2）油库储油设备安装。

1）施工准备。

A. 技术准备。

a. 熟悉设计图纸。根据合同要求、现场条件及有关技术文件及规程规范，编制详细的施工技术措施，经批准后开始施工。

b. 根据工程进度合理组织人力、材料、设备、施工器具，并做好施工工装准备。

c. 参加业主组织的设备开箱检查验收，核对规格、型号、数量应符合设计要求。检查技术文件、产品合格证书、设备零部件是否齐全。

d. 进行施工前技术交底，施工安全交底和文明施工交底。

e. 对有特殊要求的工种进行技术培训、考核，取得合格证人员方能上岗。

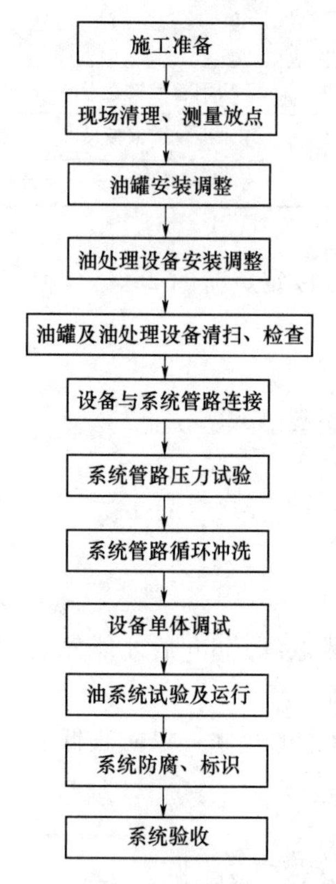

图 2-74 储油设备安装工艺程序图

B. 临时设施布置。临时工装制作及现场具备安装条件后，在油罐室内合适的地方布置施工设备及可拆活动工具房。

2）储油设备安装工艺程序见图 2-74。

3）储油设备检查。

A. 按设备技术文件的规定清点零件和部件，并应无缺件、损坏和锈蚀等。管口保护物和堵盖应完好。

B. 核对设备的主要安装尺寸并应与工程设计相符。

4）储油设备吊装。油罐安装前在油罐室顶板封顶前，事先在油库室顶浇筑混凝土时按油罐布置埋设吊装、转运锚钩，具备安装条件时，将油罐、油处理设备及管材运到厂内，利用厂房桥机吊至油处理室层，然后利用卷扬机、手拉葫芦等起吊设备将其转运、吊装就位。或在油库室封顶前将油罐吊装就位，就位时应注意油罐与管路连接的法兰方位符合设计要求。

A. 调整油罐中心、高程、垂直度符合设计要求后回填二期混凝土，待二期混凝土养护强度达到70%后对称均匀拧紧地脚螺栓螺母。

B. 油罐安装检验项目及允许偏差见表 2-21。

C. 油处理设备、油泵、真空滤油机、压力滤油机、烘箱等设备的安装在管路安装完后进行。

D. 油泵、真空滤油机、压力滤油机等设备安装就位后，按要求对油泵、真空滤油机、压力滤油机进行清洗工作。

E. 按图纸要求进行设备与管路系统的连接。

F. 根据设备技术文件要求对设备进行启动试运行。

5）油罐清洗。

A. 油罐清洗分罐内清洗和罐外清洗。清洗前先检查油罐内外油漆是否完好，如需补漆，罐内补耐油漆，罐外补调和漆。

B. 罐内清洗采取吸尘器与人工结合除尘后，用面团彻底清污的方法。

C. 罐外清洗采用人工逐步清除污物的方法。

表 2-21　　油罐安装检验项目及允许偏差表

项次	检验项目	允许偏差/mm		检验方法	备注
		合格	优良		
1	容器高差	±10	±5	用水平仪或U形水平管检查	L为容器长度
2	容器水平度	≤L/1000	≤10	用水平仪或水平尺检查	
3	装置垂直度	≤L/1000，且不超过10	≤5	用吊线锤和钢板尺检查	
4	中心线位置	10	5	用经纬仪检查	

6）油系统管道压力试验。

A. 油系统管道在安装完毕后，根据图纸和技术要求，进行压力试验。

B. 试验前将不能参与试验的系统、设备及管道附件加以隔离。

C. 试验压力按设计要求和《水轮发电机组安装技术规范》（GB/T 8564—2003）要求进行。试验过程中压力应逐步上升，当升压至试验压力50%时，检查焊缝、法兰等连接处有无泄漏及异常现象。正常后再逐步升压至额定工作压力，检查有无渗漏现象。

7）油系统管路循环冲洗。油系统管路充油前，在用户端口短接供、排油管采用滤油机进行循环冲洗，直至循环油达到油液清洁度要求。

2.2.9　中压空气压缩机及系统设备安装

（1）中压空气系统设备。

1）空气压缩装置。空气压缩装置包括空气压缩机、电动机、储气罐及油水分离器等。

2）供气管网。供气管网由干管、支管和管件组成。管网将气源和用气设备联系起来，输送和分配压缩空气。

3）测量和控制元件。测量和控制元件包括各种类型的自动化元件，如温度信号器、压力信号器、电磁空气阀等。其主要作用是保证压缩空气系统的正常运行。

4）用气设备。如油压装置压力油罐、调相压水供气罐等。

（2）中压空气系统设备的工作原理。

1）压缩机工作原理。

A. 空压机是压缩空气系统中最主要的设备，主要有两种类型的空压机，如往复式（活塞式）和旋转式（螺杆式）。

B. 活塞式压缩机是通过活塞在气缸内作往复运动，将一定体积的常压大气压缩成为体积小压力高的空气。为获得较高压力的压缩空气，可将几级气缸串联起来工作，连续对空气进行多次压缩，即空气经前一级气缸之后排出的压缩空气又进入下一级气缸进一步压缩，这种空压机有二级气缸、三级气缸直至多级气缸的连续压缩，其相应的空压机称为二级、三级或多级空气压缩机，三级或四级最终排气压力可达到70MPa。空气经一级压缩后，由于外功转化为气体分子内能，排气温度很高。因此，在多级空压机中，一级排气必须经过中间冷却器之后才进入下一级气缸，以使气体内能减少，从而减少下一级压缩所需的外功。根据冷却器的冷却介质不同，有风冷式和水冷式两种，利用空气冷却的称为风冷式空气压缩机；利用水冷却的称为水冷式空气压缩机。风冷式空压机冷却效果较差，一般用于小型空压机。

C. 螺杆式压缩机是容积式压缩机中的一种，空气的压缩是靠装置于机壳内互相平行啮合的阴阳转子的齿槽之容积变化而达到。转子副在与它精密配合的机壳内转动使转子齿槽之间的气体不断地产生周期性的容积变化而沿着转子轴线，由吸入侧推向排出侧，完成吸入、压缩、排气三个工作过程。螺杆压缩机按传动方式分为两种：一种为皮带传动式；另一种为直接传动式。其中皮带传动式较适用于22kW左右功率的压缩机：是由2个按速度比例制造的皮带轮将动力经由皮带传动；直接传动式是1个联轴器将电动源与主机结合在一起，蜗杆式压缩机全部是直接带动蜗杆旋转，而双螺杆压缩机则须再增加一级增速齿轮以提高主转子的转速。

2）冷却器工作原理。

A. 冷却器是一种热交换器，用作多级空压机的级间冷却和机后冷却，即经过一级压缩的空气，必须经过冷却器之后再进入下一级的压缩，以减少下一级压缩的功耗；或是经过空压机排出的高温空气经冷却后再进入用气设备或储气罐，以降低排气的最终温度。

B. 压后冷却器是压缩空气系统中最重要的设备。压后冷却器通常都安装在压缩机的出口处，而不是储气罐或干燥器的入口处，将压缩机排出的热压缩空气冷却至适宜的温度(一般不大于1000℉)。空气冷却过程将有大量的水（油）蒸气凝结出来，经过分离器使之分离出来。为了及时将压缩空气中分离出来的液态水排放掉，设置有定时排污阀。

C. 对排气量小于10m^3/min的小容量空压机大多数采用风冷式冷却器，即把冷却器做成蛇管式或散热器式，风扇向垂直于管子的方向吹风；排气量较大的空压机多采用水冷式冷却器，有套管式、蛇管式、管壳式等。

3）储气罐工作原理。储气罐是一种压力容器，用于储存一定量的压缩空气。储气罐的主要目的在于防止压缩空气系统的压力发生波动。压缩空气在储气罐贮存的过程中，气体得到冷却，使其所含气溶胶杂质进一步凝聚、分离，提高了压缩空气的质量。凝聚在储气罐底部的污水、污物随充气的工作时间增加而增加。因此，应定期打开储气罐底部排污阀进行排污。储气罐设有进、排气阀、排污阀、人孔、安全阀和压力表。

4）空气干燥器工作原理。

A. 压缩空气干燥器的目的在于降低压缩空气中水蒸气含量，以避免压缩空气在管线中发生液态水冷凝。

B. 压缩空气干燥器的工作原理是，将压缩空气的温度降低至刚好在水的凝露点上，让水（油）蒸气凝露，并将其从压缩空气中分离出来；或是采用干燥剂直接吸附压缩空气中的水（油）蒸气。

（3）中压空气系统设备安装。

1）施工准备。

A. 技术准备。

a. 熟悉设计图纸，根据合同要求、现场条件及有关技术文件及规程规范，编制详细的施工技术措施，经批准后开始施工。

b. 根据工程进度合理组织人力、材料、设备、施工器具，并做好施工工装准备。

c. 参加监理单位或业主单位组织的设备开箱检查验收，核对规格、型号、数量应符合设计要求。检查技术文件、产品合格证书、设备零部件是否齐全。

d. 进行施工前技术交底，施工安全交底和文明施工交底。

e. 对有特殊要求的工种进行技术培训、考核，取得合格证人员方能上岗。

B. 临时设施布置。临时工装制作，待现场具备安装条件后，在空压机房内合适的地方布置施工设备及可拆活动工具房。

2）压缩空气系统设备安装工艺程序见图2-75。

施工准备 → 现场测量、放点 → 设备就位、调整 → 基础混凝土回填 → 设备分解、清扫 → 设备与管路连接 → 设备单体调试 → 系统管路通气试验 → 系统试运行

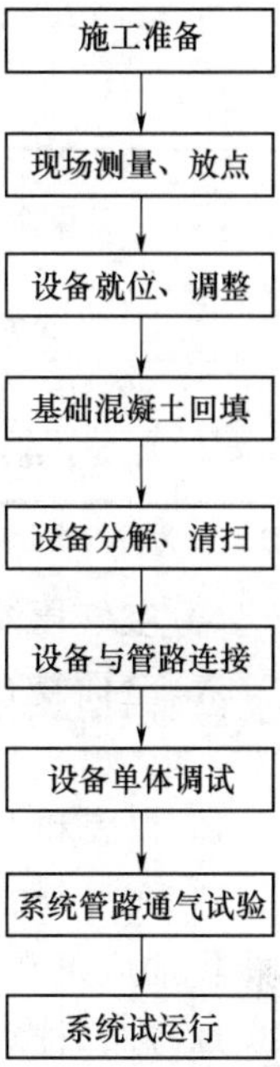

图2-75　压缩空气系统设备安装工艺程序图

3）设备检查。往复活塞式空气压缩机应对活塞、连杆、气阀和填料进行清洗和检查，其中气阀和填料不得采用蒸汽清洗。

4）压缩空气系统设备安装。

A. 设备运输、吊装。

a. 压缩空气系统设备安装前事先在中压和低压空压机室按空压机和气罐布置埋设吊装、转运锚钩。

b. 工作面交面后，安装起吊设备，并经负荷试验合格后方能吊装设备。

c. 具备设备安装条件后，将设备及管材运到厂内，利用厂房桥机吊至中、低压空压室层，然后利用卷扬机、手拉葫芦等起吊设备将其转运、吊装就位。就位时应注意设备与管路连接的法兰的方位应符合设计要求。

B. 空气压缩机安装。

a. 根据设备到货清单及设计图纸验收、检查设备的规格、型号、数量符合要求。检查设备技术文件，零部件及备品备件是否齐全，产品合格证，质量证明是否符合合同文件要求。

b. 空压机就位安装前应检查机组混凝土基础的位置及尺寸，应符合设计要求。调整机身中心、高程和水平，其偏差符合规范要求后，浇筑地脚螺栓二期混凝土。当二期混凝土达到设计强度的75%以上后，对空压机进行精调，符合规范要求后对称均匀拧紧地脚螺栓。

c. 在空压机管道配制前，空压机相连的管路所有法兰应有可靠封堵。

d. 空压机整体就位后，在管路预配或正式安装前空压机一般不做分解检查，制造厂有要求时应对机组作以下检查。

第一，曲轴箱检查。将箱内已注润滑油全部放出（若出厂前已注油），清扫干净，检查曲轴、连杆和螺丝无锈蚀，检查轴瓦间隙应符合要求，在手动盘车灵活后，进行曲轴箱封堵，注入清洁符合质量和数量要求的润滑油。

第二，打开气缸盖，检查清洁度及测量活塞上部气隙，应符合制造厂规定。

第三，取出吸、排气阀，检查应无油污和锈蚀现象，用煤油作渗漏试验，其密封性良好，不得有滴状的渗漏现象。

第四，检查电动机轴承润滑脂应无变质，且添加的润滑脂数量合适，电动机绝缘符合要求。

第五，在空压机和电动机联轴节处手动盘车，应无卡阻、轻重不一现象。

e. 整体安装空气压缩机检验项目及允许偏差见表 2-22。

表 2-22　整体安装空气压缩机检验项目及允许偏差表

项次	检验项目	允许偏差/mm		检验方法	备注
		合格	优良		
△1	机座安装水平度	0.10/1000	0.08/1000	方形水平仪	
2	皮带轮端面垂直度	0.50/1000	0.30/1000	方形水平仪及吊重锤、钢板尺	
3	主从皮带轮端面同面性	0.50	0.20	拉线和钢板尺	

注　△为重点检验项目。

5）空气压缩机启动前应符合下列要求。

A. 全面复查气缸盖、气缸、机身、十字头、连杆、轴承盖等紧固件，应已紧固和锁紧。

B. 仪表和电气设备应调整正确，电动机的转向应与空气压缩机的转向相符。

C. 润滑剂的规格、数量，应符合设备技术文件的规定，润滑系统经试运转应符合要求，供油应正常。

D. 进、排水管道应畅通，冷却水质应符合设计要求，冷却水系统经试运转应符合要求。

E. 进、排气管道应清洁和畅通。

F. 各级安全阀经校验、整定，其动作应灵敏、可靠。

G. 盘车数转，应灵活无阻滞现象。

6）空气压缩机空载试运转应符合下列要求。

A. 应将各级吸、排气阀拆下。

B. 启动冷却系统、润滑系统，其运转应正常。

C. 检查盘车装置，应处于压缩机启动所要求的位置。

D. 点动压缩机，应在检查各部位无异常现象后，再依次运转 5min、30min 和 2h 以上，每次启动运转前检查压缩机润滑情况均应正常。

E. 运转中油压、油温和各摩擦部位的温度均应符合设备技术文件的规定。

F. 运转中各运动部件应无异常声响，各紧固件应无松动。

7）空气压缩机带负荷试运转应符合下列要求。

A. 带负荷试运转前，应先装上空气滤清器，并逐级装上吸、排气阀，再启动压缩机进行吹扫。从一级开始，逐级连通吹扫，每次吹扫不小于 30min，直至排出的空气清洁为止。

B. 吹扫后，应拆下各级吸、排气阀清洗清洁，如无损坏，随即装上复原。

C. 升压运转的程序、压力和运转时间应符合设备技术文件的规定，当无规定时，按额定压力 25%连续运转 1h，50%、75%各连续运转 2h，额定压力下连续运转不小于 3h 执行。

D. 运转中油压不得小于 0.1MPa，曲轴箱或机身内润滑油的温度不应大于 70℃；无渗油、漏气、漏水现象。

E. 各级排气和排气温度应符合设备技术文件的规定。

F. 各级安全阀动作压力正确，动作灵敏。

8）空气压缩机在带负荷试运转中，应进行下列各项检查和记录。

A. 润滑油的压力、温度和各部位的供油情况。

B. 各级吸、排气的温度和压力。

C. 各级进、排水的温度、压力和冷却水的供应情况。

D. 各级吸、排气阀的工作应无异常现象。

E. 运动部件应无异常响声。

F. 连接部件应无漏气、漏油或漏水现象。

G. 连接部件应无松动现象。

H. 气量调节装置应灵敏。

I. 轴承填料等主要摩擦部位的温度，应符合设备技术文件的要求。

J. 电动机的电流、电压和温升符合设备技术要求，自动控制装置应灵敏、可靠。

9）空气压缩机清洗和更换。空气压缩机试运转合格后，应清洗油过滤器和更换润滑油。

2.2.10 低压空气压缩机及系统设备安装

（1）低压空气系统设备。

1）空气压缩装置。它包括空气压缩机、电动机、储气罐及油水分离器等。

2）供气管网。它由干管、支管和管件组成。管网将气源和用气设备联系起来，输送和分配压缩空气。

3）测量和控制元件。它包括各种类型的自动化元件，如温度信号器、压力信号器、电磁空气阀等。其主要作用是保证压缩空气系统的正常运行。

4）用气部位。

A. 机组停机制动用气。

B. 风动工具和吹扫设备用气。

C. 机组调相运行压水用气（调相机组）。

D. 寒冷地区水工闸门和拦污栅前防冻吹冰用气。

E. 水轮机主轴检修密封空气围带用气。

（2）低压空气系统设备工作原理及安装。低压空气系统设备工作原理及安装见2.2.9中压空气压缩机及系统设备安装。

2.2.11 空气滤清、气水分离、干燥设备安装

为了保证压缩空气清洁、干燥，系统内设置有空气滤清器（一般装在空压机的吸入口）和气水分离器。对于空压机排气温度较高，自然冷却效果差的通常设有冷却系统，如空冷系统或水冷系统。

油气分离元件是决定空压机压缩空气品质的关键部件，高质量的油气分离元件不仅可保证压缩机的高效率工作，且滤芯寿命可达数千小时。从压缩机头出来的压缩空气夹带大大小小的油滴。大油滴通过油气分离罐时易分离，而小油滴（直径1μm以下悬浮油微粒）

则必须通过油气分离滤芯的微米及玻纤滤料层过滤。油微粒经过过滤材料的扩散作用，直接被过滤材料拦截以及受惯性碰撞凝聚等机理作用，使压缩空气中的悬浮油微粒很快凝聚成大油滴，在重力作用下油集聚在油气分离滤芯底部，通过底部凹处回油管进口返回机头润滑油系统，从而使压缩机排出更加纯净的无油压缩空气。压缩空气中的固体粒子经过油气分离滤芯时滞留在过滤层中，这就导致了油分芯压差（阻力）不断增加。随着油气分离滤芯使用时间增长，当油气分离滤芯压差达到 0.08～0.1MPa 时，滤芯必须更换，否则增加压缩机运行成本。

（1）空气滤清器。空气滤清器是清除空气中的微粒杂质的一种装置。活塞式机械（内燃机、往复压缩机等）工作时，如果吸入空气中含有灰尘等杂质就将加剧零件的磨损，所以必须装有空气滤清器。空气滤清器由滤芯和壳体两部分组成。空气滤清器的主要要求是滤清效率高、流动阻力低、能较长时间连续使用而无需保养。

空气滤清器有惯性式、过滤式和油浴式 3 种方式。

1）惯性式。由于杂质的密度较空气的密度大，当杂质随空气旋转或急转弯时，离心惯性力的作用能使杂质从气流中分离出来。

2）过滤式。引导空气流过金属滤网或滤纸等，将杂质阻挡并黏附在滤芯上。

3）油浴式。在空气滤清器底部设有机油盘，利用气流急转冲击机油，将杂质分离并黏滞在机油中，而被激荡起的机油雾滴随气流流经滤芯，并黏附在滤芯上。空气流过滤芯时能进一步吸附杂质，从而达到滤清的目的。

空气滤清器的滤芯分为干式滤芯和湿式滤芯两种。干式滤芯材料为滤纸或无纺布。为了增加空气通过面积，滤芯大都加工出许多细小的褶皱。当滤芯轻度污损时，可以使用压缩空气吹净，当滤芯污损严重时应当及时更换新芯。

湿式滤芯使用海绵状的聚氨酯类材料制造，装用时应滴加一些机油，用手揉匀，以便吸附空气中的异物。如果滤芯污损之后，可以用清洗油进行清洗，过分污损也应该更换新滤芯。

如果滤芯阻塞严重，将使进气阻力增加，压缩机功率下降。平时应该养成经常检查空气滤清器滤芯的习惯，往复式空气压缩机依排气量的大小采用不同的金属滤芯，排气量小于 $12m^3/min$ 的往复式压缩机大多用纸滤芯滤清器。中等排气量的往复式压缩机多数采用金属滤芯滤清器。为了提高金属滤芯的吸尘能力，常在金属滤网上涂敷黏性油，或采用油浴式。排气量大于 $40m^3/min$ 时则采用几个金属滤芯的组合式滤清器。无油润滑的压缩机不能采用油浴式，而应使用干式滤清器。

（2）气水分离器（油水分离器）。气水分离器（油水分离器），其功能是分离压缩空气中的水分和油分，使压缩空气得到初步净化，以减少污染和腐蚀管道。气水分离器的作用原理是使进入气水分离器中压缩空气气流产生方向和大小的改变，并靠气流的惯性，分离出密度较大的水滴和油滴。气水分离器的底部设有截止阀或电磁阀作为排污之用，其中截止阀是手动操作，电磁阀是自动操作。

（3）干燥机及过滤器。由空气压缩机产生的压缩空气是不纯净的。这是因为空气压缩机本身含有润滑油，在进行压缩工作时，必然有部分润滑油混入压缩空气中去。另外自然界的空气本身含有一些固体颗粒及水分等，当在气动回路中直接使用这种未经净化处理的

气体，会给气动回路带来一些故障，损坏气动元件，降低元件使用寿命生产效率，甚至造成事故。因此，净化这些压缩气体以获得纯净的压缩气体是气压系统中必不可少的一个重要环节。

干燥机的作用是可以使管线中的空气冷却下来时，开始产生冷凝，液态水沿着管线流动。一旦流进空气干燥机或过滤器，就会产生一系列现象。首先，凝结效应，凝结器或第一级滤芯（不锈钢网）促使水和空气改变方向。这种改变使得各个水滴相互结合起来然后聚集在凝聚器里。水滴逐渐变大，与其他更大的污物结合起来在重力的作用下流进蓄水室中心区。含有污物的水沿着底部流动并通过排水池中的自动排水阀排出，大量的水（估计95％的水）通过这种过程排出。其次，过滤过程通过第二滤芯——棉纤维网。改变在棉纤维绳中的或其附近的气流的方向并旋转气流，这种棉纤维绳由不锈钢网支撑着，形成漩涡，此时空气被加速几十倍，漩涡中心如龙卷风一样，成为真空状态，所以空气干燥过滤器在第一过滤器没有被去除的水滴在此被汽化成对机器影响微小的气体，且微小的不纯物（如油滴）也在此被去除。由于这种原理，可得到杂物、油质及水分极少的清洁压缩空气。

（4）设备安装。

1）空气滤清器安装。空气滤清器在安装时，其与压缩机进气管之间无论是采用法兰、橡胶管连接还是直接连接，都必须严密可靠，防止漏气，滤芯两端面必须安装橡胶垫圈，固定空气滤清器外罩的翼形螺母不能拧得过紧，以免压坏纸滤芯。

在维护时，纸滤芯千万不能放在油中清洗，否则纸滤芯会失效。清扫时，只能使用振动法、软刷刷除法（要顺着其皱折刷）或压缩空气反吹法清除附着在纸滤芯表面的灰尘和污物。对粗滤器部分，应及时清除集尘部位的灰尘。即使每次都能精心维护，纸滤芯也不能完全恢复原来的性能，其进气阻力会增高，因此，一般当纸滤芯需要进行第 4 次维护保养时，就应更换新滤芯了。若纸滤芯出现破裂、穿孔或者滤纸与端盖脱胶等问题，应立即更换。

2）气水分离器安装。

A. 安装前检查设备的规格、型号应与设计图纸相符合。

B. 气水分离器就位安装前根据施工图纸检查基础的位置及尺寸，应符合设计要求。设备就位时检查其方位，正确后，调整气水分离器中心、高程及水平偏差，应符合规范要求后，浇筑地脚螺栓孔内的二期混凝土。当二期混凝土达到设计强度的75％以上后进行精调，然后对称均匀拧紧地脚螺栓。若无基础，调整符合要求后利用膨胀螺栓将其固定。

C. 排污阀安装时其操作手柄应朝向外侧便于操作的地方，排污管应与前期预埋排污管相连。

3）干燥设备安装。安装方法同气水分离器安装。

2.2.12 储气罐及其附件安装

（1）储气罐作用。储气罐用以储存压缩空气，保证在正常或应急的情况下，向机组提供足量的压缩空气，其容积和储气量应满足相关规范要求。储气罐是一种钢制的压力容器，有球形和圆筒形两种。圆筒形储气罐因其便于安装设置，所以被普遍采用。储气罐安装在气水分离器和空气过滤器之间，大、中型一般设两组：其中一组在工作时，另一组为备用，各组均可独立供气。储气罐的工作压力应尽量与空压机工作压力相一致。储气罐设有进气阀、排气阀、排污阀、人孔、安全阀和压力表。

压缩空气在储气罐储存的过程中，气体得到冷却，使其所含气溶胶杂质进一步凝聚、分离，提高了压缩空气的质量。凝聚在储气罐底部的污水、污物随充气的时间增加而增加，因此，应定期打开排污阀进行排污。

（2）储气罐质量保证。储气罐均应按国家标准制造、检验与验收。储气罐出厂时由工厂检验合格后经当地质量技术监督局监检出厂，确保储气罐质量万无一失。储气罐检验合格证明、图纸等应齐全。

（3）储气罐设备安装。

1）施工准备。

A. 技术准备。

a. 熟悉设计图纸，根据合同要求、现场条件及有关技术文件及规程规范，编制详细的施工技术措施，经批准后开始施工。

b. 根据工程进度合理组织人力、材料、设备、施工器具，并做好施工工装准备。

c. 参加监理单位和业主单位组织的设备开箱检查验收，核对规格、型号、数量应符合设计要求。检查技术文件、产品合格证书、设备零部件是否齐全。

d. 进行施工前技术交底，施工安全交底和文明施工交底。

e. 对有特殊要求的工种进行技术培训、考核，取得合格证人员方能上岗。

B. 临时设施布置。临时工装制作，待现场具备安装条件后，在施工现场合适的地方布置施工设备及可拆的活动工具房。

2）设备检查。

A. 按设备技术文件的规定清点零件和部件，应无缺件、损坏和锈蚀等。管口保护物和堵盖应完好。

B. 核对设备的主要安装尺寸，应与工程设计相符合。

C. 储气罐出厂前必须按设备技术文件的要求作强度耐压试验，并具有合格证。

3）设备吊装。储气罐安装前在室顶板封顶前，事先在室顶浇筑混凝土时按油罐布置埋设吊装、转运锚钩，具备安装条件时，将储气罐及管材运到厂内，利用厂房桥机吊至安装层，然后利用卷扬机、手拉葫芦等起吊设备将其转运、吊装就位。或在储气罐设备上部混凝土结构施工前吊装就位，就位时应注意储气罐与管路连接的法兰的方位应符合设计要求。

调整储气罐中心、高程、垂直度符合设计要求后回填二期混凝土，待二期混凝土养护强度达到70%后对称均匀拧紧地脚螺栓螺母。储气罐安装检验项目及允许偏差见表2-23。

表2-23　　储气罐安装检验项目及允许偏差表

项次	检验项目	允许偏差/mm		检验方法	备注
		合格	优良		
1	容器高差	±10	±5	用水准仪、钢板尺检查	L 为容器长度
2	容器水平度	≤L/1000	≤10	水平仪检查	
3	装置垂直度	≤L/1000，且不超过10	≤5	吊线锤和钢板尺检查	
4	中心线位置	10	5	根据已放中心线用钢板尺检查	

4）附件安装。

A. 安全阀安装。

a. 安全阀安装前检查安全阀型号及规格是否与设计图纸相符合，并将安全阀送当地技术监督部门检验合格后方可安装，安装时应检查安全阀铅封应完好。

b. 根据设计位置，将安全阀放在储气罐的连接法兰口上，并放入法兰垫片，同时调节安全阀的位置，使安全阀的排放口朝向设计规定的方向。

c. 将螺栓放入法兰螺栓孔口，然后戴上弹簧片和螺母，先用手将全部螺母拧紧，然后再使用扳手加力对称拧紧。

B. 压力表、压力开关安装。

a. 压力表、压力开关安装前应校验合格，且铅封完好方可安装。

b. 压力表、压力开关一般垂直安装在储气罐设置的专用集成块上，为检修方便，压力表、压力开关与集成块间设置有专用控制表阀。

C. 排污阀安装。排污阀安装时其操作手柄应朝向外侧便于操作的地方，排污管应与前期预埋排污管相连。

2.2.13 消防水系统安装

消防水系统是由消防泵、水泵接合器、消防总管、消火栓、消防水带、水枪、消防阀、水雾器等组成。

（1）消防水泵及附件安装。

1）消防供水泵。发生火灾时，消防供水泵给消防系统管道供水，保持压力。消防水泵根据不同的分类方式分为不同的种类，它以全密封、无泄漏、耐腐蚀之特点，广泛用于环保、水处理、消防等部门的抽送水。水电站消防供水泵主要采用离心式水泵。

消防水泵、稳压泵的安装应符合《机械设备安装工程施工及验收通用规范》（GB 50231—2009）及《风机、压缩机、泵安装工程施工及验收规范》（GB 50275—2010）的有关规定。水泵安装有以下几个程序。

A. 检查水泵的安装基础的尺寸、位置和标高均应符合工程设计要求。

B. 水泵的开箱检查应符合下列要求。应按设备技术文件的规定清点水泵的零件和部件，应无缺件、损坏和锈蚀等；管口保护物和堵盖应完好；核对水泵的主要安装尺寸，应与工程设计相符。

C. 出厂时已装配、调整完成的部分不得拆卸。

D. 电动机与水泵连接时，应以水泵的轴线为基准找正；电动机与水泵之间有中间机器连接时，应以中间机器轴线为基础找正。

E. 整体安装的水泵，纵向安装水平偏差不应大于0.10/1000，横向安装水平偏差不应大于0.20/1000，并应在水泵的进出口法兰面或其他水平面上进行测量；解体安装的泵纵向和横向安装水平偏差均不应大于0.50/1000，并应在水平中分面、轴的外露部分、底座的水平加工面上进行测量。

2）吸水管的安装。水泵吸水管路的基本要求是不漏气、不积气、不吸气。当消防水泵和消防水池位于独立的两个基础上，且互为刚性连接时，吸水管上应加设柔性连接管。吸水管水平段上不应有气囊和漏气现象，为保证消防水泵能够安全和及时启动，水泵的吸水方式应为自灌式。在吸水管路的安装中，应有沿水流方向连续上升的坡度，一般应大于5‰。在吸水管需要安装闸门时宜选用闸阀。

3）消防水泵结合器安装。消防水泵结合器的组装应按接口、本体、连接管、止回阀、安全阀、放空管、控制阀的顺序进行。止回阀的安装方向应是消防用水能从消防水泵接合器进入系统的方向。消防水泵接合器的安装应符合下列规定：地上消防水泵结合器应设置与消火栓区别的固定标志；墙壁消防水泵接合器的安装应符合设计要求，设计无要求时，其安装高度宜为1.1m，与墙面上的门、窗、孔、洞的净距离不应小于2.0m。不宜安装在玻璃幕墙下方。

4）水泵的调试。水泵机组及附件安装完毕后，需进行单机试验，在有条件的情况下，应进行带负荷试验。水泵的单机试验应按以下方法和步骤进行。

A. 检查配电柜及电机接线端子是否符合要求。

B. 将电机与水泵联轴器的键拆下，使电机与水泵脱离。

C. 将电机进行点动试车，检查转向及声音是否正常。

D. 将电机与水泵用键连接起来，手动盘车，检查水泵转动时是否有杂音。

E. 对整机进行点动试车。在水泵没有水的情况下，不宜长时间启动水泵，以免损坏水泵的轴承。

F. 将水泵的管网管路阀门关闭，打开试验管道阀门。启动水泵，观察管道上的压力表数值，并对试验管道的阀门进行调节，用来控制管道压力，使管道压力达到水泵正常工作的压力值。

G. 观察安全阀启动压力值，并对安全阀整定，使安全阀启动压力值约为水泵工作压力值的1.1倍。

H. 检查各阀门及管件、焊缝接口是否有渗漏现象。

I. 填写水泵单机试车单。

5）水泵的运转应符合下列要求。各固定连接部位不应有松动；转子及各运动部件运转正常，不得有异常声响和摩擦现象；附属系统的运转应正常；管道连接应牢固无渗漏；滑动轴承的温度不应大于70℃；滚动轴承的温度不应大于80℃；特殊轴承温度应符合设备技术文件的规定；水泵的安全保护和电控装置及各部分仪表均应灵敏、正确、可靠。

（2）消防水箱安装及消防水池施工。

1）消防水箱。消防水箱一般装于屋顶水箱间，常规用于消防系统增压保水，通过稳压泵给消防管道系统少量缺水进行补水增压，使消防管道系统保持一个恒压；当大量损失水时，消防泵启动；但消防水箱也会保留一部分蓄水，作为消防应急，这部分蓄水一般是通过自留或稳压泵流到管道里。

2）消防水池。当发生火灾时，消防管道系统灭火需要大量用水，消防水箱的蓄水远远不够，这时消防水泵直接从消防水池抽水，给管道系统供水，以达到灭火。在水电站中一般不采用消防水箱，直接选用消防水池。消防水池的溢流管、泄水管不得与生产或生活用水的排水系统直接相连，管道穿过钢筋混凝土消防水池时，应加设防水套管，对有振动的管道应加设柔性接头。

（3）自动喷水灭火系统安装。在火灾情况下，自动喷水灭火系统是能自动启动喷头洒水，以保障人身和生命财产安全的一种控火、灭火系统。它是目前世界上使用最广泛的固定式灭火系统，特别适用于高层建筑等火灾危险性较大的建筑物中。在水电站中常用于发电机消防喷淋灭火系统、油库消防喷淋灭火系统、变压器消防喷淋灭火系统。

自动喷水灭火系统处于正常工作状态时，管路内部有一定压力的水，当有火灾发生时，火灾报警装置发出信号，使雨淋阀上电磁阀动作，打开喷淋管路阀门，完成系统的灭火功能。系统由喷头、管道系统、雨淋报警阀和供水设施组成。

1）喷淋管安装。

A. 管路材料及连接。自动喷水灭火系统的管道，当工作压力不大于1.20MPa时，采用热镀锌钢管；当工作压力大于1.20MPa时，采用热镀锌无缝钢管。$D_N=100$mm及以下采用丝扣连接，$D_N=100$mm以上采用沟槽式卡箍连接。无论何种连接方式，均不得减少管路的流通面积。

B. 螺纹连接的要求。管路采用机械切割，切割面不得有飞边、毛刺。加工的管路螺纹完整、光滑，不得有缺丝或断丝，尺寸偏差应符合标准要求。当管路变径时，应采用异径接头，在管路变径处不得采用补芯。如果需要采用补芯时，三通上可用1个，四通上不应超过2个，大于$D_N=50$mm的管路不得采用补芯。螺纹连接的密封填料应均匀附着在管路的螺纹面上，拧紧螺纹时不得将填料挤入管内。如果填料采用麻丝时，应在附着在螺纹面加麻丝上涂抹白铅油，管道连接后清除麻头，并在连接处涂防锈漆。

C. 沟槽连接的要求。沟槽式管路连接系统是用压力响应式密封圈套入两连接钢管端部，两片卡件包裹密封圈并卡入钢管沟槽，上紧两圆头椭圆颈螺栓，实现钢管密封连接。喷洒干管用沟槽连接每根配管长度不宜超过6m，直管段可以把几根连接在一起使用导链安装，但不宜过长。

D. 管路穿过建筑物的分缝时，应做过缝处理，穿过墙体或楼板时应加设套管。

2）喷头及喷头支管安装。根据设计图纸要求，将不同角度、不同方位的喷头以及喷头支管安装到位。

A. 根据喷头的安装位置，将喷头支管做到喷头的安装位置，用丝堵代替喷头拧紧在支管末端上。

B. 根据喷头溅水盘安装要求，对管路甩口高度进行复核，要求在安装完成后，溅水盘高度应符合下列规定：

a. 喷头安装时，应按设计规范要求确保溅水盘与吊顶、门、窗、洞口和墙面的距离。

b. 当梁的高度使喷头高于梁底的最大距离不能满足上述规定的距离时，应以此梁作为边墙对待；如果梁与梁之间的中心距离小于8m时，可用交错布置喷头方法解决。

c. 当通风管宽度大于2m时，喷头应安装在其腹面以下。

d. 斜面下的喷头安装，其溅水盘应平行于斜面，在斜面下的喷头间距要以水平投影的间距计算，并不得大于4m。

e. 一般喷头间距不应小于2m，以避免一个喷头喷出的水流淋湿另一个喷头，影响它的动作灵敏度，除非两者之间有一挡水作用的构件。如果喷头一定要小于2m时，可在两喷头之间安装专用的挡水板。

C. 喷头安装前，管路系统应经过试压和冲洗。喷头安装时应使用专用扳手，若喷头损坏应换上规格、型号相同的喷头，当喷头孔口小于 $D_N=10\text{mm}$ 时，在干管上应安装过滤器，以避免杂物进入喷头造成堵塞。

3）雨淋报警阀安装。报警阀安装前应仔细检查报警阀的铭牌、规格、型号应符合设计图纸要求；阀体配件完好齐全；阀瓣启用灵活，密封性好；阀体内清洁无异物堵塞。报警阀应安装在明显便于操作的地点，距地面高度一般为 1m 左右，两侧距墙不小于 0.5m。安装报警阀的室内地面应采取排水措施。

报警阀组上压力表应安装在便于观测的位置，排水管和试验阀应安装在便于操作的地方，水源控制阀应有可靠的开启锁定设施。报警阀组上的控制阀安装方向应正确，控制阀内应清洁、无堵塞、无渗漏，主要控制阀应加设启闭标志。阀组上的水力警铃装置与报警阀连接时应确保管路内部清洁，不得发生堵塞现象。

（4）消火栓系统安装。消火栓系统中充满有压力的水，如系统有微量渗漏，可以靠稳压泵或稳压罐来保持系统的水和压力。当火灾发生时，首先打开消火栓箱，按要求接好接口、水带，将水枪对准火源，打开消火栓阀门，水枪即有水喷出，按下消火栓按钮时，通过消火栓启动消防泵向管路中供水。消火栓系统由消防泵、稳压泵、消火栓箱、消火栓阀门、接口水枪、水带、消防栓报警按钮、消火栓系统控制柜等组成。

1）消火栓箱体安装。消火栓箱是消火栓系统中最直接的设备，是进行灭火时的主要工具，其内部主要有消火栓、水枪、水龙带、压力表等。消火栓箱安装有两种形式：一种是暗装，即箱体埋入墙体中；另一种是明装，即箱体立于地面或挂在墙上。

A. 暗装消火栓箱体安装。根据箱体尺寸及设计安装位置，检查预留孔洞位置及尺寸，确定无误后将箱体固定在预留孔洞内，用水平尺找平、找正，箱体外表面距毛墙面应保留土建装饰厚度，使箱体外表面与装饰完的墙面相平，箱体下部用砖填实，其他与墙相接各面用水泥砂浆填实。

B. 明装消火栓箱体安装。根据箱体结构，确定消火栓在箱体中的安装位置，要求消火栓阀门中心距地面 1.1m。然后根据消火栓在箱体中的位置，确定出箱体安装高度及位置，并在墙上划出标志线，用膨胀螺栓将箱体固定在墙上。

2）消火栓安装。消火栓是具有内扣式接头的球形阀式龙头，有直径 50mm 和 65mm 两种口径。高层建筑应选用 65mm 口径。为减少局部水头损失，并便于在紧急情况下操作，其出水方向宜向下或设置成与消火栓箱成 90°并将栓口朝外。阀门中心距地面 1.1m，允许偏差 20mm，阀门距箱侧面 140mm，距箱后内表面 100mm，允许偏差 5mm。

2.3 管道制作、安装

2.3.1 管道（管件）制作

管道制作包含：管道测绘、管子调直与校圆、管子下料及管子的弯曲等。

（1）管道测绘。管道测绘就是管工配管时测量尺寸的工作。通过测量尺寸可以检查管道图样上的设计标高和尺寸是否与实际相符，管道与设备、管道与仪表安装是否有矛盾等。

1）管道测绘工具。常用测绘工具一般有钢卷尺、角尺、水平尺、量角尺、线坠、细

蜡线等。此外还要用到水准仪和全站仪（经纬仪）等。

2）管道测绘基本方法。

A. 确定基准。管道测量前，首先应确定基准。然后根据基准进行测量。管道工程一般都要求横平、竖直、眼正（法兰螺栓孔正）、口正（法兰面正），因此基准的选择离不开水平线、水平面、垂直线及垂直面。测量时应根据施工图样和施工现场的具体情况进行选择。

B. 长度测量。长度测量常用钢卷尺。管道转弯处应测量到转弯的中心点。测量时，可在管道转弯处两边的中心线上各拉一条细线，两条线的交叉点就是管道转弯处的中心点。

C. 高度测量。测量标高一般用水准仪，也可从已知的标高用钢卷尺测量。

D. 角度测量。测量角度可以用经纬仪，但一般方法是在管道转弯处的两边中心线上各拉一条细线，用量角器或活动角尺测量两条线的夹角，也就是弯管的角度。

E. 法兰安装的测量。管路中法兰的安装位置一般情况下是平眼（双眼），个别情况也有立眼（单眼），这两种情况都称为眼正。测量时，可以法兰眼的水平线或者垂直线为准，用水平尺或吊线方法来检查法兰眼是否位正。法兰密封面与管子的轴线互相垂直时，称为口正。法兰口不正时称为偏口，测量方法是用 90°角尺测量。

F. 螺纹连接管段的测量。测量管段为螺纹连接时，两内螺纹管件间的管段预制长度应为测得的两管件间距加上拧入两端管件内螺纹部分后的总长度，拧入管件内螺纹长度与管件的类别、规格等有关。

3）管道安装草图绘制。管道预制前，需要到现场绘制管段加工草图，图样可用斜等轴测图的形式来表示，每段管线应标明尺寸标高。

绘制管道安装加工草图的一般步骤如下：

A. 定出管道中心线位置。绘制草图时，首先根据图样的要求定出立管和干管各转弯点的位置。水平管段先测出一端的标高，并根据管段长度和坡度，定出另一端的标高。两点的标高确定后，就可以定出管道中心线的位置。

B. 定出分支线管中心线及管件位置。在立管和干管中心线上定出各分支管的位置，标出分支管的中心线，然后把各个管路上管件的位置定出，测出各管段的长度和弯管的角度。

C. 复杂管线可分成若干段来测量。测量后，绘出加工预制管段草图。

（2）管子调直与校圆。管子在生产及运输过程中难免产生弯曲现象，尤其是有色金属管，本身强度低，更易弯曲。在安装过程中，为了保证工程质量，弯曲的管子在加工安装前要进行调直处理。管子校圆主要用在管壁较薄、直径较大的管子上。校圆的目的是防止安装组对过程中造成错口，以达到焊接的质量要求。

1）管子的调直。管子的调直方法有冷调和热调两种，冷调是将管子在常温状态下调直，它适用于有色金属管和变形不大的 $D_N=50$mm 以下的碳素钢管。热调是将管子在加热的状态下调直。热调不仅适用于没安装的新管，同时也适用于安装后由于事故造成变形的管线。

A. 冷调法。冷调法根据具体操作方法不同可分为以下四种：

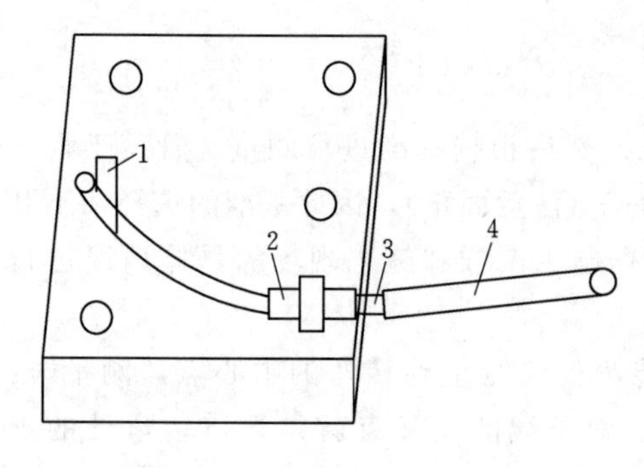

图 2-76　杠杆调直法示意图

1—铁桩；2—弧形垫板；3—钢管；4—套管

a. 杠杆（扳别）调直法。以管子弯曲部位作支点，用手加力于施力点（见图 2-76），调直时要不断变动支点部位，使弯曲管均匀调直而不变形损坏。

b. 锤击冷调法。对于弯曲不严重且要求不高的管子，允许采用锤击的方法在铁板上进行（见图 2-77）。操作时使用两把锤子：一把顶在管子凹向的起点作支点；另一把用力敲打凸面高点，一般在锤击部位垫上硬质木块进行锤击调直效果更好。若长管有几处弯曲部位，则需要逐个敲平，直到全部调直为止。

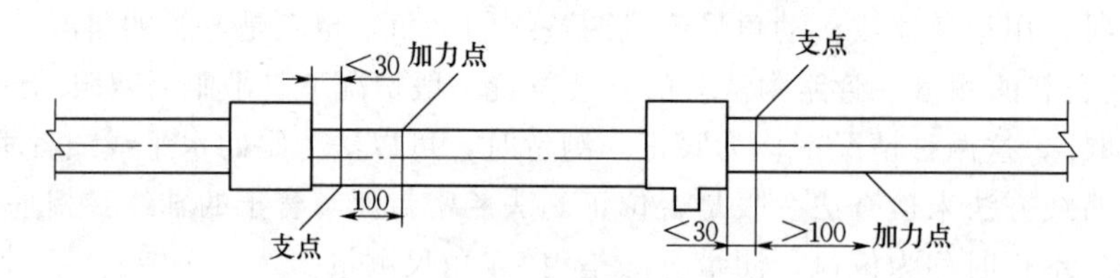

图 2-77　锤击冷调法示意图（单位：mm）

c. 平台冷调法。长管冷调时可将管子放置在工作平台上，由两个人配合操作，一人观察管子弯曲部位；另一人在他人指导下进行（见图 2-78）。用木锤敲击弯处，为防止锤击变形，不能用铁锤，经过几个翻转即可将管子调直。

d. 调直台冷调法。当管径较大时，可用调直台冷调法调直，也称半机械调直法，将管子的弯曲部位搁置在调直器两支块中间，凸部向上，支块间的距离可根据管子弯曲部位的长短进行调整，再旋转丝杆，使压块下压，把凸出的部位逐渐压下去。经过反复转动调整（见图 2-79），即可将管子调直。调直台冷调法的优点是调直的质量较好，并可减轻劳动强度。

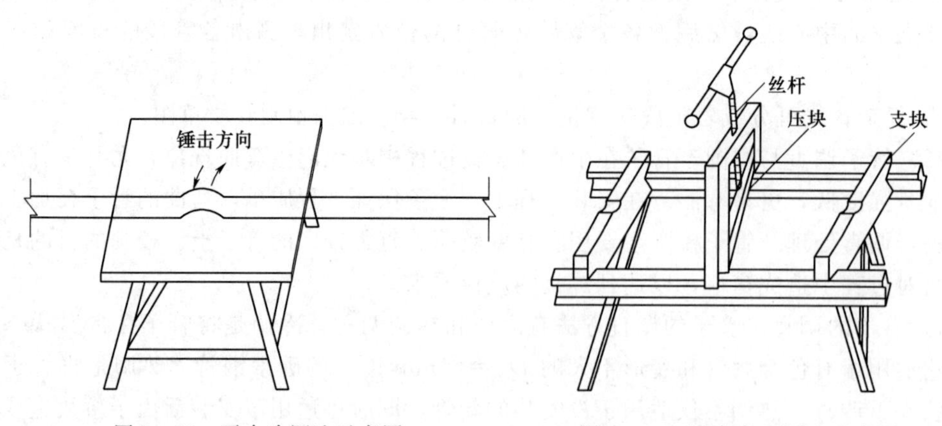

图 2-78　平台冷调法示意图　　　　图 2-79　调直台冷调法示意图

B. 热调法。热调法是利用氧-乙炔火焰及其他火焰，对管子的变形进行加热矫正的一

种方法。对于大口径管道直径在50～100mm之间，或者直径虽小但弯度大于20mm的管子，必须采用热调法调直。

热调法的实质是利用金属局部受热后，用在冷却过程中产生的收缩变形而引起的新变形，去矫正各种已经产生的变形。

对于不同碳素钢管，热调法有两种：一种是点状加热；另一种是均匀加热。

a. 点状加热。点状加热适用于已安装好的管线，根据管子的直径、变形程度来确定加热的点数。加热位置选在管子背部，加热温度为600～800℃，加热速度要快。每加热一点后迅速移到另一点，使两点同时收缩，使之达到要求。

b. 均匀加热。将有弯曲部分的管子放在地炉上，边加热边转动，当温度为600～800℃时，将管子移放到由四根以上管子组成的支撑面上滚动，火口在中央，使被矫正管子的重量分别支撑在火口两端的管子上。支撑用的四根管子保持在同一水平面上，加热的管子在上面滚动，利用管子的自重或用木锤稍加外力就可以将管子调直。

对于新型的塑料管，其调直方法一般采用热调直，即把弯曲的塑料管放在调直台上，向管内通入蒸汽，使管子呈柔软状后，拆除供气装置，再使管子在平台上缓慢滚动，利用重力作用使管子调直。

2）管子的校圆。管子的校圆主要针对管口部位进行，管口校圆的方法有以下三种：

A. 锤击校圆。锤击校圆是指操作时用手锤均匀地敲击椭圆长轴两端的就近部位进行校圆，并用圆弧样板检验校圆结果。

B. 内校圆器校圆。内校圆器主要是用来校正管口圆度变形较大或者有瘪口现象的管子。

C. 特制对口器校圆。用对口器校圆是指在对口的同时进行校圆，操作时将圆箍套在圆口管的端部，并使管口探出约30mm，使之与椭圆的管口相对，在圆箍的缺口内打入楔铁，通过楔铁的挤压把管口挤圆。

（3）管子下料。管子下料是指在确定制作某个设备或产品所需的材料形状、数量后，从整个或整批材料中取下一定形状、数量或质量的材料的操作过程。

1）管子下料长度的确定。为使管子与管件连接后符合管段长度的要求，既要考虑管件或阀件自身占有长度，又要考虑管子伸入管件内的长度。为保证管子的下料长度准确，必须掌握正确的下料方法。常用的下料方法有计算法、比量法，实际施工中多用比量法。但比量法仅用于临时管线及建筑水暖管线，不能用于工艺管道。

A. 计算法。管子的预制加工长度应根据安装长度来计算，它与管道的连接方式和加工工艺有关。

a. 当采用螺纹连接时，管道螺纹的拧入深度见表2-24，管子的预制加工长度等于其安装长度加上拧入零件内螺纹部分的长度（见图2-80）。

表2-24　　管道螺纹的拧入深度表　　单位：mm

公称通径	15	20	25	32	40	50	65	80
拧入深度	10	12	13	15	17	19	22	25

b. 当采用承插连接时，管子长度的计算下料方法为先测量出管段的构造长度，并且

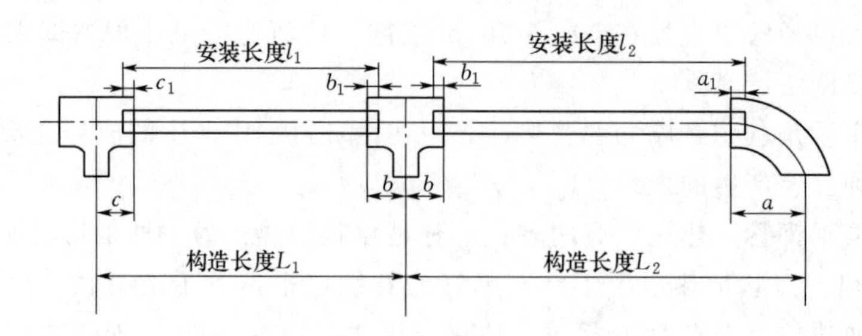

图 2-80　管道螺纹连接的下料长度示意图

查出连接管件的有关尺寸，然后按式（2-3）计算：

$$l=L-(l_1-l_2)-l_4+b \quad (2-3)$$

管道承插连接的下料长度见图 2-81。l 为下料的管子长度。

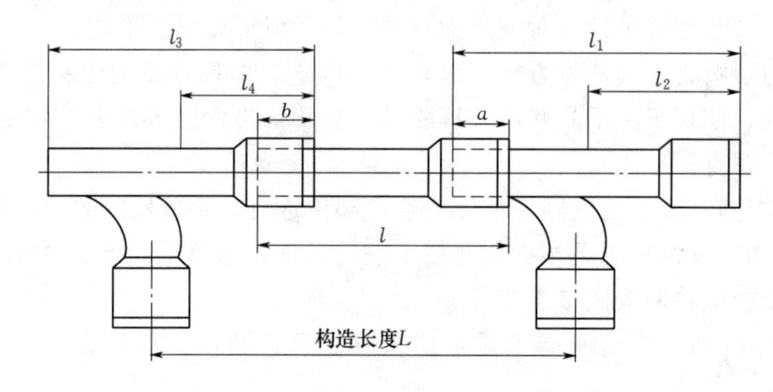

图 2-81　管道承插连接的下料长度示意图

c. 当采用平焊法兰连接时（见图 2-82），则管子的下料长度按式（2-4）计算：

$$l=L-[2(1.3-1.5)]\delta \quad (2-4)$$

式中　l——管道法兰连接的下料长度；

L——安装长度；

δ——管子的壁厚。

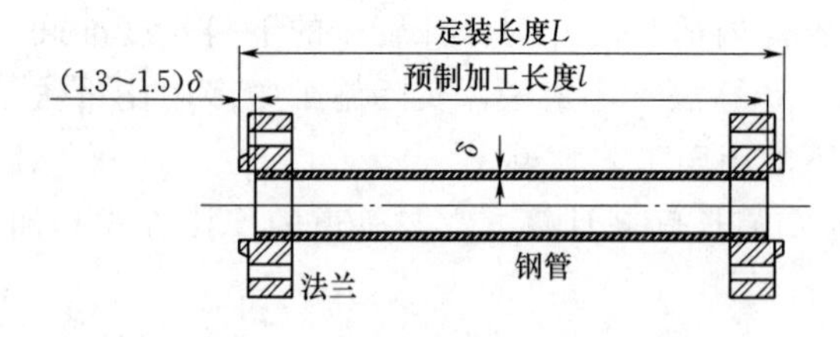

图 2-82　管道法兰连接的下料长度示意图

B. 比量法。比量法确定管子下料长度的具体内容如下：

a. 钢管螺纹连接的比量下料。先在钢管的一端套螺纹，抹油缠麻，并拧紧安装在前方管件或阀门中。用此管与连接后方的管件进行比量，使两管件中心之间的距离为构造长度。从管件的边缘量出拧入深度，在管子上用锯条锯出切断线、套螺纹后即可安装。如果遇到弯管端（如散热器支管上乙字形弯），先加工弯管，在弯管一端套螺纹抹油缠麻，拧紧前方的管件或阀门。用此弯管与连接后方的管件进行比量，使两管件的中心之间的距离为构造长度。从管件的边缘量出拧入深度，在管子上用锯条锯出切断线，经切断、套螺纹后即可安装。

b. 承插连接的比量下料。先将前后两个管件平放在地上，使其中心距等于构造长度

l，再将一承插直管放在两管件旁进行比量，使管子的承口处于前方管件插入口的插入位置上，在另一端管件承口的插入深度处画线、切断后预制或安装。

c. 法兰连接短管的比量下料。当直管用平焊法兰连接时，管道长度的比量下料方法是：把两法兰位置固定到其设计位置上，而后将短管在两法兰之间进行比量，短管距两法兰端面短 1.3～1.5 倍管壁厚度即可，此处做出标记，然后画线、切断，再开坡口、焊接法兰，按法兰连接工艺进行。

2）管子的切断下料。

A. 锯割。锯割适用于金属管道和塑料管道，可分为手工锯割和机械锯割两种。

a. 手工锯割。手工锯割是常用的切割方法，用以切断直径较小的管或者现场不方便用其他锯割的场合。手工锯割的操作要点如下。

第一，手工锯条的锯齿粗细应按管子的材料及壁厚来选择，装锯条时，锯齿的前倾角应朝向前推方向，且应松紧适当。

第二，推锯时，左手应放在锯弓前端上方，右手握住后部锯柄。手工锯管时，先将管子固定在台钳上。并沿管子周围划出切割线，然后对准切割线缓慢推锯进行切割。操作过程中，要保持锯条与管子轴线相互垂直。快锯断时应放慢速度，锯割时应锯到管子底部，不得把剩余部分折断。

第三，操作时，两脚站成丁字步，一手在前一手在后。起锯时用力要轻，往复距离要短，锯削时右手紧握锯把下压，左手扶锯弓的前上部上提，且运动方向保持水平，向前时用力推锯进行切削，回拉时不加力，就这样反复推拉，直至将管子锯断。

第四，切断时，只有锯条与管子轴线垂直，才能使切口平直。如发现锯偏时，应将锯弓转换方向再锯。锯口要锯到底部，不应把剩下的一部分折断，防止管壁变形。

第五，不得用新锯条在旧锯缝中继续锯割，而应从另一侧面重新起锯。

b. 机械锯割。机械锯割工具分为往复式弓锯床和圆盘式机械锯两种。前者适用于切割 $D_N=200$mm 以下的各种金属管、塑料管；后者可用于切割有色金属管及塑料管。机械锯割的操作要点如下。

第一，用电锯切断管子时，先将管子固定在锯床上，并应夹紧、垫稳、放平，为了防止管口锯偏，用整齐的厚纸或油毡紧包在管外壁上，用石笔或红色铅笔在管壁沿样板画切割线。

第二，用锯条或锯盘对准切割线，启动切割机开始锯割。当临近锯断时，锯声变弱，应放慢速度，防止断口割伤。

B. 刀割。刀割是用管子割刀切断管子，主要用于 $D_N=100$mm 以内的钢管切割。通常用于切割 $D_N=50$mm 以下的管子，其切割速度快，切口平整，操作方便。在刀割后，须用铰刀铣去其缩小部分。刀割的操作要点如下。

a. 用管子割刀切断管子时，首先把管子固定好，然后将割刀对准切割线，拧动手把使滚轮夹紧管子，逐渐转动螺杆，即可见滚刀切入管壁。

b. 每进刀一次绕管子旋转一周，进刀量不宜过大，以免管口缩小或损坏刀片，如此不断加深刀痕，直至将管子切断。割管时转动要用力均匀，不要左右晃动，以避免损坏刀片。

c. 切断后，必须用铰刀铣去管口内径缩小部分，保证管口内径的准确度。

C. 砂轮切割。砂轮切割是利用高速旋转的砂轮将管子切断，适用于切断 $D_N=80$mm 以下的各种管子。磨割效率高、速度快，切断管子的断面光滑，只有少数飞边，再用锉刀除去。砂轮切割机的操作要点如下。

a. 首先在被切割管端面画出切割线，把管子插入夹钳并夹紧。

b. 切割时握紧手柄，压住按钮，并将电源接通，稍加用力压下砂轮片，即可进行摩擦切割。在操作过程中，操作者身体切勿正对砂轮片，以防止发生事故。

c. 当管子切断后，松开手柄按钮，即可切断电源。

D. 气割。气割是利用氧和乙炔混合气体的火焰，先将金属加热至红热状态，然后开启割炬高压氧气阀，用氧气吹射切割线，使其剧烈燃烧为熔渣，并从切口处吹离，从而切断管子。气割的特点是效率高、操作方便、设备简单。气割方法只适用于 $D_N=400$mm 以内的碳素钢管的切割。气割的操作要点如下。

a. 切割前首先检查气割设备及氧气表、乙炔表是否能正常工作。

b. 先稍开割炬的氧气调节阀，然后再开大乙炔阀，点燃气体。同时，调整火焰，使焰心整齐，长度适度，再试开高压氧气调节阀，观察无异常现象（如突然熄火、放炮等）时即可进行切割。切割时火焰应对准切断线加热，待红热时，开启高压氧气调节阀均匀切割。

c. 操作时，首先在管子上画出切断线，并将管子垫平、放稳，同时在管子下面留出一定的空间。起割时，要先预热割件边缘，待火焰呈亮红色时，再逐渐打开切割氧气阀，同时沿着管子的切断线均匀、缓慢地向前推进切割。

d. 气割时，火焰焰心与管子表面应保持 3～5mm 的距离，切割进行中需要移动位置时，应先关闭切割氧气阀，待重新定位并预热后，方可开启切割氧气阀再行切割。操作过程中若发生回火现象时，应立即关闭切割氧气阀，同时抬起割炬，关闭预热开关、氧气阀等，待割嘴冷却并清通后方可继续切割。气割后的管子切口残留有氧化铁熔渣时，应使用角向磨光机进行清除、修整，要保证管口端面与管中心线垂直。

e. 停割时，先关闭高压氧气阀，熄火时，先关乙炔阀后关氧气阀。

f. 操作过程中要注意安全，戴好劳动保护用品及有色护目镜。气割场地周围不得堆放易燃、易爆物品。氧气瓶、乙炔瓶应置于通风处，且与气焊操作点保持一定的距离。

E. 錾切。錾切是用凿刀和手锤切断铸铁管及陶土管。錾切操作要点如下。

a. 錾切时先用方木把管子切断处垫实，用凿刀沿切断线凿 1～2 圈，凿出切断线后用手锤沿痕线用力敲打，同时不断转动管子，连续均匀敲打直至管子断开为止。

b. 手握錾子要端正，錾子与被切割管子角度要正确，千万不要偏斜，锤击时用力要均匀且方向与錾子成一条直线，以免打坏錾子。

c. 切断管子两端部应站人。操作的人应戴防护眼镜，以免飞溅出的铁片碰伤眼睛或脸。当錾子刃口卷边或头部呈蘑菇状时，应及时修磨或更换。

d. 錾切时，握锤的方法有松握和紧握两种。紧握法是右手的食指、中指、无名指和小指紧握锤柄，大拇指贴在食指上，柄尾露出 15～30mm，在挥锤和锤击时握法不变；松握法是用大拇指和食指始终紧握锤柄，当手锤向后举起时，逐渐放松小指、无名指和中指。锤击的过程中，将放松的手指逐渐收紧，并加速手锤运动。松握法掌握熟练后，不但可以增加锤击力，而且能减轻疲劳度。

（4）管子的弯曲。目前，水电站一般都采用成品冲压弯头，冲压弯头安装方便。如现场实际安装需要制作弯管，可采用下述方式制作。

1）弯管制作的一般规定。

A. 弯管的分类。

a. 按制作方法分（见图 2-83）。

b. 按弯管形状分类。弯管形状可以分为任意形状，工程上经常遇到的弯管形式有不同弯转角度的弯头，如 U 形弯、来回弯、弧形弯。弯管弯曲的最小曲率半径应符合表 2-25 的规定。

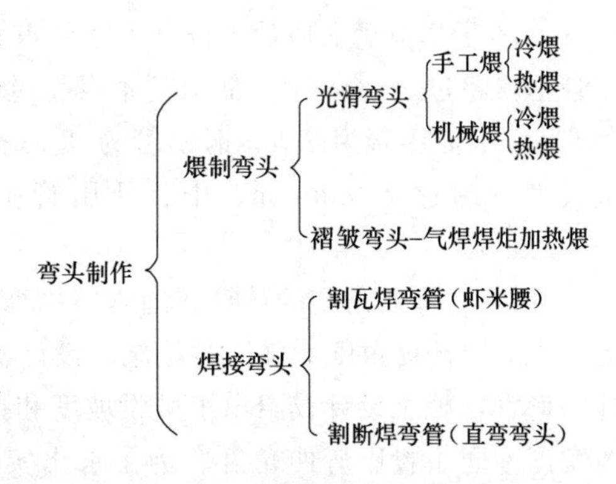

图 2-83　弯管制作方法分类图

表 2-25　弯管弯曲的最小曲率半径表

管子类别	弯管制作方法	最小曲率半径	
中、低压钢管	热煨	$3.5D_W$	
	冷煨	$4.0D_W$	
	压制	$1.0D_W$	
	热推弯	$1.5D_W$	
	焊制	$D_N \leqslant 250$ $D_N > 250$	$1.0D_W$ $1.5D_W$
高压钢管	冷热弯	$5.0D_W$	
	压制	$1.5D_W$	
有色金属管	冷热弯	$3.5D_W$	

注　D_N 为公称直径，D_W 为管道外径。

B. 管子的冷弯或热煨注意事项。

a. 管子加热时，升温应缓慢、均匀，确保热透，防止过烧和渗碳。铜、铝管热煨时，应用木柴、木炭或电炉加热，不宜用氧-乙炔焰或焦炭加热。

b. 不锈钢管宜冷弯，铝锰合金管不得冷弯，其他材料的管子可冷弯或热弯，常用管子的热煨温度和热处理条件，一般按表 2-26 的规定。

表 2-26　常用管子热煨温度及热处理条件表

材质	钢号	热煨温度区间/℃	热处理条件		
			热处理温度/℃	恒温时间	冷却方式
碳素钢	10、20	1050～750	不处理		
合金钢	15Mn	1050～900			
	16Mn	1050～800	920～900 正火	壁厚 2min/mm	自然冷却
不锈钢	1Cr18Ni9Ti	1200～900	1100～1050	壁厚 0.8min/mm	水急冷
有色金属	铜	600～500	不处理		
	铜合金	700～600			

c. 弯制有缝管时，其纵向焊缝布置见图 2-84 的阴影区域内。

d. 管子弯制后的质量应符合下述要求：无裂纹、分层、过烧等缺陷；壁厚减薄率，高压管不得超过 10%，中、低压管不得超过 15%，且不小于设计计算壁厚；椭圆率高压管为 5%、中低压管为 8%、铜铝管为 9%；高压管弯曲角度偏差值不得超过 ±1.5mm/m，最大不得超过 ±5mm/m，中、低压管不得超过 ±3mm/m，其总偏差最大不得超过 ±10mm/m。

C. 弯管弯曲角度的计算。通常室内弯管弯曲角度都可以由施工设计给出，而且大多为 90°、45°常规角度，施工时按施工设计确定的弯曲角度取值即可，但对于室外特别是野外的弯管，施工设计仅给出了敷设坡度和投影弯曲角度，而未给出实际弯曲角度，实际弯曲角度不同于投影弯曲角度。为了求出实际弯曲角度，可按式（2-5）计算求出（见图 2-85）。

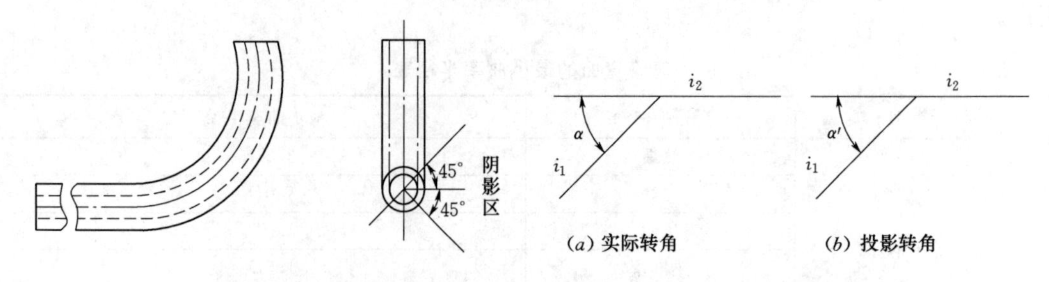

图 2-84　纵向焊缝布置区域图

图 2-85　弯曲角度示意图

$$i_1=\tan\theta_1, i_2=\tan\theta_2$$

$$\cos\alpha=\frac{1}{2}\cos\theta_1\cos\theta_2\left[\sec^2\theta_1+\sec^2\theta_2-4\sin^2\frac{\alpha'}{2}-(i_1\pm i_2)^2\right] \tag{2-5}$$

式中　α'——投影弯曲角度；

θ_1、θ_2——弯管两侧直管的倾角；

i_1、i_2——弯管两侧直管的敷设坡度，坡向不同时取为“+”值，坡向相同时取为“-”值；

α——实际弯曲角度。

D. 展开长度的计算。弯曲部分管道中心线的展开长度按式（2-6）计算：

$$L=\frac{\alpha\pi R}{180} \tag{2-6}$$

式中　L——管道中心线的展开长度，mm；

α——实际弯曲角度，(°)；

R——管道中心线的弯曲半径，mm。

2）冷弯弯管加工。冷弯是在管子不加热情况下对管子进行弯曲加工的方法，其优点是不需加热措施、人工操作时不存在被烫伤的危险、便于操作；缺点是只适用于煨制管径小、管壁薄的管子，在弯管的过程中管子要受力和变形，因内侧受压、外侧受拉，故内侧管壁变厚、外侧管壁变薄、内侧长度变短、外侧长度变长，而管子中心线的壁厚和长度不变。另外还使弯头断面变形，由原来的圆形变成椭圆形。

A. 冷弯弯管的注意事项与要求如下。

a. 手动弯管器可以弯制公称直径不超过 25mm 的管子，冷弯弯管机一般用来弯制公称直径不大于 100mm 的弯管，当弯制大直径、壁厚管件时，宜采用中频弯管机。

b. 采用冷弯弯管设备时，弯头的弯曲半径不应小于公称直径的 4 倍。

c. 金属管道具有一定弹性，在冷弯过程中，当施加在管子上的外力撤除后，弯头会弹回一个角度，弹回角度的大小与管子的材质、厚度、弯曲半径有关，在控制弯曲角度时应该考虑增加这一弹回的角度。

d. 对一般碳素钢管，冷弯后不需作任何热处理。

B. 冷弯弯管的机具。

a. 固定式手动弯管器是由大轮、小轮和推架等部件构成。操作时先将被弯管子的起弯点对准大轮的 O 点及推架的中心线，将管子固定牢，推转推架进行弯管，直到弯管的角度满足要求为止。还有种便携式手动弯管器，这种手动弯管器适宜弯制小管径管子。

b. 弯管机包括有手动液压弯管机，能够弯制公称直径在 100mm 以内的管子；导轮弯管机，又分为固定导轮弯管机和转动导轮弯管机两种；扇形轮弯管机和自动液压多功能弯管机。

3）热煨弯管的加工。

A. 不锈钢管的煨制。

a. 不锈钢管在 500～850℃范围内长期加热，有析碳产生晶间腐蚀的倾向，因此应尽量采用冷弯。若一定需要热弯，应尽量用火焰弯管机和中频弯管机在 1100～1200℃的条件下煨制，成形后立即用水冷却，尽快使温度降到 400℃以下。

b. 小口径不锈钢管采用冷弯时，可用手动或电动弯管机。为保证弯管质量，应在管内灌砂或采用加芯棒弯管。

c. 芯棒应采用塑料制品，一般采用酚醛塑料芯棒。

d. 由于条件限制，需要用焦炭加热不锈钢管时，为避免炭火和不锈钢接触产生渗碳现象，不锈钢的加热部分应套钢管，再进行加热。

B. 铜与铜合金管的煨弯。

a. 铜管可冷弯，也可热煨。热煨时为防止管子被充填的砂粒压出凹凸不平和产生划痕，砂子应用 80～120 孔/cm^2 的筛子过筛，并烘干后才能充填管内。灌砂时用木锤敲击，加热使用木炭，弯时要使用胎具。

b. 黄铜管加热温度控制在 400～450℃，加热好的黄铜管遇水骤冷会发生裂纹，因此在弯制过程中不允许浇水。

c. 紫铜管加热温度控制在 540℃左右，紫铜管的性质不同于黄铜管，加好热后应先浇水使其淬火，降低硬度。同时，浇水可使紫铜管在高温下形成的氧化皮脱落，表面光洁，然后在冷态下用模具煨制成形。

d. 对于管径较小、管壁较薄的铜管，可采用灌铅法：将铅熔化灌入管内，待铅凝固后，用胎具煨制成形。

4）褶皱弯管的加工。在加工褶皱弯管时，先对需弯曲管段进行画线，然后用木塞或活动堵板将管子两端（或一端）堵严，用氧-乙炔焰将管子的褶皱处局部加热到 900～950℃之间，在弯管平台上弯曲，弯好一个褶皱后，必须浇水将被加热处冷却到呈黑色时再进行下一个褶皱的加热。弯曲的顺序最好是间隔进行，先弯 1、3、5 褶皱，再弯 2、4、6 褶皱。每弯制一个褶皱，都必须用活动量角器测量其角度。

（5）钢制焊接管件的制作。目前，电站的焊接管件一般都采用成品管件，如需要特殊管件现场可采用下述方式制作。

1）焊接管件的一般要求。

A. 焊接管件只适用于压力 $P_N \leqslant 2.5$MPa、温度 $t \leqslant 300$℃的介质管道。

B. 焊接管件应满足焊接质量检验的有关规定。

C. 焊接弯管主要尺寸偏差应符合下述规定。

周长偏差：当管径 $D_N > 1000$mm 时，不超过±6mm；管径 $D_N < 1000$mm 时，不超过±4mm；端面与中心线的垂直偏差 Δ（见图 2-86），不大于管外径的 1%，且不大于 3mm。

D. 同心异径管两端中心线应重合，其偏心值 $(a_1 - a_2)/2$（见图 2-87）不大于大端外径的 1%，且不大于 5mm，偏心异径管过渡区应圆滑。

E. 焊制三通的支管，垂直偏差不应大于其高度的 1%，且不大于 3mm。

F. 公称直径 $D_N \geqslant 400$mm 的焊制管件，应在其内侧的焊缝根部进行封底焊。

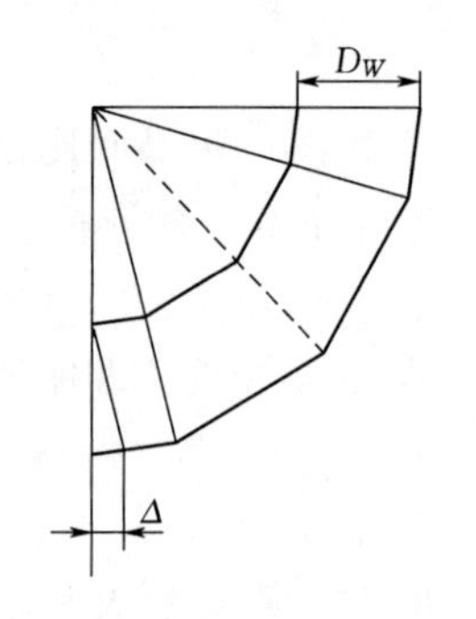

图 2-86　弯头端面垂直偏差

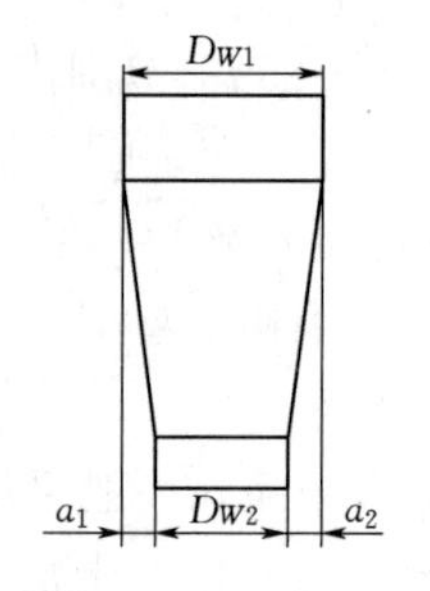

图 2-87　异径管偏差图

2）焊接管件的下料制作。

A. 焊接弯头。

a. 焊接弯头是由两个端节和若干个中间节的管段所组成，中间节两端带有斜截面，端节一端带有斜截面，长度是中间节的一半，焊接弯头的标准节数和各节中心角见表2-27。

表 2-27　焊接弯头的标准节数和各节中心角表

弯头角度/(°)	节数	中间节		端节	
		节数	中心角	节数	中心角
90	4	2	30°	2	15°
60	3	1	30°	2	15°
45	3	1	22°30′	2	11°15′
30	2	0	—	2	15°

b. 焊接弯头的弯曲半径一般为 D_W＝1.5mm，最小为 D_W＝1.0mm，端节的背高和腹高分别为中间节的背高和腹高的 1/2，并按式（2－7）计算：

$$A=(2R+D_W)\tan\frac{\alpha}{2(n+1)} \qquad B=(2R-D_W)\tan\frac{\alpha}{2(n+1)} \tag{2-7}$$

式中 A——中间节的背高，mm；

B——中间节的腹高，mm；

R——弯曲半径，mm；

α——弯曲角度，(°)；

n——中间节的节数。

c. 焊接弯头的下料展开图。首先做下料样板，有了端节的背高 $A/2$ 和腹高 $B/2$，就可以用作图法制作焊接弯头的下料样板，现举例说明。

例：用公称直径 D_N＝150mm 的水煤气管，D_W＝165mm，制作 90℃焊接弯头。首先求端节的背高和腹高，查表得 n＝2，D_W＝165mm，R＝1.5mm，D_W＝248mm，$A/2$＝89mm，$B/2$＝44mm，其制作样板见图 2－88。

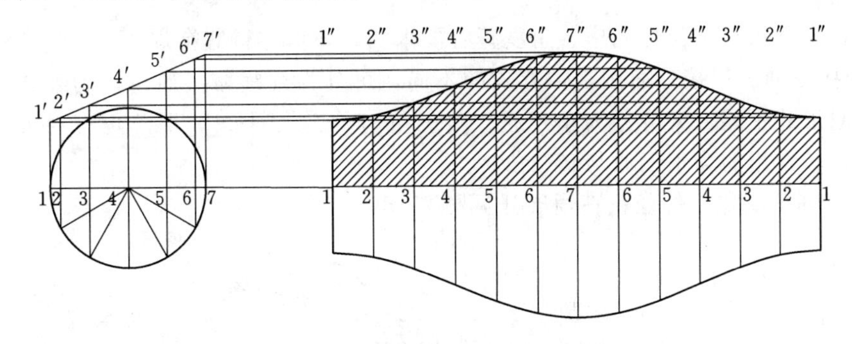

图 2－88 焊接弯头的下料制作样板图

由图 2－88 可知，步骤如下：

第一，在纸上画直线段 1—7 等于管子外径 165mm，分别从 1 和 7 两点作直线 1—7 的垂线，截取 1—1′等于端节腹高、7—7′等于端节背高，连接 1′和 7′两点得虚线 1′—7′。

第二，以直线 1—7 中点为圆心、直线 1—7 的一半为半径画半圆，在半圆的圆弧上等分 6 等份，各等分点向直径 1—7 作垂线，与直径 1—7 分别相交于 2～6 各点，并延长使其与斜线 1—7′相交于 2′～6′各点。

第三，右边画 1—7 的延长线，截取 1—1 等于管子外圆周长（πD_W＝518mm），把 1—1 分成 12 等份，各等分点依次为 1、2、3、4、5、6、7、6、5、4、3、2、1，由各等分点作 1—1 的垂线，在这些垂线上分别截取 1—1″等于 1—1′，2—2″等于 2—2′、…、7—7″等于 7—7′。

第四，用曲线板连接 1″、2″、…、7″、…、1″，得曲线 1″—1″，图中带斜线部分即为端节的展开图。

第五，在 1—1 直线段下面画出上半部的对称图，就是中间节的展开图。

d. 焊接弯头弯管的制作方法及要求：

第一，公称直径小于 400mm 的焊制弯头，可用无缝钢管或有缝钢管制作。

第二，下料时先在管子上沿轴线划两条直线，使这两条直线间弧距等于管子外圆周长的一半，然后将下料样板围在管子外面，使下料样板上的背高线和腹高线分别与管子上的两条直线重合。

第三，沿下料样板在管子上画出切割线。将下料样板翻转180°，画出另一段的切割线，两段之间应留足割口的宽度。用氧-乙炔焰切割时，根据管壁的薄厚留出3～5mm的割口，用锯割或其他方式切割，应留出相应切口宽度。

第四，用油毡纸做下料样板时，计算管子直径应是管子外径加上油毡纸的厚度。

第五，当用钢板卷制弯管时，制作下料样板所做成的管子直径应是管子内径加钢板厚度。

第六，焊接弯管各段在焊接前要开坡口，弯管外侧的坡口角度应小些，内侧坡口角度应大些。

第七，焊接弯管在组对时，应将各管节的中心线对准，定位焊先焊两侧两点，将角度调整正确后再焊几处。90°管定位焊时，应将角度放大1°～2°，以便焊接收缩后得到准确的弯曲角度。

第八，全部组对定位焊完毕、角度符合要求后，才可进行其余焊接。

B. 焊接三通。焊接三通按制作方式的不同，可分为开马鞍三通与拉制三通。开马鞍三通按组对形式不同，又可分为正三通、斜三角、顺流三通及Y形羊角三通等，水电站工程施工比较常用的为正三通与斜三角。

a. 正三通的制作。等径正三通展开见图2-89。

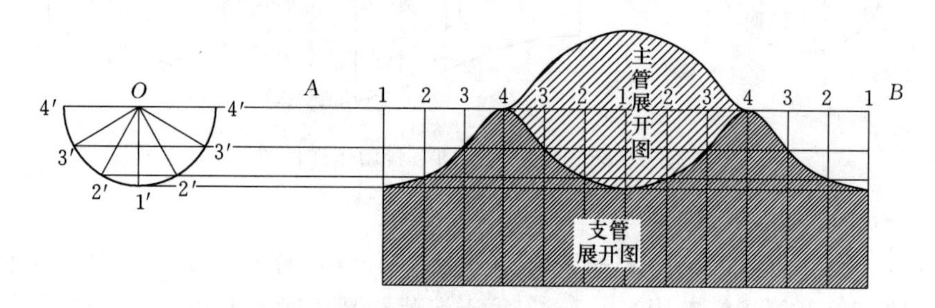

图2-89 等径正三通展开图

画展开图步骤如下：

第一，以O为圆心，以1/2管外径（即$D/2$）为半径作半圆，并将半圆弧分成6等份，其等分点为4′、3′、2′、1′、2′、3′及4′。

第二，将半圆上的直线4′—4′向右延长线AB，且AB线长等于管外径的周长（即πD）。

第三，将AB线等分12等份，自左向右等分点的顺序标号为1、2、3、4、3、2、1、2、3、4、3、2、1。

第四，作直线AB上各等分点的垂直线，同时，由半圆上各等分点（4′、3′、2′、1′）向右引水平线，与各垂直线相交。将所得到的交点连接成光滑曲线，此曲线为支管展开图样（即俗称雄头样板）。

第五，以直线AB为对称线，将4—4范围内的垂直线对称地向上截取，并连接成光

滑的曲线，即得到主管开孔展开图样（即俗称雌头样板）。

等径正三通的制作步骤如下。首先在管道上画出定位中心线，然后用雌雄头样板裹着管道，对准中心用石笔划出切割线，便可进行开孔切割。对碳钢大口径管，采用氧-乙炔焰进行切割，小口径管采用手锯切割。对不锈钢及有色金属管，一般采用钻床、铣床、镗床进行开孔，小口径管也可用手锯开孔。用钻床开孔时，如孔径较小侧应一次钻好；孔径较大时，可按孔壁轮廓线钻出若干 8～12mm 的小孔，用风铲铲除残留部分，并用角向砂轮机磨光。

等径三通制作时，主管上的开孔应按支管内径的尺寸，主管与支管组对时，最上部为角焊缝，尖角处为对焊缝，其余部分为过渡状态。因此，主管开孔在角焊处不开坡口，而应在向对焊缝处伸展的终点处开起坡口，到对焊处为 30°。支管要全部开坡口，坡口角度在角焊处为 45°，对焊处为 30°，从角焊处到对焊处要逐渐缩小坡口角度和均匀过渡。

三通组对时，主、支管位置要正确，不能错口。制作后在平面内支管不应有翘曲，组对间隙在角焊处为 2～3mm，对焊处为 2mm。支管的垂直度偏差不应大于其高度的 1%且不大于 3mm。各类三通的制作均应符合上述要求。

b. 异径正三通展开见图 2－90。异径正三通是由两节不同直径的圆管垂直相交而成的。

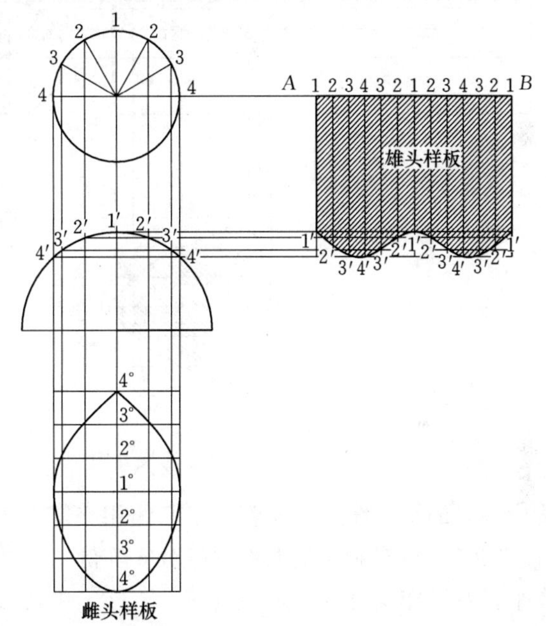

图 2－90　异径正三通展开图

异径正三通的展开作图方法和步骤如下：

第一，依据主管和支管的外径，在一根垂直线上画出大小不同的两个圆（主管画成半圆）。

第二，将支管上半圆弧等分 6 等份，标注号为 4、3、2、1、2、3、4。然后从各等分点向上向下引垂直的平行线，与主管圆弧相交，得出相应的交点 4′、3′、2′、1′、1′、2′、3′、4′。

第三，将支管图上直线 4—4 向右延长得直线 AB，在 AB 上取支管外径的周长（即 πD），并将其 12 等分，自左向右等分点的顺序标号是 1、2、3、4、3、2、1、2、3、4、3、2、1。

第四，从右直线 AB 上各等分点引垂直线，然后由主管圆弧上各交点向右引水平线与之相交，将对应点连成光滑曲线，即得到支管展开图（即雄头样板）。

第五，延长支管圆中心的垂直线，在此直线任意取一点为 1°，以 1°为中心，上下对称量取主管圆弧上的弧长 1′2′、2′3′、3′4′得 4°、3°、2°。

第六，通过上述这些交点作垂直于 1°平行线，得 2°、3°、4°直线。同时，将支管半圆上的 6 根等分直线延长，并与 1°等平行直线相交，用光滑曲线连接各交点，即得主管上开孔的展开图样（即雌头样板）。

异径正三通的制作方法步骤如下。异径正三通的开孔切割和组对方式基本上与同径正三通相同，主管上的开孔按支管内径的尺寸制作。主管与支管组队时，主管不开坡口，支管坡口角度为45°，组对间隙为0.5～2.0mm。若支管管径为主管的1/3以下时，可将支管插入主管孔内进行组对，此时主管管孔应开坡口，坡口角度为45°，而支管不开坡口，组对间隙仍为0.5～2.0mm，支管管端插入的深度要求与主管内壁相平。

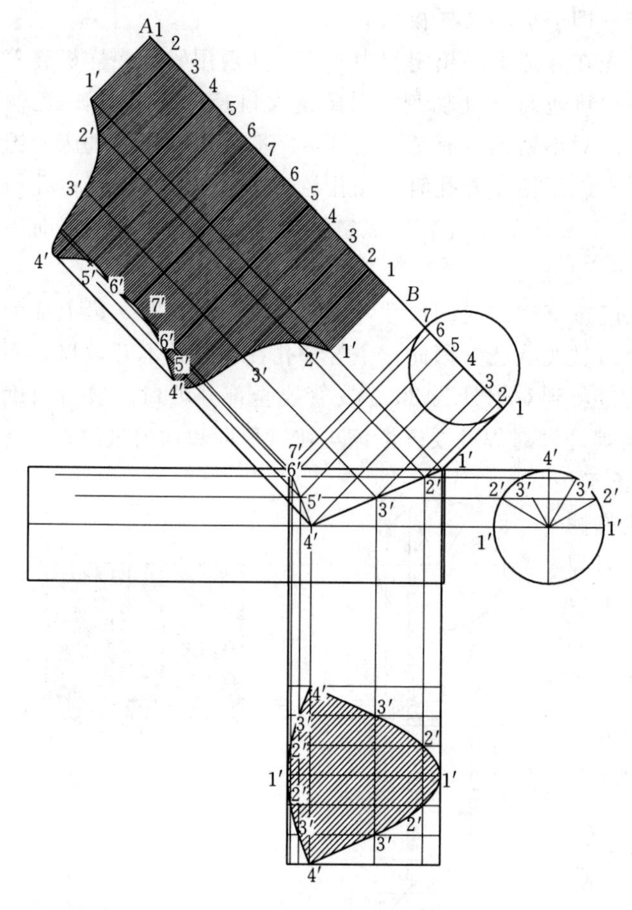

图 2-91　同径斜三通展开图

c. 同径斜三通展开见图 2-91。同径斜三通展开作图方法和步骤如下：

第一，依据主管外径，画出主管立面图及右断面图，以主管中心线取支管需偏斜角度 α，画出支管中心线。并以支管半径为半径画垂直于支管中心线的圆。将下半圆等分6等份，以半圆弧上等分点作支管中心线的平行线，与支管圆中心线相交得点1、2、3、4、5、6、7。

第二，将右断面图上半圆等分6等份 $1'$、$2'$、$3'$、$4'$、$3'$、$2'$、$1'$，以半圆弧上等分点作平行线。作支管圆上的点1～7平行于中心线的直线，与右断面上的平行线相交得点 $1'$～$7'$。

第三，将支管圆中心线向左延长得直线 AB，在 AB 线上取长度为支管外径周长线1～1（即 πD），并将其12等分，自左向右等分点的顺序标号是1、2、3、4、5、6、7、6、5、4、3、2、1。

第四，左直线 AB 上各等分点引垂直线，然后由主管上各交点向左引 AB 平行线与之相交，将对应点连成光滑曲线，即得到支管展开图（即雄头样板）。

第五，以支管与主管的交点 $4'$ 作主管垂直线，在此直线任意取一点为 1°，以 1° 为中心，上下对称量取主管圆弧上的弧长 $1'2'$、$2'3'$、$3'4'$ 得 4°、3°、2°。

第六，通过上述这些交点作垂直与 1° 平行线，得 2°、3°、4° 直线。同时，将支管与主管相交点作主管垂直线，并与 1° 等平行直线相交，用光滑曲线连接各交点，即得主管上开孔的展开图样。

d. 异径斜三通展开见图 2-92，异径斜三通展开作图方法和步骤如下：

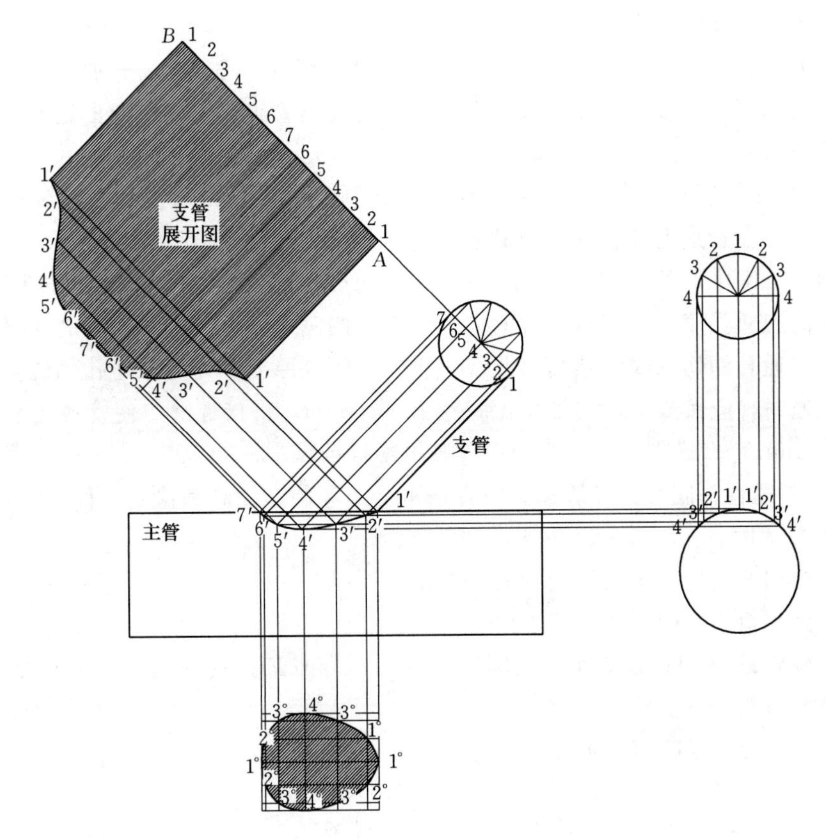

图 2-92　异径斜三通展开图

第一，依据主管外径，画出主管立面图及右断面图，以主管中心线取支管需偏斜角度 α，画出支管中心线，并以支管半径为半径画垂直于支管中心线的圆。将下半圆等分 6 等份，以半圆弧上等分点作支管中心线的平行线，与支管圆中心线相交得点 1、2、3、4、5、6、7。

第二，以右断面圆中心上下作直线，在此直线以支管外径画圆，将支管半圆等分 6 等份 4、3、2、1、2、3、4，并向下作垂直线与右断面圆相交得点 4′、3′、2′、1′、2′、3′。

第三，以右断面图交点 4′—4′作主管平行线。作支管圆上的点 1～7 平行于中心线的直线，与右断面上的平行线相交得点 1′—7′。

第四，将支管圆中心线向左延长得直线 AB，在 AB 线上取长度为支管外径周长线 1～1（即 πD），并将其 12 等分，自左向右等分点的顺序标号是 1、2、3、4、5、6、7、6、5、4、3、2、1。

第五，左直线 AB 上各等分点引垂直线，然后由主管上各交点向左引 AB 平行线与之相交，将对应点连成光滑曲线，即得到支管展开图（即雄头样板）。

第六，以支管与主管的交点 4′作主管垂直线，在此直线任意取一点为 1°，以 1°为中心，上下对称量取主管圆弧上的弧长 1′2′、2′3′、3′4′得 4°、3°、2°。

第七，通过上述这些交点作垂直于 1°平行线，得 2°、3°、4°直线。同时，将支管与主管相交点作主管垂直线，并与 1°等平行直线相交，用光滑曲线连接各交点，即得主管上开孔的展开图样（即雌头样板）。

斜三通的开孔切割方法同正三通，制作时一般主管与支管都需要开坡口，坡口应根据夹角大小灵活掌握，大多加工成对接焊形式。主管与支管组对时，应留出足够的间隙，以满足焊接的要求。

e. 三通的制作方法及要求。各种焊接三通在制作前，先做出样板，然后用样板在管道上画线切割。在管道上开孔时，位置要准确，切口的边缘距管端不得小于100mm。在确定位置划出十字中心线，样板上的中心线应与所划十字中心线对齐，再按样板划线切割。为了提高三通强度，最好按支管的内径开孔。圆三通开孔可用切割好的支管直接扣在主管上划出三通孔的切割线，然后由此线向里减去管壁厚度，即为三通孔的切割线。

组对三通时，应按规定铲出坡口，间隙为2～3mm，搭接焊缝应使管壁紧靠，其间隙不得大于1.5mm，然后进行组对、焊接，其方法同前。

C. 同心异径管。同心异径管按制作方法可分为卷制、抽制和捻制三种方法：

a. 变径较大时，用图2－93方法卷制。

第一，根据所给尺寸画出异径管的立面图。

第二，延长斜边 ab 和 cd，相交于 O 点。

第三，分别以 Oa 和 Ob 为半径画圆弧，截取 aE 和 bF 使其分为大头和小头的圆周长，$abFE$ 即为展开图。

b. 变径较小时，用图2－94方法卷制。

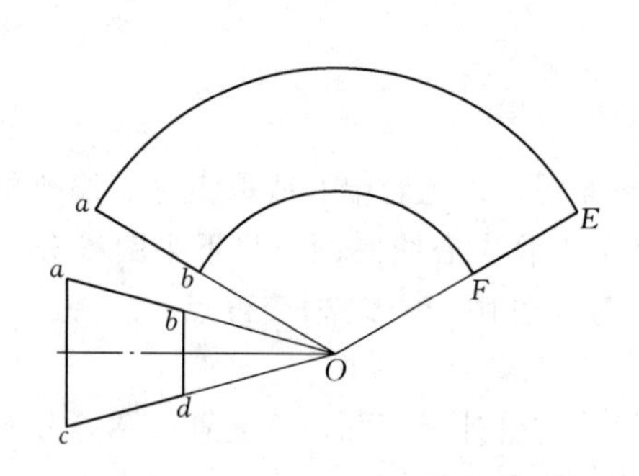

图2－93　变径较大同心异径管卷制示意图

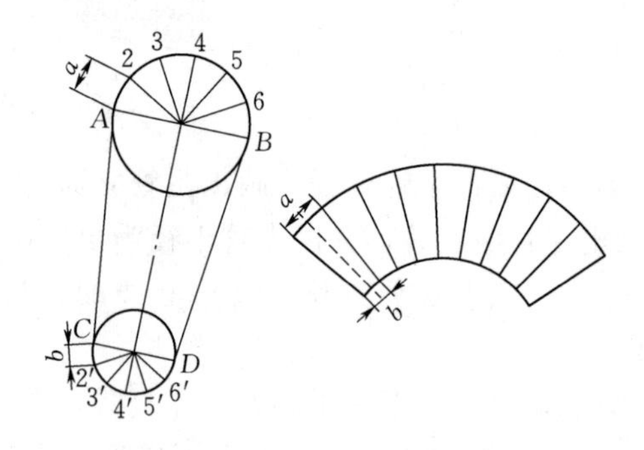

图2－94　变径较小同心异径管卷制示意图

第一，画出立面图。

第二，分别以 AB 和 CD 为直径画半圆并6等分。

第三，以 a 弦长为顶、b 弦长为底、AC 长为高作梯形样板。

第四，用梯形为小样板，12份拼齐连成后，经复查总长和圆周长无误后，即为合格的展开图。

c. 异径管的制作方法及要求。采用钢板卷管时，先做出样板，然后将样板平铺在钢板上画线、下料，并按要求加工坡口，除去毛刺和氧化铁皮，用滚板机或压力机卷圆，再用1/4圆的弧形样板检查内圆的弧度。经修整达到要求后施焊。无机械卷圆时，也可手工卷制，制作时先在切割好的钢板上切线条，用铁锤敲打弯制，锤击力量要适当，以免产生过度变形，随时用1/4圆弧样板检查。如发现扭曲不对口时，可用工具校正。

2.3.2 管道焊接

管道焊接按焊接工艺的不同，有气焊、手工电弧焊、手工氩弧焊及埋弧自动焊等。气焊通常是指氧-乙炔焊，它一般用于外径不大于 57mm、壁厚不大于 3.5mm 的铜管、铝管的焊接。管径较大、管壁较厚的钢管的焊接，一般都采用电焊。

（1）管道预热及热处理。为降低或消除焊接接头的残余应力，防止产生裂纹、改善焊缝和热影响区的金属组织与性能，应根据材料的淬硬性、焊接厚度及使用条件等综合考虑进行焊接前预热和焊后热处理。

1）管道预热。管道焊接时，应按表 2－28 的规定的温度进行焊前预热。焊接过程中的层间温度不应低于其预热温度。当不同金属焊接时，预热温度应按可焊性较差一侧的钢材确定。预热时应使焊口两侧及内外壁的温度均匀，防止局部过热。加热后附近应予以保温，以减少热损失。

表 2－28　　常用管子、管件焊前预热及焊后热处理要求表

钢　　号	焊前预热		焊后热处理	
	壁厚/mm	温度/℃	壁厚/mm	温度/℃
10、20、ZG25	≥26	100～200	＞36	600～650
16Mn 15MnV 12CrMo	≥15	150～200	＞20	600～650 520～570 650～700
15CrMo ZG20CrMo	≥10 ≥6	150～200 200～300	＞10	670～700
12Cr1MoV ZG20CrMoV ZG15Cr1MoV	≥6	200～300 — 250～300	＞6	720～750
12Cr2MoWVB 12Cr3MoWVSiTiB Cr5Mo	≥6	250～350	任意	750～780
铝及铝合金	任意	150～200	—	—
铜及铜合金	任意	350～550	—	—

A. 当焊接环境温度低于 0℃时，表中未规定要预热的金属（除有色金属外）均应作适当的预热；表 2－28 中规定要预热的金属（除有色金属外）则应将预热温度作适当提高。

B. 黄铜焊接时的预热温度：壁厚为 5～15mm 时为 400～500℃；壁厚大于 15mm 时为 550℃。

C. 有应力腐蚀的碳素钢、合金钢焊缝，不论其壁厚条件，均应进行焊后热处理。

D. 黄铜焊接后，焊缝应进行焊后热处理。焊后热处理温度：消除应力处理为 400～450℃；软化退火处理为 550～600℃。

预热的加热范围为以焊口中心为基准，每侧不小于壁厚的 3 倍；有淬硬倾向或易产生

延迟裂纹的管道，每侧不应少于100mm；铝及铝合金管焊接前预热应适当加宽；纯铜的钨极氩弧焊，当其壁厚大于3mm时，预热宽度每侧为50～150mm，黄铜管的氧-乙炔焊，预热宽度每侧为150mm。

2）管道热处理。管道焊接接头若需进行热处理时，通常应在焊后及时进行。常用管子、管件焊前预热温度见表2-29。

表2-29　　常用管子、管件焊前预热温度表

钢　号	允许焊接的最低环境温度/℃	预热要求	
		常温	低温
含碳量不大于0.2%的碳钢管	−30	大于−20℃可不预热	小于−20℃，预热100～150℃
含碳量大于0.2%～0.3%的碳钢管	−20	大于−10℃可不预热	小于−10℃，预热100～150℃

A. 对于易产生延迟裂纹的焊接接头，若不能及时进行热处理，应在焊接后冷却至300～350℃时，予以保温缓冷。若用加热方法时，其加热范围与热处理条件相同。焊后热处理的加热速率、恒温时间及降温速率应符合下列规定（S为壁厚，单位为mm）。

a. 加热速率。升温至300℃后，加热速率每小时不应超过220×25.40/S(℃)。

b. 冷却速率。恒温后的降温速率每小时不应超过275×25.40/S(℃)，且不大于275℃，降温至300℃以下时，采用自然冷却。

B. 异种金属焊接接头的焊后热处理要求，一般以合金成分较低的钢材确定。

（2）管道的焊接。

1）管道焊缝位置。管道焊缝位置应符合下列规定：

A. 直管段上两条相邻焊缝间的距离，当公称直径不小于150mm时，不应小于150mm；当公称直径小于150mm时，不应小于管子外径。

B. 焊缝距离弯管（不包括压制、热推或中频弯管）起弯点不得小于100mm，且不得小于管子外径。

C. 卷管的纵向焊缝应置于易检修的位置，且不宜在底部。

D. 环焊缝距支、吊架净距不应小于50mm；需热处理的焊缝距支、吊架净距不得小于焊缝宽度的5倍，且不得小于100mm。

E. 不宜在管道焊缝及其边缘上开孔。

F. 有加固环的卷管，加固环的对接焊缝应与管子纵向焊缝错开，其间距不应小于100mm，加固环距管子的环焊缝不应小于50mm。

2）管子对接要点。

A. 根据管件壁厚和管径选择适当的焊接方法。焊接前应清除接口处的浮锈、污垢及油脂。焊区自然温度过低时，应进行预热，预热温度一般为100～200℃，预热长度为200～250mm。

B. 管壁较厚时，应开坡口。

a. 管子、管件的坡口形式和尺寸应符合设计文件规定，当设计文件无规定时，可按表2-30～表2-35中的规定执行。

表 2-30　钢制管道焊接坡口形式和尺寸表（无特殊要求时不锈钢管也可参照本表）

项次	厚度 T /mm	坡口名称	坡口形式	坡口尺寸			备　注
				间隙 c /mm	钝边 p /mm	坡口角度 $\alpha(\beta)$/(°)	
1	1～3	I 形坡口		0～1.5	—	—	单面焊
	3～6						双面焊
2	3～9	V 形坡口		0～2.5	0～2	65～75	
	9～26			0～2	0～3	55～65	
3	6～9	带垫板 V 形坡口		0～3	0～2	45～55	
	9～26			3～5	0～2		
4	12～60	X 形坡口		4～6	0～3	55～65	
5	20～60	双 V 形坡口		0～3	1～3	65～75 (8～12)	
6	20～60	U 形接头		0～3	1～3	8～12	
7	2～30	T 形接头 I 形坡口		0～2	—	—	
8	6～10	T 形接头单边 V 形坡口		0～2	0～2	45～55	
	10～17			0～3	0～3		
	17～30			0～4	0～4		
9	20～40	T 形接头对称 K 形接口		0～3	2～3	45～55	9
10	管径 $\phi\leqslant 76$	管座坡口		2～3	—	50～6 (30～35)	10
11	管径 $\phi 76$～133	管座坡口		2～3	—	45～60	
12		法兰角焊接头		—	—	—	$K=1.4T$，且不大于颈部厚度；$E=6.4$，且不大于 T
13		承插焊接法兰		1.6	—	—	$K=1.4T$，且不大于颈部厚度
14		承插焊接接头		1.6	—	—	$K=1.4T$，且不大于 3.2

注　（　）内为背面坡口角度。

表 2-31　铝及铝合金手工钨极氩弧焊坡口形式及尺寸表

项次	厚度 T /mm	坡口名称	坡口形式	坡口尺寸			备　注
				间隙 c /mm	钝边 p /mm	坡口角度 $\alpha(\beta)$/(°)	
1	1～2	卷边		—	—	—	卷边高度 $T+1$ 不添加焊丝

续表

项次	厚度 T /mm	坡口名称	坡口形式	坡口尺寸			备　注
				间隙 c /mm	钝边 p /mm	坡口角度 α (β)/(°)	
2	<3	I 形坡口		0～1.5			单面焊
	5～12			0.5～2.5			双面焊
3	3～5	V 形坡口		0～2.5	1～1.5	70～80	横焊位置坡口角上半边40°～50°、下半边20°～30°；单面焊坡口根部内侧最好倒棱；U形坡口根部圆角半径为6～8mm
	5～12			2～4	1～2	60～70	
4	4～12	带垫板 V 形坡口					
5	>8	U 形坡口		0～2.5	1.5～2.5	55～65	
6	>12	X 形坡口		0～2.5	2～3	60～80	
7	⩽6	不开坡口 T 形接头		0.5～1.5			
8	6～10	T 形接头单边 V 形坡口		0.5～2	⩽2	50～55	
9	>8	T 形接头对称 K 形坡口		0～2	⩽2	50～55	

表 2－32　　铝及铝合金熔化极氩弧焊坡口形式尺寸表

项次	厚度 T /mm	坡口名称	坡口形式	坡口尺寸			备　注
				间隙 c /mm	钝边 p /mm	坡口角度 $\alpha(\beta)$/(°)	
1	⩽10	I 形坡口		0～3	2～3		
2	8～20	V 形坡口		0～3	3～4	60～70	
3	8～25	带垫板		3～6		50～60	
4	0	U 形坡口		0～3	3～5	40～50	
5	>8	X 形坡口		0～3	3～6	70～80	
	>26				5～8	60～70	

表 2－33　　紫铜钨极氩弧焊坡口形式及尺寸表

项次	厚度 T /mm	坡口名称	坡口形式	坡口尺寸			备　注
				间隙 c /mm	钝边 p /mm	坡口角度 $\alpha(\beta)$/(°)	
1	⩽2	I 形坡口		0	—	—	
2	3～4	V 形坡口		0	—	60～70	
3	5～8	V 形坡口		0	1～2	60～70	
4	10～14	X 形坡口		0	—	60～70	

表 2－34　　黄铜钨极氩弧焊坡口形式及尺寸表

项次	厚度 T /mm	坡口名称	坡口形式	坡口尺寸			备注
				间隙 c /mm	钝边 p /mm	坡口角度 $\alpha(\beta)$/(°)	
1	≤2	卷边		—	—	—	不加填充金属
2	≤2	I形坡口		0～4	—	—	单面焊
				3～5	—	—	双面焊不能两侧同时焊
3	3～6	V形坡口		3～6	0	65±5	
4	8～12	V形坡口		3～6	0～3	65±5	
5	>8	X形坡口		3～6	0～4	65±5	

表 2－35　　钛焊接坡口形式及尺寸表

项次	厚度 T /mm	坡口名称	坡口形式	坡口尺寸			备注
				间隙 c /mm	钝边 p /mm	坡口角度 $\alpha(\beta)$/(°)	
1	1～2	I形坡口		0～1	—	—	
2	2～10	V形坡口		0.5～2	1～1.5	60	
3	2～10	不等厚管壁对接V形坡口		0.5～2	1～1.5	60	
4	2～10	跨接式三通支管坡口		1～2.5	1～2	40～50	
5	2～10	插入式三通主管坡口		1～2.5	1～2	40～50	

b. 管道坡口加工宜采用机械方法，也可采用等离子、氧-乙炔焰等热加工方法。采用热加工方法加工坡口后，应除去坡口表面的氧化皮、熔渣及影响接头质量的表面层，并应将凹凸不平处打磨平整。

C. 管道组件组对时，对坡口及其内外表面进行的清理应符合表 2－36 的规定；清理合格后应及时焊接。

表 2－36　　坡口及其内外表面的清理表

管道材质	清理范围/mm	清理物	清理方法
碳素钢不锈钢合金钢	≥10	油、漆、锈、毛刺等污物	手工或机械等
铝及铝合金	≥50	油污、氧化膜等	有机溶剂除净油污，化学或机械法除净氧化膜
铜及铜合金	≥20		
钛	≥50		

D. 除设计文件规定的管道冷拉伸或冷压缩焊口外，不得强行组对。

E. 管道对接焊口应做到内壁齐平，内壁错边量应符合表 2－37 的规定。

表 2－37　　　　　　　　　　管道组对内壁错边量表

管 道 材 质		内 壁 错 边 以 量
钢		不宜超过壁厚的 10%，且不大于 2mm
铝及钢台金	壁厚不大于 5mm	不大于 0.5mm
	壁厚大于 5mm	不宜超过壁厚的 10%且不大于 2mm
铜及铜合金、钛		不宜超过壁厚的 10%且不大于 1mm

F. 不等厚管道组件组对时，当内壁错边量超过管道组对内壁错边量的规定或外壁错边量大于 3mm 时，应进行修整（见图 2－95）。

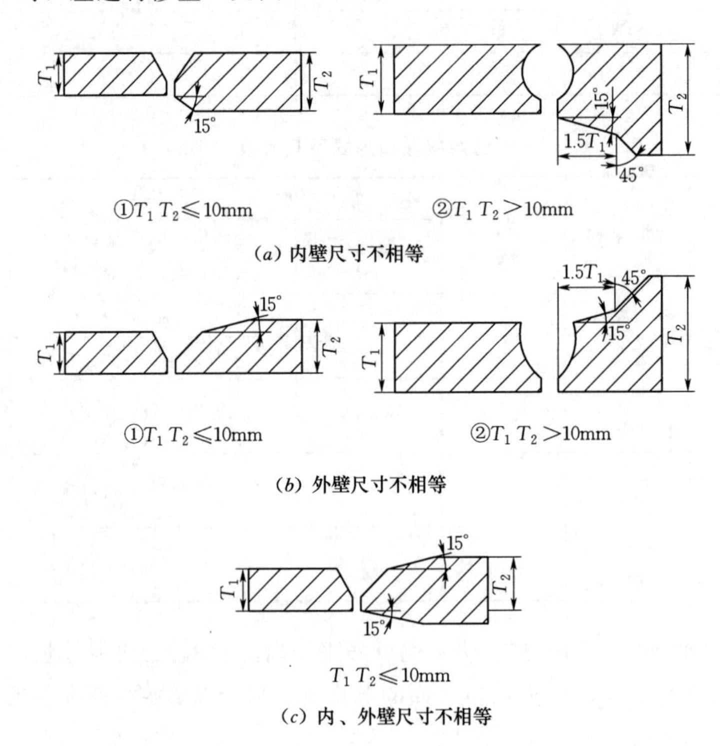

图 2－95　焊件坡口形式示意图

注：用于管件且受长度条件限制时，图（*a*）①、（*b*）①和（*c*）中的 15°角可改用 30°角。

G. 管道接口处的断面应与管的中心线垂直，其垂直度可用样板检查。焊接前认真对正，保证两根管子的轴线重合。组对时，要用定心夹持器固定进行点焊，然后再正式焊接。

H. 尽量采用平焊。管件对口焊接时，尽可能采用活动焊口，使焊口可以转动，以保持平焊最佳位置。焊接固定焊口或横焊口时，应采用短弧焊接。

I. 焊接公称直径 D_N≤200mm 的转动焊口时，可单方向焊接；焊接公称直径 D_N＞200mm 的管件时，应分段施焊。管壁厚度大于 6mm 时，应分层施焊，每层方向应相反且焊接起点错开。焊接另一层之前必须将前一层的焊渣清除干净。

J. 焊缝应有一定的加强面，其高度和宽度应符合表 2－38 要求。

表 2－38　焊缝加强面尺寸表　单位：mm

管壁厚度 s	<10	10～20	>20
加强面高度 c	1.5～2.5	2～3	2～4
遮盖宽度 e	1～2	2～3	2～3

3）法兰盘焊接要点。

A. 管件与法兰盘焊接必须保证管子的中心线与法兰盘的端面（密封面）垂直，其垂直度可用直角角尺检测。

B. 管件插入法兰盘时，距法兰盘的密封面应有一定距离（一般为法兰盘厚度的1/2～2/3），以便于内口焊接。

C. 找正后，应先进行点焊，然后正式焊接。点焊时，先点焊一处，转过 180°再点焊一处，然后再在与之垂直的方向上点焊另外两点。

D. 焊完后，焊缝不能高出法兰盘的密封面。否则，应将高出部分锉平，以保证密封。

4）其他。

A. 当对螺纹接头采用密封焊时，外露螺纹应全部密封。

B. 对管内清洁要求较高且焊接后不易清理的管道，其焊缝底层应采用氩弧焊施焊。机组的循环油、控制油、密封油管道，当采用承插焊时，承口与插口的轴向不宜留间隙。

C. 需预拉伸或预压缩的管道焊口，组对时所使用的工具应待整个焊口焊接及热处理完毕并经焊接检验合格后方可拆除。

2.3.3 管道压力试验

（1）承压管道系统压力试验。

1）试压前的准备。承压管道系统包括生活用水、消防用水、压缩空气、油系统及生活（生产）与消防合用系统。可根据介质、管材及压力情况选择水压、气压等进行试验。

A. 试压前将试压用的管材、管件、阀件、压力表及试压泵等材料、机具准备好，符合压力试验要求的液体或气体已经备齐。压力表必须经过校验，并在周检期内，其精度不得低于 1.5 级，且应具有良好的铅封，表的满刻度值应为被测最大压力的 1.5～2 倍，压力表不得少于两块。试验范围内的管道安装工程除涂漆、绝热外，已按设计图纸全部完成，安装质量符合有关规定。焊缝及其他待检部位尚未涂漆和绝热。管道上的膨胀节已设置了临时约束装置。按试验的要求，管道已经加固。试验方案已经过批准，并已进行了技术交底。

B. 试压前应先将系统管道敞开管口堵严，在试压管道系统的最高点处设置排气阀，管路中各阀门均应打开，待试管道与无关系统已用盲板或采取其他措施隔开，待试管道上的安全阀、仪表元件等已经拆下或加以隔离。

C. 参加试压人员要按岗分工，明确责任，熟悉试压分区或分段的划分范围，掌握试验压力标准。当管道的设计压力不大于 0.6MPa 时，也可采用气体为试验介质，但应采取有效的安全措施。脆性材料严禁使用气体进行压力试验，对输送剧毒流体的管道及设计压力不小于 10MPa 的管道，在压力试验前，下列资料已经建设单位复查：管道组成件的质量证明书；管道组成件的检验或试验记录；管道加工记录；焊接检验及热处理记录；设计修改及材料代用文件。

D. 最后对全系统进行全面检查，确认无敞开管头及遗漏项目后，即可向管路系统注水进行试压。

2）水压试验。管道系统的水压试验根据工程不同，可先分段试验，后全系统试验，也可全系统只进行一次水压试验，操作步骤如下：

A. 打开水源供水阀、压力表阀、试压管道系统进水阀，水可以不经过水泵直接向系统注水，将管网中最高处配水点的阀门打开，以便排尽管中空气，待出水时关闭。然后继续向系统内灌水，排气阀出水无气泡，则表明管道系统已注满水，可关闭排气阀。

B. 当管网中的压力表压力和水源压力相同时，关闭水源供水阀，开启试压泵出口阀，启动试压泵使系统内的水压逐渐升高。先缓缓升至工作压力，停泵检查各类管道接口、管道与设备连接处，当阀门及附件、各部位无渗漏、无破裂时，可分2～4次将压力升至试验压力。待管道内压力升至试验压力后，关闭阀门，停水泵并稳压10min，对金属管道及复合管而言，压力降不大于0.02MPa，塑料管在试验压力下稳压1h，压降不大于0.05MPa，表明管道系统强度试验合格。

C. 强度试验合格后，将压力降至工作压力，在稳压条件下进行严密性试验，此时全系统的各部位仍无渗漏、裂纹，则表明系统的严密性合格。

在检验过程中如发现管道接口处渗漏，应及时做记号，泄压后进行修理，再重新试压，直至合格为止。

经建设单位、监理单位及施工单位检查验收合格后将工作压力逐渐降至零，管道系统试压完毕。

D. 水压试验要点有以下内容。

a. 当进行压力试验时，应划定禁区，无关人员不得进入。

b. 压力试验过程中，不得在管道上进行带压修补。

c. 建设单位和工程监理单位应参加压力试验。压力试验合格后，应和施工单位一同按规定的格式填写“管道系统压力试验记录”。

d. 水压试验应使用洁净水，当对奥氏体不锈钢管道或对连有奥氏体不锈钢管道或设备的管道进行试验时，水中氯离子含量不得超过25×10^{-6}（25×10^{-6}）。

e. 试验前，注水体时应排尽空气。

f. 试验时，环境温度不宜低于5℃，当环境温度低于5℃时，应采取防冻措施。

g. 试验时，应测量试验温度，严禁材料试验温度接近脆性转变温度。

h. 承受内压的明敷钢管道及有色金属管道试验压力应为设计压力的1.5倍，埋设钢管道的试验压力应为设计压力的1.5倍，且不得低于0.4MPa。

i. 当管道与设备作为一个系统进行试验，管道的试验压力不大于设备的试验压力时，应按管道的试验压力进行试验；当管道试验压力大于设备的试验压力，且设备的试验压力不低于管道设计压力的1.15倍时，经建设单位同意，可按设备的试验压力进行试验。

j. 当管道的设计温度高于试验温度时，试验压力应按式（2-8）计算：

$$P_s=1.5P[\sigma]_1/[\sigma]_2 \tag{2-8}$$

式中　P_s——试验压力（表压），MPa；

P——设计压力（表压），MPa；

$[\sigma]_1$——试验温度下，管材的许用应力，MPa；

$[\sigma]_2$——设计温度下，管材的许用应力，MPa。

当 $[\sigma]_1/[\sigma]_2>6.5$ 时，取 6.5。

当 P_s 在试验温度下，产生超过屈服强度的应力时，应将试验压力 P_s 降至不超过屈服强度时的最大压力。

k. 承受内压的埋设铸铁管道的试验压力，当设计压力不大于 0.5MPa 时，应为设计压力的 2 倍；当设计压力大于 0.5MPa 时，应为设计压力加 0.5MPa。

l. 对位差较大的管道，应将试验水的静压计入试验压力中。管道的试验压力应以最低点的压力为准。

m. 对承受外压的管道，其试验压力应为设计内、外压力之差的 1.5 倍，且不得低于 0.2MPa。

n. 夹套管内管的试验压力应按内部或外部设计压力的高者确定。

o. 水压试验应缓慢升压，待达到试验压力后，稳压 10min，再将试验压力降至设计压力，稳压 30min，以压力不降、无渗漏为合格。

p. 试验结束后，应及时拆除盲板、膨胀节限位设施，排尽积液。排液时应防止形成负压，并不得随地排放。

q. 当试验过程中发现泄漏时，不得带压处理。消除缺陷后，应重新进行试验。

3）气压压力试验。气压试验应遵守下列规定。

A. 承受内压钢管及有色金属管道强度耐压试验，压力应为设计压力的 1.5 倍，真空管道的试验压力应为 0.2MPa。现场制作的承压设备或管件需用气体进行强度或严密性耐压试验，必须有设计文件规定或经建设单位同意。

B. 严禁使试验温度接近金属的脆性转变温度。

C. 试验前，必须用空气进行预试验，试验压力宜为 0.2MPa。

D. 试验时，应逐步缓慢增加压力，当压力升至试验压力的 50%时，如未发现异状或泄漏，继续按试验压力的 10%逐级升压，每级稳压 3min，直至升到试验压力，稳压 10min，再将压力降至设计压力，稳压时间应根据查漏需要而定，以发泡剂检验不泄漏为合格。

E. 输送剧毒流体、有毒流体、可燃流体的管道必须进行泄漏性试验。泄漏性试验应按下列规定进行：

a. 泄漏性试验应在压力试验合格后进行，试验介质宜采用空气。

b. 泄漏性试验压力应为设计压力。

c. 泄漏性试验可结合试车工作，一并进行。

d. 泄漏性试验应重点检验阀门填料函、法兰或螺纹连接处、放空阀、排气阀、排水阀等，以发泡剂检验不泄漏为合格。

e. 经气压试验合格，且在试验后未经拆卸过的管道可不进行泄漏性试验。

F. 当现场条件不允许使用液体进行压力试验时，经建设单位同意，可同时采用下列方法代替：

a. 所有焊缝（包括附着件上的焊缝），用液体渗透法或磁粉法进行检验。

b. 对接焊缝用100％射线照相进行检验。

（2）排水系统的灌水试验。非承压管道安装完毕，应进行灌水试验，用以检查安装质量。

1）试验前，先对试验管道内部进行检查，要求管道不应有裂纹、小孔、凹陷等缺陷，管内不应有残渣。

2）用胶管从待试管道最高处预留孔向管道内灌水，水位到预设位置后，停止灌水，检查系统管道连接处、设备连接处等部位有无渗漏现象。停灌15min后，在没有发现渗漏的情况下，应进行二次补灌，使管内水面上升至停止灌水时的位置，再次记录停灌时间。15min后，施工人员、质检人员及建设单位有关人员，应共同检查管道内水位情况。若水面位置下降则认为试验不合格，施工人员应对管道及接口、堵口进行全面检查、修复。重新按上述方法进行灌水试验，直至水面位置没有下降，方可认为灌水试验合格。灌水试验合格后，应立即做好排水管道灌水试验记录，有关检查人员签字盖章。

2.3.4 管道清洗

管道在运输、存放的过程中容易生锈，管道在投产使用前，应对其进行全面的清洗。以便清除管道内的铁屑、灰尘、砂及焊渣等杂物，以防杂物堵塞管道、损坏阀门和仪表。管道清洗主要有管道表面处理、管道酸洗、化学清洗及油清洗等。

（1）管道的表面处理。管道表面处理（也称表面准备）就是消除或减少管材表面缺陷和污染物，为涂漆提供良好的基面。管道表面处理主要有三种，即除锈、脱脂和酸洗。

1）管道表面除锈。在管道工程中，管道表面除锈主要有手工除锈、机械除锈和喷砂除锈三种方式。

A. 手工除锈。目前，手工除锈依然是施工现场管道除锈的常用方法之一，主要使用钢丝刷、纱布、扁铲等工具，靠手工方法敲、铲、刷、磨，以除去污物、尘土、锈垢。对于管子表面的浮锈和油污，也可用有机溶剂如汽油、丙酮擦洗。

采用手工除锈时，应注意清理焊缝的药皮及飞溅的熔渣，因为它们更具有腐蚀性。应杜绝施焊后不清理就进行涂漆的错误做法。

B. 机械除锈。在管子运到现场安装以前，采用机械方法集中除锈并涂刷一层底漆是比较好的除锈方法。常用的小型除锈机具主要有风动刷、电动刷、除锈枪、电动砂轮及针束除锈器等，它们以冲击摩擦的方式，可以很好地除去污物和锈蚀。

C. 喷砂除锈。喷砂除锈是运用较广泛的一种除锈方法，能彻底清除物体表面的锈蚀、氧化皮及各种污物，使金属形成粗糙而均匀的表面，以增加涂料的附着力。喷砂除锈又可分为干喷砂和湿喷砂两种。

a. 干喷砂。干喷砂最大的缺点就是作业时沙尘飞扬，污染空气，影响操作人员的健康。因此必须加强劳动保护，操作人员应佩戴防尘口罩，防尘眼镜或特殊呼吸面具。

（a）喷嘴规格。喷砂用内径为6～8mm的喷嘴，一般用45号钢制成，可经渗碳淬火处理以增加硬度。为减少喷嘴的磨损及消耗，可使用硬质陶瓷内套，其使用寿命为工具钢内套的20倍。

（b）材料要求。选用的材料应符合下列要求：

第一，喷砂使用的压缩空气应干燥清洁，不得含有水分和油污，当用白漆靶板放在排气口 1min 后，表面应无污点、水珠。

第二，砂料应选用质地坚硬有棱角的石英砂、金刚砂或硅质河砂及海砂。砂料必须干净，使用前应经过筛选，且要干燥，含水率应不大于 1%。干喷砂通常使用粒径为 1～2mm 的石英砂或干净的河砂。当钢板厚度为 4～8mm 时，砂的粒径约为 1.5mm，压缩空气压力为 0.5MPa，喷射角度为 45°～60°，喷嘴与工作面的距离为 100～200mm，当钢板厚度小于 4mm 时，应采用已用过 4～5 次、粒径为 0.15～0.5mm 的细河砂。

（c）施工工艺。根据施工场所的不同，干喷砂的施工工艺流程有如下两种：

第一，施工现场最简单的干喷砂除锈工艺流程。操作时一人持喷嘴；另一人将输砂胶管的末端插入砂堆，压缩空气通过喷嘴时形成的真空连续把砂吸入喷嘴，砂与压缩空气充分混合后以高速喷射到工作面上。

第二，在固定的喷砂场所，也可采用结构比较简单的单室喷砂工艺。将砂装入砂罐，然后通入压缩空气使砂罐内部压力与压缩空气压力相平衡，打开阀门与出砂阀塞，压缩空气即可夹带沙粒进入喷枪，进行喷砂除锈作业。

（d）工艺指标。干喷砂作业工艺指标见表 2-39。

表 2-39　干喷砂作业工艺指标表

喷砂材料	砂子粒径标准筛孔/mm	压缩空气压力不低于/MPa	喷嘴最小直径/mm	喷射角/(°)	喷距/mm
石英砂	全部通过 3.2 筛孔，不通过 0.63 筛孔，0.8 筛孔余量不少于 40%	0.5	6～8	30～75	80～200
硅质河砂或海砂		0.5	6～8	30～75	80～200
金刚砂		0.35	5	30～75	80～200

b. 湿喷砂。湿喷砂是将干砂与装有防锈剂的水溶液分装在两个罐力，通过压缩空气使其混合喷出，水砂混合比可根据需要调节。砂罐的工作压力为 0.5MPa，使用粒径为 0.1～1.5mm 的建筑用中粗砂，水罐的工作压力为 0.1～0.35MPa，水中加入碳酸钠（质量为水的 1%）和少量肥皂粉，以防除锈后再次生锈。

湿喷砂因其效率及质量较低，水、砂难以回收，成本较高，而且不能在气温较低的情况下施工，因而在施工现场很少应用。

2）管道表面脱脂。管道输送的介质如果遇到油脂等有机物时，可能会发生燃烧、爆炸；与有机物相混合，可能会影响其品质和使用特性。因此在管道安装过程中，必须对使用的管材、管件、阀门及连接用密封材料进行脱脂处理。

A. 脱脂剂的性能。在管道表面脱脂处理中，常用的脱脂剂有二氯乙烷、四氯化碳、三氯乙烯及酒精等。四氯化碳最为常用，它不仅毒性小，对金属的腐蚀轻微，且脱脂率较高。

脱脂剂虽能迅速地溶解油脂，但都有一定限度，故在使用过程中应作阶段性检测。用于脱脂的有机溶剂含油量不应超过 500mg/L，当使用过程中脱脂剂的含油量达到 250～300mg/L 时，只可用于粗脱脂，经粗脱脂后应再次在含油量低于 250mg/L 的脱脂剂中脱脂。含油量超过 500mg/L 的脱脂溶剂，必须经过再生处理，并检验合格后，才能作为脱脂剂使用。常用脱脂剂的性能见表 2-40。

表 2-40　　常用脱脂剂的性能表

脱脂剂名称	使用范围	附　注
工业二氯乙烯（$C_2H_2Cl_2$）	金属件	可水解生成微量盐酸
工业三氯乙烯（C_2HCl_3）（产品必须含稳定剂）	金属件	含稳定剂的纯三氯乙烯对一般金属无腐蚀作用
工业四氯化碳（CCl_4）	黑色金属、铜和非金属	在水和金属共同存在时可发生水解生成微量盐酸，与某些灼热金属能其强烈的分解反应，甚至爆炸
工业酒精（C_2H_5OH）（浓度不低于 95.6%）	脱脂要求不高的设备和零部件	脱脂能力较弱

B. 脱脂剂的存放与使用。

a. 脱脂剂应存放在密闭的铁桶或玻璃瓶内，避光存放在通风、干燥且严禁烟火的仓库中。

b. 二氯乙烯、三氯乙烯和酒精属于甲类火灾危险性物质，储存及使用时应严禁烟火，并与强酸、氧化剂等相隔离。酒精不得与其他脱脂剂共同储存和同时使用。

c. 三氯乙烯与固体苛性钠和苛性钾反应时会引起爆炸，在储存和使用过程中，必须特别注意。

d. 四氯化碳虽不燃烧，但受热会分解成有毒的氯气，对人体有害。四氯化碳与火焰或灼热金属（如钾、镁、钠、铝等）以及某些化学物品（如电石、乙烯、二硫化碳等）接触，可引起强烈分解，甚至发生爆炸。因此，在储存或使用四氯化碳的场所，要严禁烟火，并且不能与上述物质接触。

e. 二氯乙烯和酒精均属易燃脱脂剂，当脱脂后工件上的脱脂剂未蒸发干燥时，遇压缩氧气会燃烧爆炸。因此，不得用空气（更不能用氧气）强力吹除脱脂后的工件，必须吹除时可用氮气。

f. 四氯化碳、二氯乙烯与水混合会腐蚀金属和有色金属，因此，在脱脂前，工件应保持干燥，不得含有水分。

C. 脱脂剂的施工环境要求。

a. 二氯乙烯、四氯化碳和三氯乙烯均有毒易挥发，能通过呼吸道侵害人的内脏及神经系统，使人发生中毒现象。因此，脱脂工作应在空气流通或通风良好的场所进行，操作人员应穿戴工作服、长筒防护鞋和佩戴口罩、防护眼镜、橡皮手套，必要时应佩戴防毒面具。

b. 用浓硝酸脱脂时，操作人员应穿毛料、丝绸或胶质工作服，戴耐酸橡胶手套、防护眼镜和夹有小苏打的双层口罩，必要时应佩戴防毒面具。

D. 管材和管子脱脂工艺。

a. 氧气管道或其他忌油管道一般应在安装前对管材、管件、阀门进行脱脂，并在整个施工过程中保持不被油脂污染。在某些情况下，可先进行管道的预配装，然后拆卸成管段进行脱脂，再进行第二次安装。需要脱脂的工件若有明显油污，应先用煤油洗涤，以免污染脱脂剂，使其品质迅速恶化。

b. 有明显锈蚀的管材，应先用喷砂或钢丝刷等机械方法清除铁锈，然后进行脱脂处理。

c. 大口径管子的脱脂可用擦拭法；小口径管子可以整根放入溶剂内浸泡 1h，其间转动数次，盛装脱脂剂的槽子应有密封盖，以减缓脱脂剂的挥发。

d. 进行管子内表面脱脂时，可在管内灌入一定数量的脱脂剂，将管子两端封闭后水平放置 1～1.5h，其间大约每隔 15min 转动数圈，使管子内表面能均匀地受到浸泡和洗涤。此种脱脂方法的管子内表面脱脂剂用量见表 2-41。

表 2-41　　管子内表面脱脂剂用量表

管径 D_N/mm	15	20	25	32	40	50	70	80	100	125	150	200	250	300
溶剂用量/(L/m)	0.15	0.20	0.30	0.40	0.50	0.60	0.70	0.80	1.00	1.25	1.50	2.00	2.50	3.00
溶剂浸没圆弧/(°)	251	205	200	179	161	143	116	110	12	93	87	79	73	68

e. 管子脱脂完毕后，要把脱脂剂倒干净，用风机或不含油的压缩空气或氮气吹干，也可以自然通风 24h，使脱脂剂挥发干净。

E. 管件和阀门脱脂工艺。

a. 阀门在脱脂前应研磨经试压合格，然后拆成零件清除污垢后浸入脱脂剂，浸泡 1～1.5h 后，取出风干。管件、金属垫片、螺栓、螺母等均可用同样的方法脱脂。不便浸泡的阀门壳体，则用擦拭法脱脂。

b. 对非金属垫片进行脱脂，应使用四氯化碳溶剂。垫片浸入溶剂 1～1.5h，然后取出悬挂于空气流通处，分开风干，直至无溶剂气味。纯铜垫片经退火后，未被油脂污染，可不再进行脱脂处理。

c. 接触氧、浓硝酸等强氧化剂介质的石棉填料的脱脂，应在 300℃左右的温度下，用无烟火焰烧 2～3min，然后浸渍于不含油脂的涂料（如石墨粉等）中。

d. 接触浓硝酸的阀门、管件、瓷环等零部件，可用 98％的浓硝酸洗涤或浸泡，然后取出用清水冲洗，并以蒸汽吹洗，直至蒸汽的凝结水无酸度为止。

F. 脱脂效果的检验。直接与氧或富氧介质接触的设备、管材、管件及阀门等的脱脂效果，可用下述方法之一进行检验：

a. 用清洁干燥的白色滤纸擦拭脱脂件表面，以纸上无油脂痕迹为合格。

b. 用无油蒸汽吹洗脱脂件，在其冷凝水中放入一粒直径小于 1mm 的纯樟脑丸粒，以樟脑粒不停旋转为合格。

c. 用波长为（3200～3800）$\times 10^{-10}$ m 的紫外光检查脱脂件表面，以无油脂荧光为合格。

d. 当不允许用以上方法检验时，可取样检查脱脂后的溶剂，如果油脂含量不超过 350mg/L，则说明脱脂件合格。

e. 耐酸管件和瓷环等设备用浓硝酸清洗后，有关人员应对使用后的酸液中的有机物总量取样检查，如果不超过 0.03％，则清洗件合格。

(2) 管道酸洗。酸洗主要是针对金属腐蚀物而言。金属腐蚀物是指金属表面的金属氧化物，对黑色金属来说，主要是指 Fe_3O_4、Fe_2O_3 及 FeO。酸洗除锈就是使这些氧化物与酸液发生化学反应，并溶解在酸液中，从而达到除锈的目的。

如果管道有油迹，要先脱脂，然后酸洗。对忌油管道（如氧气管道）则必须先进行脱脂。

1）碳素钢及低合金钢管道酸洗。对碳素钢及低合金钢管道进行酸洗除锈时，常采用的酸液有盐酸和硫酸两种。有时，为了减少酸洗液对金属的腐蚀，常加入1%～2%的缓蚀剂。

A. 盐酸酸洗。当采用盐酸对管道进行酸洗除锈时，碳素钢及低合金钢管道的酸洗、中和、钝化液配方见表 2-42。

表 2-42　　碳素钢及低合金钢管道的酸洗、中和、钝化液配方表

溶液	循环法					槽式浸泡法				
	名称	浓度 /%	温度 /℃	时间 /min	pH 值	名称	浓度 /%	温度 /℃	时间 /min	pH 值
酸洗液	盐酸	9～10	常温	45	—	盐酸	12	常温	120	—
	乌洛托品	1				乌洛托品	1			
中和液	氨水	0.1～1	60	15	>9	氨水	1	常温	5	—
钝化液	亚硝酸钠	12～14	常温	25	10～11	亚硝酸钠	5～6	常温	15	10～11
	氨水	—								

B. 硫酸酸洗。碳素钢及低合金钢管道也可以用浓度（按质量计）为10%的工业硫酸进行酸洗除锈。硫酸除锈效果与溶液的温度有关，当把酸洗液加热到 60～80℃时，除锈速度明显加快，配置硫酸溶液时，应把硫酸慢慢倒入水中，严禁把水倒入硫酸中。

硫酸对金属的腐蚀作用比盐酸大，它们的除锈原理也不大相同，硫酸能从氧化铁的鳞片缝隙渗入内层，与铁反应，生成具有一定压力的氢气，能剥离鳞片；而盐酸除锈主要靠溶解作用，酸洗温度为常温，若超过 50℃会析出较多的酸雾。

在管道由酸洗转入中和或由中和转入钝化时，要用清水把前一道工序的残液冲洗干净。钝化处理后，还应用清水冲去残液，尽快把管道晾干或用干燥无油的压缩空气吹干，及时涂刷底漆，以免再次生锈。

2）不锈钢管酸洗。不锈钢管通常不必酸洗，只在设计中有特殊要求时才进行酸洗。不锈钢管的焊缝及焊接污染区，应按表 2-43 配方进行酸洗、钝化。

表 2-43　　不锈钢管焊缝及焊接污染区酸洗、钝化液配方表

名称	配方（体积比）/%				温度 /℃	处理时间 /min
	硝酸（HNO_3）	氢氟酸（HF）	重铬酸钾（$K_2Cr_2O_7$）	水（H_2O）		
酸洗液	20	5	—	余量	室温	15～20
钝化液	5	—	2	余量		

3）铝及铝合金管道酸洗。铝及铝合金管道表面酸洗配方见表 2-44。铝及铝合金表面经酸洗后，应先用冷水冲洗，再用热水冲洗。

表 2-44　铝及铝合金管道表面酸洗配方表

配方	溶液成分	温度/℃	时间/min
配方一	铬酸酐 80g，磷酸 200cm³，水 1L	15～30	5～10
配方二	硝酸 5%，水 95%	15～30	3～5

4）铜及铜合金管道酸洗。清除铜及铜合金管道表面的氧化物，应按表 2-45 的配方进行酸洗。

表 2-45　铜及铜合金管道表面的氧化物酸洗配方表

配方	溶液成分	温度/℃	时间/min
配方一	硫酸 10%，水 90%	15～30	3～5
配方二	磷酸 4%，硅酸钠 0.5%，水 95.5%	15～30	10～15

表 2-45 中配方一适于处理青铜部件。经上述配方处理过的铜及铜合金材料，必须先用冷水冲洗，再用热水冲洗，并最好钝化处理。铜及铜合金管道钝化液的配方见表2-46。

表 2-46　铜及铜合金管道钝化液的配方表

溶液组成	温度/℃	时间/min
硫酸 5.5g，铬酸酐 90g，氯化钠 1g，水 1L	15～30	2～3

（3）化学清洗。

1）需要化学清洗的管道，其范围和质量要求应符合设计文件的规定。

2）管道进行化学清洗时，必须与无关设备隔离。

3）化学清洗液的配方必须经过鉴定，并曾在生产装置中使用过，经实践证明是有效和可靠的。

4）化学清洗时，操作人员应着专用防护服装，并应根据不同清洗液对人体的危害佩带护目镜、防毒面具等防护用具。

5）化学清洗合格的管道，当不能及时投入运行时，应进行封闭或充氮保护。

6）化学清洗后的废液处理和排放应符合环境保护的规定。

（4）油清洗。

1）润滑、密封及控制油管道，应在机械及管道酸洗合格后、系统试运转前进行油清洗。不锈钢管道，宜用蒸汽吹净后进行油清洗。

2）油清洗应以油循环的方式进行，循环过程中每 8h 应在 40～70℃的范围内反复升降油温 2～3 次，并应及时清洗或更换滤芯。

3）当设计文件或制造厂无要求时，管道油清洗后应采用滤网检验，合格标准应符合表 2-47 的规定。

表 2-47　管道油清洗滤网规格及合格标准表

机械转速/(r/min)	滤网规格/目	合格标准
≥6000	200	目测滤网，无硬颗粒及黏稠物，每平方厘米范围内，软杂物不多于 3 个
<6000	100	

4）油清洗应采用适合于被清洗机械的合格油，清洗合格的管道，应采取有效的保护措施。试运转前应采用合格的工作用油。

（5）化学清洗废液的处理。管道清洗后，现场会产生各种类型化学废液。所有的清洗废液必须现场分类处理，处理后送污水处理厂处理排放。

1）酸洗废液处理方法。酸洗时，清洗废液酸性较高，一般的处理方法都是先将其中的酸中和后，再做其他处理，最后送污水处理厂处理排放。

中和的方法有两种：一种是采用碱洗废液或钝化废液中和酸洗废液；另一种是用药剂中和，即采用 NaOH、石灰乳、碳酸钙等中和。

2）碱洗液中含油污的处理方法。碱洗废液中的油污主要以乳化状态存在，不易清理。一般的处理方法都是先投放药剂（常用氯化钠、氯化钙、氯化镁等强电解质）破坏油的乳化状态，再通过物理法使油水分层，从而达到油水分离，最后通过过滤、吸附等方法使水质净化。

2.3.5 管道涂漆

管道安装完毕后均暴露在空气中或埋入混凝土（地下）中，此时，这些设备或管道的金属表面会受水分、氧以及酸、盐等的腐蚀，使金属管道外表和内壁被损坏。因此，管道安装完毕后，一般采用涂漆（油漆）防腐措施。

（1）防腐涂料的选用。油漆按其作用划分，可分为底漆和面漆。底漆直接涂在金属表面作打底用，要求具有附着力强、防水和防锈性能良好的特点，面漆是涂在底漆表面的涂层，要求具有耐光性、耐候性，从而延长管道的使用寿命。

油漆的品种繁多，性能和特点也各不相同，选用时应考虑如下因素。

1）管道的使用条件（如腐蚀性介质的种类、温度和浓度等）应与油漆的使用范围一致。

2）根据不同的管材选用不同的油漆。

3）考虑施工条件的可能性。

4）考虑经济效益。

5）各种油漆应正确配用，这样既可发挥某些涂料的优点，又可弥补另一种油漆的缺点。在配合中应注意底漆和面漆之间要有一定的附着力且无不良作用，涂层与涂层之间应有融合性。

6）涂漆在管道工程中除了有防腐作用外，还具有标志作用。根据管内流动的介质、用途不同，可选择不同颜色的面漆。

（2）防腐涂料施工。防腐涂料施工在管道或钢板除锈完毕后进行，其施工方法有如下几种：

1）手工刷漆。手工刷漆是用漆刷蘸漆涂刷于金属表面。手工刷漆灵活，不受条件限制，但涂刷均匀程度和厚薄不好掌握。目前，对于一般管道工程仍以手工涂刷为主，特别是室外管接头的涂漆，采用手工刷漆方便、效率高。

2）喷涂法。

A. 喷涂是利用压缩空气为动力，用喷枪将涂料喷成雾状均匀地涂于金属表面上，喷涂法使用的压缩空气压力为 78～147kPa。

B. 用喷涂法得到的涂料层表面均匀光亮，质量好，耗料少，效率高，适用于大面积的涂料施工。喷涂时，操作环境应洁净，无风沙、灰尘，温度以15～30℃为宜，涂层厚度为0.3～0.4mm。喷涂后，不得有流挂和滑涂现象。

C. 涂层质量应使漆膜附着牢固，均匀，颜色一致；无剥落、皱纹、气泡、针孔等缺陷；涂层应完整，无损坏，无漏涂现象。

(3) 管道涂漆的相关规定。

1) 管道及其绝热保护层的涂漆应符合本章和《工业设备及管道防腐蚀工程施工规范》(GB 50726) 的规定。

2) 涂料应有制造厂的质量证明书。

3) 有色金属管、不锈钢管、镀锌钢管、镀锌铁皮和铝皮保护层，不宜涂漆。

4) 焊缝在压力试验前不应涂漆。

5) 管道安装后不易涂漆的部位应预先涂漆。

6) 涂漆前应清除被涂表面的铁锈、焊渣、毛刺、油、水等污物。

7) 涂料的种类、颜色，涂敷的层数和标记应符合设计文件的规定。

8) 涂漆施工宜在15～30℃的环境温度下进行，并应有相应的防火、防冻、防雨措施。

9) 涂层质量应符合下列要求：

A. 涂层应均匀，颜色应一致。

B. 漆膜应附着牢固，无剥落、皱纹、气泡、针孔等缺陷。

C. 涂层应完整，无损坏、流淌。

D. 涂层厚度应符合设计文件的规定。

E. 涂刷色环时，应间距均匀，宽度一致。

10) 由于有色金属、不锈钢、锌、铝等很容易生成氧化层保护膜，以保护其内部不受腐蚀，因此，不锈钢管、镀锌钢管、镀锌铁皮和铝皮保护层不宜涂漆。

11) 水电站系统常用不同颜色油漆标示对照见表2-48。

表2-48　　水电站系统常用不同颜色油漆标示对照表

序号	管道系统	油漆颜色	序号	管道系统	油漆颜色
1	供水系统	天蓝色	5	压缩空气系统	白色
2	排水系统	草绿色	6	排污系统	黑色
3	供油系统	红色	7	消防系统	橙红色
4	排油系统	黄色	8		

2.3.6 管道安装

(1) 碳素钢管道的安装。

1) 碳素钢简介。碳素钢是指含碳量在0.05%～0.7%范围内的钢。含碳量低于0.3%的钢为低碳钢，含碳量在0.3%～0.6%范围内的钢为中碳钢，含碳量高于0.6%的钢为高碳钢。用作管道材料的主要是低碳钢。

碳素钢中除了铁和碳两种元素外，还含有硅、锰、硫、磷等元素。根据钢中含硫量及含磷量的不同，又可分为普通碳素钢和优质碳素钢。优质碳素钢硫、磷含量应在0.04%以下。用来制造中、低压管道的主要有普通碳素钢Q215A、Q235A、Q255A、Q275A和优质碳素钢08、10、15、20等牌号。

2）碳素钢管道输送的介质。由于碳素钢管道制造较为方便，且规格品种多，价格低廉，同时又具有较好的物理性能和机械性能，易于焊接和加工，所以碳素钢管道广泛用于石油、化工、机械、冶金、食品等各种工业部门。

由于碳素钢管道能承受较高的压力和温度，所以可以输送蒸汽，压缩空气、惰性气体、煤气、天然气、氢气、氧气、乙炔、氨、水和油类等介质、经喷涂耐腐蚀涂料或作耐腐蚀材料衬里后还可输送有腐蚀性的介质。如衬铅和衬橡胶管道能输送酸、碱介质。

3）碳素钢管道安装的一般规定。

A. 管路的检查和清洗。

a. 各种管材和阀件应具备检验合格证；外观检查不得有砂眼、裂纹、重皮、夹层、严重锈蚀等缺陷。

b. 对于洁净性要求较高的管道安装前应进行清洗；对于忌油管道安装前应进行脱脂处理。

B. 管材的下料切断。

a. 管道下料尺寸应是根据现场计算或现场测量的尺寸。切断的方法有手工锯切割、氧-乙炔焰切割和机械切割。公称直径不大于50mm的管子用手工锯或割刀切割，公称直径大于50mm的管子可用氧-乙炔焰切割或机械切割。

b. 管子切口表面应平整，不得有裂纹、重皮；毛刺、凸凹、缩口、熔渣、氧化铁、铁屑等应予以清除；切口表面倾斜偏差不大于管子直径的1%，但不得超过3mm。

C. 管道的安装。

a. 管道安装应横平竖直，符合质量检验评定标准要求。管道的坐标、标高、坡度、坡向应符合设计要求。

b. 水平管道变径时宜采用偏心异径管（大小头），输送蒸汽和气体介质的管道应采用管底平，输送液体介质的管道应采用管顶平，以利于泄水和放空气。立管变径宜采用同心大小头。

c. 管道中的活接头或法兰，宜安装在阀门后面（对介质流向而言），这样便于检修时拆卸。

d. 水平管道上的阀门，手轮应向上安装，只有在特殊情况下，不能向上安装时，才允许向侧面安装。升降式止回阀、减压阀、调节阀必须安装在水平管路上。

e. 管道的对接焊缝或法兰接头，应离开支架不小于200mm，（个别对接焊缝允许离开支架边缘50mm）最好能放在两支架间距的1/5处。

D. 管道的螺纹连接。

a. 连接管道的螺纹有圆锥管螺纹和圆柱管螺纹。圆柱形管螺纹的螺距，每英寸扣数、螺尾工件长度和工件高度及齿形角都与圆锥管螺纹相等，直径与圆锥形管螺纹基面直径相等。

b. 管螺纹的连接有圆柱形内螺纹，套入圆柱形外螺纹、圆柱形内螺纹套入圆锥形外螺纹及圆锥形内螺纹套入圆锥形分螺纹 3 种方式。其中后两种方式连接紧密，是常用的连接方式。

E. 管道的焊接连接。

a. 焊接连接是管道的主要连接形式。碳素钢管道一般采用电焊和气焊。一般当公称直径不大于 50mm 时采用气焊，公称直径大于 50mm 时采用电焊。电焊的特点是电弧温度高，穿透能比气焊大，接口易焊透，适用于厚焊件。在同样条件下，电焊强度高于气焊，且加热面积小，焊件变形小。

气焊的特点是不但可以进行焊接，而且可以进行切割、开孔、加热等，便于施工过程中的焊接和对管子进行加热。气焊可用弯曲焊条，对于狭窄处的接口，便于焊接操作。在同样条件下，电焊成本低，气焊成本高。具体选用时，应根据管道施工的工作条件、焊件的结构特征、焊缝所处的空间位置以及焊接设备和材料来选择。

b. 管道对接焊时，要求管子端面平齐，对口的错牙偏差应不超过管壁厚 20%，且不超过 2mm。对于管壁较厚的管子对接时，管端应按规范要求开 V 形坡口，并按要求留出对口间隙（当管壁厚小于 5mm 时，对口间隙留 1.5～2.5mm；当管壁厚大于 5mm 时，对口间隙留 2～3mm）。

F. 管道的法兰连接。

a. 碳素钢管道最常用法兰连接形式为平焊法兰连接，高压管道和严密性要求高的管道采用凸凹法兰连接。

b. 法兰间垫片选用。垫片的材料种类应根据介质的性质、工作压力、工作温度选用。

c. 拧紧法兰螺栓时应对称、均匀地进行，并应注意尽量减少法兰的使用数量，避免由于法兰使用过多，降低管道的弹性和增加泄漏的可能。

G. 各类管道在安装中相互干扰时，应按下列原则避让。

a. 小管让大管，支管让主管。

b. 无压力管道让有压力管道。

c. 低压管道让高压管道。

d. 常温管道让高温管道与低温管道。

e. 辅助管道让物料管道，一般物料管道让易结晶、易沉淀管道。

H. 管道安装后试验。碳素钢管安装完毕后，应按设计要求进行严密性耐压试验或耐压强度试验，并且进行吹扫及清洗。

（2）不锈钢管的安装。

1）不锈钢的特性。不锈钢是在钢中添加一定数量的铬、镍和其他金属元素，除使金属内部发生变化外，还在钢的表面形成一层致密的氧化膜，可以防止金属进一步被腐蚀。这种具有一定的耐腐蚀性能的钢材称为不锈钢，有时也称耐酸钢。在不锈钢中，铬是最有效的合金元素。铬的含量必须高于 11.7%才能保证钢的耐腐蚀性能。实际使用的不锈钢，平均含铬量为 13%的称铬不锈钢。铬不锈钢只能抵抗大气及弱酸的腐蚀。为了使钢材能抵抗无机酸、有机酸、盐类的化学作用，除在钢中添加铬元素外，还需添加相当数量的镍（在 8%～25%之间）和其他元素，称铬镍不锈钢，有时又称奥氏体不锈钢。这种不锈钢材被加热到高温并急速冷却（淬火）时，并不硬化，反而具有较低的硬度和较高的可塑性。奥氏体不锈钢没有磁性，它的线胀系数比碳素钢大，其值为碳素钢的1.5倍。

2）不锈钢管道和管件。我国生产的不锈钢管大多数是用奥氏体不锈钢制成，分为无缝钢管和有缝卷制电焊钢管两种。出厂时按《不锈钢棒》（GB/T 1220）的规定在管子末端涂色，以便现场识别。不锈钢管件大部分为标准件，特殊管件可在现场制作。为了保护不锈钢管外表面的氧化膜，运输时应用木板隔垫，敲打不锈钢管时应用不锈钢或硬度低于不锈钢的铝及其合金制成的榔头，防止破坏氧化膜而引起点腐蚀。

3）不锈钢管的加工工艺。

A. 不锈钢管的切断。

a. 不锈钢管的切断采用锯割（用锋钢锯条）、砂轮磨割、等离子切割等方法进行。

b. 不锈钢管不允许用氧-乙炔焰切割。因为用氧-乙炔切割过程中形成一种难熔的氧化铬，其熔点高于管材的熔点，很难清除。

B. 不锈钢管道的坡口。

a. 不锈钢管的坡口应用电动坡口机、手动坡口器等机械进行加工。

b. 不锈钢管具有韧性大，高温机械性能高，切削黏性强和加工硬化趋势强等不利因素，切削时速度一般只能采用碳素钢的40%～60%，切削刀具应用高速钢或硬质合金钢制作。

C. 不锈钢管的弯曲。

a. 小公称直径的不锈钢管通常用手动弯管器或电动弯管机进行弯曲。为了减小弯管的椭圆度，宜装芯棒或灌砂。

b. 公称直径较大的不锈钢管应灌砂加热后再弯曲。灌砂时应用紫铜榔头或木榔头敲打。为了防止渗碳现象可将不锈钢管放在碳素钢套管中加热至1050～1150℃进行弯曲，弯曲结束时，管子的温度不得低于900℃。如有要求，可在弯曲结束后应将整个弯头再加热到1100℃，用水冷却进行淬火处理。

c. 不锈钢管的虾壳弯头制作方法与碳素钢相同。

D. 不锈钢管的异径管和三通。

a. 不锈钢异径管不允许割制。公称直径小的异径管可用无缝不锈钢管加热后在压模中压制而成，公称直径大的异径管可用相同材质的不锈钢板放样、下料、卷制而成。

b. 小直径不锈钢管的三通应在主管上开孔，把支管焊在主管开孔上。开孔时，应先在管上画出孔洞的大小，并打出中心孔眼，然后用钻床钻孔，钻孔速度比碳素钢低50%，同时必须使用冷却液。

E. 不锈钢管管口的翻边。不锈钢管管口翻边时，应根据管子直径的大小，用三套模具及压力机压制而成。第一次先压成30°，第二次压成60°，第三次压成90°，并压平。

4）不锈钢管道安装的技术要求。不锈钢管道的安装应尽量使管道、管件在工厂预制，力求做到整体安装。安装时应注意以下几点：

A. 安装前应对管子、阀件进行认真清洗、检查，以免由于牌号或化学成分与设计不符造成返工。如设计有特殊要求，需按要求处理。

B. 不锈钢管一般不宜直接与碳素钢管件焊接，当设计要求焊接时，必须采用异种钢

焊条或不锈钢焊条。

C. 不锈钢管与碳钢制品接触处应衬垫不含氯离子橡胶、塑料、红柏卡纸或在钢法兰接触面涂以绝缘漆。因为不锈钢管直接与碳钢支架接触或当采用活套法兰连接时，碳钢制品腐蚀后铁锈与不锈钢管表面长期接触，会发生分子扩散，使不锈钢管道受到腐蚀。

D. 不锈钢管道应尽量减少法兰个数。为了安全，法兰不得设在主要出入口及门的上方，工作压力较大的管道在法兰连接处应设置防护罩。

E. 不锈钢管的焊接要求基本与碳素钢管相同。所不同的有以下几点：

a. 焊工使用的锤子和刷子最好是不锈钢制造的，这样可以防止不锈钢发生晶间腐蚀。

b. 焊接前应使用不锈钢刷及丙酮或酒精、香蕉水对管子对口端头的坡口面及内外壁30mm以内的脏物、油渍仔细清除。清除后2h内施焊，以免再次被污染。坡口面上的毛刺应用锉刀或砂纸清除干净，这样才能使焊条与管道焊接后结合紧密牢固。

c. 焊前应在距焊口4～5mm外，设置防飞溅物措施。

d. 焊接时，不允许在焊口外的基材上引弧和熄弧。暂停施焊或更换焊条后，应在弧坑前方约20～25mm处引弧，然后再将电弧返回弧坑，同时注意焊接应在盖住上一段焊缝10～15mm处开始。

e. 不锈钢焊缝上不允许打号，可用涂色等予以标记。

f. 不锈钢管的焊接方法有手工电弧焊、氩弧焊及氧-乙炔焰焊接方法。氩弧焊时，氩气层流能保护电弧及熔池不受空气氧化，同时电弧局部熔化焊件和焊条，然后凝固成坚实的接头，焊接质量高，所以，氩弧焊在不锈钢管焊接中被广泛采用。

g. 氩弧焊时，氩气的纯度要求达到99.9%以上。若水分过多，会使焊缝变黑，出现气孔，且电弧不稳飞溅增多；若含氧氮过多时，会发生爆破声，使焊缝形成恶化。

h. 不锈钢管同一焊缝返修不能超过两次。

F. 不锈钢管的酸洗钝化处理。为了清除不锈钢管表面的附着物和在其表面形成一层新的氧化膜，应对管子进行酸洗钝化处理。由于不锈钢管在预制加工、焊接过程中，会使管子表面的氧化膜损坏或氧化，也会有其他不耐腐蚀的颗粒附着在管子表面引起局部腐蚀。

a. 酸洗钝化的工艺流程一般为：去油→酸洗→冷水冲洗→钝化→冷水冲洗→吹干。

b. 酸洗钝化的方法一般采用浸泡法进行。如果管子较长，不能采用浸泡法进行时，也可采用表面涂刷方法或灌注方法进行。

G. 不锈钢管道安装完毕后，应进行水压试验及冲洗，所用的水中含氯离子不能超过25×10^{-6}。

（3）铜及铜合金管道的安装。

1）铜及铜合金的特性。铜是一种紫红色的有色金属，一般惯称紫铜。铜具有良好的导电性、导热性和延展性；由于铜具有良好的导热性能，不易局部加热，因而铜的可焊性较差；铜的耐腐性能较好，在没有氧化剂存在时，铜在水中及非氧化性酸中是稳定的，当介质中有氧化剂存在时，在大多数情况下会加速铜的腐蚀，在苛性碱及中性盐类的溶液中，铜相当稳定。在大气中铜有一定的稳定性。

根据不同用途，在铜中加入一些其他元素，可制得铜合金，以提高铜的强度、硬度、易切削性和耐腐蚀性。常用的铜合金有黄铜、白铜、青铜。黄铜是铜和锌的合金，工业上常用的牌号有H62、H68、HPb59－1（铅黄铜）。黄铜有优良的铸造性和较好的流动性，铸造组织紧密，在大气条件下腐蚀非常缓慢，因此广泛应用于造船工业及其他工业部门的管道。白铜是在铜中加入适量的镍。白铜广泛应用于冷凝器及换热器的制作。青铜是铜和锡的合金，青银具有很好的铸造性、抗腐蚀性及塑性，用途很广。

2）铜及铜合金管道加工和安装技术要求。

A. 安装前应仔细核对管材的牌号，并进行外观检查。

a. 纵向划痕深度不大于0.03mm。

b. 横向的凸出高度或凹入深度不大于0.35mm。

c. 疤块、碰伤或凹坑，其深度不超过0.03mm，面积不超过管子表面积的0.5%。

B. 铜及铜合金管道调直用橡皮锤或木榔头轻轻敲击，逐段调直。当调直用金属平台时，需用木板铺垫，防止铜管在调直过程中划伤管表面。

C. 铜管的切断可采用钢锯、砂轮切割机、紫铜也可用等离子弧切割，坡口用锉刀。不允许用气割切断和坡口。

D. 铜及铜合金管道的弯曲有冷弯和热弯两种。最好采用冷弯，弯管机及操作方法与不锈钢管冷弯相同。当受到设备条件限制时才采用热弯（热弯时管内砂子难以清除）。

a. 黄铜管热弯方法。管内填入干细砂，用木锤打实，在木炭上加热至400～500℃，取出在胎具上煨制。因黄铜浸水速冷会产生裂纹，故不允许用冷水浇。加热时火要均匀，温度和加热时间要适当，才能保证弯管质量。

b. 紫铜管热弯方法。先退火、冷却后再弯曲。其方法是管内灌入干细砂，用木锤打实，画出煨制长度，将煨制管段加热到540℃，立即取出。先用冷水浇，使它骤冷，这样可使紫铜管在高温下所产生的氧化皮松脱，冷却后再进行弯曲。管径在100mm以上者采用压制弯头或焊接弯头。

E. 铜管过墙及楼板时应加钢套管，套管间填充绝缘物。

F. 铜管的支架间距可按同规格碳素钢管架间距的4/5取用。

G. 铜管的连接方式有三种：螺纹连接、焊接连接及法兰连接。常用的法兰是采用铜管卷边松套钢法兰，平焊铜法兰、平焊铜环松套钢法兰和凸凹对焊铜法兰。法兰垫片采用石棉橡胶板或铜垫板。

（4）橡胶衬里管道的安装。

1）橡胶衬里管道的特性。

A. 橡胶衬里管的分类。在碳素钢管内壁加衬不同橡胶材料，叫橡胶衬里管道。根据橡胶含硫量的不同，橡胶衬里管分为软橡胶衬里管、半硬橡胶衬里管和硬橡胶衬里管。

B. 橡胶具有高的耐腐蚀能力。除能被强氧化剂（硝酸、镉酸、浓硫酸）及有机溶剂破坏外，它对大多数的无机酸、有机酸及各种盐类、酸类都是耐腐蚀的。

C. 橡胶衬里管一般只适用输送低压（小于0.6MPa）和低温（小于50℃）的介质。

2）橡胶衬里管道安装的技术要求。

A. 预安装。用碳素钢管下料预安装。预安装时不允许硬拼硬装，留出垫片和衬胶厚度7mm左右，全部采用法兰连接。弯头、三通等管件均应制成法兰式。预安装好后应进行水压试验。

B. 法兰应内外两面焊接。法兰内外表面焊接完后，必须用砂轮机将法兰内焊口磨光、锉平，不得有凹凸不平、气孔等现象，以免空气留在孔隙内，使胶衬老化。

C. 法兰里面封焊，转角处应有 $\gamma \geqslant 5mm$ 的圆角。

D. 钢制弯头，弯曲角度应不大于 90°，弯曲半径应不小于 4 倍管径，连续弯之间必须加法兰，以便于衬胶。

E. 拉出的短颈三通口不能过高，否则管壁将减薄过甚。一般拉出的短颈不超过 10mm，管壁减薄不超过 1mm，所以制作三通用的管道应采用较厚的钢管制作。

F. 系统预制好后，经水压试验合格，然后将各管段拆下，按系统管段前后顺序打印编号，准备运出进行钢管衬里。

G. 已经做好衬胶的管道、管件，应储藏在阴暗处，不得放在带有辐射热装置和日光直射的地方以及潮湿处，更不能同各种油脂接触。

H. 二次安装过程中，严防破坏衬胶层。

(5) 硬聚氯乙烯塑料管道的安装。

1) 硬聚氯乙烯塑料的特性。硬聚氯乙烯塑料简称硬聚氯乙烯，硬聚氯乙烯塑料为轻质材料，其容重是钢的 1/5，是铝的 1/2。它具有良好的可塑性，在加热情况下，易加工成型。硬聚氯乙烯塑料的线胀系数大，是普通钢的 4～5 倍，因此，当管路较长时，应考虑其热伸长量。它的导热系数小，只有普通钢的 1/400，加热时不易热透，给成型加工也带来一定的困难。同时，耐热性能差，使用温度为－10～60℃，当温度超过 40℃时，焊缝强度迅速下降，温度约在 80～85℃之间时开始软化，在 130℃时呈柔软状态，到 180℃时呈流动状态。因此，在使用时必须考虑介质温度的影响。

2) 硬聚氯乙烯塑料管道安装的技术要求。

A. 硬聚氯乙烯塑料管的适用范围。硬聚氯乙烯塑料管强度低、耐热性能差，只用于工作压力不大于 0.6MPa，温度不高于 60℃的介质。

B. 安装顺序。硬聚氯乙烯塑料管脆性大，易损坏，应当在该区域内其他钢质管道基本安装完毕后，再安装塑料管。

C. 不能靠近高温热源。硬聚氯乙烯塑料管线胀系数大，不能靠近输送高温介质的管道敷设，也不能安装在其他大于 60℃的热源附近。对于硬聚氯乙烯塑料管的热膨胀补偿，一般采用方形补偿器，大直径的卷焊管，也可以采用波型补偿器。

D. 弯管的选用。公称直径不超过 200mm 无缝硬聚氯乙烯塑料管，应尽量采用热弯弯头。在不能采用热弯弯头的情况下，可以采用焊接弯头。卷焊的直缝硬聚氯乙烯塑料管，一般采用焊接弯头。焊接弯头的弯曲半径应不小于管子公称直径的 1.5 倍，90°焊接弯头的节数不应少于 3 节，45°焊接弯头的节数不应少于两节。

E. 支架安装。硬聚氯乙烯塑料管的支架应比碳钢支架密一些。管道与支架接触处应垫以软塑料垫或橡皮垫，防止管壁在金属支架上磨损。

F. 硬聚氯乙烯塑料管在穿墙或穿楼板时应设置金属套管。

G. 硬聚氯乙烯塑料管热加工时，应当一次成型，不宜再次加热，以防塑料老化变质。

(6) 特殊管道的安装。

1）压缩空气管道的安装。

A. 压缩空气管道所用管材一般采用焊接钢管和无缝钢管。当管径小于50mm时，采用螺纹连接，用白铅油、线麻或聚四氟乙烯生料带作填料；当管径大于50mm时采用焊接连接。安装前应对管子质量进行检查，不得有裂纹、分层、砂眼、凹陷等缺陷。

B. 压缩空气水平干管安装时应有0.002～0.003的顺流坡度，使水和油流到管道终点的集水器中收集排除。支管应从水平总干管上部接出，常用角度为90°、60°、45°、30°、15°等，以防止油和水进入设备。

C. 压缩空气的埋设管道要做防腐处理。

D. 压缩空气管道一般情况下不设补偿器，但是管线较长，或冷却温度在40℃以上者须设补偿器。

E. 压缩空气管道安装完毕后，应用压缩空气进行吹扫，除去管内安装时留在管内的杂物。

F. 压缩空气管道安装完毕后，应按设计规定的试验压力进行强度试验及严密性试验。

2）高压管道的安装。高压管道安装时除了遵守管道安装的一般要求外，还应注意以下几点：

A. 现场测量绘制管道单线图。高压管道安装前应由施工人员在现场进行实际测量，绘制管道单线草图，根据单线图进行预制。绘制单线图时，应以管道系统为单元，由设备进出口向外测量，并按顺序编号。下料前，对管道系统进行多次测量。经复查，核实无误后再进行下料。下料前应将管内部清理干净，然后用白布检查，达到无铁锈、脏物、水分后才能进行安装。

B. 高压管的连接应严密、牢固。高压管道的连接方法有法兰连接、螺纹连接和焊接连接。

a. 当采用螺纹法连接时，应先装配管端法兰。装法兰时，螺纹应清洗干净，不得有任何细小的杂物，并进行外观检查，不得有缺陷。然后在螺纹上涂上二硫化钼防锈剂，用双手将法兰拧入。

法兰组对前，应检查管端密封面和法兰密封垫片，其粗糙度应符合要求，不得有划痕、刮伤、斑点等缺陷。安装密封垫时，应在管端密封面上涂一层很薄的工业凡士林，然后将软金属垫准确地安放于密封座内。连接法兰的螺栓和螺帽，应逐个检查，精度应符合要求，且与法兰配套。在螺纹上涂以机油或白凡士林（有脱脂要求的除外）以利防锈和润滑。拧紧螺栓时，应对称均匀，不得拧紧过度。螺栓拧紧后，两法兰平面应保持平行，且与管道中心线垂直，露出螺帽外的螺纹应不大于两牙，双头螺栓两端应一致。

b. 高压管道的焊接应由考试合格的焊工担任。应尽量减少固定焊口，焊条应根据材质选定，不能用错。管道的焊缝按设计要求进行检测，若要进行探伤检查，设计有要求时按要求进行，设计无明确要求时，除Ⅱ类外转动焊口探伤数量为15%，其余焊口100%进行探伤，并填写“Ⅰ类、Ⅱ类焊缝焊接工作记录”。为保证焊缝质量，在管道坡口、组对、点焊固定焊口、焊前预热及焊后热处理，焊接工艺及焊缝检验各个环节上应严格把关。

c. 安装监测管段及蠕胀测点。对于高温管道，当温度超过金属材料蠕胀温度时，应按设计规定的位置安装监测管段及蠕胀测点。监测管段应选该批管子中壁厚负偏差最大的管子，且不得开孔或安装仪表插座及支、吊架。监测管段安装前，应从该管子的两端各切取长度300～500mm的管段，连同监测备用管，做好标记，一并移交生产单位。蠕胀测点的焊接应在管道冲洗前进行，每组测点应在管道的同一横截面上，并沿圆周等距分布，同一直径管子的各对蠕胀测点，其径向尺寸应一致。

d. 高压管道支架要求。高压管道的支架应按设计要求进行制作和安装，管道与支架接触处应涂防锈漆，并按介质温度不同和设计要求分别垫以木垫块、软金属片或橡胶石棉板等垫片。

e. 装管注意事项。高压管道安装时，不得用强拉、强推、强扭或修改密封面厚度等方法，来补偿安装误差。管子、管件焊接时，应将螺纹部分包裹起来，防止损坏。管线上仪表取源部位的零件部位应和管道同时安装，不得遗漏。合金钢管道系统安装完毕后，应检查材质标记，发现无标记时，经复查钢号，重新标记。

f. 压力试验。高压管道系统施工完毕后，应进行强度试验及严密性试验。强度试验压力为1.5倍的工作压力，采用清洁水进行，升压应缓慢。达到试验压力后停压10min，以无泄露、目测无变形为合格，然后降至工作压力，进行全面检查，以无泄露为严密性实验合格。实验完毕后应将水排放干净。

（7）埋设管道安装。

1）管道加工。

A. 钢管切割。

a. 切口和坡口表面应符合施工图的加工要求，管口应光滑、平整，无裂纹、毛刺、铁屑等。

b. 切口断面倾斜偏差不应大于钢管外径的1%，且不得大于3mm。

B. 弯管加工。

a. 采用有缝钢管加工弯管时，焊缝应避开受拉（压）区。

b. 在施工图未规定且在埋设条件许可时，应采用大弯曲半径。钢管加工的风管，不应采用焊制或褶皱弯头；输送其他介质管道的最小弯曲半径：热弯3.5D，冷弯4.5D，焊制1.5D（D为钢管外径）。

c. 加工后钢管截面的最大、最小外径差：输送压力小于10MPa时，不应大于钢管外径的8%。

d. 弯头应无裂纹、折皱、凹陷和过烧等缺陷。

e. 弯曲角度应与施工图相符。

2）钢管安装。

A. 钢管在安装前，内部应清理干净。

B. 直管段上两相邻环缝间距：当公称直径不小于150mm时，不应小于150mm；当公称直径小于150mm时，不应小于管子外径。

C. 管道的任何位置不得有十字形焊缝。

D. 焊缝距离弯管（不包括压制或热推弯管）起弯点不得小于100mm，且不得小于管子外径。

E. 避免在管道焊缝及其边缘上开孔。

F. 管道的焊接坡口形式和尺寸，应符合施工图的规定。当施工图未规定时，应符合《工业金属管道工程施工规范》（GB 50235）的规定。电气管道采用套管焊接连接时，管与管的对口应位于套管中心，焊缝应牢固严密。

G. 管道组接时，应清除焊面及坡口两侧 30mm 范围内的油污、铁锈、毛刺及其他附着物，清理合格后应及时焊接。

H. 焊接环境应符合有关技术条款的规定。

I. 钢管采用螺纹连接时，管节的切口断面应平整，偏差不得超过 1 扣，丝扣应光洁，不得有毛刺、乱丝，缺丝总长不得超过丝扣全长的 10%，接口紧固后宜露出 2～3 扣螺纹。

3）管道埋设。

A. 预埋管道通过沉降缝或伸缩缝时，必须按施工图的要求做过缝处理。

B. 预埋管道安装就位后，应使用临时支撑加以固定，防止混凝土浇筑和回填时发生变形或位移，钢支撑可留在混凝土中。若需要将预埋管道与临时支架焊接时，不应烧伤管道内壁。

C. 在施工图未规定时，预埋钢管管口露出地面不应小于 200mm，管口坐标位置的偏差不大于 10mm，立管垂直度偏差不超过 0.2%，管口法兰与管道垂直度偏差不超过 1%。管口应采取有效措施加以保护，注意防止管道堵塞、接口的损坏和锈蚀，并应有明显标记。

D. 预埋管道埋设的坡度和坡向，应按施工图要求敷设。若施工图未规定时，钢管的自流排水管坡度为 0.2%～0.3%。

E. 在施工图未规定时，管道穿过楼板的钢性套管，其顶部应高出地面 20mm，底部与楼板底面齐平；安装在墙壁内的套管，其两端应与墙面相平。管道穿过水池壁和地下室外墙时，应设置防水套管；穿过屋面的管道应有防水肩和防雨帽。

4）钢管的焊缝检验和缺陷处理。

A. 焊缝外观质量检查。

a. 规定进行 100%射线照相或超声波检验的焊缝，其外观质量不得低于《现场设备、工业管道焊接工程施工规范》（GB 50236）的Ⅱ级。

b. 规定进行局部射线照相或超声波检验的焊缝，其外观质量不得低于 GB 50236 的Ⅲ级。

c. 不要求进行无损探伤的焊缝，其外观质量不得低于 GB 50236 的Ⅳ级。

B. 对接焊缝内部质量检查。

a. 规定进行无损探伤的焊缝，其检验方法、检验数量及检验位置应符合施工图和监理人的要求。

b. 规定进行 100%射线照相或超声波检验的焊缝，其质量不应低于 GB 50236 的Ⅱ级。

c. 规定进行局部射线照相或超声波检验的焊缝，其质量不应低于 GB 50236 的Ⅲ级。

d. 应对每一焊工施焊的焊缝按规定的比例进行无损探伤检验。

e. 局部烧伤出现不合格焊缝时，应加倍检验该焊工所焊的同一批焊缝，当再次检验又出现不合格时，应对该焊工所焊的同一批焊缝进行100%检验。

f. 无损检测人员必须持有国家专业部门签发的与其工作相适应的无损检测资格证书。

C. 焊缝质量检验，应有完整记录，并应向监理人提交检验报告。

D. 同一部位的返修超过二次时，应制定返修措施，报送监理人批准后实施。不合格的焊缝必须进行返修后重新检验。

5）管道的试验。管道埋设完毕后，按施工图的规定对管道试验。当试验过程中发现有泄漏时，应在消除缺陷后，重新进行试验，并提交完整的管道试验记录。

6）管道的清洗和防腐。

A. 水压试验后，管道的吹扫、清洗工作应根据施工图的要求进行。

B. 管道的防腐工作应在安装前完成，连接部位则应在试验合格后进行。

C. 施工前应清除表面铁锈、焊渣、毛刺、油、水等污物。

D. 在施涂部位，按施工图规定的材料，并按制造厂使用说明书的规定，进行施涂作业。

7）预埋管道的质量检查。

A. 在混凝土浇筑和回填前，应按预埋件埋设汇总图，全面检查各类管道的埋设情况，防止漏埋和错埋。

B. 预埋管道应按规定的质量标准，对每个预埋管道的加工和安装埋设质量逐项进行质量检查，并做好记录。

2.3.7 管道附件安装

水电站常用的管道附件根据功能用途可分为：管道连接件、管道的支撑结构及仪器、仪表。

（1）管道法兰安装。法兰连接是用螺栓将固定在管件上的一对法兰盘拉紧密封，将管件连接成一个可拆卸的整体。这种连接适用于铸铁管、非铁金属管、衬胶管和法兰阀门等的连接，工艺设备与法兰的连接也都采用法兰连接。法兰连接的主要特点是拆卸方便、强度高、密封性能好。

1）法兰安装形式。

A. 平焊钢制法兰安装。平焊钢法兰用的法兰盘通常是用Q235或20钢加工的。与管子的连接是法兰套于管子外，用电焊焊接。装配时，先将管子垫起来，用水平尺找平，将法兰盘按规定套在管子上，用90°角尺或线坠找平，对正后进行定位焊。然后用法兰尺或90°角尺检查法兰密封面与管子轴线是否垂直，再进行焊接。平焊钢制法兰的内外两面必须与管子焊接，管口与法兰内表面焊接后，焊缝不得高于密封面。

B. 铸铁螺纹法兰安装。铸铁螺纹法兰多用于低压管道，它是用带有内螺纹的法兰盘与套有同样公称通径螺纹的钢管连接。连接时，在套螺纹的管端缠上麻丝，涂抹上铅油填料。把两个螺栓穿在法兰的螺孔内，作为拧紧法兰的力点，然后将法兰盘拧紧在管端上。

C. 翻边松套法兰安装。翻边松套法兰主要适用于输送腐蚀性介质的管道上。不锈钢钢管道、塑料管及有色管道等连接时常用此法。翻边的边口要求平直，不得有裂纹或起皱等损伤。翻边时，要根据管子的不同材质选择不通的操作方法。

a. 聚氯乙烯塑料管翻边是将翻边部分加热至130～140℃，加热5～10min后将管子用胎具扩大成喇叭口，再翻边压平，冷却后即可成型。

b. 铜管翻边是将经过退火的管端画出翻边长度，套上法兰，用小锤均匀敲打，即可制成。

c. 铅管很软，翻边容易，操作时应使用木锤（硬木）敲打，套上法兰，均匀敲打，即可制成。

2）法兰连接。

A. 法兰与管子组装前应用图 2－96 示的工具和方法对管子端面进行检查。

B. 法兰与管子组装时，要用法兰弯尺检查法兰面平直度见图 2－97。当设计无明确规定时，则不应大于法兰外径的 1.5%，且不应大于 2mm。

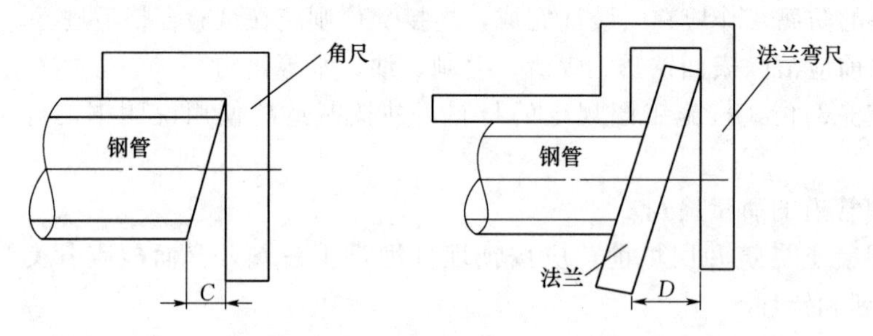

图 2－96　管子端面检查的工具和方法示意图

C—管口断面倾斜尺寸不得大于 1.5mm

图 2－97　弯尺检查法兰面平直度示意图

D—法兰连接的平行度偏差

C. 法兰与法兰对接连接时，密封面应保持平行。法兰密封面的平行度偏差及平行度允许偏差值见表 2－49。

表 2－49　法兰密封面的平行度偏差及平行度允许偏差值表

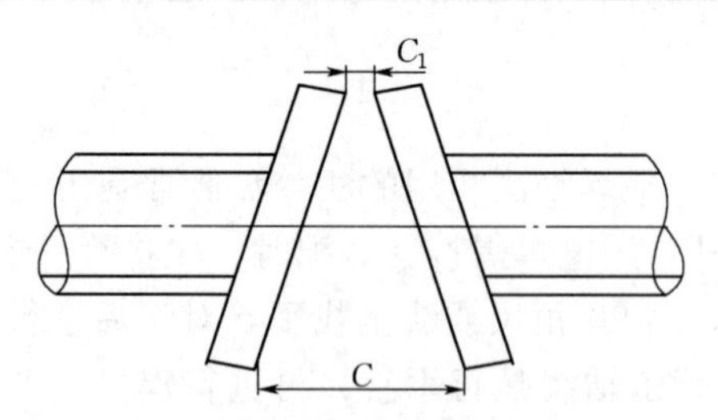

法兰公称直径 D_N/mm	在下列标称压力下的允许偏差（$C-C_1$ 的数值）/mm		
	P_N＜1.6MPa	1.6≤P_N≤6.0MPa	P_N＞6.0MPa
≤100	0.2	0.10	0.05
＞100	0.3	0.15	0.06

D. 为便于装、拆法兰及紧固螺栓，法兰平面距支架和墙面的距离不应小于 200mm。

E. 工作温度高于 100℃的管道的螺栓应涂一层石墨粉和机油的调和物，以便于日后拆卸。

F. 拧紧螺栓时应对称成十字形交叉进行（见图 2－98），以保障垫片各处受力均匀。拧紧后螺栓露出螺纹的长度不应大于螺栓直径的一半，也不应小于 2mm。

G. 法兰连接好后，应进行试压，发现渗漏需及时处理。

H. 当法兰连接的管道需要封堵时，则采用法兰盖。法兰盖的类型、结构、尺寸及材质应用所配用的法兰相一致。

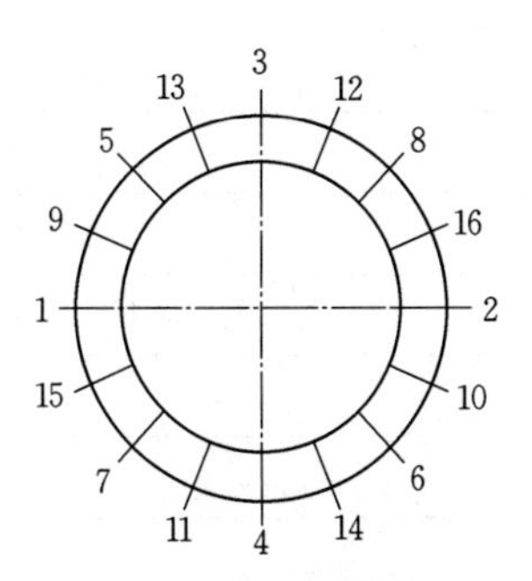

图 2－98　拧紧螺栓方法示意图

（2）管道支撑结构安装。管道的支撑结构称为支架，是管道安装中的重要构件之一。支架安装是管道安装的重要环节。管道支架应能承受管道重量、荷载作用力及温度变化引起管道变形的应力，并将诸力传到支吊结构上去。

1）管道支架的形式。管道支架按用途不同可分为固定支架和活动支架两大类。

A. 固定支架。固定支架主要用于固定管道，使管道不产生任何位移。热力管道上设置固定支架是为了均匀分配补偿器之间管道的伸缩量，保证补偿器正常工作。

固定支架分为卡环式固定支架、挡板式固定支架和立管卡子与托钩。

a. 卡环式固定支架。卡环式固定支架用于较小直径管道的固定，卡环式固定支架由横梁、U 形卡环及弧形挡板组成。

b. 挡板式固定支架。挡板式固定支架分单面挡板和双面挡板，用于较大直径管道的固定。单、双面挡板式固定支架由单、双面支撑梁、焊接挡板及支撑挡板组成。

c. 立管卡子与托钩。立管卡子与托钩主要用于室内横支管、支管等管道固定。立管卡子用于固定单立管或双立管。

B. 活动支架。活动支架的作用是直接承受管道及保温材料的重量，并使管道在温度作用下能沿管子轴向自由伸缩。活动支架可分为滑动支架、滚动支架、导向支架和悬吊支架四大类。

a. 滑动支架。滑动支架分为低位支架和高位支架。低位支架分为卡环式和弧形板式，主要用于不保温管道。高位支架利用焊接在管道上的高支座进行滑动，当高支座在横梁上滑动时，横梁上焊有钢滑板，以保证高支架不致脱离横梁，主要用于保温管道。

b. 滚动支架。滚动支架分为滚柱支架和滚珠支架。

c. 导向支架。导向支架作用是使管道在支架上滚动时不致偏离管道中心线，通常用于补偿器两侧。

d. 悬吊支架。悬吊支架有普通吊架和弹簧吊架两种。普通吊架是由卡箍、吊杆和支撑结构组成的，用于小口径无伸缩性的管道。弹簧吊架是有卡箍、吊杆、弹簧和支撑结构组成的，用于有弹性及振动较大的管道。吊杆的长度应该大于管道水平伸缩量的若干倍并能自由伸缩。

2）管道支架的选择。在管道支架中，固定支架由设计确定，施工用活动支架由施工人员在施工现场自行决定，固定支吊架的正确选择和合理设置是保证管道安全运行的重要环节。

支架形式是根据管道是否允许有位移和管道所承受摩擦力的不同来选用的（见表 2－50）。

表 2-50　　　　支架形式选用表

管道位移及摩擦力作用	支架形式
对摩擦产生的作用无严格限制的管子	滑动支架
要求减少管道轴向摩擦力	滚动支架
要求减少管道水平位移时的摩擦力	滚珠支架
水平管道上只允许单向水平位移之处，补偿器两侧适当之处	导向支架
管道有垂直位移	弹簧吊架
不便装活动支架的架空管道	刚性吊架
不允许有位移的管道	固定支架
室内横支管及支管	托钩
固定单立管或双立管	立管卡子

3）管道支架的制作。

A. 型钢支架的制作。制作型钢支架时，首先按标准图选取与管子相对应规格的角钢，并按规定长度进行画线下料，用机械切断，断口表面应及时除去毛刺。用样冲打出中心孔，而后选取相应规格的钻头钻螺栓孔，不得用气焊烧孔。在角钢另一端划出劈叉折弯线，用氧-乙炔焰从支撑角钢末端沿距角钢面5mm处切至折弯线。然后用锤子将切开的部分沿折弯线向外侧敲击，使其与原角钢面成30°角，安装时栽入墙体内进行固定。

B. U形管卡的制作。U形管卡主要用于支架上固定管子，配合滑动支架作导向。制作固定管卡时，管卡圆弧要与管子外径紧密吻合，拧紧固定螺母后，使管子牢固不动。制作导向管卡时，管卡圆弧可以比管子外径大2mm，以利于导向活动。U形管卡上半部通常用圆钢制作，其下料长度见表2-51。

表 2-51　　　　U形管卡下料长度表　　　　单位：mm

下料名称 \ 管径 D_N	15	20	25	32	40	50	65	80	100	125	150
管卡直径	8	8	8	8	10	10	10	12	12	16	16
管卡展开长度	152	160	181	205	224	253	301	342	403	477	546
螺纹加工长度	45	45	45	50	50	50	55	55	55	60	60
螺母	M8	M8	M8	M8	M10	M10	M10	M12	M12	M16	M16

4）管道支架的安装。

A. 支架的安装位置与数量。

a. 支架的定位方法。安装支架时，可以从墙面向外量出1m，定出水平管道两端点的支架位置。根据管道设计坡度和两端点的间距，算出支架间的高差。在墙上按标高和支架高度差，打入钎子。然后在钎子上系一条线并拉直，经目测无扰度后，按各管道支架的最大间距，定出支架的数量。最好根据此线，定出各支架的标高，画出每一个支架的具体位置。

两支架间的高度差按式（2－9）计算：

$$H=IL \tag{2-9}$$

式中 H——支架间的高差，mm；

I——管道设计坡度；

L——支架间距，mm。

b. 管道支架的安装间距。支架间距应按设计要求进行安装。当无设计规定时，按施工及验收规范进行施工。一般的钢管、塑料管和复合管管道水平安装的支架最大间距（见表2－52、表2－53）。

表2－52　钢管管道水平安装的支架最大间距表

公称直径/mm		15	20	25	32	40	50	70	80	100	125	150
支架最大间距/m	保温管	1.5	2	2	2.5	3	3	4	4	4.5	5	6
	不保温管	2.5	3	3.5	4	4.5	5	6	6	6.5	7	8

表2－53　塑料管和复合管管道水平安装的支架最大间距表

管径/mm			14	16	18	20	25	32	40	50	63	75
支架最大间距/m	主管		0.5	0.6	0.4	0.9	1.0	1.1	1.3	1.6	1.8	2.0
	水平管	冷水管	0.4	0.4	0.5	0.6	0.7	0.8	0.9	1.0	1.1	1.2
		热水管	0.2	0.2	0.25	0.3	0.35	0.4	0.5	0.6	0.7	0.8

c. 活动支架的定位原则和做法。活动支架数量与定位是施工中的重要环节。由于设置方法的不统一，诸多工程中常常出现以墙作架，造成管道系统局部不稳定，难以保证管道的坡度、平直度等情况，将严重影响管道系统的正常运行。依据施工经验，可用“墙不作架，托稳转角，中间等分，不超最大”的原则确定活动支架的安装位置，具体做法如下。

第一，墙不作架。墙不作架指架空管道穿越建筑物内隔墙时，不能把墙体作为活动支架，而应从墙面两侧各向外量过1m，以确定墙体两侧的活动支架位置。

第二，托稳转角。托稳转角指对管道的转角处应该特别重视，给予支撑。具体做法是自管道转弯的墙角、伸缩器穿墙角各向外量1m，以定位活动支架。

第三，中间等分，不超最大。中间等分，不超最大指在穿越墙和转弯处活动支架定位后，剩余的管道长度按不超过活动支架最大间距值的原则，均匀设置活动支架。

B. 支架的安装。支架的安装包括支架构件的预制加工及现场安装。支架构件都有国标图集，可以根据图集要求集中预制（现一般工程都采用购买成品管支架施工）。现场施工工序比较复杂的是托架的安装。根据施工要求，支托架的安装方法有膨胀螺栓固定法安装、沿墙栽埋法安装、抱箍式安装和预埋铁件法安装。

a. 膨胀螺栓固定法安装。在没有预留孔洞和没有预埋铁件的混凝土构件上安装时，可用此方法，膨胀锚栓固定法支架安装见图2－99。

膨胀螺栓固定安装的施工工序如下：

第一，按支架位置画线，定出锚固件的安装位置。用冲击钻或电锤在膨胀螺栓的安装

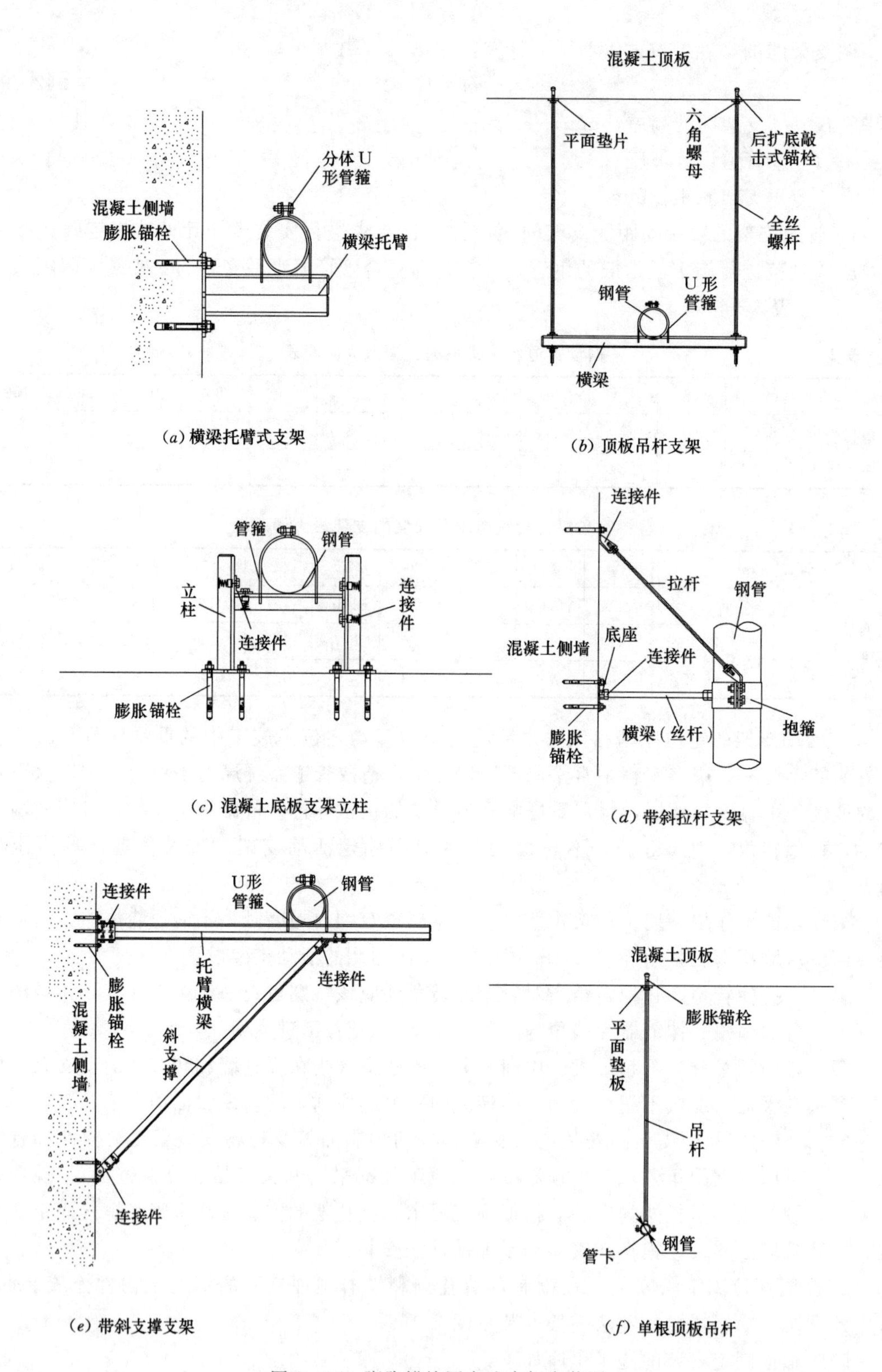

(a) 横梁托臂式支架

(b) 顶板吊杆支架

(c) 混凝土底板支架立柱

(d) 带斜拉杆支架

(e) 带斜支撑支架

(f) 单根顶板吊杆

图 2－99　膨胀锚栓固定法支架安装图

位置处钻孔。孔径等于套管外径，孔深为套筒长度加 15mm 并与墙面垂直。

第二，将膨胀螺栓插入孔内，再用扳手拧紧螺母。拧紧螺母时，螺杆的锥形尾部便将开口套管尾部胀开，使螺栓与套管紧固在孔内。

第三，螺杆上安装型钢横梁，用螺母紧固在墙上。

b. 沿墙栽埋法安装。沿墙栽埋法安装见图 2-100，其施工工序如下：

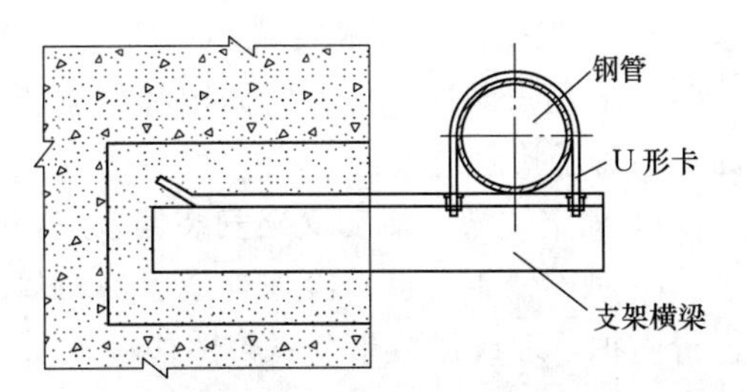

图 2-100　沿墙栽埋法安装图

第一，先拉线定位画出支托架的位置标记，用錾子和锤子打凿孔洞，洞口不应过大。

第二，清除洞内砖石碎块，用水将孔洞中冲洗湿润。

第三，用水灰体积比为 1：2 的水泥砂浆或细石混凝土填入。将防腐处理过的支架横梁末端锯成开腿劈叉，栽进墙洞内长度不小于 120mm。用碎石卡紧后再填实水泥砂浆，使洞口表面略低于墙面，以便装修面层时找平。型钢横梁伸出部分长度方向应该水平，顶面应与管子中心线平行。

第四，用水平尺将支架横梁找平、找正。

第五，浇水养护不少于 5d。

c. 抱箍式安装。抱箍式支架安装见图 2-101。其施工工序如下：

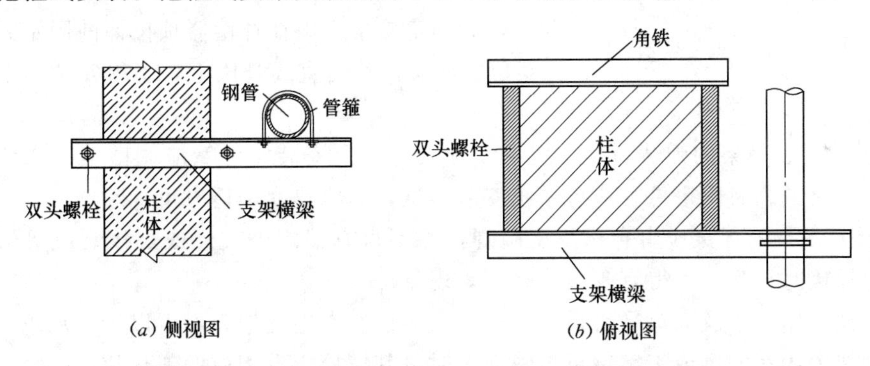

图 2-101　抱箍式支架安装图

第一，先在独立的柱子上画线，定出支架顶面安装高度，并清除支架与柱子接触面的粉刷层。

第二，用抱柱角钢箍将支架横梁和固定在柱子上。

第三，调整安装高度，并用水平尺将支架横梁找平，然后拧紧螺母。

d. 预埋铁件法安装。预埋铁件法支架安装见图 2-102，其施工工序如下：

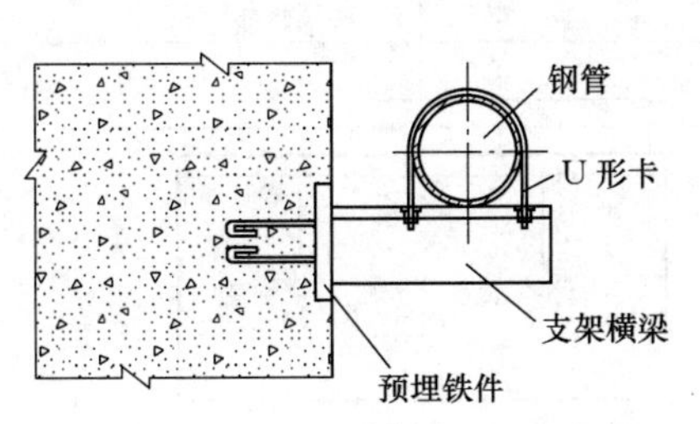

图 2-102　预埋铁件法支架安装图

第一，安装前应将预埋钢板或钢结构型钢表面施焊处的涂料、铁锈或砂浆清除干净。

第二，在预埋钢板（或钢结构型钢）上画线，定出支架的安装位置。

第三，采用焊条电弧焊将支架横梁用定位焊接固定，用水平尺和锤子将支架横梁找平、找正使横梁顶面与管中心线平行，最后完成全部焊接。检查无漏焊、未焊透或焊接裂纹等缺陷，如果有应立即清除，重新焊接达到合格。

C. 支架安装的技术要求。

a. 管道安装时，应及时固定和调整支、吊架。支、吊架位置应准确，安装应平整牢固，与管子接触应紧密。

b. 固定支架、活动支架安装偏差应符合有关规定。

c. 对不锈钢管道、冷冻管道、塑料管道等与碳素结构钢支架相接触的部位，一定要进行防护处理或加垫非金属柔性垫料。

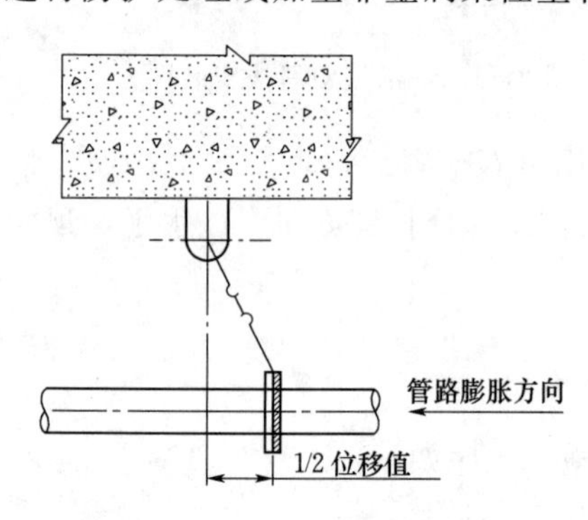

图 2－103　管道吊点安装示意图

d. 保温管的高支座在横梁或混凝土滑托上安装时，应该向热膨胀反方向偏斜 1/2 伸长量安装，如图所示。横梁上应该焊有防滑板，以防止高支座脱离横梁。

e. 无热位移的管道，其吊杆应垂直安装。有热位移的管道，吊点应设在位移的相反方向，按位移值的 1/2 偏位安装（见图 2－103）。两根热位移方向相反或位移值不等的管道，不得使用同一吊杆。

f. 固定支架应该在补偿器预拉伸前固定。在无补偿位置而有位移的直线管段上，不得安装 1 个以上的固定支架。

g. 弹簧支、吊架的弹簧高度，应按设计文件规定安装，弹簧应调整至冷态值，并做好记录。弹簧的临时固定件，应待系统安装、试压、绝热完毕后方可拆除。

h. 支、吊架的焊接应由合格焊工施焊，并不得有漏焊、欠焊或焊接裂纹等缺陷。管道与支架焊接时，管子不得有咬边、烧穿等现象。

i. 铸铁、铅、铝及大口径管道上的阀门，应设有专用支架，不得以管道承重。

j. 管架紧固在槽钢或工字钢翼板斜面上时，其螺栓应有相应的斜垫片。

k. 管道安装时不宜使用临时支、吊架。当使用临时支、吊架时，不得与正式支、吊架位置冲突，并应有明显标记，在管道安装完毕后应予拆除。

l. 导向支架（滑动支架）的滑动面应洁净平整，不得有歪斜和卡涩现象。其安装位置应从支承面中心向位移反方向偏移，偏移量应为位移值的 1/2（见图 2－104）或符合设计文件规定，绝热层不得妨碍其位移。

m. 管道安装完毕后，应按设计文件规定逐个核对支、吊架的形式和位置。

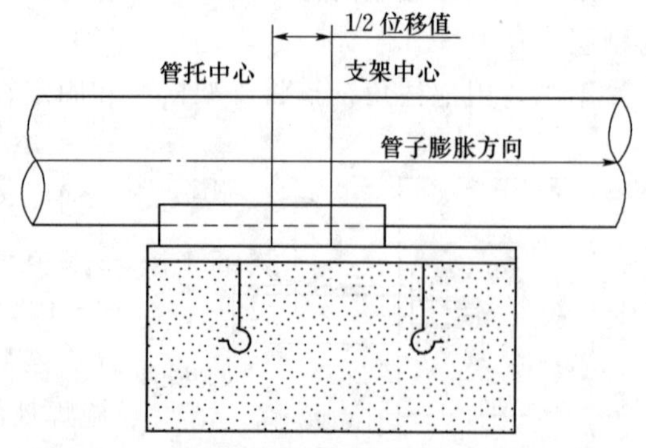

图 2－104　导向支架（滑动支架）安装示意图

n. 有热位移的管道，在热负荷运行时，

应及时对支、吊架进行下列检查与调整：

第一，活动支架的位移方向、位移值及导向性能应符合设计文件的规定。

第二，管托不得脱落。

第三，固定支架应牢固可靠。

第四，弹簧支、吊架的安装标高与弹簧上作用荷载应符合设计文件的规定。

第五，可调支架的位置应调整合适。

D. 支架安装的注意事项。

a. 当栽埋支架时应该拉线控制支架标高，否则会使一排支架高低不一，受力不均，甚至影响管道坡度，严重时将导致倒坡现象使预埋支架无法正常工作。

b. 当冬季进行支架施工时，应用热盐水或水泥砂浆埋设墙内支架，以防支架栽埋不牢。

c. 在支架栽入墙体后，混凝土强度未达到设计强度的 50%时，不允许安装管道和蹬踏摇动支架。

d. 在焊接预埋铁件支架安装后，大管径的管道在起吊上架前，必须认真检查支架上全部焊缝有无缺陷，若有，应及时补焊。

e. 当用电钻在结构上钻孔时，严禁钻断钢筋、预埋管道或与暗埋电线套管相碰，严禁在容易出现裂纹（或已经出现裂纹）的部位和砖缝上埋设膨胀螺栓。

f. 在滑动管卡的施工做法中，U 形管卡只固定一个螺母。管道在卡内可以自由伸缩。如果将 U 形管卡的两端都套上螺栓固定，管子将会被卡死影响管道伸缩。

(3) 仪器、仪表安装。自控仪表按其测试内容可分为三大类：第一类为检测仪表类，测量的是热工参数，如压力、流量、温度以及与它们有关的一些热工量，如压差、温差、压力降等；第二类为控制器类；第三类是分析仪表类。本章只介绍与管道有关的仪表安装。

水电站中压力检测仪表一般常用有压力表、压力变送器及压力开关等，三种仪表的安装方式基本相同，压力表几种常用安装样式见图 2-105。

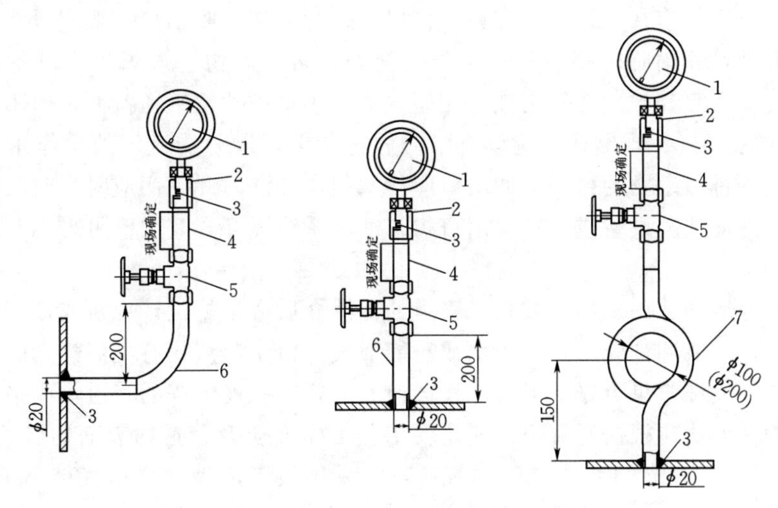

图 2-105　压力表几种常用安装样式图（单位：mm）

1—压力表；2—压力表接头；3—垫片；4—钢管；5—截止阀；6—弯管；7—冷凝管

压力表安装注意事项如下：

A. 取压部件的安装位置应选在介质流速比较稳定的地方。

B. 取压部件与温度取源部件在同一管段上时，取压部件应在温度取源部件安装位置的上游侧。

C. 取压部件与管段焊接时，取压部件的端部不能超过被测管段的管内壁。

D. 水平管段上的取压口一般从顶部或侧面引出，以便于安装。

E. 安装压力变送器，导压管引远时，水平或倾斜管段上取压时，取压口的方位应为：流体为液体时，取压口的位置为管道的下半部，与管道水平中心线呈45°的夹角范围内，切忌在管道底部取压；流体为气体或蒸汽时，取压口的位置为管道的上半部，与管道水平中心线呈0°～45°的夹角范围内。

2.4 系统运行试验

2.4.1 系统管道冲洗

管道在投产使用前，应对其进行全面的冲洗，以便清除管道内的铁屑、灰尘、砂及焊渣等杂物，以防杂物堵塞管道，损坏阀门和仪表。管道冲洗方式应根据该管道所输送介质不同而异：有的管道只需要用一定流速的水进行冲洗；有的管道则需要一定流速的气体或蒸汽进行吹洗。

(1) 冲洗顺序。冲洗前应编制专门的技术施工方案。为保证将管道冲洗干净，对支管、弯曲较多或长距离管道应分段进行冲洗，其顺序一般应按主管、支管、疏排管依次进行。当前段管道冲洗完毕后，即可进行下一管段冲洗。对直管或较短的管道可一次冲洗，冲洗应在管道全部或某一段安装好，并在进行强度试验后、严密性试验前进行。不允许冲洗的管道附件，如孔板、调节阀、节流阀、单向阀、过滤器、喷嘴及仪表等，应暂时拆下并妥善保管，临时用短管代替或采取其他措施，待冲洗合格后再重新安装使用。

(2) 准备工作。应在做好一切准备工作以后进行冲洗。吹出口一般应设在阀门、法兰或设备的入口处，并用临时管道接至室外安全处，防止污物进入阀门或设备，以保证安全。排出管的截面宜和被冲洗管道截面相同，或稍小于被冲洗管道截面，但不允许小于被冲洗管道截面的75%。排出管端应设有临时固定支架，以承受流体的反作用力。为保持冲洗压力以达到排除杂物的目的，冲出口应设阀门，冲洗时此阀门应时开时关，以控制冲洗压力。不允许冲洗的设备或管道应用盲板与冲洗系统隔开，其内壁可采用其他方式进行清理。

(3) 冲洗介质的选用及冲洗方式。管道的冲洗介质应根据设计规定或按管线的用途及施工条件选择，一般冲洗介质常采用水或压缩空气。由于蒸汽具有类似蒸煮的作用，所以蒸汽比压缩空气冲洗效果更好，但对于投产前管内要求高度干燥的管道，应采用压缩空气进行冲洗。冲洗方法应根据对管道的使用要求、工作介质及管道内表面的脏污程度确定。公称直径不小于600mm的液体或气体管道，宜采用人工清理；公称直径小于600mm的液体管道宜采用水冲洗；公称直径小于600mm的气体管道宜采用空气吹扫；蒸汽管道应以蒸汽吹扫；非热力管道不得用蒸汽吹扫。对有特殊要求的管道，应按设计文件规定采用相应的冲洗方法。

冲洗方式要点如下：

1）水冲洗。

A. 冲洗管道应使用洁净水，冲洗奥氏体不锈钢管时，水中氯离子含量不得超过25ppm。

B. 冲洗时，宜采用最大流量，流速不得低于1.5m/s。

C. 排放水应引入可靠的排水井或沟中，排放管的截面积不得小于被冲洗管截面积的60%。排水时，不得形成负压。

D. 管道的排水支管应全部冲洗。

E. 水冲洗应连续进行，以排出口的水色和透明度与入口水目测一致为合格。

F. 当管道经水冲洗合格后暂不运行时，应将水排净，并应及时吹干。

2）空气吹扫。

A. 空气吹扫应利用生产装置的大型压缩机，也可利用装置中的大型容器蓄气，进行间断性的吹扫。吹扫压力不得超过容器和管道的设计压力，流速不宜小于20m/s。

B. 吹扫忌油管道时，气体中不得含油。

C. 空气吹扫过程中，当目测排气无烟尘时，应在排气口设置贴白布或涂白漆的木制靶板检验，5min内靶板上无铁锈、尘土、水分及其他杂物，应为合格。

（4）冲洗压力的选择。吹扫压力应按设计规定，若设计无规定时，吹扫压力一般不超过工作压力，且不得低于工作压力的25%，对大型管道不应低于0.6MPa。冲洗时应使冲洗介质高速通过管内，并要求流速不低于工作流速。一般管道冲洗时，应保证水的流速不小于1.5m/s，直至从管内排出清洁水为止；当用压缩空气吹扫时，应保证系统的流速不小于20m/s，用贴有白纸或白布的靶板置于排出口检查，直至吹出的气流无铁锈、脏物为止；在冲洗管道的同时，除有色金属管道、非金属管道外，均应用锤子敲击管壁（不锈钢宜用木锤），特别对焊缝、死角和管底部位应对敲击，以使管内杂物在高速冲洗流体的作用下易于排出管外，但敲击时应注意不得损伤管壁。

（5）冲洗注意事项。冲洗工作一般采用装置中的气体压缩机、水泵加压进行。在冲洗过程中，如发现冲洗管道内的压力突然升高至大于吹洗压力时，应马上停止冲洗，检查原因（如管道中有局部堵塞等），排除故障后再继续进行。同时还应检查整个管道系统的托架、吊架等是否牢固，如有松动应及时处理。

（6）冲洗后续工作。冲洗合格后应及时拆除临时设施，恢复管道原来安装位置，并填写系统冲洗检查记录，作为交工文件。管道系统冲洗完毕，除规定的检查及恢复工作外，不得再进行影响管道内清洁的其他作业。

（7）技术供水系统管道冲洗。技术供水系统管道安装完后，若无特殊要求可按下述方法进行管道冲洗。

1）系统管道回装完后，按系统要求用水进行分段冲洗，管路冲洗时对不能参与的设备、仪表、阀门及附件应加以隔离及拆除，如发电机空冷却器、水轮机导轴承冷却器、发电机导轴承冷却器、主轴密封等，并对隔离及拆除设备、仪表、阀门、附件应临时加以封堵和保护。冲洗完后及时进行恢复。

2）冲洗前将管道系统内容易拆除的流量孔板、滤网、温度计、止回阀阀芯等拆除，待清洗合格后再重新装配。

3）对系统管路上不易拆除的设备，如发电机空冷却器、水轮机导轴承冷却器、发电机导轴承冷却器等可采取以下两种方法。

其一，若技术供水系统为双向供水方式，可直接在设备进口和出口端加厚为0.5～1.0mm的钢板网，板网直径选择在ϕ5～6mm为宜。先正向冲洗2h后，再反向冲洗2h即可。拆除钢板网，恢复系统。

其二，技术供水系统为单向供水方式，需制作连通管进行短接。冲洗2h后，即可拆除连通管，恢复系统。

对主轴密封供水管冲洗，冲洗前应先拆除与主轴密封最近处的连接，并使其与主轴密封脱开，待冲洗合格后进行回装。

4）管路冲洗的顺序按主管、支管依次进行。管路冲洗应连续进行，以系统内可能达到的最大压力和流量进行。

（8）气系统管路吹扫。对气系统管道和小口径管道安装完后，若无特殊要求可按下述方法进行管道吹扫。

1）先将与设备连接的管子松开并使其脱开，吹扫时不能对着有人和设备的方向。

2）气系统管路和小口径管道吹扫采用压缩空气进行间断性吹扫，压缩空气的流速控制在5～10m/s。

3）管道吹扫过程中，当目测排气无粉尘时，在排气口设置贴白布或涂白漆的木制靶板检验。3～5mim内靶板上无铁锈、尘土、水分及其他杂物为合格。

（9）油系统管路冲洗。油系统管道安装完后，若无特殊要求可按下述方法进行清洗和循环冲洗。

1）供、回油管道为不锈钢管，回装前用压缩空气将管内吹扫干净后利用白布反复拖拉干净，然后将管口即时封堵或回装；若为碳钢管，应按要求进行酸洗，并用布清理干净。

2）管路回装后，在用户端口短接供、排油管采用专用冲洗机或滤油机进行循环冲洗，直至循环油达到油液清洁度要求。

2.4.2 技术供水系统运行试验

常规水电站机组（段）技术供水系统均采用单元式供水方式，即每台机组（段）自成一个单元。对低水头电站，技术供水系统的水源分别取至坝前和每台机组的尾水管，供水方式可采用自流、水泵加压和混合供水三种方式；对中、高水头电站，水源分别取至每台机组的压力钢管或尾水管。从尾水取水，需采用水泵加压供水；从压力钢管取水，需通过减压后为机组提供正常水源。每台泵的出口均设有一台全自动过滤器，可定期进行排污。

水电站技术供水系统的供水对象，主要包括发电机空气冷却器、上导轴承冷却器、推力轴承冷却器、下导轴承冷却器、水轮机水导轴承冷却器、主轴密封用水、调速器回油箱冷却器，以及主变压器冷却器、电抗器冷却器等。水轮机主轴密封用水和水泵水轮机迷宫环冷却用水一般采用清洁水源，其备用水源一般从机组技术供水系统截取，并增设独立的旋流器和过滤器等设备。技术供水系统见图2-106。

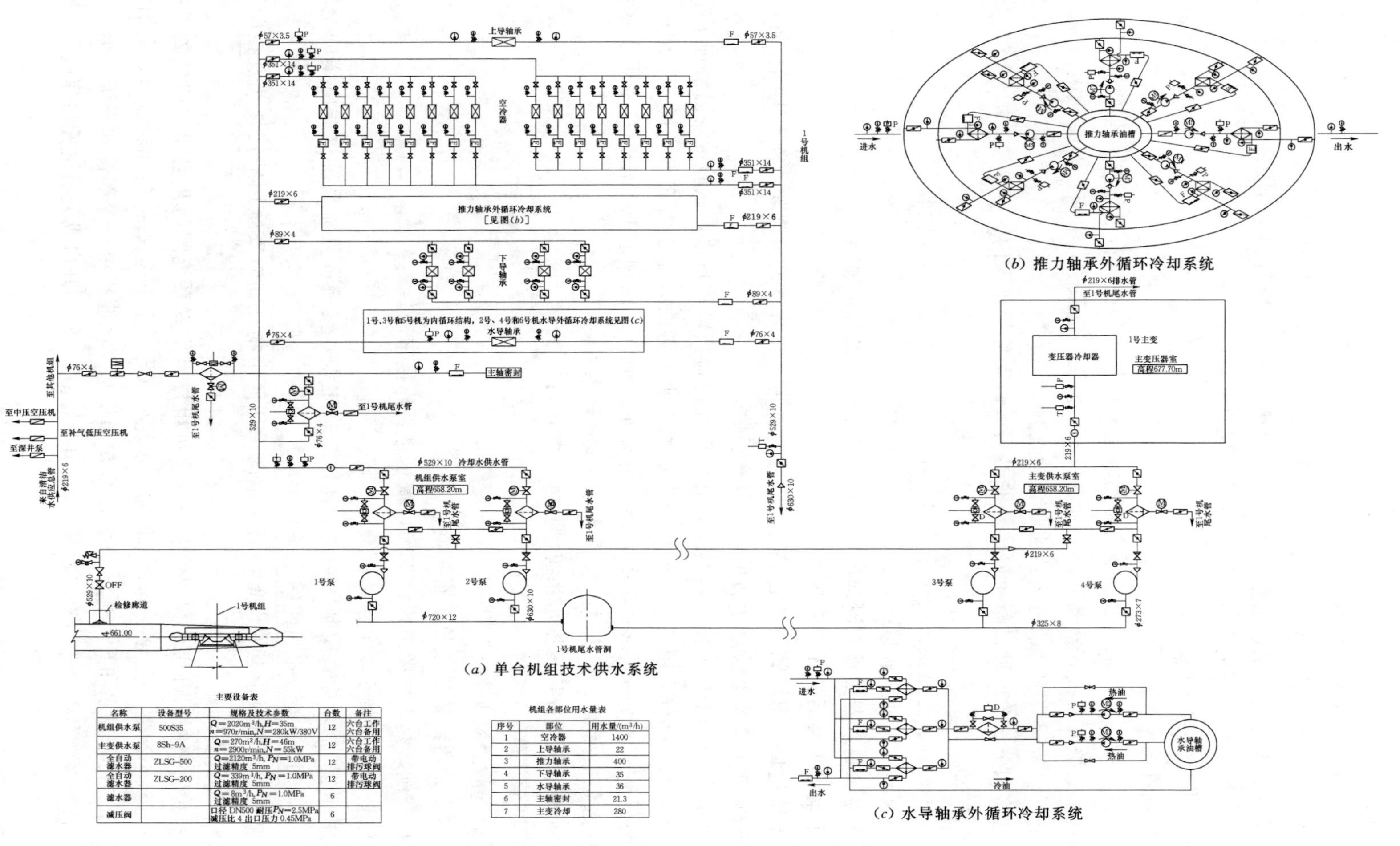

(a) 单台机组技术供水系统

主要设备表

名称	设备型号	规格及技术参数	台数	备注
机组供水泵	500S35	Q=2020m³/h,H=35m n=970r/min,N=280kW/380V	12	六台工作 六台备用
主变供水泵	8Sh-9A	Q=270m³/h,H=46m n=2900r/min,N=55kW	12	六台工作 六台备用
全自动滤水器	ZLSG-500	Q=2120m³/h, P_N=1.0MPa 过滤精度 5mm	12	带电动排污球阀
全自动滤水器	ZLSG-200	Q=339m³/h, P_N=1.0MPa 过滤精度 5mm	12	带电动排污球阀
滤水器		Q=8m³/h, P_N=1.0MPa 过滤精度 5mm	6	
减压阀		口径 DN500 耐压P_N=2.5MPa 减压比 4 出口压力 0.45MPa	6	

机组各部位用水量表

序号	部位	用水量/(m³/h)
1	空冷器	1400
2	上导轴承	22
3	推力轴承	400
4	下导轴承	35
5	水导轴承	36
6	主轴密封	21.3
7	主变冷却	280

(b) 推力轴承外循环冷却系统

(c) 水导轴承外循环冷却系统

图 2-106 技术供水系统图

（1）试验目的。

1）检查技术水泵及其控制系统的动作可靠性和程序的正确性。

2）校验技术水泵及其控制系统性能指标应能满足合同及设计要求。

3）设置、整定水泵电机的保护定值，各部流量分配等应符合设计要求。

4）检验水泵电机带负荷运行情况应符合规范要求。

（2）试验的必要条件。

1）电气部分。

A. 与试验设备和盘柜连接的所有电缆和电线已按接线图进行了检查和查对。

B. 直流电源取自直流分电屏，交流电源取自公用配电系统，并且已具备送电条件。

C. 电气设备安装均已通过运转前联合检查验收。

D. 已将相关试验区域进行了隔离，非参与调试人员禁止入内。

2）机械部分。

A. 系统设备、管路及自动化元件均已安装完毕，并通过检查验收。

B. 水泵与电机轴线调整已完成，并通过检查验收。

C. 水泵、滤水器轴承润滑油已按厂家说明书要求进行了加注。

D. 手动盘车灵活、无异常现象。

E. 系统进口、出口阀门开启或关闭位置及排污阀开启或关闭位置已置于正确位置。

F. 机械设备安装已通过运转前联合检查验收。

3）土建部分。土建工作已经结束，孔洞已经用盖板可靠封堵，试验现场已清理干净。

4）供水水源部分采用尾水管取水作为技术供水水源时，尾水需充水完成；采用压力钢管取水作为技术供水水源时，压力钢管需充水完成；采用坝前取水作为技术供水水源时，库区水位需高于取水口，且水泵已具备试运转条件。

5）排水系统部分厂房排水系统已投入正常运行。

（3）试验步骤。

1）通电前的检查。

A. 检查元器件型号参数是否正确。

B. 检查配线是否按图纸连接正确，端子是否连接牢固。

C. 检查一次回路连接螺丝是否紧固可靠。

D. 用500V摇表检查控制回路及一次、二次电缆，交流和直流系统进线电缆的绝缘必须大于0.5MΩ。检查电机绝缘应符合要求。

E. 全面检查将要带电的设备，确认柜内无任何杂物。临时安全用的接地线及检验用的临时接线已经拆除。

2）系统管路阀门开启或关闭位置确认。机组技术供水系统阀门开启或关闭位置可按泵房，发电机空冷器、上导、下导、推力，水轮机水导，上下迷宫环（蓄能机组），主轴密封，主变压器冷却供水和SFC输入、输出变冷却供水（蓄能机组）等部位和系统，分别利用尾水水位对系统各部分进行充水检漏及按阀门状态表对阀门开启或关闭位置的确认。

3）手动启动水泵试验。

A. 脱开联轴器连接螺栓，对电动机进行空转试验。

a. 将水泵控制旋钮切至手动控制，启动水泵控制回路，闭合主电源。启动水泵电机，确保电动机转向和水泵上的标志的箭头一致。

b. 启动正常后连续运转 30min，检查电动机地脚螺栓及其他紧固部分应无松动现象，电机温度应正常，三相电流平衡且无异常声响，然后将电机与水泵连接。

B. 水泵带负载试验。

a. 将水泵控制旋钮切至手动控制，启动水泵。当水泵正常运行时，检查水泵上传 PLC 信号是否正确。当第一台水泵试验完毕后，以同样的方法对其他水泵进行相同的试验。

b. 在手动流程试验过程中，记录水泵电动机的最大启动电流值和额定工作时的电流值。

c. 记录水泵出口压力、流量应符合设计规定。

d. 连续运转过程中检查水泵地脚螺栓及其他紧固部分应无松动现象，轴承温度、振动应正常，且无异常声响。

e. 检查轴封漏水量应正常。

f. 检查系统管路应无渗漏。

g. 在额定负荷下试运转不小于 2h。

4）自动控制水泵试验。

A. 分别将每台水泵控制旋钮切至自动运行方式控制，由远方控制，模拟水泵在不同工况应能按照设计流程自动启动或停止。

B. 模拟各种故障，检查 PLC 动作是否正常。

5）电动阀调试。

A. 将电动阀控制旋钮切至手动控制，启动电动阀控制回路，手动操作电动阀开启/关闭，检查电动阀动作是否正确。

B. 电动阀动作后，检查电动阀上传 PLC 信号是否正确，当 1 号电动阀试验完毕后，以同样的方法对其他剩余各台进行试验。

C. 将电动阀控制旋钮切至自动控制，启动电动阀控制回路，远方操作电动阀，检查电动阀动作是否符合设计流程，反馈信号是否正确。

6）滤水器自动排污电动阀的调试。

A. 将滤水器自动排污控制旋钮切至手动控制，启动滤水器自动排污控制回路，手动操作滤水器自动排污电动阀开启/关闭，检查排污电动阀动作是否正确。

B. 排污电动阀动作后，检查排污电动阀上传 PLC 信号是否正确，当 1 号滤水器排污电动阀试验完毕后，以同样的方法对其他进行试验。

C. 将滤水器自动排污控制旋钮切至自动控制，启动滤水器自动排污控制回路，远方操作排污电动阀，检查排污电动阀动作是否符合设计流程，反馈信号是否正确，并按流程设置，定时进行排污。

7）系统压力、流量整定。

A. 根据设计给出的（上导轴承、下导轴承、推力轴承、发电机定子空气冷却器、水导轴承、主变压器冷却器等）各部整定值，通过调节用水设备排水阀门的开度，分配系统流量，使用水设备供、排水管路进、出口压力和流量均符合要求。

B. 机组启动运行后，巡查监测机组各部温升情况，通过微调各部流量，控制机组各部温升至机组运行稳定。

（4）技术供水运行操作。

1）现地操作。

A. 检查机组技术供水泵本身具备启动条件。

B. 检查机组技术供水泵动力电源和控制电源供电正常。

C. 检查机组技术供水泵控制盘柜上“电源”指示灯亮。

D. 检查机组技术供水泵控制盘柜上信号指示灯，应正常且无“过流”报警。

E. 将技术供水泵控制开关切至“手动”位置，通过控制盘柜“启动”按钮启动相应技术供水泵。

F. 启动技术供水泵，运行应正常，控制盘柜上没有报警，水泵前后的压差正常。

G. 通过控制盘柜上的“停止”按钮，停下相应运行的技术供水泵。

2）远方操作。

A. 检查机组技术供水泵本身是否已具备启动条件。

B. 检查机组技术供水泵动力电源和控制电源是否已供电正常。

C. 检查机组技术供水泵控制盘柜上“电源”指示灯是否亮。

D. 检查机组技术供水泵控制盘柜上信号指示灯是否正常且无报警。

E. 在机组技术供水泵控制盘柜上将选择开关切到“自动”位置。

F. 机组技术主供水泵的启停是通过远方“启/停”命令控制。

G. 机组技术主供水泵启动，检查运行正常。

（5）技术供水系统运行注意事项。

1）注意检查水泵弹性联轴器是否松动，注意电动机是否过热。

2）注意水泵轴承的温度，温升不得超过允许值。

3）检查水泵密封渗漏情况，渗漏过大或过小时，予以处理。

4）工作水泵与备用水泵定期切换，定期检查水泵油位油质。

5）定期对滤水器进行清理排污。

（6）某水电站机组技术供水控制。某水电站机组技术供水方式为单元供水，每台机配有 2 台水泵，1 台工作，1 台备用，为机组提供冷却水。另外，在主轴密封管道上设置了 1 台备用加压泵，在主轴密封用清洁水水压不足的情况下，为机组主轴密封提供备用水源。技术供水泵采用低压变频器启动，机组密封备用加压配置有电机控制保护器。控制柜内主要包括自动开关、低压变频器、电机控制保护器、开关电源、PLC、操作控制开关等设备。

PLC 根据机组开/停机信号、冷却水总管压力和流量信号，对两台水泵进行自动启/停控制。2 台水泵 1 台工作，1 台备用。当 PLC 收到机组开机命令后立即启动工作水泵，并延时打开对应管路电动阀和技术供水水控阀，给机组提供冷却水。正常情况下，两台技术供水泵根据运行时间或启动次数在启/停水泵过程中自动轮换为工作和备用水泵。在机组运行过程中，当 PLC 检测到冷却水总管压力和流量均降低至设定值，或工作水泵故障

（包括电机故障或电源故障）时，自动输出启动备用水泵和打开相应电动蝶阀的命令，完成备用水泵的启动。当PLC收到LCU发出的机组停机完成信号时，自动延时停止工作和备用水泵，并关闭相应电动阀或水控阀，PLC上传监控系统的信号有：电源故障、PLC故障、系统综合故障。

控制面板上布置有水泵运行、故障等指示灯，人机界面、水泵控制旋钮等。机组技术供水系统控制盘面见图2-107。人机界面为10.4英寸触摸显示屏，反映各种工况，显示设备运行状态信号、各种报警信号，各模拟量实测值（如总管压力和流量值），水泵运行时间和动作次数，并可以进行参数设定和修改。控制面板上布置有取水方式切换旋钮，可以选择由尾水取水或压力钢管取水。尾水取水泵控制旋钮设有“自动”“切除”和“手动”三个位置，当控制旋钮在“自动”位置时，由PLC自动控制水泵的启/停；置于“手动”位置时，水泵立即手动启动，并闭锁自动控制命令的输出（此时须手动启动泵控阀）；置于“切除”位置时，相应水泵停止并退出运行。泵控阀设有控制旋钮和操作旋钮，当控制旋钮在“自动”位置时，由PLC自动控制取水阀的开启/关闭；置于“手动”位置时，可由操作旋钮对水阀进行开启/关闭操作。压力钢管取水阀设有控制把手和操作把手，当控制旋钮在“自动”位置时，由PLC自动控制取水阀的开启/关闭；置于“手动”位置时，可由操作旋钮对取水阀进行开启/关闭操作。

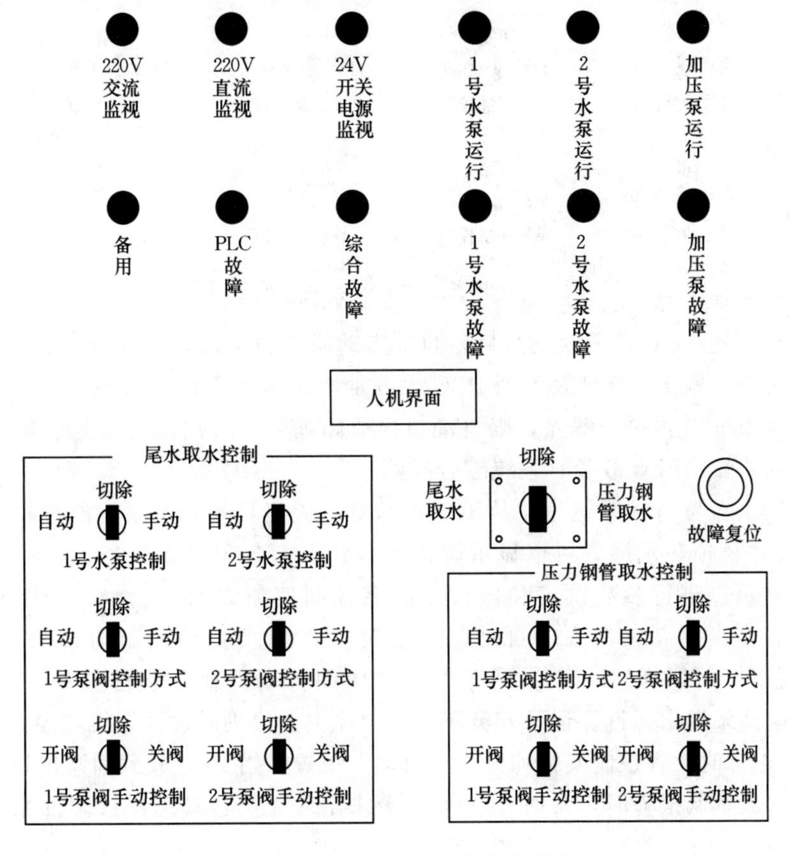

图2-107　机组技术供水系统控制盘面

(7) 某水电站推力外循环控制。发电机推力外循环系统共8套，除可进行现地手动控制外，还可以通过网络实现计算机监控系统的远方自动控制。电机均采用电机控制保护器控制。油泵动力电源采用AC 380V双电源供电，柜内设置有双电源切换开关，当主回路失电时自动投入备用电源。控制屏内设备主要包括电机控制保护器、双电源切换开关、自动空气开关、开关电源、PLC、继电器、防雷设备、指示灯、断路器操作控制设备等。推力外循环控制系统盘面见图2-108。

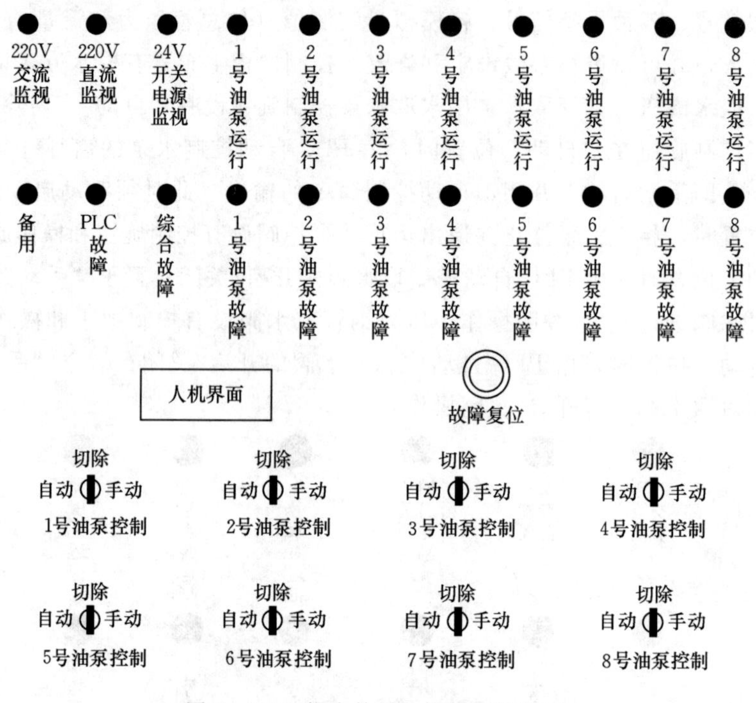

图2-108　推力外循环控制系统盘面

PLC接到机组LCU的开机信号后，自动启动所有油泵，同时开始计时。在收到监控系统的停泵命令后停止所有油泵。当PLC收到油泵出口压力低报警或热交换器油流量低报警时，延时5s，若报警未解除，则自动退出故障油泵，输出报警信号。PLC上传故障信号有：电源故障、PLC故障、系统综合故障。

控制面板上布置有油泵运行、故障等指示灯，人机界面和油泵控制把柄等。人机界面为10.4英寸触摸显示屏，可以显示设备运行状态、各种报警信号、电机运行时间和动作次数，并可以进行参数设定和修改。油泵控制旋钮设有“自动”“切除”和“手动”三个位置，当控制旋钮在“自动”位置时，由PLC自动控制油泵的启/停；置于“手动”位置时，可以现地手动启/停油泵，并闭锁自动控制命令的输出；置于“切除”位置时，相应油泵退出运行。运行人员还可在中控室上位机通过计算机监控系统网络直接启/停油泵，正常时，各控制旋钮均置于“自动”位置。当PLC收到油泵出口压力低报警或热交换器油流量低报警时，延时5s，如报警未解除，则自动退出故障油泵，输出报警信号。

(8) 某水电站水导外循环控制。水轮机水导外循环系统设置有2台油泵，2台油泵互为备用，除可进行现地手动控制外，还可以通过网络实现计算机监控系统的远方自动控制。电机均采用电机控制保护器控制。油泵动力电源采用 AC 380V 双电源供电，柜内设置有双电源切换开关，当主回路失电时自动投入备用电源。控制屏内设备主要包括电机控制保护器、双电源切换开关、自动空气开关、开关电源、PLC、继电器、防雷设备、指示灯、断路器操作控制设备等。

PLC 根据机组开/停机信号、流量开关信号及泵出口压力开关信号，对 2 台油泵进行自动启/停控制。2 台油泵 1 台工作，1 台备用。当 PLC 收到机组开机命令后立即启动工作油泵，同时开始计时，4h 后切除工作油泵，启动备用油泵，如此反复循环。当 PLC 收到停机命令后，切除运行油泵。在运行过程中，若 PLC 接到 3 个流量开关中 2 个开关报警，则开始计时，延时 5s，如报警未解除，立刻投入备用油泵，并发出报警信号。PLC 上传监控系统的信号有：电源故障、PLC 故障、系统综合故障。

控制面板上布置有油泵运行、故障等指示灯，人机界面、油泵控制旋钮和油泵启/停按钮等。水导外循环控制见图 2－109。人机界面为 10.4 英寸触摸显示屏，可以显示设备运行状态、各种报警、电机运行时间和动作次数，并可以进行参数设定和修改。油泵控制旋钮设有“自动”“切除”和“手动”3 个位置，当控制旋钮在“自动”位置时，由 PLC 自动控制油泵的启/停；置于“手动”位置时，可以现地按启/停按钮手动启/停油泵，并闭锁自动控制命令的输出；置于“切除”位置时，相应油泵退出运行。运行人员还可在中控室上位机通过计算机监控系统网络直接启/停油泵，正常时，各控制旋钮均置于“自动”位置。

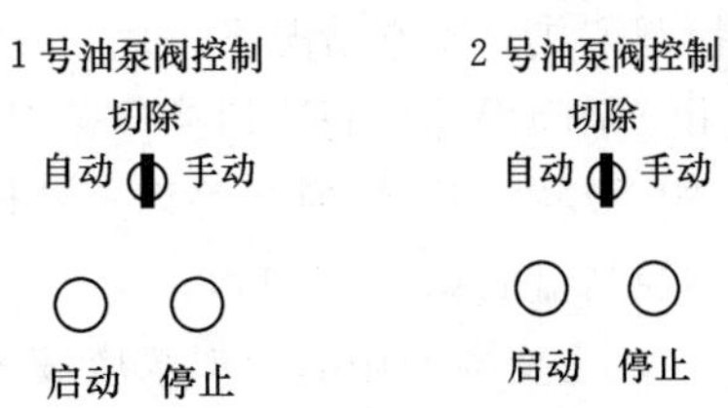

图 2－109 水导外循环控制图

(9) 某水电站主变冷却水系统控制。

1) 强迫导向油循环水冷变压器运行时，必须投入冷却器，且运行中禁止将循环油泵全停。

2) 手动启动冷却器操作。主变压器冷却器手动启动时，先检查主变压器技术供水总管水压正常，油泵控制电源、动力电源正常，再启动油泵，然后开启水阀，检查油泵启动正常。

主变压器冷却器停止运行时，先关闭水阀，再切除油泵，检查油泵是否停运正常。

3) 主变压器冷却器供排水方式。

A. 主变压器主用冷却水取至本机组尾水管，备用Ⅰ冷却水取自本机组压力钢管，备用Ⅱ冷却水取自主变压器消防水。

B. 流经主变冷却器后的水排至尾水管，主变技术供水系统控制盘面见图 2－110。

C. 主变压器冷却器供水取水方式。

a. 主变压器冷却器取水方式选择有“尾水取水”“压力钢管取水”“消防取水”三种方式，正常运行时取水方式选择“尾水取水”，当采用“压力钢管取水”或“消防取水”

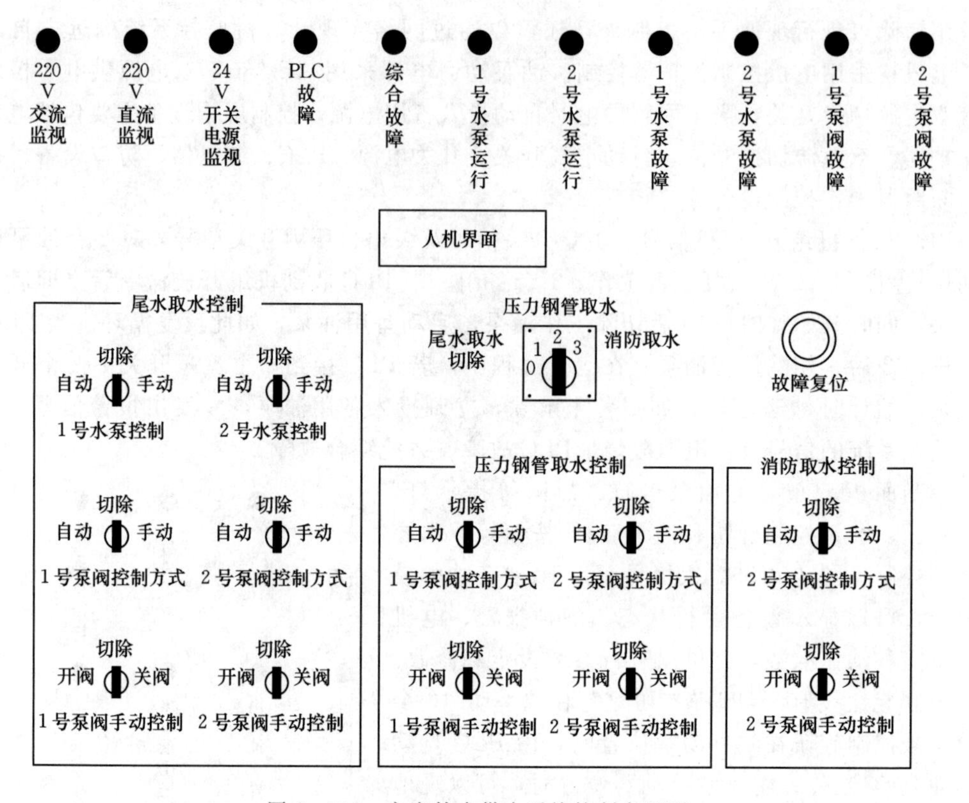

图 2-110　主变技术供水系统控制盘面图

时则选择“压力钢管取水”或“消防取水”。

b. 主变冷却器取水控制、压力钢管取水控制、消防取水控制有手动、自动、切除三种控制方式。正常情况下采用自动控制方式，当自动控制失灵时采用手动控制，此时需要使用“泵阀手动控制”切换开关对取水泵阀进行开启或关闭操作。泵阀全开或全关后，将“泵阀手动控制”切换开关切至“切除”位。切除控制时冷却器油泵退出运行，其主变冷却器控制盘面见图 2-111。

4）主变器使用的冷却水应满足下列要求。

A. 冷却水内不得含有对铜、铁有害的化学腐蚀剂。

B. 应防止水中杂物及水草流入冷却器内。

C. 冷却器总压力满足 0.3～0.7MPa，正常调整为 0.4MPa。

D. 冷却中的油压大于水压 0.05MPa。

E. 变压器冷却水进口温度不超过 28℃。

5）主变冷却器电源。

A. 主变冷却器动力电源取自单元机组机旁自用电Ⅰ段、Ⅱ段，两段电源互为备用，能自动切换。

B. 主变冷却器 PLC 交流电源取自本主变压器动力电源 B 相，直流电源取自本单元机组直流负荷屏，交直流电源互为备用。

6）主变冷却器控制方式。主变冷却器技术供水泵、泵阀和冷却器有手动、自动、切

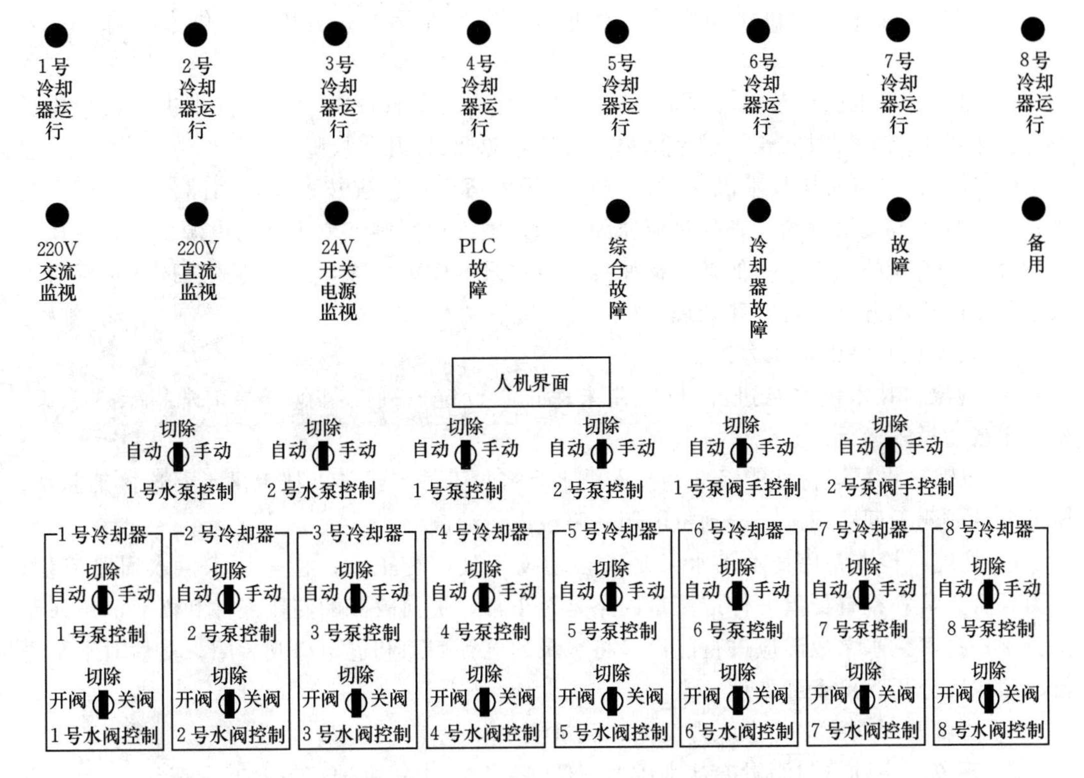

图 2-111　主变冷却器控制盘面图

除三种控制方式，正常情况下均采用自动控制，当自动控制失灵时采用手动控制。手动控制时用泵阀手动控制开关对其进行启动和停止操作，当冷却器采用手动控制时，需用水阀控制手动打开和关闭水阀。在切除控制运行时则冷却器退出运行。

7）主变冷却器 PLC 自动控制方式。

A. PLC 控制下冷却器的停运条件。

a. 主变电压不大于 40V 同时负载电流不大于 27A。

b. 收到冷却器停运命令。

B. PLC 控制下冷却器正常启动条件。

a. 主变电压不大于 85V 同时负载电流大于 30A。

b. 收到冷却器启运命令。

C. PLC 控制下冷却器启运方式。冷却器正常时，8 台冷却器控制方式切换开关放于“自动”位置。

D. 冷却器总水压压力过低时，检查冷却器水阀是否正常，滤水器差压是否在 0.05MPa 范围内。

E. 油泵运行正常后，延时 30s，无油流正常信号或水流正常信号，则发故障报警信号。停运该冷却器，启动备用冷却器。

（10）机组技术供水故障诊断。

1）技术供水泵电机过流。

A. 现象：主用技术供水泵电机过流报警，并停止运行，备用技术供水泵自动投入运行。

B. 原因：技术供水泵轴套太紧，转动部件与固定部件摩擦力大，技术供水泵转轮受阻；技术供水泵运行时间长；技术供水泵马达电源回路/开关故障。

C. 处理：检查备用技术供水泵是否自动投入运行；检查技术供水回路流量、压力是否正常；复归过流报警前，查找过流原因。如是电气原因则恢复正常的电源供给，更换故障的开关和熔断的保险丝；如是机械原因，将水泵的电源切除，进出口阀关闭，然后对水泵进行故障原因分析、检查和处理。

2）技术供水泵供水压力低。

A. 现象：技术供水泵进/出口压差未达正常设定值；控制盘压差正常指示灯熄灭；备用泵自动投入运行。

B. 原因：水泵运行性能降低；技术供水泵密封不好，进气；技术供水泵连接轴断裂；压差元件或测量回路故障；电动机电源故障或电机故障。

C. 处理：检查备用技术供水泵是否自动投入且运行正常；检查技术供水回路流量、压力是否正常；检查压差元件或测量回路是否正常，更换故障的测压元件和恢复测压回路至正常；技术供水泵故障应进行隔离，将水泵的电源切除和进出口阀关闭，然后对水泵进行故障原因分析、检查和处理。

3）主轴密封润滑冷却水压力变低、流量变小。

A. 现象：主轴密封润滑冷却水压力变低、流量变小；主轴密封温度升高。

B. 原因：主轴密封供水回路水流不畅或阀门不在正常位置；主轴密封过滤器堵塞；主轴密封增压泵故障；机组技术供水过滤器堵塞；机组技术供水泵故障；主轴密封测量元件或测量回路故障。

C. 处理：检查主轴密封供水回路是否畅通，阀门是否在正常位置，将未全开的阀门打至全开，确保阀门在正常位置；检查主轴密封过滤器有无堵塞，如果堵塞则清洗堵塞的过滤器；检查主轴密封增压泵是否故障，如果主轴密封增压泵故障且备用泵没有自动启动则手动启动备用泵；检查机组技术供水过滤器是否堵塞，如果堵塞则清洗堵塞的过滤器；检查机组技术供水泵是否故障，如果机组技术供水泵故障且备用泵没有自动启动则手动启动备用泵；检查主封密封供水回路流量测量元件或测量回路有无故障并排除故障。

4）机组技术供水流量不正常。

A. 现象：机组启动过程，检测机组技术冷却水流量正常不满足；当机组冷却水流量不正常延时后，机组启动失败。

B. 原因：机组技术供水回路不畅，阀门不在正常位置，过滤器堵塞；机组技术供水泵故障；流量的测量元件或测量回路故障。

C. 处理：立即检查机组技术供水回路阀门是否在正常位置，如不正确恢复至正常位置；机组技术供水泵运行是否正常，测量元件相接的阀门是否打开，过滤器有无堵塞，确保冷却水回路畅通，流量、压力正常。检查流量开关，流量表和测量回路是否正常，尤其发电电动机流量开关易出现黏针故障，这时可敲击测量元件（防止击破测量元件），如测量元件故障不能排除，应按规定通知检修人员更换故障元件。机组正常运行时，运行人员应检查冷却水回路供水是否正常，尤其调相时上、下迷宫环供水是否正常。

5）主过滤器电动排污阀故障见表2-54。

表2-54　　主过滤器电动排污阀故障表

现　　象	原　　因	处　　理
转矩、行程开关不起控制作用，失控	（1）相序接错； （2）线路接错； （3）接触器吸铁不释放	（1）调换电机相序； （2）检查线路纠正错误； （3）清洁或调换接触器
电动机运转不正常，有连续“嗡嗡”声	二相运行	检查动力回路、接通三相
阀门没有到位电机就停止运转	（1）行程控制器调整不良； （2）转矩控制器提前动作	（1）重新调整行程控制器； （2）若因阀门损坏则修理阀门，若因输出转矩偏小可调节转矩控制器

2.4.3　厂房排水系统运行试验

在水电站施工和生产过程中，需要排除各种各样的水。排水系统虽然比较简单，但却非常重要。有的水电站曾发生过水淹厂房及人身伤亡事故，应引起设计、施工和运行人员的高度重视。

（1）厂房排水系统组成。厂内排水主要包括厂内渗漏排水和检修排水两大部分。

1）厂内渗漏排水通常包括厂内水工建筑物的渗水，机组顶盖与主轴密封漏水（轴流式水轮机的顶盖与主轴密封漏水单独设泵排至下游），钢管伸缩节漏水及各供排水阀门、管件渗漏水，气水分离器及储气罐的排水等。有些水电站将水冷式空压机和水冷式变压器的冷却水也排至厂内集水井。渗漏排水的特点是排水量小，位置较低，不能靠自流排至下游。因此，一般电站都设有集水井，将上述渗漏水集中起来，然后用深井泵抽出。某水电站厂内渗漏排水系统见图2-112。

2）检修排水包括尾水管内的积水，低于尾水位的蜗壳和压力管道内的积水（高于尾水位的大量积水应先自流排走），上下游闸门的漏水等。检修排水的特点是排水量大，需用水泵在较短时间内排除。某水电站机组检修排水系统见图2-113。

（2）排水系统的水泵运行。

1）水泵的运行由各自的PLC及其外围液位传感器和浮子开关实现自动控制，测控装置输入电源为220V交、直流，自动切换，互为备用。正常运行时各水泵控制方式均为“自动”，水泵即按各自系统预置程序完成对排水系统的自动控制，实现水泵的自动启/停及工作/备用的自动轮换。PLC还将实时水位值、运行状态量故障信号等在触摸屏上显示，并上传至监控系统。

2）水泵控制选择开关置“手动”位时，在现地PLC控制柜上可手动启/停各台水泵，并闭锁自动控制命令的输出。

（3）试验目的。

1）检查深井泵及其控制系统的动作可靠性和程序的正确性。

2）校验深井泵及其控制系统性能指标应能满足合同及设计要求。

3）设置、整定水泵电机的保护定值应符合设计要求。

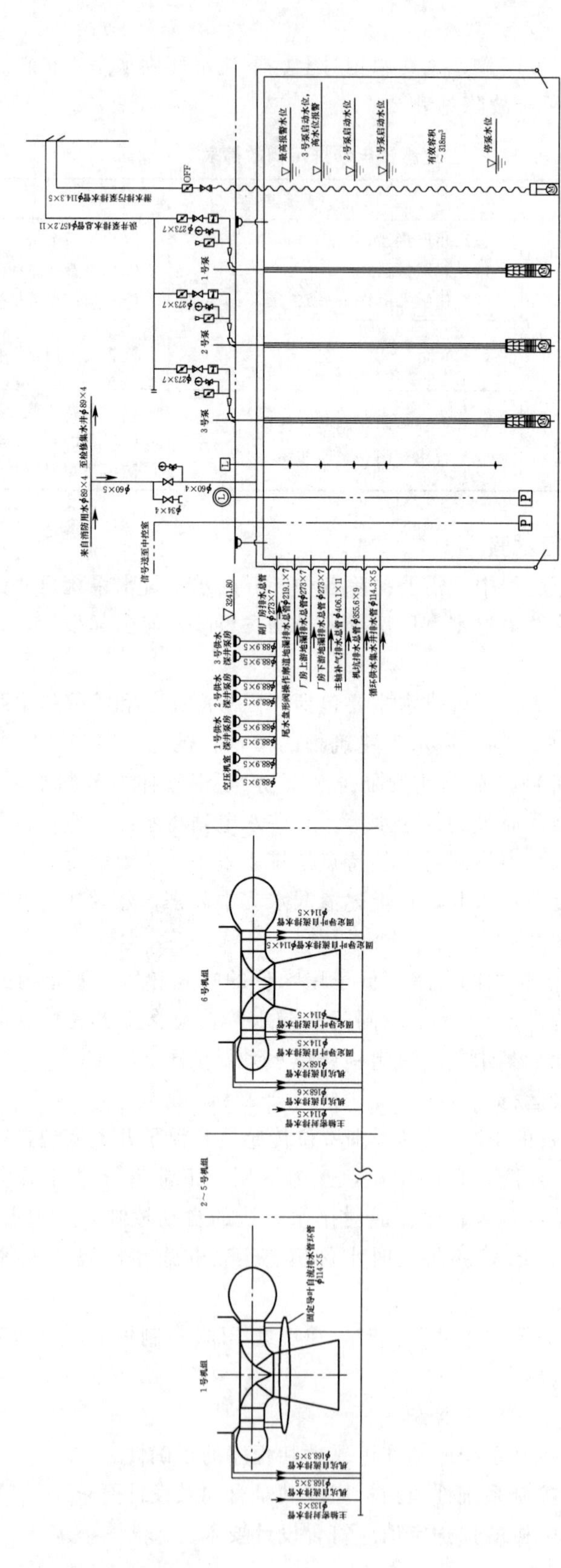

图 2-112　某水电站厂房渗漏排水系统示意图

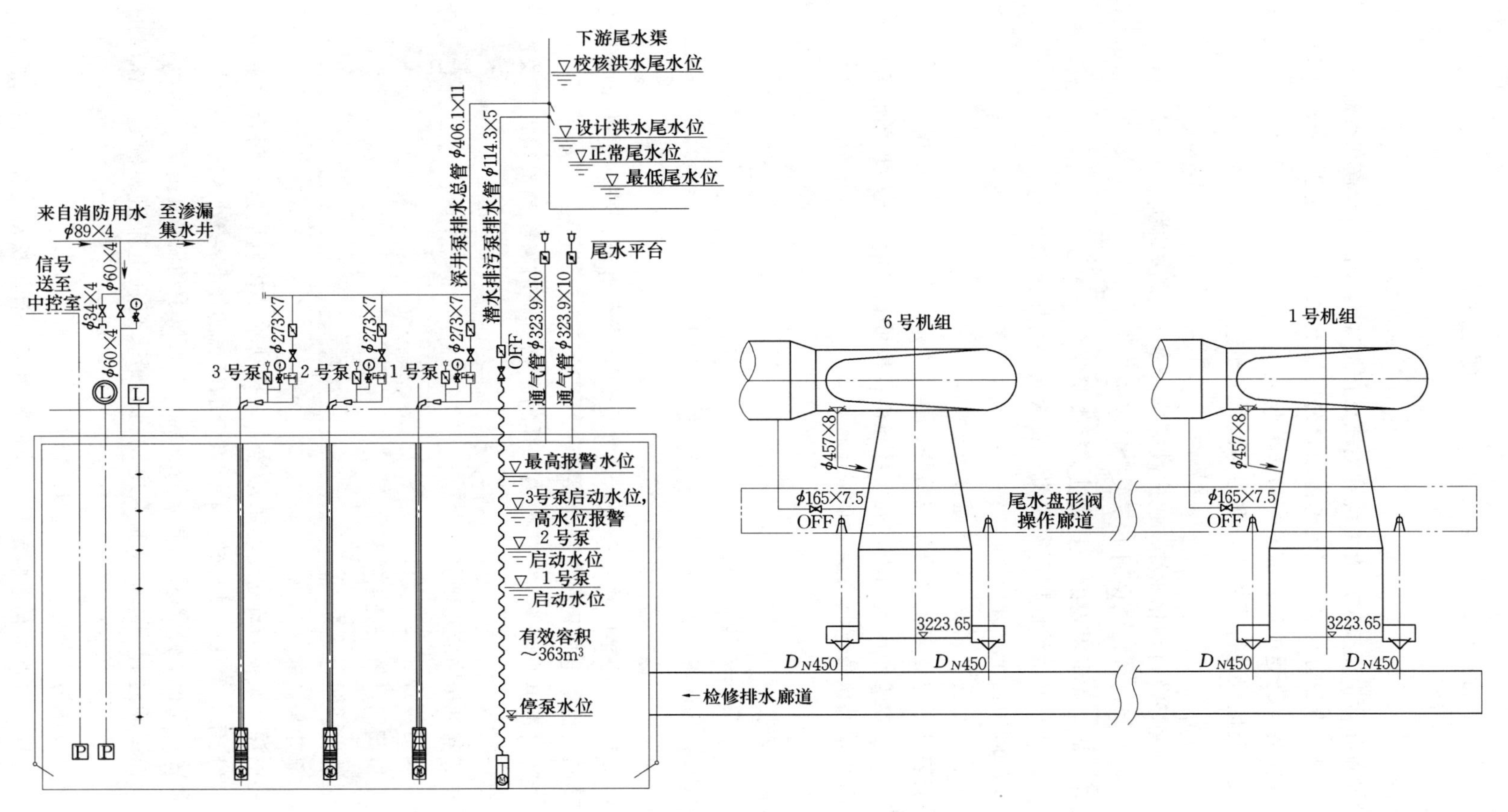

图 2-113　某水电站机组检修排水系统图（单位：mm）

4）检验深井泵电机带负荷运行情况应符合设计和规范要求。

（4）试验的必要条件。

1）电气部分。

A. 与试验设备和盘柜连接的所有电缆和电线已按接线图进行了检查和查对。

B. 直流电源取自直流分电屏，交流电源取自公用配电系统，并且已具备送电条件。

C. 电气设备安装均已通过运转前联合检查验收。

D. 已将相关试验区域进行了隔离，非参与调试人员禁止入内。

2）机械部分。

A. 系统设备、管路及自动化元件均已安装完毕，并通过检查验收。

B. 深井泵的提升量已按厂家说明书要求进行了调整。

C. 盘车检查灵活，无卡阻现象，并通过了检查验收。

D. 深井泵电机轴承润滑油已按厂家说明书要求进行了加注。

E. 深井泵出口阀门位于全开位置。

F. 深井泵润滑水已安装完成，并已通过通水试验。

G. 深井泵安装已通过运转前联合检查验收。

3）土建部分。土建工作已经结束，孔洞已经用盖板可靠封堵，试验现场已清理干净。

4）排水部分集水井水位已具备深井泵试运转条件。

（5）试验步骤。

1）通电前的检查。

A. 检查元器件型号参数是否正确。

B. 检查配线是否按图纸连接正确，端子是否连接牢固。

C. 检查一次回路连接螺丝是否紧固可靠。

D. 用500V摇表检查控制回路及一次、二次电缆交流和直流系统，使进线电缆的绝缘必须大于0.5MΩ。检查电机绝缘应符合要求。

E. 全面检查将要带电的设备，确认柜内无任何杂物。临时安全用的接地线及检验用的临时接线已经拆除。

F. 检查深井泵电机相序应正确。

2）系统管路阀门位置确认。

A. 深井泵出口阀门已置于开启位置。

B. 深井泵润滑水已能正常投入。

3）手动启动深井泵试验。

A. 将待试验的深井泵控制旋钮切至手动控制，启动水泵控制回路，闭合主电源。点动深井泵启动控制按钮，确认电动机转向和水泵上的标志的箭头一致。

B. 启动正常后，检查上传PLC信号是否正确，水泵按手动流程工作。

C. 在手动流程试验过程中，记录水泵电动机的最大启动电流值和额定工作时的电流值。

D. 记录水泵出口压力、流量应符合设计规定。

E. 连续运转过程中检查水泵地脚螺栓及其他紧固部分有无松动现象，轴承温度、振动应正常，且无异常声响。

F. 检查轴封漏水量应正常。

G. 检查系统管路应无渗漏。

H. 注意观察集水井水位变化，低水位时应及时停泵。

4）自动启动水泵试验。

A. 分别将每台深井泵控制旋钮切至自动运行方式，由远方控制，模拟深井泵在不同水位时应按照设计流程自动启动或停止。

B. 模拟各种故障，检查 PLC 动作是否正常。

（6）深井泵运行操作。

1）现地操作。

A. 检查深井泵本身应具备启动条件。

B. 检查深井泵动力电源和控制电源供电是否正常。

C. 深井泵控制盘柜上“电源”指示是否灯亮。

D. 检查深井泵控制盘柜上信号指示灯是否正常且无报警。

E. 检查地下厂房渗漏（检修）集水井水位是否在自动停止水位以上。

F. 切水泵润滑水控制方式至“手动”位置，水泵润滑水投入应正常。

G. 监视渗漏（检修）集水井水位到自动停止水位时，按下“停止”按钮，水泵即停止运行。

2）远方操作。

A. 检查深井泵本身具备启动条件。

B. 检查深井泵动力电源和控制电源供电正常。

C. 深井泵控制盘柜上“电源”指示灯亮。

D. 检查深井泵控制盘柜上信号指示灯正常且无报警。

E. 切深井泵润滑水控制方式至“自动”位置。

F. 切深井泵控制方式至“自动”位置。

G. 待渗漏（检修）集水井水位上升至自动启动水位时，深井泵即按 PLC 预置程序启动水泵抽水。

H. 待渗漏（检修）集水井水位下降至自动停止水位时，PLC 启动停泵流程停止水泵运行。

（7）故障诊断及处理。

1）集水井水位过高。

A. 原因：水泵未启动，水泵抽水效率低，来水量过大等。

B. 处理：

a. 水泵未启动时，应检查水泵动力电源、控制电源是否正常。若电源不正常，应检查电机主回路及控制回路空开是否拉开，电源恢复正常后手动试启动；若电源均正常，但水泵不能启动，可判断控制回路或电机有故障，通知维护人员处理。

b. 检查集水井水位，若是来水量过大，及时查找原因并做相应处理。

2）水泵抽水效率低或不出水。

A. 原因：集水井水位低于水泵吸水口，进水口滤网堵塞，扬水管破裂或接头大量漏水，传动轴折断，出口手动阀门未打开或未全开，电源电压过低等。

B. 处理：

a. 发现集水井水位过低时应立即停止水泵运行，并进行检查处理。

b. 发现进水口滤网堵塞、扬水管破裂或接头大量漏水、传动轴折断时，应立即停止水泵运行，拉开电机动力电源，做好检修措施，通知维护人员处理。

c. 水泵出口阀未打开或未全开时，应立即停止水泵运行，打开水泵出口阀，试启动水泵抽水正常后恢复正常运行。

d. 动力电源电压过低时，应立即停止水泵运行，查找原因并做相应的处理。

3）电机发热异常。

A. 原因：水泵、电机长时间运行；散热不良；线圈匝间轻微短路故障；轴承破损或磨损；测温电阻故障；水冷电机无润滑水。

B. 处理：立即停止水泵运行；水泵、电机长时间运行可能是水泵抽水效率低，应按上述水泵抽水效率低或不出水处理；若是来水量过大，及时查找原因做相应处理；散热不良时，应检查深井泵电机的测温电阻是否故障、电机内冷却水是否正常；线圈匝间轻微短路故障、轴承破损或磨损等故障时，拉开电机控制电源和动力电源，做好安全措施，通知维护人员处理。

4）水泵（电机）剧烈振动。

A. 原因：电机缺相运行，水泵吸入大量泥沙，电机轴承破损或磨损，传动轴弯曲等。

B. 处理：立即停止水泵运行；若水泵吸入大量泥沙，则立即停泵，对井底滤网进行清洗或对泵体拆开清洗；水泵电机轴承破损或磨损、传动轴弯曲等，应拉开电机控制电源和动力电源，做好安全措施，通知维护人员处理。

5）水泵（电机）不能启动。

A. 原因：电源电压过低、电源断电、电缆断裂、定子绕组断路、转子卡住、电机缺相、润滑水故障等。

B. 处理：查找原因，恢复电压至额定值；查找失电原因，尽快恢复；检查泵润滑水供水阀门、电磁阀、示流信号器是否故障，无法恢复时，拉开电机控制电源和动力电源，做好安全措施，通知维护人员处理；出现其他故障时，拉开电机控制电源和动力电源，做好安全措施，通知维护人员处理。

2.4.4 厂房消防水系统运行试验

水电站的消防供水系统，主要用于发电机、主厂房及油系统灭火。为确保消防的可靠，在整个消防系统中设有两路水源，一路取自专用消防清洁水池作为主水源；另一路备用水源一般取自全厂公用供水系统，要求有一定的水压。水压不能达到要求时，一般设置2台水泵增压，1台工作，1台备用。当水头在40m左右时，可采用自流与水泵混合供水，互为备用的方案。对于水头较高（40m以上）的水电站，可采用自流供水，从技术供水系统全厂备用水管或单独从上游（或蜗壳）取水。发电机消防、油系统的消防按单元均设有一个雨淋控制阀组，该阀组具有自动控制、电手动控制和机械手动应急操作三种控制方式。厂房建筑消防为消火栓给水系统。

（1）发电机消防、油系统消防水系统试验。

1）试验目的。

A. 检查消防控制系统的动作可靠性和程序的正确性。

B. 校验消防控制系统性能指标应能满足合同及设计要求。

C. 检查分部系统及联运系统的正确性和可靠性。

2）试验前的必要条件。

A. 敷设好所有电缆和电线并按接线图进行配线和查线。

B. 直流电源取自副厂房直流分电屏，交流电源取自公用配电系统，并且已具备送电条件。

C. 系统管路已经安装完成，系统压力试验经检查无任何渗漏现象，系统管路按要求冲洗完成。

D. 喷淋系统、雨淋阀组安装通过检查验收。

E. 已将相关区域隔离，非参与调试人员禁止入内。

F. 土建工作已经结束，孔洞已经用盖板可靠封堵，试验现场已清理干净。

G. 机械、电气设备均已通过运转前联合检查验收。

3）试验方式。自动启动控制、电气手动启动控制、应急启动控制三种控制方式。

A. 自动启动控制。将报警灭火控制器设为“自动”方式，系统即处于自动灭火控制状态，当保护区出现火情时，火灾探测器将火灾信号送往报警灭火控制器，报警灭火控制器发出声、光报警信号，启动灭火程序，发出灭火指令，打开相应保护区的选择阀，向相应保护区喷雾实施灭火。确认火灾扑灭后，手动按下压力开关复位按钮，使系统恢复到伺服状态。

B. 电气手动启动控制。当保护区有人发现火情时，可按下相应区域的手动报警按钮或报警灭火控制器上的相应区的启动按钮，即可按预定程序启动灭火系统，向相应保护区喷雾或喷气实施灭火。确认火灾扑灭后，复位手动报警按钮和报警灭火控制器上的复位按钮，即可关闭。手动按下压力开关复位按钮，使系统恢复到伺服状态。报警灭火控制器在自动状态下，具有电气手动控制优先功能。

C. 应急启动控制。当保护区出现火情，报警灭火控制系统失灵时，可手动打开相应保护区选择阀，按下控制柜上的启动按钮，即可向相应保护区喷雾实施灭火。确认火灾扑灭后，手动按下压力开关复位按钮，使系统恢复到伺服状态。

4）试验步骤。

A. 试验准备。将喷雾灭火系统按照系统图（包括机械和电气）连接好，并接通电源；试验前对系统进行检查，应符合设计图和有关技术要求。

B. 雨淋阀调整试验。关闭雨淋阀出口侧闸阀，打开手动放水阀或电磁阀时，雨淋阀组动作应可靠。检查水力警铃的设置位置应正确，水力警铃喷嘴处压力及警铃声强应符合制造厂家设计说明书要求中的规定。

C. 模拟灭火功能试验。报警阀动作，警铃鸣响；电磁阀打开，雨淋阀开启，消防控制中心有信号显示。

5）系统联动调试。

A. 电气手动启动功能。

a. 将水泵控制柜和报警灭火控制器均设为“自动”状态。

b. 按下需喷雾区域的手动报警按钮或在报警灭火控制器面板上启动该区域的控制模块，此时报警灭火控制器及该区域的声光报警器发出报警声响，同时能打开该区域的雨淋阀组。

c. 按下报警灭火控制器面板上的复位键即可复位系统。

B. 自动启动功能。模拟需喷雾区域的感烟探测器动作，此时报警灭火控制器及该区域的声光报警器发出报警声响；观察火灾显示盘应能显示喷放区域；按下报警灭火控制器面板上的复位键即可复位系统。

C. 应急启动功能。

a. 手动打开选择阀，再按下雨淋阀控制柜上的启动按钮，雨淋阀控制柜面板上旁通阀灯应亮，延时3～5s后灭，喷头喷出细水雾。

b. 按下雨淋阀控制柜上的停止按钮，雨淋阀控制柜面板上旁通阀灯应亮，延时3～5s后灭。

c. 手动复位选择阀，检查压力开关应能自动复位。

6）消防系统有水调试。

A. 有水调试阶段，在向业主、监理及有关单位申请并同意后，进行有水联合调试。

B. 对发电机消防只进行模拟试验，对油库消防应做实际喷雾试验。

C. 现场自动启动喷雾功能试验。

a. 将报警灭火控制器均设为“自动”状态。

b. 模拟需喷雾区域的感烟探测器动作，此时报警灭火控制器及该区域的声光报警器发出报警声响。

c. 观察火灾显示盘应能显示喷放区域。

d. 按下报警灭火控制器面板上的复位键即可复位系统。

（2）建筑消防消火栓给水试验。抽样测试消火栓水压应符合设计要求。

2.4.5 变压器消防水系统运行试验

变压器消防水主水源一般取自消防水池，备用水源一般取自全厂公用供水系统，要求有一定的水压，水压不能达到要求时，一般设置有消防水泵。每台变压器均设有一个雨淋控制阀组，该阀组具有自动控制、电手动控制和机械手动应急操作三种控制方式。

（1）试验目的。

1）检查消防水泵及其控制系统的动作可靠性和程序的正确性。

2）校验消防水泵及其控制系统性能指标应能满足合同及设计要求。

3）设置、整定水泵电机的保护定值，应符合设计要求。

4）检验消防水泵带负荷运行情况，应符合规范要求。

5）检查分部系统及联运系统的正确性和可靠性。

（2）试验前的必要条件。

1）敷设好所有电缆和电线并按接线图进行接线和查线。

2）直流电源取自副厂房直流分电屏，交流电源取自公用配电系统，并且已具备送电条件。

3）系统管路已经安装完成，系统压力试验、经检查无任何渗漏现象，系统管路按要求冲洗完成。

4）水泵启动试验水源已经具备供水条件。

5）变压器喷淋系统、雨淋阀组安装通过检查验收。

6）已将相关区域隔离，非参与调试人员禁止入内。

7）土建工作已经结束，孔洞已经用盖板可靠封堵，试验现场已清理干净。

8）机械、电气设备均已通过运转前联合检查验收。

（3）水喷雾灭火系统控制方式。自动启动控制、电气手动启动控制、应急启动控制三种控制方式。

1）自动启动控制。将报警灭火控制器、水泵控制柜的控制方式均设为“自动”方式，系统即处于自动灭火控制状态。当保护区出现火情时，探测器将火灾信号送往报警灭火控制器，报警灭火控制器发出声、光报警信号，同时发出灭火指令打开相应保护区的选择阀和泵组，向相应保护区喷雾实施灭火。

确认火灾扑灭后，按下报警灭火控制器上的复位按钮，即可关闭选择阀和泵组，手动按下压力开关复位按钮，使系统恢复到伺服状态。

2）电气手动启动控制。当保护区有人发现火情时，可按下相应区域的手动报警按钮或报警灭火控制器上的相应区的启动按钮，即可按预定程序启动灭火系统，向相应保护区喷雾或喷气实施灭火。确认火灾扑灭后，复位手动报警按钮和报警灭火控制器上的复位按钮，即可关闭选择阀和泵组。手动按下压力开关复位按钮，使系统恢复到伺服状态。报警灭火控制器在自动状态下，具有电气手动控制优先功能。

3）应急启动控制。当保护区出现火情，报警灭火控制系统失灵时，可手动打开相应保护区选择阀，再将水泵控制柜“手动/自动”选择开关置于“手动”位置，按下控制柜上的启动按钮，即可向相应保护区喷雾实施灭火。确认火灾扑灭后，按下控制柜上的停止按钮，关闭相应的泵组或阀组，手动关闭选择阀。手动按下压力开关复位按钮，使系统恢复到伺服状态。

（4）试验步骤。

1）试验准备。

A. 将喷雾灭火系统按照系统图（包括机械和电气）连接好，并接通电源。

B. 试验前对系统进行检查，应符合设计图和有关技术要求。

2）变压器消防给水系统调试。

A. 设备单体调试。

a. 设备单体调试前，检查系统各控制阀门应处于正确的开启和关闭状态，各系统仪表、监控系统显示正确，系统压力正常。

b. 泵组调试。

第一，泵组启动前，手动盘车，转动部分应无阻滞现象，无异常声响，润滑油或油脂已按规定加入。

第二，泵启动后，检查各紧固部分应无松动现象，轴承无明显的温升，最高不大于70℃，运转过程无不正常的声响。

第三，设备运转正常后，其振幅应符合设备文件的规定。

第四，取自动或手动方式启动水泵时，水泵应在设计规定的范围内投入正常运行。

B. 消防系统管道充水及升压试验。

a. 设备单体调试合格后，对系统进行充水检查，无异常现象后，将系统缓慢升至额定压力。

b. 打开放水试验阀，测试系统流量、压力应符合设计要求。

C. 雨淋阀调整试验。

a. 关闭雨淋阀出口侧闸阀，打开手动放水阀或电磁阀时，雨淋阀组动作应可靠。

b. 检查水力警铃的位置设置是否正确，水力警铃喷嘴处压力及警铃声响应符合制造厂家设计说明书要求中的规定。

D. 模拟灭火功能试验。

a. 报警阀动作，警铃鸣响。

b. 电磁阀打开，雨淋阀开启，消防控制中心有信号显示。

c. 消防水泵启动，消防控制中心有信号显示。

3）区域系统联动调试。

A. 电气手动启动功能。

a. 将水泵控制柜和报警灭火控制器均设为“自动”状态。

b. 按下需喷雾区域的手动报警按钮或在报警灭火控制器面板上启动该区域的控制模块，此时报警灭火控制器及该区域的声光报警器发出报警声响，同时能打开相应区域的选择阀或雨淋阀和启动泵组。

c. 按下报警灭火控制器面板上的复位键即可复位系统。

B. 自动启动功能。

a. 将水泵控制柜和报警灭火控制器均设为“自动”状态。

b. 模拟需喷雾区域的感烟探测器动作，此时报警灭火控制器及该区域的声光报警器发出报警声响。

c. 再模拟该区域的感温（或火焰）探测器的动作，应能打开相应区域的选择阀和启动泵组。

d. 观察火灾显示盘应能显示喷放区域。

e. 按下报警灭火控制器面板上的复位键即可复位系统。

C. 应急启动功能。

a. 将水泵控制柜面板上的手动/自动旋钮开关打在“手动”位置。

b. 手动打开选择阀，再按下水泵控制柜上的启动按钮，水泵控制柜面板上旁通阀灯应亮，延时3～5s后灭，水泵启动，喷头喷出细水雾。

c. 按下水泵控制柜上的停止按钮，水泵控制柜面板上旁通阀灯应亮，延时3～5s后灭。

d. 手动复位选择阀，检查压力开关是否能自动复位。

4）消防系统有水调试。

A. 有水调试阶段，在向业主、监理及有关单位申请并同意后，进行有水联合调试。

B. 对发电机消防只进行模拟试验，对变压器消防应做实际喷雾试验。

C. 现场自动启动喷雾功能试验。

a. 将水泵控制柜和报警灭火控制器均设为“自动”状态。

b. 模拟需喷雾区域的感烟探测器动作，此时报警灭火控制器及该区域的声光报警器发出报警声响。

c. 再模拟该区域的感温（或火焰）探测器的动作，应能打开相应区域的选择阀和启动泵组。

d. 观察火灾显示盘应能显示喷放区域。

e. 按下报警灭火控制器面板上的复位键即可复位系统。

2.4.6 水力量测系统试验

（1）水电站设置水力量测的目的和内容。

1）水力量测系统主要用于监视机组运行时的水力参数，进行测量、记录及时发现问题采取措施，以保证机组高效率而安全运行。并根据测量结果，制定水电站最有利的运行方案，以提高水电站的总效率。

2）为保证水电站的安全运行并实现经济运行，同时，为考查已投入运行机组的性能，促进水力机械基础理论的发展提供和积累必要的数据资料，为此，一般水电站都设置有完备的、先进的水力量测装置。这些装置都是由测量元件、非电量与电量之间的转换元件、显示记录仪表及连接管路和线路等几部分构成，它是水电站自动化系统的重要组成部分，也是水电站安全、经济运行和进行有关科学研究工作的基本依据，所以要求能对被测参数状态予以及时和准确的反映，这就要求在现场调试时，将测量误差均调整在允许的范围之内。

3）水力监视量测系统包括全厂性测量和机组段水力测量。全厂性测量包括上下水库水位、水温、拦污栅差压、上下调压井水位、闸门差压、水淹厂房报警等测量项目；机组段水力测量项目主要是引水钢管压力、蜗壳进口压力及压力脉动、蜗壳末端压力、转轮与导叶之间压力及压力脉动、转轮与底环间压力及压力脉动、转轮与顶盖间压力、顶盖水位、尾水管出口压力、尾水管进口压力和压力脉动、尾水管肘管压力和压力脉动、水轮机工况流量、水泵工况流量、水泵水轮机效率（率定水轮机和水泵工况流量的超声波测流装置）、导叶漏水测量、地下厂房水位异常升高水位计等。

（2）水电站量测系统设备的布置。某水电站水力测量系统见图 2-114。

（3）试验目的。

A. 检查水力测量控制元件及其至监制系统的动作可靠性和程序的正确性。

B. 校验水力测量控制元件及其控制系统性能指标应能满足合同及设计要求。

C. 设置、整定水力测量控制元件的保护定值应符合设计要求。

（4）试验的必要条件。

A. 水力测量设备及装置已按设计图纸要求安装完成，并通过检查验收。

B. 水力测量自动元件至监控盘柜的所有电缆和电线已按设计接线图敷设、接线、查

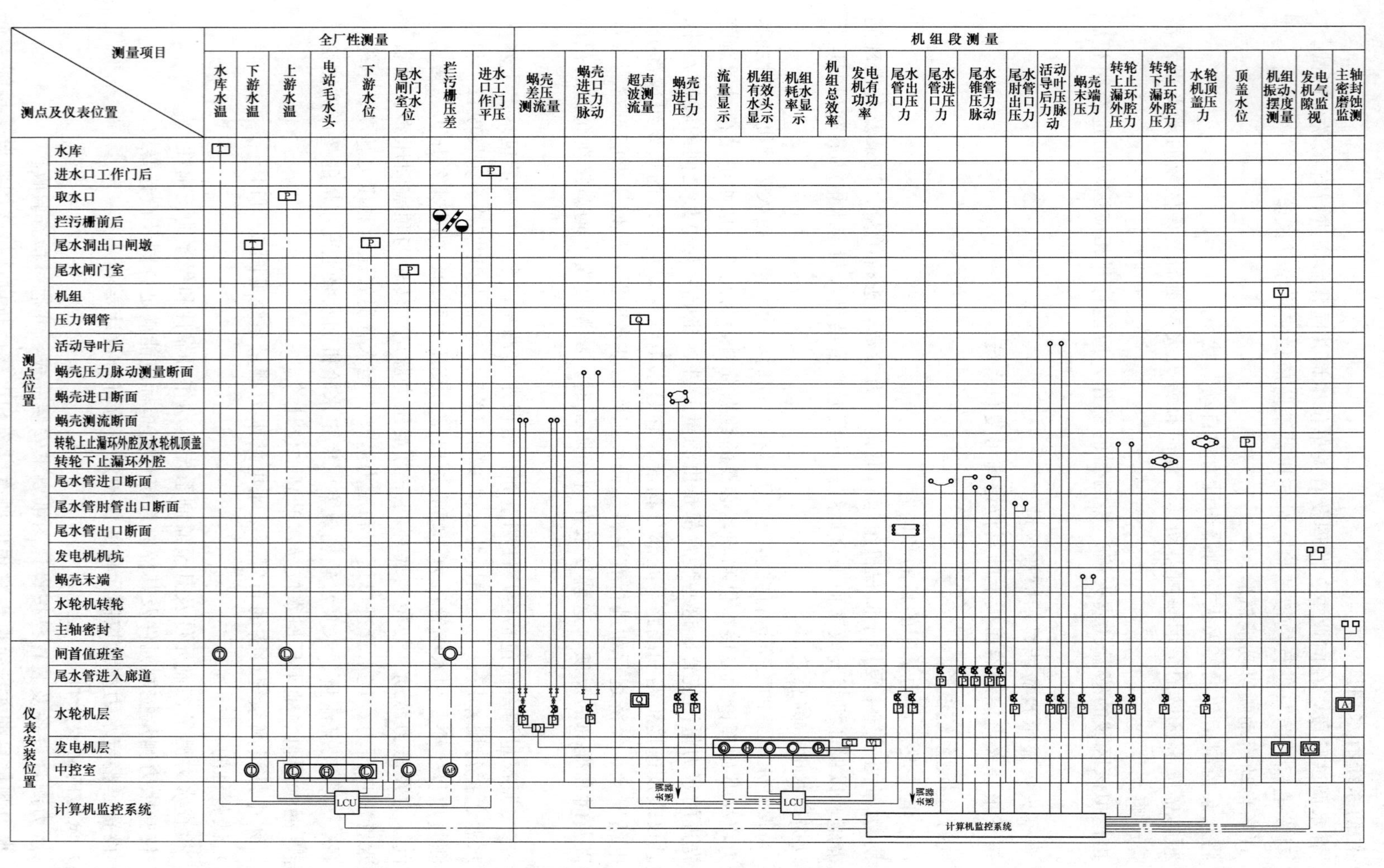

图 2-114　某水电站水力测量系统图

对完成，并通过检查验收。

C. 交、直流电源已具备供电条件。

D. 监控盘柜已具备上电条件。

E. 试验现场已清理干净，机械、电气均已通过调试前的联合检查验收。

（5）试验步骤。

1）通电前的检查。

A. 检查元器件型号参数是否正确。

B. 检查配线是否按图纸连接正确，端子是否连接牢固。

C. 检查输入电源电压等级是否正确，相位是否正确。

D. 用500V摇表测量二次交流和直流系统进线电缆的绝缘电阻必须大于0.5MΩ。

E. 用24V电源装置校验自动化元件，输入24V电压，测量自动化元件应输出4mA的模拟量。

F. 水位计模拟试验。根据设计给定值，通过移动水位计浮子使其对应现场高程，调整触点开关动作。试验过程中应对每一整定值反复验证多次，确保动作的可靠性。

G. 温度传感器和压力传感器必须经过检验合格后才能进行安装。

2）通电后检查。

A. 检查通电后电源是否有串联现象，控制回路电源绝缘是否良好。

B. 二次控制电源开关后电源模块正常工作，直流24V正常上电后，检查PLC是否正常工作，查看有无故障。

C. 具备调试条件后，对设备按设计说明要求进行试验，检查设备的运行工况是否符合产品说明书要求。

D. 检查上传监控信号是否正确无误，并与监控完成对点工作。

（6）设备投入运行前的一般注意事项。

1）设备完整，场地清洁无杂物，无妨碍设备运行的工具。

2）现地控制盘柜电源投入正确，动力电源与控制电源均投入正确。

3）确保盘上各光字牌、指示灯亮，保持盘面盘内整洁、卫生。

4）盘上报警光字牌灯亮完好，信号正确。

5）盘上表计指示正常（与当时情形对应）。

6）盘上各开关位置，信号灯指示正确（与当时情形对应）。

7）盘内各继电器外壳完好，无破损，无过热现象。

8）盘内通风、照明良好，加热器工作正常、无异味。

9）盘内各端子排连接牢固，无松动现象。

10）控制室报警站无异常报警信号，所有变量处于正常监控状态，控制台上所有信号无异常。

（7）设备运行中的一般注意事项。

1）各设备运行良好，无异常气味、声音。

2）电源运行正常，各信号灯正常，各开关位置指示正确。

3）盘上报警光字牌灯亮完好，信号正确。

(8) 故障及事故处理。

1) 测量系统电源故障。原因：电源故障停电或跌落保险掉相；处理：检查电源，恢复跌落保险，或切换至另一电源。

2) 上、下水库水位消失。原因：测量元件故障或电源故障或上、下水库通信通道故障；处理：处理相关故障，若有需要可加强人工测量。

2.4.7 透平油系统运行试验

(1) 透平油系统简述。为保证设备经济运行，透平油系统的任务有以下几项：

1) 接受新油。用油槽车或油桶将新油运来后，视水电站储油罐的位置高程，可采用自流或油泵压送的方式将新油储存在净油罐中。每次新到的油，一律要按透平油或绝缘油的标准进行分部试验。

2) 储备净油。在油库或油处理室随时储存有合格的、足够的备用油，以供发生事故需要全部换用净油或正常运行补充损耗之用。

3) 给设备充油。新装机组、设备大修或设备中排出劣化油后，需要充油。

4) 向运行设备添油。用油设备在运行中，由于蒸发、飞溅、漏油及取油样等原因，油量将不断减少，需要及时添油。

5) 检修时从设备中排出污油。检修时，应将设备中的污油通过排油管，用油泵或自流方式送至油库的运行油罐中。

6) 污油的净化处理。储存在运行油罐中的污油通过压力滤机或真空滤油机等进行净化处理，除去油中的水分和机械杂质。

7) 油的监督与维护。主要内容有：鉴定新油是否符合标准；定期对运行油进行取样化验，观察其变化情况，判断运行设备是否安全；对油系统进行技术管理，提高运行水平。

(2) 透平油系统组成。根据油系统的任务以及水电站用油量的大小，将储油设备、用油设备、管网及油处理设备连接成一个系统。透平油系统通常由以下几部分组成：

1) 油库。设置各种油罐及油池。

2) 油处理室。设置油泵、滤油机、烘箱等。

3) 油化验室。设置化验仪器及药物等。

4) 油再生设备。水电站通常只设吸附器。

5) 管网及测量控制元件。如温度计、液位信号器、油混水信号器、示流信号器等。

(3) 透平油系统图。某水电站透平油系统见图 2-115。

(4) 透平油系统主要设备。某水电站透平油系统主要设备见表 2-55。

(5) 某水电站透平油系统操作项目。某水电站透平油系统操作项目见表 2-56。

2.4.8 绝缘油系统运行试验

水电站中绝缘油系统主要向主变压器（电抗器）供油，注油前应取油样进行检验，确认油的含气、含水、介损、耐压等参数均符合厂家的规定值之后方可注油。

(1) 某水电站绝缘油系统图和主要设备。某水电站绝缘油系统见图 2-116，某水电站绝缘油系统主要设备见表 2-57。

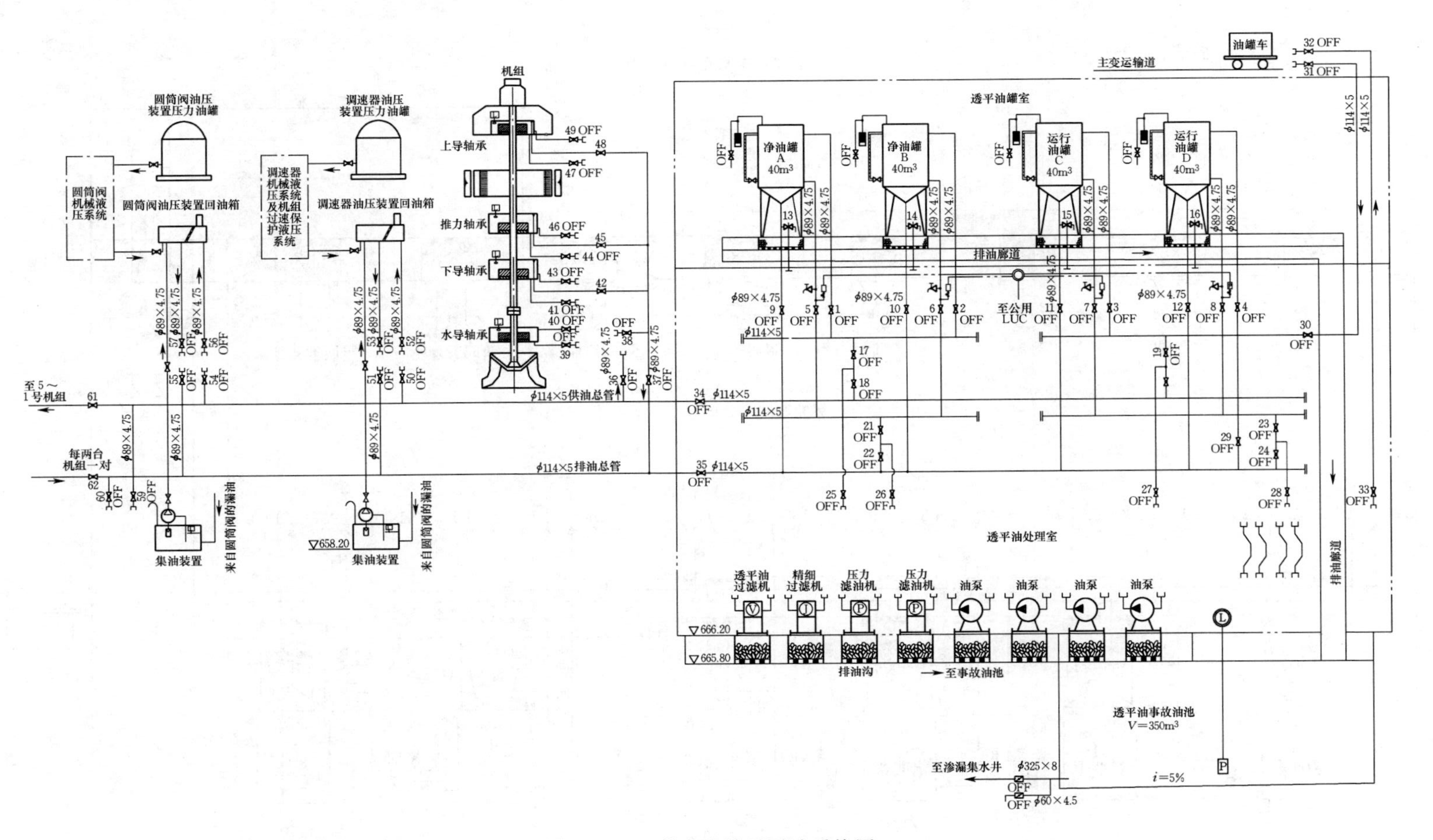

图 2-115　某水电站透平油系统图

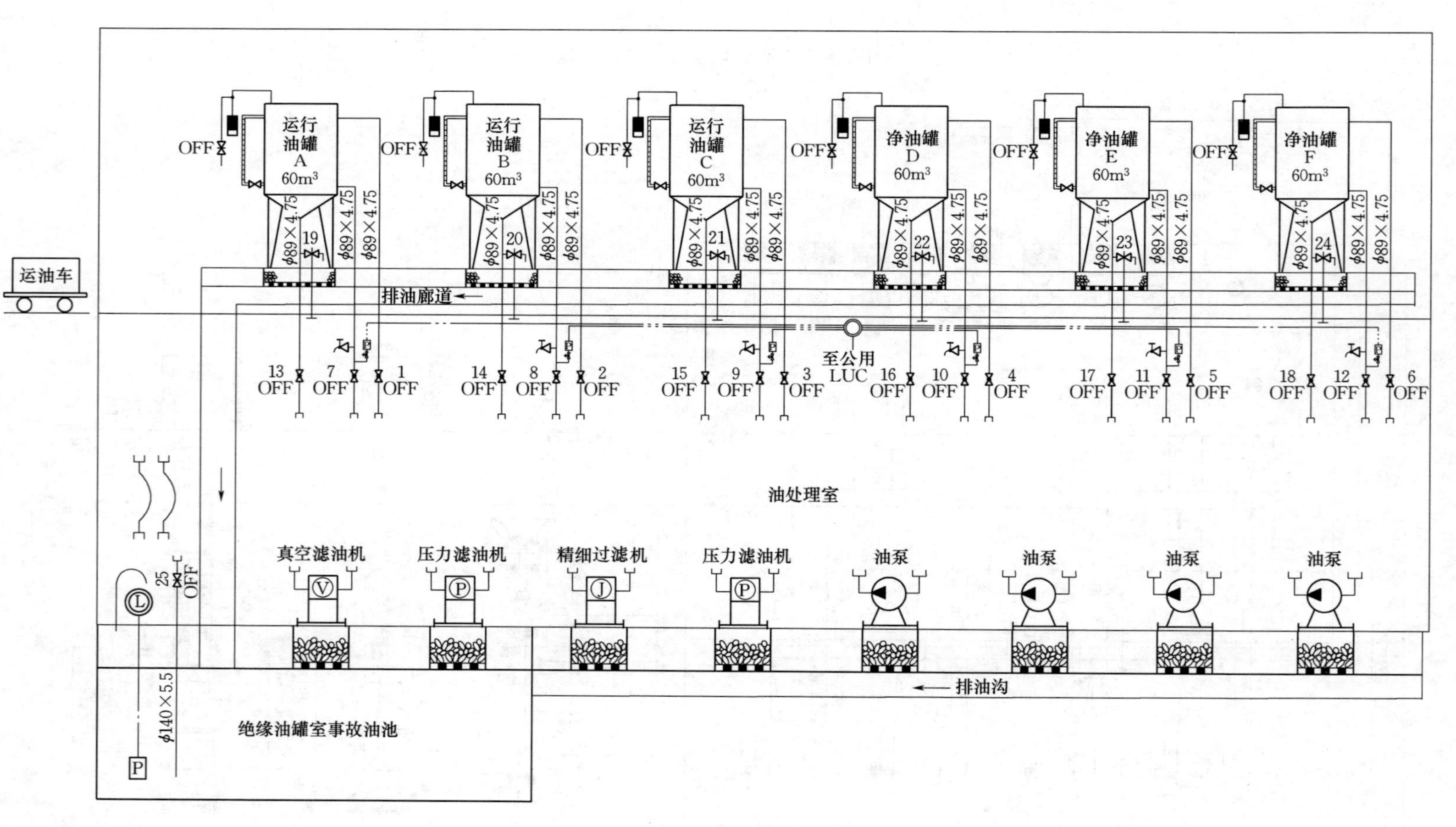

图 2-116　某水电站绝缘油系统图

表 2-55　　某水电站透平油系统主要设备表

序号	名称	型号及规格参数	单位	数量	备　注
1	油泵	2CY-18/0.36，Q=18m/h，P_N=3.6kg/cm，N=5.5kW	台	2	移动式
2	油泵	2CY-6/0.33，Q=6m/h，P_N=3.3kg/cm，N=3.0kW	台	2	移动式
3	压力滤油机	LY-200，Q>200L/min，P_N<0.3MPa，N=4.0kW	台	2	移动式
4	透平油过滤机	ZJCQ-9，Q=9000L/h，P_N<0.5MPa，N=89.09kW	台	1	移动式
5	精细过滤机	JYG-160，Q=160L/min，P_N<0.5MPa，N=3.0kW	台	1	
6	油罐	V=40m³	个	4	净油罐及运行油罐各 2 个
7	移动式油罐	V=1m³	个	2	净油罐及运行油罐各 1 个
8	电热烘箱	DX-1.2，N=1.2kW	个	2	
9	油泵	2CY-60/2.8-1，Q=60m/h，P_N=2.8kg/cm，N=22kW	台	1	事故油池排油
10	潜水泵	50QW25-22，Q=25m/h，P_N=2.2kg/cm，N=4kW	台	1	事故油池排油/水

表 2-56　　某水电站透平油系统操作项目表

序号	操　作　项　目	序号	操　作　项　目
1	运行油罐接受新油	6	上导轴承的油自流排至运行油罐
2	运行油罐新油自循环过滤	7	利用油泵将用油设备的油排至运行油罐
3	运行油罐净油存入净油罐	8	管路冲洗
4	净油罐内的油高度净化	9	利用油泵将运行油罐内油排至油罐车
5	净油罐向设备供油	10	机旁自循环

表 2-57　　某水电站绝缘油系统主要设备表

序号	名称	型号及规格参数	单位	数量	备　注
1	油泵	2CY-29/0.36，Q=29m/h，P_N=3.6kg/cm，N=11kW	台	2	移动式
2	油泵	2CY-12/0.33，Q=12m/h，P_N=3.3kg/cm，N=5.5kW	台	2	移动式
3	压力滤油机	LY-150，Q>150L/min，P_N<0.5MPa，N=3.0kW	台	2	移动式
4	真空滤油机	ZJA9BF，Q=9000L/h，P_N<0.5MPa，N=113.29kW	台	1	

续表

序号	名称	型号及规格参数	单位	数量	备　注
5	精细过滤机	JYG－160，Q=160L/min，P_N<0.5MPa，N=3.0kW	台	1	
6	绝缘油罐	V=60m^3	个	6	净油罐3个，运行油罐3个
7	电烘箱	DX－1.2	个	2	
8	运油车	HQ630	台	1	运油车5t
9	油泵	2CY－60/2.8－1，Q=60m/h，P_N=2.8kg/cm，N=22kW	台	2	事故油池排油
10	潜水泵	100QW65－15－5.5，Q=65m/h，H=15m，N=5.5kW	台	3	事故油池排油/水

（2）某水电站绝缘油系统操作项目见表2－58。

表2－58　　某水电站绝缘油系统操作项目表

序号	操　作　项　目	
1	通过软管接头，运行油罐接受新油	
2	利用滤油机使运行油罐油自循环	
3	运行油罐的油经过过滤送至净油罐	
4	利用滤油机高度净化净油罐的油	
5	由净油罐向主变压器（电抗器）充油	
6	主变（电抗器）运行油的处理	现场处理（自循环过滤）
		运行油运至油罐室处理
7	绝缘油罐室事故排油	
8	绝缘油罐室事故油池排油	
9	主变事故油排泄	
10	电抗器事故油排泄	

（3）绝缘油系统中主变压器注油操作。

A. 主变压器真空注油。

1）主变内检和附件安装完毕后应立即密封器身，将不能抽真空的部分如储油柜等隔离后，抽真空到真空值小于66.7Pa并保持24h以上（或按厂家要求），在此状态下对主变压器进行真空注油，主变压器注油系统见图2－117。

2）注油前先在真空滤油机的出口取油样，确认油的含气、含水、介损、耐压均符合厂家规定值才能注油。

3）注油前对输油管路、阀门抽真空检漏合格后才能打开变压器进油阀。

4）打开冷却器的全部进出口阀，启动滤油机，调节进出油流量使其进油流速不大于100L/min，从主变压器底部注油阀注油直至油位接近抽真空阀门处，关闭抽真空阀门，停止抽真空，再继续注油至热油循环油位。

B. 主变压器最终热油循环过滤。

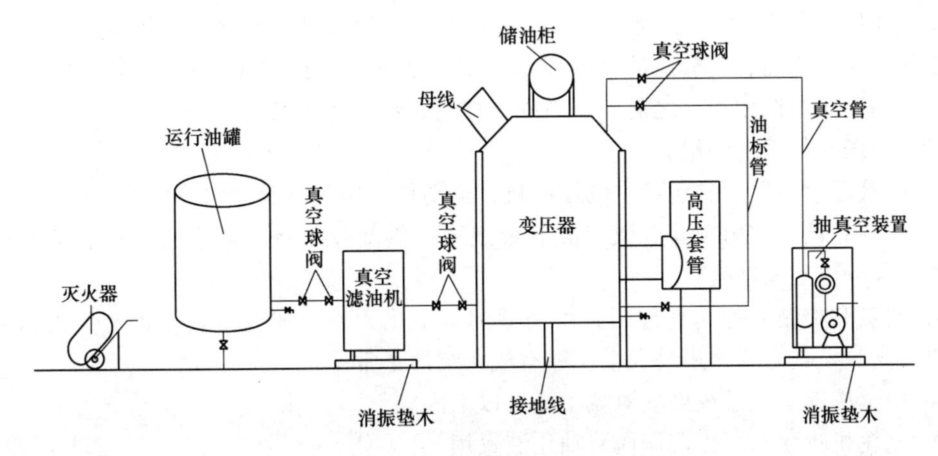

图 2-117　主变压器注油系统示意图

1）上道工序完毕后，将滤油机的出口阀门管道改接到主变压器顶部的抽真空阀门上，按厂家给定的最高油温确认膨胀空间调整好油位，启动真空滤油机，进入最终热油循环过滤，直至油样合格为止。定期开动冷却器油泵并在其部位的上方打开排气塞排气。

2）热油循环过滤时真空滤油机的出口油温不低于 50℃，最高温度不得高于设备规定值，油箱内的温度不低于 40℃。

3）热油循环至油样合格后，停止热油循环，关闭变压器上的进出口阀门。

4）主变压器热油循环系统配置见图 2-118。

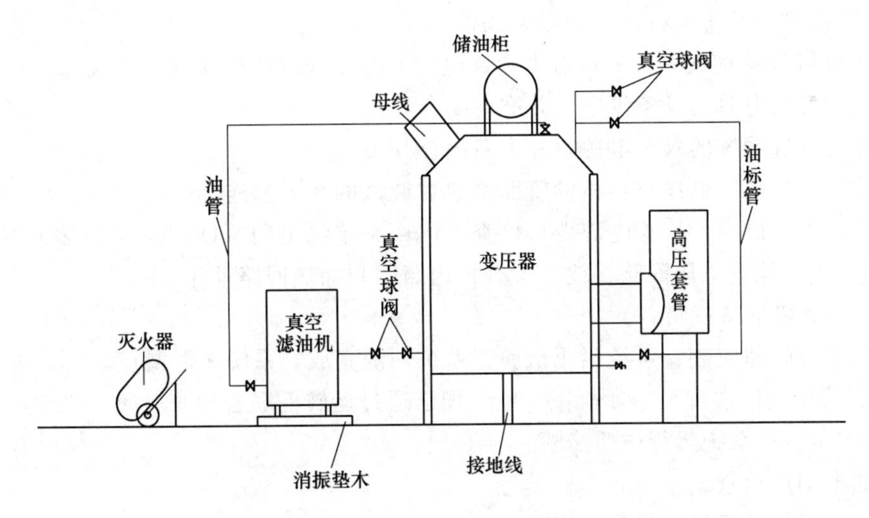

图 2-118　主变压器热油循环系统配置图

2.4.9　中压空气系统运行试验

（1）水电站中压空气系统简介。水电站中压空气系统一般用于为水电站机组调速器油压装置、进水阀油压装置、筒形阀油压装置以及抽水蓄能机组、高水头机组调相压水等提供压力气源。随着产品的不断完善，额定工作压力已经从过去的 2.5MPa、4.0MPa 提升到现在的 6.3MPa。目前额定工作压力 6.3MPa 已普遍应用于各大、中、小型电站，空压机额定工作压力为7.0MPa。对于中、小型水电站水轮机调速系统和进水阀（含调压阀）操作系统，在采用油、气分离的气囊或活塞式蓄能器后，额定工作压力已上升为16MPa或更高，如无机组调相压水之需要，中压空气压缩系统可取消。

（2）中压空气系统的组成。

1）空气压缩装置。它包括空气压缩机、电动机、储气罐及油水分离器等。

2）供气管网。它由干管、支管和管件组成。供气管网将气源和用气设备联系起来，用于输送和分配压缩空气。

3）测量和控制元件。它包括各种类型的自动化元件，如温度信号器、压力信号器、电磁空气阀等，其主要作用是保证压缩空气系统的正常运行。

4）中压压缩空气系统供气对象主要有以下内容。

A. 水轮机进水阀（含调压阀）油压装置用气。

B. 调速系统油压装置用气。

C. 调相机组的压水供气罐等。

5）某水电站中压空气系统见图2-119。

（3）中压空气系统运行试验目的。

A. 检查空压机及其控制系统的动作可靠性和程序的正确性。

B. 校核空压机及其控制系统性能指标，应能满足合同及设计要求。

C. 设置、整定空压机的保护定值应符合设计要求。

D. 检验空压机带负荷运行情况是否符合规范要求。

（4）中压空气系统运行试验的必要条件。

A. 敷设好连接到气系统的所有电缆和电线并按接线图进行接线及查线。

B. 交、直流电源已具备供电，并准备闭合开关。

C. 准备好气系统的永久电源，并准备闭合开关。

D. 中压空压机、低压空压机的管路都应在调试的几天前连接就绪。

E. 二次回路试验。校验电流表、检查二次回路绝缘电阻（DC 500V 摇表）、检查CT电流回路接线、检查电压回路接线、检查柜内照明和加热回路动作。

F. 安全屏障准备就绪。

G. 气系统管路安装、系统耐压试验、系统冲洗完成，系统无泄漏点。

H. 试验现场已清理干净，机械、电气均已通过运转前联合检查验收。

（5）中压空气系统运行试验步骤。

1）通电前的检查。

A. 检查元器件型号参数是否正确。

B. 检查配线是否按图纸连接正确，端子是否连接牢固。

C. 检查输入电源电压等级是否正确，相位是否正确。

D. 检查一次回路连接螺丝是否紧固可靠。

E. 用500V摇表测量一次、二次交流和直流系统进线电缆的绝缘电阻必须大于0.5MΩ。

2）中压空压机检查及控制柜上电。

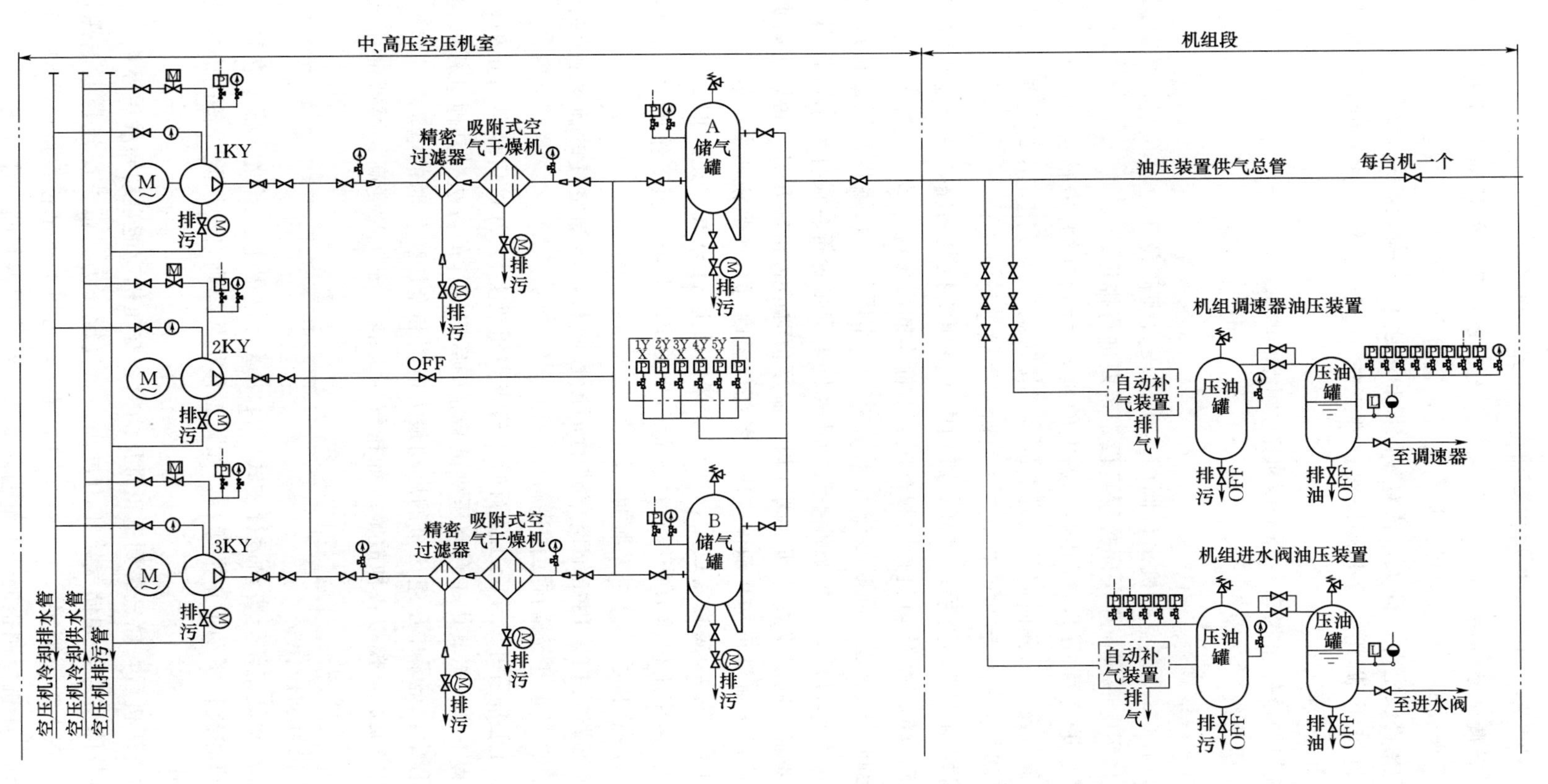

图 2-119　某水电站中压空气系统图

A. 空压机启动前检查中压空压机润滑油位是否在正常位置。

B. 空压机具备调试条件后，首先手动盘车应无卡塞现象，然后对设备按设计说明要求进行空载、带负载试验，检查设备的运行工况，且符合产品说明书要求。

C. 空压机三相进线电源总开关，核对显示值和进线电压值的偏差。

D. 二次控制直流电源开关后电源模块正常工作，直流 24V 正常上电后，检查 PLC 是否正常工作，有无故障。

E. 将控制旋钮切至停止状态，合空压机动力电源开关。

3）中压空压机系统手动操作。

A. 空压机启动前检查。

a. 空压机启动前，检查空压机出口阀门、出口压力表阀位于全开位置，冷却供水阀位于全开位置，排污电磁阀位于关闭位置且设定定期进行排污。

b. 打开储气罐进气侧阀门，打开储气罐上的压力表阀、压力传感器和压力开关上的控制阀门，关闭储气罐出口侧阀门及气罐上的电磁排污阀，并设定定期进行排污。

c. 完成上述阀门的操作后即可启动空压机对储气罐进行充气。

B. 将空压机控制旋钮切至手动控制，启动中压空压机控制回路，闭合主电源启动空压机检查电机转动方向，确定电机转向和空压机上标志的箭头应一致。

C. 调整安全卸载阀应逐级间断缓慢升压至额定工作压力，在逐步升压运行过程中检查空压机运行情况及压力开关、传感器等自动化元件率定是否符合设计要求，否则进行调整使其符合设计要求。同时检查冷却水阀在设计温度值时能否正常开启，否则进行调整使其符合要求，且冷却水流量正常并确保空压机各部位温度符合产品说明书的要求。

D. 空压机的手动加载试验完成后，即可对储气罐进行充气。充气时逐级按 25%、50%、75%、100%额定工作压力升压，每级稳压 10min，直至升至工作压力。充压过程中检查储气罐焊缝、连接法兰是否无泄漏。

E. 空气系统管路吹扫采用压缩空气进行间断性吹扫，压缩空气的流速控制在 5～10m/s。储气罐的吹扫通过气罐排污阀进行。

F. 空压机运行正常后并处于全压运行时，检查空压机上传 PLC 信号是否正确，中压空压机按手动流程工作；当其中 1 台空压机试验完毕后以同样的方法对其他进行试验。在手动流程试验过程中，记录中压空压机的启动最大电流和全压工作时的电流。

G. 手动启动完成后，模拟各种故障。如排气压力高、排气温度高、润滑油压低、断相的故障信号。

4）中压空压机自动操作。

A. 将空压机控制旋钮切至自动运行方式。自动运行过程中，当储气罐不在正常压力时，工作和备用机在流程驱动下正常运行，如果工作机故障则自动切除，备用机自动转换为工作机继续工作。

B. 自动启动空压机后，储气罐到达正常压力时，空压机应能自动卸载后停机。

C. 模拟各种故障信号，如储气罐压力过高、储气罐压力过低、交流控制电源消失、直流电源故障等。在无法模拟实际压力过高的情况下，可以取外部模拟量逐渐增加到相应的动作值，开入到中压机控制柜的开关量输入模块，使其逻辑判断动作开出。

5）中压空压机安全卸载阀试验。将中压空压机切换到“手动”方式，手动加压至中压空压机安全卸载阀动作压力，并记录中压空压机安全卸载阀动作值。检验中压空压机安全卸载阀动作值应与设计图纸相符，若不相符则需调整，试验完毕后调整三级压力开关到初始整定值，试验完毕。

6）中压空气系统管路的通气。首先缓慢开启储气罐出口阀门向机组段油压装置供气总管进行通气。在向油压装置充气前进行间断性吹扫，压缩空气的流速控制在5～10m/s之间。符合要求后即可接通向油压装置供气。

缓慢开启储气罐出口阀门向储气罐出气管通气，在开启气水分离器及逆止阀、减压阀等主管路分段通气同时分别调整减压阀出口压力使其符合设计要求。

（6）空压机运行操作。

1）现地手动启停（自动负载）操作。

A. 检查空压机动力电源和控制电源供电正常。

B. 检查空压机控制盘柜上“电源”指示灯状态，应正确。

C. 储气罐压力在停止压力以下，将控制方式开关放“手动”位置时，检查空压机启动是否正常，监视压力值不超过停止压力。

D. 将控制方式开关切回至“切除”位，监视空压机正常停止。

E. 手动启动空压机后，应待空压机运行稳定后，才允许停止该空压机。

2）自动启停（自动负/卸载）操作。

A. 空压机启动。

a. 检查空压机动力电源和控制电源供电正常。

b. 检查空压机控制盘柜上“电源”指示灯状态是否正确。

c. 检查空压机手动卸载阀处在关闭位置。

d. 切空压机控制方式开关至“自动”位置，当储气罐气压低于压力开关设定值时，空压机由压力开关来控制启动。

e. 空压机启动后，自动卸载运行，20s后卸载电磁阀自动关闭，空压机转为负载运行。

f. 当气压达到气压开关设定值的上限值时，空压机开始自动卸载，最少运行时间4min后自动停运。

g. 如果空压机在卸载运行过程中，系统气压突然下降，空压机将立即自动转为负载运行。

B. 空压机停运。

a. 如果空压机在卸载期间系统气压没有降至最小压力设定值，空压机将自动停运。

b. 另外也可将现地控制盘选择开关“自动-切除-手动”切至“切除”位置，停下空压机。

c. 当选择开关切至“切除”位置后，空压机将自动卸载并持续运行至最少运行时间4min后停运。

d. 在空压机停运期间，允许空压冷却器排放冷凝物。

（7）油压装置压力油罐充气操作。水电站油压装置主要工作对象为调速系统和水轮机进水阀（包括球阀、蝶阀、圆筒阀）。油压装置压油罐首次充气时，手动操作。油压装置正常运行时，通过自动补气装置实现自动补气。油压装置系统见图 2-120。

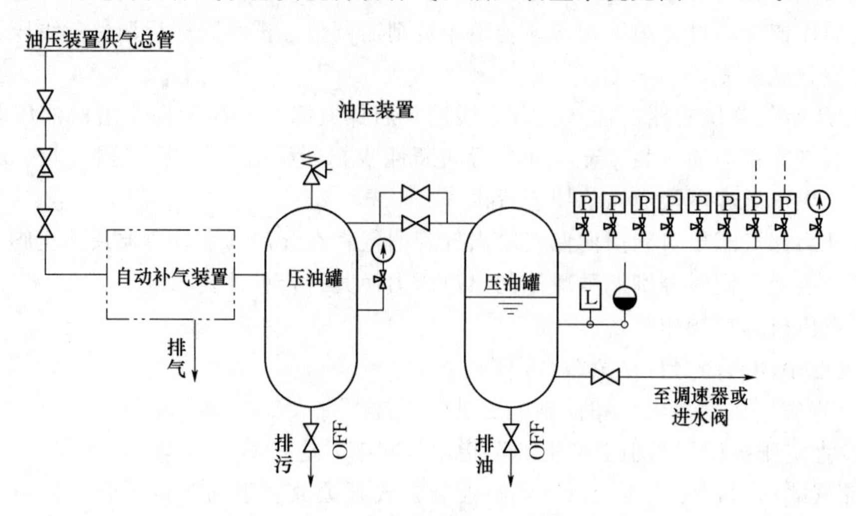

图 2-120　油压装置系统图

（8）调相压水操作。水电站调相机组充气压水控制过程：并入电网的水轮发电机组，切换为调相机运行时，自动关闭导叶，通过相应的自动控制装置操作电磁阀，打开液压给气阀，通过储气罐向转轮室给气压水。当转轮室水位压低到规定位置水位时，仍通过自动控制装置操作电磁阀，关闭液压给气阀，停止给气。为避免给气阀操作过于频繁，在给气管路上并联一个补气阀，它在调相过程中一直开启，给转轮室补气，使转轮室水位保持在下限水位以上。调相压水时，空压机应自动控制，确保储气罐在额定工作范围内。

调相压水操作故障诊断及处理见表 2-59。

表 2-59　　调相压水操作故障诊断及处理表

故　障	可　能　原　因	处　理　方　法
空压机末级压力释放安全阀动作	供气阀关闭	打开该阀
	系统压力达到	停空压机
	压力释放安全阀故障	检查该阀并及时更换
	出口软管压扁或扭断	将软管恢复正常
空压机非末级压力释放安全阀动作	下级吸气或送气阀门损坏堵塞	拆除阀门、清洁并检查，视情况更换损坏部分
	释压安全阀故障	检查该阀
	冷却器管道损坏或堵塞	清洗、检查并更换损坏部分
	靠近阀门的O形密封不起作用	清洗密封并更换O形环
空压机无法全压或负荷运行	进气过滤器堵塞	清洗或更换部件
	空压机过热	检查冷却水流量是否正常
		循环水泵是否损破
		冷却水中是否有气
	皮带打滑	拉紧或更换皮带

续表

故　障	可　能　原　因	处　理　方　法
空压机无法全压或负荷运行	阀门损坏或堵塞（容量减少表明一级阀门故障）	移开、拆卸、清洁检查、更换受损部件
	系统漏气	更换漏气部分、接头、密封（如有必要）
	活塞环漏气	确保沟槽中的环能自由移动更换破的或受损的环
	缸或环过量磨损	更换
空压机阀门清洗频繁	过热	将阀门、活塞环顺序保持好，缸体冷却表面和冷却器间隙的赃物清除
	空气管路中水分过大	排水不畅时，需改善排水条件
	异物进入空压机	空气过滤器检查
	从1级活塞带来的油过多	确保1级活塞底部的油控制活塞环未损坏或松弛，槽中油孔未堵塞，如必要更换之
空压机运转中撞击严重	连接杆帽松动或大小轴承间隙达大	拧紧或更换
空压机低油压	油罐内油不足	检查油位，注油至正常油位
	油泵驱动轴断裂	更换
	油泵需检修	检修
	轴承间隙过大	更换
	接线错误	检查空压机控制盘柜与马达卸载回路之间的电缆接线，并更正

2.4.10　低压空气系统运行试验

（1）水电站低压空气压缩系统简介。水电站低压空气压缩系统一般用于机组停机时制动用气、机组调相压水用气、机组维护检修时风动工具和吹扫用气、水轮机主轴检修密封围带用气、蝴蝶阀止水围带用气、变电站配电装置中空气断路器及气动操作的隔离开关的操作灭弧用气、母线微增压供气等。

（2）低压缩空气系统的组成。

1）空气压缩装置。包括空气压缩机、储气罐及油水分离器等。

2）供气管网。由干管、支管和管件组成。管网将气源和用气设备联系起来，输送和分配压缩空气。

3）测量和控制元件。包括各种类型的自动化元件，如温度信号器、压力信号器、电磁空气阀等。其主要作用是保证压缩空气系统的正常运行。

4）压缩空气供气对象。

A. 水轮机主轴检修密封空气围带用气。

B. 机组停机制动用气。

C. 风动工具和吹扫设备用气。

D. 寒冷地区水工闸门和拦污栅前防冻吹冰用气。

5）某水电站低压空气系统见图2-121。

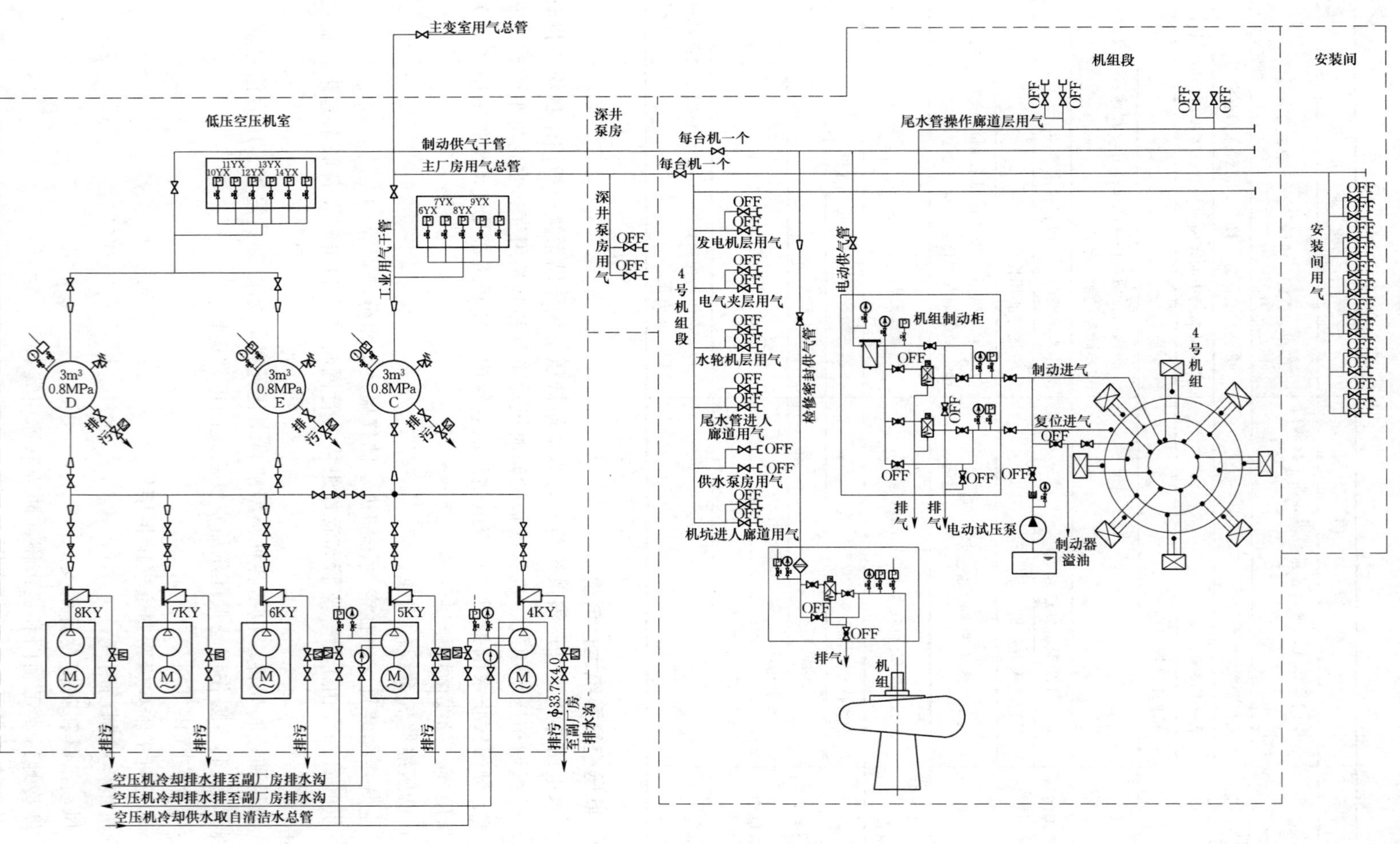

图 2-121　某水电站低压空气系统图

(3) 低压空气系统运行试验目的。

A. 检查空压机及其控制系统的动作可靠性和程序的正确性。

B. 校核空压机及其控制系统性能指标，应能满足合同及设计要求。

C. 设置、整定空压机的保护定值，应符合设计要求。

D. 检验空压机带负荷运行情况是否符合规范要求。

(4) 低压空气系统运行试验的必要条件。

A. 敷设好连接到气系统的所有电缆和电线并按接线图进行接线和查线。

B. 交、直流电源已具备供电，并准备闭合开关。

C. 准备好气系统的永久电源，并准备闭合开关。

D. 中压空压机、低压空压机的管路都应在调试的几天前连接就绪。

E. 二次回路试验。校验电流表、检查二次回路绝缘电阻（DC 500V 摇表）、检查 CT 电流回路接线、检查电压回路接线、检查柜内照明和加热回路动作。

F. 安全屏障准备就绪。

G. 气系统管路安装打压完毕，无气体泄漏点。

H. 试验现场已清理干净，机械、电气均已通过运转前联合检查验收。

(5) 低压空供气系统运行试验步骤。

1) 通电前的检查。

A. 检查元器件型号参数是否正确。

B. 检查配线是否按图纸连接正确，端子是否连接牢固。

C. 检查输入电源电压等级是否正确，相位是否正确。

D. 检查一次回路连接螺丝是否紧固可靠。

E. 用 500V 摇表测量一次、二次交流和直流系统进线电缆的绝缘电阻，必须大于 0.5MΩ。

2) 低压压机检查及控制柜供电。

A. 空压机启动前检查低压空压机润滑油位应在正常位置。

B. 空压机具备调试条件后，首先手动盘车应无卡塞现象。

C. 合上空压机三相进线电源总开关，核对显示值和进线电压值的偏差。

D. 合上二次控制直流电源开关，电源模块正常工作，直流 24V 正常上电后，检查 PLC 是否正常工作，有无故障。

E. 将控制旋钮切至停止状态，合上空压机动力电源开关。

3) 低压空压机手动操作。

A. 空压机启动前检查。

a. 空压机启动前，检查空压机出口阀门、出口压力表阀位于全开位置，排污电磁阀位于关闭位置且设定定期排污。

b. 打开储气罐进气侧阀门，打开储气罐上的压力表阀、压力传感器和压力开关上的控制阀门，关闭储气罐出口侧阀门及气罐上的排污电磁阀，并设定定期排污。

c. 完成上述阀门的操作后即可启动空压机对储气罐进行充气。

B. 将空压机控制旋钮切至手动控制，启动空压机控制回路，闭合主电源点动空压机检查电机转动方向，确定电机转向和空压机上标志的箭头应一致。

C. 再次启动后，当空压机全压运行时，检查空压机上传 PLC 信号是否正确，低压空压机按手动流程工作；当一号空压机试验完毕后以同样的方法对其余空压机进行试验。

D. 在手动流程试验过程中，记录低压空压机的启动最大电流和全压工作时的电流。

E. 手动启动空压机，即可对储气罐进行充气。充气时逐级按 25％、50％、75％、100％额定工作压力升压，每级稳压 10min，直至升至工作压力，稳压 30min 后应间断性逐级升压，充压过程中检查储气罐焊缝、连接法兰是否无泄漏。

F. 空气系统管路吹扫采用压缩空气进行间断性吹扫，压缩空气的流速为 5～10m/s。储气罐的吹扫通过气罐排污阀进行。

G. 手动启动完成后，模拟各种故障。如排气压力高、排气温度高、润滑油压低、断相的故障信号。

4）低压空压机自动操作。

A. 将空压机控制旋钮切至自动运行方式，自动运行过程中，当储气罐不在正常压力时，工作和备用机在流程驱动下正常运行，如果工作机故障则自动切除，备用机自动转换为工作机继续工作。

B. 自动启动空压机后，储气罐到达正常压力时，自动卸载后停机。

C. 模拟各种故障信号。如气罐压力过高、气罐压力过低、交流控制电源消失、直流电源故障等。在无法模拟实际压力过高的情况下，可以取外部模拟量逐渐增加到相应的动作值，开入到低压机控制柜的开关量输入模块，使其逻辑判断动作开出。

（6）空压机运行操作。

1）现地手动启动和手动停止操作。

A. 检查空压机动力电源和控制电源供电正常。

B. 检查空压机控制盘柜上“电源”指示灯状态，应正确。

C. 检查储气罐压力在停止压力以下，将控制方式开关置于“手动”，检查空压机启动正常，监视压力值不超过停止压力。

D. 将控制方式开关切回至“切除”位，监视空压机停止正常。

E. 手动启动空压机后，应待空压机运行稳定后，才允许停止该空压机。

2）自动启停操作。

A. 空压机启动。

a. 检查空压机动力电源和控制电源是否供电正常。

b. 检查空压机控制盘柜上“电源”指示灯状态是否正确。

c. 检查空压机手动卸载阀是否处在关闭位置。

d. 切空压机控制方式开关至“自动”位置，当储气罐气压低于压力开关设定值时，空压机由压力开关来控制启动。

e. 空压机启动后，自动卸载运行，20s 后卸载电磁阀自动关闭，空压机转为负载运行。

f. 当气压达到气压开关设定值的上限值时，空压机开始自动卸载，最少运行时间 4min 后自动停运。

g. 如果空压机在卸载运行过程中，系统气压突然下降，空压机将立即自动转为负载运行。

B. 空压机停运。

a. 如果空压机在卸载期间系统气压没有降至最小压力设定值，空压机将自动停运。

b. 另外也可将现地控制盘选择开关“自动-切除-手动”切至“切除”位置，停下空压机。

c. 当选择开关切至“切除”位置后，空压机将自动卸载并持续运行至最少运行时间4min后停运。

d. 在空压机停运期间，允许空压冷却器排放冷凝物。

(7) 空气压缩机运行注意事项。

1) 空压机正常运行时采用压力信号器控制，按工作压力自动启动和停机，工作时应加强监视，使其压力不超过允许范围。

2) 空压机停机时间过长或检修时后，应先作试运转。

3) 空压机出现启动频繁或连续运行时间过长现象，应先找出原因，即时排除。

4) 检查曲轴箱油面是否在规定范围内，如过低应即时补充。

5) 曲轴箱油温不得超过允许值。

6) 压缩机上的排气阀片最高温度不得超过允许值。

7) 空压机润滑用油应符合要求。

8) 空压机滤气器应定期清理。

9) 空压机安全阀和压力调节器定期校验，空压机定期检修。

10) 空气压缩机事故处理。

11) 请检修人员处理。

(8) 故障诊断及处理。

1) 过电流。

A. 现象。

a. 电动机声响异常，电动机温度过高。

b. 空压机未达额定压力运行就自动停止。

B. 处理。

a. 立即切断空压机电源。

b. 检查空压机动力箱电源，注意检查熔丝是否烧断。

c. 检查电动机和空压机有无卡阻和异常情况。

d. 如一切正常，可复归接触器热元件，再手动启动运行，如情况良好，可继续运行。

e. 如发现试运转情况不良，则立即停止空压机运行，通知检修人员检修。

2) 空压机异常响声。

A. 原因：进排气阀故障；气缸活塞和进排气阀配合间隙不合适；活塞环松动。

B. 处理：停机检修。

3) 出风量不足或明显下降。

A. 原因：进排气故障；进排气阀片和阀座不严密，或有沙粒和碎物；进排气阀片折断；活塞与气缸配合间隙过大；空气滤清器阻塞。

B. 处理：检查空气滤清器阻塞情况，并进行清理。

(9) 机组制动操作。

1) 某水电站机组制动操作系统见图2-122。

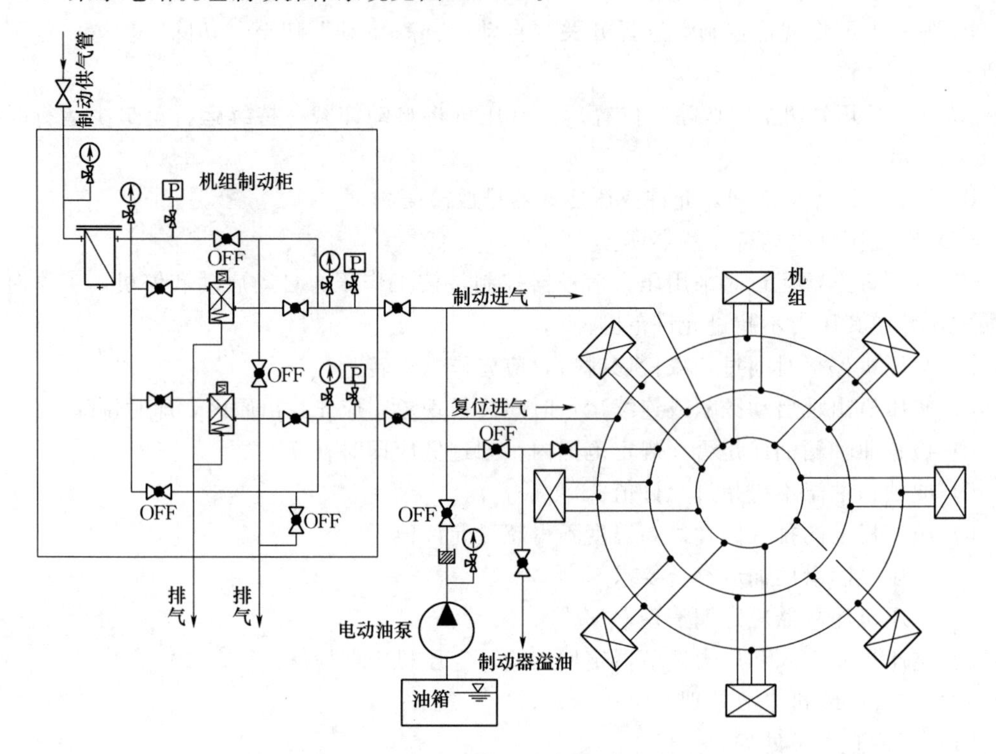

图2-122 某水电站机组制动操作系统图

2) 为保证工作可靠，机组制动系统一般均有自动和手动两套设备，互为备用。

A. 自动操作。当机组停机，导叶关闭后，转速下降到设计加闸转速时，由转速继电器控制的电磁空气阀自动打开，对制动闸充气。供气延续时间由时间继电器整定，经过一定时限后，使电磁阀复归关闭，制动闸与大气相连，排出空气，制动完毕。

B. 手动操作。机组转速由调速器操作柜上的转速表监视，当转速达到设计加闸转速时，关闭制动闸上腔供气，打开制动闸上腔排气，关闭制动闸下腔排气，打开制动闸下腔供气，使压缩空气进入制动闸。制动完毕，开启制动闸下腔排气，关闭制动闸下腔供气，关闭制动闸上腔排气，开启制动闸上腔供气，排出制动闸中的空气。

C. 顶起转子。切断制动系统各元件与制动闸的联系，开启制动闸上腔供排气阀门，关闭制动闸下腔排气阀，高压油泵加压至制动闸，顶起转子。开机前开启制动闸下腔排油阀，制动闸中的油经排油管排回油箱。

(10) 检修密封空气围带供排气操作。检修密封空气围带供排气可自动和手动操作。检修密封在机组运行时切除，供气阀关闭，排气阀开启。机组停机时，检修密封投入，排气阀关闭，供气阀开启。

检修密封空气围带供排气操作系统见图2-123。

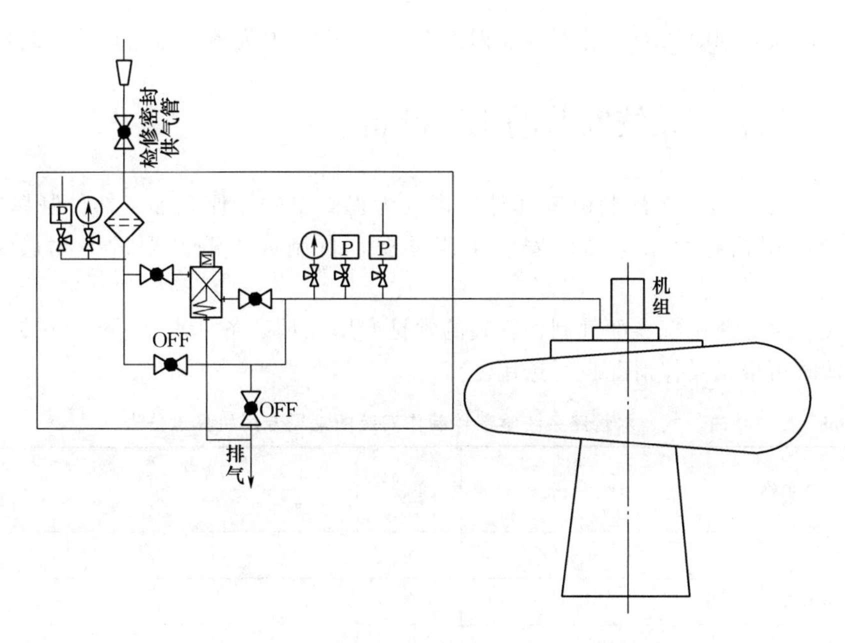

图 2-123　检修密封空气围带供排气操作系统图

（11）检修密封投入/退出运行操作。

1）检修密封投入/退出运行操作原理见图 2-124。

2）检修密封操作系统的组成。

3）操作方法。

A. 手动操作方法。

a. 为安全起见，手动操作通常使用在机组试运行初期，待机组流程正常后检修密封才投入自动。机组长时间检修一般也采用手动操作。

b. 检修密封手动操作时阀 1、阀 2 为常闭阀门，阀 3、阀 4 为操作阀门。

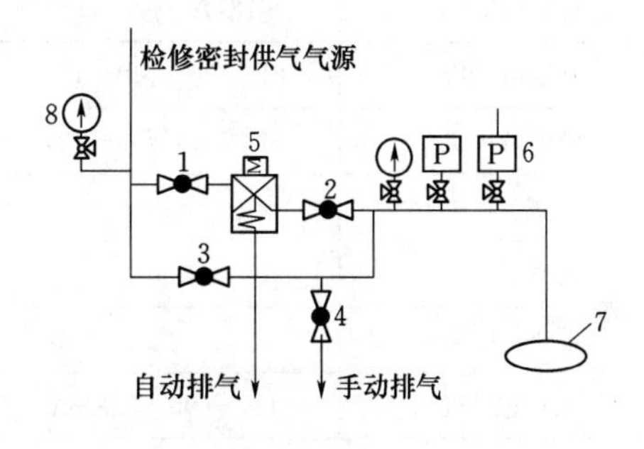

图 2-124　检修密封投入/退出工作原理图
1～4—阀；5—电磁阀；6—检修密封供气压力表和压力传感器；7—水轮机空气围带；8—检修密封供气气源压力表

c. 当机组尾水充水和压力钢管充水以及机组长时间检修时，检修密封通常一般手动投入操作。阀 4 关闭，阀 3 开启给水轮机围带，充气。

d. 检修密封手动退出运行操作。阀 3 关闭，阀 4 开启使围带，排气。

B. 自动操作。

a. 检修密封自动操作（图 2-124）时阀 3、阀 4 为常闭阀门，阀 1、阀 2 为常开阀门。

b. 当机组按自动停机方式停机时，检修密封则按自动停机流程打开电磁阀 5，使水轮机围带充气，同时压力传感器 6 反馈给 LCU 一个压力信号，检修密封已投入。

c. 当机组按自动停机方式开机时，检修密封则按自动开机流程关闭电磁阀 5，使水轮机围带自动排气，同时压力传感器6反馈给LCU一个压力为零信号，检修密封已退出。

2.5 水、油、气系统安装的工装准备

辅助设备在工地加工配制的零部件较多，为提高工效，保证加工部件制作安装质量及安装工期应根据各个水电站的安装工程需要，自制或外购必要的专用施工机具和设备。

油、气、水管路系统零部件制作安装的常见专用机具设备见表2-60，在编写水电站施工组织计时可根据具体情况自行选用。

表2-60 油、气、水管路系统零部件制作安装的常见专用机具设备表

设备或机具名称	规格	单位	配置数量		
			小型工程	中型工程	大型工程
弯管平台		组	1	1	1
电动卷扬机	JM5A	台		1	1
空气压缩机	0.5～6m³	台		1	1
电动弯管机	W27-60或W27-108	台		1	1
管子切割机	SI184A，ϕ42～220	台		酌情配置	1
管端加工机	SI～076，ϕ40～168	台		酌情配置	1
管子切丝机	SI～037，ϕ40～121	台		酌情配置	1
立钻	Z535	台			1
电动试压泵		台		1	1
手动试压泵		台	1		
交流电焊机	BX-500、32kVA	台	1	2～4	4～6
直流电焊机	AX5-500、26kVA	台	1	1～2	2～3
干燥箱	400℃	套	1	1	1～2
砂轮机	落地式	套	1	1	1
钳工工具		套	1	2	3
常用手工工具		台	1～2	2～4	4～6
画线工具		台	1	2	2
起重设备		台	酌情配置		

2.6 水、油、气系统安装的工期分析

2.6.1 辅助设备安装进度

在埋件阶段，辅助设备安装需跟随土建工程施工进度同步进行，并配合土建搞好埋件

施工；在主机设备正式安装阶段，其施工进度应与主机设备安装进度同步进行，才能满足整体工程的进度要求。为了合理组织均衡施工，在施工组织设计中应参考土建施工进度和主机设备安装进度，编制辅助设备安装的施工综合进度。

2.6.2 辅助设备安装与主机安装和土建施工的配合

（1）一般要求。

1）埋管安装应紧密配合土建混凝土浇筑，组织流水交叉施工，避免和土建在同一空间内同时作业。安排混凝土浇筑仓次时，要考虑管路的安装工期。

2）油、气、水系统的设备及明管安装，总是安排在土建工程完成之后进行，而与主机设备协同平衡。各个系统在机电设备启动试运转之前，应相继完成分部试运转，避免占用主机施工直线工期。

3）布置在空压机室的储气罐、防火室内的金属油罐、风机室内风机等大型设备，应在房间隔墙混凝土浇筑前运入，如遇设备未到货等原因不能提前运入时，应预留运输通道。

（2）辅助设备安装综合进度。辅助设备安装综合进度，主要以土建施工和机电设备安装综合进度为依据，结合辅助设备、材料到货及劳动力情况，穿插安排，均衡施工。其施工流程工序衔接以及与土建施工的交叉配合关系仅作参考。

2.6.3 辅助设备安装工期

水电站辅助设备安装工期，应在机电设备安装总工期的要求下，根据各分项工程的工程量和进度合理安排人力、物力，在允许的时间内按时完成安装工作。各分项工程的安装工期长短与工程量、人员数，每天几班制有关，只要符合机电安装总进度要求，就可灵活安排每项工程自身的进度和工期。

下面根据分部分项工程设计预算定额提供计算工期的计算公式，供施工时参考。

系统管路或设备安装施工工期可参考式（2-10）进行计算：

$$T_1 = Q\phi K / DdN \tag{2-10}$$

式中 T_1——系统管路或设备安装工期，月；

Q——系统管路或设备安装工程量，管路单位 m，设备单位 t；

ϕ——系统管路或设备安装设计预算定额，工日，可查该水电站设计预算定额；

K——高峰系数，取 1.2～1.4；

D——每人每月工作日；

d——每天几班制，一般取 1～2；

N——参加施工人员数，根据水电站施工进度需要安排。

2.6.4 辅助设备安装劳动力配备

辅助设备安装的劳动力配备是与工程量、管路（包括水管、风管）制作的机械化程度、成品或半成品量多少、施工工期缓急程度有关的，而且与施工场地大小也有关。

一般情况下，管路系统安装总劳动力配备见表 2-61。

表 2-61　　管路系统安装总劳动力配备表　　单位：人/台

机组容量/MW	机组类型					
	混流式			轴流式		
	管道工	电焊工	辅助工	管道工	电焊工	辅助工
20～50	2～3	2	6～8	6～8	2～3	10～12
70～100	4～5	2～3	10～12	6～8	3～4	14～16
150～170	6～8	3～4	16～18	6～8	4～6	20～25
200～300	10～12	4～5	20～25			
500～700	16～18	6～8	26～30			

注　1. 管路系统安装包括系统设备、系统管路和机组管路；

2. 多台机组同时施工的系数为 $1+(0.2\sim0.3)n$，n 为同时施工的机组台数。

参　考　文　献

[1]　陈存祖，吕鸿年．水力机组辅助设备．北京：中国水利水电出版社，2008.

[2]　郑德龙，黄少敏．水轮发电机组辅助设备．北京：中国电力出版社，2009.

[3]　范华秀．水力机组辅助设备．北京：中国水利水电出版社，1997.

[4]　熊道树．水轮发电机组辅助设备．北京：中国水利水电出版社，2006.

[5]　原能源部水利水电规划设计总院北京勘测设计研究院．水力发电厂水力机械辅助设备系统设计技术规定．北京：中国电力出版社，1997.

[6]　水电站机电设计手册编写组．水电站机电设计手册．北京：水利电力出版社，1988.

[7]　张立新．管工操作技能．北京：金盾出版社，2011.

3 通风、空调系统安装及通风系统管道制作

3.1 概述

水电站通风系统的主要功能为送风、排风、除尘以及防、排烟等。通风系统设备广泛布置于水电站主、副厂房及其他辅助建筑物内外，一般由各类风机、风（管）道、风口、排烟阀、消声设备、除尘器与排污设备等组成。空调系统的主要功能为室内空气净化、温度与湿度控制等，应用于水电站主厂房、副厂房各人员工作室、需恒温恒湿的电气设备室等部位，一般由空调主机设备、终端设备以及冷、热风（水）管道、阀门等附件组成。

水电站通风、空调系统以满足人员工作环境舒适，保持机械和电气设备长期处于一定温度和湿度的环境中可靠运行，并及时排出建筑物内的烟、尘等为目的，因此，它是水利水电工程中必备的辅助系统之一。

3.2 通风、空调系统的重要性

一般水电站厂房通常分为五层：尾水廊道层、蜗壳层、水轮机层、电气夹层和发电机层，并由主变室（洞）、副厂房、母线室（洞）、开关站等重要建筑物组成。水电站建成后发电机层以下部位无法直接进行新风交换。厂内与厂外新风交换主要靠主厂房拱顶或进厂交通洞自然进风，经电气夹层、水轮机层、蜗壳层、尾水廊道层进行新风交换。

通风空调投入进行厂内新风交换。特别是地下厂房完全处于岩体中，常散发着各种气体，气体的种类和气体的性质与岩石条件有关，部分是有害气体。部分地下厂房隧洞和廊道较长，均在数百米，有的甚至长达上千米，室内无法直接从室外获取新鲜空气，室内受污染的有害气体只能靠连接地下厂房的通风、空调系统来调节，改变气流交换，进行厂内新风交换，满足相关技术要求。

3.2.1 地下厂房通风、空调系统投入的必要性

按水电站主厂房的结构布置，尾水廊道层和蜗壳层在厂房的最底层，发热设备除照明外主要为水泵，且不连续发热，蜗壳层及以下设有大直径的进水管、进水阀以及与之配套的冷却水管，这些设备均为金属体。由于洞壁潮湿，湿度过大，设备表面很容易因结露形成锈蚀。机电设备为周期性运行，设备为不连续发热，需通风空调系统进行自动调节，使厂房相对湿度满足设备需要，防潮除湿达到设计规范要求，保证设备安全稳定运行。

某地下厂房水电站各个部位夏季和冬季温度、湿度统计数据见表3-1。

表3-1　　某地下厂房水电站各个部位夏季和冬季温度、湿度统计数据表

部　位	夏季温度/℃	夏季相对湿度/%	冬季温度/℃	冬季相对湿度/%
发电机层	28～30	≤75	≥10	≤70
电气夹层	28～30	≤75	≥10	≤70
水轮机层	28～30	≤80	≥10	≤75
蜗壳层	≤30	≤80	≥10	不规定
空压气机层	≤30	≤80	≥10	不规定
透平油罐、油处理室	≤30	≤75	≥5	≤70
蓄电池室	≤32	≤75	≥5	≤70
变压器室	≤34	不规定	不规定	不规定
主变洞电气室	≤32	不规定	不规定	不规定
配电装置室	≤35	不规定	不规定	不规定
母线洞	≤35	不规定	不规定	不规定
电缆层	≤34	不规定	不规定	不规定
中央控制室	27±2	≤70	18±2	≤70
继电保护、通信室	27±2	≤70	18±2	≤70
计算机室	24±1	55±5	21±1	50±5

从表3-1可见地下厂房各个设备安装工作面（中央控制室，继电保护、通信室，计算机室）的温度、湿度均较高。通风空调的安装投运对设备安全运行有着重要作用。

（1）主变洞通风空调投入的必要性。母线洞是连接主厂房和主变洞的重要通道，对于规模较大的水电站，特别是母线洞、主变洞发热量大，通常发热量占全厂40%～50%。因此通风需求量往往很大，通风空调自动调节需达到设计要求，只有通风、空调投入才能保证主变洞内设备长期安全运行。

（2）通风空调投入对环境的改善。地下厂房在完工前后对厂内防尘、防毒、防爆、防火排烟都非常重要，如油库、油浸变压器、电缆洞和易燃、易爆有害场所设置的排风系统应满足设计和现场需要，将有害气体直接排至厂外。特别是施工期定子下线场所，化学有害物质散发的有害气体较多，通风尤为重要。通风空调系统的投入，有利于改善环境条件和施工作业条件。

（3）施工期通风投入的必要性。在机电设备安装前期，金属焊接工作量较大，烟尘较大。机电设备安装后期，地下厂房在机电设备安装时段全厂通风空调设备基本上未安装形成，此时土建基础设施工作也在同步作业，装修工作也在施工，各施工部位还存在交叉作业现象，导致厂内的粉尘、烟雾较大。地下厂房机电设备安装施工工期较长，此时厂内临时通风显得尤其重要。一般可在主厂房两端（或主厂房排风洞口）安装大型轴流排风机，有利于改善厂内的空气质量，利于施工作业人员的职业健康。

3.2.2 通风空调系统的作用和原理

（1）通风空调系统的作用。

1）通风。用自然或机械的方法向某一房间或空间送入室外新鲜空气，排出室内空气的过程。送入的空气可以是经过处理的，也可以是不经处理的。换句话说，通风是利用室外空气（称新鲜空气或新风）来置换建筑物内的空气（简称室内空气），以改善室内空气品质的过程。

2）空气调节。实现对某一房间或空间内的温度、湿度、洁净度和空气流动速度等进行调节与控制，并提供足够量的新鲜空气。空气调节简称空调，其系统布置见图 3－1～图 3－6。

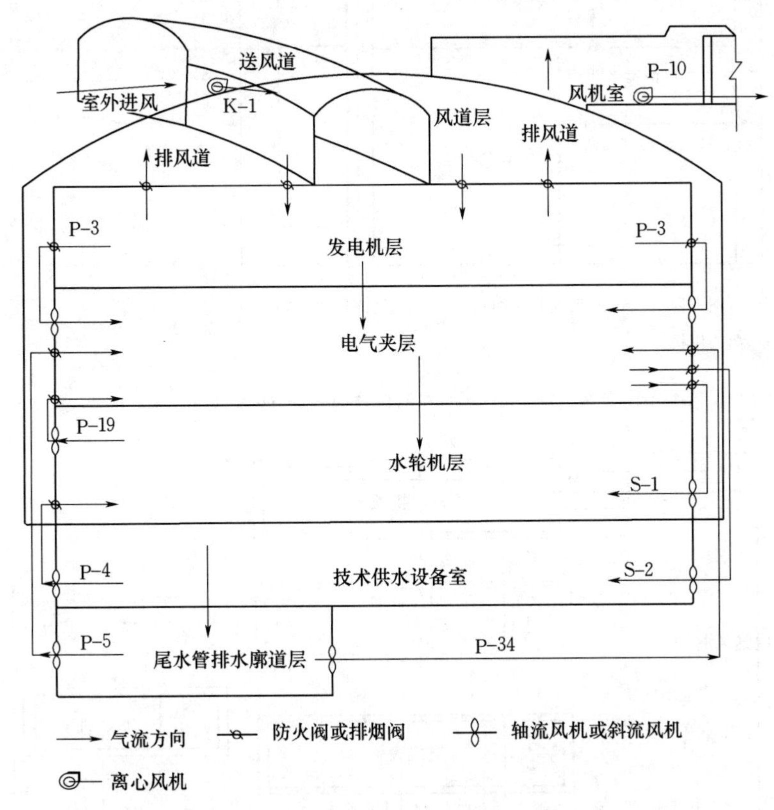

图 3－1　某水电站地下主厂房通风空调系统布置图

（2）通风空调系统原理。当室内得到热量或失去热量时，则从室内排出热量或向室内补充热量，使进出房间的热量相等，即达到热平衡，从而保持室内一定温度；或使进出房间的湿量平衡，以保持室内一定湿度；或从室内排出污染空气，同时补入等量的清洁空气（经处理或不经处理的），即达到空气平衡。其系统布置（见图 3－7～图 3－9）。

3.2.3 通风空调系统的分类

（1）按控制对象划分。通风空调系统可分为以建筑物内热湿环境为主要控制对象的系统和以建筑物内空气质量为主要控制对象的系统两大类。

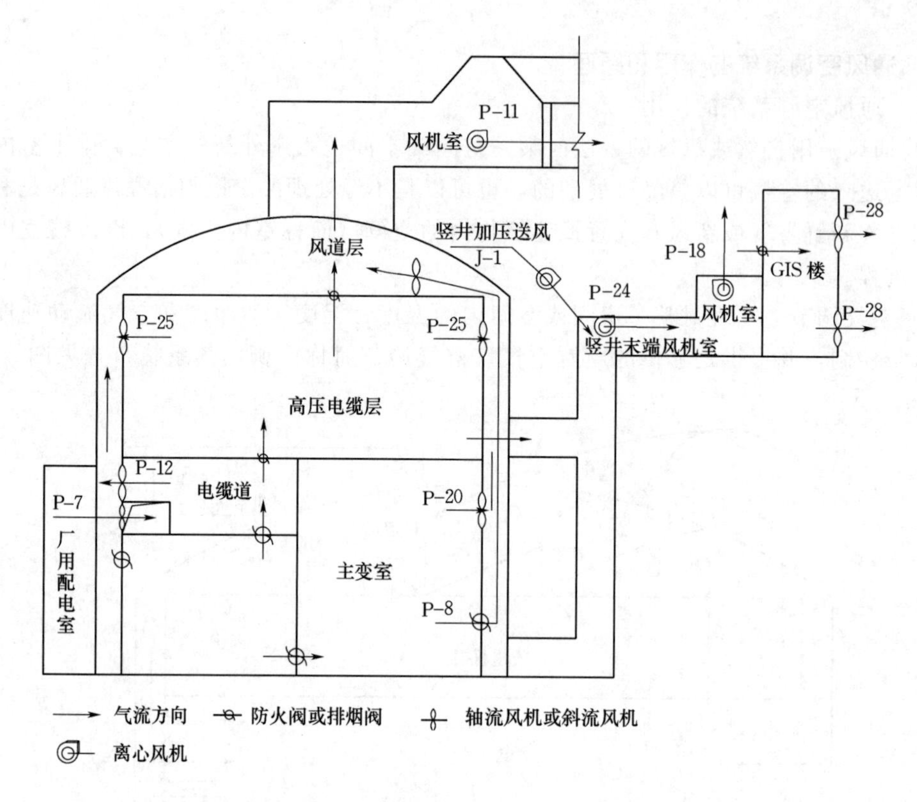

图 3-2　某水电站地下副厂房通风空调系统布置图

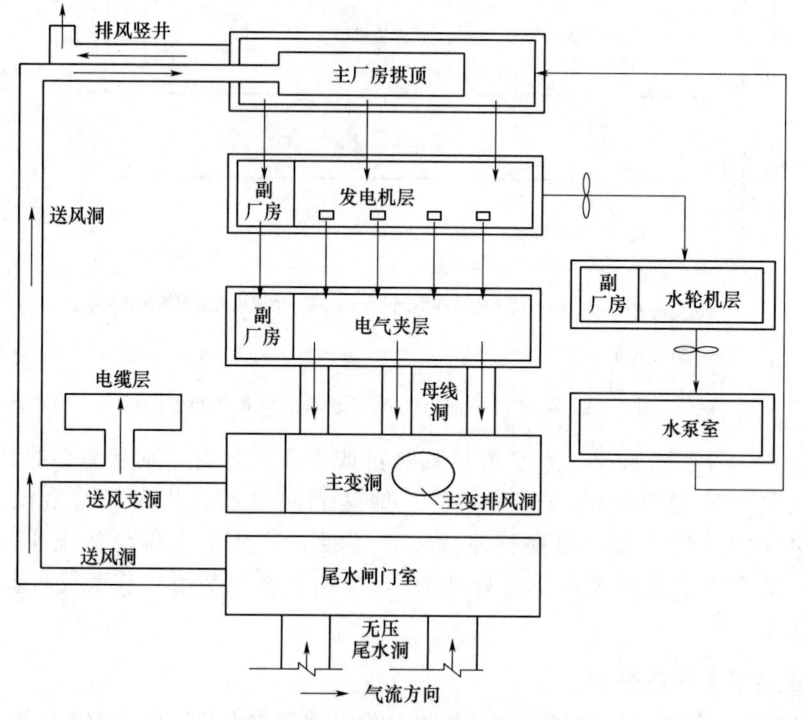

图 3-3　某水电站地面厂房通风空调系统布置图

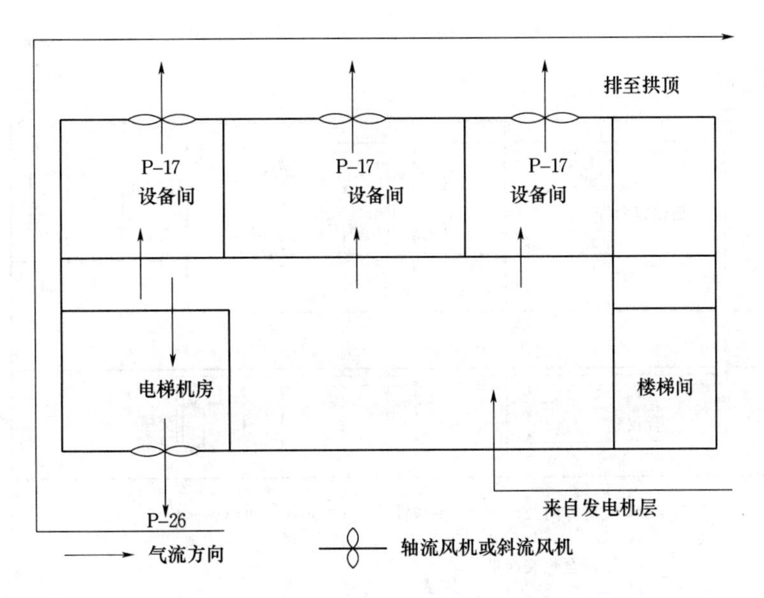

图 3-4　某水电站电梯机房通风空调系统布置图

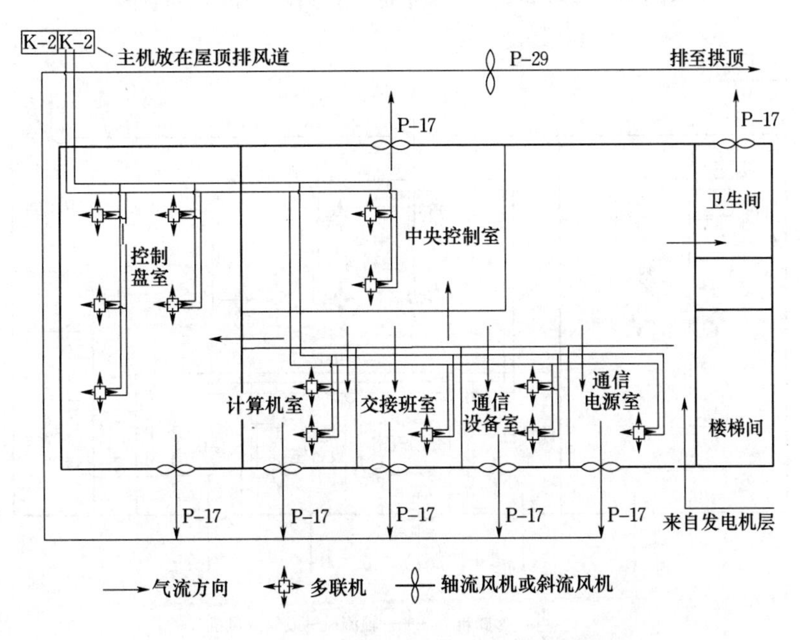

图 3-5　某水电站中控室通风空调系统布置图

1）以建筑物内热湿环境为主要控制对象的系统主要控制对象为建筑物室内的温度、湿度，如空调系统、采暖系统等。

2）以建筑内空气质量为主要控制对象的系统主要控制建筑物室内的空气品质，如通风系统、建筑防烟、排烟系统等。

上述两大类的控制对象和功能互有交叉。如以控制建筑物室内空气品质为主要任务的通风，有时也可以有采暖功能，或除去余热和余湿的功能；而以控制室内热湿环境的空调

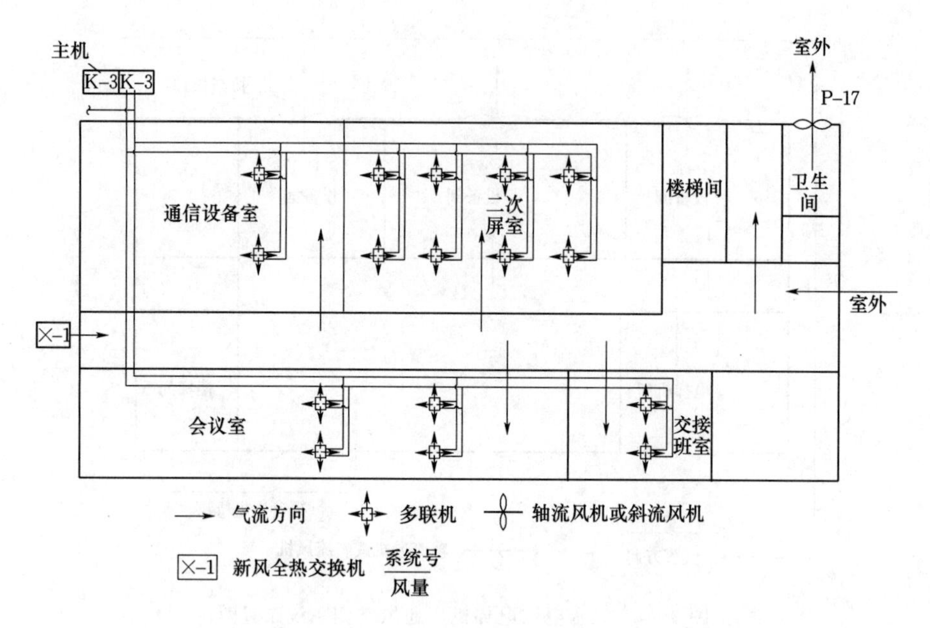

图 3-6　某水电站二次通信设备层通风空调系统布置图

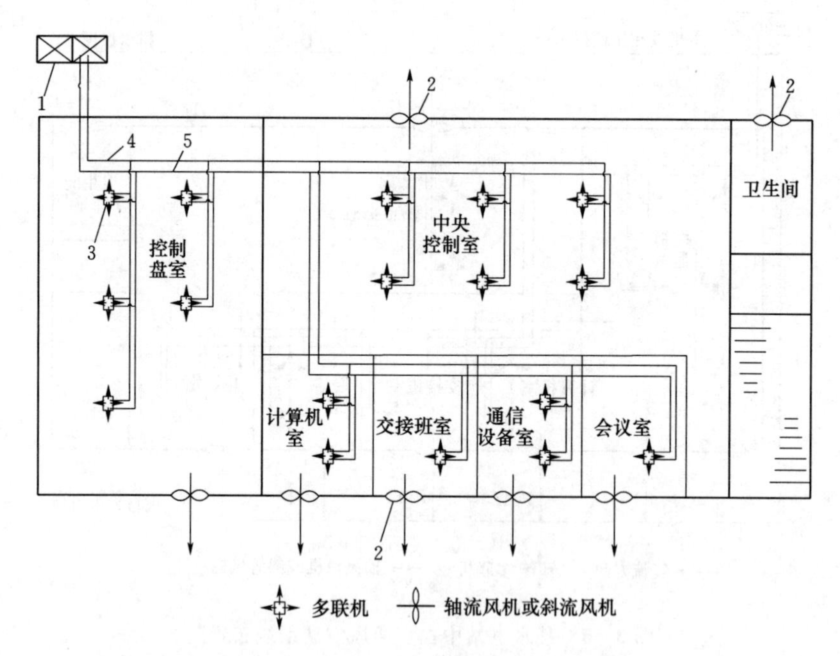

图 3-7　某水电站副厂房中控楼通风空调系统布置图

1—空调机组；2—轴流风机；3—空调终端风机盘管；4—空调供水管；5—空调排水管

也具有控制室内空气品质的功能。

(2) 按承担室内热负荷、冷负荷和湿负荷的介质划分。

1) 全水系统。全部以水作为介质承担室内的热负荷和冷负荷交换。当为热水时，向室内提供热量，承担室内的热负荷，如目前常用的热水采暖系统；当为冷水（常称冷冻水）时，向室内提供制冷量，承担室内冷负荷和湿负荷。目前大多采用组合空调，其结构布置形式见图 3-10。

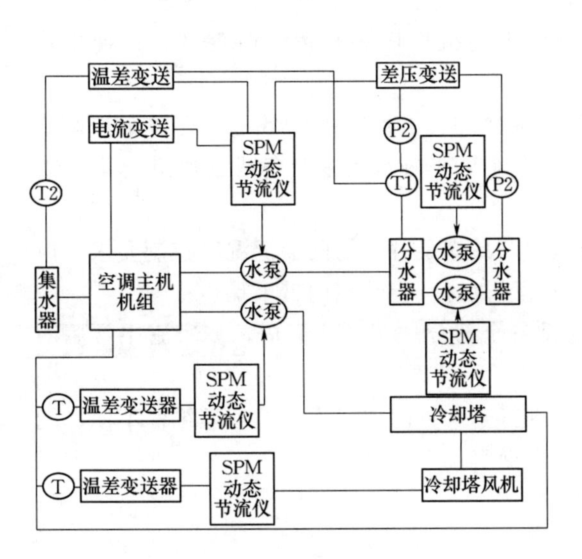

图 3-8 某水电站中央空调系统布置图

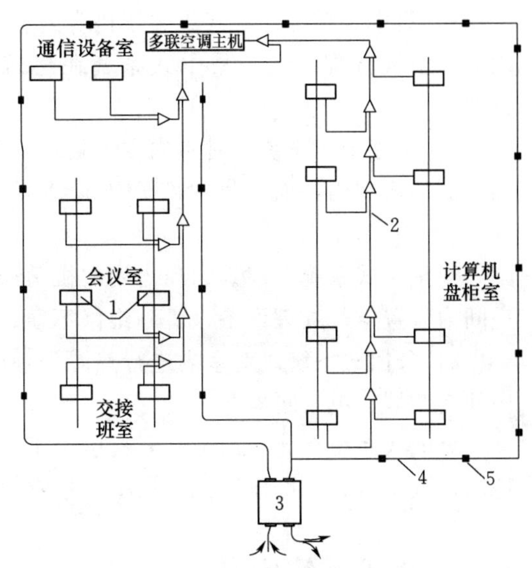

图 3-9 某水电站控制楼空调系统布置图

1—空调分机；2—空调钢管；3—新风交换机；4—风管；5—风口

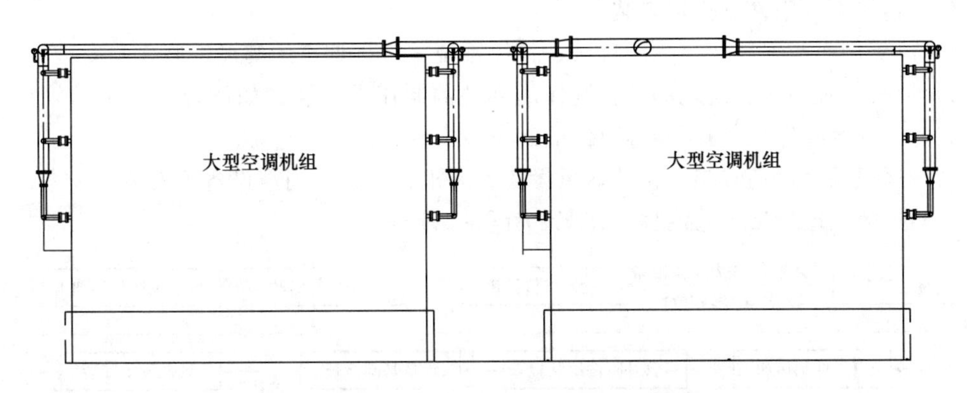

图 3-10 全水系统组合空调结构布置形式图

2）蒸汽系统。以蒸汽为介质，向建筑物内供应热量。可直接用于承担建筑物的热负荷。例如蒸汽采暖系统、以蒸汽为介质的暖风机系统等；用于空气处理加热、加湿空气；用于全水系统或其他系统中的热水制备或热水供应的热水制备。

3）全空气系统。以空气为介质，向室内提供冷量或热量。例如，全空气空调系统，它向室内提供经处理的冷空气以除去室内显热冷负荷和潜热冷负荷，在室内不再需要附加冷却。

4）空气—水系统。以空气和水为介质，共同承担室内的负荷。例如，以水为介质的风机盘管向室内提供冷量或热量，承担室内部分冷负荷或热负荷，同时有一新风系统向室内提供部分冷量或热量，而又满足室内对室外新鲜空气的需要。

5）冷剂系统。以制冷剂为介质，直接用于对室内空气进行冷却、去湿或加热。这种系统是用带制冷机的空调器（空调机）来处理室内的负荷，所以这种系统又称机组式系统。

（3）按空气处理设备的集中程度划分。

1）集中式系统。空气集中于机房内进行处理（冷却、去湿、加热、加湿等），而房间内只有空气分配装置。集中式系统在建筑物内占用机房面积较大，但控制、管理比较方便。

2）半集中式系统。对室内空气处理（加热或冷却、去湿）的设备分设在各个被调节和控制的房间内，而又集中部分处理设备，如冷冻水或热水集中制备或新风进行集中处理等。

半集中式系统在建筑物内占用的机房面积少，易满足各个房间的温湿度控制要求，但房间内设置空气处理设备，管理维修不便；当有风机时，会给室内带来噪声。

3）分散式系统。对室内进行热湿处理的设备全部分散于各房间内，如家庭中常用的房间空调器、电采暖器等。

分散式系统在建筑内不需要机房，不需要进行空气分配的风道，但管理维修不便；能耗高，效率低；制冷压缩机、风机会给室内带来噪声。

3.3 通风系统安装

3.3.1 通风系统安装范围

（1）通风系统附件制作与安装。

1）风管制作与安装。包括所有送、排风系统，防排烟系统等风管制作与安装。

2）风管系统中所有需现场进行制作的部件的制作与安装。如风管系统中的管件（弯头、三通、异径管等）、消声器等附件的制作与安装。

（2）通风系统设备安装。包括通风设备、风机、风口、消声设备等安装。

（3）通风系统安装工艺流程。其安装流程见图3－11。

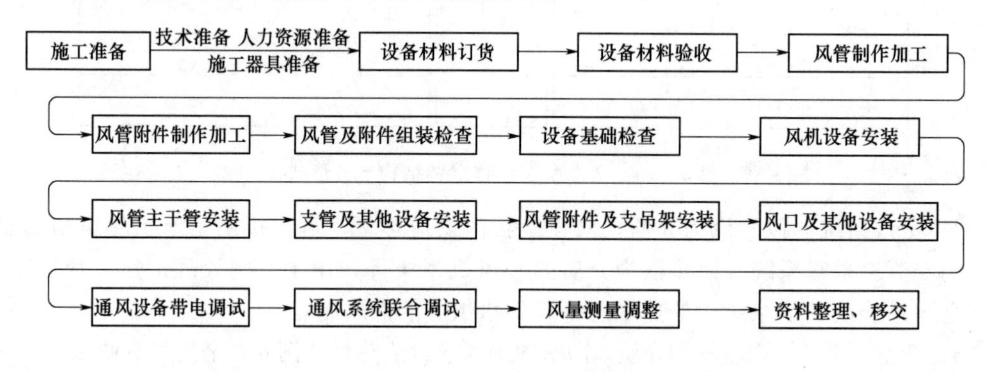

图3－11 通风系统安装流程图

3.3.2 通风系统主要设备

（1）通风系统由多个子系统组成，共同形成建筑物内外的空气流通。水电站地面建筑物多采用局部通风系统，由多个分散布置的子系统构成全厂通风系统，如屋顶排风系统、电缆层排风排烟系统、廊道层送排风系统、油库油处理室排风、排烟系统等。地下建筑物

（地下厂房）多采用集中和局部通风系统相结合方式，也由多个子系统构成全厂通风系统，如主厂房顶部送排风系统、主厂房各楼层送排风系统、各廊道送排风系统、副厂房排风排烟系统等。

（2）强迫通风以离心式风机、轴流式风机、斜流式风机等为动力源，其中离心式风机、轴流式风机在水电工程建筑物中应用最为广泛。离心式风机输送风量大，一般用于油库等副厂房需大量送、排风及地下厂房主送、排风系统中；轴流式风机一般用于上、下楼层通风、廊道排风、地面厂房室内外等通风系统中。离心式风机、轴流式风机、斜流式风机见图3－12～图3－14。

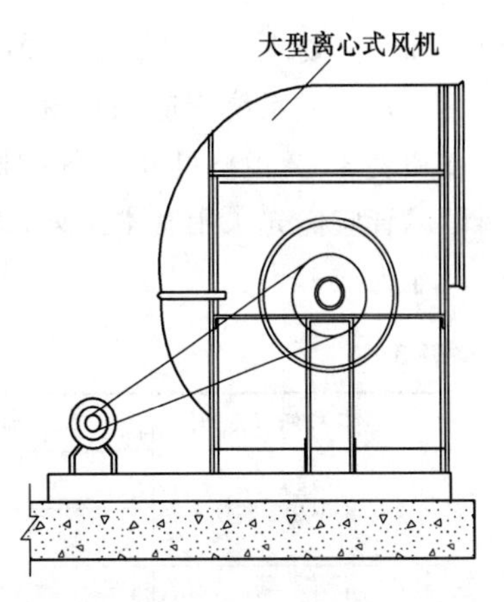

图3－12　离心式风机示意图

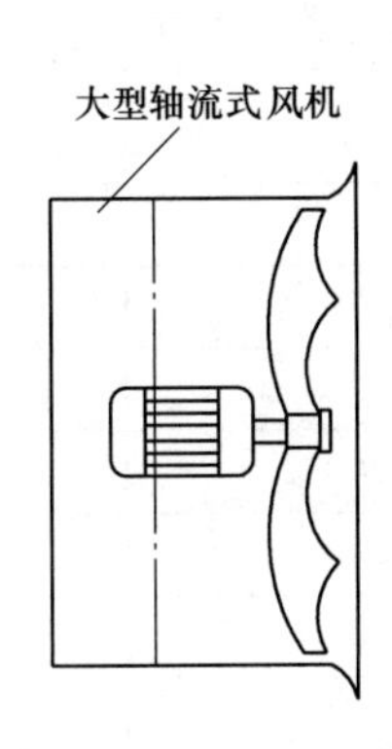

图3－13　轴流式风机示意图

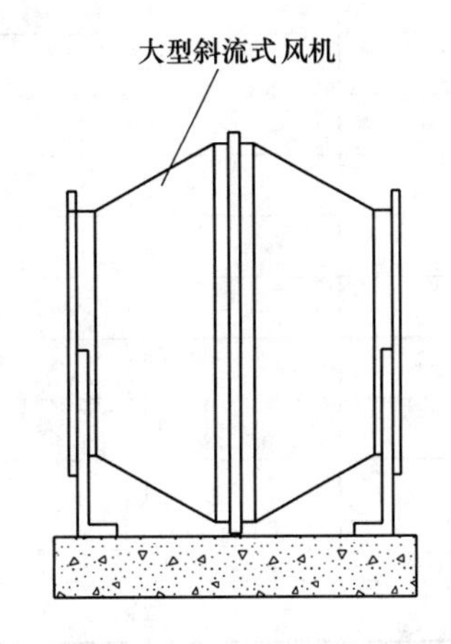

图3－14　斜流式风机示意图

（3）通风管路为风力导向设备，按形状可分为圆形风管和矩形风管；按材质可分为金属风管和非金属风管，金属风管主要为钢板、镀锌钢板、铝板、不锈钢板等制成，非金属风管分为有机玻璃钢风管、无机玻璃钢风管、硬聚氯乙烯风管和复合材料风管等。玻璃钢管风管由于其不易变形、制作方便等优势，因此在水电站中玻璃钢风管使用逐步多于金属风管，其中有机玻璃钢风管（高阻燃型）主要用于预埋管，无机玻璃钢风管（不燃型）主要用于明管。

（4）通风系统设备附件主要有各类风口、调节风阀、防火阀、排烟阀、消声器材和柔性连接软管等。

3.3.3　通风管道压力划分

根据风管工作性质，其通风工作压力划分为三个等级，即低压通风系统（工作压力$P \leqslant 500$Pa）、中压通风系统（500Pa＜工作压力$P \leqslant 1500$Pa）与高压通风系统（工作压力$P > 1500$Pa）。不同压力等级的风管，适用于不同类别的风管系统。

3.3.4　通风系统管道制作

（1）通风系统管道制作材料：无论是金属风管还是非金属风管，原材料的采购应符合设计和合同要求，不应随意更改风管材料材质。

（2）通风系统管道制作规格：若设计图纸未明确规定，通风系统管道规格宜按照表3-2和表3-3规格尺寸进行控制，圆形风管以风管外径、矩形风管以外边长为准计算。圆形风管应优先采用基本系列，非规则椭圆形风管参照矩形风管，并以长径平面边长和短径尺寸为准。

表3-2　　圆形风管直径 *D* 规格表　　单位：mm

基本系列	辅助系列	基本系列	辅助系列
100	80	500	480
	90	560	530
120	110	630	600
140	130	700	670
160	150	800	750
180	170	900	850
200	190	1000	950
220	210	1120	1060
250	240	1250	1180
280	260	1400	1320
320	300	1600	1500
360	340	1800	1700
400	380	2000	1900
450	420		

表3-3　　矩形风管边长 *b* 规格表　　单位：mm

基本系列	辅助系列	基本系列	辅助系列
120	320	800	2000
160	400	1000	2500
200	500	1250	3000
250	630	1600	3500

（3）通风系统管道厚度。

1）通风管制作时，其厚度应符合设计图纸要求，图纸无要求时，金属风管厚度分别应不小于表3-4～表3-6的要求。采购成品风管厚度应符合设计要求且不小于表3-4～表3-6的要求，并抽检合格。

表3-4　　钢板风管板材厚度要求表　　单位：mm

类别 风管直径 D 或长边尺寸 b	圆形风管	矩形风管		除尘系统风管
		中、低压系统	高压系统	
$D(b)\leqslant 320$	0.5	0.5	0.75	1.5

续表

类别 风管直径 D 或长边尺寸 b	圆形风管	矩形风管		除尘系统风管
		中、低压系统	高压系统	
320<D(b)≤450	0.6	0.6	0.75	1.5
450<D(b)≤630	0.75	0.6	0.75	2.0
630<D(b)≤1000	0.75	0.75	1.0	2.0
1000<D(b)≤1250	1.0	1.0	1.0	2.0
1250<D(b)≤2000	1.2	1.0	1.2	按设计
2000<D(b)≤4000	按设计	1.2	按设计	

注 1. 螺旋风管的钢板厚度可适当减小 10%～15%；
2. 排烟系统风管钢板厚度可按高压系统；
3. 特殊除尘系统风管钢板厚度应符合设计要求；
4. 不适用于地下人防与防火隔墙的预埋管。

表 3-5　　高、中、低压不锈钢板风管板材厚度要求表　　单位：mm

风管直径 D 或长边尺寸 b	不锈钢板厚度	风管直径 D 或长边尺寸 b	不锈钢板厚度
D(b)≤500	0.5	1120<D(b)≤2000	1.0
500<D(b)≤1120	0.75	2000<D(b)≤4000	1.2

表 3-6　　中、低压铝板风管板材厚度要求表　　单位：mm

风管直径 D 或长边尺寸 b	不锈钢板厚度	风管直径 D 或长边尺寸 b	不锈钢板厚度
D(b)≤320	1.0	630<D(b)≤2000	2.0
320<D(b)≤630	1.5	2000<D(b)≤4000	按设计

2）非金属风管厚度分别应不小于表 3-7～表 3-10 的要求，无机玻璃钢风管玻璃纤维布厚度与层数应不小于表 3-11 的要求。采购成品风管厚度应符合设计要求且不小于表 3-7～表 3-10 的要求，并抽检合格。

表 3-7　　中、低压系统硬聚氯乙烯圆形风管板材厚度要求表　　单位：mm

风管直径 D	板材厚度	风管直径 D	板材厚度
D≤320	3.0	630<D≤1000	5.0
320<D≤630	4.0	1000<D≤2000	6.0

表 3-8　　中、低压系统硬聚氯乙烯矩形风管板材厚度要求表　　单位：mm

风管长边尺寸 b	板材厚度	风管长边尺寸 b	板材厚度
b≤320	3.0	800<b≤1250	6.0
320<b≤500	4.0	1250<b≤2000	8.0
500<b≤800	5.0		

表 3-9　　中、低压系统有机玻璃钢风管板材厚度要求表　　单位：mm

风管直径 D 或长边尺寸 b	板材厚度	风管直径 D 或长边尺寸 b	板材厚度
$D(b)\leqslant 200$	2.5	$630<D(b)\leqslant 1000$	4.8
$200<D(b)\leqslant 400$	3.2	$1000<D(b)\leqslant 2000$	6.2
$400<D(b)\leqslant 630$	4.0		

表 3-10　　中、低压系统无机玻璃钢风管板材厚度要求表　　单位：mm

风管直径 D 或长边尺寸 b	板材厚度	风管直径 D 或长边尺寸 b	板材厚度
$D(b)\leqslant 300$	2.5～3.5	$1000<D(b)\leqslant 1500$	5.5～6.5
$300<D(b)\leqslant 500$	3.5～4.5	$1500<D(b)\leqslant 2000$	6.5～7.5
$500<D(b)\leqslant 1000$	4.5～5.5	$D(b)>2000$	7.5～8.5

表 3-11　　中、低压系统无机玻璃钢风管玻璃纤维布厚度与层数要求表

风管直径 D 或长边尺寸 b /mm	风管管体玻璃纤维布厚度		风管法兰玻璃纤维布厚度	
	0.3mm	0.4mm	0.3mm	0.4mm
	玻璃纤维布层数			
$D(b)\leqslant 300$	5	4	8	7
$300<D(b)\leqslant 500$	7	5	10	8
$500<D(b)\leqslant 1000$	8	6	13	9
$1000<D(b)\leqslant 1500$	9	7	14	10
$1500<D(b)\leqslant 2000$	12	8	16	14
$D(b)>2000$	14	9	20	16

（4）金属风管制作。

1）金属风管制作工艺程序见图 3-15。

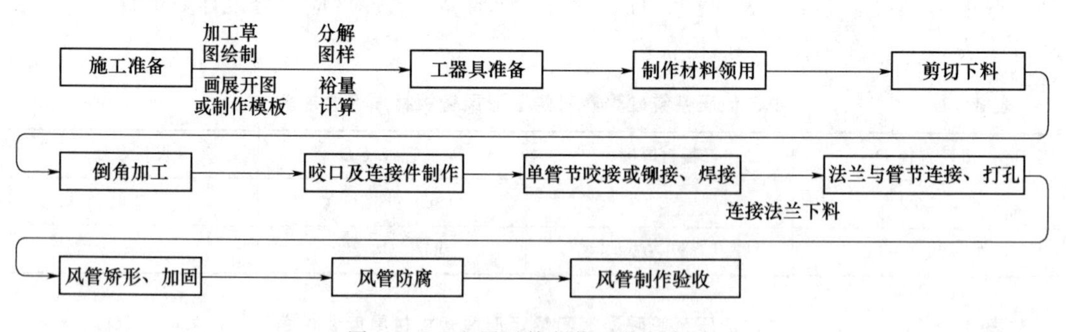

图 3-15　金属风管制作工艺程序图

2）金属风管制作器具准备。金属风管制作根据实际制作规模和风管类型做相应配置，主要机械器具配置如下。

龙门剪板机、电冲剪、剪倒角机（手动或电动）、咬口机、压筋机、折方机、卷圆机、合缝机、振动式曲线卷板机、圆弯头咬口机、型钢切割机、角（扁）钢卷圆机、台钻、手

电钻、冲孔机、电气焊设备、钢板尺、钢直尺、角尺、量角器、划规、划针、样冲、铁锤、铜锤、木锤、拍板等小型工具。

3）通风管系统草图绘制。

A. 通风系统施工蓝图中，一般只明确了通风设备的位置尺寸、风机设备与风管的接口尺寸、通风管道外形尺寸及走向等，除部分标准部件可以按指定的标准大样图加工外，其他的通风管道、部件的具体尺寸，如风管的分节长度、三通、四通的高度及夹角，弯头的曲率半径及角度等，均需根据设计图纸走向、建筑物布置情况进行实地测量，并绘制加工草图。

B. 进行绘图前的实地测量应准备好必要的工器具（如卷尺、钢板尺、角度尺、线坠），高空位置准备好爬梯或搭设必要的脚手架等，做好相应的安全措施。测量通风管路的起、止位置及风机设备与风管连接口尺寸、风管走向（干管和支管）及长度、风管与预埋件（预留孔洞）位置相对尺寸确定风管分节长度和法兰位置等。

C. 根据实际测量结果及设计图纸、通风设备（风机）位置尺寸、送风及排风管道分布情况，绘出通风系统管路布置图，并根据建筑物和设备布置等情况确定适当的管节长度、法兰布置位置、支管及三通（四通）位置和尺寸、风管弯头布置及尺寸、标高等，见图3-16。

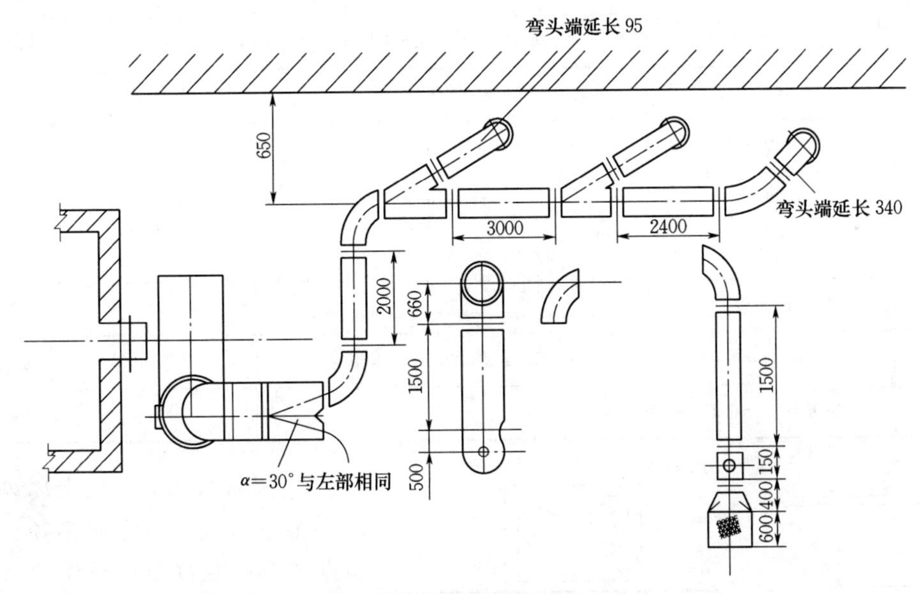

图3-16　某通风系统管路布置草图（单位：mm）

D. 通风系统管节长度一般采用1.8～4.0m为宜，根据所绘制草图对所有管节（含直管、三通、四通、弯头及其他管件）进行编号，并编制管件加工制作构件明细（见表3-12）。

4）节点大样图绘制。

A. 风管与风机接口。根据基础尺寸与通风机样本画出通风机安装位置及标高，决定风机吸入口与排出口坐标。若和通风室等连接，则应根据预埋法兰零件图详细画出连接管及节点大样，配制法兰时，应对正螺旋孔方位。接口处管段长度 H 应不小于通风机的宽度 A（见图3-17）。

表 3-12　　某通风系统管件加工制作构件明细表

序号	名称	规　格	单位	数量
1	闸板短管	ϕ450mm	个	1
2	圆变方	ϕ440mm/ϕ350mm×350mm	个	1
3	风管	ϕ440mm	个	1
4	90°弯头	ϕ440mm	个	1
5	风管	ϕ440mm	个	1
6	30°裤衩三通	ϕ440mm×ϕ375mm×ϕ375mm	个	1
7	75°弯头	ϕ375mm	个	2
8	风管	ϕ375mm	个	2
9	90°弯头	ϕ375mm	个	2
10	30°直三通	ϕ375mm×ϕ320mm×ϕ320mm	个	2
11	风管	ϕ320mm	个	2
12	30°直三通	ϕ320mm×ϕ285mm×ϕ285mm	个	2
13	风管	ϕ285mm	个	2
14	30°弯头	ϕ285mm	个	2
15	90°弯头	ϕ285mm	个	6
16	风管	ϕ285mm	个	6
17	蝶阀短管	ϕ285mm	个	6
18	圆变方	ϕ285mm/ϕ400mm×200mm	个	6
19	矩形空气分布器		个	6

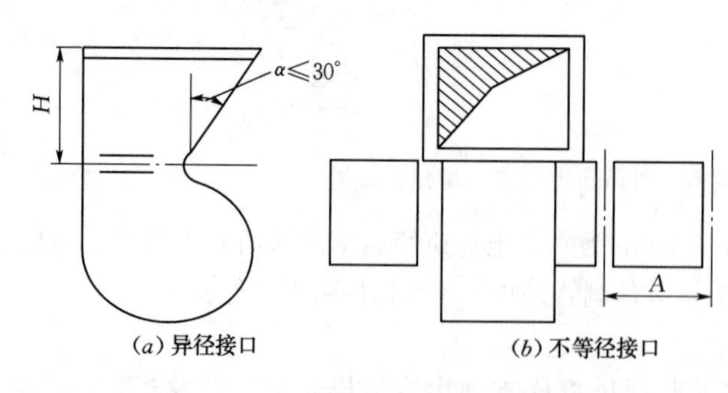

图 3-17　风管与风机接口示意图

B. 风管弯头。一般金属风管弯头由多节组成，其弯曲半径、节数根据风管直径（矩形风管边长）大小确定。圆形弯管的弯曲半径（以中心线计）及最少节数，如设计无规定时，按表 3-13 的规定选用。矩形风管的弯管可采用弧形或内斜线矩形弯管。当边长不小于 500mm 时，应设置导流片。圆形和矩形风管的管段长度，一般可按钢板规格和安装位置决定，管段长度宜为 1.8～4m。风管各管段间的连接应采用可拆卸的形式。

表 3-13　　　　　　　　圆形弯管的弯曲半径及弯曲角度的最少节数规定表

管径 D/mm	弯曲半径 R	弯曲角度的最少节数							
		90°		60°		45°		30°	
		中节	端节	中节	端节	中节	端节	中节	端节
80～220	≥1.5D	2	2	1	2	1	2	—	2
240～450	D～1.5D	3	2	2	2	1	2	—	2
480～800	D～1.5D	4	2	2	2	1	2	1	2
850～1400	D	5	2	3	2	2	2	1	2
1500～2000	D	8	2	5	2	3	2	2	2

C. 三通、四通及其他部件。根据主管、支管的分布情况，画出三通或四通的夹角及高度。三通夹角无规定时，一般为 15°～60°，对送、排风系统可采用 30°（在特殊情况下应不超过 45°），除尘系统应采用 15°。其他如两面偏心的管接头、有安装方位要求的管件法兰的固定等均需绘制（见图 3-18）。

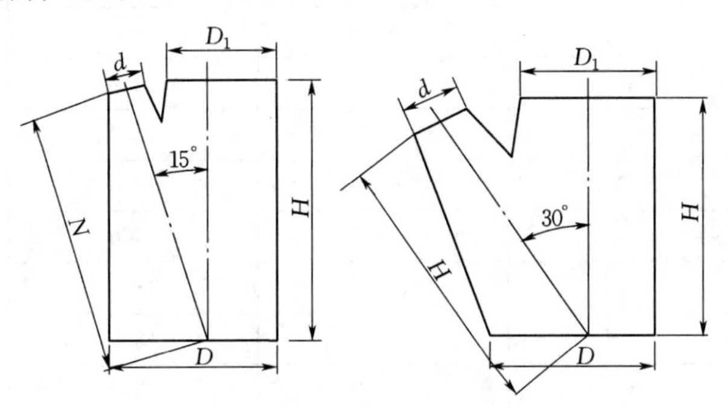

图 3-18　三通风管示意图

D. 15°及 30°三通尺寸规格（见表 3-14、表 3-15）。

表 3-14　　　　　　　　15° 三 通 尺 寸 规 格 表　　　　　　　　单位：mm

D	H	B	D	H	B
100	230	60	440	1125	70
115	285	60	495	1260	70
130	315	60	545	1350	70
140	430	60	595	1475	85
150	475	60	660	1625	100
165	500	60	775	1870	115
195	575	60	885	2100	130
215	625	60	1025	2400	150
235	675	70	1100	2575	160
265	725	70	1200	2850	170
285	750	70	1325	3075	180
320	900	70	1425	3300	190
375	950	70	1540	3550	200

表 3-15　　30°三通尺寸规格表　　单位：mm

D	D_1	d	主管高度	支管长度
1200	1200	495～215	1780	1840
1200	1100	495～215	1700	1740
1200	1025	495～215	1650	1690
1100	1100	495～215	1650	1700
1100	1025	495～215	1650	1680
1100	900	495～215	1500	1520
1100	885	495～215	1500	1510
1025	1025	495～215	1600	1640
1025	900	495～215	1500	1520
1025	885	495～215	1500	1510
900	900	495～215	1500	1520
900	885	495～215	1500	1510
900	850	495～215	1450	1510
900	775	495～215	1450	1450
885	885	495～215	1450	1470
885	850	495～215	1400	1470
885	775	495～215	1350	1410
885	660	495～215	1350	1330
850	850	495～215	1350	1380
850	775	495～215	1350	1360
850	660	495～215	1350	1335
775	775	495～215	1350	1360
775	660	495～215	1300	1290
775	595	495～215	1200	1180
660	660	495～215	1200	1200
660	595	495～215	1200	1190
660	545	495～215	1200	1170
595	595	495～215	1200	1190
595	545	495～215	1100	1085
595	495	495～215	1100	1080
545	545	495～215	1100	1085
545	495	495～215	1100	1080
545	440	440～215	1100	1065
495	495	440～215	1100	990
495	440	440～215	1000	970

续表

D	D_1	d	主管高度	支管长度
495	375	375～215	900	875
440	440	375～215	900	890
440	375	375～215	900	870
440	320	320～215	900	855
375	375	320～215	800	783
375	320	320～215	800	770
375	285	285～195 以下	700	675
320	320	285～195 以下	700	685
320	285	285～195 以下	700	675
320	265	265～195 以下	650	627
285	285	265～195 以下	650	630
285	265	265～195 以下	650	627
285	235	235～195 以下	650	615
265	265	235～195 以下	600	585
265	235	235～195 以下	600	577
265	215	215～165 以下	600	570
235	235	215～165 以下	550	535
235	215	215～165 以下	550	530
235	195	195～165 以下	550	525
215	215	195～165 以下	500	488
215	195	195～165 以下	500	480
215	165	165～150 以下	500	475
195	195	165～150 以下	450	438
195	165	165～150 以下	450	430
195	150	150～130 以下	450	425
165	165	150～130 以下	400	388
165	150	150～130 以下	400	385
165	140	140～130 以下	400	382
150	150	140～130 以下	400	385
150	140	140～130 以下	400	382
150	130	140～130 以下	400	378

5）风管部件下料。

A. 通风系统管道和零部件的形状是多种多样的，其中包括直管、弯管、三通、四通、圆变方、异径管等形状，其中一些管件应依照管件施工图（或放样图）把管件的表面按实际的大小铺平在板料上，进行展开放样，展开图精确度的好坏，直接影响到风管和部件的制作加工质量及材料的使用效率。

B. 风管部件展开的方法有三种：平行线展开法和放射线展开法和三角线展开法。平行线展开法一般用于柱面（圆柱、棱柱等），放射线展开法一般用于锥形或锥形的一部分（正圆锥、斜圆锥、棱锥等），凡不宜用上述两种展开法的管件可用三角形展开法。

C. 板材剪切前应进行下料计算复核，以免有误。按画线形状用机械剪刀和手工剪刀进行剪切。剪切时，手不应伸入机械压板空隙中，上刀架不准放置工具等物品，调整板料时，脚不能放在踏板上。使用固定式振动剪两手应扶稳钢板，手离开刀口不应小于 5cm，用力均匀适当。板材下料后在轧口之前，应用倒角机或剪刀进行倒角工作。

6）金属风管制作加工一般要求。

A. 薄钢板矩形风管。

a. 制作周长加裕量大于板宽时，用 1 个咬口连接。板宽小于周长而大于 1/2 周长时，用两个转角咬口。当周长较大时，为了便于运输和组装，可在 4 个边角，用 4 个角咬口。矩形风管的纵向闭合缝应留在边角上，以便增加强度。

b. 矩形风管下料和制作咬口，可用手工或机械两种方法折方。机械折方在折方机上进行；手工折方，应先划好线，放在平台上，使折线与槽钢对齐，压住板材，并压成正 90°，再用木方尺修整，打出棱角，板材应平整。

B. 薄钢板圆形风管。

a. 圆形风管的卷圆可用手工卷圆和机械卷圆两种方法。机械卷圆效率高、质量好。风管接缝应交错设置，当拼接板材纵向和横向咬口时，应将咬口端切出斜角，防止咬口出现凸瘤。

b. 咬口风管在制好横向单咬口的折边后，应先将钢板卷圆，再作成管节。风管直径在 800mm 以下者，可采用端部凸边单咬口边接法，接直后，用点焊加固，间距为 100～120mm，但不少于 4 处。

C. 不锈钢板风管。

a. 加工制作不锈钢风管和部件的场地，应铺木板或橡胶板，并把板上的铁屑、锈迹和杂物等清扫干净。

b. 下料画线时，不能用锋利的金属画针在其表面画线或冲眼，应使用做好的样板进行套裁，以避免损坏不锈钢表层。

c. 剪切不锈钢板时，不应使设备超载工作，应认真调整好上、下刀刃的间隙，通常此间隙应为板材厚的 0.04 倍。

d. 加工制作不锈钢风管，当板厚小于 1mm 时，应用咬口连接，且咬口宽度应比普通钢板宽一些，一般为 12～14mm，并用不锈钢铆钉铆接法兰。板厚大于 1mm 时，宜采用焊接。

e. 用手工咬口时，用木制、不锈钢或铜质的工具，不应用普通钢工具。用机械加工时，应清除机械工作面上的铁屑、铁锈及杂物。咬口应一次完成，如进行多次，则会造成加工困难，又易出现爆裂现象。

7）风管加工。金属风管制作加工一般采用咬口连接、铆钉连接和焊接等不同方法，其中咬接方法采用较为普遍。

A. 咬接。

a. 咬接适用于 1.22mm 以下的薄钢板。咬接分手工咬接和机械咬接两种方法。手工咬接是用硬木方或木锤将画线的薄板在工作台上折曲合口后打实咬口。机械咬接是通过各种形式的折边机、咬口机、压口机或合缝机通过滚轮进行咬口压实。机械咬口效率高且质量好。

b. 咬口时手指距滚轮护壳不小于 50mm，手不准放在咬口机轨道上，加工时应扶稳板料。咬口后的板料将画好的折方线放在折方机上，置于下模的中心线。操作时使机械上刀片中心线与下模中心线重合，折成所需要的角度。

c. 制作圆风管时，将咬口两端拍成圆弧状放在卷圆机上卷圆，按风管直径规格适当调整上、下辊间距。操作时，手不应直接推送钢板。

d. 折方时应互相配合并与折方机保持一定距离，以免被翻转的钢板或配件碰伤。折方或卷圆后的钢板用合口机或手工进行合缝。操作时，用力均匀，不宜过重。单双口确实咬合，无胀裂和半咬口现象。

e. 咬接常用横向单咬口、单（立）咬口、转角咬口、联合咬口及按扣式咬口等。

f. 横向单咬口。它适用于板材拼接和圆风管闭合咬接，咬口宽度一般为 6～10mm。咬口操作的方法按图 3－19 和图 3－20 中顺序进行，其咬口尺寸见表 3－16。

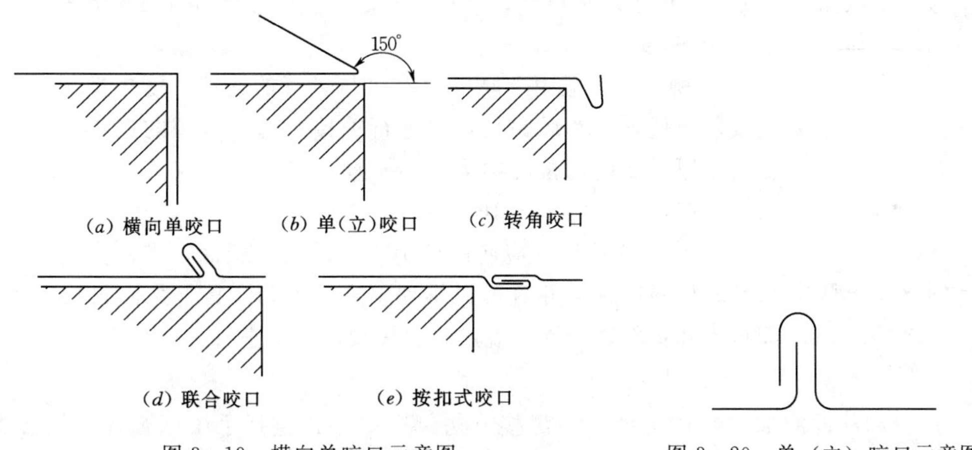

图 3－19　横向单咬口示意图

图 3－20　单（立）咬口示意图

g. 单（立）咬口。这种咬口方法主要用于圆形弯管和直管短节咬接（见图 3－20），咬口尺寸见表 3－16。

表 3－16　横向单咬口及单（立）咬口尺寸表　　单位：mm

咬口形式	咬口宽度	折边尺寸		咬口形式	咬口宽度	折边尺寸	
		第一块钢板	第二块钢板			第一块钢板	第二块钢板
横向单咬口	8	7	6	单（立）咬口	8	7	14
	10	8	7		10	8	17
	12	10	8		12	10	20

h. 转角咬口。用于矩形直管的咬接和有净化要求的空调系统、弯管和三通的咬接

（见图 3-21）。咬口宽度通常为 6～10mm。操作方法可按图 3-21 的排列顺序进行。

i. 联合咬口。适用于矩形风管、弯管、三通管、四通管的咬接（见图 3-22）。操作程序按图中的排列进行。

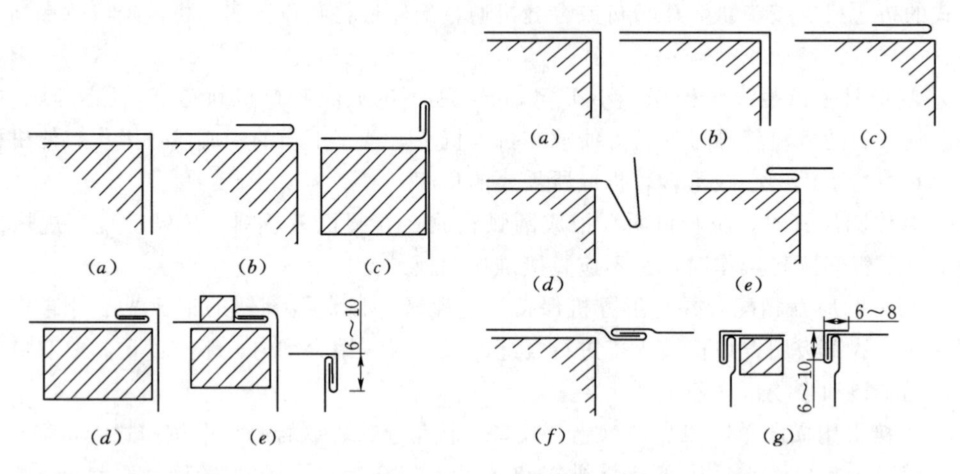

图 3-21　转角咬口示意图（单位：mm）　　图 3-22　联合咬口示意图（单位：mm）

j. 按扣式咬口。它主要是用于矩形风管、弯管、三通管、四通管等（见图 3-23）。

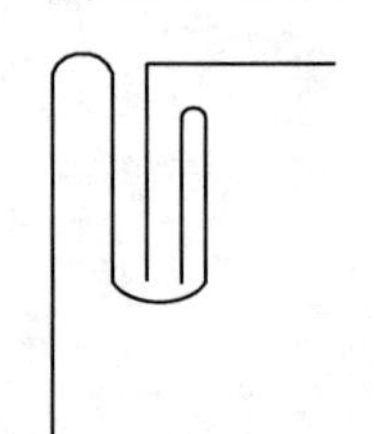

图 3-23　按扣式咬口示意图

B. 铆接。

a. 铆接主要适用于厚板或法兰与风管的连接，铆接操作时，先画线，定位置，然后钻孔，再进行铆接。铆钉直径的选择，一般为板材壁厚的 2 倍，长度约为 4 倍板厚。铆钉间距应按不同系统的要求来确定，一般取 80～100mm。

b. 铆钉连接时，应使铆钉中心线垂直于板面，铆钉头应把板材压紧，使板缝密合并且铆钉排列整齐、均匀。板材之间铆接一般中间可不加垫料，设计有规定时，按设计要求进行。

C. 焊接。

a. 风管和部件的加工制作也可采用焊接方法。焊接方式包括手工电弧焊、氩弧焊、气焊、锡焊等。焊缝形式应根据风管的构造和焊接方法而定，可选用对接焊、搭接焊、角缝、搭接角缝等几种形式。

b. 手工电弧焊和氩弧焊用于板厚 1.2mm 以上的钢板风管和部件的焊接，其特点是焊接速度快，变形较小。缺点是板材较薄时，电弧容易烧穿板材。焊接时，应将被焊件表面清理干净，焊接处留 0.5～1mm 间隙，焊时焊件对齐，点焊几处后，进行满焊。为了防止烧穿板材，还可采用搭接缝、搭接角缝的焊接方式进行焊接。

c. 气焊用于较薄板材的焊接。由于它加热面积大，加热时间长，因而焊接表面易变形。这种焊接方法，多在严密性要求较高的情况下采用。

d. 锡焊一般用在风管、部件翻边、咬口处存在不严密时的处理，但也有的部位要求进行锡焊的。锡焊用的电烙铁的形状、大小应根据焊接的要求来选择。操作时，先将烙铁镀上锡，加热后，将其表面处理干净，再放入氯化锌溶液中浸一下，再蘸上锡。焊时温度

应合适，每次加热时，都应在溶液中浸一下，以保持其清洁。焊件应清理干净，再涂上氯化锌溶液。焊接时，可先点焊后连续焊，以保证锡焊质量。焊缝处应密实，从而确保其强度。

8）风管系统部件加工。

A. 变径管加工。根据展开图进行画线下料，圆形和矩形变径管均可用 1 块钢板制作。为节省材料，圆形变径管也可以用 2 块、3 块制作，矩形变径管可用 4 块钢板制作，4 角采用角咬口连接。变径管展开后，应留出咬口裕量和法兰的翻边量，成型后变径与法兰尺寸应符合规定的要求。

B. 弯头加工。

a. 圆形风管弯头按要求分节制作，组对时，纵咬口缝应错开，并以中心线为准找正，每节以单立咬口连接，并用点焊加固，也可采用全焊。

b. 矩形风管的弯头制作时，里、外两块弧板应先折边、后弯弧，折边弯弧应注意方向，并采用联合角咬口比较妥当。弯头径向尺寸为 600～800mm 时，45°方向设一个加固框；800～1500mm 时，30°方向加两个加固框；大于 1500mm 设 3 个加固框。加固框用扁钢或角钢制作，保温风管应用角钢制作。径向尺寸在 1000mm 以上时，不保温风管弯头凸棱线加固示意图见图 3－24。

c. 矩形风管按设计要求合理分布导流叶片，其迎风侧应圆滑，导流片弧度应与弯头角度相一致，固定牢靠。当导流叶片长度超过 1250mm 时，应采取加强措施。导流叶片一般有香蕉式、月牙式和单片式三种。先将叶片制好后固定在托板上，再装进弯头内，香蕉式和月牙式叶片两头应封好，以免被风力吹坏而影响导流。设导流叶片的弯头可不作凸棱线或加固框加固。

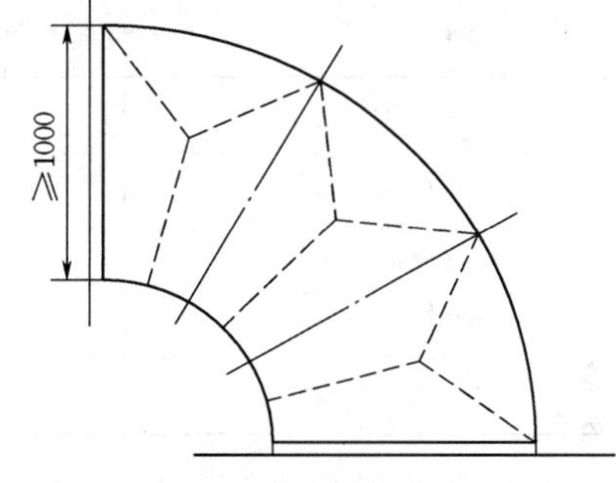

图 3－24　不保温风管弯头凸棱线加固示意图（单位：mm）

C. 三通（四通）加工。

a. 矩形三通（四通）由几个侧壁组成的，闭合缝设在边角上，按设计尺寸展开后，放出翻边和法兰留量，并用单角咬口或联合角咬口，按扣式咬口进行连接。

b. 圆形三通（四通）制作对口部分的 2/3 咬口（即岔管内咬口），应将钢板劈转，并点焊加固。焊接角度对正后，外面以 100～120mm 间距进行点焊，分岔处在内部焊接。

D. “之”字形弯头加工。

a. 矩形风管系统中“之”字形弯头制作由两只弯头组合，若“之”字形弯头中间节较短，放样、下料时可与两弯头分别连在一起；若中间节较长，可再设一段中间直管，中间直管长短，根据安装位置决定。

b. 在圆形风管系统中“之”字形弯头由两个半圆弯头作背向连接而成，制作方法与圆形弯头相同。

9）法兰制作。

A. 金属风管管节与管节、管节与设备部件连接时，连接方式一般有法兰连接方式和无法兰连接方式。法兰制作材料为型钢（扁钢和角钢），也有与风管板材相同并在风管下料时同时预留的法兰裕量最终形成的共板法兰。无法兰连接方式、共板法兰一般在风管系统安装同时完成制作安装，具体方法将在通风系统管道安装中详细介绍。

B. 采用扁钢或角钢制作成的风管法兰，管节组合时用螺栓连接紧固。中、低压系统风管法兰的螺栓及铆钉孔的距离不大于150mm，高压系统风管的孔距不大于100mm，法兰的四角部位应设有螺栓孔。金属圆形、矩形风管法兰材料及螺栓规格分别见表3-17和表3-18。

表3-17　　金属圆形风管法兰材料及螺栓规格表　　单位：mm

<table>
<tr><th rowspan="2">风管直径 D</th><th colspan="2">法兰材料规格</th><th rowspan="2">螺栓规格</th></tr>
<tr><th>扁钢</th><th>角钢</th></tr>
<tr><td>$D \leqslant 140$</td><td>20×4</td><td>—</td><td rowspan="3">M6</td></tr>
<tr><td>$140 < D \leqslant 280$</td><td>25×4</td><td>—</td></tr>
<tr><td>$280 < D \leqslant 630$</td><td>—</td><td>25×3</td></tr>
<tr><td>$630 < D \leqslant 1250$</td><td>—</td><td>30×4</td><td rowspan="2">M8</td></tr>
<tr><td>$1250 < D \leqslant 2000$</td><td>—</td><td>40×4</td></tr>
</table>

表3-18　　金属矩形风管法兰材料及螺栓规格表　　单位：mm

<table>
<tr><th>风管长边尺寸 b</th><th>角钢</th><th>螺栓规格</th></tr>
<tr><td>$b \leqslant 630$</td><td>25×3</td><td>M6</td></tr>
<tr><td>$630 < b \leqslant 1500$</td><td>30×4</td><td rowspan="2">M8</td></tr>
<tr><td>$1500 < b \leqslant 2500$</td><td>40×4</td></tr>
<tr><td>$2500 < b \leqslant 4000$</td><td>50×5</td><td>M10</td></tr>
</table>

C. 矩形风管法兰由四根角钢组焊而成，画线下料时应注意使焊成后的法兰内径不小于风管的外径，用型钢切割机按线切断。下料调直后放在冲床上冲铆钉孔及螺栓孔，孔距应符合规范要求。冲孔后的角钢放在焊接平台上进行焊接，焊接时用模具卡紧。

D. 圆法兰的煨制可用手工或机械煨制，手工有冷煨和热煨。冷煨是在模具中进行（见图3-25）。将型钢放在模具中缓慢打弯，并用样板校正，直到符合要求后，切去多余部分后焊牢整圆后钻孔。热煨也是在胎具中进行，将下好料的型钢加热后，放入胎具内，用手即可煨成（见图3-26）。煨好后调圆、焊接和钻孔。机械煨制是在法兰煨弯机上进行，它适用于40mm×40mm×4mm及以上的角钢，可煨直径在200mm以上的法兰。操作时，将角钢（扁钢）放进辊轮内压紧，通电使其卷圆，并用样板检查合格后，切断进行平整、焊接和钻孔。

E. 法兰组对时，接触面应平整，偏差不超过5/1000，角钢两翼应垂直。法兰本体焊接时，只焊背面，平面和立面不进行施焊。法兰钻孔前画出型钢中心线，根据规范要求合理均匀布置螺栓孔于型钢中心线上，并用样冲标记孔中心，铆钉孔与螺孔应交叉排列。法兰组对后其内径应比风管大2～3mm，法兰任意转动时，孔均应对正。

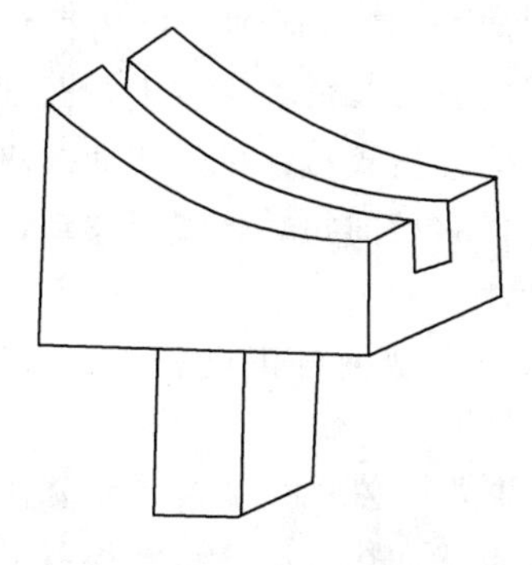

图 3-25　圆法兰冷煨模具图

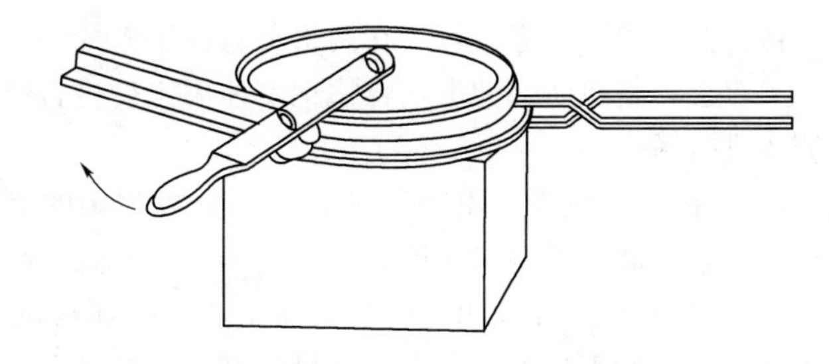

图 3-26　圆法兰热煨胎具图

F. 风管与法兰组合成形时，风管与扁钢法兰的连接，板厚小于 1.5mm 采用翻边铆接，板厚大于 1.5mm 采用翻边焊接（断焊或满焊）；与角钢法兰连接时，风管壁厚不大于 1.5mm 时可采用翻边铆接。风管与法兰连接的翻边尺寸，一般为 6～9mm，翻边应平整，不能有裂口和孔洞。圆形、矩形风管与法兰组合所用铆钉规格及铆孔尺寸见表3-19。

表 3-19　圆形、矩形风管与法兰组合所用铆钉规格及铆孔尺寸表　单位：mm

类　型	风管规格	铆孔尺寸	铆钉规格
方法兰	120～630	ϕ4.5	$\phi4\times8$
	800～2000	ϕ5.5	$\phi5\times10$
圆法兰	200～500	ϕ4.5	$\phi4\times8$
	530～2000	ϕ5.5	$\phi5\times10$

G. 风管与法兰采用铆接时，法兰与风管的两个接触面应涂上防腐剂，干后将法兰套在风管上，管端应伸出 8～10mm，并放在平台上校正，四角应安放平稳，用角尺找正法兰平面垂直风管中心线后，方可铆接。铆钉应从里向外，铆紧后，把管端伸出部分敲倒并与法兰平面内贴紧。翻边部分的纵咬口缝应斩去 3 层，留 1 层翻边，以免影响严密。

H. 风管与法兰采用焊接时，应先对称均匀点焊组对定位，然后进行焊接。点焊间距以 60～80mm 为宜。管端应缩进法兰平面 5mm，内外两面均应施焊，焊接时控制电流不宜过大，以免电弧烧穿风管和法兰。

10）风管矫形加固。

A. 风管制作前和下料中、制作完成后，应对有变形的制作材料（板材、型钢等）、半成品、成品进行校平、校直，满足要求后再进入下道工序。矫形可采用手工矫形、机械矫形、加热矫形。

B. 手工矫形主要采用锤击法，对板材凸处的矫正，用手锤击打周围处，从四周各凸起部分锤击，锤点由里向外密度加大，锤击力也逐渐加大，使凸起部分慢慢消失；对于薄钢板几个相邻凸起处，应在凸起的相交处进行敲击，使其连成一片，再锤击四周即可消除；波浪形缺陷从四周向中间锤打，锤击点逐渐增加，锤击力越来越大，最终使波浪形消失而归于平整；弯曲变形的修整应从未翘起处和对角线进行敲击，使其延伸而平整，对于铝板还可用橡胶带拍打周边，再用橡胶锤或铝锤敲打中部即可整平。角钢和扁钢弯曲、变形时，采用弯曲凸处向上锤击，产生反向弯曲而纠正，同样内弯使背面朝上锤击即可调直；角钢和扁钢扭曲可在虎钳上用扳手修整；槽钢立弯变形时，将其放在平台上，凸部向上，锤击凸部腹板，旁弯可放在两根平行圆钢制成的平台上。锤击翼板，槽钢扭曲时将其放在平台上，将扭曲部伸出，将槽钢本体固定后进行锤击，使它反向扭转，慢慢移动，然后调头进行锤击。

C. 机械矫形主要是用矫正机进行，一般使用的有平板机、型钢矫正机和压力机等。机械矫正效率高，质量有保证。

D. 加热矫形主要是用烤枪对局部变形进行加热烘烤，并进行必要的敲击，使其达到平整的要求。对于板材中间凸起处可将其固定在平台上，用点状加热（即烤枪在板材上加热许多点）或采取线状加热（将凸起处加热成一条直线）法，先在四周，再逐渐缩小面积，即可修整好。对波浪形缺陷的处理，可用线状加热法，先从波浪形两侧平处开始，向其围拢，加热线的长度为板宽的一半左右，距离为 50～200mm。

E. 矩形风管边长不小于 630mm、管段长度不小于 1250mm 时，圆形风管直径不小于 800mm、管段长度大于 1250mm 时，都应进行加固。当中压和高压风管的管段长度大于 1200mm 时，应采用加固框的形式加固。高压风管的平咬口缝应有加固、补修措施；当风管的板材厚度不小于 2mm 时，加固措施的范围可放宽。加固方法主要采用角钢加固、角钢框加固、肋条加固和滚槽加固。

F. 角钢加固。矩形风管长边超过规定而短边未超过规定时，用与法兰规格相同的角钢对边进行加固，这种方法多适用于暗装风管。

G. 角钢框加固。用角钢制作成与风管周长尺寸相等的角钢框装在风管和弯头中部，其规格可比法兰用角钢规格小一点。

H. 肋条加固。用 1.0～1.5mm 镀锌钢板条作肋条，在风管内壁间断铆住，这种方法多用在明装风管。

I. 滚槽加固。用压力或其他机械在管壁上作成滚槽。这种方法由于槽缝内易积存灰尘，在通风空调净化系统中不宜采用。

J. 对于边长不大于 800mm 的风管，宜采用楞筋、楞线的方法加固。

11）风管的防腐。对于风管，一般不做防腐，或按设计的特殊要求进行防腐，如设计没有明确要求时，对于黑铁皮或其他材料，可采取以下方法防腐：金属风管制作成成品后，对风管内外或原材料防腐层遭破坏部位进行防腐。风管喷漆防腐不应在低温（低于＋5℃）和潮湿（相对湿度不大于 80％）的环境下进行，喷漆前应清除表面灰尘、污垢与锈斑，并保持干燥，喷漆时应使漆膜均匀，不应有堆积、漏涂、皱纹，气泡及混色等缺陷；普通钢板在压口时应先喷一道防锈漆，保证咬缝内不易生锈。

12）非金属风管制作。水电站中非金属风管多采用硬聚氯乙烯、有机玻璃钢和无机玻璃钢材质的风管，且一般均由专业生产厂家制造。风管采购前应向制造厂家提供相关技术要求，交货验收时应按技术要求项目逐项检验。

3.3.5 通风系统安装准备

（1）作业面要求。

1）建筑物结构施工完毕，安装部位的障碍物已清理，地面无杂物。

2）作业地点应有相应的辅助设施，如梯子、脚手架等，以及电源和安全防护装置、消防器材等。

3）风管安装应有设计图纸及大样图，并进行了技术、质量、安全交底。

4）一般送排风系统通风管道安装，需在建筑物的屋面施工完成，安装部位的障碍物已清理干净的条件下进行。

5）空气洁净系统管道安装，需在建筑物内部有关部位的初装修完成、室内无大面积扬尘的条件下进行。

6）一般除尘系统风管的安装，需在厂房内与风管有关的工艺设备安装完毕，设备的接管或吸、排尘罩位置已定的条件下进行。

7）通风系统管路组成的各种风管、部件、配件均已加工完毕，并经质量检查合格。

8）通风系统安装应与土建施工密切配合，应预留的安装孔洞、预埋的支架构件均已完好，并经检查符合设计要求。

9）施工准备工作已做好，如施工工具、吊装机械设备、必要的脚手架或升降安装平台已齐备，施工用料已能满足要求。

10）现场制作场地满足施工要求。

（2）材料要求。

1）各种安装材料应有出厂合格证明书或质量鉴定文件及产品清单。

2）风管产品不许有变形、扭曲、开裂、孔洞、法兰脱落、法兰开裂、漏铆、漏紧螺栓等缺陷。

3）安装的阀体、消声器、罩体、风口等部件应检查调节装置是否灵活，消声片、油漆层有无损伤。

4）安装使用材料包括：螺栓、螺母、垫圈、填料、螺钉、铆钉等都应符合质量要求。

（3）主要施工设备机具已齐备包括：电锤、手电钻、电动砂轮锯、磨光机、台钻、电焊设备、手拉葫芦等。

（4）基础验收。

1）风机安装前应根据设计图纸对设备基础进行全面检查，是否满足设计图纸尺寸对水平位置、高程等的要求。

2）风机安装前、基础表面应该凿麻面，以使二次浇灌的混凝土或水泥砂浆能与基础紧密结合。

（5）设备开箱检查。

1）按设备装箱清单，核对叶轮、机壳和其他部位的主要尺寸，进、出风口的位置方向是否符合设计要求，做好检查记录。

2）叶轮旋转方向应符合设备技术文件的规定。

3）进、出风口应有盖板严密遮盖。检查各切削加工面，机壳的防锈情况和转动部件是否发生变形或锈蚀、碰损等。

4）设备搬运应由起重人员指挥，使用的工具及吊索具应符合安全要求。

（6）设备清洗。

1）风机设备安装前，应将轴承、传动部件及调节机构进行拆卸、清洗，装配后检查使其转动、调节应灵活。并按转动部件的出厂要求或有关技术规定进行润滑油涂抹。

2）用煤油或汽油清洗轴承时，应注意防止发生火灾。

3.3.6 通风系统设备安装

（1）通风系统安装一般要求。

1）小型风机一般为整体安装，对于大型离心式风机或其他类型风机，根据安装部位和运输条件，可以进行分解倒运，现场进行组装与安装。

2）风机的进口和出口方向（或角度）与设计相符，安装时进、排气口有遮盖，防止尘土和杂物进入。

3）风机的进、出口风管等装置应有单独支撑，风管与风机连接时，不能强迫对接，风机机壳不应承受其他重量。

（2）离心风机安装。

1）根据设计图纸和规范，对基础面进行检查，检查的主要项目有：基础表面有无蜂窝、空洞；基础标高和平面位置是否符合设计要求；基础形状和各部主要尺寸，预留孔的位置和深度是否符合要求。

2）根据设计和设备底座的地脚螺栓孔，在基础上准确的放出设备纵横中心线，并放出减振器定位线。

3）离心风机的基础如采用减振支座时，应严格按设计图纸和设备的产品说明书进行安装，或在设备供应商的现场指导下安装。

4）设备基础、减振器安装完成并检查核对无误后，便可就位风机设备。风机就位时，用千斤顶将设备顶起略高出减振器上表面50mm，通过轨道或型钢缓缓将风机移至基础上，对准减振器和设备底座螺孔，将风机放在减振器上，拧紧定位螺栓。

5）风机就位工作完成后，应检查各承载减振器是否受力均匀，各压缩量是否一致，是否有歪斜变形，如有不一致，应重新进行调整，直到符合合同及设备技术文件有关要求。

6）离心风机安装完后，轴承座纵、横向水平度允许偏差不大于0.20mm/m，机壳与转轴同轴度允许偏差不大于2mm，叶轮与机壳轴向、径向间隙允许偏差分别小于叶轮直径的1/100和3/100。主、从动轴中心允许偏差不大于0.05mm/m；两皮带轮端面在同一平面内允许偏差不大于0.50mm。

（3）轴流风机安装。

1）轴流风机在墙上安装时，支架的位置和标高应符合设计要求，支架应用水平尺找平，支架的螺栓孔应当与风机底座的螺孔一致，底座下应垫以3～5mm厚的橡胶板，以避免刚性接触，产生噪声。

2）轴流风机在墙内安装时，应在土建施工时及时配合留好孔洞，并预埋好挡板的固定件和轴流风机支座的预埋件。

3）轴流风机安装时，机身应保持水平，牢固可靠，允许偏差参照离心风机。叶轮与风筒的对应两侧间隙差$D\leqslant$600mm时，应不大于±0.5mm；$D>$600～1200mm时，应不大于±1.0mm。墙洞安装时与预留洞间空隙应采取有效措施严密封堵。

（4）除湿设备安装。除湿机安装应牢固，传动部件应灵活、可靠，方向正确；其排风

水平管须保持一定的坡度，斜坡向出口方向。

（5）其他设备安装。

1）风口、散流器的安装要求。

A. 百叶风口、散流器的安装，应能保证其正常的使用功能，并便于操作。

B. 百叶风口、散流器与风管的连接应紧密、牢固，与装饰面相紧贴；表面平整、不变形，调节灵活、可靠。条形风口的安装，接缝处应衔接自然，无明显缝隙。同一房间内的相同风口的安装高度应一致，排列应整齐。

C. 明装无吊顶的风口，安装位置和标高偏差不应大于10mm。

D. 风口水平安装，水平度的偏差不应大于3/2000。

E. 风口垂直安装，垂直度的偏差不应大于2/2000。

2）风量调节阀、通风止回阀的安装。

A. 风阀应安装在便于操作及检修的部位，安装后的手动或电动操作装置应灵活、可靠，阀板关闭应保持严密。

B. 通风止回阀宜安装在通风机的压出管段上，开启方向应与气流方向一致。水平安装时，坠锤位置在侧面，坠锤摆动的角度约有45°；垂直安装时，气流只能由下向上，阀上没有重锤，不能与水平安装的止回阀混用。

3）防火风口、防火阀、防烟阀、排烟阀的安装要求。

A. 防火风口、防火阀、防烟阀和排烟阀应安装在便于操作及检修的部位，安装后的手动或电动操作装置应灵活、可靠。

B. 防火风口、防火阀安装方向、位置应正确，易熔片应迎气流方向。阀板应启闭灵活，关闭保持严密，动作可靠；防火分区隔墙两侧的防火阀，距墙表面不应大于200mm。

C. 防火阀直径或长边不小于630mm时，设独立支、吊架。

D. 带手动复位的防火风口、防火阀、防烟阀和排烟阀应在安装后同消防系统做模拟试验，检查其关闭或开启性能。电接点远传信号应准确无误，模拟试验后应及时恢复常开或常闭状态。

E. 排烟阀（口）及手控装置（包括预埋套管）的位置应符合设计要求。预埋套管不应有死弯和瘪陷。

4）隔振消声设备安装要求。

A. 通风设备采用型钢隔振台座，或可将隔振器直接安装于型钢底座之下。

B. 通风设备与风管之间，采用防腐帆布软接头。

C. 通风设备与风管之间合理连接，使气流进、出风机时尽可能均匀，不应有方向或速度的突然变化，增加气流再生噪声。

5）施工准备。

A. 施工人员应该认真学习有关规范、规程和设计图纸。

B. 进行图纸的自审和会审工作，对施工人员进行技术安全交底工作。

C. 将施工图纸及技术文件、施工作业指导书发放至施工班组。

D. 组织有关施工人员认真熟悉图纸及施工作业指导书，学习施工规范、规程，掌握施工工艺。

E. 编制设备复查记录表格及各种安装记录表格。

F. 基础检查、画线、垫铁安装。

G. 钢构架安装前应根据验收记录进行基础复查，并应符合下列要求。

a. 符合设计和《混凝土结构工程施工质量验收规范》（GB 50204）的规定。

b. 定位轴线应与厂房建筑标准点校核无误。

6）材料及主要机具配置。

A. 对参与工程施工的机械设备、工机具应提前进行检修，做好检修和保养工作，确保完好无损提前进入现场。按照施工总平面布置图要求，将各种施工机械设备就位、固定。

B. 风机安装所使用的主要材料，成品或半成品应有出厂合格证或质量证明文件。

C. 主要倒运吊装设备配置满足施工需要。汽车吊、载重汽车、叉车等运输吊装设备。

7）通风系统设备开箱验收。设备的开箱验收应有业主和设备供应商参加，开箱验收时应注意规定。

A. 开箱前应检查设备型号和箱号，防止开错。

B. 开箱前尽量将设备搬运至安装地点附近，以减少开箱后的倒运工作，同时防止运输过程中发生不必要的擦伤设备。

C. 开箱一般应从顶板开始，在拆开顶板查明情况后，再采取适当的方法拆除其他箱板。

D. 开箱时应用起钉器或撬杠，如有铁皮箍的，应先拆掉，不应用锤乱砸乱拆。

E. 精密的零件、部件和附件，应入库保存。

8）通风系统设备检查。

A. 设备的规格、型号应与图纸相符。

B. 认真检查设备外观和保护包装情况，如有缺陷、损坏或锈蚀应记录在册。

C. 按装箱清单清点零、部件等，检查出厂合格证和其他技术文件是否齐全，做好记录。

D. 设备的转动和滑动部件在防锈油料清除前，不应转动和滑动。如因检查而除去的防锈油料，在检查后必须重新涂上。

E. 不需要安装或安装时不用的零件、附属材料、专用工具和技术文件，在检查后应交给使用单位保管，施工时尽量使用复印件，安装时需用的设备或文件应进行分类编号，妥善保管，用后及时交给业主。

F. 开箱时检查出的问题应形成书面性文件，请监理、业主代表和设备供应商代表签字确认。

G. 检查完毕应及时填写开箱记录，并办理入库台账，安装前办理出库手续。

9）通风系统设备安装所用辅助材料。

A. 通风设备安装所需钢材、型钢等材料应具有材质合格证书，否则应补做所缺项目的检验，其指标应符合现行国家颁布的技术标准。

B. 钢材、型钢等在使用前应按设计要求核对其规格、材质、型号。

C. 钢材、型钢等在使用前应进行外观检查，要求其表面不应有裂纹、缩孔、夹渣、折叠、重皮等现象，不应有超过壁厚负偏差的锈蚀或凹陷。

10）通风设备施工作业条件。

A. 进入施工现场道路应畅通。

B. 设备安装基础土建已施工完毕，施工场地平整完成。

C. 材料、成品、半成品供货到位、制作完毕，材料抽样检查、复试完毕，符合要求。

D. 风机、风管安装所需临时螺栓数量满足设备安装要求。

E. 吊装机具性能良好。

F. 吊装所需的起吊器具、脚手架、脚手板等能满足施工需要。

G. 基础应由土建部门按图纸要求提供中心线的轴线标记和水平标高点，设备安装前基础表面应铲麻面。

H. 利用水准仪测出各个安装点的统一标高的误差值，并依据轴线放出各安装位置的十字中心线。复测每个柱基±0 面标高误差小于±3mm。

I. 根据标高误差配制垫铁，垫铁尺寸应符合规范要求，每组垫铁不应超过三块。

J. 预留孔的中心误差小于±10mm，标高误差＋10～－10mm。预留孔全长倾斜偏差不小于 20mm。

K. 风机、风管起吊预埋吊环的检查以及起吊试验应满足起吊要求。

11）通风设备安装。

A. 根据土建部门提供的纵、横中心线进行基础画线，并校正各基础之间中心线。

B. 将通风设备十字中心线引至基础四周，并做好标记。

C. 检查各基础锚栓尺寸及锚栓标高是否符合要求。

D. 根据图纸结构进行清点编号，需用构件运到施工现场。

E. 复查主要构件地外形尺寸及外观状况。

F. 准备好施工用的撬棒、垫铁、链条葫芦、脚手架、脚手板等。

12）吊装工序。设备基础安装→风机运输至现场→吊装→找正→临时固定→二次校准→最终固定。

13）离心风机的搬运以及吊装。离心风机通常安装在大型水电站的地下厂房（或室外厂房）送风洞和排风洞中。由于进风和排风量较大，设备自身体积和重量均较大、较重。为减少洞内开挖工程量，一般离心风机安装和搬运通道狭窄，这类大型离心风机在现场可进行分解，风机罩可分瓣运至现场进行组装，在搬运及吊装时应小心谨慎，并注意以下事项。

A. 整体安装的风机，搬运和吊装时的绳索，不应捆缚在转子和机壳或轴承盖的吊环上。

B. 现场组装的风机，绳索的捆缚不应损伤机件表面和转子与齿轮轴两端中心孔、轴瓦的推力面和推力盘的端面机壳水平中分面的连接螺栓孔、转子轴颈和轴封处均不应作为捆缚部位。

C. 输送特殊介质的风机转子和机壳内涂有保护层，应严加保护，不应损伤。

D. 不应将转子和齿轮轴直接放在地上滚动或移动。

E. 风机在洞内需要滚动运输时，需在风机底座部位下方垫滚杠。

14）通风管道吊装。

A. 现场接长。根据支架距离，将管道接长，保证管道能支撑在相邻支架上。

B. 吊点采用两点绑扎一点辅助，绑扎点在距管道端部1/4处，吊点处焊接钢筋防钢丝绳滑移。起吊时先将管道离地面50cm左右，使管道中心对准安装位置中心，然后徐徐升钩，将管道吊至支撑点以上，再用溜绳旋转管道使其对准支撑点，以便落钩就位，落钩时应缓慢进行，并在管道刚接触支撑点时即刹车对准轴线缓慢下降就位，同时进行垂直度校正和最后固定。

C. 为使管道在吊装时不至于发生摇摆和其他与构件碰撞，起吊前在管道两端应绑扎溜绳，随吊随放松，以此保持其正确位置。

D. 管道吊装就位后随即与相邻已安装就位的管道连接，固定支架处同时与管托焊接。

3.3.7 通风系统管道安装

（1）通风、空调系统风管的安装应在建筑物结构施工完毕、安装部位的障碍物已经清除、地面无杂物的条件下进行。

（2）检查现场结构预留孔洞的位置、尺寸是否符合设计图样要求，有无遗漏现象。预留孔洞应比风管实际截面积尺寸大。

（3）确定风管标高。按照设计图样找出风管安装的位置和走向，参照土建基准线确定风管标高。

（4）确定吊架形式。标高确定后，按风管所在空间的位置及周围环境，确定风管的支、吊和托架形式。

（5）设置吊点。根据吊架形式来布置吊点。吊点的设置有预埋件法、电锤透孔法、膨胀螺栓法和射钉枪法。

（6）安装支、吊、托架。按风管的中心线找出吊杆安装位置，单吊杆在风管的中心线上。双吊杆可以按托板的螺栓孔距或风管中心线对称安装，但应考虑保温厚度。吊架托架的敷设应按设计图施工，如设计无要求时，应符合下列规定：

1）通风管道沿墙壁或柱子敷设时，边长小于400mm的风管，支架间距4m；长边尺寸超过400mm的风管，支架间距不应大于3m；垂直安装时应有管夹固定，间距不大于4m，而且每根风管的固定件不少于两个。风管的支架根据现场具体情况和风管重量可用圆钢、扁钢或角钢制作。

2）当风管敷设在楼板或桁架下面，离墙柱较远时，一般都用吊架来固定风管，吊架用电焊或螺栓固定在楼板或梁上。

3）支、吊、托架不应设在风口、阀门、检查孔等处。吊架不应直接吊在法兰上。支、吊、托架应固定牢。

4）矩形保温风管不能直接与支、吊、托架接触，应垫上坚固的隔热材料，其厚度与保温层相同，防止产生“冷桥”。

（7）风管的组配。制作好的风管，安装前应按图纸要求的尺寸进行组配并检查规格数量和质量，如发现遗漏或损坏，应进行补做和整修工作，并按系统编号，避免在运输过程中的错乱，减少安装时的忙乱现象，并做好安装前的准备工作，如搭设脚手架、准备好工器具、连接用的螺栓垫圈、法兰中的垫料、防腐用的油漆等，并清点清楚图纸中所规定的风机风口等数量与型号。对管件法兰孔配钻时，用石棉板或橡胶板制作样板在玻璃钢法兰面划出法兰孔后，用手枪电钻进行钻孔，注意保护以防法兰面损伤。对管件妥善保管以防设备损坏。

（8）风管运输保护措施，在每个管件外包以草垫或塑料泡沫垫，各管件间应有防碰撞措施以防管件特别是法兰损坏，装卸时应轻拿轻放。风管吊装时应采用软质吊绳，避免使用钢丝绳，吊点不能设在法兰处，吊装时应避免管件碰撞，以防设备损坏。

（9）风管的安装。将组配好的风管及部件，按系统运到现场，按编号进行排列组对，并按现场实际情况对加工好的风管再进行一次复核工作，确认风管尺寸与角度都合适后就可按设计图把干管和支管分组进行连接。一般安装顺序是先主管后支管，由下至上进行。根据现场施工情况，可以在地面把风管连成一定的长度，然后采用吊装的方法就位，也可以把风管一节一节地安装在支架上逐节连接。接口处应加垫料，输送一般空气的风管可用3～5mm的橡胶板做衬垫，衬垫不应突入管内，法兰连接螺栓的螺母应在同侧。风管水平安装，水平度的允许偏差不应大于3mm/m，总偏差不应大于20mm；风管垂直安装，垂直度的允许偏差不应大于2mm/m，总偏差不应大于20mm。风管安装时，风管和配件的可拆卸口不应装在墙和楼板内，风管的纵向闭合缝应交错布置，且不应在风管底部。当风管垂直安装时，支撑在地面上，其支吊架间距为3m，每根立管的固定件不少于2个。悬吊的风管在不大于30m处的适当位置设置防止摆动的固定点。

（10）通风系统严密性检验。通风系统管路安装完毕后，按系统类别进行严密性检验，风管的强度应能满足在1.5倍的额定工作压力下接缝处无开裂。通风系统风管系统检测以总管和干管为主，分段或整体检测，系统检测应符合以下要求：

1）低压通风系统（工作压力$P \leqslant 500$Pa）进行漏光检测以检查风管的密封情况。将光源置于风管的内侧或外侧，但相对应侧为暗黑环境，检测光源沿被检测部位与接缝做缓慢移动，在另一侧进行观察，当发现有光线射出，则说此位置为明显漏风部位，做好标记，检查风管法兰螺栓连接情况，若法兰螺栓紧固良好仍不能密封，则采取在法兰之间增加密封垫等方式处理，处理后再检查。低压系统风管，每10m接缝，漏光点不应超过2处，且100m接缝平均不大于16处，发现条形漏光位置采取加垫等密封措施处理。

2）中压通风系统（500Pa$<$工作压力$P \leqslant 1500$Pa）风管采用漏光检法检测时，风管每10m接缝，漏光点不应超过1处，且100m接缝不大于8处为合格，发现条形漏光位置采取加垫等密封措施处理。中压通风系统管路通过漏光法检测合格后，根据合同技术条款和规范规定，按抽检率用专用漏风检测仪进行漏风量测试。

3）高压通风系统（工作压力$P>1500$Pa）风管全数采用漏风量检测。漏风量检测超过合同或规范要求时应查出漏风部位，做好标识，采取密封措施处理后重新进行检测直至合格。

3.3.8 通风系统风管预埋

通常大型建筑通风道一般采用预埋风管的方式，且预埋采用无机玻璃钢风管和内衬不锈钢风管较为普遍。

（1）无机玻璃钢风管安装。

1）注意事项。

A. 风管安装前，应清除内、外杂物，做好清洁和保护工作。

B. 风管安装的位置、标高、走向，应符合设计图纸要求。现场风管接口的配置，不得缩小其有效截面。

C. 风管连接两法兰端面应平行、严密，法兰螺栓两侧应加垫圈。

D. 连接法兰的螺栓应均匀拧紧，其螺母宜在同一侧。

E. 风管接口的连接应严密、牢固。风管法兰的垫片材质应符合系统功能的要求，厚度不应小于 3mm。垫片不应凸入风道内，更不宜突出法兰外。

F. 风管与砖、混凝土风道的连接接口，应顺着气流方向插入，并应采取密封措施。风管穿出预埋部位应设防护装置。

G. 风管安装要垂直，同时根据图纸要求，保证预埋风管出口有足够的空间进行风机、风阀和风口安装。

H. 风管连接应当垂直，以免螺丝紧固时损坏法兰。

2）风管固定。

A. 预埋风管安装后为防浇筑变形或风管移位，风管安装就位后每隔 2～3m 进行固定加固。

B. 加固一般用采用角钢，角钢的大小可根据风管直径进行选择，角钢强度应满足预埋风管长度的支撑强度，且加固部位易选择靠近法兰处。

3）法兰连接。

A. 为保证法兰接口严密性，法兰之间应有垫料。在无特殊要求的情况下，法兰垫料按表 3-20 选用。

表 3-20　　法兰垫料材质的选用表

应用系统	输送介质	垫料材质/mm	
一般空调系统及送排风系统	温度低于 70℃ 的洁净空气或含尘含温气体	8501 密封胶带 $\delta=3$mm	软橡胶板 $\delta=3$mm
高温系统	温度高于 70℃ 的空气或烟气	石棉橡胶板 $\delta=3$mm	
洁净系统	有净化等级要求的洁净空气	橡胶板 $\delta=4\sim5$mm	闭孔海绵橡胶板 $\delta=3$mm
塑料风道	有腐蚀性气体	软聚乙烯板 $\delta=3\sim6$mm	

B. 垫料 8501 密封胶带使用方法：将风管法兰表面的异物和积水清理掉，并擦干净；从法兰一角开始粘贴胶带，胶带端头应略长于法兰；沿法兰均匀平整地粘贴，并在粘贴过程中用手将其按实，不得脱落，接口处要严密；各部位均不得凸入风管内，沿法兰粘贴 1 周后与起端交叉搭接，剪去多余部分；剥去隔离纸。

（2）内衬不锈钢风管安装。

1）注意事项。

A. 风管对接焊接前，应清除管内杂物，对接焊缝不低于管壁。

B. 风管安装的位置、标高、走向，应符合设计图纸要求。

2）风管加固。

A. 预埋风管安装后为防止浇筑变形或风管移位，风管安装就位后每隔 2～3m 进行固定加固。

B. 加固一般采用角钢或型钢，角钢或型钢的大小可根据风管直径进行选择，角钢或型钢强度应满足预埋风管长度的支撑强度。

（3）预埋风管安装质量控制。

1）位置和标高不应大于 10mm。

2）水平度不应大于 3/1000。

3）垂直度不应大于 2/1000。

4）法兰把合螺栓间距按 60～80mm 布置为宜。

3.3.9　通风系统的调试

（1）通风系统调试前，各子系统通风设备、通风管道均已安装完毕，且风机等设备电源线路、控制及信号装置等均已接线完毕并检查回路正确。

（2）通风系统调试前，编制调试方案报监理工程师审批，方案通过后方能进行正式调试，调试结束后应提交完整的调试记录资料和总结报告。

（3）风机单机调试。通风系统设备安装调整完毕后，进行单机运转调试试验。各类风机单机调试试验应符合以下要求：

1）点动电动机，风机各部位无异常和摩擦声响方可进行连续运转，在额定工况下连续运转 2h。

2）叶轮旋转方向正确，运行平稳，转子与机壳无摩擦声音。

3）转动部分的径向振动。当转速为 700～1000r/min 时，应不大于 0.10mm；转速为 1000～1450r/min 时应不大于 0.08mm；转速为 1450～3000r/min 时，应不大于 0.05mm。

4）连续运转 2h 后，滑动轴承温度不超过 70℃，滚动轴承温度不超过 80℃。

5）电动机电流不超过额定值。

6）风机运转时产生的噪声不应超过规定值。

（4）通风系统其他设备部件单机调试。

1）防火、排烟阀单个进行操作试验，电控防火、排烟阀（风口）手、电动应操作灵活，动作可靠，输出至控制系统的信号应正确。

2）除湿除尘设备及其供、排水系统管路运转正常，具备相应功能。

3）通风系统管路总漏风量不大于总设计量的 10%。

（5）联合运转调试。通风系统联合运转调试在各单机设备及其他部件调试合格后进行。

1）投入通风系统各风机设备，连续运转 2h。

2）检测各风口、吸风罩位置的风量，调整风量调节阀，自风机最远处风口开始调整各支管的风量，逐步到达风机位置，使各支管风口的风量均达到或接近设计要求值，系统风量达到平衡，各风口、吸风罩的实际风量与设计风量偏差不大于 15%。

3）在控制系统中输入模拟信号，检查设备动作情况。系统的控制和监测设备应能与系统的检测元件、执行机构正常沟通，系统的状态参数应能正确显示，设备连锁、自动调节、自动保护应能正确动作。

（6）与消防系统联调。

1）调试准备。

A. 各种消防风机调试完毕，设备运行正常，各种阀类机械开启灵活，各种无源信号反馈正常。

B. 调试前，消防火灾系统单项安装调试已完成。

C. 整理好所有通风、消防施工图纸，包括楼层平面、系统图、接线图、安装图等。

D. 整理好设计变更文字记录、文件和与调试有关的技术资料。

E. 整理好施工记录，包括隐蔽工程验收检查记录、中间验收检查记录、通风及绝缘电阻、接地电阻的测试记录。

F. 准备好各种调试记录表格。

G. 现场各终端联动设备动力照明电源供应正常，系统自调完毕，设备运行良好，无故障，具备联动条件。应急照明自动投入功能正常。

H. 消防火灾报警与自动报警系统单独调试完成。

2）与防排烟系统的调试。设备单机试运转准备工作。

A. 技术准备。熟悉通风系统的全部设计资料，包括图纸、设计说明和产品说明书，充分领会设计意图，了解各种设计参数、系统的全貌及通风设备的性能及使用方法等。搞清送（回）风系统、管井的特点，注意调节装置和检验仪表所在位置。

B. 设备及风管系统的准备。

a. 通风机试运转前，风亭、风道及区间隧道预先清扫干净。

b. 检查通风空调设备的外观和构件有无尚未修整过的缺陷。

c. 运转的轴承部分及需要润滑的部位，添加适量的润滑剂。

d. 通风管道内打扫干净，检查和调节好风量调节阀、防火阀及排烟阀的动作状态。

e. 检查和调整送风口和排风口（或排烟口）内的风阀、叶片的开度和角度。

f. 检查其他部件的安装状态，使其达到正常使用条件。

C. 电气控制系统的准备。

a. 电动机及电气箱盘内的接线应正确。

b. 电气设备与元件的性能应符合技术规范要求。

c. 继电保护装置应整定正确。

d. 电气控制系统进行模拟动作试验。

3）风机试运转。

A. 风机试运转前要求。

a. 电动机转向准确：油位、叶片数量、叶片安装角、叶顶间隙、叶片调节装置功能、调节范围均应符合设备技术文件的规定；风机管道内不应留有任何污杂物。

b. 叶片角度可调的调风机，应将可调叶片调节到技术文件规定的启动角度。

c. 盘车应无卡阻现象，并关闭所有人孔门。

B. 试运转。

a. 启动时，各部位应无异常现象，当有异常现象时应立即停机检查，查明原因并应消除。

b. 滚动轴承正常工作温度不应大于70℃，瞬间最高温度不应大于95℃，温升不应超过55℃，滑动轴承工作温度不应大于75℃。

c. 风机轴承的振动速度有效值不应大于6.3mm/s，轴承箱安装在机壳内的风机，其振动值可在机壳上测量。

d. 主轴承温升稳定后，连续试运转不应少于6h，停机后应检查管道的密封性和页顶间隙。

C. 风机的启动和运转。

a. 风机点动启动，检查叶轮与机壳有无摩擦和不正常的声响。

b. 风机的旋转方向应与机壳上箭头所示方向一致。

c. 风机启动后，如发现机内有异物时，应立即停机，设法取出异物。

d. 风机启动时，应用钳形电流表测量电机的启动电流，待风机正常运转后再测量电机的运转电流。如运转电流值超过电机额定电流值时，应将总风量调节阀逐渐关小，直到回降到额定电流值。

e. 在风机运转过程中，应以金属棒或长柄螺丝刀，仔细监听轴承内有无噪声，以判断轴承是否损坏或润滑油中是否混入杂物。

f. 风机运转一段时间后，用表面温度计测度轴承温度，所测量温度值不应超过设备说明书中的规定。

g. 风机经试运转检查一切正常，再进行连续运转，连续运转时间为2h。

h. 新启用的风机运行1个月后，应检查皮带的松紧程度及螺栓有无松动现象，及时予以调整紧固。

4）电动防火阀（70°）和排烟阀（280°）单体调试。

A. 逐个对电控防排烟阀做动作试验，手动、电动操作应灵敏、可靠，信号输出正确，阀门关闭时应严密，脱扣钢丝的连接应不松弛，不脱落。

B. 逐个检查送排风口与风道连接处应不松弛，不脱落。

C. 逐个检查送排风口，应牢固安装在指定位置上。

5）系统联动试运转。

A. 正压送风口系统技术性能测试。

B. 将楼梯的门窗及前室或合用前室的门（包括电梯门）全部关闭。

C. 启动送风系统加压风机。

D. 在厂内选一层为模拟火灾层，测试正压值。

E. 同时打开火灾层及上下一层的防火门，测试三层同时开启时各门处的平均风速。

F. 机械排烟系统技术性能测试。

G. 地下设备用房、首层的通道排烟系统。启动机械排烟系统，使之投入正常运行，若排烟机单独担负一个防烟分区的排烟时，应把该排烟机所担负的防排烟分区中的排烟口全部打开，如一台排烟机担负两个以上的防排烟分区时，则应把最大防排烟分区及次大的防排烟分区中的排烟口打开，测定通过每个排烟口的排气量，排烟口处风速不宜大于10m/s。

H. 与火灾自动报警系统联动调试。

I. 消防控制中心能远程启、停各防排烟风机并有信号返回。

J. 消防控制中心能远程开启各电控防排烟阀并有信号返回。

K. 报警联动启动联动防排烟风机 1～3 次。

L. 报警联动开启防排烟阀 1～3 次。

M. 上述控制功能、信号均应正常。

3.4 空调系统安装

空调工程是空气调节、空气净化与洁净室空调系统的总称。空调系统通过对空气的加热或冷却、加湿或干燥、洁净等处理，并通过一定的渠道输送至生产、生活场所，以保证场所内的空气温度、湿度、气流速度和洁净度稳定在一定范围，满足生产生活需要。

3.4.1 空调系统分类

（1）空调系统可分为集中式系统、半集中式系统和分散式系统。集中式系统就是所有空气处理设备都集中设置在专用空调机房内，空气经处理后由送风管道送入空调房间，水电站中一般应用于主厂房等部位。半集中式系统是将各种非独立式的空调设备（终端设备）分散设置，而将冷水机组和水泵等设备集中设置在中央机房内，适用于空调房间较多且各房间要求单独调节的场合，水电站一般应用于副厂房各楼层工作室、需恒温工作的电气设备室内等部位。工程上常将集中式系统和半集中式系统统称为中央空调系统。对单个部位设置独立的空调系统称为分散式系统。制冷系统主要有水冷式系统和加氟制冷式系统。

（2）集中式空调系统服务面积大、处理的空气量大，设备集中，易于维护，一般用于主厂房。集中式空调所有的空气处理设备包括风机、冷却器、加热器、加湿器和过滤器等都设置在一个集中的空调机房里，空气处理需要的冷、热源由集中设置的冷冻站、热交换站供给，通过风管、风口送达厂房。

（3）半集中式空调系统最常用的是风机盘管加新风机组形式。半集中式空调系统与集中式空调系统机房内的设备基本一致，与集中式空调不同的是它可以就地处理回风，新风可以单独处理和供给。它的冷、热媒由新风机组集中供给，采用水作为输送冷、热量的介质，通过风机盘管调节冷、热交换量供给室内，占用空间少，运行调节方便。

（4）分散式系统又称作局部机组式系统，它没有集中的空调机房，只是在需要安装空调的房间内设置独立式的房间空调器。因此，它适用于空调面积较小的房间，或建筑物中仅个别房间需要安装空调的情况。

3.4.2 空调系统设备安装

（1）基础安装。

1）安装前对土建移交的部位进行检查，并按设计图纸核对主机部位基础尺寸和预留地脚螺栓孔位置。对基础部位进行清扫、测量放点。

2）吊装前根据所放的测量控制线按施工图纸要求在主机基础部位焊接临时支撑托架，托架顶面高程应比主机底面设计高程低 20mm 左右，便于设备就位后利用楔子板调整。

（2）设备运输和吊装。

1）设备安装前事先在其室顶部位安装或浇筑一期混凝土时，按设备布置安装或埋设吊装、转运锚钩。

2）设备具备安装条件时，将设备及部件运到施工部位，利用安装或埋设的锚钩，采用卷扬机、手拉葫芦等起吊设备将其转运、吊装就位。就位时应注意设备与管路连接的法兰、方位符合设计要求。

（3）设备安装。

1）设备吊装就位后利用楔子板（楔子板呈对称布置）和测量线按设计图纸要求调整主机中心、水平、高程，用水平仪在机体顶部法兰的平面上或压缩机安装平面上检查使其符合要求，调整地脚螺栓并加固，复核主机中心、水平、高程符合要求后浇筑二期混凝土，当混凝土强度大于75%以上时，对主机进行精调。

2）设备精调时，用千斤顶微调其纵横中心线，在设备底座下地脚螺栓处垫紫铜片调整设备的水平度，其允许偏差应符合设备技术文件的规定。

3）空调机组的安装根据设备厂家说明书和技术文件进行。

4）组合式空调机组安装。

5）组合式空调机组各功能段的组装，符合设计规定和厂家技术文件的顺序和要求。

6）各功能段之间连接严密，整体平直；各功能段检查门开启灵活，且不应漏风。

7）机组下部的冷凝水排放管的水封完好不漏水。

8）表冷器不应漏水，冷凝水的引流管或槽口流水畅通，冷凝水不外溢。

9）组合式空调机组的调试，一般在系统中冷冻水供给形成后进行。调试时，各功能段运转平稳，噪声低，各连接处无漏水和漏风现象，供、排水管和冷凝水管流畅，送回风量符合设计要求。

10）管路连接。

11）机组接冷却供回水管前，应将接口端管件及法兰面清扫干净，且机外管道事先设置管道支架，才能与本机连接。

12）供、回水管与机组的连接应为弹性连接（金属或非金属软管）。

13）机组下部的冷凝水排放管，应有水封，与外管路连接应正确。

14）空调机组出风口与风管的连接应采用柔性连接。

15）吊装机组时，支、吊架的结构应牢固，焊接符合《钢结构工程施工规范》（GB 50755）的有关规定，焊接后应矫正。

（4）风机盘管安装。

1）风机盘管有立式明装、立式暗装、吊顶暗装（卧式）等多种形式。

2）风机盘管安装前进行开箱检查，做单机三速运转和水压试验，水压试验压力为额定压力的1.5倍，保持2min无渗漏。

3）立式风机盘管使用膨胀螺栓或支架固定在安装位置，调整风机盘管水平度、垂直度符合规范和说明书要求后固定，连接冷、热水管。

4）吊顶暗装（卧式）风机盘管使用支架（吊顶龙骨架）固定，安装时应考虑便于拆卸和维修，出风口应保持与装修吊顶平面相平。室内有多台风机盘管时，应使风机盘管等距布置，以达到室内各位置能获得均匀风量的目标。

5）风机盘管排水管坡度应符合设计要求，冷凝水应能畅通地流向设计指定位置，供、回水阀及过滤器靠近风机盘管机组位置安装。

6）风机盘管与水管采用弹性连接或软连接，连接应可靠、不应强扭或造成软管变形。

（5）空调系统其他附件安装。空调系统中的风口、调节阀、消声设备、防振器材等附件安装时同通风系统附件安装方法一样，其安装质量要求同样应达到通风系统中的要求。

3.4.3 冷却塔安装

（1）冷却塔应用。冷却塔主要应用于空调冷却系统、冷冻系列、注塑、制革、发泡、发电、汽轮机、铝型材加工、空压机、工业水冷却等领域，应用最多的为空调冷却、冷冻、塑胶化工行业。具体划分有下列内容。

1）空气室温调节类：空调设备、冷库、冷藏室、冷冻、冷暖空调等。

2）制造业及加工类：食品业、药业、金属铸造、塑胶业、橡胶业、纺织业、钢铁厂、化学品业、石化制品类等。

3）机械运转降温类：发电机、汽轮机、空压机、油压机、引擎等。

4）其他类行业等。

（2）冷却塔分类。

1）按通风方式分：自然通风冷却塔；机械通风冷却塔；混合通风冷却塔。

2）按水和空气的接触方式分：湿式冷却塔；干式冷却塔；干湿式冷却塔。

3）按热水和空气的流动方向分：逆流式冷却塔；横流（直交流）式冷却塔；混流式冷却塔。

4）按应用领域分：工业型冷却塔；空调型冷却塔。

5）按噪声级别分：普通型冷却塔；低噪型冷却塔；超低噪型冷却塔；超静音型冷却塔。

6）按形状分：圆形冷却塔见图3-27；方形冷却塔见图3-28；中央空调冷却塔见图3-29。

图3-27 圆形冷却塔

图3-28 方形冷却塔

7）按水和空气是否直接接触分：开式冷却塔；闭式冷却塔（也称封闭式冷却塔、密闭式冷却塔）。

8）其他型式冷却塔，如喷流式冷却塔、无风机冷却塔等。

(3) 冷却塔工作原理。冷却塔的作用是将携带废热的冷却水在塔体内部与空气进行热交换，使废热传输给空气并散入大气中。它是利用水作为循环冷却剂，从一系统中吸收热量排放至大气中，以降低水温的装置，冷却塔的冷却是借助水蒸发过程来完成，并使冷却水可以继续地循环使用，其冷却是利用水与空气流动接触后进行冷热交换产生蒸汽，蒸汽挥发带走热量达到蒸发散热、对流传热和辐射传热等原理来散去工业上或制冷空调中产生的余热来降低水温的蒸发散热装置。

图 3-29　中央空调冷却塔

(4) 冷却塔安装步骤。

1) 基础校对核实。

A. 基础的每个支墩应与基础图要求的布置相吻合。

B. 支墩的高度应符合要求，所有支墩的顶部应在同一水平面上。

2) 底梁。

A. 底梁架在支墩顶部，其四周边线应是直线，形状与设置基础吻合。

B. 底梁安装应在同一平面上，应无高低。

C. 紧固螺栓，做防护处理。

3) 存水盘（底盘）。

A. 主、副底板组装后，周边应与底梁吻合。

B. 底板之间用泡沫橡胶垫、螺栓拧紧，不发生渗漏。

4) 管道配置。

A. 制冷设备和冷却塔之间的管道配置按设计及厂家管道配置图施工。

B. 循环水输入口，压力值应按 $P=9.8\times10^{6}$Pa 进行法兰与管道连接。

C. 循环水泵吸入部分应低于冷却塔水盘水面位置。

D. 设置管道台架使冷却塔不承受管道重量。

E. 布水槽有多个时，各布水槽输入口应设置隔断阀。

F. 冷却塔附近的供水管应设置专用支撑台架。

5) 配线。按照设备技术标准及电力规范正确地进行电机配线。

A. 热继电器，交流接触器、保险丝、开关装置及配线正确。

B. 对于正相应进行 U 形和 V 形的交换。（逆相配线下，风机作正回转）必须确认从上往下看时，风机回转方向应为顺时针方向。

C. 电机接线端子不得有松动。

6) 运转。

A. 运转一般为 7～10d，运转后应重新调整皮带，保证皮带的张力满足设备使用要求。

B. 保证冷却塔的性能，定期检查循环水量，水量应达到相应标准。

C. 噪声、振动和电流值满足相关技术要求。

D. 填料的耐热温度一般为65℃或根据厂家设备温度要求，在风机停止状态下，循环水温不能超过设备规定耐热温度。

7）冷却塔维护。

A. 定期检查布水槽和过滤网上的残留物，保证其运行通畅。

B. 应进行适当的抽风，并充分进行循环水的水质管理，保证冷却塔及制设备、管道等设备正常运行。

C. 以每天运转8～10h计算，每3个月应进行1次减速机轴承检查并添加油脂。

D. 皮带过紧、过松应进行调整，延长其使用寿命。

E. V形联组皮带的正常使用寿命为1年，应备V形联组皮带备用品。

F. 检查风机表面是否因黏附灰尘而失去平衡。

G. 检查皮带轮表面，是否存在锈斑。

8）长期停止运行注意事项。

A. 冬天因冻结会导致管道破裂，应排出循环水，同时排出供水管及其阀中的水。

B. 排出集水盘及水箱中的水并进行内部清扫，应打开排污阀进行排水直至排尽。

C. 检查各部分，特别是风机、电机的锁紧螺母是否有松动。

D. 松开皮带释放不必要的张力。

E. 对排气口和塔体应加外罩进行保护。

9）寒冷地区冬天运转注意事项。

A. 注意不应使百叶窗被雪或冰封住，否则会导致电机电流上升而烧坏。

B. 进行开关运转时，应保证叶轮上不积雪。

C. 用低温水进行循环时，有可能布水槽及填料会冻结，应十分注意。

10）循环水质处理。循环水中存在腐蚀物质以及碳酸钙等难溶物质，并随着时间的增长而浓缩，再加上受大气污染的影响，腐蚀性物质及难溶物质的浓度将逐渐增大，易引起故障。一般情况下，应参考水质标准值来决定补充水的流量及是否需要投入水质处理药剂等，以进行适当的处理。

11）补充水量。循环水减少主要分：蒸发损失；水滴损失；排污。

补充水量＝蒸发量＋水滴损失＋排污量；一般可认为补充水量为循环水量的2%左右。

3.4.4 空调系统管道安装

（1）空调系统送、回风管道安装。空调系统（整体式空调机组）送、回风管道多采用金属风管、非金属风管，风管的制作、安装均同通风系统管道制作、安装方法，安装后检测方法及要求与通风系统风管一致。

（2）空调系统风管保温绝热材料安装。

1）空调系统风管保温材料安装在风管系统漏光（风）试验或质量检验合格后进行。保温材料到场后，应对材料的材质、规格、容重和防火性能进行检查，结果应符合设计和防火要求。

2）清除风管及保温材料表面的油污和灰尘，按风管外形尺寸取用适当长度、宽度的

保温板材或适当直径的圆形材料，将其覆盖于风管表面并包扎。

3）保温材料包扎时应紧贴于风管，不允许有脱空和鼓胀现象。保温材料纵缝不宜设在风管的底部，保温拼缝处应填嵌饱满、密实，散材无外露，松紧适度，搭接均匀，表面应平整。

4）当采用卷材或板材时，允许偏差为5mm；采用其他方式时，允许偏差为10mm，防潮层（包括绝热层的端部）应完整，且封闭良好。其搭接缝应顺水。

5）输送介质温度低于周围空气露点温度的管道，当采用非闭孔性绝热材料时，隔汽层（防潮层）应完整，且封闭良好。

6）防潮层应紧密粘贴在绝热层上，封闭良好，不应有虚粘、气泡、褶皱、裂缝等缺陷。立管的防潮层，应由管道的低端向高端敷设，环向搭接的缝口应朝向低端，纵向搭接缝应位于管道的侧面，并顺水。卷材防潮层采用螺旋形缠绕的方式施工时，卷材的搭接宽度宜为30～50mm。

7）金属保护壳应紧贴绝热层，不应有脱壳、褶皱、强行接口等现象。接口的搭接应顺水，并有凸筋加强，搭接尺寸为20～25mm。采用自攻螺丝固定时，螺钉间距应匀称，并不应刺破防潮层。

8）阀件保温后有启闭记号，不影响操作。

（3）空调系统水管路安装。空调水系统一般包括冷媒水系统、冷却水系统和冷凝水排放系统。冷媒水系统是把蒸发器的冷量输送到房间的循环水系统。冷却水系统是指由冷凝器的冷却水、冷却塔、冷却水泵、水量调节阀等组成的循环水系统。冷凝水排放系统是用来排放表冷器因结露而形成的冷凝水。

空调水系统的管材常用镀锌钢管和无缝钢管。当管径 $D_N \leqslant 125$mm 时可采用镀锌钢管，当管径 $D_N > 125$mm 时可采用无缝钢管。冷凝水系统可选用PVC管、塑料软管、镀锌钢管等。

水系统管路安装前，根据图纸及空调设备安装实际位置尺寸，先确定管路支、吊架的安装，然后再进行空调水管路的安装施工。

1）空调水管路支、吊架安装。

A. 支、吊架制作的结构尺寸应符合设计图样要求。

B. 支架的横梁应牢固固定在墙、柱等构筑物上，横梁应水平，顶面与管路中心平行；吊架的吊杆应牢固固定在楼板、梁等建筑物上。没有热伸长的管路吊杆应垂直安装，有热伸长的管路吊杆适当考虑伸长值，并倾向与位移方向相反的一侧安装。

C. 固定支架应安装在设计规定的位置上，使管道牢固地固定在支架上，用于抵抗管道的水平推力；活动支架不应妨碍管道由于热伸长所引起的位移，管道滑动时，支架不应偏斜或被滑托卡住；靠近补偿器两侧的几个支架应安装导向支架；弹簧支（吊）架应有调整弹簧压缩度的结构，弹簧下的支撑结构，应与作用力的方向垂直。

D. 支架的受力部件，如横梁、吊杆及螺栓等的规格应符合设计或有关标准图的规定。支架的间距应符合设计及规范规定要求。

2）管路安装。

A. 空调水管路、阀件等之间的连接一般采用螺纹连接、法兰连接和焊接三种方式。

螺纹连接适用于管径 $D_N \leqslant 40\text{mm}$、工作压力 $P_N \leqslant 0.8\text{MPa}$、水温低于 75℃的管路连接以及管路与螺纹阀之间的连接；法兰连接一般用于拆卸方便位置、阀门与管路的连接；管路连接除适合采用螺纹和法兰连接以外的其他地方，可采用焊接。

B. 管道安装应严格按照设计图样和有关施工规范的要求进行，管道布置应力求整齐有序、横平竖直、分区分层、成组成排，便于支撑。

C. 管道安装前应清除内壁的氧化皮及污物，管子、管件及阀门等检验合格。

D. 管道连接除了必要的法兰或螺纹连接外，尽可能采用焊接，以避免渗漏，减少维护难度。

E. 管道敷设应有坡度，坡度和坡向应符合设计要求。

F. 管道穿越屋面、楼板、平台及墙壁时应加套管。套管直径应不妨碍管道的热胀冷缩，并大于保温后的直径。

G. 冷水机组、水泵等管道的进出口处，均应安装工作压力为 1MPa 的球型橡胶减振软接头。

H. 冷（热）水系统的所有立管的最高点应安装自动放气阀，低点设手动排污放水阀。

I. 在水泵的吸入管和热交换器的进水管上，以及小通径阀门前的管路上，都应安水过滤器或降污器，防止管路堵塞。

J. 冷（热）水管道应避免与金属支架直接接触产生冷桥。在管道与支架之间应隔以木块，木块应浸油或沥青蒸煮过。

K. 采用保温管壳保温时，接缝应错开，并置于管道侧面，接缝处除用胶黏剂黏结外，还应用带有网格线铝箔的胶带封口。

L. 管道排列次序应合乎规范，方便施工和维修。如热水管在上，冷水管在下；保温管在上，不保温管在下；大管径的靠墙，小管径在外；经常检修的管路在外等。

M. 空调系统水管路在预装配和焊接完成后，清除管道内外杂物和焊接残留物，并使用清洁水源对管道进行分段冲洗干净，然后进行管路回装工作。

N. 管道及其配件应用支吊架稳固，不应将管道及其配件架设在设备上。

O. 管道安装完毕后应进行水压试验和通水试验。试压合格后，清除管道表面的铁锈，进行防腐和必要的保温处理。

3）制冷系统的检漏。对于空调制冷系统的检漏，一般有外观检漏、肥皂水检漏、卤素灯检漏、卤素灯检漏仪检漏、充压浸水检漏等检漏等方法，其方法如下。

A. 外观检漏。因为氟利昂与冷冻油有一定的互融性，当氟利昂有泄漏时，冷冻油也会渗出或滴出。用目测油污的方法可判定该处有无泄漏。对于水循环冷却的组合空调系统，当充水进行调试时，通过对管路系统或设备对接处的外观检测，在法兰面，焊接缝或其他接头处无泄漏现象，可以判定该系统无泄漏。

B. 肥皂水检漏。这是一种常用简便易行的方法。将肥皂切成薄片，浸泡在温热水中，使其溶解为稠状肥皂水即可。检漏时，先将被检部位的油污擦拭干净，用干净的毛笔或软的海绵沾上肥皂水，均匀地涂抹在被检处（四周都涂）。然后等几分钟后仔细观察，如有肥皂泡出现，即表明该处有泄漏，标识记号并及时处理。对已投入运转后修理的设备可利用原系统中制冷剂的压力（没有漏光）形成肥皂泡，也可以先向系统充入0.8～1.0MPa的氮气。

C. 卤素灯检漏。卤素灯是以乙醇（酒精）为燃料的喷灯，使用卤素灯检漏时，观察点燃酒精后火焰的颜色，当氟利昂与火焰接触后即由红变绿，这样靠鉴别火焰的颜色变化即可判断有无泄漏及泄漏量的多少。卤素灯的工作原理为：氟利昂气体与喷灯火焰接触后即分解为氟、氯气体，氯气与灯内炽热的铜接触，生成氯化铜，火焰颜色为紫绿色。泄漏时由微漏至严重泄漏时，火焰的颜色相应地由微绿变为浅绿、深绿直至紫绿色。卤素灯检漏时的灵敏度较低，最低检知量为300g/a（年泄漏量）。

D. 卤素检漏仪检漏。卤素检漏仪检漏主要用于制冷系统充入制冷剂后的精密检验。卤素电子检漏仪的灵敏度可达5g/a以下。有一种袖珍式检漏仪，携带使用均很方便。卤素原子（氟、氯等）在一定电位的电场中极易被电离而产生离子流。氟利昂气体由探头、塑料管被吸入白金筒内，通过加热的电极，瞬间发生电离使阳极电流增加，在微电流上发生变化，经过放大器放大后，推动电流计指针指示或使蜂鸣器报警。电子检漏仪在使用时要将探口在被检处移动，若有氟利昂泄漏，即可报警。检漏时，探口移动的速度不大于50mm/s，被检部位与探口之间的距离应为3～5mm。由于电子检漏仪的灵敏度很高，所以不能在有卤素物或其他烟雾污染的环境使用。

E. 充压浸水检漏。这种方法适用于单个零件和整个制冷系统的检漏。被检零部件或制冷系统应事先充入一定的干燥空气或氮气，其压力一般为0.25MPa，低压器件单独试压不超过0.8MPa。充压后将被检物浸入40℃的温水中，待水面平静后观察数分钟，若有气泡出现即为有泄漏应记下位置。浸水检漏后的部件应烘干处理后方可进行补焊。

通常，水电站空调系统的检漏，主要采用外观检漏和肥皂水检漏这两种方法。这两种方法既简单又经济实用，且检漏不受条件限制，随时可以进行，是水电站空调系统检漏的优先选择方法。

3.4.5 空调系统的调试

空调系统的测试与调整统称为调试，通过系统调试，发现并解决空调系统在设计、施工和设备性能等方面的问题。水电站中，空调系统应在水电站首台机组发电前或枢纽设备投运前投入使用，而空调系统投入使用前应经调试合格。空调系统的调试工作包括设备单机试运转和空调系统的联合试运转。

空调系统的调试一般以设备厂家调试人员为主、由施工单位配合进行，建设单位和监理单位现场见证。

空调系统调试前，空调系统设备、管道均已安装完毕，且空调机组等设备电源线路、控制及信号装置等均已接线完毕并检查回路正确。

空调系统调试前，编制调试方案报监理工程师审批，方案通过后方能进行正式调试，调试结束后应提交完整的调试记录资料和总结报告。

（1）设备单机试运转。

1）对照设备厂家技术资料，全面检查空调机组安装情况。检查机组是否可靠固定、防振减振器安装是否正确；检查机组各连接管路的密封是否良好、法兰（螺纹）连接是否紧固可靠；检查机组电气接线是否正确、是否按厂家说明书进行控制设置等。

2）接入空调机组动力电源，通电点动启动，查看空调机组电机转动方向是否正确，若与运行状态方向相反则调整电源相序。

3）启动空调机组连续运转2h，空调机组应运转平稳，无异常振动和声响，噪声不超过说明书要求值，测量机组运行电流符合设备技术说明书。

4）运行2h后，滑动轴承外壳最高温度不应超过70℃，滚动轴承温度不超过80℃。

5）组合式空调机组各连接部位紧固件无松动。

（2）空调系统联合试运转。

1）空调系统主机空载试运转完毕后，进行联合调试和试运行工作。

2）启动空调机组，与空调风管或水管路、风机盘管（空调机组终端设备）等进行联合试运行。试运行时间不少于8h。

3）空调系统调试运行应符合下列要求：

A. 进行风机盘管等终端设备的操作控制时，动作正确，并与机组运行状态一致。

B. 风机盘管等室内终端设备运转时应无异常声响，所产生的噪声应符合设备说明书数值。

C. 室内空气温度、湿度及波动范围应符合设计规定。

D. 系统的状态参数应能正确显示，自动调节功能正确动作。

3.5 防排烟系统与消防系统联动调试

3.5.1 防排烟系统分类

（1）通风与排烟系统分开设置。在通风、空调系统的送、回风管路上设置防火阀，平时呈开启状态，当火灾一旦发生，管道内气体温度达到70℃时即自行关闭。在排烟系统管道上或排烟风机的排风口处设置排烟阀，平时呈关闭状态，当火灾发生时，通过火灾报警信号手动或自动开启阀门，根据系统功能配合排烟，当管道内烟气温度达到280℃时自动关闭。

（2）通风与排烟共用一套系统。在系统管道上或排风兼排烟风机的排风口处设置排烟阀，平时呈开启状态，排风兼排烟风机低速运行。一旦火灾发生时，排风兼排烟风机高速运行。

（3）通风与排烟共用一套风管，分别设置通风机和排烟风机。在系统管道上设置排烟阀，在系统管道末端设置T形风管将通风机和排烟风机与系统风管连通。通风机的送风口处设置防火阀，平时呈开启状态，当火灾一旦发生，电动关闭，风机关闭；排烟风机的排风口处排烟阀，平时呈关闭状态，当火灾一旦发生，电动开启，风机启动（见图3-30）。

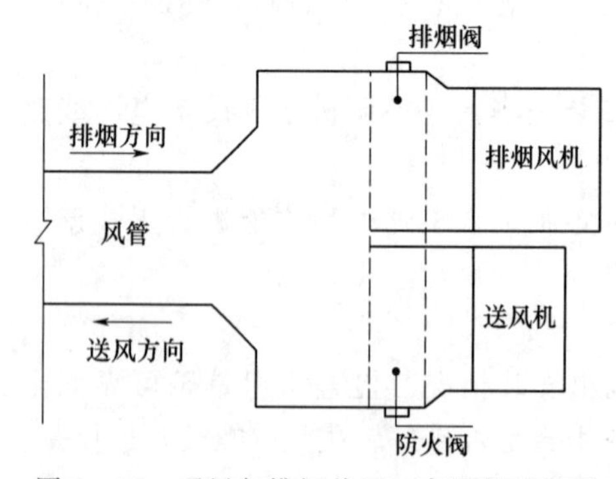

图3-30　通风与排烟共用一套风管示意图

3.5.2 电气联动控制

（1）通风与排烟系统分开设置。

1）控制流程（见图3-31）。

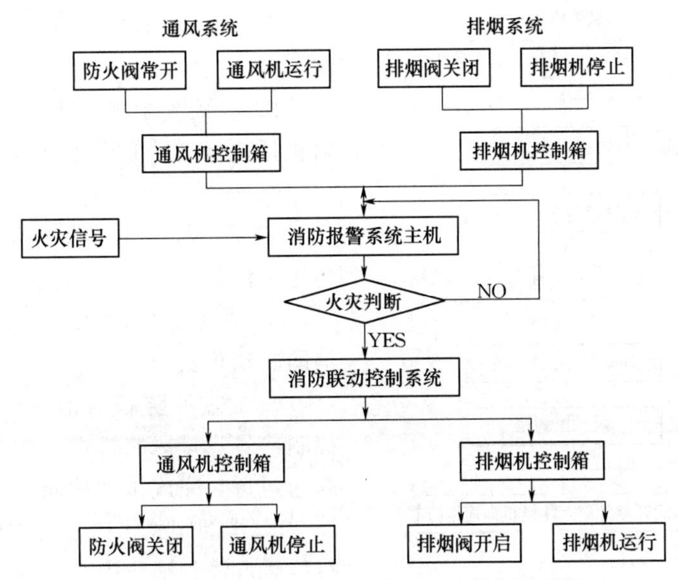

图 3-31　通风与排烟系统分开设置控制流程图

2）控制原理。

A. 平时只运行通风系统。通风系统中防火阀开启，通风机正常运行，当防火阀关闭时，通风机停止运行；排烟系统中排烟阀关闭，排烟风机不运行。

B. 一旦火灾发生。

a. 消防报警系统火灾探测器将火灾信号传送至消防主机。

b. 消防主机确认火灾后，发出信号至消防联动柜。

c. 通过消防联动柜手动/自动分别发出控制信号，停止通风机，关闭防火阀，通风系统停止使用；开启防火阀，启动排烟机，排烟系统投入使用。为了确保安全，排烟机一般不通过消防联动控制系统自动关闭，而只设置手动关闭方式。

d. 防火阀关闭信号，排烟阀开启信号，通风机和排烟风机运行信号反馈到消防中心。

3）消防中心监控点（见表 3-21）。

表 3-21　　消防中心监控点一览表（通风与排烟分开设置）

监控点	DI				DO（点动）			
	开启信号	关闭信号	低速运行信号	高速运行信号	开风阀	关风阀	开启控制	停止控制
防火阀		1				1		
通风机		1						1
排烟阀	1				1			
排烟机	1		1	1			1	1

（2）通风与排烟共用一套系统。

1）控制流程（见图 3-32）。

2）控制原理。

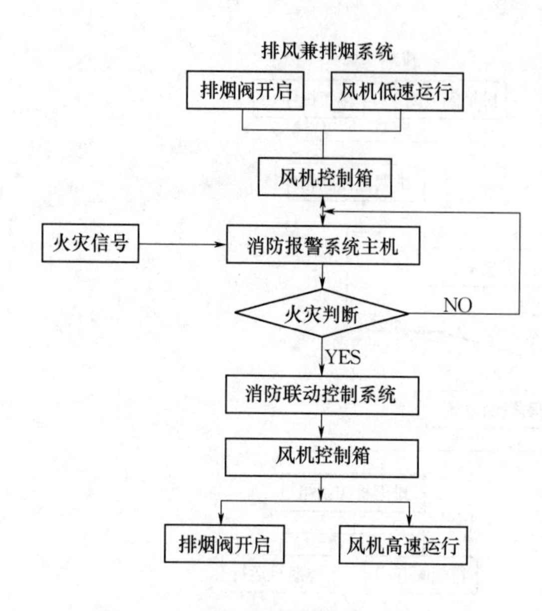

图 3-32　通风与排烟共用一套系统的控制流程图

A. 排风兼排烟系统，排风与排烟的方向一致。

B. 该系统中排烟阀为常开状态，平时风机低速运行，完成通风功能。

C. 火灾一旦发生。

a. 消防报警系统火灾探测器将火灾信号传送至消防主机。

b. 消防主机确认火灾后，发出信号至消防联动柜。

c. 通过消防联动柜手动/自动分别发出控制信号，排风兼排烟风机由低速运行转为高速运行，完成排烟功能。

d. 排烟阀关闭信号，排风兼排烟风机运行信号反馈到消防中心。

3）消防中心监控点（见表 3-22）。

表 3-22　消防中心监控点一览表（通风与排烟共用一套系统）

监控点	DI				DO（点动）			
	开启信号	关闭信号	低速运行信号	高速运行信号	开风阀	关风阀	低速运转	高速运转
排烟阀		1						
排风兼排烟机	1		1	1			1	1

（3）通风与排烟共用一套风管。

1）设置通风机和排烟风机，其控制流程见图 3-33。

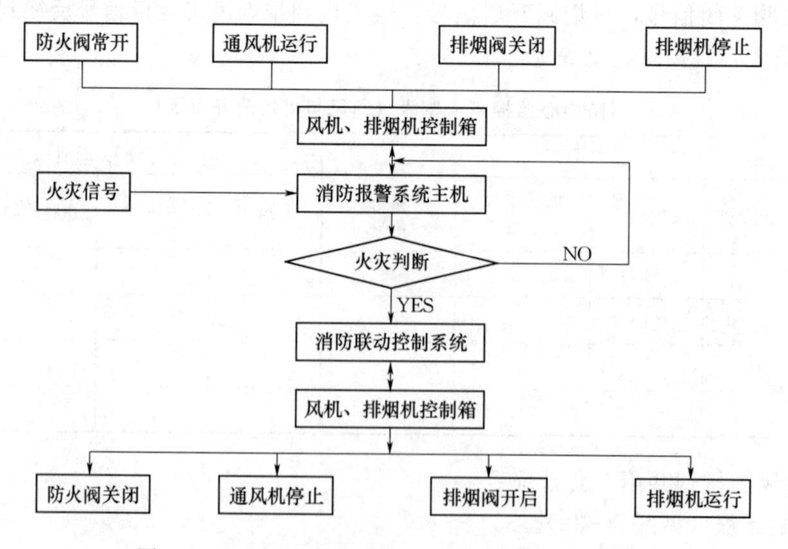

图 3-33　通风与排烟共用一套风管的控制流程图

2）控制原理。

A. 该系统通风机出风口设置防火阀，排烟机出风口设置排烟阀，风管中设置排烟阀（常开）。该系统排风与排烟的方向相反。

B. 平时该系统中防火阀为开启状态，通风机运行，完成通风功能。排烟阀为关闭状态，排烟机停止。

C. 火灾一旦发生。

a. 消防报警系统火灾探测器将火灾信号传送至消防主机。

b. 消防主机确认火灾后，发出信号至消防联动柜。

c. 通过消防联动柜手动/自动分别发出控制信号至风机和排烟机控制箱，通过控制箱完成下列控制，完成排烟功能（见图 3-34）。

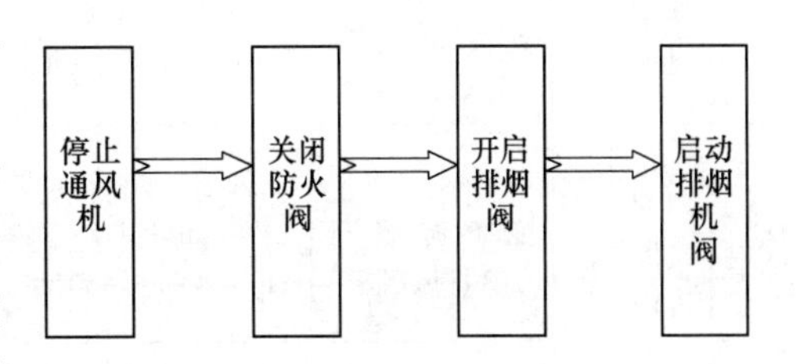

图 3-34　排烟功能控制程序图

d. 防火阀关闭信号，排烟阀开启信号，通风机和排烟风机运行信号反馈到消防中心。

3）消防中心监控点（见表 3-23）。

表 3-23　　消防中心监控点一览表（通风与排烟共用一套风管）

监控点	DI				DO 点动			
	开启信号	关闭信号	低速运行信号	高速运行信号	开风阀	关风阀	开启控制	停止控制
防火阀		1						
通风机	1							1
排烟阀	1							
排烟机	1						1	

3.6　通风、空调系统安装的工装准备

目前，大型通风、空调系统设备在出厂时已考虑到现场的施工条件，一般在设备底座都配备有相应的支撑基础，现场安装时只需将设备（基础与设备连接成整体）吊装于设备安装基础均可，设备安装基础通常为混凝土结构型式。考虑到设备安装和运输条件，大型通风设备一般可进行分解运输和现场组装。在设备倒运时需要一定的运输工装，如叉车、台车、撬棍、扒杆等。现场组装可用前期预埋锚钩或起吊设备配合进行。

3.7　通风、空调系统安装人力资源配置及工期分析

在水电站通风、空调设备安装过程中，前期为风管预埋阶段，主要满足土建浇筑进度。主厂房及其他工作面形成后，根据设备安装工作面具备的条件、安装单位人力资源配置情况，设备到货情况，可进行多个工作面和单个工作面作业，一般该系统不占直线工

期。某水电站通风、空调设备安装人力资源配置及安装工期分析统计数据见表3-24，供同类型水电站通风、空调设备安装施工准备作参考。

表3-24　某水电站通风、空调设备安装人力资源配置及安装工期分析统计数据表

序号	设备名称	布置部位	主要参数	主要资源配置	人员配置	安装工期
1	有机玻璃风管、风机	1～4号机尾水操作廊道层到发电机层（含预埋）	风管1200m×350mm，L=2000mm，共计872节；风机T35-11，NO5.6，86台	手枪钻4台，8t东风车1辆，电焊机2台	技术员1名，熟练工5名	18个月，预埋至机组段风机投入运行（施工不连续）
2	有机玻璃风管、风机（轴流）	1～4号机主变下游墙至GIB排风层层	风管1200m×350mm，L=2000mm，共计239节；T35-11，NO5.6，30台	手枪钻4台，8t东风车1辆，电焊机2台	技术员1名，熟练工5名	3个月（无预埋），施工连续作业
3	有机风管、风机（混流、斜流）	1～4号主变洞顶拱	风管1000mm×250mm，L=2000mm，共计35节；YTHL-NO10B，G=32367，8台；SJGNO6.0，G=6000，12台	手枪钻2台，8t东风车1辆，电焊机2台	技术员1名，熟练工5名	28d，施工连续作业
4	有机风管、风机（轴流、混流）	一副1～7楼	风管1200mm×350mm，L=2000mm，共计28节；风机T35-11，NO5.6，46台；风机SJGNO8S，G=25000，2台	手枪钻2台，8t东风车1辆，电焊机2台	技术员1名，熟练工5名	45d，施工连续作业
5	有机风管、风机（混流）	二副1～4楼	风管1200mm×250mm，L=1750mm，共计11节；风机T35-11，NO5.6，12台	手枪钻2台，8t东风车1辆，电焊机1台	技术员1名，熟练工4名	15d，施工连续作业
6	离心风机箱	1号、2号电梯竖井	DBF320，G=3200，2台	8t东风车1辆，1t手动叉车1台，电焊机1台	技术员1名，熟练工4名	18d，施工连续作业
7	无机风管、风机（轴流）	透平油室、空压机室	风管1200mm×800mm，L=1020mm，共计23节；风机T35-11，NO5.0，15台	8t东风车1辆，1t手动叉车1台，电焊机1台	技术员1名，熟练工6名	28d，施工连续作业
8	离心风机	出线平洞及平洞末端	4-79NO2-14E，G=94200，2台	8t东风车1辆，25t汽车吊1辆，5t手拉葫芦4台，电焊机1台	技术员1名，熟练工6名	12d，施工连续作业
9	离心风机	主厂房排风洞	4-79NO2-14E，G=109800，2台	8t东风车1辆，25t汽车吊1辆，10t手拉葫芦2台，电焊机1台	技术员1名，熟练工5名	22d，施工连续作业
10	无机风管（离心风机箱）	500kV出线竖井加压送	风管1200mm×1000mm，L_1=1035mm，L_2=900mm，195节；DBF320，G=32000，2台	8t东风车1辆，1t手动叉1辆，电焊机1台	技术员1名，熟练工6名	78d，施工连续作业
11	离心风机	主变排风洞	4-79NO2-14E，G=398000，2台	8t东风车1辆，25t汽车吊1辆，10t手拉葫芦2台，电焊机1台	技术员1名，熟练工6名	25d，施工连续作业

续表

序号	设备名称	布置部位	主 要 参 数	主要资源配置	人员配置	安装工期
12	轴流风机	GIS楼	风机T35-11，NO5.6，42台	8t东风车1辆，25t汽车吊1辆，电焊机1台	技术员1名，熟练工4名	45d，施工连续作业
13	多联空调	一副六楼	主机 $Q_1=73$，$Q_2=78.5$，$N=22.2$，1台	8t东风车1辆，25t汽车吊1辆，1t手动叉车1台，电焊机1台，氮气20瓶	技术员1名，熟练工5名	45d，施工连续作业
			单机 $Q_1=5.6$，$Q_2=6.3$，$N=0.08$，16台			
			单机 $Q_1=4.5$，$Q_2=5$，$N=0.08$，10台			
14	组合空调	一副八楼	型号ZK225，风量225000m^3/h	8t东风车1辆，25t汽车吊1辆，1t手动叉车1台，电焊机2台	技术员1名，熟练工6名	3个月，施工连续作业（其中包括循水管安装）
15	多联空调	GIS控制楼	$Q_1=73$，$Q_2=78.5$，$N=22.2$，1台	8t东风车1辆，25t汽车吊1辆，1t手动叉车1台，电焊机2台，氮气18瓶	技术员1名，熟练工5名	42d，施工连续作业
			$Q_1=5.6$，$Q_2=6.3$，$N=0.08$，12台			
			$Q_1=3.6$，$Q_2=4.0$，$N=0.08$，8台			

4 消防系统安装

4.1 概述

消防系统由火灾自动报警及消防联动系统、全部或几种主要灭火设备的联动灭火系统及连锁减灾子系统组成；以现场探测器检测的火灾信号为系统反馈信号，以灭火设备的动作为输出，利用报警灭火控制器做延时判断，确认火灾后便立即发出系统控制信号进行灭火及隔断；作用是预防火灾和减少火灾危害，保护人身、财产安全。

4.1.1 消防系统的组成及作用

消防系统主要由火灾自动报警系统、灭火系统和减灾装置组成，各部分的组成和作用如下：

火灾自动报警系统：现场由感烟探测器、感温探测器、紫外火焰探测器、手动报警按钮及管线、火灾显示盘、声光讯响器等组成；监控室由报警灭火控制器及管线、CRT图形显示、消防广播系统组成。火灾自动报警系统的作用是发出及接收火情信号，控制及监视各类消防设备，指挥疏散系统。

灭火系统：由灭火器械和灭火介质（压力源、喷头、管路、控制阀、控制装置等）组成，作用是灭火。

减灾装置：由防火门（防火卷帘门）、防排烟设备（排烟风机、风管路、排烟口、防烟垂帘及控制阀）、应急照明、消防通讯、消防电梯等组成，它们的作用是有效地防止火灾蔓延。

4.1.2 消防系统的分类

（1）按报警和消防方式可分为：①自动报警，人工消防；②自动报警，自动消防。

（2）按作用可分为：①火灾自动报警及消防联动系统；②灭火系统；③减灾系统。

（3）按适用场所可分为：①区域消防系统；②集中消防系统；③区域-集中消防系统；④控制中心消防系统。

（4）按灭火方式分为：液体灭火、气体灭火和固体灭火。

（5）按消防设备类型又分为四类：

1）水消防系统。消火栓给水系统（室内消火栓系统和室外消火栓系统）和自动喷水灭火系统。

2）泡沫消防系统。按泡沫发泡倍数可分为低倍数泡沫灭火系统、中倍数泡沫灭火系统和高倍数泡沫灭火系统；按设备安装使用方式可分为固定式泡沫灭火系统、半固定式泡沫灭火系统和移动式泡沫灭火系统。

3）气体灭火系统（如七氟丙烷消防设备、混合气体自动灭火设备、二氧化碳自动灭火设备）。

4）气溶胶自动灭火系统。

4.1.3 主要消防系统介绍

（1）水消防系统。水是最常用的灭火剂，主要原因是水价格便宜且灭火效果好。它的灭火机理主要是：水能冷却，能穿透燃烧物，从而消灭火源。水消防系统包括：消火栓给水系统（室内消火栓系统和室外消火栓系统）和自动喷水灭火系统。自动喷水灭火系统包括：闭式自动喷水灭火系统和开式自动喷水灭火系统。其中闭式自动喷水灭火系统包括湿式系统、干式系统、预作用系统和重复启闭预作用系统。开式自动喷水灭火系统包括雨淋系统和水幕系统。

1）闭式自动喷水灭火系统。特点是采用闭式喷头。当发生火灾时，由于温度升高，使喷头的玻璃球破裂或易熔金属脱落，从而自动喷水灭火。它主要适用于室内温度不低于4℃且不高于70℃的建筑物和构筑物内。

2）预作用喷水灭火系统。该系统的管道充以有压或无压气体。平时管道是无水的，发生火灾是通过火灾探测系统来控制预作用阀的开启，向管道内供水，然后闭式喷头开启喷水灭火。它主要适用于室内温度低于4℃且不高于70℃的建筑物和构筑物内。

3）雨淋自动喷水灭火系统。该系统主要的特点是采用开式喷头，当发生火灾时，所有喷头均同时灭火。它主要适用于严重危险级建筑物。它又分为喷淋灭火系统、喷雾灭火系统和高压细水雾灭火系统。

（2）泡沫消防系统。

1）低倍数泡沫灭火系统，是指泡沫混合液吸入空气后，体积膨胀小于20倍的泡沫。低倍数泡沫灭火系统主要用于扑救原油、汽油、煤油、柴油、甲醇、丙酮等B类的火灾，适用于炼油厂、化工厂、油田、油库、为铁路油槽车装卸油的鹤管栈桥、码头、飞机库、机场等。一般民用建筑物泡沫消防系统等常采用低倍数泡沫消防系统。低倍数泡沫液有普通蛋白泡沫液、氟蛋白泡沫液、水成膜泡沫液（轻水泡沫液）、成膜氟蛋白泡沫液及抗溶性泡沫液等几种类型。由于水溶性可燃液体如乙醇、甲醇、丙酮、醋酸乙酯等的分子极性较强，对一般灭火泡沫有破坏作用，一般泡沫灭火剂无法对其起作用，应采用抗溶性泡沫灭火剂。抗溶性泡沫灭火剂对水溶性可燃、易燃液体有较好的稳定性，可以抵抗水溶性可燃、易燃液体的破坏，发挥扑灭火灾的作用。不宜用低倍数泡沫灭火系统扑灭流动着的可燃液体或气体火灾。此外，也不宜与水枪和喷雾系统同时使用。

2）中倍数泡沫灭火系统。发泡倍数在21～200之间的称为中倍数泡沫。中倍数泡沫灭火系统，一般用于控制或扑灭易燃、可燃液体、固体表面火灾及固体深位阴燃火灾。其稳定性较低倍数泡沫灭火系统差，在一定程度上会受风的影响，抗复燃能力较低，因此使用时需要增加供给的强度。中倍数泡沫灭火系统能扑救立式钢制储油罐内火灾。

3）高倍数泡沫灭火系统。发泡倍数在201～1000之间称为高倍数泡沫。高倍数泡沫灭火系统在灭火时，能迅速以全淹没或覆盖方式充满防护空间，并不受防护面积和容积大小的限制，可用以扑救A类火灾和B类火灾。高倍数泡沫绝热性能好、无毒、有消烟、可排除有毒气体、形成防火隔离层并不会对在火场灭火人员造成伤害。高倍数泡沫灭火剂的用量和水的用量仅为低倍数泡沫灭火用量的 1/20，水渍损失小，灭火效率高，灭火后泡沫易于清除。

4）固定式泡沫灭火系统。由固定的泡沫液消防泵、泡沫液储罐、比例混合器、泡沫混合液的输送管道及泡沫产生装置等组成，并与给水系统连成一体。当发生火灾时，先启动消防泵、打开相关阀门，系统即可实施灭火。固定式泡沫灭火系统的泡沫喷射方式可采用液上喷射和液下喷射方式。

5）半固定式泡沫灭火系统。有一部分设备为固定式，可及时启动；另一部分是不固定的，发生火灾时，进入现场与固定设备组成灭火系统灭火。根据固定安装的设备不同，有两种形式：一种为设有固定的泡沫产生装置，泡沫混合液管道、阀门、固定泵站。当发生火灾时，泡沫混合液由泡沫消防车或机动泵通过水带从预留的接口进入；另一种为没有固定的泡沫消防泵站和相应的管道，灭火时，通过水带将移动的泡沫产生装置（如泡沫枪）与固定的管道相连，组成灭火系统。半固定式泡沫灭火系统适用于具有较强的机动消防设施的甲、乙、丙类液体的储罐区或单罐容量较大的场所及石油化工生产装置区内易发生火灾的局部场所。

6）移动式泡沫灭火系统。一般由水源（室外消火栓、消防水池或天然水源）、泡沫消防车或机动消防泵、移动式泡沫产生装置、水带、泡沫枪、比例混合器等组成。当发生火灾时，所有移动设施进入现场通过管道、水带连接组成灭火系统。该系统具有使用灵活，不受初期燃烧爆炸影响的优势。但由于是在发生火灾后应用，因此扑救不如固定式泡沫灭火系统及时，同时由于灭火设备受风力等外界因素影响较大，造成泡沫的损失量大，需要供给的泡沫量和强度都较大。

（3）气体灭火系统。气体灭火系统主要用在不适于设置水灭火系统等其他灭火系统的环境中，水电站主要用在计算机机房、发电机、中控室、继电保护室、主变室、柴油发电机房等。一般在启动灭火系统时，控制系统会启动灭火程序经过 30s 启动灭火装置进行灭火。当然在开始延时是会启动气体保护区内外的声光报警器，提示人员需要在 30s 之内撤离。所以当声光报警器发出声光报警时，应立即撤离气体保护区。如果气体保护区内确定并没有火灾发生时（控制系统误动作），可以立即按保护区外面（移动基站的按钮都在保护区内）的紧急停止按钮撤销灭火程序。

气体灭火系统主要有：七氟丙烷灭火系统、混合气体自动灭火系统、二氧化碳自动灭火系统、气溶胶自动灭火系统等四类。

1）七氟丙烷灭火系统。七氟丙烷自动灭火系统，其灭火剂 HFC—ea 是一种无色、无味、低毒性、绝缘性好、无二次污染的气体，对大气臭氧层的耗损潜能值（ODP）为零，是目前替代卤代烷最理想的替代品。

2）混合气体自动灭火系统。混合气体灭火剂是由氮气、氩气和二氧化碳气体按一定的比例混合而成的气体，这些气体都是在大气层中自然存在的，对大气臭氧层没有损耗，也不会对地球的“温室效应”产生影响，而且混合气体无毒、无色、无味、无腐蚀性、不导电，既不支持燃烧，又不与大部分物质产生反应，是一种十分理想的环保型灭火剂。

3）二氧化碳自动灭火系统。二氧化碳灭火剂具有毒性低、不污损设备、绝缘性能好、灭火能力强等特点，是目前国内外市场上颇受欢迎的气体灭火产品，也是替代卤代烷的较理想产品。

4）气溶胶自动灭火系统。气溶胶灭火产品是一种有效且具有最小影响的灭火剂，具有系统简单、造价低廉、无腐蚀、无污染、无毒无害、对臭氧层无损耗、残留物少、高速高效、全淹没全方位灭火、应用范围广等优点，已被众多专业人士认定为哈龙产品的理想替代品。气溶胶是指以固体或液体为分散相而气体为分散介质所形成的溶胶。也就是固体或液体的微粒（直径为1μm左右）悬浮于气体介质中形成的溶胶，气溶胶与气体物质同样具有流动扩散特性及绕过障碍物淹没整个空间的能力，因而可以迅速地对被保护物进行全淹没方式防护。

气溶胶的生成有两种方法。一种是物理方法即采用将固体粉碎研磨成微粒再用气体予以分散形成气溶胶；另一种是化学方法。通过固体的燃烧反应，使反应产物中既有固体也有气体，气体分散固体微粒形成气溶胶。它具有下列特点：

A. 灭火效能高。单位体积灭火用量是卤代烷灭火剂（哈龙）的1/4～1/6，是CO_2灭火剂的1/20。

B. 灭火速度快。从气溶胶释放至达到灭火浓度的时间很短，1m^3试验容器内灭汽油火小于10s。

C. 对臭氧层的耗损能值（ODP）为零，温室效应潜能值（GWP）为零，完全符合环保要求，属绿色环保产品。

D. 无毒无害无污染，不改变保护区内氧气的含量，对人体无害。

E. 气溶胶释放的气体不导电，低腐蚀对电子电力设备无影响。

F. 反应前的灭火剂为固态，不会泄漏、不会挥发、不会衰变，可在常温常压下存放，易储存保管。

4.2 安装准备

4.2.1 技术准备

设备施工前，对图纸进行会审，同时熟悉结构图、建筑图、装修图及其他专业的有关图纸，找到影响施工的设计问题，组织设计交底，解决设计施工方面存在的问题，制定合理的施工工艺及详细的施工作业指导书及工艺卡，报请监理工程师审批。对施工作业队及施工班组进行技术交底并记录，其内容包括施工手段、施工工艺、施工质量、安全措施等。按设计要求，在施工现场配备使用的规程规范、图册、工艺要求、质量记录、表格及各种有关文件。

4.2.2 人员准备

组织有相关经验的作业人员组成作业队和施工班组，配备施工经验丰富、熟悉专业技术、质量控制标准，同时在数量上能够满足施工质量需要的兼职质检员，其中焊工、电工、起重工等特种作业人员均应持证上岗，其施工人员配置应根据工程规模和安装工期而确定。

4.2.3 到货设备检查

（1）对所到设备进行开箱清点检查，确认设备相关部件、零配件及起吊、调整、紧固、测试专用工器具是否到货完整、充分、无缺陷。

（2）消防工程使用的喷头、报警阀、压力开关、水流指示器、消火栓、水带、接扣、水枪、消火栓箱等主要系统组件应是经国家消防产品质量监督检测中心检验合格的产品。

4.2.4 现场条件

（1）主体结构已验收，现场已清理干净。

（2）施工图纸及有关技术文件应齐全，现场水、电、气应满足连续施工要求，系统设备材料能保证正常施工。

（3）管道及箱体安装所需要的基准线应测定并标明。预留件、预埋件已随结构施工完成。

（4）设备基础经检验符合设计要求，达到安装条件。

4.3 水消防系统安装

水是天然灭火剂，资源丰富，易于获取和储存，其自身和在灭火过程中对生态环境没有危害作用。水灭火系统包括室内外消火栓系统、自动喷水灭火系统、水幕和水喷雾灭火（雨淋）系统等。

4.3.1 消防水泵及附件安装

（1）供水消防水泵。

1）发生火灾时，消防水泵给消防系统管道供水，保持压力。

2）消防水泵根据不同的分类方式分为不同的种类，以它全密封、无泄漏、耐腐蚀之特点，广泛用于环保、水处理、消防等部门用来抽送水。

3）水电站供水消防泵主要采用离心式水泵。离心式消防水泵安装工艺流程为：

施工准备→基础施工→泵体安装→接合器安装→吸水管路安装→压水管路安装→单机调试。

4）水泵安装。消防水泵、稳压泵的安装，应符合《机械设备安装工程施工及验收通用规范》（GB 50231）及《风机、压缩机、泵安装工程施工及验收规范》（GB 50275）的有关规定。

A. 检查水泵的安装基础的尺寸、位置和标高是否符合工程设计要求。

B. 水泵的开箱检查应符合下列要求：应按设备技术文件的规定清点水泵的零件和部件，并应无缺件、损坏和锈蚀等；管口保护物和堵盖应完好；应核对水泵的主要安装尺寸并应与工程设计相符。

C. 出厂时已装配、调整完善的部分不得拆卸。

D. 电动机与水泵连接时，应以水泵的轴线为基准找正；电动机与水泵之间有中间机器连接时，应以中间机器轴线为基准找正。

E. 整体安装的水泵，纵向安装水平偏差不应大于 0.10/1000，横向安装水平偏差不

应大于 0.20/1000，并应在水泵的进出口法兰面或其他水平面上进行测量；解体安装的水泵纵向和横向安装水平偏差均不应大于 0.50/1000，并应在水平中分面、轴的外露部分、底座的水平加工面上进行测量。

（2）吸水管的安装。

1）水泵吸水管路的基本要求是不漏气、不积气、不吸气。

2）当消防水泵和消防水池位于独立的两个基础上，且相互为刚性连接时，吸水管上应加设柔性连接管。

3）吸水管水平管段上不应有气囊和漏气现象。为保证消防水泵能够安全和及时启动，水泵的吸水方式应为自灌式。在吸水管路的安装中，应有沿水流方向连续上升的坡度，一般应大于 5‰。

4）在吸水管如果需要安装阀门时，应安装闸阀，不能使用蝶阀。

（3）消防水泵接合器安装。

1）消防水泵接合器的组装应按接口、本体、连接管、止回阀、安全阀、放空管、控制阀的顺序进行。止回阀的安装方向应使消防用水能从消防水泵接合器进入系统。

2）消防水泵接合器的安装应符合下列规定。地上消防水泵接合器应设置与消火栓区别的固定标志；墙壁消防水泵接合器的安装应符合设计要求，设计无要求时，其安装高度宜为 1.1m，与墙面上的门、窗、孔、洞的净距离不应小于 2.0m。不宜安装在玻璃幕墙下方。

（4）水泵的调试。水泵机组及附件安装完毕后，需进行单机试验，在有条件的情况下，应进行带负荷试验。水泵的单机试验应按以下方法和步骤进行。

1）检查配电柜是否符合要求，电机接线端子是否符合产品要求。

2）将电机与水泵联轴器的键拆下，使电机与水泵脱离。

3）将电机进行点试车，检查转向及声音是否正常。

4）将电机与水泵用键连接起来，手动盘车，检查水泵转动时是否有杂音。

5）对整机进行点动试车。在水泵没有水的情况下，不易长时间启动水泵，以免损坏水泵的轴承。

6）将水泵的管网管路闸阀关闭，打开试验管道闸门。启动水泵机，观察管道上的压力表数值，并对试验管道的闸阀进行调节，用来控制管道压力，使管道压力达到水泵正常工作的压力值。

7）观察安全阀启动压力值，并对安全阀调节，使安全阀启动压力值为水泵工作压力值的 1.1 倍。

8）检查各阀门及管件、焊口是否有渗漏现象。

9）填写水泵单机试车单。

（5）水泵试运转时应符合下列要求。

1）各固定连接部位不应有松动。

2）电机及各运动部件运转正常，不得有异常声响和摩擦现象。

3）附属系统的运转应正常，管道连接应牢固无渗漏。

4）滑动轴承的温度不应大于 70℃；滚动轴承的温度不应大于 80℃；特殊轴承的温度

应符合设备技术文件的规定。

5）水泵的安全保护和电控装置及各部分仪表均应灵敏、正确、可靠。

4.3.2 消防水箱安装和消防水池施工

（1）消防水箱。一般装于屋顶水箱间。常规用于消防系统增压保水，通过稳压泵给消防管道系统少量缺水进行补水增压，使消防管道系统保持一个恒压；当大量损失水时，消防泵启动；但消防水箱也会保留一部分蓄水，作为消防应急，这部分蓄水一般是通过自流或稳压泵流到管道里的。

（2）消防水池。当发生火灾时，消防管道系统需要灭火，需要大量用水，消防水箱的蓄水远远不够，这时消防泵直接从消防水池抽水，给管道系统供水，以达到灭火。水电站一般不用消防水箱，采用消防水池。

（3）消防水箱安装和消防水池施工要求。

1）消防水池、消防水箱的溢流管、泄水管不得与生产或生活用水的排水系统直接相连。

2）管道穿过钢筋混凝土消防水箱或消防水池时，应加设防水套管；对有振动的管道应加设柔性接头。进水管和出水管的接头与钢板消防水箱的连接应采用焊接，焊接处应作防锈处理。

3）高位水箱安装。应在结构封顶前就位，并应做满水试验，消防用水与其他共用水箱时应确保消防用水不被它用，留有 10min 的消防总用水量。与生活水合用时应使水经常处于流动状态，防止水质变坏。消防出水管应加单向阀（防止消防加压时，水进入水箱）。所有水箱管口均应预制加工，如果现场开口焊接应在水箱上焊加强板。

4.3.3 自动喷水灭火系统安装

自动喷水灭火系统在火灾情况下，能自动启动喷头洒水，以保障人身和生命财产安全的一种控火、灭火系统。它是目前世界上使用最广泛的固定式灭火系统，特别适用于高层建筑等火灾危险性较大的建筑物中，具备其他系统无法比拟的优点即安全可靠、经济实用、灭火控火率高。

自动喷水灭火系统由闭式喷头、管道系统、湿式报警阀、报警装置和供水设施等组成。系统处于正常工作状态时，管道内有一定压力的水，当有火灾发生，火场温度达到闭式喷头的温度时，喷头温感元件爆破或熔化脱落，喷头喷水，管道中的水由静态变为动态，水流指示器动作，信号传输到消防中心的消防控制柜上报警；当报警装置报警，压力开关动作后，通过控制柜启动喷淋泵为管道供水，完成系统的灭火功能。

自动喷水灭火系统的施工工艺流程为：干管安装→报警阀安装→立管安装→喷洒分层干、支管安装→喷洒头支管安装→管道试压→管道冲洗→减压装置安装（如有）→报警阀配件及其他组件安装、喷洒头安装→系统通水调试。

（1）干管安装。

1）管道材料及连接。自动喷水灭火系统的管道，工作压力不大于 1.20MPa 时，采用热镀锌钢管；工作压力大于 1.20MPa 时，采用热镀锌无缝钢管。D_N = 100mm 及以下采用丝扣连接，D_N = 100mm 以上采用沟槽式卡箍连接。无论何种连接方式，均不得减少管道的流通面积。

2）螺纹连接的要求。管道应采用机械切割，切割面不得有飞边、毛刺。加工的管子螺纹完整、光滑，不得有缺丝或断丝，尺寸偏差应符合标准要求。当管道变径时，应采用异径接头；在管道变径处不得采用补芯。如需采用补芯时，三通上可用1个，四通上不应超过2个，大于D_N=50mm的管道不得采用补芯。螺纹连接的密封填料应均匀附着在管道的螺纹面上，拧紧螺纹时，不得将填料挤入管内。如果填料采用麻丝时，应在螺纹面和麻丝上涂抹白铅油，管道连接后清除麻头，并在接头处涂防锈漆。

3）沟槽连接的要求。沟槽式管路连接系统是用压力响应式密封圈套入两连接钢管端部，两片卡件包裹密封圈并卡入钢管沟槽，上紧两圆头椭圆颈螺栓，实现钢管密封连接。用电动滚槽机加工沟槽，沟槽宽度、深度按照生产厂家的要求进行加工。喷洒干管用沟槽连接每根配管长度不宜超过6m，直管段可把几根连接在一起，使用倒链安装，但不宜过长。

4）管道穿过建筑物的分缝时，应设置过缝套管。穿过墙体或楼板时也应加设套管。

（2）管道支和吊架的安装。

1）管道支和吊架的最大允许间距主要是由所承受垂直方向载荷来决定，它应满足强度条件和刚度条件，其最大间距见表4-1。

表4-1　自动喷水管道支和吊架最大间距表

管道公称直径/mm	25	32	40	50	65	80	100	125	150
最大间距/m	3.5	4	4.5	5	6	8	8.5	7	8

2）支、吊架的受力部件，如横梁、吊杆、螺栓等应符合设计要求和国家规定。

3）支、吊架的安装位置，不应妨碍喷头的喷水效果。支、吊架与喷头之间的距离不宜小于300mm；与末端喷头之间距离不宜大于750mm。

4）支、吊架应使管道中心离墙的距离符合设计要求，管道表面离墙或柱子表面的净距不应小于60mm。大口径的阀门应设专门支、吊架，不得以管道承重。

5）配水管上每一直管段、相邻两喷头之间的管段上设置的吊架均不宜少于一个；当喷头之间距离小于1.8m时，可隔段设置吊架，但吊架的间距不宜大于3.6m。

6）当管子的公称直径不小于50mm时，每段配水干管或配水管设置防晃支架不应少于一个；当管道改变方向时，应增设防晃支架。

7）竖直安装的配水干管应在其始端和终端设防晃支架或采用管卡固定，其安装位置距地面或楼面的距离宜为1.5～1.8m。

（3）报警阀的安装。

1）报警阀的安装应具备以下条件。

A. 报警阀的铭牌、规格、型号应符合设计图纸要求。

B. 报警阀组合体配件完好齐全；阀瓣启用灵活，密封性好；阀体内清洁无异物堵塞。

C. 系统的主要管网已安装完毕。

2）报警阀应安装在明显且便于操作的地点，距地面高度一般为1m左右，两侧距墙不小于0.5m，下面距墙不小于1.2m。安装报警阀的室内地面应采取排水措施。

(4) 立管的安装。

1) 立管暗装在竖井内时，在管井内预埋铁件上安装卡件固定，立管底部的支、吊架要牢固，防止立管下坠。

2) 立管明装时，每层楼板要预留洞，立管可随结构穿入，以减少立管接口。

(5) 分层干管及支管的安装。

1) 管道的分支预留口在吊装前应先预制好，所有预留口均加好临时封堵。

2) 需要镀锌加工的管道在其他管道未安装前试装、试压、拆除、镀锌后再安装。

3) 管道安装与其他管道要协调好标高。

4) 管道变径时不得采用补芯。

5) 向上喷的喷头有条件的可与分支干管顺序安装好。其他管道安装完后不易操作的位置也应先安装好向上喷的喷头。

6) 喷头分支水流指示器后不得连接其他用水设施，每路分支均应设置测压装置。

7) 管道坡度。自动喷水灭火系统中的管道，为了测试，维护和检修的方便，须及时排空管道中的水，因此在安装中，管道应有坡度。配水支管坡度不小于4‰，配水管和水平管不小于2‰。

(6) 喷头支管安装。

1) 根据喷头的安装位置，将喷头支管做到喷头的安装位置，用丝堵代替喷头拧在支管末端上。

2) 根据喷头溅水盘安装要求，对管道甩口高度进行复核。要求在安装完后，溅水盘高度应符合下列规定：

A. 喷头安装时，应按设计规范要求确保溅水盘与吊顶、门、窗、洞口和墙面的距离。

B. 当梁的高度使喷头高于梁底的最大距离不能满足上述规定的距离时，应以此梁作为边墙对待；如果梁与梁之间的中心间距小于8m时，可用交错布置喷头方法解决。

C. 当通风管道宽度大于2m时，喷头应安装在其腹面以下。

D. 斜面下的喷头安装，其溅水盘应平行于斜面，在斜面下的喷头间距要以水平投影的间距计算，并不得大于4m。

E. 一般喷头间距不应小于2m，以避免一个喷头喷出的水流淋湿另一个喷头，影响它的动作灵敏度，除非二者之间有一挡水作用的构件。如果喷头间距一定要小于2m时，可在两喷头之间安装专用的挡水板。挡水板的宽为200mm，高150mm，最好是金属板，顶端应延伸至溅水盘上方大约50～75mm的地方。

(7) 管道试压。自动喷水灭火系统安装完后，应按设计要求对管网进行强度和严密性试验，以验证其工程质量。管网的强度、严密性试验一般采用水压进行试验。

1) 试压前应具备的条件。

A. 系统安装符合设计及规范要求。

B. 支、吊架齐全可靠。

C. 预检合格。

D. 压力表已校验。

E. 对不能参加试验的设备应加以隔离。

F. 加设盲板的部位应有明显标记并做好记录。

2）水压试验。水压试验分强度和严密性试验。水压试验应用洁净水进行，不得用海水或含有腐蚀性化学物质的溶液。试验时环境温度不应低于5℃，当低于5℃时，应有防冻措施。

3）强度试验。当系统设计工作压力不大于1.0MPa时，强度试验压力应为设计工作压力的1.5倍，但不低于1.4MPa；当设计工作压力大于1.0MPa时，试验压力应为工作压力加0.4MPa。例如自动喷淋灭火系统工作压力：一区为1.20MPa；二区为2.00MPa。试验压力：一区为1.60MPa；二区为2.40MPa。水压试验的测试点应设在系统管网的最低点，注水时应注意管内的空气已排净，并缓慢升压。水压达到试验压力后，稳压30min，管网不渗不漏，压力下降不大于0.05MPa为合格。

4）严密性试验。严密性试验在强度试验和管网冲洗合格后进行，试验压力为工作压力，稳压24h，不渗不漏为合格。

5）气压试验。系统气压试验介质一般为空气或氮气。系统气压试验一般为0.3MPa，稳压24h，压降不超过0.01MPa为合格。

（8）管道冲洗。

1）冲洗顺序。管道冲洗应在试压合格后分段进行。顺序是先室外、后室内；先地下、后地上；地上部分应按立管，配水干管、配水支管的先后进行。

2）冲洗水量。管道冲洗一般用水冲法。在冲洗前应对系统内的设备采取保护措施，将止回阀和报警阀等暂时拆除，待冲洗结束后再复位。冲洗时水流速度应不小于3m/s，流量应符合规定。

3）冲洗直径大于100mm管道，应对其焊缝、死角和底部进行敲打，但不得损伤管道。

4）水冲洗应连续进行，以出口的水色和透明度与入口侧基本一致为合格。

（9）报警阀配件及其他组件安装。

1）报警阀配件安装。报警阀组的配件安装应在交工前进行，其安装应符合以下规定。

A. 压力表应安装在报警阀上便于观测的位置。

B. 排水管和试验阀应安装在便于操作的地方。

C. 水源控制阀应有可靠的开启锁定设施。

D. 湿式报警阀的安装除应符合上述要求外，还应使报警阀前后的管道能顺利充满水，压力波动时，水力警铃不应发生误报警；每一个防火区都设有一个水流指示器。

2）水流指示器的安装。

A. 水流指示器的安装应在管道试压和冲洗合格后进行，水流指示器的规格、型号应符合设计要求。

B. 水流指示器应竖直安装在水平管道进水侧，其动作方向应和水流方向应一致；安装后的水流指示器叶片、膜片应动作灵活，不应与管壁发生碰擦。

C. 在管道上开孔时，应使用开孔器开孔。不能使用割具开孔，以避免溶渣滴入管内，在使用时卡住叶片。

3）水力警铃的安装。水力警铃应安装在公共通道或值班室附近的外墙上，且应安装检测用的阀门。水力警铃和报警阀的连接应采用镀锌钢管，当镀锌钢管的公称直径为$D_N=15$mm时，其长度不应大于6m；镀锌钢管的公称直径为$D_N=20$mm时，其长度不应大于20m；安装后的水力警铃启动压力不应小于0.05MPa。

4）信号阀的安装。信号阀应安装在水流指示器前的管道上，与水流指示器之间的距离不应小于300mm。

5）排气阀的安装。排气阀的安装应在系统管网试压和冲洗合格后进行，应安装在配水管顶部或配水管的末端，且应确保无渗漏。

6）控制阀的安装。控制阀的规格、型号和安装位置均应符合设计要求；安装方向应正确，控制阀内应清洁、无堵塞、无渗漏；主要控制阀应加设启闭标志；隐蔽处的控制阀应在明显处设有指示其位置的标志。

7）压力开关的安装。压力开关应竖直安装在通往水力警铃的管道上，且不应在安装中拆装改动。

8）末端试水装置的安装。末端试水装置宜安装在系统管网末端或分区管网末端。

9）喷头的安装。

A. 在安装喷头前，管道系统应经过试压、冲洗。

B. 喷头在安装时，应使用专用扳手，严禁利用喷头的框架施拧。如喷头的框架，溅水盘变形或释放原件损伤时，应换上规格、型号相同的喷头。当喷头孔口小于$D_N=10$mm时，在干管上应安装过滤器，以免杂物进入管道，使孔口堵塞。

C. 喷洒头的两翼方向应成排统一安装，护口盘要紧贴吊顶，走廊单排的喷头两翼应横向安装。

（10）系统调试。

1）系统调试内容：水源测试；消防水泵性能试验；报警阀性能试验；排水装置试验；联动试验；火灾模拟试验。

2）水源测试的内容和要求。

A. 检查室外水源管道的压力和流量，是否符合设计要求。

B. 核实屋顶上容积是否符合规范规定。

C. 核实消防水池是否符合规范规定。

D. 核实水泵接合器的数量和供水是否满足系统灭火的要求，并用消防车进行供水试验。

3）消防水泵性能试验方法和要求。

A. 分别以自动或手动方式启动消防泵，消防水泵应在5min内投入正常运行，达到设计流量和压力，其压力表指针应稳定。运转中无异常声响和振动，各密封部位不得有泄漏现象，各滚动轴承温度应不高于75℃，滑动轴承的温度应不高于70℃。

B. 备用电源切换供电时，消防水泵应在1.5min内投入正常运行，消防水泵的上述多项性能应无变化。

4）报警阀性能试验。湿式报警阀性能试验以打开系统试水装置后，湿式报警阀能及时启动为标准，且经延时5～90s后，水力警铃应准确地发出报警信号，水流指示器应输

出报警信号，并启动消防水泵。

5）系统排水装置试验。

A. 开启排水装置的主排水阀，按系统最大设计灭火水量作排水试验，并使压力达到稳定。

B. 试验过程中，从系统排出的水应全部从室内排水系统排走。

6）系统联动试验方法和要求。

A. 感烟探测器要用专用测试仪输入模拟烟信号后，应在15s内输出报警和启动系统执行信号，准确、可靠的启动系统。

B. 感温探测器专用测试仪输入模拟信号后，在20s内输出报警和启动系统执行信号，准确、可靠地启动系统。

C. 启动一只喷头或以0.94～1.5L/s的流量从末端试水装置处放水，水流指示器、压力开关、水力警铃和消防水泵等应及时动作并发出相应的信号。

7）灭火模拟试验。消防监督部门认为有必要时，可以要求进行灭火模拟试验。也就是在个别区域或房间内升温，使一个或数个喷头打开喷水，然后验证其保护面积、喷水强度、水压，以及验证电动报警装置的联动是否符合设计要求以及有关规定。

4.3.4 消火栓系统安装

消火栓系统由消防泵、稳压泵（或稳压罐）、消防栓箱、消火栓阀门、接口水枪、水带、消防栓报警按钮、消防栓系统控制柜等组成。系统管道中充满有压力的水，如系统有微量泄漏，可以靠稳压泵或稳压罐来保持系统的水和压力。当发生火灾时，首先打开消火栓箱，按要求接好接口、水带，将水枪对准火源，打开消火栓阀门，水枪立即有水喷出，按下消火栓按钮时，通过消火栓启动消防水泵向管道中供水。

（1）安装工艺流程。室内消火栓系统安装工艺流程为：施工准备→干管安装→支管安装→箱体稳固→附件安装→管道试压、冲洗→系统调试。

（2）干管安装。消火栓系统的管道，当工作压力不大于1.20MPa时，采用热镀锌钢管；工作压力大于1.20MPa时，采用热镀锌无缝钢管。$D_N=100$mm及以下采用丝扣连接，$D_N=100$mm以上采用沟槽式连接。干管安装要求与自动喷淋管道安装要求相同。在立管安装时，立管底部的支吊架要牢固，防止立管下坠。在消火栓管道的安装中，除按设计要求安装外，还应注意标明各种控制阀门实际的安装位置，并在施工图中标明，以免在意外时无法及时关闭阀门，同时阀门应有明显的标志和状态显示。

（3）支管的安装。消火栓支管要以栓阀的坐标、标高定位甩口，消火栓支管采用丝接。

（4）箱体安装。消火栓箱是消火栓系统中最直接的设备，是进行灭火时的主要工具，其内部主要有消火栓、水枪、水龙带。在有的消火栓箱内还设有消防水喉设备。消火栓箱安装有两种形式：一种是暗装，即箱体埋入墙中，立、支管均暗藏在竖井、吊顶或直接埋于混凝土墙中。另一种是明装，即箱体立于地面或挂在墙上，立、支管为明管敷设。

1）暗装消火栓箱体安装。

A. 根据箱体尺寸及设计安装位置，检查预留孔洞位置及尺寸。

B. 将箱体固定在预留孔洞内，用水平尺找平、找正。

C. 箱体外表面距毛墙面应保留土建装饰厚度，使箱体外表面与装饰完的墙面相平。

D. 箱体下部用砖填实，其他与墙相接，各面用水泥砂浆填实。

2）明装消火栓箱体安装。明装消火栓箱有挂式和立式两种。挂式消火栓箱主要为单栓式，立式消火栓箱主要为双栓式。

A. 挂式消火栓箱安装。

a. 根据箱体结构，确定消火栓在箱体中的安装位置，要求消火栓阀门中心距地面1.1m。

b. 根据消火栓在物体中的位置，确定出箱体安装高度及位置，并在墙上划出标志线。

c. 将消火栓箱用膨胀螺栓固定在墙上。

B. 立式消火栓箱与挂式消火栓箱安装基本相同，只是在箱体下面需砌一个水泥台，以防地面积水渗入消火栓箱。水泥台的高度为消火栓阀中心距地面距离（1.1m）减去消火栓在箱体中的安装高度。

（5）消火栓安装。消火栓是具有内扣式接头的球形阀式龙头，有直径50mm和65mm两种口径。高层建筑应选用65mm口径。为减少局部水头损失，并便于在紧急情况下操作，其出水方向宜与消火栓箱成90°并使栓口朝外。阀门中心距地面1.1m，允许偏差20mm；阀门距箱侧面140mm，距箱后内表面100mm，允许偏差5mm。

（6）管道的试压和冲洗。

1）管道试压：系统安装完后，应按设计要求对管网进行强度和严密性试验，以验证其工程质量。管网的强度、严密性试验一般采用水压进行试验。

A. 强度试验。当系统设计工作压力不大于1.0MPa时，强度试验压力应为设计工作压力的1.5倍，但不低于1.4MPa；当设计工作压力大于1.0MPa时，试验压力应为工作压力加0.4MPa。水压试验的测试点应设在系统管网的最低点，注水时应注意管内的空气排净，并缓慢升压。水压达到试验压力后，稳压30min，管网不渗不漏，压力降不大于0.05MPa为合格。

B. 严密性试验。严密性试验在强度试验和管网冲洗合格后进行，试验压力为工作压力，稳压24h，不渗不漏为合格。在主管道上起切断作用的主控阀门，必须逐个做强度和严密性试验，其试验压力为阀门出厂规定的压力值。

2）管道冲洗。

A. 消火栓在安装后应分段进行冲洗。冲洗顺序应按干、立管、支管进行。

B. 消火栓系统冲洗流量为14～25L/s，水冲洗流速应不小于3m/s，不得用海水或含有腐蚀性化学物质的溶液对系统进行冲洗。

C. 冲洗前，应对系统内的仪表采取保护措施，并将减压设备暂时拆下，待冲洗工作结束后随即复位。不允许冲洗的设备应与冲洗系统隔离，冲洗前应检查管道支、吊架的牢固程度，必要时应予以临时加固。

D. 对不能冲洗或冲洗后可能留存的脏物、杂物的管道、设备，应采取其他方法进行清理。

E. 冲洗大直径管道时，应对焊缝、死角和管道底部重点敲打，但不得损伤管子。

F. 冲洗到进、出水色泽一致为合格，管道冲洗合格后，除规定的检查及恢复工作外，不得再进行影响管内清洁的其他作业。

（7）系统调试。

1）系统调试内容：水源测试、消防水泵性能试验、屋顶消火栓试验。

2）水源测试：消火栓系统水源测试与自动喷水灭火系统水源测试相同。

3）消防水泵性能试验。

4）屋顶消火栓试验。

A. 利用屋顶水箱向系统充水，检查系统和阀门是否有渗漏现象。

B. 启动消防稳压水泵，检查屋顶试验消火栓水压力及低层消火栓口压力，如果消火栓出口处静水压超过 0.8MPa 时，应设减压阀减压。

C. 连接好屋顶试验消火栓水龙带及水枪，打开屋顶试验消火栓，并启动消火栓泵，此时消火栓水枪充实水柱应不小于 13m。

D. 关停消火栓泵，用消防车通过水泵接合器向系统加压，水枪充实水柱应满足 13m 的要求。

4.3.5 管道刷漆防腐

（1）明装管道：刷防锈漆一道，待交工前刷规定面漆两道。

（2）暗装管道：刷防锈漆一道，待交工前刷规定面漆两道。

（3）埋地管道：采用石油沥青防腐层。

4.4 气体消防系统安装

以气体作为灭火介质的灭火系统称为气体灭火系统。主要有卤代烷 1211 和 1301 灭火系统、二氧化碳灭火系统、IG-541 灭火系统和蒸汽灭火系统。卤代烷灭火剂主要依靠化学灭火机理，切断燃烧链式反应，效率高、低毒、残留物绝缘，不会损坏电子设备。卤代烷灭火剂向空气中的排放将导致地球大气臭氧层的破坏。1990 年签订《蒙特利尔议定书》，发达国家在 2000 年完全停止生产和使用卤代烷灭火剂；发展中国家可延期到 2010 年；中国已在 2005 年完全停止生产和使用。目前使用的卤代烷灭火剂替代物，具有清洁、环保的特点，如 FM-200 气溶胶、水蒸气、惰性气体等。卤代烷灭火系统的主要设备包括灭火剂容器、瓶头阀、配管系统、选择阀、喷嘴、气动装置、管道及管道组件、探测器、自动灭火检测控制箱等。二氧化碳灭火系统是通过减少空气中氧的含量，使其达不到支持燃烧的程度来灭火。二氧化碳来源广泛、价格低廉，电绝缘性能好，清洁无污染。但是有窒息作用，一般用于无人场所。二氧化碳灭火系统主要由二氧化碳容器、容器阀、集流管、选择阀、喷嘴、压力信号器、气体启动器、管道及其附件等组成。气体灭火系统按其对防护对象的保护形式可以有全淹没系统和局部淹没系统两种形式；按其装配形式又可以分为管网灭火系统和无管网灭火系统；在管网灭火系统中又可以分为组合分配灭火系统和单元独立灭火系统。

4.4.1 气体灭火系统储存容器安装

（1）储存容器内的灭火剂充装与增压宜在生产厂完成。运输时应采取保护措施，防止碰撞、擦伤。安装时压力表观察面及产品标牌应朝外。

（2）储存容器的操作面距墙或操作面之间的距离不宜小于1m。

（3）储存容器上的压力表应朝向操作面，安装高度和方向应一致，排列整齐，间距符合设计要求。

（4）储存容器的支框架应固定牢靠，重量由楼板承担，其固定一般是先在墙面上固定一根槽钢，再用抱卡将钢瓶与槽钢卡在一起。抱卡的高度应在钢瓶2/3左右并尽量避开标牌。当槽钢在墙面上不能固定时，也可做成框架在地面上生根，且应采取防腐处理措施。容器正面应标明设计规定的灭火剂名称和储存容器的编号。

4.4.2 灭火剂输送管道安装

（1）集流管制作、安装。

1）组合分配系统的集流管采用焊接方法制作。焊接前，每个开口均采用机械方法加工。如采用无缝钢管制作的集流管应在焊接后进行内外镀锌处理。当储存压力不大于4.0MPa，管径不大于80mm时，也可采用丝扣连接方法。集流管应至少设两个固定支架固定牢靠，末端应设安全泄压阀。

2）组合分配系统的集流管应按规定进行水压强度试验和气压严密性试验；非组合分配系统的集流管的上述试验可与管道一起进行。

3）集流管安装前应清洗内腔并封闭进出口，外表面应涂红色油漆。

4）装有泄压装置的集流管，泄压装置的泄压方向不应朝向操作面。

（2）灭火剂输送管道安装。

1）气体灭火系统管材应根据设计要求或储存压力选用，一般采用冷拔冷轧精密无缝钢管并内外镀锌。当公称直径不大于80mm时，宜采用螺纹连接；当公称直径大于80mm的管道，宜采用法兰连接。丝扣及法兰连接件应满足试验压力要求并内外镀锌。对镀锌层有腐蚀的环境可采用不锈钢或钢管等。

2）无缝钢管采用法兰连接时，应在焊接后进行内外镀锌处理。已镀锌的无缝钢管不宜采用焊接连接，与选择阀等个别连接部位需采用法兰焊接连接时，应对被焊接损坏的镀锌层做防腐处理。

3）管道安装前应进行调直并清理内部杂物。采用法兰连接时，被焊接损坏的镀锌层要做好防腐处理。丝扣连接时，丝扣填料应采用聚乙烯四氟胶带，切割的管口应用锉刀打净毛刺。

4）安装时，出瓶室的一段管应先安装好，找准尺寸后固定牢靠，管与管之间的距离应严格按照施工图纸确定，确保设计安装尺寸，然后再顺序安装其他管道。所有管道的安装尺寸应与设计图纸一致，严禁任意改变管道方向和长度。

5）对于二氧化碳灭火系统管道的三通接头的分流出口应水平安装。

6）喷头支管安装前，应按照图纸在现场确定出喷头位置，有条件的可以配合吊顶装修进行，但封吊顶板前应完成系统压力、严密性试验。

（3）支架、吊架安装，其技术要求见表 4－2。

表 4－2　　支架吊架之间的最大间距技术要求表

管道公称直径/mm	15	20	25	32	40	50	65	80	100	150
最大间距/m	1.5	1.8	2.1	2.4	2.7	3.4	3.5	3.7	4.3	5.2

1）管道末端喷嘴处应采用支架固定，支架与喷嘴间的管道长度不应大于 500mm。

2）公称直径不小于 50mm 的主干管道，垂直方向和水平方向至少应各安装一个防晃支架。当穿过建筑物楼层时，每层应设一个防晃支架。当水平管道改变方向时，应设防晃支架。

4.4.3　附件安装

（1）选择阀的安装。

1）选择阀操作手柄应安装在操作面一侧，安装高度超过 1.7m 时应采取便于操作的措施。

2）螺纹连接的选择阀，其与管道连接处应安装活接头。

3）选择阀上应设置标明防护区名称或编号的永久性标志牌，并将其固定在操作手柄附近。

（2）阀驱动装置的安装。阀驱动装置的作用是在保护区域发生火灾时启开药剂钢瓶容器阀和火灾区域的选择阀。驱动方式有电磁驱动、气动驱动和机械手动驱动等。控制方式分自动、手动和应急制动。

1）电磁驱动装置的电气连接线应沿固定灭火剂储存容器的支、框架或墙面固定。

2）拉索式的手动驱动装置的安装应符合下列规定：拉索除必须外露部分外，采用管内外防腐处理的钢管防护。拉索转弯处应采用专用导向滑轮，拉索末端拉手应设在专用的保护盒内。拉索套管和保护盒应固定牢靠。

3）安装以物体重力为驱动力的机械驱动装置时，应保证重物在下落行程中无阻挡，其行程应超过阀开启所需行程 25mm。

4）气动驱动装置安装时，驱动气瓶正面应标明驱动介质的名称和对应防护区名称的编号。气动驱动装置的管道安装后应进行气压严密性试验，严密性试验应符合下列规定：采取防止灭火剂和驱动气体误喷射的可靠措施。加压介质采用氮气或空气，试验压力不低于驱动气体的储存压力。压力升至试验压力后，关闭加压气源，5min 内被试管道的压力应无变化。

（3）其他附件安装。

1）压力开关安装。压力开关的作用是在系统工作时受压动作从而反馈工作状态信号，一般在集流管的末端攻丝安装，或在管接头连接件上攻丝安装。

2）喷嘴安装。喷嘴开孔规格与开孔朝向必须满足设计要求，安装时应采用专用扳手。

4.4.4　灭火剂输送管道吹扫、试验和涂漆

（1）灭火剂输送管道安装完毕后，应进行水压强度试验和气压严密性试验。

（2）水压强度试验的试验压力应符合下列规定：

1）卤代烷1211灭火系统管道的试验压力应按式（4－1）确定：

$$P_{1211}=1.5P_0V_0/(V_0+V_P) \tag{4-1}$$

式中 P_{1211}——卤代烷1211灭火系统管道的水压强度试验压力，MPa，绝对压力；

P_0——200℃时卤代烷1211灭火剂的储存压力，MPa，绝对压力；

V_0——卤代烷1211灭火剂喷射前，储存容器内的气相体积，m^3；

V_P——卤代烷1211灭火剂输送管道的内容积，m^3。

2）卤代烷1301灭火系统管道的水压强度试验的试验压力应按式（4－2）确定：

$$P_{1301}=1.5(V_0'P_0'+V_P'+P_S)/(V_0'+V_P') \tag{4-2}$$

式中 P_{1301}——卤代烷1301灭火系统管道的水压强度试验压力，MPa，绝对压力；

P_S——卤代烷1301的饱和蒸汽压，取1.4MPa，绝对压力；

P_0'——200℃时卤代烷1301灭火剂的储存压力，MPa，绝对压力；

V_0'——卤代烷1301灭火剂喷射前，储存容器内的气相体积，m^3；

V_P'——卤代烷1301灭火剂输送管道的内容积，m^3。

3）高压二氧化碳灭火系统管道的水压强度试验压力应为15MPa。

（3）不宜进行水压强度试验的防护区，可采用气压强度试验代替。气压强度试验的试验压力应为水压强度试验压力的0.8倍，试验时应采取有效的安全措施。

（4）进行管道强度试验时，应将压力升至试验压力后保压5min，检查管道各连接处应无明显滴漏，目测管道应无变形。

（5）管道气压严密性试验的介质可采用空气或氮气，试验压力为水压强度试验压力的2/3。试验时应将压力升至试验压力，关断试验气源后，3min内压力降不应超过试验压力的10％，且用涂刷肥皂水等方法检查防护区外的管道连接处，应无气泡产生。

（6）灭火剂输送管道在水压强度试验合格后，或气压严密性试验前，应进行吹扫。吹扫管道可采用压缩空气或氮气，吹扫时，管道末端的气体流速不应小于20m/s，采用白布检查，直至无铁锈、尘土、水渍及其他脏物出现。

（7）灭火剂输送管道的外表面应涂橙色油漆。在吊顶内、活动地板下等隐蔽场所内的管道，可涂橙色油漆色环。每个防护区的色环宽度应一致，间距应均匀。

4.4.5 气体灭火系统调试

（1）气体灭火系统的调试应在系统安装完毕，以及有关的火灾自动报警系统和开口自动关闭装置、通风机械和防火阀等联动设备的调试完成后进行。

（2）气体灭火系统调试前应具备完整的技术资料及调试必需的其他资料。

（3）气体灭火系统的调试负责人应由专业技术人员担任，参加调试的人员应职责明确。

（4）气体灭火系统的调试，应对每个防护区进行模拟喷气试验和备用灭火剂储存容器切换操作试验。

（5）进行调试试验时，应采取可靠的安全措施，确保人员安全和避免灭火剂的误喷射。

(6) 模拟喷气试验的条件应符合下列规定。

1) 卤代烷灭火系统模拟喷气试验不应采用卤代烷灭火剂，宜采用氮气进行。氮气储存容器与被试验的防护区用的灭火储存容器的结构、型号、规格应相同，连接与控制方式应一致，充装的氮气压力和灭火剂储存压力应相等。氮气储存容器数不应少于灭火剂储存容器数的20%，且不得少于1个。

2) 二氧化碳灭火系统应采用二氧化碳灭火剂进行模拟喷气试验。试验采用的储存容器数应为防护区实际使用的容器总数的10%，且不得少于1个。

3) 模拟喷气试验宜采用自动控制。

(7) 模拟喷气试验和手动备用灭火剂贮存容器切换操作试验合格条件如下。

1) 试验气体能喷入被试防护区内，且应能从被试防护区的每个喷嘴喷出。

2) 有关控制阀门工作正常。

3) 有关声、光报警信号正常。

4) 储瓶间内的设备和对应防护区内的灭火剂输送管道无明显晃动和机械性损伤。

4.5 泡沫灭火系统安装

泡沫灭火系统由泡沫泵、泡沫液储罐、比例混合器、泡沫混合液的输送管道及泡沫产生装置等组成，并与给水系统连成一体。当发生火灾时，先启动消防水泵、打开相关阀门，系统即可实施灭火。

4.5.1 泡沫液储罐、阀门的强度和严密性检验

(1) 每个泡沫泵站应抽查1个，若不合格，应逐个试验。

(2) 强度和严密性试验应采用清水进行，环境温度宜大于5℃。

(3) 压力储罐的强度试验压力应为设计压力的1.25倍，严密性试验压力应为设计压力，带气囊的压力储罐可只作严密性试验。

(4) 常压储罐的严密性试验压力应为储罐装满水后的静压力。

(5) 强度试验的稳压时间应大于5min，严密性试验的稳压时间不应小于30min，目测应无渗漏。

(6) 阀门的试验应按《工业金属管道工程施工规范》(GB 50235) 中的有关规定执行。

4.5.2 泡沫灭火系统施工

(1) 泡沫灭火系统的施工规定。泡沫灭火系统的施工除执行《泡沫灭火系统施工及验收规范》(GB 50281) 的规定外，还应符合国家现行有关标准、规范的规定。

(2) 泡沫液储罐的安装。

1) 泡沫液储罐的安装位置和高度应符合设计要求。当设计无规定时，泡沫液储罐四周留有宽度不少于0.7m的通道，泡沫液储罐顶至楼板或梁底的距离不得小于1m，消防泵房主要通道的宽度，应大于泡沫液储罐外形的最小尺寸。

2) 常压泡沫液储罐的安装方式应符合设计要求；压力泡沫液储罐安装在室外时，应

根据环境条件设置防晒、防雨、防冻设施。

4.6 火灾自动报警及消防联动控制系统安装

火灾自动报警及消防联动控制系统在发生火灾的两个阶段发挥着重要作用：第一阶段（报警阶段）是火灾初期，往往伴随着烟雾、高温等现象，通过安装在现场的火灾探测器、手动报警按钮，以自动或人为方式向监控中心传递火警信息，达到及早发现火情、通报火灾的目的；第二阶段（灭火阶段）是通过控制器及现场接口模块，控制建筑物内的公共设备（如广播、电梯）和专用灭火设备（如排烟机、消防泵），有效实施救人、灭火，达到减少损失的目的。

4.6.1 钢管和线槽安装

（1）进场管材、型钢、金属线槽及其附件应有材质证明或合格证，并应检查质量、数量、规格型号是否与设计及规范相符合，填写检查记录。钢管要求壁厚均匀、焊缝均匀、无劈裂和砂眼棱刺、无凹扁现象、镀锌层内外均匀完整无损。金属线槽及其附件，应采用经过镀锌处理的定型产品。线槽内外应光滑平整，无棱刺和不应有扭曲翘边等变形现象。

（2）配管前应根据设计、厂家提供的各种探测器、手动报警器、广播喇叭等设备的型号、规格，选定接线盒，使盒子与所安装的设备配套。

（3）电线保护管遇到下列情况之一时，应在便于穿线的位置增设接线盒：无弯曲时，管路长度超过 30m；有 1 个弯曲时，管路长度超过 20m；有 2 个弯曲时，管路长度超过 15m；有 3 个弯曲时，管路长度超过 8m。

（4）电线保护管的弯曲处不应有褶皱、凹陷裂缝，且弯扁程度不应大于管外径的 10%。

（5）明配管时弯曲半径不宜小于管外径的 6 倍，暗配管时弯曲半径不应小于管外径的 6 倍。当埋于地下或混凝土内时，其弯曲半径不应小于管外径的 10 倍。

（6）当管路暗配时，电线保护管宜沿最近的线路敷设并应减少弯曲。埋入非燃烧体的建筑物、构筑物内的电线保护管与建筑物、构筑物墙面的距离不应小于 30mm。金属线槽和钢管明配时，应按设计要求采取防火保护措施。

（7）电线保护管不宜穿过设备或建筑物、构筑物的基础，当必须穿过时应采取保护措施，如采用保护管等。

（8）水平或垂直敷设的明配电线保护管安装允许垂直度偏差 1.5‰，全长偏差不应大于管内径的 1/2。

（9）敷设在多尘或潮湿场所的电线保护管，管口及其各连接处均应密封处理。

（10）管路敷设经过建筑物的变形缝（包括沉降缝、伸缩缝、抗震缝等）时应采取补偿措施。

（11）明配钢管应排列整齐，固定点间距应均匀，管卡与终端、弯头中点、电气器具或盒（箱）边缘的距离宜为 0.15～0.5m。

（12）吊顶内敷设的管路宜采用单独的卡具吊装或支撑物固定，经装修单位允许，直径 20mm 及以下钢管可固定在吊杆或主龙骨上。

（13）暗配管在没有吊顶的情况下，探测器盒的位置就是安装探头的位置，不能调整，所以要求确定盒的位置应按探测器安装要求定位。

（14）明配管使用的接线盒和安装消防设备盒应采用明装式盒。

（15）钢管安装敷设进入箱、盒，内外均应有根母锁紧固定，内侧安装护口。钢管进箱盒的长度以充满护口贴进根部为准。

（16）箱、线槽和管使用的支持件宜使用预埋螺栓、膨胀螺栓、胀管螺钉、预埋铁件、焊接等方法固定，严禁使用木塞等。使用胀管螺钉、膨胀螺栓固定时，钻孔规格应与胀管相配套。

（17）各种金属构件、接线盒、箱安装孔不能使用电、气焊割孔。

（18）钢管螺纹连接时管端螺纹长度不应小于管接头长度的1/2，连接后螺纹宜外露2～3扣，螺纹表面应光滑无缺损。

（19）镀锌钢管应采用螺纹连接或套管紧固螺钉连接，不应采用熔焊连接，以免破坏镀锌层。

（20）配管及线槽安装时应考虑不同系统、不同电压、不同电流类别的线路，不同者不应穿于同一根管内或线槽的同槽孔洞内。

（21）配管和线槽安装时应考虑横向敷设的报警系统的传输线路如采用穿管布线时，不同防火分区的线路不应穿入同一根管内，但探测器报警线路若采用总线制时不受此限制。

（22）弱电线路的电缆竖井应与强电线路的竖井分别设置，如果条件限制合用同一竖井时，应分别布置在竖井的两侧。

（23）在建筑物的顶棚内应采用金属管、金属线槽布线。

（24）钢管敷设与热水管、蒸汽管同侧敷设时应敷设在热水管、蒸汽管的下面。有困难时可敷设在其上面，相互间净距离不应小于下列数值。

1）当管路敷设在热水管下面时为0.20m，上面时为0.3m；当管路敷设在蒸汽管下面时为0.5m，上面时为1m。

2）当不能满足上述要求时应采用隔热措施。对有保温措施的蒸汽管上、下净距可减至0.2m。

（25）钢管与其他管道如水管平行为净距不应小于0.10m；当与水管同侧敷设时，宜敷设在水管上面（不包括可燃气体及易燃液体管道）；当管路交叉时距离，不宜小于相应上述情况的平行净距离。

（26）线槽应敷设在干燥和不易受机械损伤的场所。

（27）线槽敷设宜采用单独卡具吊装或支撑物固定，吊杆的直径不应小于6mm，固定支架间距一般不应大于1～1.5m。在进出接线盒、箱、柜、转角、转弯和弯形缝两端及丁字接头的三端0.5m以内，应设置固定支撑点。

（28）线槽接口应平直、严密，槽盖应齐全、平整、无翘角。

（29）固定或连接线槽的螺钉或其他紧固件紧固后其端点都应与线槽内表面光滑相接，即螺母放在线槽壁的外侧，紧固时配齐平垫和弹簧垫。

（30）线槽的出线口和转角、转弯处应位置正确、光滑、无毛刺。

（31）线槽敷设应平直整齐，水平和垂直允许偏差为其长度的2‰，且全长允许偏差为20mm，并列安装时槽盖应便于开启。

（32）金属线槽的连接处不应在穿过楼板或墙壁等处进行。

（33）金属管或金属线槽与消防设备采用金属软管和可挠性金属管作跨接时，其长度不宜大于2m，且应采用卡具固定，其固定点间距不应大于0.5m，且端头用锁母或卡箍固定，并按规定接地。

（34）暗装消火栓配管时，接线盒不应放在消火栓箱的后侧，而应侧面进线。

（35）消防设备与管线的工作接地、保护接地应按设计和有关规范、文件要求施工。

4.6.2 电缆敷设配线

（1）进场的绝缘导线和控制电缆的规格型号、数量、合格证等应符合设计要求，并及时填写进场材料检查记录。

（2）火灾自动报警系统传输线路，应采用铜芯绝缘线或铜芯电缆，其电压等级不应低于交流250V，最好选用500V，以提高绝缘和抗干扰能力。

（3）为满足导线和电缆的机械强度要求，穿管敷设的绝缘导线，线芯截面最小不应小于$1mm^2$；线槽内敷设的绝缘导线最小截面不应小于$0.75mm^2$；多芯电缆线芯最小截面不应小于$0.5mm^2$。

（4）穿管绝缘导线或电缆的总面积不应超过管内截面积的40%，敷设于封闭式线槽内的绝缘导线或电缆的总面积不应大于线槽的净截面积的50%。

（5）导线在管内或线槽内，不应有接头或扭结。导线的接头应在接线盒内焊接或压接。

（6）不同系统、不同电压、不同电流类别的线路不应穿在同一根管内或线槽的同一槽孔内。

（7）横向敷设的报警系统传输线路如果采用穿管布线时，不同防火分区的线路不宜穿入同一根管内，但采用总线制不受此限制。

（8）火灾报警器的传输线路应选择不同颜色的绝缘导线，探测器的“+”线为红色，“−”线应为蓝色，其余线应根据不同用途采用其他颜色区分。但同一工程中相同用途的导线颜色应一致，接线端子应有标号。

（9）导线或电缆在接线盒、伸缩缝、消防设备等处应留有足够的裕量。

（10）在管内或线槽内穿线应在建筑物抹灰及地面工程结束后进行。在穿线前应将管内或线槽内的积水及杂物清除干净，管口带上护口。

（11）敷设于垂直管路中的导线，截面积为$50mm^2$以下时，长度每超过30m应在接线盒处进行固定。

（12）目前我国的消防事业发展很快，使用总线制线路控制的很多，对线路敷设长度和线路电阻均有要求，施工时应严格按厂家技术资料要求来敷设线路和接线。

（13）导线连接的接头不应增加电阻值，受力导线不应降低原机械强度，亦不能降低原绝缘强度，为满足上述要求，导线连接时应采取下述方法。

1）塑料导线$4mm^2$以下时一般应使用剥削钳剥削掉导线绝缘层，如有编织的导线应用电工刀剥去外层编织层，并留有约12mm的绝缘台，线芯长度随接线方法和要求的机械强度而定。

2）导线绝缘台并齐合拢，在距绝缘台约12mm处用其中一根线芯在另一根线芯缠绕5～7圈后剪断，把余头并齐折回压在缠绕线上，并进行烫锡处理。

3）LC安全型压线帽是铜线压线帽，分为黄、白、红三色，分别适用于1.0mm²、1.5mm²、2.5mm²、4mm²的2～4根导线的连接。其操作方法是：将导线绝缘层剥去10～13mm（按帽的型号决定），清除氧化物，按规定选用适当的压线帽，将线芯插入压线帽的压接管内，若填不实，可将线芯折回头（剥长加倍），填满为止。线芯插到底后，导线绝缘层应与压接管的管口平齐，并包在帽壳内，然后用专用压接钳压实即可。

4）多股铜芯软线用螺丝压接时，应将软线芯扭紧做成眼圈状，或采用小铜鼻子压接，涮锡涂净后将其压平再用螺丝加垫紧牢固。

5）铜单股导线与针孔式接线桩连接（压接），要把连接的导线的线芯插入接线桩头针孔内，导线裸露出针孔1～2mm，针孔大于线芯直径1倍时，需要折回头插入压接。如果是多股软铜丝，应扭紧烫锡，擦干净再压接。

6）导线连接的包扎。选用橡胶（或塑料）绝缘带从导线接头始端的完好绝缘层开始，缠绕1～2个绝缘带幅宽度，再以半幅度重叠进行缠绕。在包扎过程中应尽可能的收紧绝缘带。最后在绝缘层上缠绕1～2圈后，再进行回缠。然后再用黑胶布包扎，包扎时要衔接好，以半幅宽度过压边进行缠绕，同时在包扎过程中收紧胶布，导线接头处两端用黑胶布封严密。

（14）导线敷设连接完成后，应进行检查，无误后采用500V、量程为0～500MΩ的兆欧表，对导线之间、线对地、线对屏蔽层等进行摇测，其绝缘电阻值不应低20MΩ。注意不能带着消防设备进行摇测。摇动速度应保持在120r/min左右，读数时应采用1min后的读数为宜。

4.6.3 感温电缆安装

（1）感温电缆，又名线型感温火灾探测器，具有沿全线长连续监测保护对象温度的能力。感温电缆可以广泛应用于工业仓库、厂房等场所，根据被保护对象的火灾发生特点可以选择顶棚安装或墙壁安装方式，感温电缆一般安装布线为正弦波S形布线。

（2）感温电缆安装在厂房或仓库的顶棚上，或距侧墙不大于0.5m处（一般宜在0.2～0.3m内选择），可以在建筑物内形成一个保护区域。

（3）感温电缆宜以平行悬挂的形式敷设，平行线间的距离不宜超过4m。感温电缆与地面的距离在3m为宜，不应超过9m。与地面的距离大于3m时，感温电缆的间距应视情况缩小。在安装条件允许的情况下，建议感温电缆靠近易燃区域安装，这样安装探测器，对火灾能做出快速地响应。

（4）如果感温电缆敷设在走廊，过道等长条形状建筑物时，宜用吊线以直线方式在中间敷设。吊线应有拉紧装置，每隔2m用固定卡具把电缆固定在吊线上。

（5）在货架中应用时，可将感温电缆安装在天花板下，沿货架过道中心线布置，也可以和喷水灭火系统管道在一起敷设，同时将感温电缆固定在竖立的通风道空间。货架内有比较危险物品时，感温电缆应安装在每一货架内，但不能影响货架的正常使用，以免存取货物破坏感温电缆。高度大于4.5m的货架，为了更好探测低位火灾，有必要在高度方向增加一层感温电缆，如果有喷水灭火系统可以和喷头层统一起来。

4.6.4 端子箱和模块箱安装

（1）端子箱和模块箱一般设置在专用的竖井内，应根据设计要求的高度用金属膨胀螺栓固定在墙壁上明装，且安装时应端正牢固，不得倾斜。

（2）用对线器进行对线编号，然后将导线留有一定的余量，把控制中心来的干线和火灾报警器及其他的控制线路分别绑扎成束，分别布置在端子板两侧，左边为控制中心引来的干线，右侧为火灾报警探测器和其他设备来控制线路。

（3）压线前应对导线的绝缘进行检测，合格后再按设计和厂家要求压线。

（4）模块箱内的模块按厂家和设计要求安装配线，合理布置，且安装应牢固端正，并有用途标志和线号。

4.6.5 自动报警及联动装置安装

（1）火灾探测器的安装。

1）感烟、感温探测器的保护面积和保护半径应符合表4-3的要求。

表4-3　　感烟、感温探测器的保护面积和保护半径技术要求表

火灾探测器的种类	地面面积 S/m^2	房间高度 h/m	探测器的保护面积 A 和保护半径 R					
			层顶坡度 θ					
			$\theta\leqslant 15°$		$15°<\theta\leqslant 30°$		$\theta>30°$	
			A/m^2	R/m	A/m^2	R/m	A/m^2	R/m
感烟探测器	$S\leqslant 80$	$h\leqslant 12$	80	6.7	80	7.2	80	8.0
	$S>80$	$6<h\leqslant 12$	80	6.7	100	8.0	120	9.9
		$h\leqslant 6$	60	5.8	80	7.2	100	9.0
感温探测器	$S\leqslant 30$	$h\leqslant 8$	30	4.4	30	4.9	30	5.5
	$S>30$	$h\leqslant 8$	20	3.6	30	4.9	40	6.3

2）一个探测器区内需设置的探测器数量应按式（4-3）计算：

$$N=\frac{S}{KA} \tag{4-3}$$

式中　N——一个探测区域内所需设置的探测器数量，只，并取整数；

S——一个探测区域的面积，m^2；

A——一个探测器的保护面积，m^2；

K——修正系数，重点保护建筑取0.7～0.9，其余取1.0。

3）在顶棚上设置感烟、感温探测器时，梁的高度对探测器安装数量的影响。在梁突出顶棚高度小于200mm的顶棚上设置感烟、感温探测器时，可不考虑对探测器保护面积的影响。当梁突出顶棚的高度在200～600mm之间时，应确定梁的影响和1只探测器能保护的梁间区域的个数。当梁突出顶棚的高度超过600mm，被梁隔断的每个梁间区域应至少设置1只探测器。当被梁隔断区域面积超过1只探测器的保护面积时，应视为1个探测区域，计算探测器的设置数量。

4）当房屋顶部有热屏障时，感烟探测器下表面至顶棚距离应符合规定。锯齿型屋顶和坡度大于15°的人字形屋顶，应在每个屋脊处设置一排探测器，探测器下表面距屋顶最高处的距离应符合表4-4的规定。

表4-4　感烟探测器下表面距顶棚（或屋顶最高处）的距离表

探测器的安装高度 h/m	感烟探测器下表面距顶棚（或屋顶最高处）的距离 d/mm					
	顶棚（或屋顶）坡度 θ					
	$\theta\leqslant15°$		$15°<\theta\leqslant30°$		$\theta>30°$	
	最小	最大	最小	最大	最小	最大
$h\leqslant6$	30	200	200	300	300	500
$6<h\leqslant8$	70	250	250	400	400	600
$8<h\leqslant10$	100	300	300	500	500	700
$10<h\leqslant12$	150	350	350	600	600	800

5）探测器宜水平安装，如必须倾斜安装时，倾斜角不应大于45°。

6）房间被书架、设备或隔断等分隔，其顶部至顶棚或梁的距离小于房间净高的5%时，则每个被隔开的部分应设置探测器。

7）探测器周围0.5m内，不应有遮挡物，探测器至墙壁、梁边的水平距离，不应小于0.5m。

8）探测器至空调送风口边的水平距离不应小于1.5m，至多孔送风顶棚孔口的水平距离不应小于0.5m（指在距离探测器中心半径为0.5m内的孔洞用非燃烧材料填实，或采取类似的挡风措施）。

9）在宽度小于3m的走道顶棚上设置探测器时，宜从中布置。感温探测器的安装间距不应超过10m，感烟探测器安装间距不应超过15m，探测器至端墙的距离，不应大于探测器安装间距的一半。

10）在电梯井、升降机井设置探测器时，其位置宜在井道上方的机房顶棚上。

11）下列场所可不设火灾探测器（重点部位除外）。

A. 厕所、浴室等潮湿场所。

B. 不能有效探测火灾的场所。

C. 不便于使用、维修的场所。

12）可燃气体探测器应安装在气体容易泄漏出来、气体容易流经的场所及容易滞留的场所，安装位置应根据被测气体的密度、安装现场气流方向、温度等各种条件来确定。

A. 密度大、比空气重的气体，如液化石油气应安装在下部，一般距地0.3m。且距气灶小于4mm的适当位置。

B. 人工煤气密度小且比空气轻，可燃气体探测器应安装在上方，距气灶小于8m的排气口旁处的顶棚上。如没有排气口应安装在靠近煤气灶梁的一侧，架高与探测器的关系应符合规定。

C. 其他种类可燃气体，可按厂家提供的，并经国家检测合格的产品技术条件来确定其探测器的安装位置。

13）红外光束探测器的安装位置，应保证有充足的视场，发出的光束应与顶棚保持平行，远离强磁场，避免阳光直射，底座应牢固地安装在墙上。

14）其他类型的火灾探测器的安装要求，应按设计和厂家提供的技术资料进行安装。

15）探测器的底座应固定可靠，在吊顶上安装时应先把盒子固定在主龙骨上或在顶棚上生根作支架，其连接导线应可靠压接或焊接。当采用焊接时不得使用带腐蚀性的助焊剂，外接导线应有0.15m的余量，入端处应有明显标志。

16）探测器确认灯应面向便于人员观察的主要入口方向。

17）探测器底座的穿线孔宜封堵，安装时应采取保护措施（如装上防护罩）。

18）探测器的接线应按设计和厂家要求接线，但“＋”线应为红色，“－”线应为蓝色，其余线根据不同用途采用其他颜色区分，但同一工程中相同的导线颜色应一致。

19）探测器的头在即将调试时方可安装，安装前应妥善保管，并应采取防尘、防潮、防腐蚀等措施。

（2）手动火灾报警按钮的安装。

1）报警区内的每个防火分区应至少设置1只手动报警按钮，从1个防火分区内的任何位置到最近1个手动火灾报警按钮的步行距离不应大于30m。

2）手动火灾报警按钮应安装在明显和便于操作的墙上，距地高度1.5m，安装牢固并不应倾斜。

3）手动火灾报警按钮外接导线应留有0.10m的余量，且在端部应有明显标志。

（3）报警灭火控制器安装。

1）报警灭火控制器（以下简称控制器）是接收火灾探测器和火灾报警按钮的火灾信号及其他报警信号，并发出声、光报警，指示火灾发生的部位。按照预先编制的逻辑，发出控制信号，联动各种灭火控制设备，迅速有效地扑灭火灾。为保证设备的功能应做到精心施工，确保安装质量。火灾报警器一般应设置在消防中心、消防值班室、警卫室及其他规定有人值班的房间或场所。控制器的显示操作面板应避开阳光直射，房间内无高温、高湿、尘土、腐蚀性气体，且不受振动、冲击等影响。

2）设备安装前土建工作应具备下列条件：屋顶、楼板施工已完毕，不得有渗漏；结束室内地面、门窗、吊顶等安装；有损设备安装的装饰工作全部结束。

3）区域报警控制器在墙上安装时，其底边距地面高度不应小于1.5m，可用金属膨胀螺栓等进行安装，固定要牢固、端正，安装在轻质墙上时应采取加固措施。靠近门轴的侧面距离不应小于0.5m，正面操作距离不应小于1.2m。

4）集中报警控制室或消防控制中心设备安装应符合下列要求：落地安装时，其底宜高出地面0.05～0.2m，一般用槽钢或浇筑混凝土台作为基础，如有活动地板时使用的槽钢基础应在水泥地面生根固定牢固。槽钢要先调直除锈，并刷防锈漆，安装时用水平尺、小线找好平直度，然后用螺栓固定牢固。控制柜按设计要求进行排列，根据柜的固定孔距在基础槽钢上钻孔，安装时从一端开始逐台就位，用螺丝固定，用小线找平找直后再将各螺栓紧固。控制设备前操作距离，单列布置时不应小于1.5m，双列布置时不应小于2m。在有人值班经常工作的一面，控制盘到墙的距离不应小于3m，盘后维修距离不应小于1m。控制盘排列长度大于4m时，控制盘两端应设置宽度不小于1m的通道。区域控制室安装落地控制盘时，参照上述的有关要求安装施工。

5）引入报警灭火控制器的电缆、导线接地等应符合下列要求：对引入的电缆或导线，首先应用对线器进行校线。按图纸要求编号，然后摇测相间、对地等绝缘电阻，不应小于20MΩ，全部合格后按不同电压等级、用途、电流类别分别绑扎成束引到端子板，按接线图进行压线，注意每个接线端子接线不应超过两根。盘圈应按顺时针方向，多股线应烫锡，导线应有适当余量，标志编号应正确且与图纸一致，字迹清晰，不易褪色。配线应整齐，避免交叉，固定牢固。导线引入线完成后，在进线管处应封堵，控制器主电源引入线应直接与消防电源连接，严禁使用接头连接，主电源应有明显标志。凡引入有交流供电的消防控制设备，外壳及基础应可靠接地，一般应压接在电源线的PE线上。消防控制室一般应根据设计要求设置专用接地装置作为工作接地。当采用独立工作接地时，电阻应小于4Ω；当采用联合接地时，接地电阻应小于1Ω。控制室引至接地体的接地干线应采用一根不小于16mm^{2}的绝缘铜线或独芯电缆，穿入保护管后，两端分别压接在控制设备工作接地板和室外接地体上。消防控制室的工作接地板引至各消防控制设备和报警灭火控制器的工作接地线应采用不小于4mm^{2}铜芯绝缘线穿入保护管构成一个零电位的接地网络，以保证火灾报警设备的工作稳定可靠。接地装置施工过程中，分不同阶段应做电气接地装置隐检、接地电阻摇测、平面示意图等质量检查记录。

4.6.6 系统接地装置安装

（1）工作接地线应采用铜芯绝缘导线做电缆不得用镀锌扁铁或金属软管。

（2）由消防控制室引至接地体的工作接地线，在通过墙壁时，应穿入钢管或其他坚固的保护管。

（3）工作接地线与保护接地线应分开，保护接地导体不得用金属软管。

（4）接地装置施工完毕后，应及时做隐蔽工程验收，测量接地电阻，并做记录。

4.6.7 火灾报警和联动设备调试

（1）火灾自动报警系统调试，应在建筑物内部装修和系统施工结束后进行。

（2）调试前施工人员应向调试人员提交竣工图、设计变更记录、施工记录（包括隐蔽工程验收记录），检验记录（包括绝缘电阻、接地电阻测试记录）、竣工报告。

（3）调试负责人必须由有相应资格的专业技术人员担任。一般由生产厂工程师或生产厂委托的经过训练的人员担任，其资格审查由公安消防监督机构负责。

（4）调试前应按下列要求进行检查：

1）按设计要求查验，设备规格、型号、备品、备件等。

2）按火灾自动报警系统施工及验收规范的要求检查系统的施工质量。对属于施工中出现的问题，应会同有关单位协商解决，并有文字记录。

3）检查检验系统线路的配线、接线、线路电阻、绝缘电阻，接地电阻、终端电阻、线号、接地线的颜色等是否符合设计和规范要求，发现错线、开路、短路等达不到要求的应及时处理，排除故障。

（5）火灾报警系统应先分别对探测器、消防控制设备等逐个进行单机通电检查试验。单机检查试验合格，进行系统调试。报警控制器通电接入系统做火灾报警自检功能，消声、复位功能，故障报警功能，火灾优先功能，报警记忆功能，电源自动转换和备用电源的自动充电功能，备用电源的欠压和过压报警功能等功能检查。在通电检查中上述所有功能都应符合《火灾报警控制器》(GB 4717) 的要求。

(6) 按设计要求分别用主电源和备用电源供电，逐个逐项检查试验火灾报警系统的各种控制功能和联动功能，其控制功能和联动功能应正常。

(7) 检查主电源，火灾自动报警系统的主电源和备用电源，其容量应符合有关国家标准要求，备用电源连续充放电 3 次应正常，主电源、备用电源转换应正常。

(8) 系统控制功能调试后应用专用的加烟加温等试验器，应分别对各类探测器逐个试验，动作无误后可投入运行。

(9) 对于其他报警设备也要逐个试验无误后投入运行。

(10) 按系统调试程序进行系统功能自检。系统调试完全正常后，应连续无故障运行 120h，写出调试开通报告，进行验收工作。

4.7 火灾事故照明和疏散指示标志安装

应急照明与疏散标志是在突然停电或发生火灾而断电时，在重要的房间或建筑物的主要通道，继续维持一定程度的照明，以保证人员迅速疏散，主要疏散通道，在安全出口和楼梯间均设置事故照明。平时事故照明采用交流供电，一旦交流电源消失，自动装置将迅速把事故照明切换到直流电源。所有的安全出口均设置疏散指示标志，疏散指示标志采用应急灯。

4.7.1 疏散指示标志安装

疏散标志灯应设玻璃或其他非燃烧材料制作的保护罩。疏散指示标志灯布置见图 4-1，箭头表示疏散方向。疏散指示灯的点亮方式有两种：一种是平时不亮，当遇到火灾时接受指令，按要求分区或全部点亮；另一种是平时即点亮，兼作平时出入口的标志。无自然采光的地下室等处，通常采用平时点亮方式。

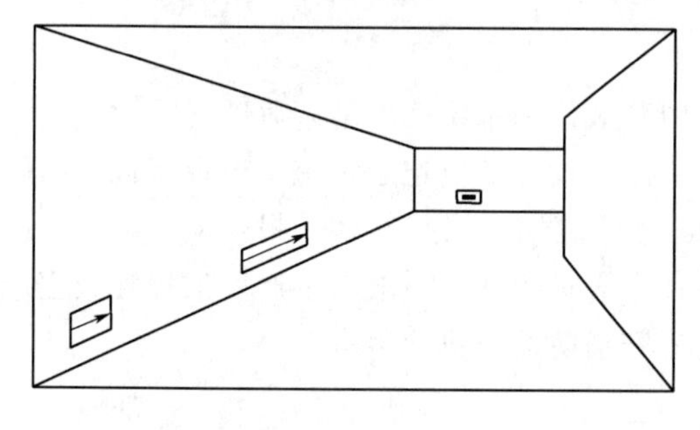

图 4-1 疏散指示标志灯布置示意图

疏散指示标志灯分大、中、小三种，可以根据应用场所的不同进行选择。安装方式主要有明装悬吊式、暗装式、明装直附式三种。室内走廊、门厅等处的壁面或棚面可安装标志灯，可明装直附、悬吊或暗装。一般新建筑（与土建部分一起施工）多采用暗装（壁面），旧建筑改造可使用明装方式，靠墙上方可用直附式，正面通道上方可以悬吊式。疏散指示标志灯的安装方法见图 4-2。

4.7.2 应急照明安装

应急照明的工作方式可分为专用和混用两种。专用的应急照明灯平时不点亮，事故发生后立即自动点亮；混用照明灯与正常工作照明一样，平时即点亮作为工作照明的一部

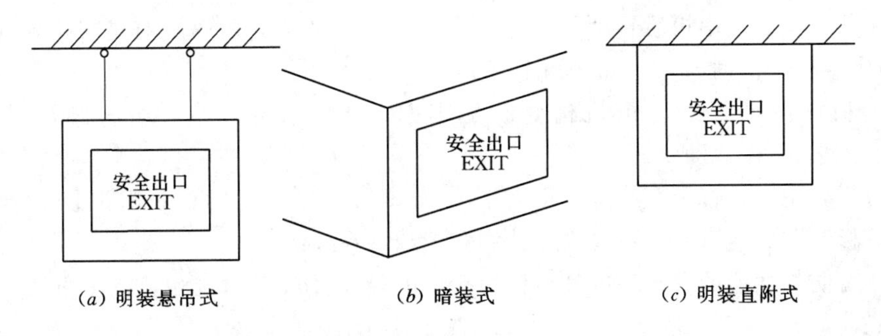

图 4-2　疏散指示标志灯的安装方法示意图

分。混用应急照明灯往往装有照明开关，必要时须在火灾事故发生后强行点亮。高层住宅的楼梯间照明兼作应急疏散照明，通常楼梯灯采用定时自熄开关，因此须在事故时强行点亮。其安装接线见图 4-3。

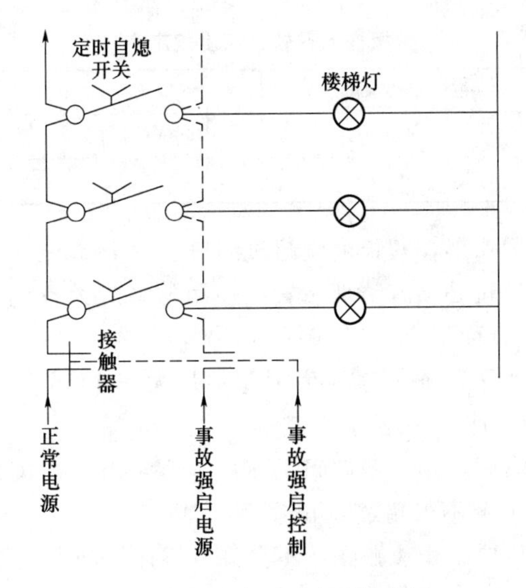

图 4-3　应急照明安装接线图

4.8　防火门系统安装

防火门是指在一定时间内能满足耐火稳定性、完整性和隔热性要求的门，主要有防火卷帘、木质防火门、钢木防火门等类型。它是设在防火分区间、疏散楼梯间、垂直竖井等具有一定耐火性的防火分隔物。防火门除具有普通门的作用外，更具有阻止火势蔓延和烟气扩散的作用，可在一定时间内阻止火势的蔓延，确保人员疏散。

4.8.1　防火卷帘安装

防火卷帘一般作防火分区的防火隔断，具有手动和自动控制功能。由卷帘门、感烟探测器、感温探测器、控制按钮、电机、限位开关和卷帘门控制柜组成。

（1）帘板安装及操作。

1）相邻互锁帘板串接后转动灵活，摆动±900mm不允许脱落。对具有防烟性能的重叠形帘板串接后，摆动±900mm不允许脱落。

2）帘板两端挡板或防窜机构要装配牢固，装配成卷帘后，帘板蹿动量不得大于2mm。

3）帘板要平直，帘板直线度不得大于1.5mm/m，全长直线度不得超过0.12%。

4）帘板装配成卷帘后，不允许有孔洞和缝隙存在。

5）具有防烟性能的帘板，内外鼻钩串接后的接触面成弧面接触，弧度角在300°范围内应接触。

6）帘板装配成卷帘后，在运行时不允许有倾斜，应当平行升降，卷帘的不平直长度不大于洞口高度的1/300。

（2）导轨制作安装。

1）帘板嵌入导轨的深度应符合表4-5的规定。

表4-5　　帘板嵌入导轨的深度规定表

洞口宽度 B/mm	每端嵌入最小深度/mm	洞口宽度 B/mm	每端嵌入最小深度/mm
$B<3000$	45	$5000\leqslant B<9000$	60
$3000\leqslant B<5000$	50		

2）导轨的顶部应成圆弧形，其长度应超过洞口至少75mm。

3）具有防烟性能的导轨必须有防烟装置，使用材料应为不燃材料，隔烟装置与卷帘表面应均匀紧密贴合，贴合面不应小于80%。

4）导轨的滑动面应光滑平直，直线度偏差不得大于1.5mm/m，全长直线度偏差不得超过0.12%，不允许有扭曲、凹凸、毛刺等。

5）导轨现场安装应牢固，预埋钢件间距不得大于600mm，安装后垂直度偏差不得大于5mm/m，全长垂直度偏差不得超过20mm。

6）卷帘在导轨内运行应平稳、顺畅，不允许有碰撞，冲击现象。

（3）门楣安装。

1）门楣的结构应有效地阻止火焰蔓延。

2）具有防烟性能的门楣，应设置防烟装置，有效地阻止烟气外溢。防烟装置所有的材料应为不燃材料。

3）门楣的防烟装置与门楣密封面和卷帘表面均匀接触，接触面不应小于门洞口宽度的80%，非接触部位缝隙不得大于2mm。

4）门楣现场安装应牢固，预埋钢件间距不得大于600mm。

（4）座板安装。

1）座板与地面的接触应均匀、平行，并符合标准的规定。

2）座板宜采用角钢组成，角钢尺寸应根据洞口宽度而决定，铆接连接或用螺栓连接间距不大于30mm。

（5）传动装置安装。

1）钢质防火卷帘启闭的平均速度应符合表4-6的规定。

表 4-6　　钢质防火卷帘启闭的平均速度规定表　　单位：m/min

电动启闭	2～6	2.5～6.5	3～9
自重下降	2～6	3～7	3～9

2）卷门机的安装应留有检修的空间，安装应牢固，不得漏油。

3）支座安装牢固，轴承无异样，加油充足。

4）各个旋转轴的链轮中心应同轴一致，无破损。

（6）电动式卷门机安装。

1）应设置限位开关，卷帘启闭至上下限时，能自动停止，其重复定位误差应小于20mm。

2）应设有手动启闭装置，以备断电时使用。

3）应设有防卷帘自重下降的性能，并具有恒速性能。

4）能使卷帘在任何位置停止。

5）可以附设以下控制保险装置：联动装置、手动速放关闭装置、烟感装置、温度金属熔断装置等，其位置不允许安装在可燃材料上。

6）控制箱应安全并便于检修。

7）所装配的操纵装置都应有明显的操纵标志，便于火灾发生时消防人员、值勤人员准确迅速地操作使用。

8）用于疏散走道、出口的钢质防火卷帘下降至1.5m应有延时装置。

9）使用手动速放装置时，臂力不得大于50N。

10）制动装置的制动力矩的安全系数应为1.5。

4.8.2　钢质防火门安装

（1）弹线定位。按设计要求尺寸、标高和方向，画出门框框口位置线。

（2）门洞口处理。安装前检查门洞口尺寸，偏位、不垂直、不方正的要进行剔凿或抹灰处理。

（3）门框内灌浆。对于钢质防火门，需在门框内填充1∶3水泥砂浆。填充前应先把门关好，将门扇开启面的门框与门扇之间的防漏孔塞上塑料盖后，方可进行填充。填充水泥不能过量，防止门框变形影响开启。

（4）门框就位和临时固定。先拆掉门框下部的固定板、将门框用木楔临时固定在洞口内，经校正合格后，固定木楔。门框埋入±0.00m标高以下20mm，须保证框口上下尺寸相同。允许误差小于1.5mm，对角线允许误差小于2mm。

（5）门框固定。采用1.5mm厚镀锌连接件固定。连接件与墙体采用膨胀螺栓固定安装。门框与门洞墙体之间预留的安装空间：胀栓固定预留20～30mm。门框每边均不应少于3个连接点。

（6）门框与墙体间隙间的处理。门框周边缝隙，用1∶2水泥砂浆嵌缝牢固，应保证与墙体结成整体，经养护凝固后，再粉刷洞口及墙体。门框与墙体连接处打建筑密封胶。

（7）门扇安装。先用十字螺丝刀把合页固定在门扇上，并把门扇挂在门框上。挂门时，先将门扇竖放在门框合页边框旁，与门框成90°夹角。为安装方便，门扇底部可用木块垫起。对准合页位置，将门扇通过合页固定在门框上。

（8）五金配件安装。安装五金配件及有关防火装置。门扇关闭后，门缝应均匀平整，开启自由轻便，不得有过紧、过松和反弹现象。

（9）门框与门扇的正常间隙为左、中（双开门、子母门）、右3mm±1mm、上部2mm±1mm、下部4mm±1mm间隙。调整框与扇的间隙，做到门扇在门框里平整、密合、无翘曲、无明显反弹。

4.8.3 木质防火门安装

（1）弹线定位。弹线安装门框应考虑墙体面层厚度，根据门尺寸、标高、位置及开启方向在墙上画出安装位置线。有贴脸的门，立框时应与抹灰面平。

（2）门框安装。首先在门框两侧钉镀锌铁条（30mm×200mm×2mm），一侧不得少于3个抹灰面平，上下各距顶部或底部的尺寸不大于250mm。剩下一个在中间位置，然后用射钉枪把连接铁条固定在混凝土柱上，门框安装完后，用铁皮在小车轴高的位置包好，防止磕碰门框。门框固定好后，框与洞口墙体的缝隙先填塞发泡材料（或沥青麻丝），内外侧再用水泥砂浆抹平。

（3）门套安装。部分木质防火门有门套，门套形式见装修施工图纸。门框与门套内衬在厂家已黏结固定完毕，现场整体与抱框柱固定，现场施工贴脸。贴脸完成后与墙体平（涂料墙面）或将瓷砖压住（瓷砖墙面）。贴脸必须垂直，垂直度满足要求，贴脸与内衬板黏结牢固。

（4）门扇安装。先确定门的开启方向及小五金的型号、安装位置，对开门扇的裁口位置及开启方向。将弄好的门扇塞入框，在扇上划出合页位置（合页到门扇的顶部和下部为门扇高度的十分之一，且壁开上下帽头）同时注意扇与框的平整。确定好合页的位置后，即在门扇上划出合页位置及槽深浅，确保门扇安装完后与框的平整。

（5）五金安装。合页安装时应先拧紧一个螺丝，然后检查门的缝隙是否合适，口与扇是否平整，无问题后方能把所有螺丝全部拧上，木螺丝应砸入1/3，拧入2/3。合叶螺丝拧入深度一致，无歪曲现象。五金安装必须符合相关要求，不得遗漏，门锁及拉手安装高度为95～100cm，双扇门的插销在门的上下各安一个。由于门在开启的时候易碰墙，应安装定门器。

4.9 防排烟系统安装

防排烟系统设置在疏散通道和人员密集的部位，利于人员的安全的疏散；可以将现场的烟和热及时排出，减弱火势蔓延，排出灭火障碍，是灭火的配套设施。防排烟系统主要包括正压送风和排烟系统两大类。系统一般由正压送风机、风道、正压送风阀组成。在排烟管道和空调送风管道中一般设置防火阀，防火阀通常是受熔断器控制的，排烟管道中的防火阀熔断器一般为280℃，火灾发生时防火阀可通过控制器自动控制打开，当管道中的气流温度达到280℃时，熔断器熔断，关闭防火阀；空调送风系统的防火阀熔断器为70℃，当管道内气流温度达到70℃时，防火熔断器动作，关闭防火阀。送风机、排烟机可以现场控制启动与停动，也可以通过报警灭火控制器控制；送风口可以现场控制打开与关闭，可以通过报警灭火控制器控制打开。系统由排烟阀、手动控制装置、排烟机、风管、防排烟控制柜等组成。

4.9.1 离心风机安装

(1) 根据设计和设备底座的地脚螺栓孔，在基础上准确地放出设备纵横中心线，并放出减振器定位线。

(2) 离心风机的基础如采用减振支座时，应严格按设计图纸和设备的产品说明书进行安装，或由供货设备制造商派人现场指导安装。

(3) 设备基础、减振器安装完成并检查核对无误后，便可就位风机设备。风机就位时，用千斤顶将设备顶起略高出减振器上表面50mm，通过轨道或型钢缓缓将风机移至基础上，对准减振器和设备底座螺孔，将风机放在减振器上，拧紧定位螺栓。

(4) 风机就位工作完成后，应检查各承载减振器是否受力均匀，各压缩量是否一致，是否有歪斜变形，如有不一致，应重新进行调整，直到符合合同及设备技术文件有关要求。

(5) 离心风机安装完后，轴承座纵、横向水平度允许偏差不大于0.20mm/m，机壳与转轴同轴度允许偏差不大于2mm，叶轮与机壳轴向、径向间隙允许偏差分别小于叶轮直径的1/100和3/100。主、从动轴中心允许偏差不大于0.05mm/m，两皮带轮端面在同一平面内允许偏差不大于0.50mm。

4.9.2 轴流风机安装

(1) 轴流风机在墙上安装时，支架的位置和标高应符合设计要求。支架应用水平尺找平，支架的螺栓孔应当与风机底座的螺孔一致，底座下应垫以厚3～5mm的橡胶板，以避免刚性接触，产生噪声。

(2) 轴流风机在墙内安装时，应在土建施工时及时配合留好孔洞，并预埋好挡板的固定件和轴流风机支座的预埋件。

(3) 轴流风机安装时，机身应保持水平，牢固可靠，允许偏差与离心风机安装要求相同。叶轮与风筒对应两侧间隙偏差：当$D \leqslant 600$mm时不大于±0.5mm；两侧间隙偏差$D > 600 \sim 1200$mm时不大于±1.0mm。墙洞安装时与预留洞间空隙应采取有效措施严密封堵。

4.9.3 附件安装

(1) 通风系统的多叶调节阀、蝶阀、插板阀等调节装置，应安装在便于操作部位，止回阀安装应注意其方向性。

(2) 防火阀是通风系统的安全装置，要保证在火灾时起到关闭和停机的作用。穿越防火分区的防排烟风管在跨墙或楼板处应设置防火阀，并应紧贴墙或挡板安装。

(3) 各类风口安装应横平、竖直、表面平整。在无特殊要求情况下，露于室内部分应与室内线条平行。有调节和转动装置的风口，安装后应保持原来的灵活性。为了使风口在室内保持整齐，室内安装的同类型风口应对称分布，同一方向的风口，其调节装置应在同一侧。排烟口应安装在顶棚上或靠近顶棚的墙面上。

（4）柔性短管的安装应松紧适当，不能扭曲。安装在风机吸入口的柔性短管可装得紧一些，防止风机启动被吸入而减小截面尺寸。不能以柔性短管当成找平找正的连接管或异径管，同时，排烟系统的柔性短管应采用不燃材料。

（5）多叶送风口、多叶排烟口及楼梯间正压送风口在安装时应检查烟（风）道内有无杂物堵塞或烟（风）道墙上有无未密封的墙洞，若有，应及时与项目部主管工程师联系，以便及时处理完善，然后再安装风口。

（6）多叶送风口、多叶排烟口在安装时应保证阀体立面和墙面平行，阀体应保证横平、竖直，并保证阀表面基本与土建装修面平，但阀表面绝对不能超过土建装修面。

4.9.4 风管制作

（1）风管制作前的检验。在制作风管前，应检查所用的材料是否符合质量要求，有无出厂合格证明或质量鉴定文件。若无上述证明文件则应进行外观检查，并应符合下列要求：

1）板材表面应平整，厚度应均匀，无凹凸及明显的压伤现象，不得有裂纹、砂眼、结疤及刺边和锈蚀情况。

2）型钢应等型、均匀，不得有裂纹、气泡、窝穴及其他影响质量的缺陷。

3）其他材料不能因具有缺陷导致成品强度的降低或影响其使用功能。

（2）风管制作。

1）矩形风管弯头应尽量加工成弧形，当弯头宽度大于500mm时，应设置导流叶片，导流叶片制作应符合施工规范要求。

2）风管各管段的连接应采用可拆卸的形式，管段长度宜为1.8～4.0m。

3）风管及配件表面应平整，圆弧均匀，纵向接缝应错开，咬口缝应紧密，宽度均匀。

4）制作金属风管和配件，外径或外边长的允许偏差：不大于300mm为－1mm；大于300mm为－2mm。其中制作法兰、圆形法兰内径或矩形法兰内边尺寸允许偏差为＋2mm，水平度不应大于2mm。

5）矩形风管边长不小于630mm和保温风管边长不小于800mm，其管段长度在1.2m以上均应采取加固措施。建议采用加固条风管内加固。如采用角钢法兰外加固，角钢规格可略小于法兰角钢规格。

6）在加工法兰时，一般情况下，其内径应比风管外径略大2～3mm。

7）在加工法兰时，应注意法兰表面平整，以防止漏风现象。

8）法兰螺栓孔的间距应不大于150mm，钻法兰螺栓孔时，应注意使孔的位置处于角钢（减去厚度）或扁钢的中心。为了便于机械化、标准化施工，螺栓孔的排列，要使正方形法兰和圆形法兰任意旋转时，四面的螺栓孔均能对准，矩形法兰两对边的法兰孔均能对准，矩形法兰的四角处应设螺孔。

9）角钢法兰的立面与平面应保证互成90°。连接用的螺栓与铆钉宜采用同种规格（如M8，ϕ4.5mm）。L40×4、L30×4角钢法兰用M8×30螺栓，L25×3角钢法兰用M6×25螺栓。

10）风管法兰用料规格宜符合表4-7的规定。

表 4－7　　风管法兰用料规格表　　单位：mm

矩形风管大边长	圆形风管直径	法兰用料规格
≤630	300～≤500	L25×3
670～≤1250	530～≤1250	L30×4
1320～≤2500	1320～≤2000	L40×4

11）风管与角钢法兰连接，管壁厚度不大于 1.5mm，可采用翻边铆接，铆接部位应在法兰外侧，铆钉的间距不应大于 150mm；管壁厚度大于 1.5mm，可采用翻边点焊或沿风管的周边将法兰满焊。风管与扁钢法兰连接，可采用翻边连接。

12）风管与法兰连接，如采用翻边，翻边尺寸应为 6～9mm，翻边应平整，不得有孔洞。

13）与风机、风阀对接的圆形法兰，在制作时应尽可能使圆形法兰的外径与风机、风阀的圆形法兰外径对等。

14）与风口直接对接的风管，在制作时应与风口尺寸配套，即风管内径应偏大 1cm。

4.9.5 风管安装

(1) 风管系统安装前，应进一步核实风管及送（排）风口等部件的标高是否与设计图纸相符，并检查土建预留的孔洞、预埋件的位置尺寸是否符合要求，并将预制加工的支（吊）架、风管及部件运至施工现场。

(2) 支、吊、托架材质建议按以下标准采用：吊杆采用 ϕ10mm 圆钢，矩形风管长边长大于 1250mm 时，采用 L50×5 角钢托架，当矩形风管长边长不大于 1250mm 时，采用 L40×4 角钢托架。支、吊、托架应除锈并刷防锈漆两遍。

(3) 不保温风管水平安装时，风管直径或长边长小于 400mm 时，支、吊架间距不超过 4m；风管直径或长边长不小于 400mm 时，支吊架间距不超过 3m。垂直安装的风管支、吊架间距为 4m，并在每根立管上设置不少于两个固定件。安装在托架上的圆形风管，宜设托座。

(4) 对于相同管径的支、吊、托架应等距离排列，但不能将支、吊、托架设置在风口、风阀、检查口、测定孔等部位处，否则将影响系统的使用效果，应适当错开一定的距离。

(5) 支、吊、托架的预埋件或膨胀螺栓的位置，应正确和牢固可靠。支架埋入砌体或混凝土中应去掉油污（不得喷涂油漆），以保证结合牢固。

(6) 安装吊架应根据风管中心线找出吊杆敷设位置。单吊杆在风管中心线上，双吊杆按托架角钢的螺栓孔间距或风管中心线对称安装，但安装不能直接吊在风管法兰上。

(7) 为了安装方便，风管应尽量在地面上进行连接，一般可接至长 10～12m，在风管连接时，不允许将可拆卸的接口装设在墙或楼板内。

(8) 在风管法兰间应装设法兰垫料，厚度为 4mm，垫料材质采用石棉板或石棉绳。连接法兰用的螺母应在同一侧。

(9) 风管安装前，应对安装好的支、吊、托架进一步检查位置是否正确，是否牢固可靠，根据施工方案确定的吊装方法，按照先干管后支管的安装程序进行吊装。

（10）水平风管安装后的水平度的允许偏差不应大于 3mm/m，总偏差不应大于 20mm。垂直风管安装后的不垂直度的允许偏差不应大于 2mm/m，总偏差不应大于 20mm/m。风管沿墙敷设时，管壁到墙面至少应保留 150mm 的距离，以便拧紧法兰螺栓。

（11）在风管安装过程中，应逐段进行漏光检测，确保风管的密封符合设计规定和规范要求。

（12）在设计图纸中要求的一些特殊地方需对防排烟风管采取特别加强措施，其做法如下：制做厚 1.2mm 铁皮，用厚 30mm 玻璃纤维隔热，再用铁丝网捆扎后，外抹 15mm 石棉水泥保护壳。

4.9.6 设备单机调试

（1）自购的所有消防产品，应附带该产品的试验合格证，所提供的试验合格证应在有效使用日期内。

（2）所有产品除提供该产品的试验合格证外，还应提供该类产品由消防监督管理部门定期抽查的检测证明。

（3）消防产品安装前，除进行外观检测外，还应进行电气试验。特别对有消防电气控制要求的所有防火阀、排烟阀等，应逐台通电试验，试验合格后方能安装。

（4）对已安装形成的通风空调防火系统、防烟系统和排烟系统，按设计要求，对每个系统进行分步试验，试验至少包括下列项目：

1）各类排烟、防烟风机的启动电流、运行电流。

2）各类排烟、防烟风机的风量、风压。

3）各类防火阀的熔动和电动关闭功能、复位功能。

4）各类排烟阀的熔动和电动开启功能、复位功能。

5）各类全自动防火、排烟阀的熔动和电动开启及关闭功能、复位功能。

6）各类正压送风口、电动排烟口的风量、电动开启功能和复位功能。

7）排烟口与排烟风机的联动功能。

8）正压送风口与正压送风机的联动功能。

9）除上述项目外，供货商认为有必要试验的其他项目。

4.9.7 联合运转调试

（1）当完成单个系统试验后，可结合消防控制系统的分区进行分区域联合试验。即由消防控制中心发出指令，控制该区域的通风空调防火系统、防烟系统和排烟系统。

（2）区域试验应符合消防控制中心对该区域所有设备、部件的控制要求。

（3）当完成区域试验后，按消防控制系统的调试要求进行整体系统调试。其调试要求符合消防控制中心对所控制的所有通风空调系统、防烟系统和排烟系统、设备、部件所规定的要求。

（4）对所有设备、部件、系统的试验，应做详细的记录，记录试验过程、试验方法、试验的项目、试验的主要设备及其他能够证明试验合格的必要项目。

4.10 电缆防火阻燃系统安装

采用分层排列敷设的动力电缆、控制电缆，电缆桥架层间装设耐火隔板，电缆廊道和电缆层分别按机组段和设备房间进行分隔，设置防火墙或防火段。电缆通过防火墙和进出开关柜、配电屏、励磁屏、计算机单元控制屏和继电保护屏等处的孔洞，对电缆竖井的上、下端进行防火封堵，竖井内的电缆全线刷防火涂料。

4.10.1 一般规定

（1）在电缆敷设设计时，为防止因电缆本体或由外界火源造成电缆引燃而使火灾事故扩大的情况，应对电缆、电缆构筑物采取有效的防火封堵、分隔措施。

（2）对电缆的中间接头和终端部位，电缆通过易燃、易爆、危险品仓库、油箱、油管道以及其他等易引发电缆火灾的区域，应重点采取各种电缆防火阻燃措施，以保证电缆安全运行。

（3）电缆防火阻燃措施，应按部位的重要性，根据电缆类型、数量和重要程度，区别不同情况和经济上的合理性采取相应的电缆防火阻燃措施。

（4）中央控制室、主机室、配电装置室的电缆层、电缆通道进出口、布置有电缆的通风廊道等场所，应采取有效的防火分隔和封堵措施，限制火灾事故的扩大。

（5）在采用阻燃电缆的工程中，除可免涂电缆防火涂料外，仍应采取其他电缆防火阻燃措施。

（6）电缆防火阻燃措施设计除应满足防火要求外，还应考虑工程检修方便，外形整洁、美观的要求。

4.10.2 电缆防火阻燃措施

（1）所有电缆贯穿的孔洞必须进行防火封堵。

（2）在电缆沟的进出口处，交叉、分支处，长距离每隔约60m处，应进行防火分隔处理。电缆沟防火分隔宜采用阻火墙的方法。

电缆沟阻火墙应符合下列规定：

1）阻火墙宜用防火封堵材料、防火隔板、电缆防火涂料等防火材料组合构筑，为了防止火焰窜燃，可在阻火墙两侧不少于1m区段所有电缆涂刷电缆防火涂料或缠绕阻燃包带或安装防火隔板。

2）室外电缆沟或室内潮湿、有积水电缆沟的阻火墙应选用具有防水功能的防火材料构筑。

3）靠近带油设备的电缆沟盖板缝隙应密封处理。

（3）敷设在电缆架（桥架）上的电缆在分支处和每隔60m处，应进行防火分隔处理。电缆架（桥架）上防火分隔宜采用阻火段的方法。阻火段若用长度不小于2m的防火槽盒构成时，槽盒两端头宜用防火包和有机防火堵料封堵严密。槽盒两端1m区段电缆宜涂刷电缆防火涂料或缠绕阻燃包带。

（4）电缆竖井的上、下两端口及进出电缆的孔洞应进行防火封堵：

1）当竖井内设有固定式水喷雾等灭火系统时，竖井内的防火封堵可不受上述要求的限制。

2）电缆竖井封堵应采用防火封堵材料、防火隔板等防火、阻燃材料组合封堵。封堵层应能承受巡视人员的荷载，活动人孔可采用承重型防火隔板制作。

（5）电缆穿楼板孔洞应采用防火封堵材料、防火隔板等防火材料组合封堵，封堵厚度宜与楼板厚度齐平。

（6）电缆穿墙孔洞应采用防火封堵材料组合封堵，封堵厚度宜与墙体相同。

（7）电缆进入盘、柜、屏、台的孔洞应采用防火封堵材料、防火隔板和电缆防火涂料等防火材料组合封堵。

（8）电缆夹层面积大于 $300m^2$ 应进行防火分隔处理，防火分隔宜采用设阻火段的方法。

（9）主变出来的垂直电缆应用电缆防火涂料、有机防火堵料组合进行防火封堵。

（10）直流电源、报警、事故照明、双重保护等重要回路，若采用非耐火型电缆，宜敷设在防火槽盒或防火桥架内保护。

（11）电缆通过易燃、易爆及其有火灾危险的区域，电缆较密集时可敷设在防火槽盒或防火桥架内保护，对少量电缆可采用涂刷电缆防火涂料、缠绕阻燃包带或穿金属管敷设等方式保护。

（12）电缆大型排管或地下埋管，宜在电缆管两端用有机防火堵料进行防火封堵。

（13）采取电缆防火阻燃措施时，宜先用有机防火堵料包裹在电缆周围，空余部位再用其他防火材料充填。如有必要可用有机防火堵料设置预留孔。

（14）阻火墙、防火封堵层的耐火极限应不低于1h。当电缆穿过构筑物的防火分区时，其孔洞封堵的耐火极限应不小于构筑物的耐火极限。

（15）用于阻止电缆着火延燃的材料或产品，应用难燃材料或不燃材料制作。难燃材料用氧指数和难燃性指标考核其燃烧性能，不燃材料用不燃性指标考核其燃烧性能。用于耐火保护的隔板、耐火型槽盒和耐火型桥架，其耐火极限应不低于0.5h。

4.10.3 电缆防火阻燃的材料选用

（1）电缆防火阻燃材料应选用具有难燃性或耐火性的合格防火材料，并应考虑其使用寿命、机械强度、施工简便、价格合理等综合因素。

（2）当防火材料使用在户外、潮湿或有腐蚀性的环境中时，应选用具有良好防水防腐性能的产品。

（3）在采取电缆防火阻燃措施时，应考虑各类不同的措施对电缆载流量的影响。

（4）槽盒（桥架）按材质不同可分为下列品种：

1）有机难燃型槽盒，由难燃玻璃纤维增强塑料制成。其拉伸、弯曲、压缩强度好，耐腐性、耐候性好。适用于户内外各种环境条件。

2）无机不燃型槽盒，由无机不燃材料制成。刚性好，适用于户内环境条件。

3）复合难燃型槽盒，以无机不燃材料为基体，外表面或内外表面由复合有机高分子难燃材料制成。其氧指数高，拉伸、弯曲、压缩强度好，刚性好，耐腐性、耐候性较好。适用于户内外各种环境条件。

（5）防火隔板选择和使用场所。

A 型板：适用于需要载人的大型电缆孔洞、电缆竖井封堵。

B 型板：适用于一般电缆孔洞封堵。可用于构筑电缆隧道阻火墙、制作防火隔板。

C 型板：适用于电缆层间隔板，制作各种形状的防火罩、防火挡板。

（6）有机防火堵料可由有机高分子材料、阻燃剂、黏结剂等制成，具有长期柔软性，遇火后炭化，形成坚固的阻火隔热层，其特点如下。

1）具有阻火、阻烟、防尘、防小动物等功能。

2）适用于电缆周围、电缆贯穿孔洞、电缆穿管管口及其他小型孔隙的阻火封堵。

3）与无机防火堵料、阻火包、防火隔板可按需要组合使用。

（7）无机防火堵料由耐高温无机材料混合而成，具有快速凝固特性。

1）适用于电缆贯穿孔洞、竖井的封堵。

2）与有机防火堵料组合使用，可构筑阻火墙、阻火段。

3）适用于户内、无积水的各种环境条件。

（8）防火包形如枕头状，外包装由编织紧密、经特殊处理的玻璃纤维组成，内部填充无机不燃型材料及特种添加剂。

1）防火包与有机防火堵料、防火隔板等组合使用，可用于下列场所：电缆穿楼板孔洞、穿墙孔洞封堵、构筑阻火墙、阻火段、竖井及槽盒端头封堵。

2）特殊适用于电缆经常变更的场所或作为施工中的临时防火措施。

3）适用于户内外各种环境条件。

（9）电缆防火涂料可适用于下列场所。

1）涂覆于贯穿孔洞封堵层的一侧或两侧电缆、阻火墙两侧电缆或其他场所所需防火保护的电缆。

2）涂覆于进出槽盒端头电缆及从槽盒内引出的电缆。

3）适用于户内较干燥与清洁环境条件。

4.10.4 电缆防火阻燃系统施工要求

（1）防火隔板的施工，应符合下列要求。

1）安装前应检查隔板外观质量情况，检查产品合格证明。

2）在每档支架托臂上设置两副专用挂钩螺栓，使防火隔板与电缆支（托）架固定牢固，并使防火隔板垂直或平行于支架，整体应确保在同一个水平面上。螺栓头外露不宜过长，采用专用垫片。如遇桥架或支架不平整时，安装时应校正。

3）防火隔板连接处应有 50mm 左右搭接，用螺栓固定，采用专用垫片。安装的工艺缺口及缝隙较大部位用有机防火堵料封堵严实。

4）防火隔板封堵孔洞时固定牢固，固定方法应符合设计要求。

（2）有机防火堵料的施工，应符合下列要求。

1）施工时将有机防火堵料密实填入需封堵的孔隙中。

2）按设计要求需要在电缆周围包裹一层有机防火堵料时，应包裹均匀密实。

3）用防火隔板与有机防火堵料配合封堵时，有机防火堵料应略高于防火板。

4）在阻火墙两侧电缆处，有机防火堵料与无机防火堵料封堵应平整。

5）电缆预留孔和电缆保护管两端口应采用有机防火堵料封堵严实，堵料填入管口的深度不应小于 50mm，预留孔封堵应平整。

（3）无机防火堵料的施工，应符合下列要求。

1）施工前整理电缆，根据需封堵孔洞的大小，严格按产品说明的要求进行施工，当孔洞面积大于 $0.2m^2$，且可能有行人的地方应采取加固措施。

2）用无机防火堵料构筑阻火墙时，根据阻火墙的设计厚度，采用预制和现浇，自下而上地砌作和浇制；预制型阻火墙的表面用无机防火堵料进行粉刷。

3）阻火墙应设置在电缆支（托）架处，构筑要牢固，并应设电缆预留孔和底部排水孔洞。

（4）防火包的施工，应符合下列要求。

1）安装前，将电缆做必要的整理，检查防火包有无破损，如有破损则不得使用。

2）在电缆周围包裹一层有机防火堵料，将防火包平整地填入电缆空隙中，防火包应交叉堆砌。

3）当用防火包构筑阻火墙时，阻火墙底部用砖砌筑支墩，并设有排水孔，应采取固定措施以防止阻火墙倒塌。

（5）电缆防火涂料的施工，应符合下列要求。

1）施工前清除电缆表面的灰尘、油污，涂刷前将涂料搅拌均匀。若涂料太稠时应严格按涂料品种添加相应的稀释剂稀释。

2）水平敷设的电缆施工时，宜沿着电缆的走向均匀涂刷，垂直敷设的电缆，宜自上而下涂刷，涂刷次数及厚度应符合产品要求，每次涂刷的间隔时间不得少于规定时间。

3）遇电缆密集或成束敷设时，应逐根涂刷，不得漏涂。

（6）防火包带的施工，应符合下列要求。

1）施工前作电缆整理。

2）按产品说明书要求进行施工。

3）允许多根小截面控制电缆成束缠绕防火包带，两端缝隙应用有机防火堵料封堵严实。

4.10.5 电缆防火阻燃系统施工验收

（1）防火板安装应牢固，对工艺缺口与缝隙较大部位要进行防火封堵，外观应平整美观。

（2）有机防火堵料封堵应牢固严实，无脱落现象，表面应平整光洁。

（3）无机防火堵料的封堵表面应平整光洁，无粉化，硬化、开裂等缺陷。

（4）防火包的堆砌应密实牢固，对侧面以不透光为合格，外观平整美观。

（5）电缆防火涂料的涂刷表面应光洁干燥，涂刷应均匀，不应有漏涂现象，每次涂刷间隔时间应达到规定的要求。

（6）防火包带按叠加一半的规定均匀缠绕，不应有松开现象。

（7）对不符合本标准要求的项目，应按本标准的要求进行返工。

（8）返工后仍达不到要求的工程应视为不合格工程。

4.11 验收及移交

消防验收是一个针对性强的专项工程验收，验收的目的是检查工程竣工后其消防设施配置是否符合已获审核批准的消防设计的要求，验收应在公安消防监督机构监督下，由建设单位主持，设计、施工、调试等单位参加，共同进行。验收不合格不得投入使用。

国务院公安部门规定的大型的人员密集场所和其他特殊的建设工程，建设单位应当向公安机关消防机构申请消防验收，未经消防验收或者消防验收不合格的，禁止投入使用。其他建设工程，建设单位在验收后应当报公安机关消防机构备案，公安机关消防机构应当进行抽查，依法抽查不合格的，应当停止使用。

4.11.1 消防工程安装的通用要求

（1）建筑工程的消防图纸的设计，必须是有相应的设计资格证书的设计单位设计。由建设单位将图纸和资料送公安消防监督机构审核，经审核批准后方可施工。

（2）从事消防设施施工的单位，应当具有相应的资质等级，其资质等级由公安消防机构会同有关部门共同审定，发给消防工程施工企业资质证书。

（3）建筑工程施工现场的消防安全由施工单位负责。施工单位开工前必须向公安消防机构申报，经公安消防机构核发施工现场消防安全许可证后方可施工。

（4）施工单位必须按照已批准的消防设计图纸施工，不得擅自改动。

（5）安装的消防产品、机电产品和材料要符合下列条件。

1）消防设备制造商，应具有国家颁发的生产许可证。外地或外国的消防产品，要具有有效期内的销售审验证书。选用时要审明证书中所列产品是否与所需产品相符。

2）灭火系统、耐火构件及耐火涂料应有有效的国家质量检测中心的检测合格报告。

3）电子产品要具有有效的国家消防电子产品质量检测合格报告。

4）高低压柜及各类箱屏必须采用国家认可的定点厂生产的产品；进口的电气产品必须有国家进出口商品检验局检定合格证明，具有合格证，设备上有铭牌。

5）电气施工中使用的产品如电线电缆、开关等，应符合中国电工认证委员会的安全认证要求，其电气产品上应带有安全认证委员会的安全认证要求，其电气产品上应带有安全认证标志（长城标志），并具有合格证，设备上有铭牌。

6）各类钢材，应符合有关标准和设计要求，厂家要出具材质证明和合格证。

7）主要辅料、管件、焊条、油漆等应有合格证。

（6）须符合施工现场的技术要求，使用强检和非强检的计量器具应按《中华人民共和国计量法》的要求进行管理。

（7）施工管理人员，如施工员、质检员、材料员等应持证上岗。特殊工种，如电工、焊工等也应持证上岗。

（8）工程施工中应接受公安消防监督机构和质量监督机关等上级单位的检查指导，以确保工程质量。

（9）施工中应严格按已批准的设计图纸施工，认真执行有关的消防设计规范、施工验收规范、施工工艺及有关的图集、厂方资料等施工要求。

（10）施工工程记录和资料的收集整理与填写，应做到与工程同步，工程竣工验收交付使用时应交给建设单位一套完整的工程资料，并按合同要求，绘制竣工图。

（11）消防工程安装调试全部完成后，施工单位应先进行自验，合格后再请建设单位（监理）和设计单位进行竣工验收，办理竣工验收单。

（12）建设单位或施工单位应委托有资格的建筑消防设施检测单位进行技术测试，并提交技术测试报告。

（13）建设单位应向公安消防监督机构提交验收申请，送交有关资料，请公安消防监督机构进行消防工程验收，经检验合格后发给消防设施验收合格证，才准许使用，否则，验收不合格或未经验收均不准使用。

4.11.2　安装验收

（1）保证项目。

1）消防系统水压试验结果及使用的管材品种、规格、尺寸必须符合设计要求和施工规范规定。

2）室内消火栓系统安装完成后应取屋顶层（或水箱间内）试验消火栓和首层取两处消火栓做试射试验，达到设计要求为合格。

3）水泵的规格型号必须符合设计要求，水泵试运转的轴承温升必须符合规定。

4）管道坡度必须符合设计要求。

5）焊接高压管道的焊工，必须经过考试合格，才能施焊。

6）自动喷洒和水幕消防装置的喷头位置、间距和方向必须符合设计要求和施工规范规定。

7）导线间和导线对地间的绝缘电阻值必须大于20MΩ。

8）探测器的类别、型号、位置、数量、功能等应符合设计和规范要求。

（2）基本项目。

1）镀锌碳素钢管的螺纹连接应符合以下规定：螺纹清洁、规整、无断丝；镀锌碳素钢管与管件的镀锌层无损伤，螺纹露出部分防腐蚀处理良好；接口处无外露聚四氟乙烯胶带等缺陷。

2）法兰连接应对接平行、紧密且与管中心线垂直，螺杆露出螺母长度不大于螺杆直径的1/2。

3）镀锌碳素无缝钢管的焊接应符合以下规定。

A. 卤代烷气体采用镀锌碳素无缝钢管焊接时，必须符合设计要求，按照设计规定在焊前、焊后应做好特殊涂料的防腐处理。

B. 焊口的宽度、厚度、平直度及焊缝加强面必须符合施工规范；焊波均匀一致，焊缝表面无结瘤、夹渣和气孔等缺陷。

4）镀锌法兰连接应符合以下规定：对接平行、紧密，与管子中心线垂直，螺杆露出螺母；衬垫材质必须符合设计要求且无双层。但应注意整体螺杆露出螺母长度应一致，且不大于螺杆直径1/2。

5）管道支、吊架的安装应符合以下规定：结构正确合理，埋设平正牢固，排列整齐，支架、吊架与管子设备等接触应紧密。

6）阀门安装应符合以下规定：型号、规格、耐压强度和严密性试验结果应符合设计要求；位置、标高、进、出口方向正确；连接牢固、紧密、启闭灵活，朝向合理，表面洁净。

7）设备、喷嘴及喷嘴罩安装应符合以下规定：规格、型号应符合设计要求；位置、标高、方向合理正确；连接牢固，表面洁净。

8）管道、箱、支架涂漆应符合以下规定：油漆种类和涂刷遍数、颜色应符合设计要求；附着良好，无脱皮、起泡和漏涂；漆膜厚度均匀，色泽一致，无流淌及污染现象。

9）消火栓的安装应栓口朝外，阀门距地面、箱壁的尺寸符合施工规范规定。水龙带与消火栓和快速接头的绑扎紧密，并卷折，挂在托盘或支架上。

10）探测器安装牢固，确认灯朝向正确，且配件齐全，无损伤变形和破损等现象。探测器其导线连接必须可靠压接或焊接，并应有标志，外接导线应有余量。探测器安装位置应符合保护半径、保护面积要求。

11）防火隔板安装牢固，无缺口、缝隙外观平整；有机堵料封堵严密牢固，无漏光、漏风裂缝和脱漏现象，表面光洁平整；无机堵料封堵表面光洁、无粉化、硬化、开裂等缺陷；阻火包堆砌采用交叉堆砌方式，且密实牢固，不透光，外观整齐；防火涂料表面光洁、厚度均匀。

（3）允许偏差项目。

1）管道安装允许偏差见表4－8。

表4－8　　管道安装允许偏差表

<table>
<tr><th>项次</th><th colspan="3">项目</th><th>允许偏差/mm</th><th>检查方法</th></tr>
<tr><td>1</td><td colspan="3">坐标</td><td>10</td><td>用水准仪（水平尺）</td></tr>
<tr><td>2</td><td colspan="3">标高</td><td>±10</td><td>直尺拉线和尺量检查</td></tr>
<tr><td rowspan="4">3</td><td rowspan="4">水平管道纵横方向弯曲</td><td rowspan="2">每1m</td><td>管径不大于100mm</td><td>0.5</td><td rowspan="2">用水平尺直尺</td></tr>
<tr><td>管径大于100mm</td><td>1</td></tr>
<tr><td rowspan="2">全长（25m以上）</td><td>管径不大于100mm</td><td>≤13</td><td rowspan="2">拉线和尺量检查</td></tr>
<tr><td>管径大于100mm</td><td>≤15</td></tr>
<tr><td rowspan="2">4</td><td rowspan="2">立管垂直度</td><td colspan="2">每1m</td><td>2</td><td rowspan="2">吊线与尺量检查</td></tr>
<tr><td colspan="2">全长（5m以上）</td><td>≤10</td></tr>
<tr><td rowspan="2">5</td><td rowspan="2">弯管椭圆率</td><td colspan="2">管径不大于100mm</td><td>10/100</td><td rowspan="2">用外卡钳和尺量检查</td></tr>
<tr><td colspan="2">管径大于100mm</td><td>8/100</td></tr>
</table>

2）水平管道安装坡度应在0.002～0.005mm/m之间。

3）阀门与喷头的距离不应小于300mm，距末端喷头的距离不大于750mm。

4）支架应设在相邻喷头间的管段上，当相邻喷头间距不大于3.6m时，可设1个；小于1.8m时，允许隔段设置。

5）支管固定支架距离喷头间的管段长度不大于500mm。

6）消火栓阀门中心距地面为1.2m，允许偏差20mm；阀门距箱侧面140mm，距箱后内表面为 100mm，允许偏差 5mm。

7）电缆管最小弯曲半径。明配管的弯曲半径不小于 6 倍（不小于 $6D$），在地下或混凝土内暗配管不小于 $10D$。

8）探测器距离墙壁、梁边和四周遮挡物不小于 0.5m，距离空调送风口的距离不小于 1.5m，到多孔顶栅口不小于 0.5m。在宽度小于 3m 以内走道顶上设置探测器时宜居中布置，温感探测器安装间距 10m，感烟探测器安装间距 15m，探测器距端墙的距离不应大于探测器安装距离的一半。探测器宜水平安装，如必须倾斜安装时，其倾斜角不应大于 45°。

（4）应具备的质量记录。

1）材质证明、产品合格证、制造商生产许可证和法定检测单位的检测报告。

2）进场设备材料检验记录。

3）施工试验记录：阀门试验记录、严密性试验记录、吹洗试验记录、水泵单机试运转记录、调试报告等。

4）施工记录：施工日志、互检记录。

5）预检记录。

6）隐蔽工程验收记录。

7）施工方案。

8）技术交底方案。

9）工程质量检验评定：管道安装分项评定、附件安装分项评定、管道附属设备分项评定、分部质量评定、感观质量评定。

10）工程验收资料：中间验收记录、单位工程验收记录、监督机构核验合格证、质量监督机构核验单。

11）设计变更、专题会议纪要。

12）施工图。

4.11.3 公安消防机构验收

建设工程消防验收流程见图 4-4。

（1）消防验收条件。

1）技术资料应完整、合法、有效。消防工程的施工，应严格按照现行的有关规程和规范施工。应具备设备布置平面图、施工详图、系统图、设计说明及设备随机文件，并应严格按照经过公安消防部门审核批准的设计图纸进行施工，不得随意更改。

2）完成消防工程合同规定的工作量和变更增减的工作量，具备分部工程的竣工验收条件。

3）单位工程或与消防工程相关的部分已具备竣工验收条件或已进行验收。

4）施工安装单位已经委托具备资格的建筑消防设施检测单位进行技术测试，并已取得检测资料。

5）施工单位应提交：竣工图、设备开箱记录、施工记录（包括隐蔽工程验收记录）、实际变更文字记录、调试报告竣工报告。

6）建设单位应正式向当地公安消防机构提交申请验收报告并送交有关技术资料。

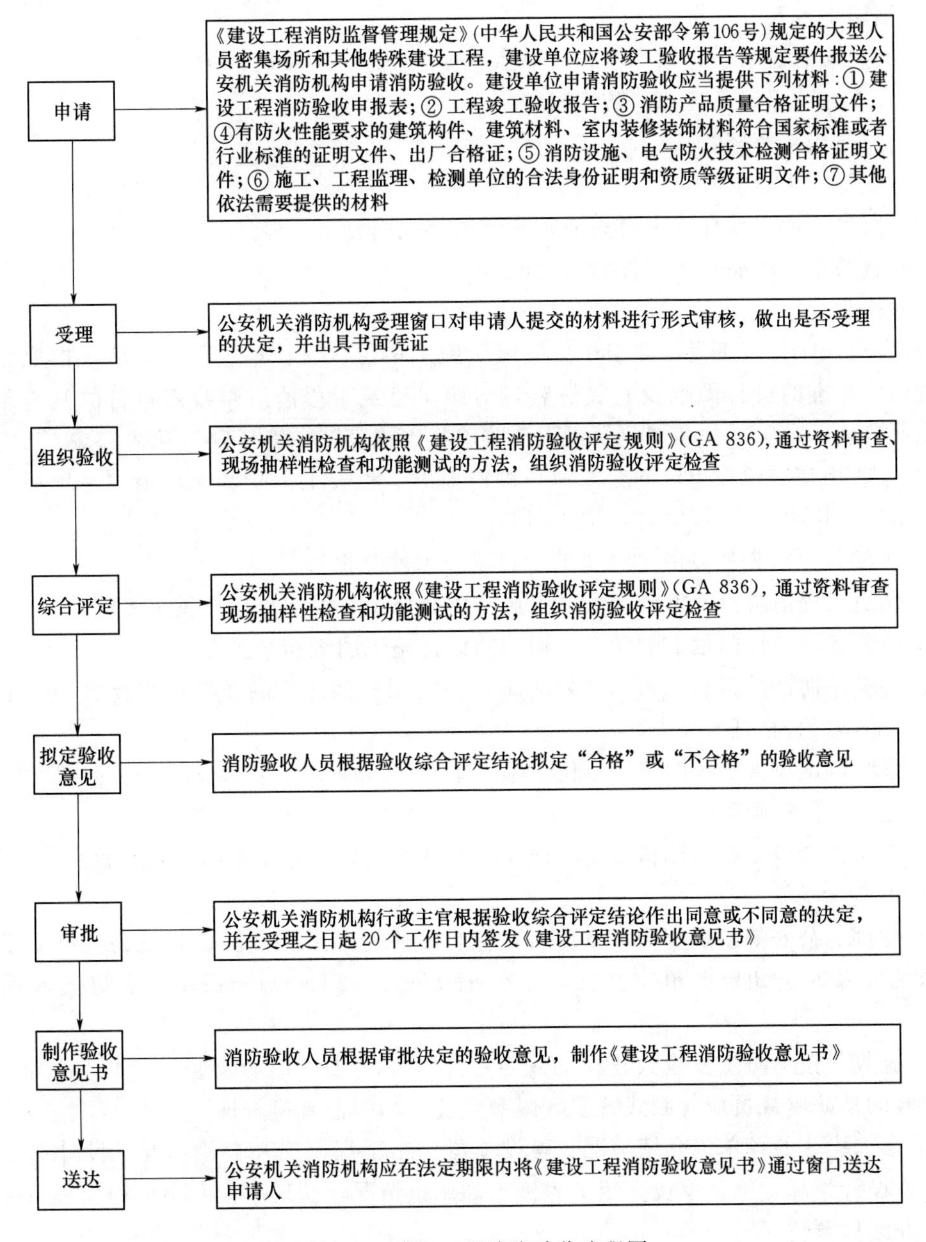

图4-4　建设工程消防验收流程图

（2）消防验收的主要内容。

1）总平面布局和平面布置中涉及消防安全的防火间距、消防车道、消防水源等。

2）建筑的火灾危险性类别和耐火等级。

3）建筑防火防烟分区和建筑构造。

4）安全疏散和消防电梯。

5）消防给水和自动灭火系统。

6）防烟、排烟和通风、空调系统。

7）消防电源及其配电。

8）火灾应急照明、应急广播和疏散指示标志。

9）火灾自动报警系统和消防控制室。

10）建筑内部装修。

11）建筑灭火器配置。

12）国家工程建设标准中有关消防安全的其他内容。

13）查验消防产品有效文件和供货证明。

（3）验收程序。

1）自检。工程竣工后，建设单位应组织施工单位、设计单位、监理单位按照公安消防机构审核批准的设计图纸及有关资料，对照《建筑工程消防验收需具备的基本条件》，进行全面自查、自验，并在"建筑工程消防验收申报表"中填写自检意见。

2）验收申请。建设单位向公安消防机构提出工程竣工消防验收申请，并填写"建筑工程消防验收申报表"，同时提供以下材料。

A. 消防检测机构签发的"建筑消防设施技术检测报告"。

B. 建筑工程消防设计审核意见书（包括内装修工程消防审核意见书复印件）。

C. 经公安消防部门批准的建筑工程消防设计施工图纸和竣工图纸。

D. 各类消防产品资料（包括主要消防设备的国家消防产品质量监督检验中心的检测报告、产品出厂合格证）。

E. 系统调试报告（应由建设单位、施工单位、监理单位等签字盖章）。

F. 施工单位资质证明。

G. 建筑消防设施技术测试报告（限于含有建筑自动消防设施的建筑工程）。

H. 其他相关资料。

3）受理。公安消防机构受理案件后，验收具体经办人应查验资料是否符合要求，不合要求的应及时告知申办单位补齐，并在验收前1～2d通知建设单位做好验收前相关准备。

4）验收。按消防工程验收程序的规定由不少于2人的消防监督员到现场进行验收，参加验收的消防监督员应着制式警服，佩戴"公安消防监督检查证"。

A. 参加验收的各单位介绍情况。建设单位介绍工程概况和自检情况，设计单位介绍消防工程设计情况，施工单位介绍工程施工和调试情况，监理单位介绍工程监理情况，检测单位介绍检测情况。

B. 分组现场检查验收。验收人员应边检查，边测试，并如实填写消防验收记录表。

C. 汇总验收情况。各小组分别对验收情况作汇报，根据消防总队制定的《建筑工程消防验收评定规则》进行评定，评定结论在验收记录表中如实记载，并将初步意见向建设、施工、设计等参加验收单位提出，对不符合规范要求的要及时向建筑单位提出整改意见。

D. 参加验收的建设、施工及设计单位发表意见或提出问题时，消防机构验收参加人员应给予答复，不能当场答复的应给予解释。

5）消防工程验收或复查合格后，各单位参加验收人员和消防机构参加验收人员在验收意见书上签名，并整理验收资料送消防监督部门审批。消防监督部门应在七日内签发“建筑工程竣工消防验收意见书”。

6）验收和复查不合格时，建设单位应组织各有关单位按“建筑工程消防验收意见书”提出的问题进行整改，整改完毕后重新向公安消防机构申请复验，复验程序与申请验收程序相同。

4.11.4 工程移交

消防验收完成后，由建设单位、监理单位和施工单位将整个工程移交给使用单位或生产单位。工程移交包括工程资料移交和工程实体移交两个方面。工程资料移交包括消防工程在内的设计、施工和验收过程中所形成的技术、经济文件。工程实体移交表明工程的保管要从施工单位转为使用单位或生产单位，因而要按工程承包合同约定办理工程实体的移交手续，即交工或中间交工手续，以明确维护保管责任。

4.12 消防系统安装工装准备

根据进度计划的安排，结合工程特点和实际情况，由专业工程师编制施工机具设备需用计划，在既满足整体施工需要，又保证机械设备利用率的前提下，汇总编制施工机械设备总需用计划。组织调动足够施工设备材料等到达现场，对施工设备检查进行维修工作，确保设备状态良好。例如某工程消防系统安装主要施工设备配置见表4-9。

表4-9 主要施工设备配置表

序号	设备名称	规格型号	数量	备注
1	全站仪	T2002	1台	—
2	水准仪	AT-G2	1台	—
3	电动试压泵	4D-SY 61/16	2台	—
4	手动试压泵	—	4台	—
5	水平尺	0.5mm/m	若干	—
6	框式水平仪	0.02mm/m	—	—
7	电流、电压表	—	各4块	—
8	万用表	FLUKE87	2块	—
9	保温两用焊条烘箱	Y2H2-150	1台	—
10	逆变直流焊机	ZX7-400S	4台	—
11	氩弧焊机	AX7-500	4台	—
12	砂轮切割机	ϕ380mm	4台	—
13	等离子切割机	CG2-11	1台	—
14	电动弯管机	ϕ60mm以下	1台	—
15	链子葫芦	5t/2t/1t	4/8/12	—
16	手动叉车	3t/1t	2/4	—

续表

序号	设备名称	规格型号	数量	备注
17	开口扳手	—	若干	—
18	套筒扳手	—	若干	—
19	真空滤油机	—	1台	—
20	电锤	—	2台	—
21	套丝机	—	2台	—
22	套丝板	—	5副	—
23	电工工具	—	5套	—
24	万能表	—	2块	—
25	空压机	V-0.7m^3/8	1台	—

4.13 消防系统安装工期分析

为了确保工程进度如期完成，施工中对进度进行检查与落实，包括收集实际施工进度数据，协调与其他承包商的关系，参加由监理人组织的各种现场协调会，严格按照周工作计划检查各施工作业队具体完成情况等。

当工程项目无法按期完成时，组织各专业工程师根据实际情况，编制有效进度控制措施，收集实际进度数据与进度计划比较分析，对月施工计划进行调整，确认工期目标，并在月进度报告中提出调整后的进度计划及其说明。

某中型水电站消防系统安装工期示例见表4-10。

表4-10　　某中型水电站消防系统安装工期示例表

序号	工　作　内　容	直线工期/d	备　　注
1	安装准备	10	—
2	埋件安装	100	实际工期需随土建进度进行
3	水消防系统安装	150	各系统安装、调试可平行及交叉进行，各系统可根据电站消防系统构成模式进行调节
4	气体消防系统安装	60	
5	泡沫灭火系统	20	
6	火灾自动报警及消防联动控制系统安装	100	
7	防火卷帘门系统	40	
8	火灾事故照明和疏散指示标志系统	60	
9	防排烟系统安装	80	
10	防火封堵系统	100	实际工期需随机电安装进度进行
11	消防联调	20	—
12	验收及移交	20	—

5 电 梯 安 装

5.1 概述

电梯是一种以电动机为动力的垂直升降机，装有箱状吊舱，用于多层建筑乘人或载运货物。也有台阶式电梯，即将踏步板装在履带上连续运行，俗称自动电梯。电梯是服务于规定楼层的固定式升降设备。它具有一个轿厢，运行在至少两列垂直的或倾斜角小于15°的刚性导轨之间。轿厢尺寸与结构型式便于乘客出入或装卸货物。

5.1.1 电梯的组成

电梯的组成包括四大空间（机房部分、井道及地坑部分、轿厢部分、层站部分），八大系统（曳引系统、导向系统、轿厢、门系统、重量平衡系统、电力拖动系统、电气控制系统、安全保护系统）。

（1）曳引系统。曳引系统的主要功能是输出与传递动力，使电梯运行。曳引系统主要由曳引机、曳引钢丝绳、导向轮、反绳轮组成。

（2）导向系统。导向系统的主要功能是限制轿厢和对重的活动自由度，使轿厢和对重只能沿着导轨做升降运动。导向系统主要由导轨、导靴和导轨架组成。

（3）轿厢。轿厢是运送乘客和货物的电梯组件，是电梯的工作部分。轿厢由轿厢架和轿厢体组成。

（4）门系统。门系统的主要功能是封住层站入口和轿厢入口。门系统由轿厢门，层门，开门机，门锁装置组成。

（5）重量平衡系统。重量平衡系统的主要功能是相对平衡轿厢重量，在电梯工作中能使轿厢与对重间的重量差保持在限额之内，保证电梯的曳引传动正常。系统主要由对重和重量补偿装置组成。

（6）电力拖动系统。电力拖动系统的功能是提供动力，实行电梯速度控制。电力拖动系统由曳引电动机、供电系统、速度反馈装置、电动机调速装置等组成。

（7）电气控制系统。电气控制系统的主要功能是对电梯的运行实行操纵和控制。电气控制系统主要由操纵装置、位置显示装置、控制屏（柜）、平层装置、选层器等组成。

（8）安全保护系统。安全保护系统是保证电梯安全使用，防止一切危及人身安全的事故发生的系统。它由电梯限速器、安全钳、缓冲器、安全触板、层门门锁、电梯安全窗、电梯超载限制装置、限位开关装置组成。

5.1.2 电梯的工作原理

现代电梯主要由曳引机（绞车）、导轨、对重装置、安全装置（如限速器、安全钳和缓冲器等)、信号操纵系统、轿厢与厅门等组成。这些部分分别安装在建筑物的井道和机房中，通常采用钢丝绳摩擦传动：钢丝绳绕过曳引轮，两端分别连接轿厢和平衡重，缠绕在曳引轮和导向轮上，曳引电动机通过减速器变速后带动曳引轮转动，靠曳引绳与曳引轮摩擦产生的牵引力，实现轿厢和对重的升降运动，达到运输目的。固定在轿厢上的导靴可以沿着安装在建筑物井道墙体上的固定导轨往复升降运动，防止轿厢在运行中偏斜或摆动。常闭块式制动器在电动机工作时松闸，使电梯运转，在失电情况下制动，使轿厢停止升降，并在指定层站上维持其静止状态，供人员和货物出入。轿厢是运载乘客或其他载荷的箱体部件，对重用来平衡轿厢载荷、减少电动机功率。补偿装置用来补偿曳引绳运动中的张力和重量变化，使曳引电动机负载稳定，轿厢得以准确停靠。电气系统实现对电梯运动的控制，同时完成选层、平层、测速、照明工作。指示呼叫系统随时显示轿厢的运动方向和所在楼层位置。安全装置保证电梯运行安全。

5.1.3 电梯的分类

根据建筑的高度、用途及客流量（或物流量）的不同，而设置不同类型的电梯。目前电梯的基本分类方法大致如下。

（1）按用途分类。

1）乘客电梯，为运送乘客设计的电梯，要求有完善的安全设施以及一定的轿内装饰。

2）载货电梯，主要为运送货物而设计，通常有人伴随的电梯。

3）医用电梯，为运送病床、担架、医用车而设计的电梯，轿厢具有长而窄的特点。

4）杂物电梯，供图书馆、办公楼、饭店运送图书、文件、食品等设计的电梯。

5）观光电梯，轿厢壁透明，供乘客观光用的电梯。

6）车辆电梯，用作装运车辆的电梯。

7）船舶电梯，船舶上使用的电梯。

8）建筑施工电梯，建筑施工与维修用的电梯。

9）其他类型的电梯。除上述常用电梯外，还有些特殊用途的电梯，如冷库电梯、防爆电梯、矿井电梯、电站电梯、消防员用电梯等。

（2）按驱动方式分类。

1）交流电梯，用交流感应电动机作为驱动力的电梯。根据拖动方式又可分为交流单速、交流双速、交流调压调速、交流变压变频调速等。

2）直流电梯，用直流电动机作为驱动力的电梯。这类电梯的额定速度一般在2.00m/s以上。

3）液压电梯，一般利用电动泵驱动液体流动，由柱塞使轿厢升降的电梯。

4）齿轮齿条电梯。将导轨加工成齿条，轿厢装上与齿条啮合的齿轮，电动机带动齿轮旋转使轿厢升降的电梯。

5）螺杆式电梯。将直顶式电梯的柱塞加工成矩形螺纹，再将带有推力轴承的大螺母安装于油缸顶，然后通过电机经减速机（或皮带）带动螺母旋转，从而使螺杆顶升轿厢上升或下降的电梯。

6）直线电机驱动的电梯，其动力源是直线电机。

7）电梯问世初期，曾用蒸汽机、内燃机作为动力直接驱动电梯，现已基本绝迹。

（3）按速度分类。电梯无严格的速度分类，中国习惯上按下述方法分类。

1）低速梯，常指速度低于 1.00m/s 的电梯。

2）中速梯，常指速度在 1.00～2.00m/s 的电梯。

3）高速梯，常指速度大于 2.00m/s 的电梯。

4）超高速梯，速度超过 5.00m/s 的电梯。

随着电梯技术的不断发展，电梯速度越来越高，区别高、中、低速电梯的速度限值也在相应地提高。

（4）按电梯有无司机分类。

1）有司机电梯，电梯的运行方式由专职司机操纵来完成。

2）无司机电梯，乘客进入电梯轿厢，按下操纵盘上所需要去的层楼按钮，电梯自动运行到达目的层楼，这类电梯一般具有集选功能。

3）有/无司机电梯，这类电梯可变换控制电路，平时由乘客操纵，如遇客流量大或必要时改由司机操纵。

（5）按操纵控制方式分类。

1）手柄开关操纵，电梯司机在轿厢内控制操纵盘手柄开关，实现电梯的启动、上升、下降、平层、停止的运行状态。

2）按钮控制电梯，这是一种简单的自动控制电梯，具有自动平层功能，常见有轿厢外按钮控制和轿厢内按钮控制两种控制方式。

3）信号控制电梯，这是一种自动控制程度较高的有司机电梯。除具有自动平层和自动开门功能外，尚具有轿厢命令登记，层站召唤登记，自动停层，顺向截停和自动换向等功能。

4）集选控制电梯，这是一种在信号控制基础上发展起来的全自动控制的电梯，与信号控制的主要区别在于能实现无司机操纵。

5）并联控制电梯，2～3 台电梯的控制线路并联起来进行逻辑控制，共用层站外召唤按钮，电梯本身都具有集选功能。

6）群控电梯，是用微机控制和统一调度多台集中并列的电梯。群控有梯群的程序控制、梯群智能控制等形式。

（6）其他分类方式。

按机房位置分类，则有机房在井道顶部的（上机房）电梯、机房在井道底部旁侧的（下机房）电梯，以及有机房在井道内部的（无机房）电梯。

按轿厢尺寸分类，则经常使用“小型”“超大型”等抽象词汇表示。

此外，还有双层轿厢电梯等。

（7）特殊电梯。

1）斜行电梯，轿厢在倾斜的井道中沿着倾斜的导轨运行，是集观光和运输于一体的输送设备。特别是由于土地紧张而将住宅移至山区后，斜行电梯发展迅速。

2）立体停车场用电梯，根据不同的停车场可选配不同类型的电梯。

3）建筑施工电梯，这是一种采用齿轮齿条啮合方式（包括销齿传动与链传动，或采用钢丝绳提升），使吊笼做垂直或倾斜运动的机械，用以输送人员或物料，主要应用于建筑施工与维修。它还可以作为仓库、码头、船坞、高塔、高烟囱长期使用的垂直运输机械。

4）水电站一般使用客货两用的电力驱动的曳引式电梯。下面主要介绍电力驱动的曳引式电梯安装工艺。

5.2 电梯安装条件

5.2.1 电梯产品质量要求

电梯产品应符合《电梯制造与安装安全规范》（GB 7588）的规定，且应组织对设备进行开箱检查验收。电梯的形式、控制方式、起重量等符合设计要求；所有的设备、零部件、安全材料应与装箱单内容相符；应有完整的土建布置图和产品出厂合格证，还应有门锁装置、限速器、安全钳及缓冲器的型式试验证书复印件以及安装、使用说明书，动力电路和安全电路的电气原理图。

5.2.2 电梯安装单位及人员要求

（1）安装单位资质。凡从事电梯、起重机械、客运索道和大型游乐设施等机电类特种设备（以下统称机电类特种设备）安装、改造、维修和电梯日常维护保养的单位，必须取得《特种设备安装改造维修许可证》，并在许可的范围内从事相应工作。电梯日常维护保养单位必须取得电梯维修的资格许可。

（2）作业人员要求。施工单位人员的素质与数量应当满足下列条件。

1）法定代表人或其授权代理人应了解特种设备有关的法律、法规、规章和安全技术规范，对承担相应施工的特种设备质量和安全技术性能负全责。授权代理人应有法定代表人的书面授权委托书，并应注明代理事项、权限和时限等内容。

2）应任命1名技术负责人，负责本单位承担的机电类特种设备施工中的技术审核工作。技术负责人应掌握特种设备有关的法律、法规、规章、安全技术规范和标准，且不得在其他单位兼职。

3）应配备足够的管理人员，设立相应的质量管理机构，拥有一批满足申请作业需要的专业技术人员、质量检验人员和技术工人，技术工人中持相应作业项目“特种设备作业人员证”的人员数量应达到相应要求。

4）安装、改造施工过程中，现场持相应作业项目“特种设备作业人员证”的作业人员不得少于2人，并任命其中1名为项目负责人，现场安全检查员不得少于1人。

5.2.3 电梯安装作业条件

（1）电梯井、机房的土建工作已完成，混凝土强度等级、几何形状尺寸、中心轴线垂直度、机座和预埋件及地脚螺栓的规格尺寸、位置、标高等经检查验收，符合设计图纸及有关的施工质量验收规范。

（2）电梯井内无任何杂物，施工中造成的建筑结构损坏部位已修补完整，机房门窗齐

全，地面干净，有足够的工作空间。

(3) 已按有关规定进行土建交接检验。

1) 机房（如果有）内部结构及布置必须符合电梯土建布置图的要求。

2) 主电源开关应能够切断电梯正常使用情况下最大电流。

3) 对有机房电梯，主电源开关应设置在能从机房入口处方便地接近的地方。

4) 对无机房电梯，主电源开关应设置在井道外工作人员方便接近的地方，且应具有必要的安全防护。

5) 当底坑底面下有人员能达到的空间存在，且对重（或平衡重）上未设有安全钳装置时，对重缓冲器必须能安装在一直延伸到坚固地面上的实心桩墩上（或平衡重运行区域的下边）。

6) 电梯安装之前，所有层门预留孔必须设有高度不小于 1.2m 的安全保护围封，并应保证有足够的强度。

7) 当相邻两层门地坎间的距离大于 11m 时，其间必须设置井道安全门，井道安全门严禁向井道内开启，且必须装有安全门处于关闭时电梯才能运行的电气安全装置。除非相邻轿厢间有相互救援用轿厢安全门。

8) 机房内应设有固定的电气照明，地板表面上的照度不应小于 200lx。机房内应设置一个或多个电源插座。在机房内靠近入口的适当高度处应设有一个开关或类似装置控制机房照明电源。

9) 机房内应通风，从建筑物其他部分抽出的陈腐空气，不得排入机房内。

10) 应根据产品供应商的要求，提供设备进场所需要的通道和搬运空间。

11) 电梯工作人员应能方便地进入机房或滑轮间，而不需要临时借助于其他辅助设施。

12) 机房应采用经久耐用且不易产生灰尘的材料建造，机房内的地板应采用防滑材料。

13) 在一个机房内，当有两个以上不同平面的工作台，且相邻平台高度差大于 0.5m 时，应设置楼梯或台阶，并应设置高度不小于 0.9m 的安全防护栏杆。当机房地面有深度大于 0.5m 的凹坑或槽坑时，均应盖住。供人员活动空间和工作台面以上的净高度不应小于 1.8m。

14) 供人员进出的检修活板门应留出不小于 0.8m×0.8m 的净通道，开门到位后应能自行保持在开启位置。检修活板门关闭后应能支撑两个人的重量（按每个人按在门的任意 0.2m×0.2m 面积上作用 1000N 的力计算），不得有永久性变形。

15) 门或检修活板门应装有带钥匙的锁，它应能从机房内不用钥匙打开。只供运送器材的活板门，可只在机房内部锁住。

16) 电源零线和接地线应分开。机房内接地装置的接地电阻值不应大于 4Ω。

17) 机房应有良好的防渗、防漏水保护。

18) 井道尺寸是指垂直于电梯设计运行方向的井道截面沿电梯设计运行方向投影所测定的井道最小净空尺寸，该尺寸应和土建布置图所要求的一致，允许偏差应符合下列规定：

A. 当电梯行程高度不大于 30m 时为 0～＋25mm。

B. 当电梯行程高度大于 30m 且不大于 60m 时为 0～＋35mm。

C. 当电梯行程高度大于 60m 且不大于 90m 时为 0～＋50mm。

D. 当电梯行程高度大于 90m 时，允许偏差应符合土建布置图要求。

19）全封闭或部分封闭的井道，井道的隔离保护、井道壁、底坑底面和顶板应具有安装电梯部件所需要的足够强度，应采用非燃烧材料建造，且应不易产生灰尘。

20）当底坑深度大于 2.5m 且建筑物布置允许时，应设置一个符合安全门要求的底坑进口；当没有进入底坑的其他通道时，应设置一个从层门进入底坑的永久性装置，且此装置不得凸入电梯运行空间。

21）井道应为电梯专用，井道内不得装设与电梯无关的设备、电缆等。井道可装设采暖设备，但不得采用蒸汽和水作为热源，且采暖设备的控制与调节装置应装在井道外面。

22）井道内应设置永久性电气照明，井道内照度应不得小于 50lx，井道最高点和最低点 0.5m 以内应各装一盏灯，再设中间灯，并分别在机房和底坑设置一控制开关。

23）装有多台电梯的井道内各电梯的底坑之间应设置最低点离底坑地面不大于 0.3m，且至少延伸到最低层站楼面高度 2.5m 以上的隔障，在隔障宽度方向上隔障与井道壁之间的间隙不应大于 150mm。当轿顶边缘和相邻电梯运行部件（轿厢、对重或平衡重）之间的水平距离小于 0.5m 时，隔障应延长贯穿整个井道的高度。隔障的宽度不得小于被保护的运动部件（或其部分）的宽度每边再各加 0.1m。

24）底坑内应有良好的防渗、防漏水保护，底坑内不得有积水。

25）每层楼面应有水平面基准标识。

（4）临时照明已按下列要求安装。

1）井道内安装带防护罩且电源电压不大于 36V 的灯具，井道照明灯具应每层设一盏灯，且最大间距不大于 6m。

2）多个同时施工的井道，每个电梯井道应单独供电，并在井道入口处设独立的电源开关。

3）电梯机房、井道顶部、井道底坑应各装两个或两个以上的照明。

（5）安装用脚手架已按下列要求搭设。

1）搭设形式。电梯安装的大量工作是在井道内及井道附近作业，属于高空作业。为确保作业安全，便于安装人员在井道内进行施工作业，应在井道内搭设脚手架。脚手架搭设的形式应根据轿厢和对重装置在井道内的相对位置而定。对重装置在轿厢后面可搭成图 5-1（*a*）所示形式；而对重在轿厢侧面的可搭成图 5-1（*b*）所示形式。若电梯的井道截面尺寸较大，可将单井式脚手架按图 5-1（*a*）中所示增加虚线部分，使架体成为双井式脚手架。

2）各层横杆应与井道壁卡紧或顶紧，保证架体稳定，而不水平摆动。

3）在脚手架一侧的各层横杆步距间增设便于攀登的横杆。

4）架设顶层楼板以上的脚手架应便于拆除，使装配轿厢时脚手架能顺利拆除。

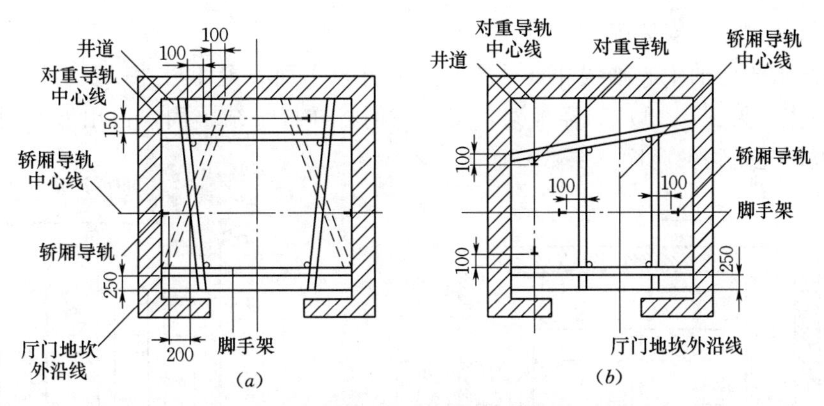

图 5-1　井道井字形脚手架搭设形式平面图（单位：mm）

5.3　电梯安装工艺流程

电梯安装工艺流程见图 5-2。

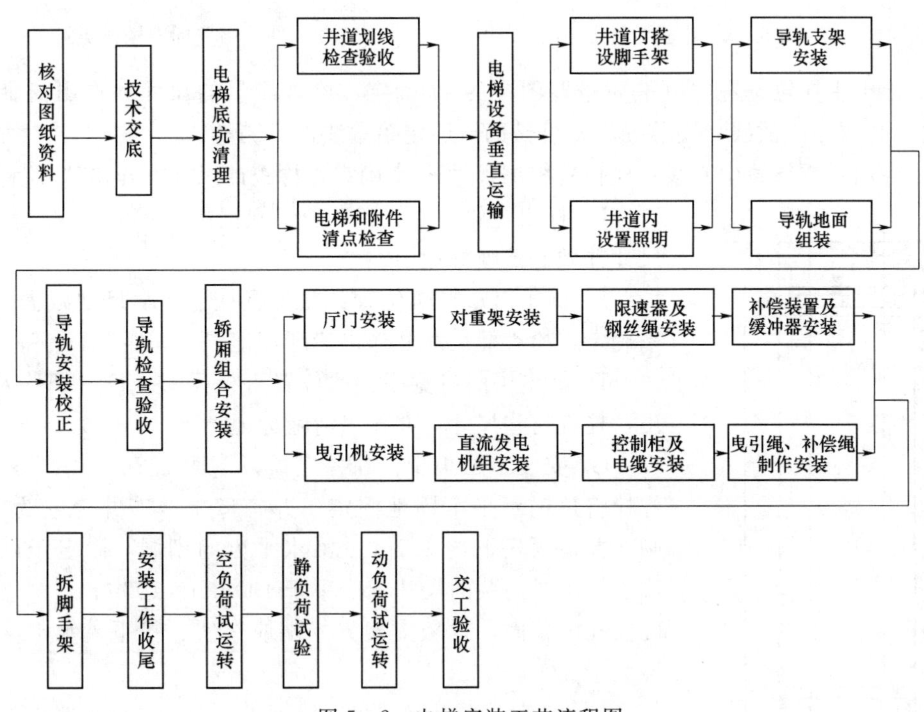

图 5-2　电梯安装工艺流程图

5.4　电梯机械设备安装

5.4.1　导轨安装

（1）样板架制作、安装。

1）样板架制作、安装工艺。

A. 按图纸规定的中心轴线和（见图 5-3）井道平面布置图尺寸以及轿厢、安全钳导轨等实样制作（见图 5-4）的样板架，用胶黏剂将样板黏结牢固，再用铁钉固定，样板架的数量根据建筑物的高度（层数）而定，不少于 2 个。

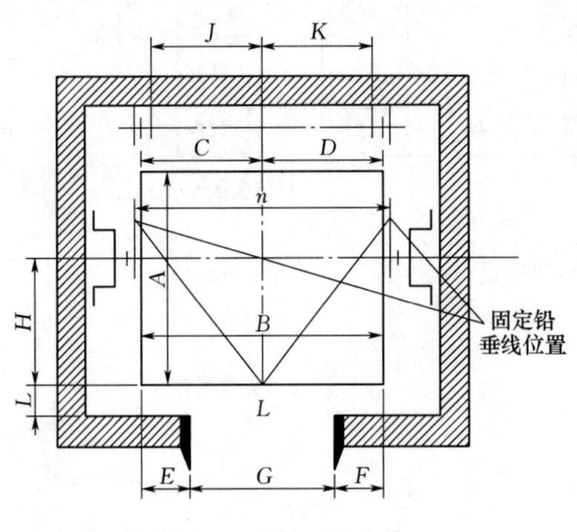

图 5-3　井道平面布置图

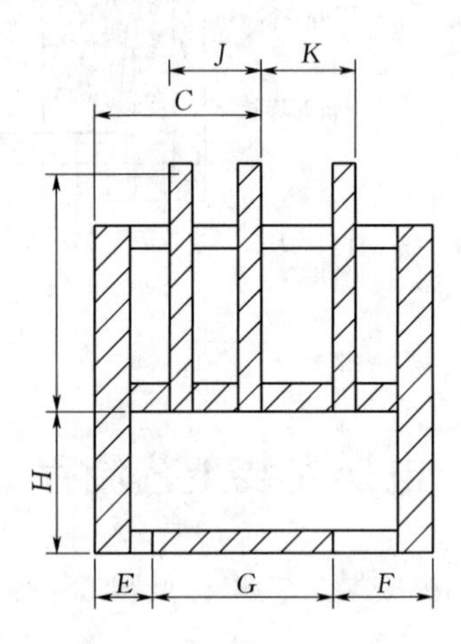

图 5-4　标准样板架图

B. 标出主导轨位置：由平面布置图中的 H 确定，检查测量的尺寸并作出清晰的标记。这一位置不必放线，安装导轨时可借助于固定铅垂线进行测量。

C. 标出对重导轨中心线：此位置根据尺寸 B 来确定，检查此尺寸并作出清晰标记。

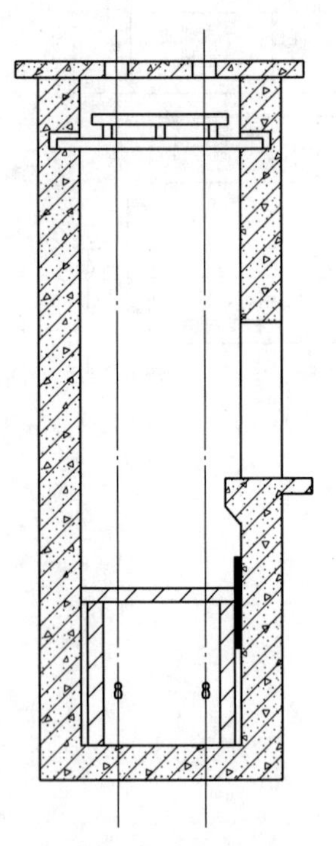

图 5-5　上、下样板架安装示意图

D. 标出绳轮中心线：此位置根据尺寸 C 来确定，检查此尺寸并做好清晰标记。

E. 标出对重导轨位置：此位置按 J、K 尺寸减去 25mm 来确定，检查此尺寸并作出清晰标记。

F. 标出层门口宽度：此位置可根据 $C+D-(E+F)$ 标出，检查这些尺寸，并作出清晰标记。

G. 安装上样板架：在井道顶板下面 1.2m 左右处用膨胀螺栓将角钢水平牢固地固定于井道壁上，若井道壁为砖墙，则在井道顶板下约 1.1m 处沿水平方向剔洞，固定于两根木梁上。木梁的截面尺寸不应小于 100mm×100mm，两端伸入砖墙孔内稳固，样板支架方木端应垫实、找平，水平度误差不大于 3/1000。

H. 安装下样板架：在底坑上 600～1000mm 处用方木支撑固定下样板架，一端顶着层门对面的墙壁；另一端用木楔固定在层门口下面的井道墙壁上。

上、下样板架安装见图 5-5。

2）样板架制作、安装施工要点。

A. 样板架应制作精确、结实，符合井道平面布置图上标出尺寸的要求，样板架宜用木方或角钢制作，用方木制作时，应用干燥、不易变形的木材、四面刨平，互成直角，用胶黏剂黏上，并用铁钉固定。

B. 样板制作完成后，用一根加强木条，对角地交在两块样板上，用胶黏剂将它们黏上并用铁钉固定，使其成为牢固的稳定结构。

C. 安放样板架时，确定样板架位置坐标准确，在样板架上悬挂下放铅垂线，铅垂线以电梯安装平面图给定的参数尺寸为依据，兼顾洞口的实际尺寸，由样板架悬挂下放铅垂线确定轿厢导轨和导轨架、对重导轨架、轿厢、对重装置、层门门口等位置以及相互之间的距离与关系。安装人员在制作样板架、安装样板架、悬挂铅垂线之前，核对安装平面布置图所给的参考尺寸与有关零部件的实际尺寸之间是否协调，如果发现有不协调之处应及时采取相应措施予以调整，确保安装顺利进行。

D. 下样板架安装时在样板架上标记放铅垂线的点，用 20～22 号细镀锌钢丝放铅垂线至底坑，并在离底坑地面 200～300mm 处悬挂重 10～20kg 的铅锤，将铅垂线拉紧，待铅垂线稳定后，再测量各厅门口、牛腿门口及井壁的相对位置，以此来校正样板的位置，要求达到理想的尺寸位置，然后再将样板架固定在木架上。

（2）测量、放线。

1）测量、放线工艺。

A. 基准铅垂线共计 20 根，其中：轿厢导轨基准线 4 根、对重、导轨基准线 4 根、厅门地坎基准线 2 根，为了简化施工，挂基线也可以不采用整体样板，而采用方木上直接钉木条法。

B. 无论采用样板法或直接钉木条法，都要按要求全面考虑，确定梯井中心线、轿厢架中心线、对重中心线，进而确定出各基准铅垂线的放线点。画线时使用细铅笔，核对无误后，再复核各对角线尺寸是否相等，偏差不大于 0.3mm。样板或方木上木条的水平度在全平面内不得大于 3mm。

C. 在样板上，将钢丝一端悬挂一个较轻的物体，顺序缓缓放下至底坑，垂直线中间不能与脚手架或其他物体接触，且不能使钢丝有死结现象。

D. 在放线点处，用锯条或电工刀，垂直锯成 V 形小槽，使 V 形槽顶点为放线点，将线放入，以防基准线在放线过程中移位造成误差，并在放线处注明此线的名称，把尾线固定在铁钉上绑牢（见图 5－6）。

E. 线放到底坑后，用线坠（10～20kg 重）替换放线时，悬挂的物体使其自然垂直静止。若行程较高或有风，线坠不易静止时，可在底坑放一水桶，将线坠置入水或机油中，使其尽快静止。

F. 在底坑上 600～1000mm 处用木方支撑固定下样板，待基准线静止后用 V 形卡钉将线固定于样板上，然后再检查样板上各放线点的固定点的各部尺寸，对角线等尺寸有无差别，无误后，可进行下道工序。

2）测量、放线施工要点。挂各基准线时，一定要全面考虑，井道、各层门洞口位置和零部件位置等各环节的相互关系应协调、统一。可在井道顶放两根厅门口线测量井道，一般两线间距为门净开度。根据井道测量结果来确定基准线时，应注意：

A. 井道内安装的部件如限速器钢绳、选层器钢带、限位开关、中线盒、随线架等，对轿厢运行有无妨碍，同时，要考虑到轿门上滑道及地坎等与井壁距离，对重与井壁距离，必须保证在轿厢及对重上下运行时其运动部分与井道内静止的部件及建筑结构净距离不小于 30mm。

B. 确定轿厢井道线位置时，要根据道架高度要求，考虑安装位置有关问题。道架高度按图 5-7 所示尺寸关系进行计算，其中安全钳与导轨面距离 B 可控制在 3～4mm 为妥。

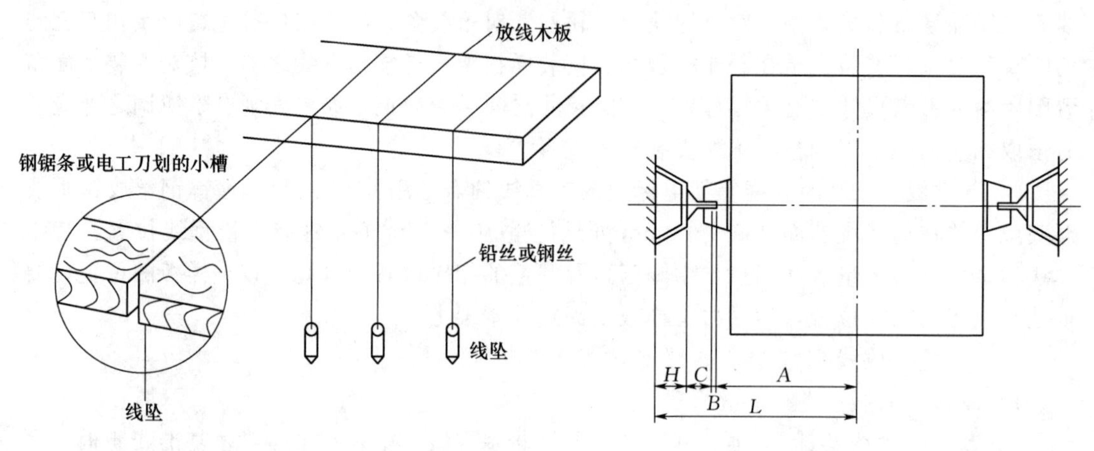

图 5-6　测量放线时在放线点的处理示意图

图 5-7　道架高度计算示意图

C. 对重导轨中心线确定时应考虑对重宽度（包括对重块最突出部分），距墙壁及轿厢应有不小于 50mm 的间隙。

D. 对于前后门（贯通门）的电梯，其电梯井道深度应按式（5-1）确定：

$$H \geqslant B \times 2 + D \times 2 + h \tag{5-1}$$

式中　H——井道深度；

B——层门地坎宽度；

D——层门地坎与轿厢地坎间隙；

h——轿厢深度。

此外，还应考虑井壁垂直情况是否满足安装要求。

E. 各层门地坎位置确定，应根据所放的门厅线测出每层牛腿与该线的距离，经过计算，应做到照顾多数，既要考虑少剔牛腿或墙面，又要做到离最远的地坎稳装后，其上的门立柱与墙面的间隙小于 30mm 而定。对于厅门建筑上装有石材门套以及装饰墙的电梯，由于它们的施工在后，因而确定厅门基准线时，除考虑上述因素外，还要参阅建筑装饰图，同时，考虑利于门套及装饰墙的施工。

F. 对两台或多台并列电梯安装时应注意各电梯中心距与建筑图是否相符。应根据井道测量的实际尺寸，对所有层门指示灯、按钮盒位置进行统筹考虑，使其与建筑物协调一致，外表美观。

G. 对多台相互并列电梯确定基准线时，除上述应注意的事项外，还应根据建筑物及门套施工尺寸考虑做到电梯候梯厅两边宽度一致，两列或多列电梯厅门口相一致，以保证电梯门套施工或土建石材门套施工的美观要求。

H. 确定基准线时，还应复核机房的平面位置。对曳引机、工字钢、限速器、发动机、极限开关、选层器等电气设备的有关布局问题，维修是否方便等方面进行复核及必要的调整。

（3）支架安装。

1）确定支架位置。

A. 无预埋铁件的电梯井壁，按设计图纸要求的支架间距尺寸及安装导轨支架的垂直线来确定导轨支架在井壁上的位置。导轨支架之间的距离应在 1.5～2m 之间。

B. 当图纸上没有最下和最上一排导轨支架的位置时，应按下列规定确定：最下一排导轨支架安装在底坑装饰地面上方 1000mm 的相应位置；最上一排导轨支架安装在井道顶板下面不大于 500mm 的位置。

C. 在确定导轨支架位置的同时，还要考虑导轨连接板（接道板）与导轨支架不能相碰，错开的净距离不小于 30mm。

D. 若图纸没有明确规定时，以最下层导轨支架为基点，往上每隔 2000mm 为一排导轨支架。个别处有特殊情况时，如遇到接道板，间距可适当放大，但应不大于 2500mm。

E. 长度为 4m 及以上的轿厢导轨，每根至少有两个导轨支架，一般情况下支架间距不得大于 2m。

F. 根据每根导轨的长度和井道的高度，计算左右两列导轨中各导轨接头的位置，应注意两列导轨的接头不在一个水平面上，必须错开一定的距离。每根导轨应有 2 个以上导轨支架。

2）支架安装有埋设支架法、地脚螺栓法、膨胀螺栓法、预埋钢板法和对穿螺栓法。

A. 埋设支架法作业步骤。

a. 固定支架可预留孔或现场凿孔。

b. 将支架表面清扫干净，制作预埋支架，其端部加工成燕尾形。

c. 根据井道顶及木样板的铅垂线位置，埋好最上面的一个支架，先用水冲洗洞内壁，将尘渣清理并冲出，使洞壁洇湿。

d. 用 C20 混凝土将定位放置好支架的孔洞填捣实抹平。

e. 以最上面一个轿厢支架为吊线基准，将两根铅垂线上端固定在最上面支架的导轨支撑面宽度线上，下端用线坠一直放在坑底，埋设最下面一个支架。

f. 待上下两端支架的混凝土达到一定强度后（一般应在 3d 以后），再以上下两端导轨支撑面宽度为基准，拉两根平行线，埋设其余支架。

g. 对重导轨支架的埋设方法同上。

B. 地脚螺栓法作业步骤。预先将尾部开叉的地脚螺栓埋入井道中，为了保证牢固，螺栓埋入深度一般不小于 120mm。

C. 膨胀螺栓法作业步骤。这种方法是用膨胀螺栓代替地脚螺栓。它不需预先埋入，只需在安装时现场打孔（孔的大小按膨胀螺栓的直径确定），放入膨胀螺栓后拧紧固死，使用膨胀螺栓的规格要符合图纸要求。若厂家没有要求，膨胀螺栓规格尺寸不大于 ϕ16mm。作业步骤为：

a. 钻膨胀螺栓孔，位置要准确且要垂直于墙面，深度要适当。一般膨胀螺栓被固定后，以套外端面和墙表面相平为宜。

b. 墙面垂直度误差较大时，可采取局部剔修方法，使轨道支架接触面间隙不大于1mm，然后用薄钢板垫片垫实。

c. 对导轨支架，按实际情况进行编号加工。

d. 导轨支架按号就位、找正找平，将膨胀螺栓紧固。

D. 预埋钢板法作业步骤。

a. 预埋钢板法与预埋地脚螺栓法相似。它是预先将钢板按照导轨架的安装位置埋在井壁上，然后将导轨支架焊在钢板上，为保证连接强度，焊接应双面焊。这种方法，可随着预埋钢板的大小，有一定的位置调整余地。

b. 若电梯井壁较薄，不宜用膨胀螺栓固定导轨支架，又没有预埋件，可采用井壁打透眼，用穿钉固定钢板的对穿螺栓法，钢板厚度应不小于16mm，穿钉处井壁外侧靠墙壁要加100mm×100mm×12mm的垫铁，以增加强度，将导轨支架焊接在钢板上。

c. 若井壁厚度小于100mm时，可采用对穿螺栓法，将螺栓穿过井壁，在外部加垫尺寸不小于100mm×100mm×10mm的钢板。

d. 导轨支架在预埋时，先对每个导轨支架进行画线，在上、中、下打三个中心的标记，再在距此中心线80mm处平行地画一细线，打上同样的标记。

e. 校正导轨支架的位置，导轨支架上的两条细线应对准样板架上悬放下来的铅垂线。支撑平面和铅垂线之间的间隙为1～3mm。

f. 导轨支架根据电梯的安装平面布置图和样板架上悬挂下放的导轨和导轨支架铅垂线，确定位置并分别稳固在井道的墙壁上。导轨支架在井道壁上的安装应固定可靠，预埋件应符合土建布置图要求。锚栓（如膨胀螺等）固定应在井道壁的混凝土构件上使用，其连接强度与承受振动的能力应满足电梯产品设计要求，混凝土构件的抗压强度应符合土建布置图要求。

（4）导轨安装。

1）由样板放基准线至底坑，确保基准线距导轨端面中心2～3mm后，再进行固定。

2）底坑架设导轨槽钢基础座时，应找平垫实，其水平误差不大于1/1000，槽钢基础位置确定后，用混凝土将其四周灌实抹平。槽钢基础座两端用来固定导轨的角钢架，先用导轨基准线找正后，再进行固定（见图5-8）。

3）若导轨下无槽钢基础座，可在导轨下边垫一块厚度$\delta \geqslant 12$mm，面积为200mm×200mm的钢板，并与导轨用电焊点焊。

4）对于用油润滑且无槽钢底座的导轨，需在立基础导轨前将其下端距地坪40mm高的一段工作面部分锯掉，以留出接油盒的位置。

5）在梯井顶层楼板下挂一滑轮并固定牢固，在顶层厅门口安装并固定一台0.5t的卷扬机。

6）吊装导轨时要采用双钩勾住导轨连接板（见图5-9）。

7）导轨的加工质量和安装精度直接影响电梯的运行质量，尤其对运行时的舒适度和噪声等性能都有着直接关系，而且电梯的运行速度越快，影响就越大。所以，导轨吊装就位后，应对轿厢导轨和对重导轨进行调整校正。

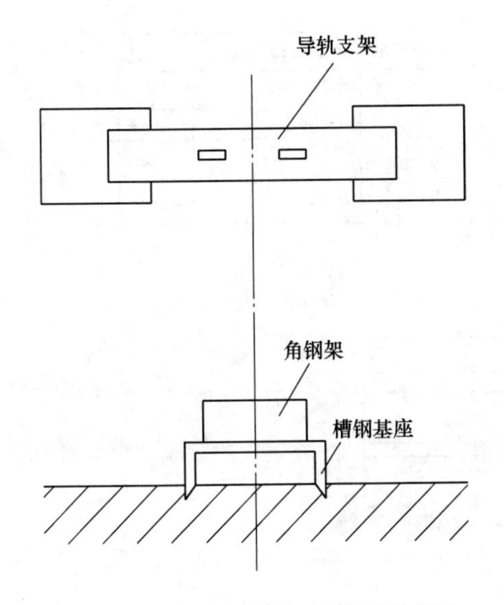

图 5-8　底坑架设槽钢基础座示意图

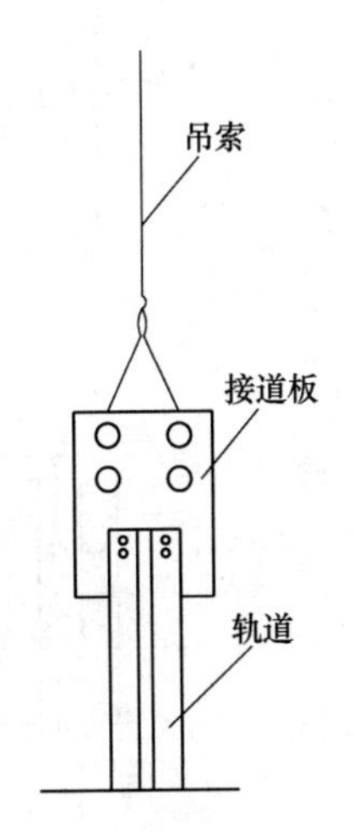

图 5-9　吊装导轨示意图

A. 粗校：用粗校卡板自上而下地初校两列导轨的 3 个工作面与导轨中心铅垂线之间的偏差（见图 5-10）。

B. 精校：用精校卡尺检查和测量两列导轨间的距离、垂直度、偏扭情况（见图 5-11）。

C. 扭曲调整：将精校卡尺端平，并使两指针尾部侧面和导轨侧工作面贴平、贴严，两端指针尖端指在同一水平线上，说明扭曲在允许范围之内。若贴不严或指针偏离相对水平线，则用专用垫片调整导轨支架与导轨之间的间隙（垫片不允许超过 3 片），使之符合要求。

D. 调整导轨垂直度和中心位置：调整导轨位置，使其端面中心与基准线相对，并保持规定间隙。

E. 轨距及两根导轨的平行线检查：两根导轨全部校直好后，自上而下或自下而上，用精校卡尺进行检查。

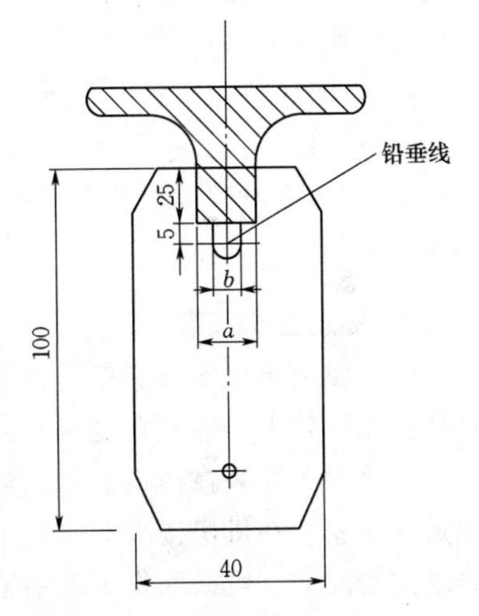

图 5-10　粗校卡板示意图
（单位：mm）
a—导轨宽；b—铅垂线

（5）导轨支架安装、导轨安装质量标准。

1）主控项目。导轨安装位置必须符合土建布置图要求。

2）一般项目。

A. 轨道架的水平度，无论其长度及种类，其两端的差值应不大于 5mm。

B. 导轨架埋入深度不小于 120mm。

C. 两列导轨顶面间的距离偏差应为：轿厢导轨 0～2mm；对重导轨 0～3mm。

D. 导轨支架在井道壁上的安装应固定可靠，预埋件应符合土建布置图要求。锚栓（如膨胀螺栓等）固定应在井道壁的混凝土构件上使用，其连接强度与承受振动的能力应满足电梯产品设计要求，混凝土构件的压缩强度应符合土建布置图要求。

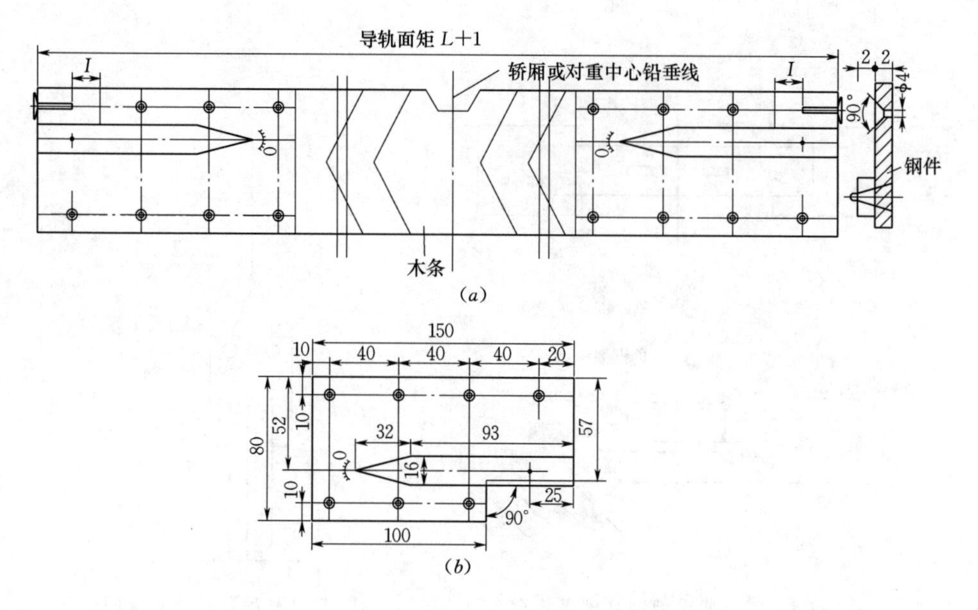

图 5-11　导轨精校卡尺示意图（单位：mm）

E. 每列导轨工作面（包括侧面与顶面）与安装基准线每 5m 的偏差均不大于下列数值：轿厢导轨和设有安装钳的对重（平衡重）导轨为 0.6mm；不设安全钳的对重（平衡重）导轨为 1.0mm。

F. 轿厢导轨和设有安全钳的对重（平衡重）导轨工作面接头处不应有连续缝隙，导轨接头处台阶不应大于 0.05mm。如超过应修平，修平长度应大于 150mm。

G. 不设安全钳的对重（平衡重）导轨接头处缝隙不应大于 1.0mm，导轨工作面接头处台阶不应大于 0.15mm。

5.4.2　驱动主机安装

（1）驱动主机安装要点。曳引机是电梯产品的关键部件，电梯运动部分的全部重量均悬挂在曳引轮上。因此在曳引轮安装位置处，必须架设承重梁。

承重钢梁安装在楼板下，此方法由土建施工负责。承重钢梁必须与楼板浇筑成一体，承重钢架安装在机房楼板上。若土建施工时钢梁未能及时埋设，或梯井上缓冲距离不符合要求的情况下，可采取将承重钢架安装在楼板上的方法。这种方法首先采取承重钢梁沿地面安装，如仍不能满足要求时，允许采取承重钢梁架起的安装方法，架起的高度应以抗风绳轮底面取平的限度为准，一般以 300mm 为限。

1）无论采取哪种方法，均应事先对曳引机的检修高度要求进行审核。钢梁的两端必须架于承重结构上。若承重梁安装在机房楼板下，则按曳引机的外轮廓尺寸，先制作一个高 250～300mm 的混凝土台座，然后把曳引机稳固在台座上。

制作台座时，在台座上方对应曳引机底盘上各固定螺栓孔处，预埋地脚螺栓，然后按安装平面布置图和随机技术文件的要求，在承重梁的上方摆设好减振橡胶。待混凝土台座凝固后，将其吊放在减振橡胶上，并经调整校正校平后，把曳引机吊装在混凝土台座上，再经调整校正校平后把固定螺栓上紧，使台座和曳引机连成一体。

2）为了防止电梯在运行过程中，台座和曳引机产生位移，台座和曳引机两端还需用压板、挡板、橡胶等将台座和曳引机定位。

3）承重梁在机房楼板上时，当2～3根承重梁安装妥当后，对于噪声要求不太高的杂物电梯、货梯、低速电梯等，可以通过螺栓把曳引机直接固定在承重梁上。对于噪声要求严格的电梯、乘客电梯，在曳引机底盘下面和承重梁之间还应设置减振装置。老式减振装置主要由上、下两块与曳引机底盘尺寸相等，厚度为16～20mm的钢板和减振橡胶垫构成。下钢板与承重梁焊成一体，上钢板通过螺栓与曳引机连成一体，中间放置减振橡胶垫。为了防止电梯在运行时曳引机产生位移，同样需要在曳引机和承重梁之间，用4只ϕ100mm×50mm的特制橡胶块，通过螺栓把曳引机稳装在承重梁上，这样就可达到结构简单，安装方便，效果也很好的目的。

4）承重梁在机房楼板上时，安装曳引机需将曳引机吊到承重钢梁，把铅垂线挂在曳引轮中心绳槽内。若电梯为单绕式有导向轮时，调整机座，使图5-12中A点对准轿厢中线，B点对准轿厢与对重的中心连线。将螺栓、垫铁及橡胶垫垫好，并拧上螺母。待导向轮安装好后，再紧固螺栓。

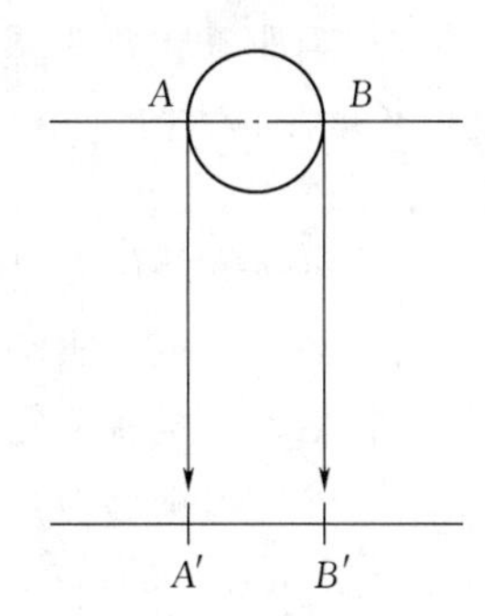

图5-12　单绕式有导向轮电梯吊线方法示意图

5）对曳引轮安装位置进行校正时可按图5-13所示在曳引机上方固定一根水平钢丝（见图5-13），其上悬挂两根铅垂线，一根铅垂线对准井道内上样板架上标注的轿厢架中心点；另一根铅垂线对准对重中心点，再根据曳引绳中心计算的曳引轮节圆直径D_{cp}，在水平钢丝上另悬一曳引轮铅铅垂线，用以校正曳引轮安装位置，达到设计或规范要求。

6）对于单绕式曳引机、导向轮安装可在机房上方沿对重中心和轿厢中心拉一水平线（见图5-14）。在这根线上的A、B两点对准样板上的轿厢中心和对重中心分别吊下两根

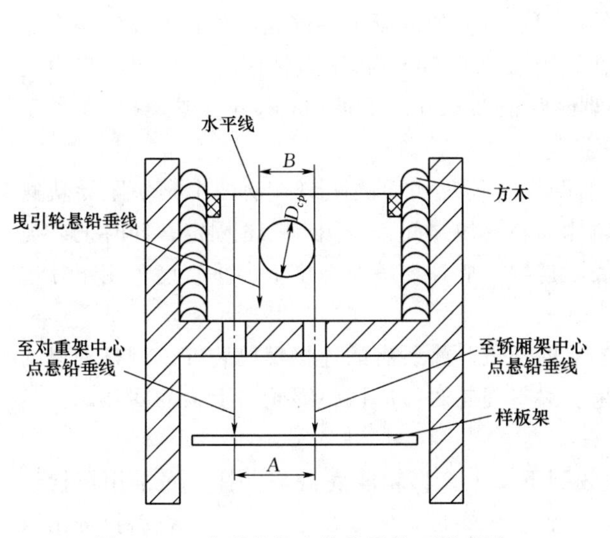

图5-13　曳引机轮安装位置校正示意图

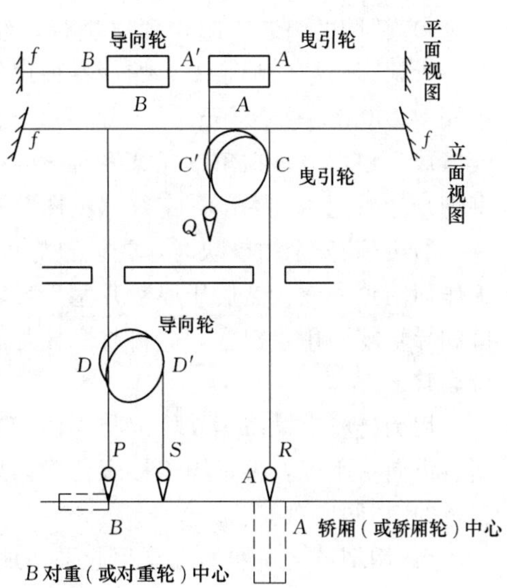

图5-14　单绕式曳引机、导向轮安装位置的确定示意图

铅垂线，并在 A' 点吊下另一铅垂线（AA' 距离为曳引轮两边线槽中心 C 点及 C' 点的相切点），则曳引机位置确定，并予固定。将导向轮就位，使铅垂线 BP 与导向轮中心 D'（相切处）吊一铅垂线 $D'S$，转动导向轮，使此铅垂线垂直于对重中心及轿厢中心的连线上的交点，则导向轮位置确定，并加以固定。

对复绕式曳引机和导向轮安装，首先确定曳引轮和导向轮的拉力作用中心点，需根据引向轿厢或对重的绳槽而定。

（2）驱动主机安装质量标准。

1）主控项目紧急操作装置动作必须正常，可拆卸的装置必须置于驱动主机附近易接近处，紧急救援操作说明应贴于紧急操作时易见处。

2）一般项目。

A. 当驱动主机承重梁需埋入承重墙时，埋入端长度应超过墙厚中心至少 20mm，且支撑长度不应小于 75mm。承重钢梁水平误差不应大于 1.5/1000，两根相邻高度误差不大于 2mm。

B. 制动器动作应灵活，制动间隙调整应符合产品设计要求。

C. 驱动主机、驱动主机底座与承重梁的安装应符合产品设计要求。

D. 驱动主机减速箱（如果有）内油量应在油标所限定的范围内。

E. 机房内钢丝绳与楼板孔洞边间隙应为 20～40mm，通向井道的孔洞四周应设置高度不小于 50mm 的台缘。

F. 安装导向轮时，其端面平行度误差不得超过±1mm。根据铅垂线调整导向轮，使其垂直度误差不超过 0.5mm。前后方向（向着对重）应不超过±3mm，左右方向不超过 1mm。

5.4.3　轿厢安装

（1）轿厢安装施工要点。

1）轿厢的组装，应在顶层进行，便于起吊部件，核对尺寸与机房联系。在组装前，要先拆除顶站层的脚手架，然后在顶层的层门口对面的混凝土井壁相应位置上安装两个角钢托架 100mm×100mm×10mm，每个托架用三个 ϕ16mm 膨胀螺栓固定。在层门口牛腿处横放一根木方。在角钢托架和横木上架设两根 200mm×200mm 木方（或两根 20 号工字钢）然后把木方端部固定好（见图 5－15）。

2）安装安全钳楔块时，先调整好楔齿距导轨侧工作面的距离，使四个楔块距导轨侧工作面间隙一致，然后用厚垫片塞于导轨侧面与楔块之间，按图 5－16 固定，同时把老虎口和导轨端面用木楔塞紧。再将立柱与底梁连接，立柱在整个高度上的垂直度可用垫片进行调整。

用倒链将上梁吊至立柱上与立柱相连接的部位，将所有的连接螺栓装好。调整上梁的横、纵向水平度，再紧固连接螺栓。如果上梁有绳轮时，应调整绳轮与上梁的间隙。

3）轿厢底盘安装。

A. 用倒链将轿厢的底盘吊起平稳地放到下梁上，将轿厢底盘与立柱、底梁用螺栓连接，但不要把螺栓拧紧，将斜拉杆装好，调整拉杆螺母，使底盘水平，然后将斜拉杆用双螺母拧紧。把底盘，下梁及拉杆用螺母连接牢固。

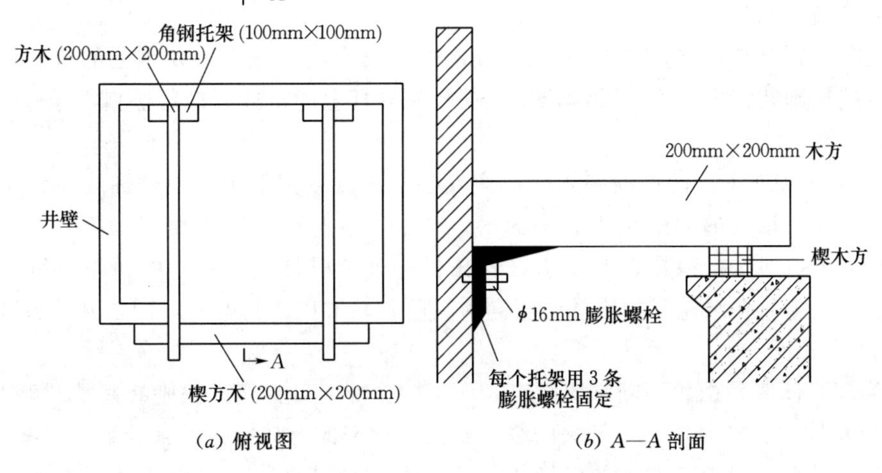

图 5-15　轿厢安装施工要点示意图

B. 如果轿厢底盘为活动结构时，先按上述要求将轿厢底盘托架安装好，且将减振器安装在轿厢底盘托架上。

C. 用倒链将底盘吊起，缓缓就位，使减振器的螺栓逐个插入轿厢底盘相应的螺栓孔中，在减振器的部位加垫片调整轿厢底盘的水平度。

D. 通过调整轿底定位螺栓，使其在电梯满载时与轿底保持1～2mm的间隙，调整完毕，将各连接螺栓拧紧。

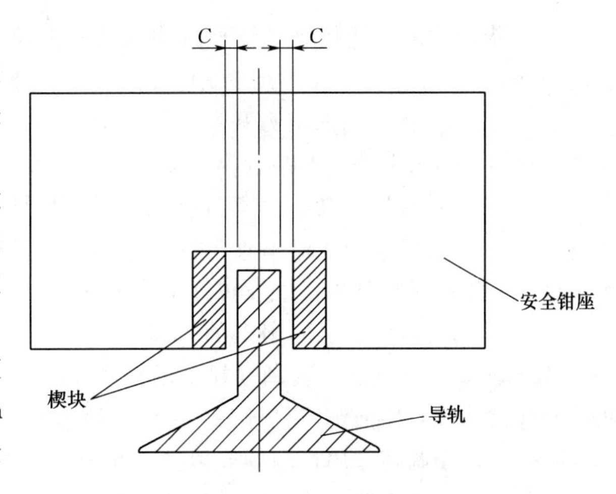

图 5-16　安全钳楔块安装固定示意图

4）导靴安装时。应注意上、下导靴在同一垂直线上，不应有歪斜、扭曲现象。如果安装位置不合适，应进行处理，不可用外力对导靴强行安装就位，以保持安全钳的正确间隙。

滑动导靴应随载重不同而调整间隙值，使内部弹簧受力不同。导靴顶面内衬和轨道端面间不应有间隙。如为滚轮导靴，每个滚轮不应歪斜，整个胶轮平面应和轨道工作面均匀接触。安装前应调整好，使每副滚轮导靴的弹簧拉力应一致。

5）围扇底座和轿厢底盘的连接及围扇与底座之间的连接要紧密，各连接螺钉要加相应的弹簧垫圈（以防因电梯的振动而使连接螺钉松动）。

A. 若因轿厢底盘局部不平而使围扇底座下有缝隙时，要在缝隙处加调整垫片垫实。

B. 若围扇直接安装在轿底盘上，其间若有缝隙，处理方法同上。

C. 安装围扇，可逐扇进行安装，也可根据情况将几扇先拼在一起再安装。围扇安装好后再安装轿顶，但要注意轿顶和围扇穿好连接螺钉后不要立即紧固，待调整好垂直度后再紧固。

6）安装轿厢门。

A. 安装轿厢门时，将带悬挂架的轿厢门的上梁安装到悬臂式角钢上的轿厢钢架前立柱上，悬挂架则装在导杆上。梁的位置根据放到导杆上的水准器进行检测，导杆的侧面应保持垂直。

B. 安装轿厢底上门的传动装置时，应安装在橡皮减振器上。拉杆轴线应位于与右悬挂架的横梁插头轴线的同一个垂直平面内。牵引拉杆与横梁插头相连，使其在左端位置时，门则关闭，而拉杆减振器与牵引杆（拉杆穿过牵引杆上的孔）的间隙应符合设计要求，应使此空隙只在触轮与相应的凸轮同时关闭且轿厢门锁打开时，门才开始打开。

C. 凸轮安装。

a. 当门全闭时，凸轮切断常闭触点，而当门全开时，打开凸轮则断开常开触点。

b. 当轿厢门打开时，关门开关的终端触点要比门的对口缝处的常开触点早些闭合。

c. 调整凸轮，沿着牵引杆的扇形槽按所需方向使其移位，并以止动螺栓固定在需要的位置上。

d. 每个门扇的关闭控制联锁触点均安装在上梁，其位置应调整到当任何一扇门打开超过 7mm 时，触点动作而切断控制电路。

D. 轿厢门与梯井门的动力联系在整定电梯的过程中进行调节，其间的联系是由固定在轿厢和梯井门扇上的断电装置实现的。轿厢门扇上的断电装置必须成垂直状态。

E. 门的传动装置安装。当宽门扇关闭时，拉杆角钢与牵引杆的轴承之间的间隙不得超过 1mm。牵引杆的配置应垂直于拉杆轴心。门的传动装置装配好后，应使牵引杆的轴承在整个工作行程长度内不触及拉杆工作面的端口。

F. 安装门锁。安装宽门扇上的门锁时，应使拉杆与悬挂架支柱间的间隙保持在 2～3mm 范围内，在悬挂架上转动立柱以调整间隙值。扇形轮的位置（开门锁用）应作调整，使门扇打开动作开始前锁能打开。

同样地，要调整作用在门的开锁触点和闭锁触点上的扇形轮。当扇形轮处于正确位置时，牵引杆须停止活动，此时，门扇距减振器 1～5mm 处止动。当每扇门打开 10mm 或开锁时，对口缝的常闭触点应可靠地打开（间隙不少于 3mm）。间隙可以把接触电器向需要的一侧移动以进行调整。

G. 在轿厢门扇和开关门机构安装调整完毕后，安装开门刀。

7）安装轿厢顶装置。轿厢顶接线盒、线槽、电线管、安全保护开关等要按厂家安装图安装。若无安装图则根据便于安装和维修的原则进行布置。

安装、调整开门机构和传动机构使其符合厂家的有关设计要求，若厂家无明确规定则按使其传动灵活、功能可靠的原则进行调整。

护身栏各连接螺栓要加弹簧垫圈紧固，以防松动。护身栏的高度不得超过上梁高度。

（2）轿厢安装特殊要求。

1）主控项目。当距轿底面在 1.1m 以上使用玻璃轿壁时，必须在距轿底面 0.9～1.1m 的高度安装扶手，且扶手必须独立地固定，不得与玻璃有关。

2）一般项目。

A. 当轿厢有反绳轮时，反绳轮应设置防护装置和挡绳装置。

B. 当轿顶外侧边缘至井道壁水平方向的自由距离大于 0.3m 时，轿顶应装设防护栏及警示性标识。

5.4.4　门系统安装

（1）门系统安装施工要点。

1）地坎安装。

A. 按要求由样板放两根层门安装基准线（高层梯最好放 3 条线，即门中一条线，门口的两边两条线），在层门地坎上画出净门口的宽度线及层门中心线，在相应的位置打上 3 个卧点，以基准线及此标志确定地坎、牛腿及牛腿支架位置。

B. 若地坎牛腿为混凝土结构，用清水冲洗干净，将地脚爪装在地坎上。然后用 C25 细石混凝土浇筑（见图 5-17）。

C. 若层门无混凝土牛腿的结构，可在预埋件上焊接钢牛腿支架，或用 M14 以上的膨胀螺栓固定牛腿支架（见图 5-18）。

D. 安装地坎时要用水平尺找平，同时 3 个卧点分别对正 3 条基准线，并找好与线的距离。对于高层电梯，为防止基准线被碰造成误差，可以用先安装调整好的导轨为基准来确定地坎的安装位置（见图 5-19），方法为：在层门地坎中心 M 两侧的 $L/2$（L 是轿厢导轨间距）处的 M_1 及 M_2 点分别做上标记。

用直角尺测量尺寸，使层门地坎距离轿厢两导轨前侧面尺寸应按式（5-2）确定：

$$S=B+H-d/2 \tag{5-2}$$

式中　S——层门地坎距离轿厢两导轨前侧面尺寸；

B——轿厢导轨中心线到轿厢地坎外边缘尺寸；

H——轿厢地坎与层门地坎距离（一般是 25mm 或 30mm）；

d——轿厢导轨工作端面宽度。

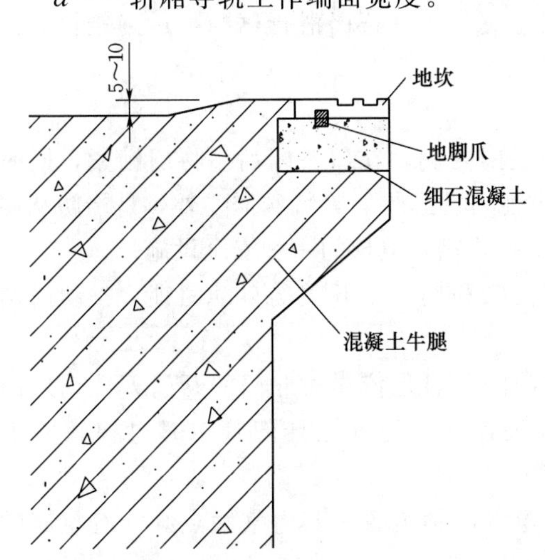

图 5-17　混凝土牛腿结构地面上安装层门坎示意图（单位：mm）

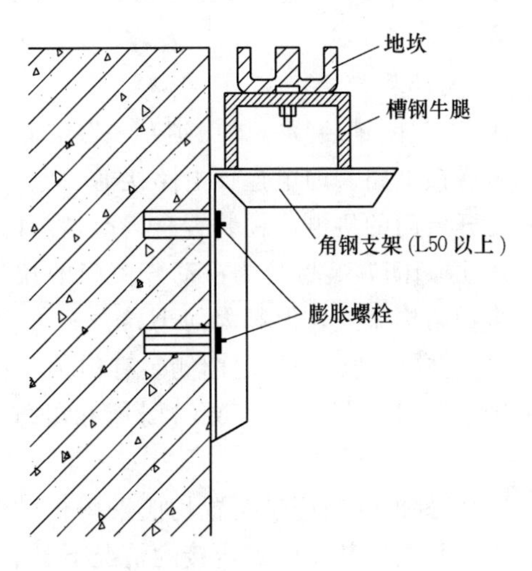

图 5-18　层门无混凝土牛腿结构用膨胀螺栓安装示意图

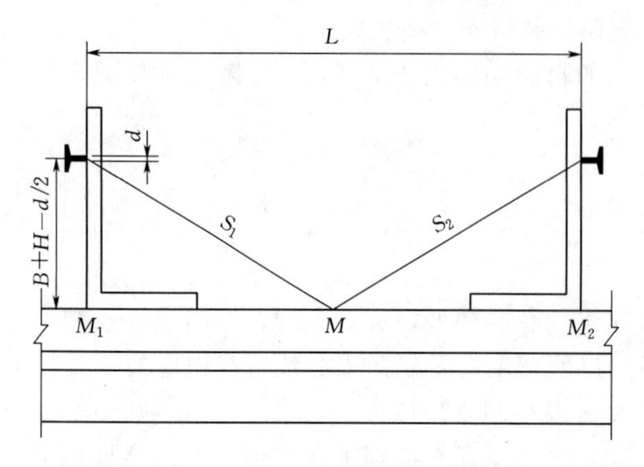

图 5-19　高层电梯导轨与地坎间关系安装调整示意图

左右移动层门地坎，使 M_1、M_2 与直角尺的外角对齐，这样地坎的位置就确定了，但为了复核层门中心点是否正确，可测量层门地坎中心点 M 距轿厢两导轨外侧棱角距离，S_1 与 S_2 应相等。

2）门立柱、上滑道、门套安装。

A. 在砖墙上安装可采用剔墙眼埋固地脚螺栓的方法。

B. 在混凝土结构墙上安装时，若有预埋铁，可将固定螺栓直接焊在预埋铁上。

混凝土结构墙上如没有预埋铁，可在相应的位置用 M12 膨胀螺栓安装 150mm×100mm×10mm 的钢板作为预埋铁使用。若门滑道、门立柱离墙超过 30mm 应加垫圈固定，若垫圈较高宜采用厚铁管两端加焊铁板的方法加工制成，以保证其牢固。用水平尺测量门滑道安装是否水平。如侧开门，两根滑道上端面应在同一水平面上，并用线坠检查上滑道与地坎槽两垂面水平距离和两者之间的平行度。钢门套安装调整后，用钢筋棍将门套内筋与墙内钢筋焊接固定。

3）门扇安装。

A. 将门底导脚、门滑轮装在上门扇上，把偏心轮调到最大值（和滑道距离最大）。然后将门底导脚放入地坎槽，门轮挂到滑道上。

B. 在门扇和地坎间垫上厚 6mm 的支撑物。门滑道架和门扇之间用专用垫片进行调整，使之达到要求，然后将滑轮架与门扇的连接螺钉进行调整，将偏心轮调回到与滑道间距小于 0.5mm 的位置，撤掉门扇和地坎间所垫之物，进行门滑行试验，达到轻快自如状态为合格。

4）闭锁装置安装。

A. 层门闭锁装置（即门锁）一般装置在层门内侧。在门关闭后，将门锁紧，同时连通门电联锁电路。门电连锁电路接通后电梯方能启动运行。除特殊需要外，是严防从层门外侧打开层门的机电连锁装置。因此，门的闭锁装置是电梯的一种安全设施。

B. 层门闭锁装置分为手动开关门的拉杆门锁和用自动开关的自动门锁。自动门锁装置有多种结构型式，但都大同小异。

C. 电梯自动门的层门内侧装有门锁，层门的开启是依靠轿厢门的开门刀拨动层门门锁，带动层门一起打开。层门门锁和电气开关连接，使其在开门状态时电梯轿厢不能运行。

D. 电梯的层门门锁装置均应采用机械—电气联锁装置，其电气触点必须有足够的断开能力，并能使其在触点熔接的情况下可靠地断开。

E. 在电梯运行使用中，层门闭锁装置是发生故障较多的部位，除产品制造质量外，现场的安装调整也是至关重要的。

F. 层门闭锁装置安装应固定可靠，驱动机械动作灵活，且与轿门的开锁元件有良好的配合；不得有影响安全运行的磨损、变形和断裂。

G. 层门锁的电器触点接通时，层门必须可靠地锁紧在关闭位置上；层门闭锁后，锁紧元件应可靠锁紧，其最小啮合长度应不小于 7mm。

H. 为了安全起见，门扇挂完后应尽早安装门锁。从轿门的门刀顶部沿井道悬挂下放一根铅垂线，作为安装、调整、校正各层的厅门锁和机电联锁的依据。

I. 门锁安装调整。门锁是电梯的重要安全设施，电梯安装完后试运行时，应先使电梯在慢速运行状态下，对门锁装置进行一次认真的检查调整，把各种连接螺钉紧固好。当任一层楼的厅门关闭后，在厅门外不能用手把门扒开。

5）层门安装。固定钢门套时，要焊在门套的加强筋上，不可在门套上直接焊接。所有焊接连接和膨胀螺栓固定的部件一定要牢固可靠。凡需埋入混凝土中的部件，一定要经有关部门检查，并办理隐蔽工程手续后，才能浇筑混凝土。层门各部件若有损坏、变形的，要及时修理或更换，合格后方可使用。

（2）门系统安装质量标准。

1）主控项目。

A. 层门地坎至轿厢地坎之间的水平距离偏差为 0～＋3mm，且最大距离严禁超过 35mm。

B. 层门强迫关门装置必须动作正常。

C. 动力操作的水平滑动门在关门开始的 1/3 行程之后，阻止关门的力严禁超过 150N。

D. 层门锁钩必须动作灵活，在证实锁紧的电气安全装置动作之前，锁紧元件的最小啮合长度为 7mm。

2）一般项目。

A. 门刀与层门地坎、门锁滚轮与轿厢地坎间隙不应小于 5mm。

B. 层门地坎水平度不得大于 2/1000，地坎应高出装修地面 2～5mm。

C. 层门指示灯盒、召唤盒和消防开关盒应安装正确，其面板与墙面贴实，横竖端正。

D. 门扇与门扇、门扇与门套、门扇与门楣、门扇与门口处轿壁、门扇下端与地坎的间隙，乘客电梯不应大于 9mm，载货电梯不应大于 8mm。

5.4.5 对重（平衡重）安装

（1）对重（平衡重）安装施工要点。

1）对重架安装时，首先应安装起吊工具，可在脚手架上相应位置（以方便吊装对重框架和装入砣块为准）搭设操作平台。在适当高度（一般距底坑地面约 5～6m），位于对重导轨中心，牢固地悬挂一个环链式手动葫芦。钢丝绳扣拴在导轨支架上，而不可直接拴在导轨上，以免导轨受力后移位变形。用手动葫芦将对重架吊起，悬挂在适当的高度上，在对重架底部与地面之间用方木稳定后，安装对重导靴和注油器。

2）以对重导轨为基准来确定四个对重导靴在对重架上的位置，以避免由于对重导靴位置不正确而造成对重在对重导轨上运行的阻力增大。

若导靴滑块内衬上、下方与轨道端面间隙不一致，则在导靴座和对重框架之间用垫片进行调整。

3）对重砣块安装时，可按式（5-3）确定对重砣块数量：

$$K=[(G_1+G_2)\times 0.5-G_3]/G_4 \tag{5-3}$$

式中 K——装入的对重块数；

G_1——轿箱自重；

G_2——额定荷重；

G_3——对重架重；

G_4——每个砣块的重量。

（2）对重安装质量标准。

1）当对重（平衡重）架有反绳轮，反绳轮应设置防护装置和挡绳装置。

2）对重（平衡重）块应可靠固定。

5.4.6 安全部件安装

（1）安全部件安装施工要点。

1）限速器安装。限速器安装时，按安装图的坐标位置就位，由限速轮槽中心向轿厢拉杆上绳头中心吊一铅垂线，同时由限速轮另一边绳槽中心直接向张紧轮相应的绳槽中心吊一铅垂线，调整限速器位置，使上述两对中心在相应的铅垂线上。然后在机房楼板对应的位置上打膨胀螺栓，安装限速器时，边测校位置，边拧紧膨胀螺栓。

2）安全钳安装。将安全钳楔块装入轿厢架或对重架上的安全钳座内（钳座一般出厂时已装好）；将楔块和楔块拉杆，楔块拉杆和上梁拉杆连接；调整各楔块拉杆上端螺母，调整楔块工作面与导轨侧面间隙；调整上梁的安全钳联动机构的非自动复位开关，使之当安全钳动作瞬间，即能断开电气控制回路。

3）缓冲器安装。

A. 对于没有导轨底座的电梯，宜采用加工方法增装导轨底座。若采用混凝土底座，应保证不破坏井道底的防水层，且需采取措施，使混凝土底座与井道底连成一体。

B. 安装缓冲器时，为确保其中心位置准确，可在轿厢（或对重）碰击板中心放一线坠，移动缓冲器，使其中心对准线坠确定缓冲器的位置。用水平尺测量缓冲器顶面，控制水平偏差；调整缓冲器时，可在缓冲器底部机座间垫金属片，调整后要将地脚螺栓紧固。

（2）安全部件安装质量标准。

1）主控项目。

A. 限速器动作速度整定封记必须完好，且无拆动痕迹。

B. 当安全钳可调节时，整定封记应完好，且无拆动痕迹。

2）一般项目。

A. 限速器张紧装置与其限位开关相对位置应正确。

B. 安全钳与导轨的间隙应符合产品设计要求。

C. 轿厢在两端站平层位置时，轿厢、对重的缓冲器撞板与缓冲器顶板间的距离应符合土建布置图要求。轿厢、对重的缓冲器撞板中心与缓冲器中心的偏差不应大于20mm。

D. 液压缓冲器柱塞铅垂度不应大于0.5%，充液量应正确。

5.4.7 悬挂装置、随行电缆、补偿装置安装

（1）施工要点。

1）将连接板紧固在上梁的两个支撑板上时。应注意纵向符号必须与曳引轮平行（用来松紧钢丝开关的紧固孔是这样对准的：易于从入口侧面触及到开关）。根据绳的数目，将螺栓穿入板上相应的孔内。用弹簧、螺母和开尾销紧固间隔套（仅对于 $\phi9$ 和 $\phi11$ 的钢丝绳）和松绳套。利用手动盘车方式将轿厢降下，使所有钢丝绳承受到负荷。把曳引轮上的夹绳装置拆除，用手动方式盘车把对重向上提起约 30mm。检查钢丝绳拉力是否均匀，然后重新将螺母锁紧，将防扭转装置穿过绳套并安装妥当。

2）电梯曳引绳张力简易检测——弹簧秤拉伸法。将电梯轿厢停在与对重同一水平线位置；测量点设在距绳头或反绳轮 1.2～1.5m 处；测量时两人操作：一人扶尺，另一人拉弹簧秤。以丁字形刻度尺的底边靠紧曳引绳的受力面的外侧，将待测曳引绳固定在绳卡上，以相应刻度值的弹簧秤在与曳引绳受力面的内侧垂直方向上拉第一根曳引绳，使其发生变形，弹簧秤拉至一定的刻度，记下弹簧钩外缘所指向的丁字形刻度尺的刻度和弹簧秤的读数。用弹簧秤拉第二根曳引绳，拉至弹簧秤钩外缘与拉第一根曳引绳时簧秤钩外缘所指向的丁字形刻度尺刻度相同的刻度，记下弹簧秤的读数。如此，拉第三根、第 N（曳引绳数量）根曳引绳，方法与拉第一、第二根绳相同，并分别记下弹簧的读数。将所记下的 N 个弹簧秤读数值相加，再除以 N，即得出曳引绳所受张力的平均值，再用公式："实际张力读数值减去张力平均值，再除以张力平均值，再乘以 100%"计算出数值。根据计算结果，调整相应曳引绳的调整螺母，一直调到各曳引绳张力相近为止。

3）一般随行电缆的一端绑扎固定在井道中部的电缆架上。随行电缆是连接于运行的轿厢与固定点之间的电缆，起联系轿厢与厅站、机房之间控制信号联络作用。电缆安装方式应根据井道内轿厢、对重、导轨等设备位置的布置而定。对全行程随行电缆，井道电缆架应装在高出轿厢顶 1.3～1.5m 的井道壁上。而对半行程安装的随行电缆，井道电梯架应装在电梯正常提升高度的 1/2 处加 1.5m 的井道壁上。电缆安装前应预先自由悬吊，充分退扭，多根电缆安装后应长短一致。随行电缆的另一端绑扎固定在轿底下梁的电缆架上，称轿底电缆架。轿底电缆架安装位置应以下述原则确定：8 芯电缆其弯曲半径应不小于 250mm，16～24 芯电缆的弯曲半径应不小于 400mm，一般弯曲半径不小于电缆直径的 10 倍。多根电缆组成的随行电缆应从电缆架开始以 1～1.5m 间隔的距离用绑线进行交叉固定，在中间接线盒底面下方 200mm 处安装随线架。固定随线架要用不小于 M16 的膨胀螺栓两颗以上（视随线重量而定），以保证其牢固。

4）随行电缆的长度应使轿厢缓冲器完全压缩后略有余量，但不得拖地。或根据中线盒及轿厢底接线盒实际位置，加上两头电缆支架绑扎长度及接线余量确定。保证在轿厢蹲底或撞顶时不会使随行电缆拉紧，在正常运行时不蹭轿厢和地面，蹲底时随行电缆距地面 100～200mm 为宜。多根并列时，长度应一致。使轿厢处于井道下部极限位置时，可用尺丈量电缆离地坑地面高度，电缆不应拖地；轿厢处于井道上部极限位置时，电缆不应张线。

5）补偿装置是用来平衡电梯运行过程中钢丝绳和随行电缆重量的装置。补偿装置如果是采用链条的，则应在没有扭转时进行悬挂，同时，为了消除工作噪声，应当采用润滑剂进行润滑，并有消声措施。当电梯额定速度小于 2.5m/s 时，应采用有消声措施的补偿链。补偿链是固定在轿厢底部及对重底部的两端且有防补偿链脱链的保险装置，当轿厢将缓冲器完全压缩后，补偿链不应拖地，且在轿厢运行过程中补偿链不应碰擦轿厢壁。当电梯额定速度大于2.5m/s时，应采用有张紧装置的补偿绳，并应设有防止该装置的防跳装置，当防跳装置动作时，应有一个电气限位开关动作，使电梯驱动主机停止运转，该开关应动作灵敏、安全可靠。

（2）悬挂装置、随行电缆、补偿装置安装质量标准。

1）主控项目。

A. 绳头组合必须安全可靠，且每个绳头组合必须安装防螺母松动和脱落的装置。

B. 钢丝绳严禁有死弯。

C. 当轿厢悬挂在两根钢丝绳或链条上，且其中一根钢丝绳或链条发生异常相对伸长时，为此装设的电气安全开关应动作可靠。

D. 随行电缆严禁有打结和波浪扭曲现象。

2）一般项目。

A. 每根钢丝绳张力与平均值偏差不应大于5%。

B. 随行电缆安装时，其端部应固定可靠，且随行电缆在运行中应避免与井道内其他部件干涉。当轿厢完全压在缓冲器上时，随行电缆不得与底坑地面接触。

C. 补偿绳、链、缆等补偿装置的端部应固定可靠。

D. 对补偿绳的张紧轮，验证补偿绳张紧的电气安全开关应动作可靠。张紧轮应安装防护装置。

5.5 电梯电气及控制设备安装

5.5.1 控制柜（屏）安装

控制柜跟随曳引机，一般位于井道上端的机房内。确定控制柜位置时，应便于操作和维修，便于进出电线管、槽的敷设。稳固控制柜时，一般先用砖块把控制柜垫到需要的高度，然后敷设电线管或电线槽，待电线槽敷设完后再浇筑混凝土墩子，把控制柜固定在混凝土墩子上。按安装图的要求用膨胀螺栓将控制柜的过线盒固定在机房地面上。若无控制柜过线盒，则应制作控制柜型钢底座或混凝土底座。每台电梯均应设置能切断该电梯最大负荷电流的主开关。

5.5.2 中间接线盒（箱）安装

（1）中间接线盒用膨胀螺栓固定于墙壁上。中间接线盒设在梯井内，其高度按式(5－4)确定：

$$H_0=(1/2)H+1500+200 \tag{5-4}$$

式中 H_0——中间接线盒在梯井内的高度（最底层层面地坎至中间接线盒的距离），mm；

H——电梯正常提升高度，mm。

（2）若中间接线盒设在夹层或机房内，其高度（盒底）距夹层或机房地面不低于300mm。中间接线盒水平位置要根据随行电缆既不能碰轨道支架又不能碰层门地坎的要求来确定。若梯井较小，轿厢门地坎和中间接线盒在水平位置上的距离较近时，要统筹计划，其间距不得小于40mm。

5.5.3 配管、配线槽安装

(1) 根据随机技术文件中电气安装管路和接线图的要求，控制柜至极限开关、曳引电动机、制动器线圈、层楼指示器或选层器、限位开关、干簧管换速传感器、井道中间接线箱、井道内各层站分接线箱、各层站分接线箱至各层站召唤箱、指层灯箱、层门电联锁等均需敷设电线槽或电线管。

(2) 在电梯安装过程中，常采用电线槽和金属软管、电线管和金属软管，或电线槽和电线管以及金属软管等三种不同混合方式敷设的电气控制线路。敷设主干线时采用电线槽或电线管，由主干电线槽或电线管至各电器部件则采用金属软管。在一般情况下，常在层门两侧的井道壁各敷设一路主干电线槽或电线管，分别敷设由控制柜至井道中间接线箱、分接线箱、召唤箱、指层灯箱、层门电联锁开关、限位开关、换速传感器等。

(3) 机房配管除图纸规定沿墙敷设明管外，均要敷设暗管，梯井允许敷设明管。电线管的规格要根据敷设导线的数量决定。配 ϕ20mm 以下的线管采用螺纹管箍连接；ϕ25mm 以上的线管可采用焊接连接。管子连接口、出线口要用钢锉锉光，以免划伤导线。管子焊接接口要齐，不能有缝隙或错口。如果焊工不能保证管内焊缝处不出现焊瘤，或者在安装位置允许的条件下，最好采用加套管焊。进入落地式配电箱（柜）的电线管路，应排列整齐，管口高于基础面不小于 50mm。

(4) 明配管以下各处需设支架：直管每隔 2～2.5m，横管不大于 1.5m。金属软管不大于 1m，拐弯处及出入箱盒两端为 150mm。每根电线管不小于 2 个支架，支架可直埋在墙内或用膨胀螺栓固定。如用管卡固定，固定点间距应均匀，且不大于 3m。

(5) 钢管进入接线盒及配电箱，暗配管可用焊接固定，管口露出盒（箱）小于 5mm，明配管应用锁紧螺母固定，露出锁母的螺纹为 2～4 个螺距。暗敷时，保护层厚度应不小于 15mm。

(6) 钢管与设备连接，要把钢管敷设到设备外壳的进线口内，如有困难，可采用下述两种方法。

1) 在钢管出线口处加软塑料管引入设备，但钢管出线口与设备进线口距离应在 200mm 以内。

2) 设备进线口和管子出线口用配套的金属软管和软管接头连接，软管应用管卡固定。与电线槽连接，应用锁紧螺母锁紧，管口应装设防护口罩。

(7) 设备表面上的明配管或金属软管应随设备外形敷设，如抱箍配管、以求美观。

(8) 井道内敷设电线管时，各层应装分支接线盒（箱），并根据需要加端子板。

(9) 管盒要用开孔器开孔，孔径不大于管外径 1mm。

(10) 机房配线槽除设计选定的厚线槽外，均应沿墙、梁或梯板下面敷设。

5.5.4 导线敷设

(1) 穿线前将钢管或线槽内清扫干净，不得有积水、污物。

(2) 根据管路的长度留出适当余量进行断线。穿线时应注意不要损伤线皮及扭结，并留出适当备用线（10～20 根备 1 根，20～50 根备 2 根，50～100 根备 3 根）。

(3) 导线要按布线图敷设，电梯的供电电源必须单独敷设，并应由建筑物配电间直接送至机房。动力和控制线路宜分别敷设，微信号及电子线路应按产品要求单独敷设或采取抗干扰措施。若在同一线槽中敷设，其间要加隔板。

（4）截面积 $6mm^2$ 以下铜线连接时，按冷压技术进行操作，也可本身自缠不少于5圈。缠绕后刷锡。多股导线（$10mm^2$ 及以上）与电气设备连接，使用连接卡或接线鼻子，使用连接卡时，多股铜线应先刷锡。

（5）接头先用橡胶布包严，再用绝缘胶布包好放在盒内。

（6）设备及盘柜压线前应将导线沿接线端子方向整理成束，然后用小线或尼龙卡子绑扎，以便故障检查。

（7）导线终端应设方向套或标记牌，并注明该线路编号。

（8）导线压接要严实，不能有松脱、虚接现象。

（9）动力线和控制线应隔离敷设。有抗干扰要求的线路应符合产品要求。

（10）配线应绑扎整齐，并有清晰的接线编号。保护线端子和电压为220V及以上的端子应有明显的标记。

（11）接地保护线宜采用黄绿相间的绝缘导线。

（12）电线槽弯曲部分的导线、电缆受力处，应加绝缘衬垫，垂直部分应可靠固定。

（13）敷设于电线管内的导线总截面积应不超过电线管内截面积的40%，敷设于电线槽内的导线总截面积应不超过电线槽内截面积的60%。

（14）线槽配线时，应减少中间接头。中间接头宜采用冷压端子，端子的规格应与导线匹配，压接可靠，绝缘处理良好。

（15）配线应留有备用线，其长度应与箱、盒内最长的导线相同。

5.5.5 安全保护装置安装

（1）限位开关包括上第一、第二限位开关和下第一、第二限位开关等4只限位开关。4只限位开关按安装平面布置的要求，和极限开关的上、下滚轮组同装在井道内两端站轿厢导轨的一个方位上。经安装调整校正后，两者滚轮的外边缘应在同一铅垂线上，使打板能可靠地碰打两者的滚轮，确保限位开关和极限开关均能灵活可靠地动作。端站强迫减速装置安装时，应根据安装平面图的要求，把开关箱固定在轿厢顶上，碰打开关箱滚轮的两副打板安装在井道内两站的轿厢导轨上。

（2）轿厢上、下运动时，开关箱的滚轮左或右碰打上、下打板，强迫电梯到上、下端站时提前一定距离自动将快速运行切换为慢速运行。经调整校正后，上、下两副打板中心应对准开关箱的滚轮中心，滚轮按预定距离碰打上、下打板，滚轮通过连杆推动开关箱内的两套接点组，按预定距离可靠地断开预定的控制电路。

5.5.6 附件安装

（1）层楼指示器、选层器安装。安装机械选层器时应按电梯安装平面布置图的要求正确确定位置，并用砖块把选层器向上垫至要求的高度，然后从钢带主动轮两侧的轮缘中心处放下两根铅垂线，并使铅垂线对准轿厢和对重装置卡带机件的中心。校正校平后穿好稳固选层器的地脚螺栓，制作混凝土基础模板并浇筑混凝土，把选层器固定在混凝土墩子上，待混凝土凝固后可以挂装钢带。

层楼指示器和选层器的调整校正工作，可以在电梯安装工作基本结束后，使电梯在慢速运行状态下进行。

（2）召唤箱、指层灯箱、干簧管换速平层装置安装。根据安装平面布置图的要求，把各层站的召唤箱和指层灯箱稳定安装在各层站层门外。一般情况下，指层灯箱装在层门正上方距离门框 0.25～0.30m 处，召唤箱装在层门右侧，距离门框 0.2～0.3m 处，距离地面约 1.3m 处。也有把指层灯箱和召唤箱合并为一个部件装在层门侧面的。指层灯箱和召唤箱经安装调整校正校平后，面板应垂直水平，凸出墙壁 2～3mm。

（3）底坑检修盒安装。用膨胀螺栓将底坑检修盒固定在距线槽或接线盒较近、操作方便、不影响电梯运行的井壁上。检修盒电线管、线槽之间都要跨接地线。

5.5.7 电梯照明安装

（1）机房照明电源应与电梯电源分开，并应在机房内靠近入口处设置照明开关。

（2）电梯机房内应有足够的照明，其地面照度应不低于 200lx。

（3）轿厢照明和通风电路的电源可由相应的主开关进线侧获得，并在相应的主开关旁设置电源开关进行控制。

5.5.8 接地安装

（1）接地和接零都具有当电气设备的绝缘电阻损坏造成设备的外壳带电时，防止人体碰触外壳而发生触电伤亡事故。

（2）布置保护线时，凡是可能引起间接触电的装置都应将其外壳与 PE 线或 PEN 线连接。供电电源进入总电源开关后，将 PEN 线分成 N 线和 PE 线引至控制柜的 N 分线板和 PE 分线板，两极之间不连通；PE 线与各装置外壳连接。为了确保 PE 线安全可靠，在电源进线处采取重复接地措施。

（3）两种连接方法，都应采取并联方式，即各装置外壳单独与 PE 或 PEN 干线连接。当某一处发生断线不会涉及其他装置的保护线。

5.5.9 电气安装主要技术要求

（1）主控项目。

1）电气设备接地必须符合下列规定。

A. 所有电气设备及导管、线槽的外露可导电部分均必须可靠接地（PE）。

B. 接地支线应分别直接接至接地干线接线柱上，不得互相连接后再接地。

2）导体之间和导体对地之间的绝缘电阻必须大于 1000Ω/V，且其值不得小于：

A. 动力电路和电气安全装置电路：0.5MΩ。

B. 其他电路（控制、照明、信号等）：0.25MΩ。

（2）一般项目。

1）主电源开关不应切断下列供电电路。

A. 轿厢照明和通风。

B. 机房和滑轮间照明。

C. 机房、轿顶和底坑的电源插座。

D. 井道照明。

E. 报警装置。

2）机房和井道内应按产品要求配线。软线和无护套电缆应在导管、线槽或能确保起到等效防护作用的装置中使用。护套电缆和橡胶套软电缆可明敷于井道或机房内使用，但不得明敷于地面。

3）导管、线槽的敷设应整齐牢固。线槽内导线总面积不应大于线槽净面积 60%；导管内导线总面积不应大于导管内净面积 40%；软管固定间距不应大于 1m，端头固定间距不应大于 0.1m。

4）接地支线应采用黄绿相间的绝缘导线。

5）控制柜（屏）的安装位置应符合电梯土建布置图中的要求。

5.6 电梯调试

5.6.1 电梯试运行条件

为了防止电梯在试运行中出现事故，确保试运行工作的顺利进行，在试运行前需认真做好以下准备工作：

（1）清扫机房、井道、各层站及其周围的垃圾和杂物，并保持环境卫生。

（2）对已经安装好的机、电零部件进行彻底检查和清理，打扫擦洗所有的电气和机械装置，并保持清洁。

（3）检查润滑处是否清洁，并添足润滑油。

（4）清洗曳引轮和曳引绳的油污。

（5）检查导向轮或轿顶轮和对重轮、限速器和张紧装置等一切具有转动摩擦部位的润滑情况，确保处于良好的润滑工作状态。

（6）检查所有电器部件和电器元件是否清洁，电器元件动作和复位时是否自如，接点组的闭合和断开是否正常可靠，电器部件内外配线的压紧螺钉有无松动，焊点是否牢靠。

（7）检查电气控制系统中各电器部件的内外配接线是否正确无误，动作程序是否正常。全面掌握电气控制系统各方面的质量情况，发现问题及时排除。

（8）牵动轿厢顶上安全钳的绳头拉手，检查安全钳的动作是否灵活可靠，导轨的工作面与安全嘴底面，导轨两侧的工作面与楔块间的间隙是否符合要求。

以上准备工作完成后，将曳引绳挂在曳引轮上，然后放下轿厢，使各曳引绳均匀受力，并使轿厢下移一定距离后，拆去对重装置支撑架和脚手架，准备进行试运行。

5.6.2 电梯试运行测试内容

（1）电梯以检修速度运行，检修速度应不大于 0.3m/s，自动门运行应平稳、无撞击。

（2）电梯额定速度试运行轿厢内置入平衡负载，单层、多层上下运行，反复调整，升至额定速度，启动、运行、减速应舒适可靠，平层准确；在工作频率下，曳引电动机接入额定电压时，轿厢半载向下运行过程中的速度应接近额定速度，且应不超过额定速度的 5%（加速段和减速段除外）。

（3）电梯制动功能试验在运行的全过程中对运行的控制功能进行检验，指令、召唤程序转换、开车、载车、停车等应准确无误，信号清晰、正确。

1）指令。进入轿厢乘客所提出的层站，按下选层按钮，使召唤信号被登记，电梯根据被登记的选层指令去执行向上或向下的行程。

2）召唤。任一层楼需要使用电梯时，乘客可根据自己要求往上行或往下行方向，按一下相应按钮。

3）定向。电梯每次停靠后，若要开动，司机必须按向上或向下操作的按钮，电梯才能运行。

4）程序转换。指电梯运行按设计程序进行。

5）开车。电梯在各安全保护系统全部正常情况下进行的启动运行。

6）载车。如果乘客在5层需要电梯，则在层门外按下上行呼叫按钮，记忆信号告诉轿内司机五楼有人载车，再通过选层器使电梯在5层停车。

（4）电梯技术性能测试。

5.6.3 电梯试运行试验

（1）曳引机试运行试验。

1）平衡系数测定。在进行舒适感调试前先进行平衡系数的测定。客梯的平衡系数一般取40%～50%。电梯平衡系数的测定可通过电流量并结合速度测量（用于交流电动机），电压测量（用于直流电动机）来确定。

2）承重能力检查。对客梯、病床梯和载重量不大于2000kg的载货电梯，载以额定起重量的200%压载，其余各类电梯载以额定起重量的150%。装载的压铁砝码应以人力搬动重量为限，防止一旦出现轿厢下落时无法使重物搬出轿厢。

试验时将轿厢位于底层，打开厅门、轿厢门、切断总电源，装完压铁后立即测量轿厢地坎与层门地坎门的垂直相对位置，做好记录，历时10min后再测一次，以做比较。

仔细观察，制动器能可靠的刹紧，曳引绳无打滑现象，各承重构件无损坏，说明电梯具有承重能力。

3）曳引机空载试运行。将电梯曳引绳从曳引轮上摘下，恢复电气动作试验时摘除的电动机及抱闸线路。单独给抱闸线圈送电，检查闸瓦间隙、弹簧力度、动作灵活程度及磁铁行程。摘去曳引机联轴器的连接螺栓，使电动机可单独进行转动。

A. 用手盘动电机使其旋转，如无卡阻、声响正常，可启动电动机使其慢速运行，检查各部件运行及电动机轴承温升情况。若有问题，随时停车处理。如运行正常，5min后改为快速运行，并对各部运行及温度情况继续进行检查。直流电梯检查其电刷接触是否良好，位置是否正确，并观察电动机转向应运行方向一致。情况正常，30min后试运行结束。试车时，要对电动机空载电流进行测量，应符合要求。

B. 连接好联轴器，手动盘车，检查曳引机旋转情况。如情况正常，将曳引机盘根压盖松开，启动曳引机，使其慢速运行，检查各部件运行情况。如无异常，5min后改为快速运行，并继续对曳引机及其他部位进行检查。情况正常时，30min后试运行结束。在试运行的同时逐渐压紧盘根压盖，使其松紧适中，以每分钟3～4滴油为宜（调整压盖时，应注意盖与轴的周围间隙应一致）。试车中对电流进行检测。

（2）安全钳试运行试验。

1）安全钳在轿厢正常运行时是不起作用的，一旦作用，必须确保其动作可靠。安全钳是轿厢超速下降时并在其他保安环节失效时，电梯的最后一道安全屏障。

2）在调试阶段，使轿厢在空载情况下，以检修速度下行，当下降到距最底层平层前3m左右时，在机房内用手扳动限速器，使限速器绳夹紧而对安全钳产生提拉力，使安全钳可靠动作，同时安全钳连动开关切断控制回路，使电动机停动，轿厢停止运行。安全钳可靠动作为正常。然后使轿厢以检修速度上升，将安全钳复位。检查复位情况，使安全钳楔块恢复到动作前的安装状态，并检查安全钳压痕长度和受损程度，进行修复。

3）动态试验时，对瞬时式安全钳或有缓冲作用的瞬时式安全钳，轿厢应载有均匀分布的载荷并在额定速度轿厢下行时进行。对渐进式安全钳，轿厢应载有均匀分布125%的额定载荷，在平层速度或检修速度下进行。试验过程中，轿厢安全钳动作可靠，使轿厢支撑在导轨上。试验后，未出现影响电梯正常使用的损坏。

（3）缓冲器试运行试验。

1）蓄能型缓冲器仅用于额定速度不超过1m/s的电梯，具有缓冲复位的蓄能型缓冲器可用于额定速度不超过1.6m/s的电梯，耗能型可用于任何额定速度的电梯。

2）蓄能型缓冲器试验方法是将装有额定载荷的轿厢放置在缓冲器上，钢丝绳应放松，缓冲器行程不得小于65mm。具有缓冲器复位的蓄能型缓冲器和耗能型缓冲器的试验方法是在轿厢以额定载荷和额定速度下，对重以轿厢空载和额定速度下分别碰撞缓冲器，缓冲器应平稳，零件应无损伤或明显变形。

3）液压缓冲器复位试验在轿厢空载的情况下进行，以检修速度下降将缓冲器全压缩，从轿厢开始离开缓冲器一瞬间，直到缓冲器恢复到原状止，所需时间应不小于90s。

（4）电气试运行试验。

1）检查全部电气设备的安装及接线。

2）复测电气设备的绝缘电阻并做记录。

3）按要求上好熔断器。并对时间继电器、热保护元件等需要调整部件进行检查调整。

4）摘掉至电机及抱闸的电气线路，使他们暂时不能动作。

5）在轿厢操纵盘上按步骤操纵选层按钮、开关按钮等，并手动模拟各种开关相应的动作，对电气系统进行检查。

6）信号系统。检查指示是否正确，光电及声响是否正常。

7）控制及运行系统。通过观察控制屏上继电器及接触的动作，检查电梯的选层、定向、换速、载车、平层等各种性能是否正确。

8）门锁、安全开关、限位开关等在系统中的作用。

A. 继电器、接触器、本身机械电气联锁是否正常；同时还要检查电梯运行的启动、制动、换速的延时是否符合要求；以及控制屏上各种电气元件运行是否可靠、正常；有无不正常的振动、噪声、过热、黏结等现象。对于设有消防控制及多台程序控制的电梯，还要检查其动作是否正确。

B. 电梯试运行试验可以分三种状态：空载、额定载重量的50%、额定载重量的100%。每一种状态在通电持续率不小于40%的情况下往复升降各2h（空载、半载、满载共6h）。

C. 观察电梯在启动、运行和停止时有无剧烈振动，制动器动作是否可靠；制动器线圈温度应不超过 60℃，减速机油温度应不超过 80℃，温升不超过 60℃；电梯信号及各种程序是否良好，控制柜、操纵盘是否工作正常；停层是否准确平稳。

D. 在进行负荷静载试验时，使轿厢位于底层切断电源，陆续加入负荷，如搬进砣块、砖等。乘客电梯、医用电梯和 2t 以上的货梯可加到额定载重量的 200%；其他型号电梯加到额定载重量的 150%。保持此状况 10min，观察各承重构件有无损坏现象，曳引绳在槽内有无滑移溜车现象，制动器刹车是否可靠。

E. 在进行超载运行试验时，使轿厢承重为额定载重量的 110%，在通电持续率 40% 的情况下运行 30min，观察电梯启动、制动情况和平层误差，减速机、曳引电动机应工作正常，制动器动作应可靠。

5.6.4 电梯慢速负荷试运行

（1）将曳引绳复位。

（2）在轿厢内装入一半载重量，切断控制电源，用手轮盘车（无齿轮电梯不做此项操作），检查轿厢对重的导靴与导轨配合情况（并对滑动导靴的导轨加油润滑），如果正常，可合闸开慢车。

（3）在轿厢盘车或慢行的同时，对梯井内各部位进行检查，主要有下列内容。

1）开门刀与各层门地坎间隙。

2）各层门锁与轿厢地坎间隙。

3）平层器与各层铁板间隙。

4）限位开关、越程开关等与碰铁之间的位置关系。

5）轿厢上、下坎两侧端点与井壁间隙。

6）轿厢与中线盒间隙。

7）随线、选层器钢带、限速器钢丝绳等与井道各部件距离。

对以上各项的安装位置、间隙、机械动作要进行检查，对不符合要求的应及时进行调整。同时在机房内对选层器上各电气接点位置进行调整，使其符合要求。慢车运行正常，层门关好，门锁可靠，方可快车行驶。

5.6.5 电梯快速负荷试运行

（1）开慢车将轿厢停于中间楼层，轿内不载人。按照操作要求，在机房控制屏处手动模拟开车。先单层、后多层，上下往返数次（暂不到上、下端站）。如无问题，试车人员进入轿厢，进行实际操作。

（2）试车中对电梯的信号系统、控制系统、驱动系统进行测试、调整，使其全部正常，包括电梯的启动、加速、换速、制动、平层及强迫缓速开关、限位开关。

（3）外呼按钮、指令按钮均起作用，同时试车人员在机房内对曳引装置、电机（及其电流）、抱闸等进行进一步检查。

（4）各项规定测试合格，电梯各项性能符合要求，则电梯快速试验即告结束。

5.6.6 电梯超载试运行

（1）超载运行试验要求。

1）电梯能安全启动、运行和停止。

2）曳引机工作正常。

（2）超载试验操作方法与要求。

1）轿厢应载以电梯额定载重量的110%，在通电持续率40%的情况下，历时30min。电梯应能安全启动和运行。制动器作用可靠，曳引机工作正常。

2）超载试验应在100%额定载重量的运行试验之后进行，并陆续增加至110%进行超载试验。

3）有超载保护装置应临时将超载保护开关短接，然后再进行上、下运行。

（3）超载试验检查。实际操作检查或检查试验记录。

电梯的启动、运行、停止均应按指令正常执行。曳引机运行正常，油温的温升和最高温度均符合要求，不应出现滑移刹不住、钢丝绳滑槽等情况。

5.6.7 电梯调试主要技术要求

（1）主控项目。

1）安全保护验收必须符合下列规定。

A. 必须检查以下安全装置或功能。

a. 断相、错相保护装置或功能。当控制柜三相电源中任何一相断开或任何二相错接时，断相、错相保护装置或功能应使电梯不发生危险故障。

b. 短路、过载保护装置。动力电路、控制电路、安全电路必须有与负载匹配的短路保护装置；动力电路必须有过载保护装置。

c. 限速器。限速器上的轿厢（对重、平衡重）下行标志必须与轿厢（对重、平衡重）的实际下行方向相符。限速器铭牌上的额定速度、动作速度必须与被检电梯相符。限速器必须与其型式试验证书相符。

d. 安全钳。安全钳必须与其型式试验证书相符。

e. 缓冲器。缓冲器必须与其型式试验证书相符。

f. 门锁装置。门锁装置必须与其型式试验证书相符。

g. 上、下极限开关。上、下极限开关必须是安全触点，在端站位置进行动作试验时必须动作正常。在轿厢或对重（若有）接触缓冲器之前必须动作，且缓冲器完全压缩时，保持动作状态；轿顶、机房（若有）、滑轮间（若有）、底坑的停止装置的动作必须正常。

B. 下列安全开关，必须动作可靠。

a. 限速器绳张紧开关。

b. 液压缓冲器复位开关。

c. 有补偿张紧轮时，补偿张紧开关。

d. 当额定速度大于3.5m/s时，补偿绳轮防跳开关。

e. 轿厢安全窗（若有）开关。

f. 安全门、底坑门、检修活板门（若有）的开关。

g. 对可拆卸式紧急操作装置所需要的安全开关。

h. 悬挂钢丝绳（链条）为两根时，防松动安全开关。

2）限速器与安全钳联动试验必须符合下列规定。

A. 限速器与安全钳电气开关在联动试验中必须动作可靠，且应使驱动主机立即制动。

B. 对瞬时安全钳，轿厢应载有均匀分布的额定载重量；对渐进式安全钳，轿厢应载有均匀分布的125％额定载重量。当短接限速器及安全钳电气开关，轿厢以检修速度下行，人为使限速器机械动作时，安全钳应可靠动作，轿厢必须可靠制动，且轿底倾斜度不应大于5％。

3）层门与轿门的试验必须符合下列规定。

A. 每层层门必须能够用三角钥匙正常开启。

B. 当一个层门或轿门（在多扇门中任何一扇门）非正常打开时，电梯严禁启动或继续运行。

4）曳引式电梯的曳引能力试验必须符合下列规定。

A. 轿厢在行程上部范围内空载上行及行程下部范围载有125％额定载重下行，分别停层3次以上，轿厢必须可靠地制停（空载上行工况应平层）。轿厢载有125％额定载重量以正常运行速度下行时，切断电动机与制动器供电，电梯必须可靠制动。

B. 当对重完全压在缓冲器上，且驱动主机按轿厢上行方向连续运转时，空载轿厢严禁向上提升。

（2）一般项目。

1）曳引式电梯的平衡系数应为0.4～0.5。

2）电梯安装后应进行运行试验：轿厢分别在空载、额定载荷工况下，按产品设计规定的每小时启动次数和负载持续率各运行1000次（每天不少于8h），电梯应运行平稳、制动可靠、连续运行无故障。

3）噪声检验应符合下列规定。

A. 机房噪声：对额定速度不大于4m/s的电梯，不应大于80dB（A）；对额定速度大于4m/s的电梯，不应大于85dB（A）。

B. 乘客电梯和病床电梯运行中轿内噪声：对额定速度小于等于4m/s的电梯，不应大于55dB（A）；对额定速度大于4m/s的电梯，不应大于60dB（A）。

C. 乘客电梯和病床电梯的开门过程噪声不应大于65dB（A）。

4）平层准确度检验应符合下列规定。

A. 额定速度不大于0.63m/s的交流双速电梯，应在±15mm的范围内。

B. 额定速度大于0.63m/s且不大于1.0m/s的交流双速电梯，应在±30mm的范围内。

C. 其他调速方式的电梯，应在±15mm的范围内。

5）运行速度检验应符合下列规定。当电源为额定频率和额定电压、轿厢载有50％额定载荷时，向下运行至行程中段（除去加速加减速段）时的速度，不应大于额定速度的105％，且不应小于额定速度的92％。

6）观感检查应符合下列规定。

A. 轿门带动层门开、关运行，门扇与门扇、门扇与门套、门扇与门楣、门扇与门口处轿壁、门扇下端与地坎应无刮碰现象。

B. 门扇与门扇、门扇与门套、门扇与门楣、门扇与门口处轿壁、门扇下端与地坎之间各自的间隙在整个长度上应基本一致。

C. 对机房（若有）、导轨支架、底坑、轿顶、轿门、层门及门地坎等部位应进行清理。

5.7 电梯安装的监督检验及验收

（1）验收申请。向当地质量技术监督局下属特种设备检验检测机构（以下简称特检所）提出验收申请，并提交以下资料：

1）监督检验申请表。

2）制造单位制造许可证及明细表（如为复印件则加盖制造单位章）。

3）电梯整机型式试验合格证书或者报告书，其内容能够覆盖所提供电梯相应参数（如为复印件则加盖制造单位章）。

4）产品出厂合格证［应含门锁装置、限速器、安全钳、缓冲器、含有电子元件的安全电路（若有）、轿厢上行超速保护装置、驱动主机、控制柜等安全保护装置和主要部件的型号和编号等内容（如为复印件则加盖制造单位章）］。

5）门锁装置、限速器、安全钳、缓冲器、含有电子元件的安全电路（若有）、轿厢上行超速保护装置、驱动主机、控制柜等安全保护装置和主要部件的型式试验合格证，以及限速器和渐进式安全钳的调试证书（如为复印件则加盖制造单位章）。

6）机房或者机器设备间及井道布置图（如为复印件则加盖制造单位章）。

7）产品销售合同、安装合同，制造单位的安装委托书（加盖制造单位章）。

8）安装许可证和安装告知书。

9）施工现场作业人员持有的特种设备作业人员证（如为复印件则加盖安装单位章）。

10）审批手续齐全的施工方案（如为复印件则加盖安装单位章）。

11）土建交接检验记录表［按《电梯工程施工质量验收规范》（GB 50310）附录 A］，顶层高度、底坑深度、楼层间距、井道内防护、安全距离、井道下方人可以进入的空间等应满足安全要求（如为复印件则按记录表要求盖章）。

12）总体验收检验申请单。

13）经制造单位和制造单位检验员确认合格的自检报告（附检验员证或检验员任命文件）。

14）经建设单位或使用单位确认电梯连续 3000 次无故障运行证明。

（2）验收受理。检验所安排检验时间，并通知相关单位。

（3）验收准备。

1）电网输入电压应正常、电压波动应在额定电压值±7%的范围内。

2）清理机房、厅外、井道、底坑等场所卫生。

3）资料整理。

A. 制造、安装重大维修、改造相关资料。

B. 制造单位提供产品质量证明及随机技术文件。

C. 安装单位的施工过程记录、自检报告、事故记录。

D. 安装过程监督检验报告书。

E. 电梯安全管理制度建立落实情况。

F. 电梯操作人员培训持证情况。

(4) 验收。

1) 落实电梯检验现场配合人员及安全保障措施。

2) 机房(环境、控制屏、主机等)检查。

3) 井道(包括轿层门、井道内部附属设施)检查。

4) 轿与对重检查。

5) 曳引绳检查。

6) 层门与轿门检查。

7) 底坑检查。

8) 功能试验。

9) 电梯综合性能测试(加、减速度,噪声等)。

(5) 验收判定。根据检验情况,依据国家质量监督检验检疫总局《电梯监督检验规程》出具《电梯验收检验报告》,做出"合格""复检合格""不合格""复检不合格"的结论。

(6) 问题整改。

1) 检验中发现存在一般缺陷问题(非带 * 项目或一般项目不超过 3 项),由检验员出具特种设备安全监督检验整改通知单,有关单位在 10 个工作日内完成整改。

2) 检验中发现存在严重缺陷问题时(带 * 项目或一般项目超过 3 项),出具特种设备安全监督检验整改通知单,并向使用单位和维保单位进行通报"不合格"结论,需整改复检,同时报市局安全监察机构。

(7) 出具监督检验报告、监督检验证书。检验员根据原始记录在 10 个工作日内出具监督检验报告、监督检验证书,并流转到发证窗口。

5.8 电梯安装的工装准备

电梯安装常用工具见表 5-1。

表 5-1 电梯安装常用工具表

类别	序号	名称	规格	数量	备注
主要工具	1	各种钳子	150~200mm	2 套	—
	2	梅花扳手	8 件套	1 套	—
	3	套筒扳手	28 件套	1 套	—
	4	活扳手	100~375mm	1 套	—
	5	螺丝刀	75~300mm	2 套	—
	6	内六角	10 件套	1 套	—
	7	台虎钳	125 (150) mm	1 台	—

续表

类　别	序号	名称	规格	数量	备　注
主要工具	8	直尺水平仪	300mm，500mm	各1把	精度2mm/m
	9	游标卡尺	150mm，300mm	各1把	精度0.05mm
	10	镶条	150mm，300mm	各1套	—
	11	钢直尺	150mm，300mm，500mm	各1把	—
	12	钢圈尺	2m，3m，30m	各2把	—
	13	吊坠	150g，300g	各1只	—
	14	手电钻	6.5mm，13mm	各2把	—
	15	冲击钻	12mm，22mm，38mm	各2把	—
	16	角向磨光机	80～100mm	1台	—
	17	手提砂轮机	100～500mm	1把	—
	18	小型台钻	16mm	1台	—
	19	手拉葫芦	0.5t，1t，3t，5t	各1个	—
	20	千斤顶	5号	2只	—
	21	万用表	—	1只	—
	22	摇表	500～2000V	2只	—
	23	钳形电流表	5～150A	1只	—
	24	电烙铁	35W，300W	各1把	—
专用工具	25	胶皮槌	—	1个	—
	26	导轨校正器	—	2副	自制
	27	量尺	30m，50m	各1把	—
	28	吊线架	—	2个	自制
	29	线坠	5kg，10kg	各1只	自制

5.9　电梯安装的工期分析

在电梯安装过程中，根据实际施工情况与计划工期对比，分析原因并针对不同情况做出相应的补救措施，确保在工期内完成安装工作。直接影响电梯安装工期，需各方紧密配合的项目有：

（1）安装前的准备工作（如施工电源及场地）。

（2）电梯井道的检查及修正，例如根据垂直电梯井道检查报告要求及时修正垂直电梯井道，根据自动扶梯井道检查报告要求及时修正扶手电梯井道等。

（3）电梯施工前提供每层地面完成面标高和井道中轴线，要求标识清楚，易操作。

（4）根据施工图做好各部件的吊装所使用的吊钩等预埋工作。

（5）根据施工计划做好电梯机房、门套、底坑的土建配合工作。

（6）根据施工需要提供相应的货物存放场地及工具房。

典型的 5 站 5 门电梯安装工期示例见图 5－20。

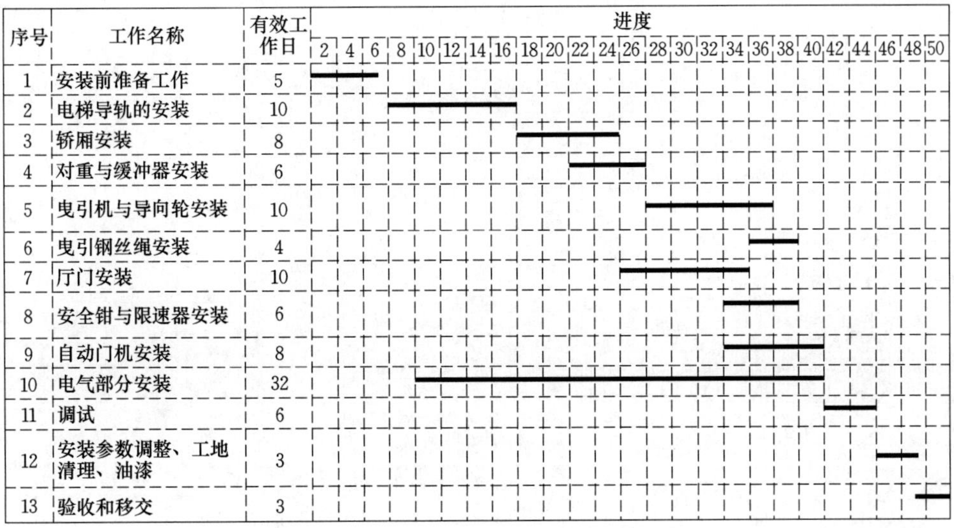

序号	工作名称	有效工作日	进度																								
			2	4	6	8	10	12	14	16	18	20	22	24	26	28	30	32	34	36	38	40	42	44	46	48	50
1	安装前准备工作	5																									
2	电梯导轨的安装	10																									
3	轿厢安装	8																									
4	对重与缓冲器安装	6																									
5	曳引机与导向轮安装	10																									
6	曳引钢丝绳安装	4																									
7	厅门安装	10																									
8	安全钳与限速器安装	6																									
9	自动门机安装	8																									
10	电气部分安装	32																									
11	调试	6																									
12	安装参数调整、工地清理、油漆	3																									
13	验收和移交	3																									

图 5－20　典型的 5 站 5 门电梯安装工期示例图